아버지의
시간

FATHER TIME

A NATURAL HISTORY OF MEN AND BABIES by Sarah Blaffer Hrdy

Copyright © 2024 by Sarah Blaffer Hrdy

All rights reserved.

This Korean edition was published by Eidos Publishing Co. in 2025 by arrangement with SBH Literary, Inc. c/o Curtis Brown Ltd. through KCC(Korea Copyright Center Inc.), Seoul.

이 책은 (주)한국저작권센터(KCC)를 통한 저작권자와의 독점계약으로
에이도스에서 출간되었습니다. 저작권법에 의해 한국 내에서 보호를 받는
저작물이므로 무단전재와 복제를 금합니다.

아버지의 시간
Father Time
A Natural History *of* Men and Babies

남성과 아기의 자연사

세라 블래퍼 허디 Sarah Blaffer Hrdy 지음
김민욱 옮김 · **박한선** 감수

에이도스

일러두기
본문에 나오는 각주는 모두 옮긴이가 단 것이다.

댄, 데이비드, 니코,
그리고 모든 다정한 아버지를 위하여

CONTENTS

들어가는 말	008
1. 그때의 아버지와 지금의 아버지	017
2. 남자의 불행한 본능	042
3. 물꼬를 트다	077
4. 아빠의 뇌	089
5. 다윈, 그리고 알을 품는 수탉	114
6. 아기가 가진 신비한 힘	150
7. 영장류 수컷의 돌봄	179
8. 플라이스토세에 일어난 놀라운 진화	221
9. 정신의 변화	262
10. 아버지 역할의 문화적 구성	295
11. 변화하는 인식	344
12. 남성과 아기의 21세기적 만남	382
나가는 말	413
감사의 글	420
감수자 해제	423
미주	436
참고문헌	477
찾아보기	535

들어가는 말

"얘는 부모가 둘 있어요. 번갈아 가며 불러주세요. 이번에는 아버지 차례입니다."

50여 년 전, 루스 베이더 긴즈버그가 자신의 아들 학교 상담사에게

요즘은 과거에 비해 아빠들에게 아기와 어린 자녀를 돌보는 일에 더 많이 참여할 것을 권장하고, 육아의 기회를 주기도 하며, 때로는 아빠들이 스스로 원해서 또 때로는 어쩔 수 없이 떠맡아 양육하는 경우가 더 많아졌다. 어떤 아빠들은 아기 엄마 없이 갓난아기를 키우는 주 양육자가 되기도 한다. 이렇게 아기를 돌보는 아빠는 모유수유 대신 젖병으로 젖을 먹이지만, 세상 자상한 엄마처럼 아기를 잘 돌본다. 사회과학 분야의 다양한 연구결과에서 "아버지 역할은 문화적으로 결정된다"[1]고 지적하는 것을 볼 때, 아울러 빠르게 변화하는 문화를 생각할 때 아버지들의 역할 변화는 당연한 듯 보인다.

어쨌든 행동 유연성은 인간의 특기이다. 여성의 경제활동, 전통적 가부장제의 약화, 아이를 임신하거나 수유하는 새로운 방식 등 새로

운 사회경제적·문화적 환경에 따라 부성(父性) 행동도 변화하는 것 아닐까? 당연히 우리가 기대할 수 있는 변화 아닐까?

하지만 이런 변화가 단지 문화에 의한 것이라고 생각하면 오산이다. 자녀를 돌보는 일에 발 벗고 나서는 이 남다른 새로운 아버지들은 '본성에 반하여' 마지못해 육아를 하는 것이 아니다. 사실, 과학자들이 아기를 돌보는 남성의 몸과 뇌에서 일어나는 현상을 연구하면서 발견한 것처럼, 아버지의 양육 반응은 문화를 넘어 생물학적 차원으로 깊이 들어간다. 내분비학자들은 아기를 돌보는 아버지에게서 어머니의 호르몬 수치와 유사한 변화를 관찰했고, 신경과학자들은 주 양육자 남성의 뇌를 스캔하면서 '아버지의 뇌도 어머니의 뇌와 같은 방식으로 반응한다'는 사실을 발견했다.

지금껏 독박 양육으로 이미 아이를 다 키운 20세기 어머니라면 '왜 이제야 이 사실을 알려주느냐'며 화를 낼지도 모르겠다. 하지만 어머니이자 할머니, 동시에 영장류학자이자 진화인류학자인 나는 놀라움을 넘어 심히 당혹스러웠다. 어떻게 다윈의 땅(Darwin's earth)에서 이런 일이 벌어질 수 있단 말인가?

나는 모성애와 양가성(ambivalence)*에 대한 책을 여러 권 썼는데, 특히 중점적으로 연구한 것은 모성애였다. 따라서 우리 인간은 암컷이 새끼를 임신하고 출산하며 젖을 먹여 키우는 데 많은 투자를 하는 포유류라는 사실을 누구보다도 잘 알고 있다. 이 과정에서 주 양육자인

● 모성애에 관한 여성의 양가적 감정을 말한다. 즉 한편으로는 모성을 느끼면서, 다른 한편으로 그에 따른 스트레스를 느끼는 현상을 언급하고 있다.

어머니는 돌봄이 필요한 어린 생명에게 세심하게 반응하고 열과 성을 다해 보살핀다. 어머니의 뇌는 그렇게 행동하도록 설계되어 있다.

일반적인 다윈주의 시나리오에 따르면, 암컷이 자식을 양육하는 동안 수컷은 주로 지위와 짝을 얻기 위해, 때로 폭력적이거나 강압적인 방식으로, 경쟁하면서 자식을 기르는 일과는 다른 일에 몰두한다. 어머니의 최우선 순위는 자녀의 안녕일 가능성이 높지만, 수컷의 우선 관심사는 더 많은 자식을 낳는 데 있다는 이야기다. 이러한 다윈주의의 선입견에 부합이라도 하듯, 어느 시대 어느 문화에서도 남성이 여성처럼 자신의 삶을 아기를 돌보는 데 쏟아 부었다는 기록은 거의 없다시피 하다. 반면, '아이 양육은 여성의 일'이라는 인식은 거의 보편적으로 발견된다.

인류의 진화, 정복, 문명의 역사를 다룬 수많은 책들은 대개 다른 남성과 경쟁하거나 협력하는 남성의 활약상을 담고 있다. 아기와 남성에 관한 이야기는 찾아도 나오는 것이 없다. 하지만 이제 임신을 해본 적도 없고, 출산한 적도 없으며, 모유 분비는 더더욱 해본 적 없는 남성, 즉 인류 진화와 인간의 역사 대부분에서 아기를 돌본 적이 없는 남성도 어머니만큼 아이에게 세심하게 반응한다는 증거가 나오고 있다. 아기가 태어난 직후부터 아기 돌보기를 도맡아 하는 남성은 내분비학적으로나 신경학적으로 어머니와 놀라울 정도로 유사한 변화를 겪는다.

아기를 돌보는 아내를 도와 함께 양육을 하는 남성의 뇌에서는 계획 능력과 의사 결정에 관여하는 영역인 전두엽 피질에 집중된 뇌 네트워크가 활성화된다. 이 전두엽 피질은 약 30만 년 전 이족보행 유인원들이 해부학적 측면에서 현대의 '호모 사피엔스'가 되는 과정에서 극적으로 발달한 영역이다. 하지만 이유가 무엇이든 간에 남성이 아내의 육아를 돕는 수준이 아니라 아기가 태어날 때부터 주 양육자 역할을 맡게 되면 또 다른 일이 일어난다. 진화론적으로 훨씬 원시적인 척추동물의 뇌 영역이 반사적으로 활성화되는 것이다.

도대체 어떻게 이런 일이 일어나는 것일까? 인간은 오늘날의 침팬지나 고릴라와 유사한 아프리카 유인원에서 진화했다. 이미 한 세기 전에 다윈이 예측했고, 이후 유전학적 연구로 입증된 이야기다. 그런데 다른 대형 유인원에서는 수컷이 새끼를 직접 돌보는 일은 없다. 사실 오히려 정반대라고 할 수 있다. 수컷은 새끼에게 끔찍한 행동을 저지르곤 한다. 바로 '영아살해'다. 영장류 수컷의 영아살해 경향은 영장류의 가장 초기 종으로 거슬러 올라가며, 시간적으로는 무려 수천만 년 전에 시작되었다. 통계적으로 말하자면, 대형 유인원 수컷은 막 태어난 새끼에게 도움을 주는 존재라기보다는 위협을 가하는 존재에 가깝다. 그렇다면 인간 남성의 양육 행동은 이해하기가 쉽지 않다. 어떻게 인간 남성은 다른 유인원 계통과 달리 아버지로서 돌봄 행동을 보이게 된 것일까?

정확한 답은 아직 아무도 모른다. 사실 최근까지 이런 질문을 던지는 사람이 없었다. 이 책을 통해서 남성의 양육 감정이 언제 어떻게 생겨났는지를 알아내고, 이것이 발현되기 위해 어떤 조건이 필요한지를 탐구할 것이다. 척추동물, 포유류, 특히 영장류 진화에 관한 수백만 년의 이야기다. 인류 진화사와 수천 년의 역사시대에 걸친 수많은 사회적 전환과 문화적 변화, 혁신에 관한 이야기도 빼놓지 않을 것이다. 이야기를 따라오다 보면 여러분은 인간 남성에게도 원시적 돌봄 성향이 숨어있다는 것을 이해하게 될 것이다.

이 책을 쓰면서 남성이 본질적으로 이기적이고, 경쟁적이며, 폭력적인 본성을 가지고 있다는 오랜 통념에 대해 다시 생각하게 되었다. 찰스 다윈은 남성에 대해 '그렇게 타고난 불행한 운명'이라고 말했다.[2] 나는 '남성의 타고난 운명'이 실제로 무엇을 의미하는지 인식의 폭을 넓혀야 했다. 침팬지나 보노보 같은 유인원들과 공통 조상을 마지막으로 공유한 이후 600만여 년 동안 어떤 일이 벌어졌는지 최선을 다해 재구성해야 했다. 특히 플라이스토세에 무슨 일이 일어났는지에 주목했다.• 그 시기 인간은 다른 사람이 무슨 생각을 하는지, 그리고 다른 사람이 자신에 대해 어떻게 생각하는지에 대해 관심을 가지는 독특한 능력을 만들어가고 있었다. 이 능력은 인간이 다른 사람을 의식하면서 행동하고, 서로 협력하는 초사회적 유인원이 되는 데 중요한 역할을 했다. 이 과정에서 형성된 상호 의존성은 남성이 아기 곁에서 더 많은 시간을 보낼 수 있는 무대를 마련했다.

하지만 아이와 함께 있는 것이 남성에게 어떤 영향을 미치는지, 특히 어린 아기와 오랜 시간 붙어 지내는 것이 어떻게 남성을 돌보는 사람으로 만들었는지 이해하려면 진화의 시간을 되돌려 플라이스토세의 호미닌, 에오세의 초기 영장류, 후기 트라이아스기의 첫 포유류보다 아는 것이 훨씬 적은 최초의 척추동물이 출현한 시기인 4억 년

• 플라이스토세는 플리오세 이후, 홀로세 이전의 약 258만 년 전부터 1만 년 전까지의 지질 시대를 말한다. 신생대 제4기의 대부분을 차지한다. 조상 유인원으로부터 인류가 분기하여 진화한 시기로 알려져 있다.

전으로 거슬러 올라가야 했다. 척추동물의 조상들이 물속에서 헤엄치던 이 시기에 남은 원시의 분자, 그리고 대자연의 찬장에 자리하고 있으면서 항상 사용되지는 않았지만 상황에 따라 활성화되고 용도를 변경했던 신경회로에 대해 알아야 했다. 그렇다면 어떤 상황일까? 어떤 우연한 사건, 진화 과정, 역사적 전환, 최근의 사회 운동, 문화적 변화, 기술 혁신이 서로 맞물려 오늘날의 변화를 이끌어낸 것일까? 현재 세계 곳곳의 일부 인간 사회와 우리 가족 내에서 일어나고 있는 남성과 아기의 전례 없는 만남은 무엇으로 설명할 수 있을까?

이 글의 주제는 내가 살아오며 연구한 전문 분야는 아니어서 글을 쓰기가 여간 힘든 게 아니었다. 기록이 풍부하지 않아 정보를 찾는 데에 애를 먹었다. 또 빠르게 발전하는 사회신경과학을 이해해야 했고, 새롭고 생소한 연구를 해석해야 했다. 한편, 민족지학자와 동물행동학자들이 기록하고 책으로 내놓은 것에서 수컷이 새끼를 보호하고, 어루만지고, 껴안고, 함께 자거나 갓 젖을 뗀 유아에게 음식을 주는 상황에 초점을 맞출 수밖에 없었다. 아버지와 좀 더 큰 아이들 그리고 다 자란 자식과의 관계는 다음 기회로 미루어야 했다. 따라서 이 책에서 다루는 이야기는 대부분 생후 1000일 정도의 미성숙한 신생아나 영아, 초기 유아와 아버지 사이의 관계이다.**

어쩔 수 없이 '아마도', '어쩌면', 그리고 '아직 모른다'는 말이 끊임없이 이어진다. 솔직하게 말해서 잘 모르는 것이 많다. 나는 반세기 이상을 영장류의 번식 전략, 양성 간의 관계를 연구하고 특히 어

** 대개 생후 4주까지를 신생아, 2년까지를 영아, 6년까지를 유아라고 한다.

머니와 아기의 관계를 중점적으로 연구해왔다. 이 책을 쓰면서 알게 된 아버지와 아기 사이의 관계에 대한 과학적 지식은 내가 지금껏 굳게 믿었던 사실과 다른 것이 많았다. 그래서 잠 못 이루는 밤이 이어졌고, 심한 편두통에 시달렸다. 하지만 과거 어떤 책을 쓸 때보다도 인간의 가능성에 관한 희망에 차 있었던 것만은 확실하다.

시몬 드 보부아르(Simone de Beauvoir)는 『제2의 성』에서 "여성의 문제는 항상 남성의 문제이기도 하다"고 단언했고, 진정한 성 평등은 아버지가 육아에 공정한 몫을 분담할 때만 가능하다고 믿었다. 한편, 버지니아 울프는 『자기만의 방』에서 셰익스피어처럼 "창조적이고 열정적이고 분열되지 않은" 통찰을 가진 "양성적" 마음의 장점에 대해 주장했다. 만약 울프가 옳다면 이러한 관점을 통해서 남성도 많은 것을 얻을 수 있을 것이다. 물론 이 세상도 좀 더 나아질 수 있을 것이다.

일반적으로 여성이 남성보다 더 공감을 잘하고 다른 사람을 배려한다고 생각한다. 이는 타당한 추론이다. 왜냐하면 포유류의 어미는 연약하고 의존적인 새끼를 보호하고, 모유를 먹여 키우는 존재이기 때문이다. 그래서 어미는 아비보다 더 신중하게 행동하고, 덜 무모하며, 안전을 더 중시한다. 이러한 생물학적 배경이 만든 여성의 성격은 결과적으로 여성이 아동 복지를 위한 사회 정책에 투표하고, 환경 보호 운동을 주도하게 한다. 정치평론가는 여성 지도자가 남성보다 어떤 정치적 상황에서는 더 나은 판단을 내린다고 이야기한다. 민주국가에서 여성의 참정권이 허용되면 전쟁 위험이 줄어든다는 사실이 이를 잘 보여준다.

한편, 남자는 다른 남자와 경쟁하여 지위를 높이고 짝을 차지하기 위해 진화했다는 진화적 가정이 있다. 남성호르몬인 테스토스테론 수치가 높으면 더 위험하고 더 충동적인 행동을 하는 이유라고 할 수 있다. 남자 주식 중개인은 비교적 더 충동적으로 거래하는 경향이 있고, 남자 스포츠 팀 주장이나 군대의 지휘관은 승리를 낙관하는 경향이 있다. 다윈의 말마따나 남성의 경쟁심은 여성의 온화함, 친사회성, 배려심과 대비된다.

그렇다면 아기를 돌보는 남성에게도 어머니에게 나타나는 것과 동일한 신경학적 변화가 나타난다면 어떨까? 프로락틴(prolactin) 수치가 상승하고 옥시토신(oxytocin)으로 인한 감각적 즐거움을 경험한다면? 테스토스테론 수치가 감소하고, 아기에게 어머니처럼 집착하게 된다면? 뇌의 구조적 변화가 어머니에게 나타나는 것과 유사한 방식으로 일어난다면? 이러한 변화가 남성의 심리적 선호에도 영향을 미칠까? 남성의 우선순위가 기존의 전형적인 '남성적 가치'에서 벗어나 전통적으로 어머니들에게 기대되었던 더 친사회적인 가치로 변화할 가능성이 있을까? 이러한 남성은 보다 안전하고 지속 가능한 선택을 할 가능성이 높을까?

사회심리학자들은 아기와 어울리며 함께하는 남성이 타인을 더 배려하고 관대해지는 경향이 있다고 말한다. 그렇다면 아기와 함께하는 남자는 과연 사회적 지위보다 아기의 행복 혹은 지구의 안녕을 우선순위에 둘까? 정치인이라면 당선 가능성보다 아기를 먼저 챙길까? 하지만 '남성의 문제'에 대해 뛰어난 통찰력을 가진 사람들조차도 오늘날 수면 위로 드러난 남성들의 잠재력, 즉 호르몬에 의해 촉발되고 신경세포에 내재해 있다 21세기라는 특이한 상황에서 깨어나기 위해 움츠리고 있던 잠재력을 예견하지 못했을 것이다. 나 역시 마찬가지였다.

이 모든 일들은 아버지가 된다는 것의 의미를 포함해 남자가 된다는 것의 의미에 대해 더 큰 유연성을 허용하는 성 역할 규제가 느슨해지지 않았다면 일어날 수 없었을 것이다. 남성들은 먼저 자신을 단순한 보호자, 부양자가 아니라 양육자라는 것을 상상할 수 있어야 했다. 여성의 사회진출과 그로 인한 성 역할 인식 변화도 한 몫 했으며, 과학계에 여성 연구자가 늘어난 것 또한 주효했다. 이로써 양육에 대한 연구가 늘어날 수 있었고 인간 아기를 양육하는 것이 얼마나 어려운 일인지, 또 아이 양육자의 신체와 뇌는 어떤 변화를 겪게 되는지에 대해 알 수 있게 되었다. 만약 이 책에서 언급하는 문화적, 경제적 변화가 이루어지지 않았다면, 우리는 남성의 본성에 대한 예상치 못한 측면을 계속해서 간과했을 가능성이 크다.

우리는 우리가 보고 싶어 하는 것만 본다. 그렇다면 우리를 눈멀게 한 편견은 어디에서 시작했을까? 나는 미국 중산층 백인이고, 하버드에서 공부했다. 이러한 성장 배경이 내가 세상을 보는 방식을 만들었고, 시야를 좁게 만들었다. 최선을 다하겠지만, 여전히 나의 편견은 책에서 계속 나타날 것이다. 그러니 일단 나의 성장 배경부터 이야기해보고자 한다.

1
그때의 아버지와 지금의 아버지

"교육 수준이 높고 책임감 있는 남성에게 육아가 장려되는 문명은 어디에도 없었다."

마거릿 미드, 『남성과 여성』(1962)

'황금시대'에 태어난 우리

1946년, 전후 베이비붐이 시작될 무렵 태어난 나는 텍사스 주 휴스턴의 부유한 지역인 '리버 오크스'에서 자랐다. 그 시절은 결혼의 황금기였다. 남성은 사무실에서 일해 가족을 부양하고, 여성은 집안에서 아이를 돌보는 핵가족이 이상적인 가족 모델로 여겨졌다. 내가 자란 지역은 더했다. 나는 남자가 기저귀를 갈아주는 것을 '단 한 번'도 본 적이 없다.

나에겐 두 명의 언니와 뒤늦게 태어난 여동생, 그리고 터울이 긴 남동생이 있었다. 우리를 포함해 내가 알던 모든 아이는 오로지 여성의 돌봄을 받았다. 당시에는 그것이 정상이라고 여겨졌고, 인간은 항상 그렇게 살아왔다고 믿었다. 여성만 모유수유를 할 수 있기 때문에 그런 것은 아니었다. 당시 중산층 백인 여성들은 모유수유를 천박하게 여겨 기피했다.

독일인 유모인 '나나'가 희미하게 기억난다. 또, 프랑스인 가정교사 '마드무아젤 드라이어'가 기억난다. 가장 생생하게 기억나는 사람은 동생을 주로 돌보았던 '루페 세풀베다'이다. 멕시코풍의 스페인어를 영어보다 더 많이 썼던, 여리고 따뜻한 마음을 가진 유모였다. 막둥이가 태어나자, 오랫동안 원하던 아들을 얻은 아버지는 흥분했다. 이전까지 딸만 내리 네 명을 낳았으니 그럴 법도 했다. 하지만 아버지는 이 귀한 아들을 직접 돌보려 하지는 않았다.

아버지는 아이가 태어날 때마다 자랑스러워했는데, 딱 거기까지였다. 그리고 태어난 아이가 딸이라는 사실에 대해서는 실망스러워했다. 그래서 막내아들이 태어났을 때 매우 기뻐했지만, 아기는 이내 텍사스 소도시에서 건너온 노련한 미망인 유모에게 맡겨졌다. 아버지는 따뜻했고, 남자다웠으며, 재정적으로도 후한 지원을 아끼지 않는 인물이었다. 그러나 누군가 성질을 건드리면 불같이 화를 내곤 했다. 훗날 나는 내 남편이 될 사람이 얼마나 다정한지, 정직하고 믿을 만한지, 생활력이 좋은지를 가늠했다. 하지만 남편이 육아를 해줄 수 있을지에 대해서 생각해본 적은 없었다.

나와 남편 댄 사이에 첫 아이가 태어났을 때 나는 서른한 살이었고, 텍사스에서 멀리 떨어진 하버드 대학교에서 박사후 과정을 밟고 있었다. 댄은 내가 자연분만을 준비할 수 있도록 라마즈 수업[*]에 열

- 라마즈 수업은 출산 준비를 돕기 위해 고안된 프로그램이다. 임산부와 배우자가 자연스러운 출산을 위해 호흡법, 이완 기법, 그리고 출산에 대한 정보를 배운다. 이로써 출산 중 통증을 관리하고, 스트레스를 줄이며, 출산에 대한 두려움을 극복하는 데 도움을 준다.

성적으로 참석했다. 댄은 카트린카가 태어날 때 분만실에서 함께했고, 그 순간을 자기 인생에서 가장 행복한 순간이라고 말했다. 그리고 댄은 아이를 받아 내 품에 안겨주었다. 인류학의 표준 교차문화 샘플(Standard Cross-Cultural Sample)** 186개 사회 중 약 27퍼센트에서 관찰되듯이,[1] 댄은 분만할 때 나와 함께 있어 주었지만, 출산 과정에 직접 관여하지는 않았다. 댄이 집으로 돌아간 후, 카트린카와 나는 좁은 병상에서 함께 잠들었다. 병원에서 아기를 위해 막 도입한 '모자 동실' 방식을 택한 우리는 갓난아기를 유리벽으로 둘러싸인 공동 육아실에 보내지 않고 함께 잘 수 있었다.(《그림 1.1》).

1977년 12월, 보스턴에 폭설이 내린 다음날 아침, 차에 새로 산 카시트를 설치하고 카트린카를 뉘었다. 보스턴 여성병원 산부인과를 퇴원하여 집으로 돌아갔다. 당시에는 육아휴직이 없었으므로, 다음날 남편은 일터로 돌아갔다. 나는 집에서 카트린카를 품에 안고 누워 눈 쌓인 창밖 풍경을 바라보며 꿈꾸듯이 환영가를 불렀다. "카트린카, 카트린카, 사랑스러운 조그만 카트린카. 보들보들한 피부와 비단처럼 부드러운 머리카락, 네가 여기 있어서 모두가 너무 기뻐하고 있단다." 하지만 '모두'라는 말은 적절하지 않았다. 그곳에는 갓 태어난 아기와 엄마 둘밖에 없었다.

카트린카가 태어났을 때 나는 이미 생물인류학 박사학위를 받고,

•• 표준 교차문화 샘플(Standard Cross-Cultural Sample, SCCS)은 1969년 조지 피터 머독(George Peter Murdock)과 동료들이 개발한, 인류학 및 교차문화 연구에서 널리 사용되는 데이터 세트이다. 다양한 인간 사회를 비교하기 위해 설계되었다. 여기에는 광범위한 지리적 지역, 시대, 사회 구조를 대표하도록 선택된 전 세계의 186개 다양한 문화가 포함되어 있다.

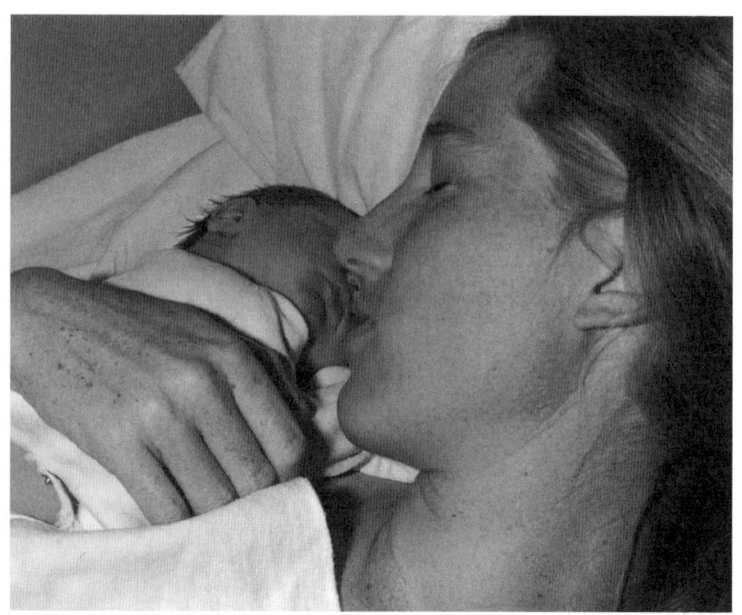

〈그림 1.1〉 내가 첫 아기를 낳을 무렵, 몇몇 병원에서 '모자동실(rooming-in)'을 점차 허용하기 시작했다. 그래서 나는 신생아를 안고 잠들 수 있었다. 몇십 년이 지나 '모자동실'은 일반적인 관행을 넘어서 '어머니와 아기의 유대감 형성'을 촉진할 수 있도록 적극적으로 권장되었다.(Daniel B. Hrdy)

진화적 관점과 비교생물학적 관점에서 사람을 포함한 영장류의 행동을 연구하는 과학자가 되어 있었다. 이른바 정통 사회생물학자였다. 따라서 과학을 공부하면서 또 성장 과정에서 어머니 중심의 육아가 과연 당연한 것인지 의심하게 만든 것은 없었다.

자연의 노동 분업

나는 포유류에 속하는 엄마로 태어났다. 그래서 아기가 내는 작은 신음소리만 들어도 찌릿한 느낌과 함께 젖이 흘러나왔다. 칼 린네는 암컷에게 젖이 나오는 동물을 지칭하여 포유강(Mammalia)이라는 분류명을 부여했다. 그리고 내가 바로 그 분류군에 속했다. 암컷이 아기의 필요에 반응하는 것은 본능이라고 여겼다. 공감하고 헌신적으로 돌보는 역할이 내 몫이었다. 카트린카가 조금이라도 뒤척이며 울음을 터뜨리면 곧장 안아주러 갔다. 이러한 빠른 반응을 낮은 반응 역치(Low threshold for responding)라고 한다. 여성은 이처럼 매우 연약하고, 무력하며, 포유류가 그렇듯 유달리 성장 속도가 느린 조그만 아기를 돌보도록 진화했기에 당연한 현상이라 생각했다.

딸아이 카트린카와 자주 한 침대에서 잤다. 하지만 카트린카를 요람에 따로 재워도 낮은 반응 역치는 어김없이 발동했다. 웅얼거리는 소리만 들려도 대번에 깨어나 달려갔다. 물론 남편 댄은 쿨쿨 잠만 잤다. 나는 종종 걱정이 과해져서 카트린카가 깊이 잠들었을 때는 혹시 죽은 것은 아닌지 확인하기도 했다. 이런 점에서 댄과 나는 서로 다른 감각의 세계에서 살고 있었으며, 서로 다른 자극에 반응했다. 당시에는 이 모든 것이 문화적으로나 생물학적으로나 완전히 자연스러워 보였다.

한때 나는 인도에서 랑구르원숭이(Semnopithecus)를 연구했다. 구세계 원숭이(old world monkey)와 유인원(apes)에서 유아 돌봄은 암컷 몫이다. 암컷 랑구르원숭이는 태어난 집단에서 평생을 보내며, 어머니와 할머니의 서식지를 물려받는다. 따라서 집단 내의 모든 암컷은 일차 사촌이나 이차 사촌 정도로 아주 가깝다.* 유별나게 지배 계급이 온순한 무리여서, 어미는 다른 암컷이 자신의 새끼를 안고 가도 걱정하지 않

• 일차 사촌은 이모와 삼촌의 자녀를 의미하며, 이차 사촌은 부모님의 사촌의 자녀를 의미한다.

는다. 안전하게 돌아올 것이라는 확신을 가지고 이를 허용한다. 왜냐하면 이런 행동의 99퍼센트는 육아 연습을 하고 싶은 어린 암컷이 벌이는 일이기 때문이다. 마치 어린아이가 인형을 가지고 놀듯이 말이다. 이러한 보모 행동은 랑구르원숭이 어미에게 큰 도움이 된다. 자유롭게 '일하러'(즉 먹이를 구하러) 갈 수 있기 때문이다. 공짜로 이용할 수 있고, 믿을 수 있는 안전한 보모다. 맞벌이 주부라면 천국이 따로 없을 것이다.

우리와 가장 가까운 대형 유인원 친척인 침팬지, 고릴라, 오랑우탄, 보노보에서도 새끼 돌봄은 오로지 암컷의 몫이다. 하지만 대형 유인원 어미는 랑구르원숭이처럼 보모를 갖지는 못한다. 침팬지 암컷의 경우, 주로 번식 전에 다른 집단으로 이주하기 때문에 새끼를 키울 때 친척의 도움을 받을 수 없다. 신뢰할 수 있는 보호자가 없으므로, 어미는 새끼를 지키기 위해 경계하며, 소유욕도 강하다. 침팬지(우리와 DNA의 약 98퍼센트를 공유한다) 어미는 출산 후 최대 여섯 달까지 아기를 꼭 껴안고 다닌다. 피부와 피부가 닿도록 착 끌어안으며, 다른 녀석이 안거나 만지는 것을 허용하지 않는다. 나는 유인원학자로서 이러한 상황에 의문을 가질 이유가 없었다. 아기를 돌보고, 청소하고 먹이를 주는 것은 모두 당연히 암컷의 일이었다.

모성 중심의 애착 이론

첫 아이가 태어났을 때 나는 여성의 생식 전략 연구에 몰두하고 있었다. 다윈을 비롯하여 하버드대의 멘토인 에드워드 O. 윌슨(Edward O. Wilson), 로버트 트리버스(Robert Trivers)의 사회생물학 이론, 그리고 정신과 의사 존 볼비(John Bowlby)의 애착 이론에 큰 영향을 받았다. 애착 이론은 유인원 새끼가 주요 애착 대상과 강한 유대를 형성하려는 본능을 가지고 있다는 이론이다. 볼비의 『애착』에서 제시된 시나리오를 따라, 오랜 아프리카 유인원의 후손으로서, 마치 새끼를 포식자로부터 지키듯 아기를 계속 안고 있어야 한다고 생각했다. 볼비의 이상을 충실히 따르며 나는 우리 딸 카트린카와 항상 접촉을 유지했다. 즉, '안정애착'을 형성하며 성장하도록 도왔다.

친정어머니는 나를 키울 때 다른 양육 철학을 가지고 있었다. 우선, 어머니는 모유수유를 두고 '짐승 같다'며 좋아하지 않았다. 이런 생각은 당시 엄격한 위계 사회였던 남부 지역에서 흔했고, 오늘날 프랑스의 일부 지역에도 여전히 퍼져 있다.[2] (스웨덴이나 다른 북유럽 국가와 달리 프랑스에서는 여전히 모유수유를 권장하지 않기도 한다. 모유수유가 여성주의적 입장에서 바람직하지 않으며 여성을 너무 동물적으로 만든다는 이유 때문이다.) 어머니는 웰즐리 칼리지(Wellesley College)에서 심리학을 접했는데, 볼비의 선배 학자인 행동주의자 존 왓슨(John H. Watson)이 아이 양육에 대해 내놓은 잘못된 조언을 받아들일 정도까지만 공부하셨다. 왓슨은 어머니가 아기를 너무 애지중지하거나 방종하게 키우지 말라고 경고했다. 아기가 울 때마다 달래주면 아기가 점점 더 많이 울고 의존적으로 된다고 했다. 다행히 나는 왓슨의 책이 아니라 볼비의 책을 읽었다.

모든 어린 유인원은 어미와 계속 붙어있고자 한다. 호모 사피엔스로 진화할 유인원 계열에서 태어난 아기도 마찬가지였고, 카트린카도 나에게서 떨어지지 않으려 했다. 플리오-플라이스토세(Plio-Pleistocene) 시대 아프리카의 사바나, 즉 볼비가 말한 인류의 '진화적 적응 환경(environment of evolutionary adaptedness, EEA)'*에서는 아기가 어미와 접촉이 끊어지면 죽는 것과 다를 바 없었다. 아기가 어머니에게 붙어있고자 매달리는 것은 당연한 일이다! 따라서 딸아이가 내가 헌신하고 있다는 것을 더 확실히 느낄수록, 더 자신감 있고 독립적인 사람으로 성장할 것이었다.

내가 배운 진화 이론에 따르면 아버지는 육아 행동과 거리가 먼 존재였다. 그런 의미에서 나는 남편 댄에게 늘 고마운 마음뿐이었다. 댄은 감염내과로 바쁜 와중에도 아이를 돌봐주었다. 우리 세대의 다른 전문직 남자들과 비교하면 정말 많이 도와줬다. 하지만 대부분의 육아는 나의 몫이었다. 비록 선사시대 남성처럼 더는 아내와 아이들을 위해 사냥을 나가서 영양을 잡아 돌아오지는(당시 인류학계의 선사시대 남성에 대한 일반적인 통념이었다)³ 않지만, 20세기에 태어난 이들의 남성 후손들은 돈을 벌기 위해 직장에 출퇴근하고, 여성은 집에 남아 자녀를 돌보는 역할을 맡았다.

하지만 나는 학자로서의 삶에 야심이 있었고, 그래서 아기를 위해 온종일 신경쓰는 삶에 점점 양가적 감정을 가졌다. 결국 가사 도우미(au pairs)를 구했다. 물론 여성이었다. 남편의 의대 동료, 우리 연구실 동료들 모두 마찬가지로 가사 도우미를 두었다. 볼비를 알든 모르든, 애착 이론을 들어본 적이 있든 없든, 이러한 성적 노동 분업은 자연

---

* '진화적 적응 환경(EEA)'은 진화심리학에서 인간이 진화한 환경적 조건을 의미하는 개념이다. EEA는 수백만 년 동안의 수렵-채집 생활 방식, 소규모 사회적 상호작용, 사바나 기후 등 자연환경에 대한 적응을 특징으로 한다. 이 개념은 현대 인간의 행동이나 심리적 특성을 이해할 때 유용하며, 현재의 환경과 진화적 적응 환경 사이의 차이가 현대 사회에서 일어나는 일부 행동의 부적응성을 설명할 수 있다는 점에서 중요한 이론적 틀로 사용된다.

스럽게 여겨졌다. 여자는 아이를 키우고, 남자는 생계를 위해 더 넓은 세계에서 지위 경쟁을 벌이는 것 말이다.

이 무렵 한번은 내가 진행하는 연구와 관련한 기사를 쓰기 위해 기자가 온 적이 있었다. 그때 나의 박사후 과정 지도 교수이자 뛰어난 진화이론가인 로버트 트리버스가 기자에게 말했다. "개인적인 견해로는 세라가 딸을 건강하게 키우는 데에 더 집중해야 한다고 봅니다. 그래야 일과 양육을 병행하고 있는 불행한 현실을 딸에게 물려주지 않을 수 있지 않을까요?"[4]

그 당시에 아마 대부분의 하버드 대학 교수(물론 모두 남성이었다)가 똑같이 생각했을 것이다. 직설적인 우리 교수님은 생각을 숨기지 않았다. 수십 년 후, 교수님은 다른 기자에게 그 발언을 매우 후회한다고 말했다.[5] 하지만 중요한 건 그게 아니다. 정작 그 말을 한 교수님은 본인 자녀를 직접 돌보지 않았다는 것이다. 그런데도 나는 화내고 반박하기는커녕 자책감에 사로잡혔다. 깊은 내면에서는 교수님이 옳을지도 모른다는 두려움이 있었다. 당시 아기에 관한 대화에서 등장하는 '부모(parent)'라는 단어는 주로 '어머니'를 의미했다. 왓슨, 볼비, 벤저민 스폭의 육아에 대한 연구는 모두 그 의미를 따랐다. 그리고 발달심리학과 진화인류학 같은 분야의 문헌은 '육아는 어머니의 일'이라는 사실을 의심하지 않았다.[6]

셋째아이 니코(개인적인 우상이자 노벨상 수상자인 생태학자 니코 틴베르헌(Niko Tinbergen)의 이름을 따서 지은 이름이다)가 태어날 당시, 우리 가족은 캘리포니아에 살고 있었다. 나는 UC 데이비스(University of California, Davis)의 교수로 임명되었다. 의과대학이 남편을 채용하기 위해 열심히 노력한 결과였다.* 나는 밤에 계속 일어나서 아기에게 젖을 줘야 했고, 남편은 병원에서 하루 종일 일하고 돌아와 푹 쉬어야 했다. 그래서 남편은 집 뒷마당에 텐트를 치고 따로 자기로 결정했다. 댄이 말했듯, '누구 한 사람이라도 잠을 푹 자기 위한' 방법이었다. 당시에는 육아 휴직이라는 문화가 없었고, 물론 아버지의 육아 휴직이라는 문화는 더욱 없었다.

새로운 아버지의 등장

1946년 내가 태어난 이후부터 이 책을 쓰는 지금까지의 수십 년 동안 정말 많은 것이 변했다. 고등학교를 졸업하고 할머니와 어머니의 모교인 웰즐리 칼리지에 입학한 것은 1964년이었다. 아기에 전혀 관심이 없었지만, 만약 내가 당시 벤저민 스폭의 베스트셀러 『유아와 육아의 상식(Baby and child care)』의 초판을 우연히 보았다면 까무러치게 놀랐을 것이다. 책에서는 다음과 같이 말한다. "남자는 아이 돌봄이 전적으로 어머니의 일이라고 생각하도록 자라왔다. 그러나 따뜻한 아빠도 진정한 남자가 될 수 있다"라고. 스폭 박사는 이어서 이렇게 썼다. "물론, 아빠가 엄마만큼 자주 젖병을 물리거나 기저귀를 갈아줘야 한다는 것은 아니다. 그러나 가끔은 해도 괜찮지 않겠는가." 또한 "아기가 병원에 갈 때 아빠가 같이 가는 것도 좋다"[7]라고 말했다. 당시 아기를 소아과에 데려가는 일은 여전히 어머니의 일이었고, 아버지는 그보다 더 중요한 일을 해야 한다고 여겨졌다.[8]

● 미국은 종종 유능한 교수를 채용하기 위해서 배우자에게도 교수 자리를 제안하는 관행이 있다.

여성과 남성의 역할이 뚜렷이 구분된다는 사실을 몸소 체험한 것은 그로부터 2년 후였다. 스무 살이 된 나는 여자대학교인 웰즐리에서 하버드의 래드클리프로 편입했다. 그곳은 여전히 남성 중심의 세계였고, 여자는 학부 도서관에 출입조차 못 하도록 금지되어 있었다. 내가 졸업한 해에는 하버드 대학에 여자 교수가 단 한 명도 없었다. 그 이전에 계셨던 유일한 한 명은 전년도에 은퇴했다. 박사학위를 위해 하버드로 다시 돌아왔을 때, 나는 어빈 드보어(Irven DeVore) 교수의 첫 번째 여자 대학원생이 되었다. 학위를 마치고 두 번째 책을 출판한 후에도 교수님은 나에게 굳이 연구자로서 경력을 쌓아가야 할 이유가 없다고 조언했다. 당시 사회생물학에 대한 반발로 인해 내가 연구하던 전공으로 교수를 선발하려던 인류학과는 거의 없었기 때문이었다. 그러다 겨우 한 곳에서 관련 전공자를 채용하려고 연락이 왔을 때, 교수님은 "아, 세라는 의사와 결혼했어요…"라고 대답했다. 그러고는 최근 박사 학위를 딴 다른 사람을 추천했다. 그 사람도 나처럼 기혼자였는데, 나는 여자고 그 사람은 남자라는 점만 달랐다.[9]

오늘날 여성운동과 함께 (완전히 사라진 것은 아니지만) 가부장적 사고방식이 사라지면서 여성들도 자유롭게 도서관 서가를 돌아다닐 수 있다. 사실 여성의 대학 진학률, 그리고 졸업률이 더 높은 세상이다. 2018년에는 심지어 여성 대졸자의 취업률이 남성 대졸자의 취업률을 상회했다.[10] 하지만 그보다 나를 놀라게 한 변화는 따로 있다. 오늘날에는 남자가 육아를 돕고, 심지어 어떤 남자는 전업으로 아이를 돌본다는 것이다.

예상치 못한 부드러움의 발견

2014년은 잊을 수 없는 해다. 첫째 손주가 태어나기도 했거니와, 처음으로 남자가 자발적으로 아기를 돌보는 일에 전념하는 모습을 보게 되었으니 말이다. 사위 데이비드(1978년생, X세대의 끝자락에 태어났다)는 손주가 태어난 후 밤낮없이 지극정성으로 돌보았다. 사위가 장미꽃잎처럼 부드러운 손주의 몸을 어루만지며 씻겨주던 모습을 잊지 못한다. 경이로운 장면이었고, 나는 행복에 부풀었다(《그림 1.2》).

사위 데이비드를 바라보며, 나는 '사냥꾼 남성(Man the Hunter)'이 요람 곁에 서 있는 광경에 감탄했고, 고마움의 감정이 벅차올랐다. 나는 그동안 보아왔던 모든 아기 돌봄의 장면을 회상했고, 남성의 돌봄이 얼마나 낯선 것인지 새삼 깨닫게 되었다. 어머니이자 할머니였던 나는 '정말 환상적인 일이야!' 하고 생각했다. 하지만 곧 진화인류학자로서의 내면이 개입했다. '이런 일이 어떻게 가능한 걸까?' 신생아를 돌보는 아버지의 모습이 정말 나의 개인적인 경험과 학문적 교육에서 배운 것처럼 그렇게나 드문 일일까? 그렇지 않다면, 어떻게 수컷 유인원이 이렇게 온화하게 갓난아기를 돌보는 능력을 지니게 되었을까? 어떻게 남성이 이렇게 이타적으로 몰입할 수 있는 것일까? 이 다정함의 근원은 도대체 어디에서 온 것일까?

첫째 딸 카트린카가 태어났을 때, 남편 댄은 분만실에서 나와 함께 있었다. 아버지 세대라면 좀처럼 상상하기 어려운 일이었다. 하지만 병원에서 집으로 돌아온 후에는 익숙한 상황이 펼쳐졌다. 아이를 돌보는 일은 다시 나의 몫이었기 때문이다. 그리고 딸아이를 돌보면서 깨달았다. 인간 아기에게 엄청나게 헌신적인 돌봄이 필요하다는 것

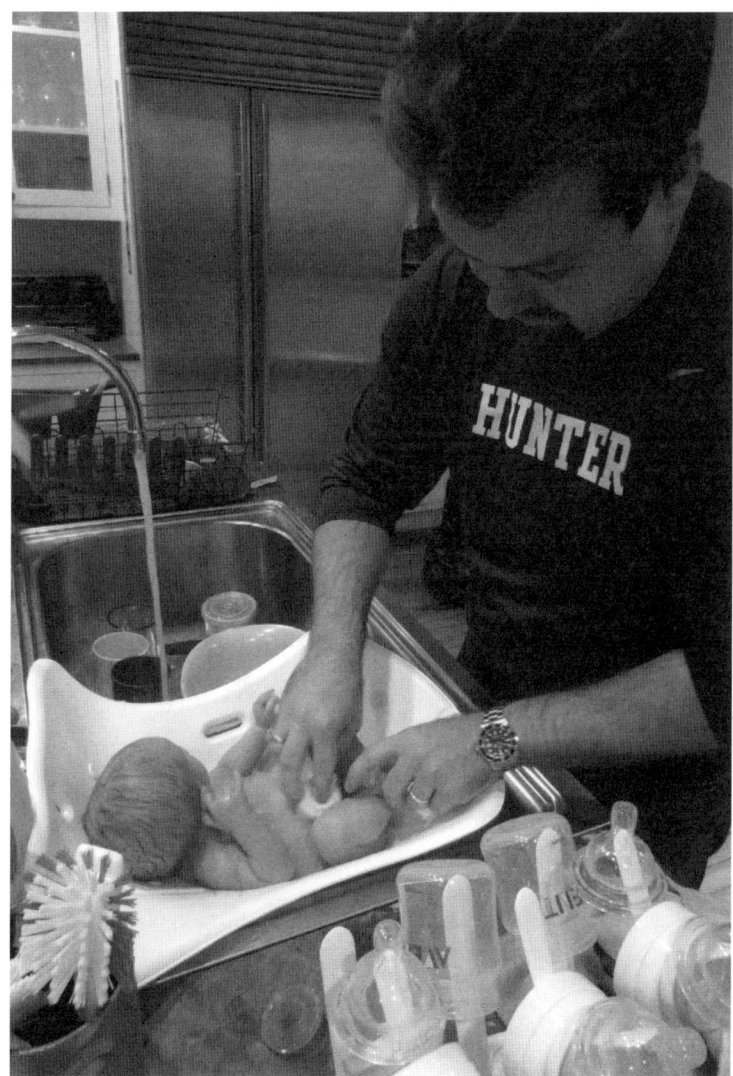

〈그림 1.2〉 데이비드는 당시 뉴욕의 헌터 칼리지 고등학교의 부교장으로, 공립학교의 자유로운 육아 휴직 정책 덕분에 아기를 돌보기 위해 장기간 휴가를 낼 수 있었다. 반면에 카트리카는 사립학교 교사로, 당시 덜 관대한 육아 휴직 정책으로 인해 계속 일을 해야 했다.(Sarah. B. hrdy)

을. 그리고 도저히 혼자서 해낼 수 없는 일임을 체감했다. 따라서 보모를 고용하여 육아일을 나눌 수밖에 없었다. 그런데도 남편의 도움을 받을 생각은 전혀 하지 못했다. 남자가 아기를 돌볼 수 있다고 생각해본 적은 단 한 번도 없었다.

그러나 이제는 세상이 변했다. 나는 눈앞에서 사위가 갓난아기를 부드러운 수건으로 조심스럽게 말리고, 패드 위에 눕히고, 기저귀를 갈고, 포대기로 감싸는 모습을 보았다. 영락없는 전문가였다. 아기는 편안한 표정으로 아빠를 올려다보았다. 그리고 얼마 지나지 않아 아들 니코의 딸이 태어났다. 니코도 데이비드 못지않게 아기를 잘 돌봐주었다.

현대 미국 사회에서 아기가 태어날 때 아버지가 분만실에 함께 들어가는 경우가 많다. 아버지는 아이가 태어난 후 곧바로 맨몸으로 안는다. 그리고 밤낮없이 살을 맞대고 돌본다. 나는 아들 녀석, 그리고 아들 녀석의 친구들이 아기를 직접 돌보는 모습을 보았다. 몇몇은 육아휴직을 받기까지 했다.

나는 이런 일이 벌어지리라고는 전혀 생각지 못했다. 그런데 뛰어난 민족지학자인 마거릿 미드는 달랐다. 미드는 남자도 아이를 키울 수 있다는 사실을 진즉 알고 있었다. 1935년에 출간된 고전 『세 부족 사회에서의 성과 기질(Sex and Temperament in Three Primitive Societies)』에서 미드는 온순한 아라페시족(Arapesh)의 아버지와 사납고 다투기 좋아하는 문두구머족(Mundugumor)의 아버지를 관찰했다. 문두구머족 남성과 달리 아라페시족 아버지는 온순하고, 사려 깊으며, 상당히 '모성적'이었다. 아내가 정원을 가꾸거나 다른 일을 할 때 아기를 돌보는 일을 도맡아 했다. 반면, 문두구머족 남성은 아이를 돌보지 않았다. 미드는 이러한 집단 간 행동 차이가 문화에 따른 것이라고 생각했다. 두 부족은 인종적으로 유사했기 때문이다. 여성주의 운동이 힘을 얻기 시작한 일부 산업 사회에서 일부 남성이 직접 아이를 돌보는 현상을 보이는 것에 대해서도 미드는 "이러한 이례적 행동은 문화적 영향에 의해 일어난다"고 주장했다. 미드의 말에 따르면, "모성은 생물학적 필수품이지만, 부성은 사회적 발명품이다."

이 의견은 수년간 공감을 얻었다. 비즈니스 저널리스트 마이클 루이스(Michael Lewis)가 회고록 『홈 게임(Home Game: An Accidental Guide to Fatherhood)』을 쓰면서 미드의 주장을 그대로 반영했다. 그는 "모성애는 본능적일 수 있지만, 부성애는 학습된 행동이다"라고 말했다. 당시 이런 추측에는 반론의 여지가 없었다. 하지만 문화적 설명만으로 모든 것을 설명할 수 있는 것일까? 사회적 기대가 변해서 그렇다든가, 가족 구성이 핵가족으로 바뀌어서 그렇다는 설명이면 충분한가? 우리 사위가 새벽 2시에도 아기가 뒤척이는 소리에 벌떡 깨어나 살피는 행동을 모두 설명할 수 있을까?

이 현상을 이해하기 위해 문헌을 샅샅이 뒤지던 중, 나는 오랜 친구이자 발달심리학자인 마이클 램(Michael Lamb)을 떠올렸다. 1980년대에 램은 아버지가 자녀를 돌보는 방식을 연구하기 위해 스웨덴으로 갔다. 당시 북유럽 국가들은 남자가 육아 휴직을 쓰는 것을 장려하는 등의 정부 정책을 통해 모범적인 사례로 알려져 있었다.[11] 램은 연구를 하면서 확신에 차 이렇게 말했다. "수유를 제외하면 여자가 남자보다 부모 역할을 하기에 더 낫다는 생물학적 증거는 없다. 전통적인 부모 책임 분담은 생물학적 타당성에 따른 것이 아니라 사회적으로 만들어진 관습에 의한 것이다."[12] 그리고 이를 입증하기 위해(그리고 의대에 다니는 아내를 돕기 위해) 자신의 주장을 몸소 실천했다. 한번은 강연을 하기 위해 내가 있던 대학에 온 적이 있는데, 그때 램은 우리 집에 어린 아들을 데리고 오기도 했다.

램 말고도 여러 학자들이 다양한 국가와 미국 내 여러 지역 사회에서의 부성 돌봄에 대한 연구를 진행했다.[13] 횡문화적으로 40퍼센트의 사회에서 일정 수준의 남성 직접 돌봄이 있다고 보고되었지만, 시간적으로 따지면 남자가 직접 돌보는 시간은 그리 많지 않았다.[14] 칼라하리 지역의 !쿵족*(요즘은 주호안시족이라는 명칭이 더 자주 쓰인다)의 수렵채집사회 육아를 다룬 초기 연구에서 인류학자 멜빈 코너(Melvin Konner)는 "남자가 아기 주위에 있는 경우는 많지만, 신생아를 실제로 안고 있는 시간은 낮 시간의 약 3퍼센트에 불과하다"고 보고했다.[15]

1992년, 배리 휴렛(Barry Hewlett)은 중앙아프리카 수렵채집인 아카족(Aka)의 부성 돌봄에 관한 책 『친근한 아버지(Intimate Father)』를 출간했다. 아카족 아버지는 24시간 중 거의 50퍼센트를 아기와 함께하며, 그 시간 중 약 9퍼센트는 아기를 안아주거나, 코를 비비거나, 입맞춤을 하며 보냈다. 1~4개월 된 아기를 안고 있는 시간은 낮 시간의 22퍼센트로, 이는 지금까지 기록된 부성 양육 참여 중 가장 높은 비율을 나타낸다.[16] 서양에서 아버지가 '아이와 알차게 보낸 시간'이라고 생각하

• '!쿵족' 혹은 '주호안시족'은 코이산족에 포함되는 아프리카 민족 중 하나로, 수렵채집을 통해 살아가는 부족이다. '!쿵족'에서 '!' 발음은 흡착음(혀를 튕겨서 내는 소리)이다.

는 짧고 강렬한 놀이 시간과는 달랐다. 아카족 아버지는 주거지 근처에서 아이들과 행복하고 끈끈한 시간을 길게 가졌다.

이는 저명한 심리학자인 지그문트 프로이트(Sigmund Freud)나 애착 이론가 존 볼비가 예상했던 바와 너무나 달랐다. 프로이트와 볼비는 둘 다 3~5세의 '오이디푸스기'** 이전에는 아버지가 아이의 발달에 거의 관여하지 않는다고 믿었다.[17] 그러나 휴렛은 아카족 아버지가 아기와 함께 시간을 보내고 나면 정서적으로 매우 가까워진다는 사실에 주목할 수밖에 없었다. 그리고 아기도 아빠에게 편안함을 느끼게 되었다.[18] 물론 그렇다고 해도 어머니의 양육이 더 많았다. 생후 첫 6개월 동안 아기를 돌보는 사람은 주로 어머니와 주변 여성(할머니 등)이었다. 이것은 인류학에서 말하는 '주 양육자 가설(the primary caretaker hypothesis)'로 알려진 사실과 일치한다.[19] 나는 21세기가 되어서야 비로소 남자가 주 양육자 역할을 맡는 사례를 접하게 되었다.

21세기 들어서 나는 우리 사위와 아들 같은 사람들이 자청하여 실험 대상이 되어 독특한 자연 실험을 진행하는 것을 눈앞에서 지켜보았다. 아기가 태어나자마자 사위는 딸과 비슷한 수준으로 아기를 돌보았다. 데이비드는 '개중에 한 사람'이 아니었다. 1950년대라면 갓난아기를 곧바로 신생아실로 옮겼을 그런 산부인과 병동에서 요즘은 엄마와 아빠 모두 아이와 친밀감을 쌓도록 권장된다. 일부 병원에서는 남성이 가급적 웃옷을 벗고 갓난아기를 가까이 안아 살갗을 맞대도록 권장하는 포스터가 붙어있다(《그림 1.3》)

•• 프로이트의 정신분석이론에서 말하는 심리성적 발달단계 중 하나.

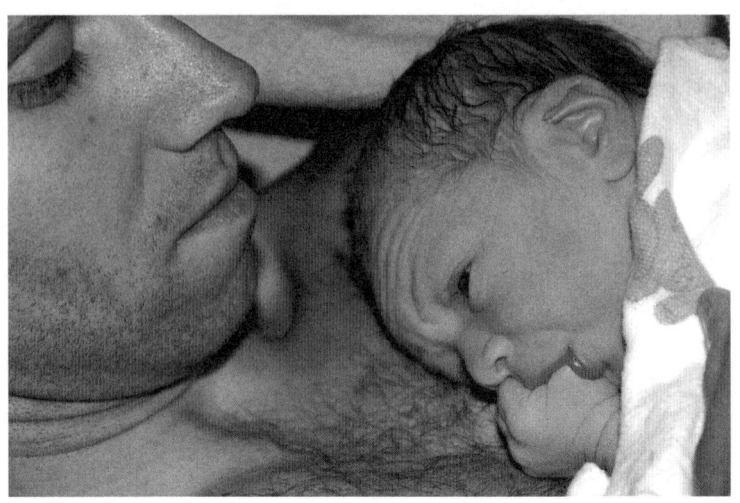

〈그림 1.3〉   21세기에 이르러 부성 전문가 리 게틀러(Lee Gettler, 4장과 8장 참고)와 같은 아버지들은 아이 출산 직후 피부 접촉을 통한 유대를 시작한다. 그리고 그 후로도 오랫동안 가까이에서 접촉을 지속한다.

    2016년 미국 소아과학회에서는 아버지가 검진을 위해 아이를 병원에 데려가거나 예약하는 것을 권장해야 한다는 보고서를 발표했다.[20] 심지어 우리 사위처럼 아이와 병원 가는 일을 주로 맡는 아버지도 있다. 사위는 수유의 양과 시간, 배변, 수면 시간, 발달 현황 등을 앱으로 기록하고 병원에서 검진을 받을 때 보여준다. 실제로 요즘 아버지는 아기 돌봄에 대한 조언을 필요로 할 때 '신생아를 위한 초보 아빠 가이드' 같은 사이트에 쉽게 접속할 수 있다. 이 사이트는 아버지에게 기저귀 가는 방법을 가르친다. 나 때는 남자가 기저귀를 가는 것은 상상도 못할 일이었다.[21]

    정치적으로 분열되고 온갖 사회문제에 시달리는 미국에서 이 새로운 현상을 어떻게 설명할 수 있을까? 동시대의 어느 '사냥꾼 남자'는 아이들의 기저귀를 한 번도 갈아본 적 없고, 애를 키우는 것은 아내의 일이며, 나는 충분한 "돈을 대준다"면서 으스대었다.[22] 그러고는 우리는 인간이고 "남자는 가장 사나운 동물"로서, "끝없는 전투 속에서 승리하거나 패배하는 존재"이기 때문이라 말했다.[23] 이런 생각을 가진 인물이 2016년 미국 대통령으로 선출되었다. 하지만 반대로 미국의 일부 남성은 남성성에 관한 새로운 정의를 쓰며 아기 양육을 자신의 최우선 과제로 여긴다.

남성성의 새로운 정의

이미 19세기 말부터 남성성의 정의가 바뀔 조짐이 보였다. 아마도 집을 자주 비우게 되는 상황에 미안함을 느끼거나, 생계를 책임지느라 일하는 데 너무 많은 시간을 보내는 남자가 자기 삶에서 더 많은 의미를 찾고자 했기 때문일 것이다. 아버지는 자녀의 심리 발달에 더 많이 관여하기 시작했다. 20세기에 들어서면서 점점 더 많은 미국의 아버지가 자녀의 성장과정에 함께하는 동반자가 되었으며, 손윗사람보다는 친구 같은 존재가 되었다. 많은 아버지가 부모-교사 회의에 나가고, 양육 관련 서적을 읽고, 전문가의 의견을 듣고자 했다. 미국의 가족 역사학자인 로버트 그리스월드(Robert Griswold)는 이들을 "새로운 아버지들"이라고 불렀다.[24] 새로운 아버지는 고무젖꼭지가 달린 젖병과 분유로 어머니처럼 젖을 줄 수 있다. 그러나 이 '새로운 아버지'는 아직 21세기 아버지에는 못 미쳤다. 왜냐하면 아직 '올바른'(이라고 쓰고 '이분법적'이라고 읽는다) 성 역할이 있다고 믿었기 때문이다. 그들은 아기를 하루 종일 돌보는 일은 아내에게 맡겼다.

여성운동의 성장과 신뢰할 수 있는 피임 방법이 발달한 덕분에 성 역할이 변화하고 있었다. 법적으로도 여성의 권리는 더욱 확대되었다. 1993년에는 루스 베이더 긴즈버그(Ruth Bader Ginsburg)가 미국 대법원 판사로 부임했다. 긴즈버그 판사는 부임하기 전 스웨덴에서 공부했는데, 이때 남자가 육아에 참여할 수 있도록 돕는 제도가 어떤 효과를 불러일으키는지 직접 보고 배웠다. 판사는 미국에서도 충분히 같은 일이 일어날 수 있다고 믿었다. 따라서 법정에 앉은 후, 성 평등과 여성의 교육 및 취업 기회 확대를 촉진하는 데 자신의 위치를 십분 활용했다.

여성의 새로운 경제 및 직업 기회

1970년에 나는 하버드 대학교에서 지도교수님의 첫 여자 대학원생이었다. 40년 후인 2010년에는 미국 연구원의 40퍼센트 이상이 여성이었다.[25] 그로부터 10년 후, 미국에서 박사 학위를 받는 사람의 절반 이상을 여성이 차지하게 되었다. 오늘날 의대와 법대 입학생의 절반은 여성이다.[26] 내가 태어났을 때는 자녀를 둔 여성의 16퍼센트만이 집 밖에서 일하고 있었다.[27] 1977년에 첫 아이를 낳았을 때 그 비율은 35퍼센트로 두 배가 되었고, 2000년에는 다시 두 배가 되어 2019년 코로나19 발생 전에는 75퍼센트에 이르렀다.[28] 팬데믹 시기에는 가족이 격리되고 육아를 맡길 사람이 없어지면서, 약 130만 명의 어머니가 아이를 돌보기 위해 노동 시장에서 이탈했다.[29] 여성의 노동 참여율의 증감에도 불구하고, 그리고 전문직 취업 기회의 가파른 증가세가 둔화되는 상황에서도[30] 남성이 가정에 얼마나 많은 도움을 줄 것인지에 대한 기대는 계속 높아지고 있다.

내가 고등학교를 졸업한 1964년부터 첫 손자가 태어난 시점까지, 남성이 주당 육아에 할애하는 시간이 두 배 이상 증가했다. 처음에는 고작 2시간 30분이었고, 지금은 5시간을 훌쩍 넘는다. 이는 여전히 대부분의 육아를 담당하느라 어찌할 바를 모르는 어머니에게는 별로 큰 수치가 아닐 것이다. 그래도 두 배가 되었다는 그 사실은 괄목할 만한 변화다. 2012년에는 미국의 7000만 명의 아버지 중 18만 9000명이 파트너 없이 자녀를 돌보는 싱글 아버지다. 그리고 35만 2000쌍의 게이 남성 커플 중 10퍼센트가 자녀를 키우기로 선택했다.[31] 코로나19 팬데믹 초기에 약 25만 명의 아이가 풀타임으로 아버지의 돌봄을 받았고, 약 200만 명의 아이가 파트타임으로 아버지의 돌봄을 받았다.[32] 지금은 어떨지 모르지만, 이러한 수치는 전례가 없다.

전례 없는 상황

21세기 초, 사회과학자들은 미국 사회에서 아이가 아버지와 함께하는 시간이 늘었다고 보고했다. 아버지는 평일에는 한 시간 조금 넘게 아이와 함께 시간을 보냈고, 주말에는 하루에 약 3시간 정도를 함께 보냈다. 대학 학위를 가진 아버지에게서 증가율이 더 높게 나타났지만, 전반적으로 부모 모두가 이전보다 아이들과 더 많은 시간을 보내고 있었다.[33] 아버지와 어머니가 모두 풀타임으로 일하는 경우 양육 시간은 여전히 어머니가 더 많았다. 그러나 설문에 대한 응답을 분석해보면, 아버지는 어머니보다 '아이와 함께 보낼 시간이 부족하다'고 응답한 경우가 두 배나 많았다.[34]

팬데믹 이전에도 이미 복지와 평등에 관심이 많은 고용자는 유연한 근무시간을 제공하고 육아휴직을 권장했다. 팬데믹 이후 구인난이 심해지자 더 많은 고용자가 이러한 혜택을 주기 시작했다. 교육 기회의 확대, 여성 취업률 증가, 아버지 양육에 관한 사회적 기대, X세대와 밀레니얼 세대의 '평등'에 관한 관심도 큰 역할을 했다. 사회가 변화하는 데에는 임신에 관한 여성의 자기 결정권의 확대가 중요한 역할을 했다. 그런데 이제는 남자도 이러한 변화를 즐긴다. 새로운 결정권이 생겼기 때문이다.

〈그림 1.4〉 미국 최초로 두 달간 유급 육아휴직을 실시한 각료가 된 피트 부트지지 장관은 이 사진을 트위터(https://twitter.com/PeteButtigieg/status/1434167993769111552)에 올렸다.

남자는 대리모를 통해 아이를 가질 수 있게 되었다. 자신의 정자로도 가능하지만 정자를 기증받는 것도 가능하다. 아버지가 되면 아기가 태어난 직후부터 주 양육자로서 역할을 할 수 있다. 동성애자인 미국 뉴스 앵커 앤더슨 쿠퍼(Anderson Cooper)는 "아이를 가질 수 있을 거라곤 전혀 생각하지 못했는데" 대리모를 통해 아이를 낳은 사실을 한껏 들뜬 마음으로 사람들에게 알리면서 갓 태어난 아들을 부드럽게 안으며 "달콤하고, 부드럽고 건강하다"고 말했다. 같은 해인 2021년 피트 부티지지(Pete Buttigieg) 미 교통부 장관과 그의 남편 채스턴은 신생아 쌍둥이 남매를 입양하고는 한껏 들뜬 마음으로 가족사진을 트위터에 올렸다(《그림 1.4》).[35]

진짜 '새로운 아버지'

모두가 이러한 급격한 변화를 환영하며 받아들인 것은 아니다. 2018년, 미국심리학회(American Psychological Association)가 '남성성'에 대한 새로운 정의를 발표했을 때, 큰 논란이 일었다. 사람들은 학회가 만든 새로운 정의가 남성성을 악마처럼 묘사하고, 남자를 '여성화' 한다고 주장했다. 일부 저자는 살해 위협을 받기도 했다.[35] 그해 〈월스트리트 저널〉 사설에서 세 아들의 어머니는 "왜 우리는 남자와 여자가 같다고 믿는 척해야 하는가? 그리고 왜 남성성이 문제라고 믿는 척해야 하는가?"라고 물었다. 그러면서 소년이 남자답게 자라는 것이 필수적이라면서 "세상은 강한 남성을 필요로 한다. 그들이 없다면 누가 '마을'을 적으로부터 보호할 수 있을까?"라고 반문했다.[36] 의식적이든 그렇지 않든 이 주장은 '남자라면 집단을 방어하는 전사로서 역할을 해야 한다'는 진화론자의 공감대를 반영하고 있었다. 마거릿 미드조차 이런 의견에 동조했다. 미드는 "서구 사회의 남성이 어머니처럼 육아를 즐기게 되면 위험할 수 있다"고 경고했다. "아버지가 아이를 보는 데 매진하느라 창의력을 잃거나 혁신적이지 못하게 될 수도 있다"는 것이 그 이유였다.[37] 이것이 어쩌면 미드가 "과거 어느 시대에도 교육받고 책임감 있는 남성이 어린 아기를 돌보도록 장려된 적 없다"라고 말한 이유일지도 모른다.

오늘날 전 세계의 우파 지도자들은 이러한 두려움을 악용하고 있다. 남성성을 과시하며 대중의 지지를 얻고자 한다. 일부는 오토바이 집회를 이끌거나 옷을 벗은 채 말에 올라타고 등장하기도 하며, 자신의 테스토스테론 수치나 성기 크기에 대해 떠벌리기도 한다. 러시아의 대통령 블라디미르 푸틴은 "성별을 바꿀 수 있다고 가르치는 것은 전 인류적 범죄"라고 선언했다. 이러한 모습은 마거릿 미드가 생전에 예견하고 우려했던 현상이다.[38] 그러나 가부장적 보수주의자가 군사 집회를 여는 상황 반대편에서는 임신한 남성 이모티콘과 같은 새로운 문화적 밈이 퍼지고 있다.

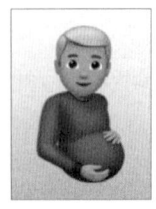

앞으로 논의가 진행되면서 더욱 분명해지겠지만, 성 역할과 부모 책임을 두고 생기는 정치적 긴장은 오래전부터 존재해왔다. 그러나 오늘날 점점 더 많은 남성이 아기를 돌보고 그 과정에서 큰 만족을 느끼면서 전례 없는 상황이 펼쳐지고 있다. 개인적으로 사회적, 법적, 기술적 진보로 인한 변화도 놀랍지만, 남성의 내면과 신체에서 일어나는 일이 더 놀랍다. 남성들도 엄마처럼 아기에 대해 민감하게

반응한다는 것이 증명되었을 뿐만 아니라 일부는 아기에게 감정적으로 깊이 몰입하고 강한 유대감을 느끼며, 심지어 아기에 '중독'되기도 한다.

나는 평생을 인간 및 영장류의 생식 전략에 대해 연구했다. 특히 남성과 여성이 자손을 생산하고, 투자하고, 양육하는 방식 그리고 서로 다른 환경에서 생존하기 위해 필요한 요소가 무엇인지 알고자 노력했다.[39] 신경과학자 및 다른 여러 연구자는 남자가 아기를 돌볼 때 어떤 일이 일어나는지 밝혀내고 있다. 그런데 나를 비롯한 진화인류학자들은 남성에게 본능적인 양육 능력이 있다는 사실을 왜 눈치 채지 못했을까? 다음 장에서는 우리가 이 주제를 연구할 가치가 있다고 생각하기까지 긴 시간이 걸린 이유에 대해 이야기할 것이다.

2
남자의 불행한 본능

"남자는 다른 남자의 경쟁자이다. 그리고 경쟁을 즐긴다. 이것은 야망과 이기심으로 연결된다. 이러한 본능은 남자의 자연스럽고, 불행하며, 타고난 운명이다."

찰스 다윈(1871)[1]

암컷이 키우는 포유류

과학자들이 남성들에게 숨은 양육 능력이 있다고 생각하기까지 왜 그리 오랜 시간이 걸렸을까? 아마 가장 유력한 설명은 남성의 양육 행동이 거의 드러나지 않았기 때문일 것이다. 얼마 전, 아마존 원주민의 부모 양육에 관한 전문가인 친한 동료가 나에게 요즘 무슨 일을 하고 있느냐고 물었다. "남성의 양육 능력에 대한 책을 쓰고 있다"고 대답하자, 잠시 침묵한 후 웃음을 터뜨리며 말했다. "글쎄… 책에 쓸 내용이 있기나 하니?" 마치 내가 '도깨비의 식습관' 같은 허구의 생물에 대한 이야기를 쓰기라도 하는 것처럼 반응했다.

회의적인 반응은 이해할 만하다. 그는 진화인류학자로서 인간이 포유류에 속한다는 것을 잘 알고 있다. 전 세계 약 5,400종의 포유류 중, 약 5퍼센트의 종에서만 수컷이 새끼를 돌보는 현상을 보인다.[2] 또한 인간과 가까운 유인원의 수컷 중 일상적으로 새끼를 돌보는 종은 없으며, 수백 개의 인간 사회에서도 남성이 신생아를 돌본다는 기록은 없다.[3] 최근까지 포유류를 대상으로 진행된 거의 모든 생물심리학적 연구는 암컷에게만 집중했다. 실제로 이들 연구 중 가장 과학적으로 엄밀한 연구는 실험실 동물을 대상으로 이루어졌는데, 여기서 새끼와 함께 있는 유일한 개체는 암컷이었다.

생물심리학적 연구는 암컷 포유류가 자신의 새끼를 양육하는 데 매우 잘 적응되어 있음을 보여준다. 새끼는 어미가 낳는다. 낳은 후에는 영양가 넘치는 젖으로 아기의 목을 축이고 배를 불린다. 심지어 모유는 면역력을 갖도록 만들어 주기도 한다. 2억 2천만 년 전에 포유류가 등장한 이래로 어미의 존재는 새끼의 생존에 필수적인 요소였다. 암컷에게는 새끼가 태어나기 몇 달 전부터 호르몬 변화가 일어난다. 갑자기 눈앞에 나타난 작은 존재를 공격하지 않도록 말이다. 이로써 어미는 새끼를 받아들이고, 깨끗이 핥아주며, 새끼의 냄새를 머릿속에 각인한다. 그리고 새끼에게 젖을 먹인다.

20세기의 후반에 생물심리학자는 이런 현상이 일어날 수 있도록 해주는 임신 중의 호르몬 분비 기전에 대해 연구했다. 1968년, '양육의 아버지'라 불리는 심리학자 제이 로젠블랫(Jay Rosenblatt)은 기발한 실험을 했다. 출산 직후 어미 쥐의 혈액을 아직 짝짓기조차 하지 않은 처녀 쥐에게 수혈하자 처녀 쥐가 자발적으로 새끼를 핥고 돌보며 마치 어미처럼 행동한다는 것을 밝혔다.[4] 출산 후 어미 쥐의 혈액에는 에스트로겐과 같은 호르몬이 흐르고, 보호와 양육을 촉진하는 옥시토신과 다목적 호르몬인 프로락틴(prolactin)이 방출된다. 프로락틴은 그 이름 그대로 수유(lactation)를 촉진(promote)하는 호르몬이다.⁵ 프로락틴 분비량이 늘어나면 젖샘을 자극해 젖이 나오게 할 뿐만 아니라, 어미 쥐가 새끼를 돌볼 수 있도록 스트레스 반응을 조절하는 역할을 한다.

옥시토신은 분만 시 자궁 수축을 촉진할 뿐만 아니라, 출산 후 어미가 새끼를 가까이 두고 싶어 하도록 만든다. 이는 부모와 자식 사이의 애착을 키우는 역할을 한다. 옥시토신은 아기가 어미의 젖을 빨 때 젖이 더 잘 나오게 하고, 아기는 옥시토신이 섞인 젖을 마시면서 진정된다. 6장에서 좀 더 소개하겠지만 신경생물학자 수 카터(Sue Carter)에 따르면, 옥시토신은 그 자체로 유대감을 만드는 효과를 가진 것이 아니라, 유대감을 느끼도록 매개하는 역할을 한다. 옥시토신은 상대와의 접촉에 대한 좋은 기억을 불러일으키고, 따라서 가까이 붙어있고 싶게 되고, 시간이 흐르면서 반복되면 애착이 만들어지기 때문이다.⁶ 카터는 옥시토신을 "편안함을 느끼도록 유도하는 묘약"과 같다고 말한다. 신경생리학적으로 '사랑'이라고 부르는 감정은 외부의 존재를 보호할 때 느낄 수 있다.⁷

어머니-아기 유대감에 대한 20세기의 과학적 발견은 값진 발견이지만, 그렇다고 해서 이것이 여성이 아기를 돌보기에 가장 적합한 존재라는 증거가 될 수는 없다. 아버지와 아기 사이의 유대감에 대한 연구는 해보지도 않았지 않은가. 그러나 이미 사람이 가지고 있던 편견과 너무나 잘 맞아떨어졌고, 그래서 여성은 타고난 양육자라는 인식이 굳어졌다. 이는 여성의 공감능력이 남성보다 뛰어나다는 믿음을 만들기도 했다. 실제로 찰스 다윈조차 "여성은 정신적 성향에서 남성과 다소 차이를 보이는데, 이는 여성이 더 온화하고 덜 이기적인 특성을 지니기 때문이다"라고 말했다. 그리고 다윈은 이것이 "모성 본능으로 인해 나타나는 특징이며, 아기가 아닌 다른 존재에게도 마찬가지로 애정을 확장할 수 있다"고 결론지었다.[8]

다윈은 본능적 공감능력에서 여성이 더 뛰어나다는 것을 증명하지는 않았다. 다만 그가 살던 시대와 그의 경험을 종합해보면 타당한 추론이었다. 심지어 최근까지도 이 사실에 대해 의문을 제기하는 사람은 없었고, 그럴 이유도 없었다.

최근에 밝혀진 바에 따르면, 아이를 돌볼 때 나타나는 신경내분비적 물질 네트워크는 비단 엄마와 아기 사이의 유대감에 관여할 뿐만 아니라 남녀관계와 같은 여타 사회적 유대감에도 동일한 역할을 한다고 한다.[9] 그러나 남자가 여자만큼 아기를 잘 돌볼 수 있는지는 아직 별로 밝혀진 것이 없다.

포유류를 벗어나

포유류의 새끼 돌봄에 대한 정신생물학적 연구가 주로 어머니인 암컷을 중심으로 이루어진 반면, 포유류 외의 다른 척추동물을 연구하는 동물학자들은 내부 수정, 임신, 그리고 수유 과정이 없는 동물에서 수컷이 자주 육아를 담당한다는 사실을 알고 있었다. 예를 들어 널리 연구된 조류 1만 종 중 90퍼센트는 암수 모두가 둥지를 지키고 새끼에게 먹이를 물어다 준다. 조류의 조상인 공룡도 아마 암컷이 커다란 알을 낳으면 '주로 수컷'이 품었을 것이라고 한다.[10]

이런 패턴은 현재 타조목 조류에서도 발견된다. 우리가 일반적으로 알고 있는 타조는 암수가 번갈아가며 알을 품고 새끼를 돌본다. 게다가 에뮤, 나무타조, 카수아리(화식조) 등 일부 타조목 동물에게 새끼를 돌보는 일은 전적으로 수컷의 몫이다. 카수아리 어미는 새끼가 태어나고 나면 먹이를 찾아다니며 에너지를 모은다. 이는 다른 수컷과 교미하여 다시 알을 낳기 위한 것이다. 반면 카수아리 수컷은 새끼가 태어나면 9개월 가까이 돌보며 뉴기니와 호주의 열대우림에서 살아가는 법을 가르친다.

물고기의 경우 약 2만 8천 종 중 25퍼센트 정도만이 부모 행동을 보인다. 그런데 수컷이 새끼를 돌보는 경우가 더 많다. 암컷은 알을 낳고 나면 다시 알을 만들어내기 위해 먹이를 찾아 떠난다.[11] 수컷은 자신의 영역에 있는 알 무더기 주변을 맴돌며 보호한다. 물고기는 체외수정을 하기 때문에 알이 어떤 수컷에 의해 수정된 것인지 확신할 수 없지만, 대부분의 알은 해당 영역을 차지하고 있는 수컷에 의해 수정된 것이다. 알이 부화하면 수컷은 한동안 새끼 무리를 계속 보호하거나, 심지어 일부 종에서는 몸에서 분비되는 영양가 있는 점액을 새끼에게 먹이기도 한다.[12]

수컷 물고기는 자신의 영역 내에 약삭빠른 '좀도둑' 수컷이 들어와 몇 개의 알을 수정했다 하더라도 신경 쓰지 않고 알을 돌본다. 그 몇 개의 알을 추가로 더 돌보는 데 쓰는 에너지는 별로 크지 않기 때문이다. 자기 알이 무엇이고 다른 수컷의 알이 무엇인지 구분할 방법이 없기 때문이기도 하다. 만약 수컷 물고기가 알을 보호하지 않으면 엄청난 대가를 치러야 한다. 따라서 알을 지키기 위한 다양한 전략이 발전하기도 한다. 예컨대 탕가니카호(Lake Tanganyika)의 '구내보육'(입 속에 알을 넣어 보호하는 포란 방식)을 하는 시클리드 물고기 수컷은 자신의 것으로 추정되는 새끼의 생존 확률을 높이기 위해 알을 입이나 아가미에 넣은 후, 아무것도 먹지 않고 며칠 동안 굶주리다가 새끼가 태어나면 밖으로 내보낸다.[13] 하지만 이런 구내보육도 완벽하지는 않다. 가끔 수컷이 알을 입에 넣기 전에 '좀도둑' 수컷이 달려들어 몇 개의 알에 정액을 뿌리기도 한다.

이번에는 자연계에서 찾을 수 있는 아버지 역할 모범 사례인 해마, 가오리, 해룡을 만나보자. 이들 암컷은 수컷의 특수 부화주머니에 알을 주입한다. 그러면 알은 수컷 내부에서 수정되고 부화한다. 이를 두고 '임신'이라고 해도 좋을 것이다. 발달 중인 배아는 주변 수컷 조직의 모세혈관에서 산소를 공급받는다. 임신이 진행되면서 부화주머니 속 액체의 화학 성분이 바깥의 염분 농도와 비슷해져 새끼가 태어날 때 받는 충격을 줄인다. 포유류와 마찬가지로 이들에게는 수유를 촉진하는 프로락틴 호르몬이 동원되어 난황막의 효소 분해를 촉진하고 '태반' 액체를 생성해 아버지 내부의 배아에게 영양을 공급한다.[14] 출산 과정은 이소토신(isotocin)*에 의해 촉진되는데, 이소토신은 포유류에서 출산 시 자궁 수축을 유도하는 신경펩타이드인 옥시토신과 분자적으로 상동(相同, homologous)한 물질이다. 내가 출산할 때 겪었던 진통 수축을 유발했던 호르몬과 동일한 역할을 하는 것이다. 이에 대해서는 12장에서 다시 다룰 것이다(《그림 2.1》).

• 이소토신은 뇌하수체 호르몬 중 하나다. 물고기에서 발견되는 호르몬으로, 포유류의 옥시토신과 유사한 기능을 한다. 이소토신은 사회적 행동, 특히 짝짓기, 결속, 공격성 감소와 같은 사회적 상호작용을 조절하는 데 중요한 역할을 한다.

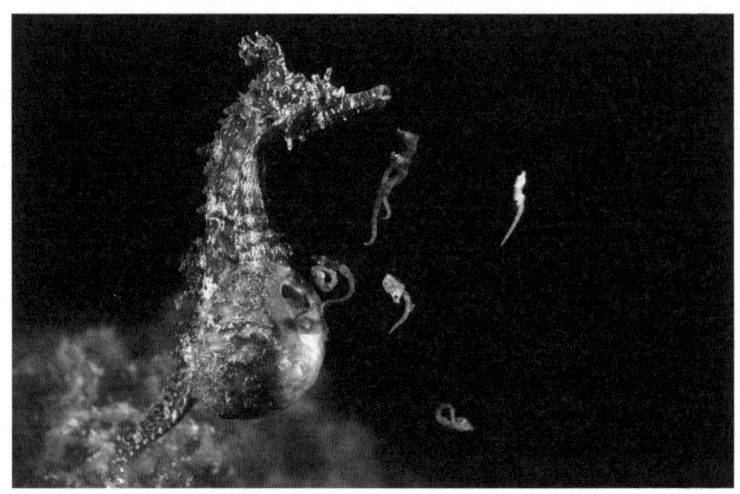

<그림 2.1.> 한국해마(*Hippocampus haema*) 아버지의 부푼 배 안에서 여러 주를 보내며 자란 수십 마리의 작은 해마가 아버지의 배 쪽 갈라진 틈새로 뿜어져 나온다. 그들을 밖으로 내보내는 것은 이소토신 호르몬에 의해 유발된다. 이 호르몬은 포유류의 옥시토신과 분자구조가 같다. 이렇게 세상 밖으로 나와 바다 플랑크톤 속에 흘러다니는 새끼는 극히 일부 개체만 살아남는다. (© Tony Wu / www.tony-wu.com)

물고기, 그리고 그 뒤를 이은 양서류는 가장 초기의 척추동물 중에서 부모 돌봄 행동을 보인 집단이었다. 그리고 대부분의 경우 주로 새끼를 돌보는 쪽은 수컷이었다. 하지만 물고기, 양서류, 조류 부모가 보여주는 둥지 만들기, 알·새끼·올챙이·병아리 돌봄 등 수많은 사례에서 인간처럼 애정을 바탕으로 하는 돌봄이 나타날까? 물고기에서 애정의 흔적을 가장 가까이 찾아볼 수 있는 장면을 떠올려 본다면, 아마도 해마 암컷이 자신의 알을 수컷에게 넘긴 직후의 모습일 것이다. 암컷은 짝 곁에 머물며 지켜보고, 꼬리를 서로 친밀하게 얽어 둔다.[15] 이런 행동을 감정에서 우러나온 행동이라 해석할 수 있을까? 잘 모르겠지만, 내 생각에는 포유류가 진화하면서 어미와 새끼 사이의 유대가 모유수유를 통해 깊어지고, 그렇게 생긴 상호 결속이

사랑과 애정, 공감과 걱정의 감정을 만들지 않았을까 싶다.

잘 알려지지 않은 수컷 양육 본능

포유류는 진화적으로 암컷이 주로 새끼를 돌본다. 수컷이 돌보는 일은 거의 없다. 수컷 돌봄을 보이는 소수의 포유류는 대부분 외딴 곳에 살고, 나무 꼭대기나 땅 밑에서 새끼를 돌보기 때문에 사람이 목격할 기회가 많지 않다. 따라서 과거의 박물학자*는 수컷이 새끼를 돌보는 모습을 관찰하지 못했다. 눈에 보이지 않으면 마음에서도 멀어지는 법. 따라서 수컷의 양육 본능에 대해 관심 갖는 사람은 아무도 없었다.

영장류의 수컷 돌봄을 처음으로 기술해서 보고한 사례는 마모셋원숭이(marmoset)였다. 마모셋원숭이는 남아메리카에 서식하지만 18세기 서구의 귀족들은 마모셋원숭이를 애완동물로 기르기도 했다. 털이 부드러우며 성격이 발랄했고, 주인의 어깨 위에 앉거나 소매 속으로 들락날락하는 모습이 귀여워 인기를 끌었다. 당시 런던의 한 정원에서 길러지던 마모셋원숭이를 관찰한 사람이 있으니 그 사람은 박물학자이자 예술가인 조지 에드워즈(George Edwards)였다. 에드워즈는 관찰하던 중 어미 마모셋이 쌍둥이 새끼를 데리고 다니다가 피곤해지자 벽에 비벼서 떨어뜨리는 것을 보았고, 떨어진 아기를 아비가 주워 드는 것을 보고 깜짝 놀랐다. 에드워즈는 "수컷이 곧바로 새끼를 돌보

• 박물학자(Naturalist)는 자연세계를 연구하고 기록하는 학자를 의미한다. 주로 18~19세기에 활동한 사람을 지칭하며, 동물, 식물, 지질, 기후 등 다양한 자연현상과 생물을 관찰한 후 이를 체계적으로 분류하고 설명하는 역할을 했다. 그 유명한 진화론의 아버지 찰스 다윈도 박물학자였다.

〈그림 2.2〉 영장류의 부성 돌봄에 대해 최초로 기록된 설명은 조지 에드워즈의 『자연사 선집(Gleanings of Natural History)』(1758년에서 1764년 사이 출판)에 실렸다. 책에는 마모셋(*Callithrix jacchus*) 판화가 함께 있다. 수 세기 후, 마모셋은 포유류의 수컷 돌봄을 연구하는 주 대상이 되었다.

기 시작했으며, 암컷의 부담을 덜어주기 위해 한동안 자신의 등에 새끼를 업고 다녔다"고 기록했다(〈그림 2.2〉).

20세기에 현장에서 직접 관찰하는 방식의 영장류학이 등장하면서, 중앙아메리카 및 남아메리카의 타마린(tamarin, 엄니가 긴 명주원숭이의 일종)과 마모셋이 '일부일처' 또는 '다부일처'의 짝 관계를 맺는다는 사실이 알려졌다. 그리고 두 종에서 수컷이 새끼 돌봄에 참여하는 것을 발견했다. 이들은 자연 상태에서 무리를 이루고 살아간다. 암컷은 하나 또는 여러 수컷과 번식한다. 번식 후에는 무리 내 암컷과 수컷 모두가 새끼를 돌본다. 아프리카의 케이프사냥개 무리에서도 비슷한 일이 일어난다. 여러 수컷이 함께 사냥에 나서고, 사냥에 성공하면 무리 지어 굴로 돌아와 새끼를 위해 적당히 소화된 고기를 토해낸다. 자기 자식만 챙기는 것이 아니라 모두를 위해 행동한다.

20세기 후반에 이르러 포유류의 수컷 돌봄 행동에 대해 더 많은 사실이 알려지기 시작했다. 일본의 너구리가 대표적이다. 일본 전역에는 너구리를 기리는 사원이 많은데, 이 너구리 수컷은 일상적으로 암컷을 도와 새끼에게 먹이를 준다는 점에서 수컷 돌봄의 전형적인 사례로 꼽힌다. 더 유명한 사례로는 아프리카 미어캣이 있다. 아프리카 미어캣 수컷은 육아를 돕고, 새끼들이 스스로 먹이를 잡고 사냥하는 법을 배울 때 멘토 역할을 한다. 협력적으로 번식하는 미어캣의 가족 생활에 대해서는 〈미어캣 매너(Meerkat Manor)〉*라는 시트콤이 잘 그려내고 있다.

• 〈미어캣 매너〉는 2005년부터 2008년까지 영국에서 방영된 프로그램이다.

동물에게 보이는 수컷 돌봄은 무시할 수 없는 중요한 특징이다. 그러나 수컷 돌봄 행동을 보이는 동물은 인간과 계통학적 거리가 멀다. 또, 영장류 내에서 수컷 돌봄을 보이는 동물은 매우 소수에 불과하다. 그나마 인간과 가장 가까운 종으로 시아망(심팔랑구스(Symphalangus) 속, 또는 큰긴팔원숭이)이 있다. 이들은 주로 일부일처제를 따른다. 암컷이 출산을 하고 약 1년이 지나면 새끼가 젖을 떼는데, 이때 수컷은 아기를 돌보고 암컷은 먹이를 구하러 다닌다. 수컷이 새끼를 대신 돌봐주기 때문에 암컷은 양육 부담을 덜고, 다시 임신할 수 있는 몸이 된다. 이로써 이들 부부는 다시 새끼를 낳을 수 있다.[16]

하지만 시아망의 조상은 2300만 년 전에 사람과(Hominidae. 침팬지, 보노보, 고릴라, 오랑우탄, 인간)의 계통에서 갈라졌기 때문에 인간과 가까운 영장류라고 하기 힘들다. 수컷 돌봄이 나타나는 주요 영장류 사례는 우리 인간과 계통학적으로 먼 친척들 사이에서 발견된다. 협력적으로 번식하는 마모셋과 타마린 같은 중앙아메리카와 남아메리카 원숭이, 일부일처제로 짝을 이루는 올빼미원숭이와 티티원숭이, 일부 원원류가 그렇다. (곤충, 물고기, 양서류, 조류 그리고 포유류의 사례는 〈그림 2.3〉을 참조).

포유류에서 수컷이 새끼를 돌보는 경우가 드물고 부모의 양육 행동을 보여주는 거의 모든 호르몬 및 기타 생리적 증거가 어미로부터 나온다고 알고 있던 생물학자들은 1982년 영국의 동물학자들이 마모셋(캐넌 부인이 런던 정원에서 키우던 종) '아빠'가 새끼를 데리고 다니고 돌보는 동안 프로락틴 수치가 다섯 배 증가한다는 보고를 내놓자 깜짝 놀랐다.[17] 이때까지 프로락틴은 많은 연구가 이루어졌지만 주로 임신과 수유와 관련된 어머니의 생식 기능에 역할을 하는 것으로 알려져 있었다.

〈그림 2.3〉 예술가이자 자연주의자인 이사벨라 커크랜드(Isabella Kirkland)가 그린 상상의 동물들은 수컷 돌봄을 하는 종으로 구성되어 있다. 그림을 보면, 거의 6피트(약 1.8미터)에 달하는 수컷 카수와리가 특히 눈에 띈다. 이 수컷은 지나가는 암컷이 자신의 영역에 낳은 거대한 푸른색 알을 몇 주 동안 품고, 부화한 새끼들이 독립할 때까지 돌본다. 그 위에는 말리 새(호주의 땅에 사는 새)들이 있다. 이들은 함께 깊은 구덩이를 파고 수정된 알을 썩은 식물로 덮어 묻는다. 그 후 9개월 동안 수컷은 혼자서 알을 돌보며, 과열된 알을 식히기도 한다. 그렇게 부화할 때까지 알을 돌본다. 이러한 아버지의 성실함은 가장 초기의 척추동물, 이제는 멸종된 우리의 수생 조상들로 거슬러 올라간다. 그들의 어류 후손은 오늘날에도 알과 새끼 물고기를 돌보고 있다. 그림 하단의 아프리카 탕가니카 호수의 시클리드 물고기를 주목하라. 한편, 남아메리카 황금사자타마린 수컷은 벌레를 잡아 나무 꼭대기로 올라가 암컷이나 다른 수컷이 데리고 있는 쌍둥이에게 먹이를 주려고 하고 있다. 잎사귀 사이로 보이는 타마린과 마모셋처럼, 뉴질랜드의 푸케코(왼쪽 하단, 호주의 습지에 사는 새)와 같은 수컷 새들도 자기 새끼일 가능성이 높지만 확실하지는 않은 새끼들을 돌본다. 그림에 나오는 동물은 모두 '협력 양육자'로, 부모 외의 무리 구성원들이 새끼를 돌보는 것을 돕는다. 위쪽에는 아프리카들개, 그 오른쪽에는 미어캣, 그리고 오른쪽에서 날아오는 딱따구리가 있다. 그 아래에는 수컷 종달새가 잠재적인 짝의 배설강을 쪼아 경쟁자의 정자를 제거하는 모습이 있다. 반면, 그 위의 부엉이원숭이 수컷은 자신이 돌보는 새끼가 자신의 새끼라는 것을 거의 확실하게 알 수 있는 진정한 일부일처제 포유류의 희귀한 사례이다. 작은 독개구리, 들쥐, 햄스터의 수컷 돌봄 사례는 이후 장에서 논의될 것이다. (Father Time ⓒ Isabella Kirkland / 사진 Ben Blackwell)

프로락틴이 수컷의 돌봄 행동과 관련이 있을 수 있다는 제안은 너무 예상치 못한 것이어서 일부 과학자들은 연구의 신뢰성에 대해 의문을 제기하기도 했다. 어떤 과학자는 혈액 샘플을 채취하기 위해 수컷이 포획될 때 생기는 스트레스 반응으로 프로락틴 수치가 높아진 것은 아닌가 하는 의심을 했다. 그러나 그렇지 않았다. 새끼를 돌보는 수컷에서 더 높은 프로락틴 수치가 나타난다는 사실은 캘리포니아쥐와 흰목타마린 등 수컷 돌봄이 관찰되는 다른 포유류 수컷 사이에서도 곧 재현되었다.[18]

그 후 얼마 지나지 않아, 두 연구에서 인간에게도 같은 현상이 발견되는지 실험했다. 두 연구 모두 남성이 아기를 안은 후 프로락틴 수치가 높아진다는 것을 확인했지만, 그들의 발견은 소수의 샘플을 토대로 한 것이어서 주목받지 못했고 출판되지도 않았다.[19] 남자가 아기를 돌볼 일이 없었기 때문에 실용적인 관점에서도 별로 가치가 없어 보였다.

남성의 양육 능력이 과학적 관심을 끌지 못한 이유는 포유류에서 부성 돌봄이 드물다는 사실 말고도 또 있다. 인간은 자신이 '보고자' 하는 것을 주로 보는 경향이 있다. 과학자든 일반인이든 '남자의 본성'에 대한 지배적 인식 때문에 수컷의 양육 능력은 상상하기 어려웠던 것이다.

다정하기보단 폭력적인 남성

남성의 본성에 대한 오해는 다윈이 살던 시절에도 있었다. 1859년으로 돌아가보자. 그해는 가장 위대한 박물학자라 부를 수 있는 찰스 다윈이 마침내 『종의 기원』에서 자연선택에 의한 진화를 설명한 해였다. 다윈이 설명했듯 자연선택은 '생존을 위한 투쟁', 즉 현재의 환경에 가장 적합한 유기체가 생존할 가능성이 높고, 따라서 살아남은 생물의 유리한 특성이 다음 세대에 많아진다는 것을 의미한다(물론 당시에는 유전자가 발견되지 않았다). 『종의 기원』의 결론에서 다윈은 자신의 이론이 "인간의 기원과 역사에 큰 빛을 비출 것"이라고 암시했다.

인간의 기원과 역사에 대한 논의는 1871년 『인간의 유래와 성선택』에 등장한다. 『인간의 유래와 성선택』에서 다윈은 아프리카에서 오늘날의 고릴라 그리고 침팬지와 유사한 유인원에서 인간으로 진화했을 것이라 추측했다. 아울러 다윈은 이 책에서 생존을 위한 투쟁이 아니라 짝을 얻기 위한 투쟁인 '성선택'이라는 매우 특별한 유형의 자연선택에 대한 자신의 생각을 더욱 정교하게 발전시켰다. 성선택은 한 성(주로 암컷)이 다른 성보다 자손에 더 많은 투자를 하는 반면, 다른 성(주로 수컷)은 짝을 찾기 위한 경쟁에 더 많은 투자를 할 때 발생한다.[20]

다윈과 그 이후 여러 세대의 진화생물학자에게 성선택은 성 차이뿐만 아니라 남자의 본성을 이해하는 열쇠였다. 많은 동물 종에서 볼 수 있듯, 인간 수컷은 경쟁자 수컷과 지위 경쟁을 벌이며, 이를 통해 암컷에게 선택되거나 성적 파트너로 접근할 수 있었다. 인류의 경우, 성선택은 넓은 어깨, 수염, 낮고 굵은 목소리뿐만 아니라 지위에 대한 집착과 경쟁적이며 폭력적인 충동을 야기했다. 다윈은 이를 남성이 타고난 "불행한 본능"이라고 표현했다.

이에 비해 여성의 역할은 때로 운이 좋거나 자율적으로 짝짓기 할 수 있는 수컷을 '선택'할 수 있었다는 것을 제외하면 좀 더 수동적으로 보였다. 이런 경우에 암컷은 가용한 수컷 중 가장 우수한 개체를 고르려 했을 것이다. 그리고 이러한 선택은 특히 포유류에게 중요했을 것이다. 암컷의 번식 능력은 난자의 배란에 의해 결정되는데, 일생 동안 배란되는 난자의 수는 정해져 있으며 시간이 지나면 점점 질이 나빠진다. 수정 후에는 임신과 함께 수유가 뒤따른다. 영장류는 임신과 수유가 특히 오래 지속되기 때문에 새끼를 낳고 기르는 데 더 큰 투자비용을 치른다고 할 수 있다.

따라서 다윈은 인간 여성의 경우 출산과 수유로 인해 이미 많은 투자를 한 자식을 살리는 것을 우선시할 것이라고 가정했다. 이러한 돌봄 우선 전략으로 인해 여성이 "더 부드러운 성격과 이타적인 성격"을 가지게 되었다고 보았다.[21] 그러나 남성에게 중요한 것은 다른 남성에 대한 자신의 지위였다. 그 지위를 통해 출산할 수 있는 여성에 대한 접근권을 얻거나 짝으로 선택될 수 있었을 것이다. 다윈은 이것이 "남성이 다른 남성을 경쟁자라고 느끼고, 경쟁을 즐기며, 야망을 가지고 충동적인 행동을 일삼는 이유"라고 말했다.[22]

내가 다윈을 공부한 것은 대학원에 들어가서였다. 그러나 내가 살았던 배경을 통해 다윈이 말하는 남자의 '불행한 본성'에 대해서는 이미 경험적으로 잘 알고 있었다. 고등학교에 다니던 1961년, 로버트 아드리(Robert Ardrey)의 '인간의 본성' 시리즈 첫 번째 책인 『아프리카의 기원: 인간의 동물적 기원과 본성에 대한 개인적인 연구』가 출간되었다. 그리고 5년 후, 『영토의 명령: 재산과 국가의 동물적 기원에 대한 개인적인 연구』가 뒤를 이었다. 두 책 모두 즉시 베스트셀러가 되었고, 여러 언어로 번역되었으며, 스탠리 큐브릭(Stanley Kubrick)의 1968년 블록버스터 영화 〈2001: 스페이스 오디세이〉에 영감을 주었다.

큐브릭의 영화를 본 사람이라면 누구나 오프닝 부분인 '인류의 새벽' 장면을 기억할 것이다(만약 놓쳤다면, 유튜브에서 쉽게 볼 수 있다). 그 장면은 사막에서 어슬렁거리는 침팬지 같은 유인원 수컷 무리가 등장하며 시작한다. 그중 하나가 큰 뼈를 집어 들더니 도구로 사용할 수 있음을 깨닫고 기뻐하는 장면이 이어진다. 이 장면을 만든 때는 마침 제인 구달 박사가 침팬지를 관찰하며 침팬지도 도구를 만들 줄 안다는 사실을 세상에 알린 시기였다. 구달 박사가 관찰한 것은 암컷 침팬지가 먹을 수 있는 곤충을 찾기 위해 나뭇가지를 다듬는 장면이었는데, 〈스페이스 오디세이〉 영화 제작자가 연출한 '도구 사용'의 시작은 달랐다. 영화 속 유인원은 경쟁자 유인원 수컷과의 전투에서 도구를 이용하면 다른 수컷을 이길 수 있음을 깨닫는다. 우뚝 서서 털을 곤두세우고, 큰 소리로 울부짖던 수컷은 리하르트 슈트라우스의 〈차라투스트라는 이렇게 말했다〉가 웅장하게 배경음악으로 흐르는 동안 커다란 뼈로 상대편을 때려죽인다.

주변에서 몸을 움츠리고 있는 작은 유인원은 암컷임을 쉽게 알 수 있다. 아기를 안고 있었기 때문이다. 이 장면을 찍기 위해 실제 아기 침팬지를 세트장에 데리고 왔다고 한다. 아기 침팬지는 유인원 의상을 입은 배우에게 매달려 있었다. 배우의 가슴 패드에는 우유가 든 주머니가 붙어 있었지만, 불쌍한 아기 침팬지는 너무 겁에 질려 우유를 먹을 수 없었다. 큐브릭은 수컷의 공격 행동을 생생하게 현실적으로 보여주기 위해 주연 배우에게 구달의 침팬지 영상을 보도록 했다고 한다.[23] 이 장면을 본 사람, 특히 나처럼 깊은 인상을 받은 사람은 경쟁자를 물리치기 위해 폭력을 휘두르는 남성의 행동이 인류의 시작부터 이어져 내려온 것이라는 메시지를 읽을 수 있었다.

이분법적 성 역할을 당연시하는 곳에서 성장한 사람이었던 나는 큐브릭이 여성은 양육자이고 남성은 폭력적 경쟁자로 묘사한 것을 아무런 여과 없이 받아들였다. 생물학에 대해 부끄러울 정도로 무지했던지라 남자가 아기를 돌보는 것은 드문 일이며 부자연스러운 일로 여겼다. 성 차이는 선천적인 것이고 바꿀 수 없는 것이라 믿었다. 만약 아기를 돌보는 남성을 보았다면 어쩔 수 없이 아기를 돌보게 되었거나 문화적 이유에 의해 본성을 거스르는 행동을 하는 것이라고 생각했을 것이다.

사실, 문화인류학을 전공하던 학부생 시절 멕시코 남부의 현대 마야어를 사용하는 사람의 성 역할이 어떻게 사회적으로 구성되는지에 관한 책을 썼다. 내가 분석한 대상은 고대 마야의 카마 소츠(Cama Zotz) 이야기에 기반을 둔 날개 달린 박쥐 형상의 악마인 '히칼'(H'ikal)이었다. 히칼은 촛칠(Tzotzil, 마야족 중 하나)어로 '검은 남자'를 의미했다. 그는 '초남성적'인 존재였으며, 성별에 따라 행동을 구분하고 강제하는 존재였다. 히칼은 불손한 행동을 하는 여성, 예컨대 밤에 혼자 나가는 여성을 벌하기 위해 나타났다. 붙잡힌 여성은 동굴로 끌려가 6미터에 달하는 치명적인 성기로 강간당했다. 그 후 부풀어 올라 죽기 전까지 매일 밤마다 출산하게 되었다. 촛칠족 여성이 밤에 보호자 없이 혼자 외출하는 것을 피하는 것은 당연했다.

당시 나는 문화인류학자로서 사회적으로 성별 간 역할이 얼마나 다른지에 대해 잘 알고 있었다. 따라서 진화 이론이나 유전자 결정론의 설명 없이도 이미 남성과 여성이 매우 다른 역할을 맡고 있다고 생각했다.

영장류학자가 되다

대학을 졸업한 해는 1969년이었다. 『지나칸탄의 검은 남자: 중앙아메리카의 전설(The Black-Man of Zinacantan: A Central American Legend)』이 출판 중이었지만, 학자로서 살고자 하는 마음은 전혀 없었다. 그래서 인류학 관련 책들을 주변에 모두 나눠주고 캘리포니아 스탠퍼드 대학교로 가서 교육 영화를 만드는 법을 배우기로 했다. 대기 오염에 관한 프로젝트를 진행하고 있었는데, 우연히 스탠퍼드의 생태학자 폴 에얼릭(Paul Ehrlich)이 연사로 나서 인구 과잉이 지구에 미치는 위협에 대해 이야기한 강연을 듣게 되었다. 강연은 과거에 배운 영장류 행동에 관한 강의를 떠올리게 했다.

영장류의 자연 서식지에 가서 진행하는 현장 연구가 이제 막 시작되고 있었으며, 그 선구자 중 한 명은 하버드의 신임 교수 어빈 드보어(Irven DeVore)였다. 영장류학에 아직 제대로 된 교과서가 없는 상황에서, 우리는 전문 연구자들에게나 어울릴 만한, 아직 분석되지 않은 필드 보고서 두 권을 과제로 받았다. 그중 한 보고서에서 발견한 내용이 인상 깊게 다가왔다. 일본의 현장연구자들이 남인도에서 수컷 원숭이가 느닷없이 새끼를 공격하고 물어 죽이는 것을 목격한 내용이었다. 당시는 해당 지역의 랑구르원숭이 개체 밀도가 비정상적으로 높기 때문에 스트레스를 받아 일어나는 병리적 현상이라고 생각했다.

나는 한 번도, 심지어 동물원에서조차 랑구르를 본 적이 없었다. 하지만 이 우아한 은회색 원숭이가 인구 과밀의 유해성을 보여주는 사례가 될 수 있을 것이라고 생각했다. 인도에 가기로 결심했다. 박사 학위를 목표로 연구에 뛰어든 것은 아니었다. 단지 왜 랑구르 수컷이 그렇게 끔찍한 행동을 하게 되었는지 알아내고 싶었다. 그리하여 충동적으로 케임브리지로 돌아갔다. 하버드는 미국에서 영장류 행동을 연구하는 몇 안 되는 장소 중 하나였기에 하버드에 가는 것을 목표로 했다. 계획은 터무니없이 순진했으나 학부 성적 덕분에(나는 파이베타카파(Phi Beta Kappa)*로 졸업하고 최고 성적으로 학위를 받았다) 학기 중에 연구원으로 참여할 수 있었고, 두 달 후인 1970년 1월, 대학원생으로 하버드에 입학했다.

이듬해 여름방학이 되자마자 곧장 인도로 향했다. 준비물은 탐험용 부츠 한 켤레, 더플백, 지금까지 사용 중인 쌍안경, 그리고 어머니에게서 받은 800달러의 돈이 전부였다. 이 돈은 당시 왕복 항공료와 석 달 동안의 생활비로 충분했다. 연구 장소로는 인도 라자스탄 주의 건조한 평원에서 솟아오른 아라발리 언덕(Aravalli Hills) 꼭대기에 위치한 경치 좋은 힐 스테이션**인 '마운트 아부(Mount Abu)'를 선택했다. 랑구르원숭이는 도심 근처에서는 높은 밀도로 살았지만, 도시 외곽의 숲 언덕에서는 더 넓은 서식지에 흩어져 살고 있었다. 따라서 마운트 아

• 미국에서 성적이 우수한 학생과 졸업생으로 구성된 조직.
•• 피서를 위해 만들어진 산간마을

부 지역이 인구 밀도에 대한 가설을 테스트하기에 이상적이라고 생각했다.

마운트 아부에 도착하자마자 내가 세운 초기 가설이 틀렸다는 것을 깨달았다. 도심 한가운데에서 높은 밀도로 살고 있는데도 랑구르들은 나뭇잎, 과일, 인간이 주는 먹이를 찾아다니며 별 마찰 없이 살고 있었고, 서로 행복하게 털 고르기를 하면서 평화로운 시간을 보냈다. 수컷은 어린 원숭이가 장난치는 동안 팔자 좋게 누워 뒹굴었다. 평화가 깨지는 순간이 있다면, 외부 수컷 무리가 접근했을 때였다. 그러면 우두머리 수컷은 높은 전망대로 뛰어올라 턱을 들어 올리고 큰 소리로 '후프-후-우프' 하고 소리를 냈다. 때로는 나뭇가지에서 요란하게 뛰어나오며 '내가 너희보다 강하니 썩 꺼져!'라는 메시지를 보내기도 했다. '전형적인 수컷이로군.' 나는 생각했다.

무리 내 수컷들은 새끼를 보호하려는 태도를 보였으며, 특히 외부인(예컨대, 나처럼)이 너무 가까이 다가갈 경우 경계하는 모습을 보였다. 그러나 그 외의 상황에서는 새끼를 신경 쓰지 않았다. 수컷들은 결코 새끼를 안거나 만지는 법이 없었고, 이는 나에게도 자연스러운 광경처럼 보였다. '여긴 별 문제가 없는데.' 나는 그렇게 생각했다. 기본적으로 랑구르 수컷은 자신의 삶을 살아가고 있을 뿐이었다. 긴장이 발생하는 경우는 무리들 간 갈등이 일어나 열매가 열린 무화과나무나 다른 귀중한 자원을 둘러싸고 다툴 때뿐이었다. 돌이켜보면, 나는 너무 순진했다. 인도로 가서 야생에서 살아가는 원숭이들 사이에서 비교적 드문 사건인 영아살해를 연구하겠다고 생각한 것은 어리석은 발상이었다.

그런데 상황이 순식간에 바뀌었다. 침입자 수컷 무리가 기존 무리를 계속 공격하여 끝내 원래 거주 중인 수컷을 몰아낸 것이다. 나는 큰 공격이 일어나는 것을 지켜보았다. 공격은 충동적인 것이 아니었다. 마치 상어가 먹잇감을 덮치듯 목표 지향적이고 조직적이었다. 침입자 수컷은 아직 젖을 떼지 않은 어린 새끼를 집중 타깃으로 삼았다. 더욱이 공격은 침입자 수컷과 한 번도 짝짓기한 적이 없는 '낯선' 어미가 데리고 있는 새끼에게만 국한되었다. 가끔 암컷이 다른 무리에서 새로운 새끼를 데려오면, 그 새끼가 익숙한 암컷에 의해 안겨 있는 한 공격하지 않는 것을 보았기 때문에 이 점을 확신할 수 있었다.[24] 나중에, 네팔에서 랑구르를 연구한 캐럴라 보리스(Carola Borries) 연구팀이 수집한 DNA 증거는 수컷이 자신이 낳은 새끼를 죽이지 않는다는 확실한 증거였다.[25]

침입자가 첫 공격에 새끼를 죽이지 못하면, 다음날 아침 다시 잠복과 습격이 재개되었다. 수컷은 어미를 쫓아 점점 가까이 접근한 후, 돌진하여 어미의 팔에서 아기를 낚아채고 비수 같은 송곳니를 아기의 두개골이나 서혜부에 꽂았다. 아기가 죽은 지 며칠이나 몇 주가 지나면 수유가 중단된 어미 원숭이는 다시 발정을 시작했다. 상심한 어미가 아기를 죽인 수컷과 열심히 교미를 하려고 하는 모습은 이해하기 힘들었다.

랑구르는 스트레스로 인해 근처의 새끼를 막무가내로 공격하는 것이 아니었다. 공격 행동은 의도적이고 조직적이었다. 또, 분명히 위험이 따르는 행동이었다. 침입자는 원래 거주하던 수컷이나 새끼를 지키려는 어미로부터 크게 다칠 수도 있었다. 그러나 일단 침입에 성공하면, 젖먹이 새끼를 안고 있는 어미를 몇 시간이고, 며칠이고 계속해서 추적했다. 대개 끝내 새끼를 죽이는 데 성공했다. 영아살해 행동은 매우 목표 지향적이었다. 나는 수컷이 왜 그런 행동을 하는지 이해할 수 없었다. 이를 설명할 다른 틀이 필요했다.

사회생물학과 다윈의 성선택 이론

다행히 그 무렵 하버드 생물학과에서는 인류학에 적용될 만한 새로운 연구방법과 아이디어가 우후죽순 생겨나고 있었다. 그중에는 당돌하고 뛰어난 로버트 트리버스(Robert Trivers)가 있었다. 당시 대학원생이었던 트리버스는 가외로 인류학과에서 드보어 교수의 성별 간 차이의 진화에 관한 대형 강의에 공동 강사로 참여했다. 다윈의 성선택 이론에 중점을 둔 트리버스의 수업은 퍼즐의 조각을 맞추는 데 필요한 논리적 틀을 만들어주었다.

성선택은 한 성(주로 수컷)이 다른 성(주로 암컷)에 접근하기 위해 경쟁할 때 작용한다. 이는 생존과는 관련이 없다. 실패자는 반드시 죽는 것이 아니라 짝짓기 기회가 적어질 뿐이다. 성선택의 세계에서 수컷은 다른 수컷과의 경쟁으로 생식력이 있는 암컷을 차지하게 되고, 번식을 통해 다음 세대의 유전자풀에 자신의 유전자를 존속시킬 수 있게 된다. 만약 수컷이 암컷을 유혹하는 데 실패하거나, 다른 수컷과의 경쟁에서 패배하여 생식력 높은 암컷에게 선택될 가능성이 적다면 그 수컷은 실패자가 된다. 따라서 수컷은 보통 기회만 되면 가능한 한 많은 암컷을 수정시키려 한다.

이런 면에서 다윈의 성선택 이론은 얼핏 보기에 설명할 수 없는 수컷 랑구르의 행동을 이해하는 데 도움이 되었다. 왜 새로운 수컷이 아기를 보호하는 대신 죽이려 하는지 납득이 갔다. 또 다른 경쟁자에게 밀려나기 전에 얼른 번식해야 하는 압박 속에서, 침입자 수컷은 이전 수컷의 자손일 가능성이 높은 젖먹이 새끼를 제거했다. 어미는 젖을 먹일 새끼가 없으면 생식력을 다시 빠르게 회복한다. 어미의 다음 배란을 막고 있던 장애물을 없앤 것이다. 결론적으로 암컷은 새로운 수컷의 새끼를 낳을 가능성이 높아진다. 따라서 영아살해 행동은 겉보기에는 광기에 가까운 행동처럼 보이지만, 사실 매우 합리적이고 계산된 행동이었다.

영아살해라는 파괴적 행동은 수컷에게는 생식적으로 유리하지만, 어미와 새끼에게는 그렇지 않다. 종에게도 이익이 되지 않을 가능성이 높다. 실제로, 영아살해를 일삼는 랑구르의 유전적 이기심은 일부 무리를 거의 멸종에 이르게 했다. 도심 가장자리에 위치한 작은 무리 중 하나가 반복적으로 공격당했고, 해마다 상당수의 새끼가 목숨을 잃었다. 이후 8년 동안 연구를 계속하고 다른 종으로 범위를 넓혀가면서 나는 랑구르 수컷의 무자비한 행동이 다른 종에서도 관찰되는 사례임을 알게 되었다.

1974년, 내가 마운트 아부의 랑구르 수컷들이 벌이는 영아살해가 짝짓기 경쟁 때문이라는 가설을 제안했을 때, 다양한 동물에서 영아살해에 대한 추가 보고가 흘러나왔다.[26] 대개 관찰 증거가 부족했고 단순한 일화에 그치는 경우도 많았다. 이런 탓인지 수컷에 의한 영아살해가 영장류 전반의 생식 전략으로 진화했다는 주장은 강력한 저항에 부딪혔고, 수십 년간의 논쟁을 불러일으켰다.[27] 영장류 수컷의 파괴적 행동이 적응적이라는 생각은 많은 사람의 반발을 일으켰다. 나는 "사회생물학적 신화"를 만들어낸 젊은 초짜 여성 과학자 취급을 받았다.[28] 저명한 인류학자 한 명은 "정상적인 수컷은 아기를 죽이지 않는다"고 선언했다.[29]

하지만 지금까지 성선택으로 인해 일어나는 수컷의 영아살해가 55종 이상의 영장류에서 보고되었다.[30] 이는 유인원, 신세계원숭이, 구세계원숭이, 원원류 등 영장류의 모든 분류군에서 발생한다.* 영장류 수컷의 영아살해 성향은 6000만 년 전의 최초 야행성 영장류 때부터 있었을 가능성이 크다. 말할 것도 없이 임신과 수유 기간이 길고 키우는 데 비정상적으로 비용이 많이 드는 새끼와 같은 요인들이 많은 영향을 미쳤을 것이다. 하지만 수컷이 자기 새끼 이외의 새끼를 살해하는 행동은 이후 영장류 수컷이 짝짓기 후 자신의 새끼를 보호하기 위해 암컷 근처에 머물도록 유인했을 것이다. 결국, 이는 인류가 진화하는 과정에서 수컷이 온순한 성격을 갖게 되고, 새끼 돌봄으로 이어지는 일련의 진화적 사건을 촉발하게 되었다(7장 8장 참조). 그러나 당시에는 이런 생각을 전혀 떠올리지 못했다.

이후 수컷에 의한 영아살해는 영장류만 아니라 다른 많은 동물들에서도 꾸준히 발견되었고, 영아살해가 성선택에 의한 생식 전략이라는 가설을 뒷받침하는 증거가 쌓이면서 논쟁은 잠잠해졌다. 1990

• 유인원, 신세계원숭이, 구세계원숭이, 원원류(prosimian)는 영장목에 속하는 동물의 분류군이다. 크게 원원류와 진원류로 구분되며, 진원류 아래에 신세계 및 구세계원숭이, 유인원이 속한다. 인류는 유인원(사람상과, *Hominoidea*)에 속하며, 인류와 분기된 순서대로 나열하면 원원류(6천만 년 전 분기), 신세계원숭이(4천만 년 전), 구세계원숭이(2천 5백만 년 전), 인류 외 유인원(5백만 년 전)이다.

년 내가 미국 과학아카데미 회원으로 선출되었을 때에는 회의론적 시각이 조금 남아 있을 뿐이었다. 당시 내무부 장관의 표창장에는 다음과 같은 문구가 적혀 있었다. "허디는 동물의 영아살해 연구의 선구자이자 주요 권위자이다. 그는 랑구르원숭이의 영아살해가 집단의 이득에 반하는 개체수준의 성선택 결과임을 입증했다." 나는 몇 년 전에 위대한 자연주의자 에드워드 윌슨이 한 말을 떠올렸다. 윌슨은 성선택을 '진화에서 가장 반사회적인 힘'이라고 말했다. 또 성선택은 다윈이 인간의 기원을 이해하는 데 가장 중요하다고 여긴 개념이며, 남자가 타고난 '불행한 운명'을 형성한 요인이었다. 나에게 아기를 돌보는 남성은 아주 먼 나라 이야기였다.

두 가지 다른 종

내가 자라온 환경을 생각하면 남성이 여성을 통제하려고 하고 그 과정에서 폭력성을 드러내는 것은 당연한 일이었다. 나는 수컷이 저지르는 거의 모든 파괴적인 행동이 성선택 때문이라고 확신했다. 시간이 흐를수록 다윈의 성선택 이론은 인간을 포함한 다양한 동물들의 수컷 행동을 이해하는 중심 이론이 되었다. 1975년 에드워드 O. 윌슨은 행동의 생물학적 기초에 대한 새로운 과학의 시초를 마련한 『사회생물학: 새로운 종합』을 출판했다. 이듬해에 리처드 도킨스의 『이기적 유전자』가 출판되었다. 그리고 1979년, 다윈의 성선택 이론에 크게 영향을 받은 또 다른 작품인 도널드 사이먼스의 『인간 성(性)의 진화(The Evolution of Human Sexuality)』가 출간되었다. 이 책은 사회생물학의 파생 분야인 이른바 진화심리학의 고전으로 평가받는 책이었다.

사회생물학의 등장과 함께 영장류 행동에 대한 관심이 폭발적으로 증가했다. 당시 아프리카 여러 지역에서 진행된 침팬지 연구는 침팬지를 성선택이 작용하는 다윈주의적 수컷의 전형적인 모델로 변모시키고 있었다. 침팬지 수컷은 생식능력을 가진 암컷을 차지하기 위해 서로 경쟁한다. 집단 내 수컷 무리는 영역을 지키기 위해 순찰하기도 하고, 외부 집단을 만나면 인정사정없이 공격하여 암컷을 빼앗거나 자원을 독차지하기도 했다.[31] 2002년 우간다의 키발레 국립공원에서는 한 침팬지 수컷이 동료 침팬지를 곤봉으로 잔인하게 때리는 장면이 관찰되었다. 이는 스탠리 큐브릭이 상상한 조상 유인원 수컷들의 모습과 비슷했다. 그러나 중요한 차이가 있었다. 희생자는 수컷이 아니라 암컷이었다. 마치 내가 앞서 언급한 히칼(H'ikal)처럼, 고분고분하지 않거나 순종적이지 않다는 이유로 암컷을 때렸다. 이 사건을 다룬 《타임》의 기사 제목은 "키발레의 아내 폭행범"이었다.[32] 이로써 침팬지는 '폭력적인 수컷의 대명사'라는 명성을 얻게 되었다.[33]

무자비한 경쟁, 이기심, 지위 추구, 빈번하고 노골적인 폭력은 수컷의 '불행하고 선천적인 본능'으로, 성선택으로 인해 생겨난 특성이었다.[34] 물론 다윈은 수컷의 본성에 대해 더 많은 말을 했지만(이 주제는 6장과 9장에서 다시 다룬다) 여기서는 중요치 않다. 성 차이에 관한 한, 텍사스에서 자란 가부장적 환경, 내가 연구한 전통 사회에서의 사회적 성역할, 로버트 오드리가 묘사한 폭력적인 수컷의 본성, 하버드에서 습득한 사회생물학적 세계관, 전 세계적으로 대부분의 폭력과 거의 모든 조직화된 폭력이 남성에게서 비롯된다는 명백하고 자주 언급되는 사실은 하나의 결론으로 수렴한다.[35] 이것은 랑구르원숭이 수컷의 폭력성을 관찰한 나의 연구와 일치했으며, 우리와 가장 가까운 유인원 친척인 침팬지의 수컷도 위험하고 강압적이라는 보고와 일치했다. 수컷은 결코 새끼를 돌볼 수 없었다.

하버드에서 드보어 교수의 후임 영장류학자 리처드 랭엄(Richard Wrangham) 교수는 "인간과 침팬지만이 부계집단을 이루고 살면서 강력한 수컷 주도의 영토 공격을 감행할 줄 안다"고 말했다.[36] 이어서, "침팬지와 뿌리가 같은 폭력 본성이 인간에게 있으며, 이는 인간 사회에서 전쟁이 일어나는 기초다. 현대 인간은 500만 년 동안의 지속적이고 치명적인 공격 행동으로부터 살아남은 생존자다"라고 말했다.[37] 마지막으로 그는 "수컷의 본성이 폭력적이라 생각하는 경향은 인류가 마지막으로 침팬지와 공통 조상을 가졌던 500만~600만 년보다 더 이전부터 가지고 있던 것"이라고 결론지었다.[38]

랭엄 교수는 나중에 자신의 주장을 수정하여 침팬지는 인간 남성의 행동을 설명하는 적절한 출발점이 아닐 수도 있다고 결론지었다. 그는 "침팬지처럼 숲에서 살던 우리 조상이 숲을 빠져나온 지는 200만 년이 넘는 시간이 흘렀다. 그 기간 동안 너무나 많은 일이 있었고, 인간과 침팬지는 서로 다르게 진화했다"고 판단했다(나도 그의 의견에 동의한다).[39] 그러나 그때까지 남성이 가진 불행한 선천적 본능, 즉 경쟁심, 이기심, 폭력성 등 "유서 깊은 진화적 뿌리"[40]가 존재한다는 생각은 대중의 상상력을 사로잡았고, 많은 곳에서 의심의 여지없이 받아들여졌다. 특히 술집에서 일어나는 싸움, 가정 폭력에서부터 대량 총기 난사와 전쟁에 이르기까지 모든 종류의 폭력이 남자에 의해 일어나는 경우가 훨씬 많다는 점에 대해 사회과학자는 생물학적 본성이 그런 것이라고 설명했다.

나를 포함한 다른 여러 다원주의자들이 남성과 여성을 이분법적 관점에서 바라보는 것은 지극히 자연스러운 일이었다. 이는 여성 혐오주의자였던 19세기 스웨덴 극작가 아우구스트 스트린드베리(August Strindberg)가 제시한 이분법을 떠올리게 한다. 그의 희곡 『아버지』를 보면 아내는 자기가 낳은 아이가 남자의 친자가 아닐 수도 있다고 하며 남자를 놀린다. 남자는 아내의 조롱에 분노한다. 남자는 "만약 우리가 유인원의 후손이라면, 남성과 여성은 서로 다른 종에서 내려왔을 것"이라고 말한다.[41] 이것은 1970년대와 1980년대에 수컷과 암컷 랑구르원숭이의 상충되는 이익을 설명할 때 내가 자주 인용했던 스트린드베리의 비유였다. 마치 남성과 여성의 본성이 이미 정해져서 돌에 새겨진 것처럼 보였다.

원시적 인간 진화에 대한 선입견

여기까지 책을 읽은 사람이라면 수컷 유인원이 어린 새끼를 발견하면 품에 안기보다 물어 죽일 가능성이 더 높다는 것을 잘 알 것이다. 그리고 그중에서도 유전적으로 가까운 친척인 침팬지(Pan troglodytes)는 더 폭력성이 짙다. 그런데, 프란스 드 발(Frans de Waal) 같은 연구자는 인간의 친척에는 침팬지만 있는 것이 아니라 보노보(Pan paniscus)도 있다는 점을 지적한다. 보노보는 훨씬 덜 공격적인 동물로 알려져 있다.[42]

침팬지의 자매종인 보노보는 침팬지와 마찬가지로 인간과 98퍼센트의 유전자를 공유하지만, 수컷이 이웃 집단을 학살하거나 유아를 죽인다는 사례는 발견된 적 없다. 그런데도 침팬지의 폭력 성향은 워

〈그림 2.4〉 이 그림은 침팬지처럼 주먹을 쥐고 바닥을 짚으며 걷는 조상에서 시작하여, 두 발로 걷는 유인원으로 변하고, 그 후 완전히 직립하여 자신감 있게 앞으로 나아가는 호모 사피엔스로 진화하는 친숙한 인류의 행진을 그리고 있다. 이는 원시 인류의 기원과 진화에 대한 널리 퍼진 편견을 시각화하는 상징적인 그림이 되었다. (David Gifford / Science Photo Library)

낙 자극적인 나머지 대중과 과학자의 상상력을 자극한다. 그리하여 남자의 진화적 기원에 대한 표준 모델은 여전히 침팬지다.

여기서 한 가지 떠올려볼 것이 있다. 혹시 주먹으로 땅을 짚고 네 발로 걷는 침팬지처럼 생긴 수컷이 완전히 직립한 채 자신감 있게 걷는 인간(사냥꾼, 전사, 수호자)으로 변모하는 모습을 묘사한 티셔츠나 만화 그림을 본 적 있지 않은가?(〈그림 2.4〉). 또, 교과서 일러스트나 박물관 상영물에서 여성을 묘사하면 보통 아기를 안고 있지 않은가? 이런 대중매체를 통해 만들어진 선입견은 남자도 아기를 돌보도록 하는 신경내분비 회로를 가지고 있다는 사실을 은폐한다.

이러한 편견이 만들어진 데에는 우리가 보노보보다 침팬지를 더 오래 알았고 침팬지의 행동에 대해 더 많이 알고 있다는 점도 작용했을 것이다. 그러나 가장 큰 이유는 아마도 침팬지가 공격적이고 폭력적이라는 점이 우리가 기존에 가지고 있던 인류의 본능에 대한 '편견과 맞아떨어졌기' 때문일 것이다. 침팬지는 남성의 '불행하고 선천적인 본능'의 출발점으로 더 그럴듯하게 보였다. 19세기 하버드대 심리학자 윌리엄 제임스(William James)는 "인간은 싸우는 동물이다. 고작 몇 세기 동안 지속되는 평화의 역사가 우리에게서 전투 본능을 제거할 수 없다"고 했다.⁴³ 영장류학 분야에서 점점 더 많은 연구가 쏟아지고 있다. 그렇다면 어떻게 우리는 우리의 편견을 확인하고 진실을 밝힐 수 있을까?

다윈주의 시야 넓히기

다윈의 성선택 이론은 비인간 영장류 수컷이 왜 새끼를 죽이는지 이해하는 데 도움을 주었다. 감명을 받은 나는 하버드에서 당시 윌슨의 1975년 저서 『사회생물학』에서 제시된 사회적 행동에 대한 진화적 설명에 대해 더 공부하기로 결심했다. 나는 특히 비교 방법론에 중점을 둔 사회생물학에 매료되었다. 서로 다른 동물들이 유전자를 다음 세대에 전달하려는 과정에서 생겨나는 성선택 상의 문제를 어떻게 대처하는지 비교하고, 이를 통해 사회적 행동과 감정에 대한 통찰을 얻을 수 있다는 것이 놀라웠다. 거의 모든 동물은 자원을 얻어서 짝을 유혹하거나 짝에게 직접 접근하여 유전자를 퍼뜨리려 했는데, 일부 종은 자손을 돌보거나 친족의 양육을 돕는 경우도 있다.

신화의 구조적 분석을 잘 알고 있는 사람으로서, 복잡한 이야기를 작은 요소로 분해한 다음 이해할 수 있는 패턴을 찾는 것은 익숙했다. 그러나 시간이 지남에 따라 여성주의적 사고에 물들게 되었고, 나는 다윈의 이론, 특히 성선택에 관련된 이론이 적용되는 방식에 내재된 남성 중심적 편향에 불만을 느꼈다. 설명이 주로 짝짓기를 위해 수컷끼리 경쟁하는 것에만 집중되는 경향이 있었다. 자손의 생존 확률을 높이기 위해 동물이 하는 양육행동과 보살핌에 주목하는 사람은 별로 없었다. 수컷이 경쟁적이고 폭력적인 행동을 한다는 사실을 의심한 것은 아니었다. 나는 인간의 진화적 기원에 대한 이야기에서 얼마나 많은 것이 빠져 있는지 점점 더 절감하게 되었다.

내가 암컷과 여성의 진화에 대한 설명이 부족하다는 사실을 처음 느낀 것은 랑구르원숭이를 관찰하던 초기 시절로 거슬러 올라간다. 여성으로서 나는 약 27개월마다 낯선 수컷이 아기를 죽이려는 상황에 직면한 어미들의 곤경에 공감하지 않을 수 없었다. 그런데 어미가 아기를 죽인 수컷과 곧바로 다시 짝짓기를 하려고 한다는 사실은 기이하기 짝이 없었다. 이 사실은 공감하기 어려웠고 설명하기도 어려웠다.

고민 끝에 나는 깨달았다. 수컷에 의해 이전 짝과 새끼를 잃게 된 암컷은 선택권이 없다는 사실을 말이다. 수컷은 상심한 암컷에게 거절할 수 없는 제안을 했다. 어미는 새끼가 죽은 후 다시 수컷과 짝짓기를 할 수 있는 몸 상태가 되어 있었고, 만약 그와 교미하지 않는다면 번식하지 못하게 된다. 번식을 하지 못하면 당연히 유전자를 다음 세대로 전달하는 다른 암컷과의 경쟁에서 밀려난다. 물론 암컷이 이것을 인지하고 행동을 결정하지는 않았을 테지만, 진화의 역사를 통해 만들어진 본능이 암컷이 다시 발정을 시작하도록 만들었을 것이다. 그렇다면 이렇게 무자비하고 파괴적인 수컷의 행동 앞에서 어미가 상황을 개선하기 위해 할 수 있는 다른 행동 전략은 없었을까? 이러한 질문을 가지고 나는 수컷만 아니라 암컷의 생식 전략에도 주목하기 시작했다(이 내용은 7장에서 더 자세히 다룬다).

초기 생물심리학 연구는 주로 동물 실험을 통해 진행되었다. 그리고 양육에 대한 연구는 암컷을 대상으로 했다. 하지만 영장류학자의 초기 현장 관찰 연구는 압도적으로 수컷 중심적이었으며, 특히 주된 관심은 지배를 위해 싸우고 짝짓기를 위해 다른 수컷과 경쟁하는 현상이었다. 암컷이 수컷의 위협과 강압에 어떻게 대응하고 있었는지, 그리고 점점 더 느리게 자라고 키우기 힘든 새끼를 양육하는 부담을 어떻게 감당했는지에 대해서 관심 갖는 사람은 별로 없었다. 나는 『여성은 진화하지 않았다』와 『어머니의 탄생: 모성, 여성, 그리고 가족의 기원과 진화』 등의 책을 썼다. 이를 통해 기존의 진화적 관점을 확장하고자 노력했다. 어머니가 적어도 일부 자식을 살려야 하는 선택압 그리고 아기가 그 '행운의 생존자'가 될 수 있도록 만드는 선택압을 포함하도록 말이다. 어미는 필요에 따라 수컷만큼 경쟁적이고 전략적인 면모를 보였다. 자식을 키우는 데 필요한 자원을 두고 경쟁하는 경우가 대표적이었다. 나는 암컷과 여성에 좀 더 중점을 두고 연구할 수 있다면 다윈주의의 시야를 더욱 넓힐 것이라 믿었다.

아울러 자손을 잘 살아남게 하는 것은 수컷에게도 중요하다. 가능한 한 많은 암컷과 교미하는 것, 즉 "씨를 퍼뜨리는 것"이 수컷의 유일한 목표는 아니다. 특히 인간은 더욱 그렇다.⁴⁴ 플라이스토세 시기에 호모속(*Homo*, 사람속)*으로 진화하는 과정에 있던 유인원에게 자손을

• 호모속(사람속)은 현생 인류와 그 직계조상을 포함하는 '사람과'의 한 속(Genus)이다. 현재 지구상 살아남은 사람속 동물은 호모 사피엔스(*Homo sapiens*), 즉 우리뿐이다. 하지만 과거에 많은 종이 존재했다. 대표적으로 호모 에렉투스(*Homo erectus*), 네안데르탈인(*Homo neanderthalensis*) 등이 있다.

돌보고 먹이는 것은 매우 큰 문제였다. 인류학자들은 유인원 수컷이 양육을 시작한 것이 플라이스토세 시기라고 생각한다. 충실한(즉, 바람 피우지 않는) 배우자 암컷이 확실한 부성 확실성*을 제공하는 대가로 수컷은 부성애를 바탕으로 한 양육을 제공했다고 여겼다. 그러나 8장과 9장에서 보게 되겠지만, 생각보다 더 복잡한 문제다.

나는 아이를 키우며 유아 발달에 대해 누구보다도 생생하게 배우고 있었다. 아기가 얼마나 다른 사람의 기분을 생각하며 행동하는지 알게 되었고, 싸우기보다는 돕거나 기쁘게 하려는 욕구가 더 크다는 것을 깨달았다. 발달심리학자의 기록에 따르면, 다른 사람의 심리적 선호를 관찰하고, 배우고, 잘 보이려고 하는 독특한 인간의 성향과 욕구는 생애 첫 몇 년 동안, 양성 모두에게서 나타난다. 이러한 성향은 20세기 중반의 심리학자 존 왓슨이 아기에 대해 묘사한 '이기적인 작은 야만인', 즉 '문명화되어야 할 원시인'의 개념이 틀렸다는 것을 알려주었다. 나는 다윈주의의 시야를 넓힐 뿐만 아니라, 내 자신의 시야도 넓혀야 했다.

진화 이론가 메리 제인 웨스트-에버하드(Mary Jane West-Eberhard)의 연구에 관심을 가지게 된 것도 그 때문이었다. 그가 다윈주의 자연선택의 하위 집합으로서 '사회적 선택'을 제안한 것은 매우 설득력이 있었다.[45] 웨스트-에버하드에 따르면, "사회적 선택은 자원이 무엇이든 간에 사회적 경쟁의 결과로 나타나는 차등적인 생식 성공"을 의미한다. 그리고 "성선택은 목표 자원이 짝인 상황에서 일어나는 사회적

• 아이를 키우고 있는 아버지가 친부일 확률을 뜻한다.

선택"이다.[46] 어떤 경우에는 타인의 관심이나 존경을 끌어내려는 개인의 노력, 사회적 파트너나 돌봄의 수혜자로 선택되려는 노력, 혹은 어떤 특정 집단의 구성원으로 받아들여져 장기적인 혜택을 얻으려는 노력이 '목표 자원'이 될 수 있다.

웨스트-에버하드의 사회적 선택 개념은 진화적 사고를 가진 정신과 의사 랜돌프 네스(Randolph Nesse)의 관심을 끌었다. 네스는 환자의 마음속 깊은 곳에 있는 심리적 고민을 다루는 데 익숙했다. 종종 환자들은 외로움을 느끼거나 부족함 느끼며, 사람들에게 받아들여지고자 하는 내적 열망을 가지고 있었다. 물론 이런 사람도 지위 경쟁을 하지만, 반드시 번식 증가와 관련된 지위는 아니었다. 이들은 수용과 소속감을 원했다.

네스에게 사회적 선택(웨스트-에버하드의 의미에서)은[47] 남성이든 여성이든, 성인이든 미성숙한 사람이든, 다른 개인의 행동에 의해 영향을 받아 생기는 자연선택이다. 이는 사람을 그룹 구성원, 거래 파트너, 또는 어떤 도움의 수혜자로 선택되기 위해 노력하는 존재로 만들었다. 사회적 선택은 남자가 배려심 있고 관대한 사람이 되기 위해 경쟁하는 현상 등 겉보기에 역설적인 상황을 설명해준다. 따라서 다윈이 말한 것처럼 경쟁을 즐기고 너무 쉽게 이기적으로 변하는 야망을 가진 남성이 반대로 가장 많은 것을 주려고 경쟁하기 때문에 다른 사람에게 가장 '관대한 사람'으로 보일 수도 있다.

플라이스토세 시기는 사회적 선택이 인류 진화에 중요한 역할을 했다. 사회적 선택을 통해 우리는 남자가 관대한 마음으로 음식을 함께 나누고, 아기와 함께 있는 어머니와 친밀한 관계를 맺으며 함께 즐거운 시간을 보내는 등, 겉보기에 유인원 같지 않은 행동을 보이는 현실을 이해할 수 있다. 하지만 이것만으로는 남자가 인생의 상당 부분을 아이를 키우기 위해 할애하는 현상을 설명하기는 힘들다.

플라이스토세 이후 수 세기 동안 일어난 사회적 및 문화적 전환에 대해 더 많이 공부해야 했다. 그러는 중에도 신경과학이 남자가 아기와 함께할 때 무슨 일이 일어나는지에 대해 새롭게 밝혀낸 내용을 따라가야 했다. 다행히도 이 질문에 대해 고민하는 여성 진화인류학자는 나 혼자만이 아니었다.

앞으로 이야기할 캐나다의 두 동물행동학자는 나처럼 남성의 돌봄에 관심이 많은 엄마였고, 우연한 계기로 남성이 아기에게 노출될 때 무슨 일이 일어나는지 연구하기 시작했다. 이 두 사람으로 인해 남성 양육 반응의 신경내분비적 기초에 대한 연구는 연구 자금 지원을 받고, 논문으로 출판되었으며, 심지어 경력 향상에 도움이 되는 주제가 되었다. 마침내 오랫동안 간과되어왔던 남성의 선천적 양육 본능을 진지하게 탐구할 수 있게 되었다.

3
물꼬를 트다

"… 거의 20년 전이었다. 우리는 웃으며 말했다, '해보자!'"

캐서린 윈-에드워즈가 2017년 동료 앤 스토리와의 대화를 회상하며

호기심 많은 엄마들

남자가 선천적으로 양육을 하기에 적합한지에 대해 연구가 시작되기까지는 아주 오랜 세월이 걸렸다. 그러나 한번 시작되자, 사회 전반의 사회경제적 및 문화적 변화에 힘입어 빠른 속도로 발전할 수 있었다. 이와 함께 여성 과학자에게도 새로운 기회가 열렸다. 이 이야기는 캐서린 윈-에드워즈(Katherine Wynne-Edwards)와 앤 스토리(Anne Storey)라는 두 여성에 관한 것이다. 둘의 인연이 정확히 어떻게 시작되었는지는 잘 모르지만, 1990년대 초 어느 학회에서 만났던 것은 분명하다. 처음 그들을 만난 곳은 2007년 보스턴에서 열린 양육과 뇌에 관한 학회였다. 두 사람은 각자 성격은 달랐지만 관심 분야가 같았다. 왜 어떤 수컷은 새끼를 돌보지만 어떤 수컷은 그러지 않는지 알고 싶어 했

다. 그리고 암컷이 어떻게 양육을 도와줄 가능성이 있는 수컷과 그렇지 않은 수컷을 구별할 수 있는지 알고 싶어 했다.

활발하고 외향적이며 상상력이 풍부한 캐서린 윈-에드워즈는 할아버지인 V. C. 윈-에드워즈를 닮아 독불장군처럼 보였다. V. C. 윈-에드워즈는 다윈의 선택이 개체수준이 아닌 집단에 작용한다는 '집단선택'에 관한 제안으로 진화생물학계에 논란을 일으킨 인물이었다. 캐서린도 할아버지처럼 생물학자가 되었다. 그리고 캠벨햄스터 또는 중가리아햄스터(*Phodopus sungorus*)로 불리는 작은 설치류를 연구했다. 이 햄스터는 암컷과 수컷이 모두 새끼를 돌보는 것으로 알려져 있었다.

프린스턴대 연구실에서 햄스터를 관찰하던 캐서린은 캠벨햄스터에 매료되었다. 왜냐하면 수컷이 새끼를 양육하는 것을 돕고, 이로써 암컷의 번식 주기가 짧아지는 현상이 관찰되었기 때문이다. 하지만 지도교수는 프레리독(*Cynomys*)을 연구할 것을 권했다. 프레리독은 이미 실험실과 자연에서 연구가 잘 이루어지고 있었고, 빠르게 번식하며, 훨씬 더 구하기 쉽다는 이유였다. 하지만 캐서린은 뜻을 굽히지 않았다. 프레리독보다 햄스터가 더 번식속도가 빠르다고 반박했다. 지도교수는 지금까지 햄스터 연구가 주로 실험실에서 이루어졌기 때문에 자연 상태에서의 행동에 대해 알려진 바가 없다고 지적했다. 그 말에 캐서린은 곧장 러시아로 향했다. 시베리아의 춥고 건조한 초원을 돌아다니며 햄스터가 자연 상태에서 어떻게 살아가는지 확인하고자 했던 것이다. 캐서린은 수컷과 암컷이 함께 아기를 돌보는 난쟁이햄스터가 모든 포유류 중 가장 압축된 생식 주기를 가지고 있다는 것을 알게 되었다.

캐서린을 만났을 무렵의 앤 스토리는 이미 명성이 자자한 연구자였다. 앤은 장기간 짝을 맺고 자손을 함께 돌보는 새인 슴새과 새를 비롯해 바닷새를 연구했다. 그러나 아기가 태어나자, 앤은 집 가까이에서 부모 양육 행동을 관찰할 수 있는 동물로 연구 대상을 바꾸었다. 앤은 북미 초원 전역에서 발견되는 작은 설치류인 들쥐를 선택했다. 캐서린이 대담한 성격이라면, 앤은 자립적이고 융통성 있는 성격이었다. 그리고 두 사람은 모두 부모 돌봄의 생물학적 기초에 대해 똑같이 흥미를 느끼고 있었다.

앤의 연구 초점 중 하나는 '브루스 효과(Bruce effect)'로 알려진 현상이었다. 이는 생물학자 힐다 브루스(Hilda Bruce)가 1959년에 발견하여 발표한 현상으로, 임신한 쥐가 주변에 있는 낯선 수컷의 냄새만으로도 자발적으로 유산할 수 있음을 보고한 것이다. 초기 사회생물학자들은 새로운 수컷이 임신 중단을 일으킨다고 가정했다.[1] 그러나 전 세계적으로 수컷이 행하는 영아살해에 대한 보고가 점점 더 많이 들어오면서, 우리는 낯선 수컷이 유아에게 얼마나 위험할 수 있는지 인식하게 되었고, 초점은 임신한 암컷으로 바뀌었다. 더 이상 생존 가능성이 낮은 자손에게 신체 자원을 낭비하는 대신, 유산하거나 태아를 재흡수하는 것이 암컷에게 진화적으로 유리했다. 이로써 암컷이 신체 자원을 더 생존 가능성이 높은 자손으로 재분배할 수 있게 했고, 아기를 죽일 가능성이 있는 수컷 대신 관용적인 수컷이 주변에 있을 때 다시 임신하여 자손을 낳을 수 있게 했다.[2]

앤은 이런 현상이 납득이 갔다. 그리고 다른 영아살해가 일어나는 일부 종처럼 실험실 들쥐도 낯선 수컷의 페로몬* 냄새만으로 임신한 암컷이 자발적으로 임신을 끝낼 수 있을지 궁금했다. 두 연구자가 만났을 때, 앤은 특정 수컷이 자신의 새끼에게 얼마나 공격적일지 아니면 온화할지에 대해 예측할 수 있는 행동적 단서에는 어떤 것이 있는지 연구하고 있었다. 이러한 단서에 따라 나타나는 암컷의 생리적 반응이 새끼의 생존 가능성이 낮은 임신을 계속할 것인지, 아니면 임신을 중단하고 근처에 있는 수컷이 자신의 새끼를 받아들이거나 도울 가능성이 있을 때 다시 배란할 것인지를 결정할 수 있을 것이다.[3]

이때까지 미국에서는 프레리들쥐(Microtus ochrogaster)에 대한 연구가 많이 이루어졌다. 프레리들쥐는 거의 항상 새끼를 돌보는 '의무적 부성'을 가지며 일처일부제의 짝을 맺는 포유류로 빠르게 유명해지고 있었다.[4] 반면, 동부들쥐(Microtus pennsylvanicus)는 '선택적 부성'으로, 일부 수컷은 짝짓기 후 새로운 암컷을 찾기 위해 떠나고, 어떤 수컷은 남아 새끼를 키우는 것을 도와주었다. 앤의 실험실에서 부모 경험이 없는 동부들쥐 수컷은 선택적 부성이 나타나는 양상에 개체차가 있는 것으로 나타났다. 임신한 짝과 함께 살면서 새끼를 낳은 동부들쥐 수컷들은 부성 양육투자로 유명한 프레리들쥐처럼 새끼와 함께하며 돌봐주었다. 앤은 기온이 문제가 아닐까 하고 추정했는데, 북쪽에 서식하는 동부들쥐 개체군의 경우 새끼의 체온 유지를 위해 수컷 아비가 필요하기 때문이었다.

• 같은 종의 개체 사이에 신호를 전달하기 위해 분비되는 화학 물질. 주로 후각적 자극을 통해 다른 개체의 행동이나 생리적 변화를 유도하는 역할을 한다. 짝짓기, 경계 표시, 먹이 찾기, 사회적 유대 형성 등 다양한 상황에 사용된다.

또한 앤은 동부들쥐 어미가 짝짓기 한 후 수컷을 쫓아버리거나 새끼가 태어날 때까지 머물게 하여 새끼와 친밀해지는 것과도 관련이 있을 것으로 생각했다. 새끼와 오랜 시간 접촉한 수컷 들쥐는 더 유순해졌고 결국 새끼를 돌보게 되었다. 하지만 수컷을 쫓아낼지 아니면 머물게 할지는 어미가 수컷의 성향을 어떻게 평가하느냐에 따라 달라졌다.

죽이거나 사랑하거나?

캐서린과 앤은 설치류 수컷의 새끼에 대한 행동이 얼마나 극단적으로 다를 수 있는지 알고 있었다. 말하자면, 새끼가 생명을 유지할 수 있도록 돕는 행동에서부터, 새끼를 죽여버리는 치명적인 행동까지 나타날 수 있었다. 따라서 잠재적으로 영아살해를 할 수 있는 수컷이 어떻게 자상한 아빠로 변하는지 이해하고자 했다. 어미는 어떤 단서로 이를 알아볼 수 있을까? 아울러 수컷에게 새끼를 사전 노출하면, 새끼가 보내는 신호에 반응하는 민감성에 어떤 영향을 미칠까? 1930년대 초반, 심리생물학자들은 수컷 쥐가 예상치 못한 새끼를 발견했을 때 무시하거나 공격하는 경향이 있다는 것을 깨달았다. 그러나 실험자가 공격반응을 무시하고 계속해서 수컷에게 새끼를 보여주면, 수컷은 놀라운 변화를 겪는다. 민감화(또는 감작(sensitization))**를 통해 수컷은 새끼를 공격하는 것을 멈추고, 참아내기 시작하며, 결국 돌보

** 생물학에서 '민감화'는 자극에 반복적으로 노출될 때 해당 자극에 대한 생물의 반응이 점점 더 강해지는 것을 말한다. 본문에서는 새끼에게 점점 양육 반응을 보이는 현상을 지칭하고 있다.

기까지 한다. 수컷은 새끼를 킁킁거리며 냄새를 맡고, 핥고, 부드럽게 입으로 물어 나른다. 이 완전히 무력한 상태인 생명체를 보금자리로 옮겨, 수유하고 따뜻하게 유지하려는 듯 보호하는 것이다.[5] 한 번도 교미하지 않은 처녀 암컷도 비슷한 방식으로 반응했다. 임신과 출산의 호르몬 자극이 따로 없더라도 제이 로젠블랫(Jay Rosenblat)이 말한 '양육을 위한 신경내분비 회로'는 어미뿐만 아니라 집단 내 다른 수컷 혹은 암컷 개체, 즉 보조 양육자에게도 작동했다.[6] 중요한 것은 새끼와의 장기간의 친밀한 노출이었다.

깔끔한 수컷 산파

앤 스토리처럼, 캐서린 윈-에드워즈도 성별을 불문하고 양육 반응을 이끌어낼 수 있다는 가능성에 매료되었다. 그렇다면 구체적으로 어떤 과정을 거쳐서 그렇게 될까? 캐서린이 연구한 캠벨햄스터는 이에 대한 답을 제공하기에 이상적인 후보로 보였다. 대부분의 햄스터가 본질적으로 고립된 생활을 하는 반면, 캠벨햄스터는 더 사회적이었다. 시베리아의 혹독한 환경에서 진화한 캠벨햄스터의 경우, 어미가 먹이를 찾기 위해서 보금자리를 떠날 때 수컷이 새끼를 돌봐야 했다.[7]

다른 햄스터 종의 수컷이 교미 후 다른 암컷을 찾으러 떠나는 것과 달리, 수컷 캠벨햄스터는 (프레리들쥐 수컷처럼) 암컷이 임신한 동안 곁을 지킨다. 그리고 임신한 암컷이 호르몬의 변화를 겪는 동안 수컷도 마찬가지의 변화를 겪는다.

암컷의 임신 기간 동안 수컷의 프로락틴 수치가 상승하고, 이로써 행동이 변화한다. 암컷이 출산을 시작하면 가까이에서 애정을 표현한다. 암컷의 산도를 통해 새끼의 머리가 보이기 시작하면 수컷은 앞발과 앞니를 사용해 아주 조심스럽게 아기를 빼낸다. 새끼가 나오면 양수액을 핥아내고 작은 콧구멍을 막고 있는 액체를 빨아들여 신생아의 기도를 확보한다. 임무가 끝나면 스테로이드가 들어있는 태반을 탐욕스럽게 먹어 치우는데, 캐서린 윈-에드워즈는 이것이 부가적으로 '양육 촉진 내분비 자극'을 유발할 것이라고 예측했다. 다음으로, 수컷은 새끼를 가족이 사는 거처로 옮기고 정리하며, 집의 부실한 부분을 부지런히 보강한다.[8]

시베리아는 계절이 매우 뚜렷하기 때문에 캠벨햄스터는 짧은 여름 기간 동안만 번식할 수 있다. 이러한 이유로, 그리고 아마도 짝을 가까이 두기 위해 암컷은 출산 이후 곧바로 다시 배란한다. 짝에게 다음 새끼를 임신시키려면 수컷은 곁에 머물러야 한다. 그리고 비정상적으로 압축된 번식 일정을 견뎌내야 한다. 출산 후 또 다른 교미가 끝나면 암컷은 다음 출산을 준비하기 위해 새로운 굴로 이동한다. 수컷은 밤에 가끔 암컷이 있는 거처에 들르는데 주로 젖을 뗀 새끼를 돌보며, 풀, 씨앗, 벌레 등을 먹여주면서 새끼가 거친 세상에서 자립할 수 있을 때까지 돌본다.[9]

우연한 발견과 과학

1994년 앤 스토리와 캐서린 윈-에드워즈는 수컷이 어떻게 자상한 아버지로 변하는지에 대한 관심을 바탕으로 캐나다 자연과학 및 공학 연구위원회(NSERC)에 공동 연구비 신청서를 제출했다. 앤과 캐서린은 지금껏 연구자들이 수컷의 양육 행동에 대한 호르몬 상의 증거를 거의 찾지 못했던 이유가 지금까지의 연구가 실험실 쥐를 대상으로 했기 때문이라고 지적했다. 실험 대상인 설치류가 실제로 자연 상태에서 일상적인 부성 돌봄을 수행하는 종이 아니었기 때문이라는 것이다. 몇몇 동물학자들이 암컷과 수컷의 공동 돌봄을 특징으로 하는 종에서 두 성별 모두 프로락틴 수치가 상승하는 것을 발견했다는 점을 덧붙이며, 포유류 부성 행동의 메커니즘 이해를 크게 향상시킬 일련의 실험을 제안했다. 앤과 캐서린이 정말로 알고 싶었던 것은 임신이나 출산을 경험하지 않은 수컷에게서 어떻게 양육 반응을 이끌어낼 수 있는지였다.

두 사람은 햄스터와 들쥐 두 종에 대해 병렬 연구를 계획했다. 수컷 돌봄이 있는 종과 없는 종을 선택하여, 청소년기와 성인기의 행동 및 사회적 경험 중 나중에 부성 돌봄 행동을 나타내는 데 필요한 것들을 분리 및 식별하고, 프로락틴이 부성 돌봄 행동의 발현에 어떤 역할을 하는지 밝히며, 프로락틴 분비와 관련된 신경내분비 조절을 위해 도파민, 옥시토신, 바소프레신과 같은 후보 물질의 역할을 테스트하려고 했다. 앤과 캐서린은 연구 제안서에 "이 데이터가 인간 행동에 대한 이해를 높일 수 있다"고 적었다.[10]

과학에서는 비일비재하지만 이들의 연구 제안서는 기존의 연구에서 너무 멀리 벗어나 있었던 탓에 거절당했다. 그러던 중 우연히 기회가 찾아왔다. 앤 스토리가 가르치는 메모리얼 대학교(Memorial University)에서는 새로운 프로젝트를 시작하는 교수들이 소규모 연구비를 신청할 수 있는 프로그램을 진행하고 있었다. 이미 다른 연구 자금으로 설치류 연구를 진행하고 있었기 때문에 자기들의 연구가 인간의 양육 행동을 설명할 수 있음을 단순히 언급하는 것으로는 부족하다고 생각했다. 따라서 차라리 아예 인간을 대상으로 연구하는 것에 초점을 맞추기로 했다. 다시 한번 제안서가 거절되었고, 마지막으로 한 번 더 신청했는데 결국 약 8,000달러의 소규모 연구비를 받게 되었다.

두 사람의 프로젝트를 도울 사람으로 앤의 대학원생이자 나중에 동료 교수가 된 캐롤린 월시(Carolyn Walsh)가 합류했다. 마침 캐롤린은 첫 아이를 임신 중이었고, 남편과 함께 지역 병원에 등록해 라마즈 수업을 듣고 있었다. 이때 캐롤린은 아내와 함께 남편이 수업에 참여하는 사례가 꽤 많다는 것을 알게 되었다. 그리하여 함께 수업을 듣는 사람에게 연구 참여 모집 홍보물을 돌렸다. 과연 예비 아빠들의 호르몬 반응에 대한 연구에 자원할 사람이 있었을까? 다행히 많은 자원자가 참여 의사가 있음을 알렸다. 자발적으로 선정된 이 샘플에서 31쌍의 커플(이미 부모가 되기 위한 의지를 보인 남성을 포함)이 아기의 출생 전후에 혈액 샘플을 제공하기로 동의했다. 캐롤린 부부도 임신 기간 동안, 심지어 출산 중에도 혈액 샘플을 제공하기로 동의했다. 라마즈 수업 강사도 데이터 수집을 도왔다.

초기 혈액 샘플은 다양한 호르몬의 기본 수치를 측정하기 위해 채취되었다. 다음으로, 예비 아빠들에게 병원 보육실에서 빌려온 신생아 향이 나는 담요로 감싼 부드러운 아기 인형을 안아보라고 요청했다. 이미 아기가 태어난 아빠는 실제 아기를 안고, 엄마가 인형을 안았다. 이렇게 준비된 각 커플들은 녹음된 신생아 울음소리를 듣고, 신생아가 엄마의 젖꼭지를 물려고 애쓰는 6분짜리 비디오를 시청했다. 마지막으로, 남편이 아내의 임신 기간 동안 경험한 증상에 대해 질문하는 설문지를 작성했다. 연구자들은 특히 예비 아빠들이 '쿠바드(couvade) 증후군'으로 알려진 임신 공감 증상을 경험했는지 알고 싶어 했다. 메스꺼움이 있었는가? 식욕이 증가하거나 감소했는가? 체중이 늘었는가? 감정이 더 풍부해졌는가?

마모셋 수컷이 아기를 돌볼 때 나타나는 내분비 변화가 처음 보고된 지 20년이 지난 지금, 드디어 앤 스토리와 캐서린 윈-에드워즈는 인간에게도 유사한 반응이 나타난다는 것을 설득력 있게 정리하여 보고했다. 파트너가 출산하기 몇 주 전에 예비 아빠들의 프로락틴 수치가 상승했다. 남성의 기대감이나 쿠바드 증상이 클수록, 또는 유아의 신호에 대한 감정적 반응이 클수록 프로락틴 수치가 더 높아졌다. 아버지가 된 후에는 남성의 테스토스테론 수치가 급격히 떨어졌다. 인형을 더 오래 안으려고 한 남성일수록 테스토스테론 수치가 더 크게 하락했다.[11]

'양육하는 남성'이 연구되기 시작하다

연구 결과의 중요성을 인식한 연구팀은 논문을 최고 권위의 학술지에 제출했다. 1999년 1월 8일에 먼저 《사이언스》에 제출했으나 거절당했고, 그 다음에는 《네이처》에 보냈다. 《네이처》의 편집자들은 논문을 제대로 읽어보지도 않고 반려했다.[12] 결국 논문은 "갓 아버지가 된 남성과 곧 아버지가 될 남성의 양육 반응과 호르몬 사이의 상관관계"라는 제목으로 2000년에 새로 창간된 전문 학술지인 《진화와 인간행동(Evolution and Human Behavior)》에 게재되었다.

이후 캐서린 원-에드워즈는 제자 학생과 함께 온타리오주 킹스턴에서 또 다른 출산 준비 수업에서 모집한 더 큰 표본으로 후속 연구를 진행했다. 이번에도 역시 연구 대상은 수업에 등록한 자발적인 참가자들이었다. 다시 한번, 예비 아빠들은 낮은 테스토스테론 농도와 코르티솔 농도를 보이며, 에스트라디올이 더 자주 검출된다는 결과가 도출되었다. 그리고 출산 전부터 아버지들은 아기에게 반응할 준비가 되어 있었고, 프로락틴 농도가 높았다. 출산 후 테스토스테론 수치는 다시 떨어졌으며, 출산 직후 첫 몇 주 동안 가장 낮은 수치를 보였다. 캐서린은 "적절한 자극에 노출된 남성은 여성이 임신 동안 겪는 내분비 변화의 약화된 버전을 경험할 수 있다"고 말했다.[13]

다시 한번, 이들은 연구 결과를 발표하는 데 어려움을 겪었다. 결국 연구 결과는 2000년 6월 《메이요 클리닉 회보(Mayo Clinic Proceedings)》에 게재되었으나, 이 저널은 양육의 심리생물학에 관심 있는 과학자가 주로 참고하는 저널이 아니었다. 논문의 결론 문장에서 캐서린은 "아버지의 뇌의 신경내분비학은 더 많은 과학적 연구의 가치가 있다"는 매력적인 제안을 제시했다.[14] 그리고 실제로 그 주장은 전적으로 옳았다. 그들은 과학사에서 처음으로 '양육하는 남자'를 발견하였다.

발견 후 10년도 채 되지 않아 전 세계의 신경내분비학자는 아이를 돌보는 아버지의 몸에서 무슨 일이 일어나는지에 대해 면밀히 연구하기 시작했다. 진화인류학자인 나는 인간의 조상인 이족보행 유인원의 사회적 삶에 대해, 그리고 그들의 신체와 뇌에서 무슨 일이 일어나고 있었는지에 대해 오랫동안 가지고 있던 고정관념을 폐기하고 다시 처음부터 생각해야 했다. 당시 연구할 때에는 깨닫지 못했지만,

그때 진행한 연구는 아버지와 아기 사이의 관계에 대해 이해하는 시작점이었다. 그리고 이로써 진화적으로 남자가 아기를 돌보는 것이 전혀 어색하지 않은 일이라는 생각이 발전할 수 있었다. 한편, 이러한 발견을 바탕으로 문화적 설명을 추구하는 동료 인류학자들도 진화생물인류학에 관심을 갖는 계기가 되었다.

4
아빠의 뇌

"요즘은 분야를 막론하고 연구를 인정받고자 한다면 뇌 영상분석이 필요하다."

에드워드 세인트 오빈, 『이중 맹검(Double Blind)』(2021)

시작과 함께

앤 스토리와 캐서린 윈-에드워즈가 마침내 혁신적인 논문을 발표한 이후 20년 동안 비교심리학자, 진화인류학자, 정신생물학자, 그리고 신경과학자가 아기에 대한 아버지의 반응을 기록하고자 분주히 움직였다. 이 분야의 연구는 아직 걸음마 단계다. 그리고 연구 자금 부족에 시달리고 있으며, 연구 표본의 크기도 아직 충분하지 않다. 복잡한 신경생리학적 과정이 관련되어 있어 결과가 흥미롭긴 하지만 실험과 분석이 충분히 엄밀하게 통제되지 않아 신빙성이 떨어지는 경우도 많다.

물론 발전적인 부분도 많다. 아프리카의 수렵채집인, 목축민, 농부에서부터 산업화 이후의 도시인들에 이르기까지 다양한 사회에 대한 인류학적 데이터가 쌓이면서 가족 구조와 생계 방식에 따라 남성의 돌봄이 어떻게 달라지는지 점점 더 명확하게 밝혀지고 있다. 특히 신경과학 분야에서 새로운 발견이 이루어지고 있다. 그리고 결과물은 계속해서 같은 메시지를 던지고 있다. 아기에 대한 남자의 행동이 특정 조건 하에서 놀라우리만치 '어머니 같은' 반응을 보인다는 것이다.

처음에는 이 새로운 유형의 아버지의 테스토스테론 수치가 낮아진 다는 사실이 가장 큰 관심을 끌었다. '남자다움'을 중시하는 문화적 고정관념이 있기도 하거니와 테스토스테론이 경쟁심 및 남성성과 연관성을 가지는 정도가 과도하게 부풀려진 탓일 것이다. 강하고, 자신감 있고, 용감하며, 지위 경쟁 중에 무모한 행동을 보이거나 노골적인 폭력을 행사하는 것이 '진짜 남자'의 필수 조건으로 오랫동안 여겨져 왔다. 방대한 문헌이 과장된 용맹성과 높은 'T'(테스토스테론) 수준을 연관 짓고 있다.[1] 그러나 테스토스테론의 효과는 상황에 따라 달라지기 때문에 이러한 연관성은 종종 이야기를 지나치게 단순화하는 측면이 있다.[2]

미국 육군과 공군 참전용사에 대한 연구는 결혼한 남성이 미혼이거나 최근에 이혼한 남성보다 테스토스테론 수치가 낮다는 것을 보여준다.[3] 하버드 경영 대학원생을 대상으로 한 연구에서도 남자가 헌신적인 연인 또는 부부 관계에 있는지 혹은 그렇지 않은지에 따라 테스토스테론 수치가 달랐다.[4] 정말 흥미로운 사실이 아닐 수 없다. 그러나 단순히 테스토스테론 수치가 낮은 남자가 정착하여 가정을 꾸리려는 경향이 더 강한 것이라면 어떨까? 혹은 이혼을 앞둔 남자가 더 화가 많거나, 억울함을 느끼거나, 어려움을 느끼는 경향이 있는 것은 아닐까? 안정적인 연인·배우자 관계에 있는 것이 경쟁적 충동을 진정시키거나 테스토스테론 생성을 억제하는 것은 아닐까? 따라서 아버지가 되는 것, 특히 아기와의 오랜 친밀한 접촉이 테스토스테론 수치를 낮추는 이유에 대해 조사할 필요가 있었다.

새로운 곳에서의 검증

앤과 캐서린의 연구 결과는 2년 만에 다른 연구자들에 의해 다른 표본을 대상으로 재현되었다. 이들은 비슷한 내분비계의 변화 현상을 발견했다. 특히, 임신 및 모유수유에만 관련이 있다고 여겨졌던 프로락틴 수치가 남성에서도 상승하는 것이 관찰되었다. '양육의 아버지'로 불리는 제이 로젠블랫의 제자인 앨리슨 플레밍(Alison Fleming)은 토론토 대학의 저명한 신경내분비학자로, 이미 '양육의 어머니'로 자리 잡아가고 있었다. 플레밍은 이러한 초기의 발견을 바탕으로 프로락틴이 아버지의 행동 반응성과 관련이 있다고 추측했고, 이는 적중했다. 아버지의 프로락틴 수치가 아버지가 아닌 이들보다 높을 뿐만 아니라 프로락틴 수치가 높은 남성일수록 아기의 울음소리에 더 빨리 반응한다는 사실이 밝혀진 것이다.[5]

아버지의 호르몬 변화에 대한 소식에 고무된 인류학자들은 이런 질문을 던졌다. 언제 아버지가 더 양육에 열성적으로 되고, 언제 그렇지 않은가? 연구는 혈액 샘플을 받아 호르몬 수치를 측정하는 것이 아니라 침을 한 숟가락 정도 뱉는 것으로 측정이 가능해진 신기술을 도입함으로써 날개를 달았다. 하버드의 인류학과에 있는 피터 엘리슨(Peter Ellison)은 이 방법의 실용성을 가장 먼저 깨닫고 적극 활용했다.

세계 어디서든 인류학자는 플라스틱 튜브를 내밀고, '여기에 침을 뱉어주세요'라고 요청한 후, 샘플을 액체 질소 탱크나 냉동고에 보관했다가 나중에 분석을 위해 실험실로 보내기만 하면 되었다.

엘리슨 연구팀은 이 기술을 적극 활용하였다. 이전에는 연구하기 어려운 지역에 살던 여성의 난소 기능을 연구하기 위해 타액 샘플을 모았다.[6] 앨리슨 팀은 아버지의 양육 행동과 호르몬 상의 변화에 대한 연구에 흥미를 가졌고, 그렇게 남성의 내분비계 변화를 연구하기 위해 더 넓은 범위로 조사를 확장했다. 중앙아프리카 숲, 히말라야 산간 마을, 아르헨티나 팜파스의 외딴 마을, 미국 교외 등지에서 샘플을 모았다. 앨리슨 팀은 기혼 남성과 미혼 남성, 아기와 직접적인 접촉을 많이 하는 남성과 그렇지 않은 남성의 테스토스테론 수치를 비교했다. 앨리슨의 제자들은 나아가 연구대상을 전 세계 남성으로 확장하여 미 대륙부터 동아시아에 이르기까지 수많은 피험자들에게 튜브에 침을 뱉도록 요청하여 아이가 있는 남성과 없는 남성의 호르몬 수치를 비교했다.[7]

가장 흥미로운 발견은 당시 하버드의 연구자였던 마틴 뮬러(Martin Muller)와 프랭크 말로(Frank Marlowe)에 의해 나왔다. 이들은 두 개의 동아프리카 사회, 다토가(Datoga) 목축민과 하드자(Hadza) 수렵채집인을 비교했다. 두 부족 모두 탄자니아의 유사한 지역에 살고 있지만, 목축민 남성은 아내와 아기들과 거의 시간을 보내지 않는 반면, 수렵채집인 남성은 많은 시간을 함께 보냈다. 연구자들이 아내 및 어린 아이들과 멀리 떨어진 사바나에서 소를 치면서 시간을 보내는 다토가 남성의 테스토스테론 수치를 조사했을 때, 기혼 남성과 미혼 남성, 아이가 있는 남성과 없는 남성 사이에 유의미한 차이를 발견할 수 없었다. 그러나 아내, 아기, 모든 연령의 아이들과 함께 거주지에서 오랜 시간을 보내는 하드자족 남성의 경우, 테스토스테론 수치는 아버지가 아닌 남성에 비해 약 50퍼센트 낮았다.[8] 연구자들은 이를 윙필드의 '챌린지 가설'로 설명했다.

캘리포니아 대학교 데이비스 캠퍼스의 생물학자인 존 윙필드(John Wingfield)는 수년 동안 새들이 환경과 사회적 제약을 어떻게 극복하는지 연구했다. 윙필드는 테스토스테론(T) 수치가 번식 시즌의 시작과 같은 환경적 스트레스 요인에 반응하여 상승한다고 가설을 세웠다. 수컷이 영토를 확보하고 짝을 맺으면, 싸움에서 협력으로, 새끼를 돌보고 자원을 공급하는 방향으로 행동을 바꿀 수 있다. 경쟁자의 도발이 없으면, T 수치는 감소한다.[9] 포유류 수컷이 주로 짝짓기를 하고 떠나는 것과 달리, 90퍼센트의 조류 수컷은 짝과 유대를 형성하고 남아서 양육에 참여한다. 새와 같은 가족 시스템이 인간에게도 유사하게 나타날 가능성은 충분해 보였다.

챌린지 가설의 예측은 하버드 연구자들이 발견한 사실과 일치했다. 즉 남성이 지위, 영토 또는 짝을 위해 경쟁할 필요가 있을 때 T 수치는 상승하고, 남성이 짝을 맺고 새끼를 돌보는 동안에는 하락해야 한다는 것이다. 다른 발견, 예를 들어 아이가 없는 남성의 뇌는 아버지보다 성적 자극을 볼 때 더 많이 활성화된다는 관찰도 흥미롭게 일치했다.[10] 그러나 문제가 있었다. 연구에서 확인한 것은 인과관계가 아니라 상관관계였기 때문에 테스토스테론 수치가 낮은 남성이 애초에 더 애정이 많고 양육에 적극적이어서 나타난 결과일 가능성이 있었다. 즉, 낮은 T 수치를 가진 남성이 단순히 더 짝을 이루기 쉽고, 또 아이가 생겼을 때 더 많은 시간을 아이를 돌보는 데 쓰는 경향이 있는 것인지도 모른다. 이럴 때 필요한 것은 종단 연구였다. 남성이 혼자일 때부터 시작해서 짝을 이루고 가정을 꾸리는 시점까지 추적 조사하고, 이 결과를 짝을 이루지 않은 남성과 비교해야 했다. 마침 연구하기에 딱 좋은 상황이 지구 반대편에서 벌어지고 있었다.

남성호르몬의 역설

인류학자와 공중보건 연구자로 구성된 한 학회는 창설된 후 거의 30년 동안 출생부터 생애 전반에 걸쳐 영양이 건강에 미치는 영향을 연구해왔다. 아버지에 대한 질문이 대두되면서 노스웨스턴 대학교의 두 혁신적인 인류학자 크리스 쿠자와(Chris Kuzawa)와 톰 맥데이드(Thom McDade)는 원래 어머니와 아이의 영양에 초점을 맞춘 연구에 남성도 포함해 확장하기로 결정했다. 필리핀의 산 카를로스(San Carlos) 대학교 동료들과 협력하고, 박사 과정 학생 리 게틀러(Lee Gettler)를 영입해 아버지가 된 후의 남성 및 여러 남성의 호르몬을 샘플링하고 분석했다.

21세기는 세계화의 시대다. 노동 시장은 국경을 넘어 펼쳐진다. 이러한 상황 속에서 많은 개발도상국 사람이 해외에서 일자리를 찾는다. 필리핀의 여성은 간호사와 가정부로 일하기 위해 다른 나라로 나간다. 그러면 자연스럽게 자녀를 아버지가 돌보게 된다. 2006년까지, 900만 명 이상의 필리핀 사람이 해외에서 일하고 있었고, 대부분이 여성이었으며, 벌어들인 돈은 가족을 위해 본국에 송금하고 있었다.[11] 이러한 여성 노동력의 수출은 동남아시아 전역에서 발견된다.

홀로 남겨진 아버지는 아이를 돌보는 역할을 자의 반 타의 반으로 맡게 되었다. 그중에는 어린 아기도 있었다.[12] 이런 상황은 연구에 적격이었다. 다양한 남성 집단이 아기와의 접촉 정도에 따라 어떤 반응을 보이게 되는지를 추적할 수 있는 전례 없는 기회였다.

출생부터 추적된 624명의 젊은 필리핀 남성은 처음에는 모두 미혼이었다. 인터뷰와 함께 타액 샘플을 제공하여 테스토스테론 수치를 측정했다. 침을 뱉은 후에는 간단한 혈액 검사를 통해 프로락틴 수치를 분석했다. 5년 후, 동일한 남성을 다시 인터뷰하고 샘플을 채취했다. 일부는 미혼 상태였지만, 다른 남성들은 안정적인 파트너 관계를 시작했다. 파트너 관계를 시작한 후에는 예상대로 테스토스테론 수치가 감소했다. 초기 테스토스테론 수치가 높은 남성이 더 결혼할 가능성이 높았기 때문에 연구자들은 테스토스테론 수치가 낮은 남성이 단순히 결혼할 가능성이 더 높을 수 있다는 설명을 배제할 수 있었다. 연구자의 관심을 끈 것은 남성이 아버지가 된 후에 테스토스테론 수치가 두드러지게 줄어들었다는 사실이었다.[13]

이번에는 연구 결과를 발표하는 데 문제가 없었다. 결과는 《미국국립과학원회보(PNAS)》에 게재되었으며, 박사과정생 게틀러가 제1저자로 등재되었다. 논문은 남성이 아기와 밀접한 관계를 맺기 시작한 후 테스토스테론 수치가 감소했다는 것을 밝힌 다음 한 걸음 더 나아가 이렇게 썼다. "우리의 발견은 인간 남성이 인류의 진화 과정에서 헌신적인 양육에 반응하도록 진화된 신경내분비 구조를 가지게 되었음을 시사한다."[14] 어머니가 된 여성의 테스토스테론 수치도 감소하는 경향이 있으며,[15] 힘을 행사하는 지위를 가지고 있을 때에는 테스토스테론 수치가 증가하는 것으로 나타났다. 사람들은 아기를 돌보는 아버지의 테스토스테론이 급격히 감소하는 것이 '진화된' 적응을 나타낼 수 있다는 사실에 충격을 받았다.[16] 남자도 "아이를 돌보도록 설계되어 있다"는 생각이 갑자기 설득력을 얻었다.[17]

   진화론자들은 아기를 돌보는 아버지의 테스토스테론이 감소한다는 사실에 대해 무척이나 흥미로워했지만, 다른 사람들은 육아를 하면 '남성성을 잃게 되는 것' 아닌가 하고 생각했다.[18] 아기를 돌보는 남성의 뇌에 어떤 일이 벌어지는지 알아보는 탐구를 계속하기 전에 먼저 남성성의 정수로 불리는 테스토스테론의 장단점과 이 호르몬을 담당하는 신체기관에 대해 잠시 짚어보자.

고환의 배신

아버지가 되면 테스토스테론 수치가 감소한다는 연구가 발표된 이후 부성 양육 참여 수준이 고환 크기와 상관관계가 있다는 연구가 뒤따랐다. 애틀랜타의 에모리 대학교에서 제임스 릴링(James Rilling)과 그의 전 제자 제니퍼 마스카로(Jennifer Mascaro)가 이끄는 연구진은 현재 아내와 한두 돌 된 아기와 함께 살고 있는 70명의 아버지를 모집했다. 먼저, 아내에게 남편이 육아에 얼마나 참여하고 있는지 물었다. 그 다음으로, 아버지에게 아이의 사진을 보여주면서 뇌를 자기공명영상(MRI)으로 스캔했다. 아버지 66명의 테스토스테론 수치도 측정했으며, 일부 연구 대상자들의 고환 크기도 측정했다.

   예상할 수 있듯이 육아에 더 많이 참여하는 남자의 뇌는 아이의 사진을 볼 때 가장 강한 반응을 보였다. 그런데 대체로 이 남성의 고환이 더 작았다.¹⁹ 언론과 네티즌은 연구 결과를 그냥 덮어두지 않았다. 사람들이 남자 성기 크기를 가지고 얼마나 민감하게 반응하는지 생각해보면 이런 반응은 당연했다. '고환이 더 큰 아빠는 자녀에 덜 신경 쓴다'는 헤드라인이 대서특필되었다.²⁰ 또 다른 헤드라인은 "아, 이런! 육아하는 아빠의 X알이 더 작다고 밝혀져… 충격"이라고 전했다.²¹ 어머니의 테스토스테론 수치도 감소한다는 사실에 대해서는 아무도 관심 갖지 않았다.

한편, 제임스 릴링은 차분히 여러 해석의 가능성을 따져보고 있었다. 릴링과 마스카로는 남성이라고 다 같은 것이 아니라, 남성 내에서 서로 다른 하위 유형이 있을 수 있다고 가정했다. 고환이 작은 남성이 육아를 더 잘하는 아버지가 될 가능성이 높은 것은 사실일 수 있다. 그런데 중요한 것은 높은 테스토스테론 수치는 비용이 따른다는 사실이다(면역 기능 저하가 그중 하나이다). 릴링은 "남성이 육아에 더 많이 참여하게 되면 고환이 줄어든다"는 사실에 대해, "갓 아버지가 되어 새로운 생애 단계에 접어든 남성에게 합리적인 생리적 조정일 수 있다"고 보았다.²² 이 시기에 높은 테스토스테론 수치를 유지하는 것은 비용 대비 가치가 없을 수 있기 때문이다.

옥시토신: 모두에게 평등한 호르몬

남자가 아빠가 되어 매일 몇 시간씩 아기를 돌보면 테스토스테론 수치는 점차 감소하는 경향이 있다. 이는 몇 주 또는 몇 달에 걸쳐 천천히 일어나며, 많은 남성을 장기간에 걸쳐 관찰해야만 통계적으로 유의미한 차이를 확인할 수 있다. 그러나 테스토스테론과 달리, 옥시토신 및 여러 관련 신경내분비 효과는 보다 더 빠르게 일어난다.

옥시토신이 애착 형성에 중요한 역할을 한다는 사실은 20세기 후반에 이르러 점점 인정받은 사실이다. 임신한 여성의 에스트라디올 수치가 상승하면 출산 후 옥시토신에 더 잘 반응할 수 있도록 뇌에서 옥시토신 수용체의 합성이 증가한다는 사실이 알려졌다. 어머니가 아기와 유대감을 형성하고 모유수유를 하면 옥시토신 수치가 높아졌다.[23] 그러나 꼭 아이를 낳지 않더라도 사람은 옥시토신에 반응한다. 일반적으로 오르가즘을 경험할 때나 다른 사람과 따뜻한 상호작용을 할 때, 또 이를테면 포옹을 하거나 마사지를 받거나 강아지를 쓰다듬을 때도 증가한다.

이러한 맥락에서 옥시토신은 안정감이나 행복감을 증진시키고 파트너 간의 친밀감을 촉진한다.[24] 쥐와 같은 다른 포유동물에서 뇌를 실험적으로 자극해 내인성 옥시토신을 생성하면 출산 경험이 없는 처녀 쥐에서도 애착 반응을 유도할 수 있다.[25] 하지만 남성에게 미치는 옥시토신의 효과는 최근까지 주목받지 못했다. 성적 파트너가 서로를 껴안고 성교 후 친밀한 포옹을 나눌 때 남성도 따뜻한 친밀감을 느끼는 '오르가즘 후 여운'을 경험할 수 있다.

아무리 옥시토신이 어머니의 양육 반응에 중요하다 해도, 이제 더는 옥시토신을 여성만의 호르몬으로 간주할 수 없다. 성적 파트너, 어머니와 아기, 아버지와 아기 사이의 관계에서 옥시토신은 선택적 애착 형성에 중요한 역할을 한다.[26] 어미 포유류가 아기를 양육하도록 돕는 진화의 힘이 어미-자식 관계를 넘어 다른 관계에서도 작용해 남성에게도 유사한 역할을 한다. 출산 중 수축을 빠르게 하거나 출산 후 모유 분비를 촉진하기 위해 개발된 합성약물 형태의 신경 펩타이드 '피토신(Pitocin)'은 남성이 아기에게 반응하는 능력을 높이기도 한다. 한두 살 된 아기와 놀고 있는 아버지의 콧구멍에 옥시토신을 분사하면 따뜻한 감정을 불러일으키고, 아버지는 아기의 미소와 사회적 신호에 더 잘 반응하게 된다.[27] 옥시토신의 효과가 세간에 알려지면서 많은 연구자가 관심을 갖기 시작했다. 특히 옥시토신이 남성에게 미치는 영향을 연구한 학자로 이스라엘의 발달심리학자이자 신경과학자인 루스 펠드만(Ruth Feldman)이 있다.

두뇌의 로맨스

저명한 랍비의 딸로 태어난 루스 펠드만은 어릴 적 성장속도가 남달랐다. 무려 생후 18개월에 말을 시작했다. 그러나 주변 사람은 비범한 아이가 아들이 아니라 딸이라는 사실을 안타까워했다. 정통 유대교 문화에서는 전통적으로 아들이 학자가 되었기 때문이다. 딸은 보통 다른 일을 한다. 하지만 아버지는 전통을 깨고 딸의 지적 성장을 전폭 지원하기로 했다. 루스 펠드만은 그런 아버지의 결정이 가능했던 이유가 유난히 가까운 부녀지간 관계 덕분이라고 회상했다. 그리고 아버지의 존재는 성공을 향한 강력한 동기가 되었다.[28]

음악과 작곡을 전공한 루스 펠드만은 재즈 트롬본과 피아노를 연주하며 특히 음악가들이 즉흥적으로 합주를 할 때의 조화에 매료되었다.[29] 이후 랍비와 결혼하고 네 딸과 아들을 둔 어머니가 된 후에야 진정한 소명을 찾았다. 어머니와 아버지가 자녀와 상호작용하면서 교감하는 방식, 그리고 이러한 교감이 아이들의 후속 발달에 미치는 영향을 연구하는 연구자가 된 것이다.

펠드만은 양육 행동을 수십 년간 연구하다가, 들쥐처럼 돌봄을 부모가 공동으로 하는 종의 수컷이 비정상적으로 높은 프로락틴과 옥시토신 수치를 가진다는 사실을 알게 되었다. 인간도 부모가 함께 아이를 돌보지만, 보통은 아버지와 어머니가 서로 다른 역할을 한다는 것을 인식한 펠드만은 부모의 행동 연구를 확장하여 남성의 내분비 반응을 측정하고 뇌에서 일어나는 일을 살펴보기로 했다.

펠드만 연구팀은 이전까지는 관찰 가능한 행동에만 중점을 두었으나 이제는 타액 샘플을 수집하고 호르몬을 분석하기 시작했다. 그 결과 아이를 돌보기 시작한 아버지와 어머니 모두에서 옥시토신 수치가 상승한다는 것을 확인했다. 옥시토신이 정확히 무엇을 하는지는 아직 완전히 밝혀지지 않았다. 하지만 아기 출생 후 6개월 내 평균 옥시토신 수치는 임신과 진통 수축 또는 모유 분비 반응을 경험해본 적이 없는 아버지 역시 같은 기간 어머니의 옥시토신 수치와 비슷했다.[30] 그러나 구체적인 내용은 상황에 따라 조금 달랐다. 어머니의 옥시토신 수치는 주로 아기의 얼굴을 바라보거나 아기의 따뜻한 몸을 자신의 몸으로 안으며 느끼는 애정 어린 접촉과 같은 행동을 통해 높아졌지만, 아버지의 옥시토신 수치는 자극적인 놀이 시간을 통해 높아졌다(〈그림 4.1〉). 펠드만 팀은 또한 옥시토신을 아버지에게 투여하면 아기의 옥시토신 수치도 증가한다는 것을 확인했다. 아버지가 놀이에 더 많이 참여할수록 그 효과는 더 강해졌다. 아버지와 아기는 기쁨이 기쁨을 생성하는 선순환에 빠져들었다.

어머니와 아버지의 옥시토신 기본 수치를 분석한 후, 펠드만 연구

〈그림 4.1〉 지난 30년 동안 서구 지역의 아버지가 아기와 상호작용하는 방식에는 많은 변화가 있었지만, 여전히 과도한 자극을 주는 놀이를 즐기는 경향은 지속되고 있다. 30년 전, 남편 댄이 우리 아들 니코를 공중에 던지며 놀던 것과 똑같은 방식으로, 수십 년 후 사위 데이비드가 10개월 된 손주와 즐거운 시간을 보냈다. (Katrinka Hrdy)

팀은 부모들이 아기와 상호작용하는 모습을 비디오로 촬영하였다. 그리고 아기와 함께한 시간이 끝난 직후 호르몬 수치를 측정했다. 각 부모가 아기의 반응, 기분, 신호에 얼마나 민감한지에 특별히 주의를 기울였다. 며칠 후, 이 부모들은 연구소로 초대되었다. 연구자는 부모가 자신의 아기와 상호작용하는 비디오와 낯선 사람과 낯선 아기가 상호작용하는 비디오를 시청하는 동안 자기공명영상으로 뇌를 스캔했다. 어머니의 뇌 반응과 아버지의 뇌 반응은 다소 달랐다.

주로 설치류를 대상으로 한 수십 년간의 연구는 모성 반응이 먼 원시시대 때부터 존재하던 뇌 피질하 구조*에 의존한다는 것을 밝혀냈다.³¹ 이 뇌기저부의 시상하부와 작은 아몬드 모양의 편도체는 감정을 처리하여 암컷이 잠재적 위험을 경계하고 새끼의 필요와 요구에 맞추도록 돕는다. 이것이 바로 딸 카트린카가 보채는 소리를 잠결에 어렴풋이 들은 내가 잠에서 깨어나 잠자는 남편을 두고 침대에서 빠져나와 카트린카에게 무슨 불편한 것이 있는지 확인하게 했던 생리적 반응이었다.

수억 년 동안 계통 발생적으로 보존된 이 회로는 진화적 시간에 걸쳐 크게 변하지 않고 신경내분비 기능을 조정하여 포유류 어머니가 본능적으로 아기에게 반응하도록 만들었다. 옥시토신 수용체가 이러한 뇌 영역에 풍부하다는 것을 알고 있는 펠드만과 시르 아질(Shir Atzil), 에얄 에이브러햄(Eyal Abraham) 등 연구원은 어머니가 아기와 상호작용하는 비디오를 시청하면 옥시토신 수치가 급증할 것이라 예상했는데, 이 예상은 정확히 맞아떨어졌다.³² 또한 부모가 아기와 상호작용하는 비디오를 볼 때 어머니 뇌의 시상하부 및 편도체가 아버지보다 더 활성화된다는 것도 예상을 빗나가지 않았다.

아버지의 뇌에서는 더 놀라운 사실이 발견되었다. 사회인지적, 공감 관련 피질 영역, 예를 들어 위측두고랑과 내측전두엽 피질이 더

• 피질하 구조(subcortical structures)는 대뇌피질 아래에 위치하는 구조로, 시상, 시상하부, 뇌하수체, 변연계, 기저핵이 위치한다. 인간의 경우 대뇌피질의 대부분이 신피질로 이루어져 있으며, 이는 고차원적인 뇌 기능에 관여하며 최근에 진화했다. 반면 피질하 구조는 대뇌피질과 달리 더 오래전 진화하여, 무의식적이고 반사적인 신체 기능에 관여한다.

활성화되었다. 이것이 아버지에게만 나타나는 특정한 '부성' 반응일까? 아니면 어머니를 도와 아이를 돌보는 어머니 이외의 사람들에서 나타나는 '보조 양육자적' 반응일까?[33] 그리고 만약 주 양육자의 역할을 남성이 한다면 어떤 일이 일어날까? 이러한 질문에 답하기 위해 펠드만 연구팀이 수행한 연구는 정말 흥미로운 과학적 발견을 낳았다.[34]

새로운 유형의 아버지

에얄 에이브러햄 등의 연구진과 함께 펠드만 팀은 21세기에 펼쳐지고 있는 전례 없는 자연 실험을 활용하기로 결정했다. 미국과 필리핀처럼 이스라엘에서도 점점 더 많은 아버지들이 자녀 양육에 참여하고 있었다. 이들 중 일부는 남성끼리 짝을 이루어 동성 커플로 가정을 꾸리기도 했다. 이들은 아기를 입양하거나 대리모를 통해 자녀를 얻어 어머니 없이 신생아를 처음부터 양육하고 있었다. 지금까지 동성의 부모가 자녀를 양육하는 것에 대한 연구는 거의 없다시피 했다. 대부분의 게이 아버지는 이성 부모보다 더 자주, 더 따뜻하게 자녀와 상호작용한다고 보고했다.[35] 동성 커플 사이에서는 '의도하지 않은' 임신이 없다는 점에서 어쩌면 당연한 일이었다.

게이 아버지는 24시간 아기 돌봄의 책임을 자기 의지로 선택했다. 여기에는 안아주기, 흔들어주기, 기저귀 갈기, 청소, 밥 먹이기, 걱정하기 등 모든 육아 행동을 포함한다. 부모로서 헌신하는 것을 스스로 선택한 것이다. 동성 커플이 입양하는 경우 입양 기관은 더 엄격히 심사한다. 따라서 연구진은 게이 아버지들이 육아를 훌륭하게 해낸다는 사실에는 크게 놀라지 않았다. 진짜 예상치 못한 부분은 따로 있었다. 바로 이 아버지들의 뇌에서 벌어지고 있는 일이었다.

2억 년 이상의 포유류 역사를 보면, 새끼가 태어난 후부터 수컷이 도맡아 돌보는 일은 없었다. 티티원숭이(titi monkeys)나 올빼미원숭이(owl monkeys)처럼 수컷이 하루 종일 아기를 돌보는 종에서도 마찬가지다. 이들이 아기를 돌보는 것은 모유를 먹이는 시간을 뺀 나머지 시간이다. 19세기 파스퇴르의 저온 살균 우유 도입, 분유의 보급, 고무젖꼭지 사용의 증가 이후에도 남성이 여성 없이 홀로 아기를 돌보는 일은 없었다. 따라서 동성 부모 커플은 완전히 새로운 유형의 가족이었다.

대리모를 통해 출산하여 아기와 아버지가 유전적으로 관련이 있는 경우나 입양을 하여 유전적으로 관련이 없는 아버지 모두 주 양육자로서 어머니의 역할을 수행하고 있었다. 임신과 출산의 과정을 직접 겪지 않았기에 양육에 대한 호르몬 상의 준비를 거치지 않았음에도 어머니로서 역할을 잘 해내고 있었다. 이는 중요한 질문을 제기했다. 이들 남성의 뇌는 전통적인 아버지들처럼 반응할까? 아니면 주 양육자로서 어머니처럼 변할까? 입양한 아기의 경우 아버지가 생물학적 친부가 아니라는 사실이 중요할까?

펠드만 연구팀은 처음 자녀를 둔 부모 89명을 모집했다. 이 중 24쌍은 동성 남성 커플이었고, 나머지 21쌍은 어머니가 주 양육자로 역할을 하고 아버지는 보조 역할을 하는 '전통적인' 가정에서 아이를 키우는 이성 커플이었다. 자신이 아기와 놀고 있는 영상을 보았을 때, 모든 부모의 뇌 반응은 꽤 비슷했지만, 호기심을 자아내는 차이점이 있었다. 어머니가 주 양육자인 전통적인 커플에서는 어머니의 뇌에서 편도체 및 감정 처리를 담당하는 부분의 활성화가 더 두드러졌으며, 이는 보조 역할을 하는 아버지보다 네 배 더 컸다. '전통적인' 보조 양육자 역할을 하는 아버지는 비교적 최근에 진화한 대뇌 피질 영역이 더 활성화되었다.[36] 이 뇌 영역은 타인에 대해 공감하고 적절한 반응을 보이는 데 관여하는 부분이다.

대리모를 통해 태어난 아기를 돌보는 동성 커플은 어땠을까? 이들 커플은 한 남성이 생물학적 아버지였고, 다른 남성은 아기와 유전적으로 관련이 없는 아버지였다. 그러나 두 사람 모두 주 양육 책임을 함께 나누었으며, 유전적 부자관계인지 여부는 유의한 차이를 만들지 않는 것 같았다. 연구자는 각 아버지가 아기의 신호에 얼마나 민감하게 반응하고, 어떻게 대응하는지, 아기에게 말할 때 높은 음으로 마치 엄마처럼 목소리를 조절하는지 등을 기록했다. 이를 통해 아버지와 아기의 반응이 행동적, 생물학적 수준에서 얼마나 조화를 이루는지 평가했다. 또한 아버지가 아기와 상호작용할 때 이들의 뇌에서 어떤 일이 일어나는지 알고자 했다.

나중에 펠드만 연구팀은 부모들이 자신의 아기와 상호작용하는 영상을 보게 하고 이들의 뇌를 자기공명영상으로 스캔했다. '전통적' 가정에서 보조 양육자 역할을 하는 남성의 경우, 사회적 구별 능력과 의사 결정에서 중요한 대뇌 피질 영역의 신경회로가 크게 활성화되었다. 이 신경회로는 아기의 신호와 사회적 환경에서 얻은 단서를 통해 양육자가 아기가 경험하는 것을 인지적으로 처리하고, 누가 도울 수 있는지 고려하여 적절한 대응을 계획하고 결정하는 역할을 한다 (이에 대해서는 10장에서 다시 언급할 것이다). 아기를 돌보는 아빠의 뇌에서 이러한 대뇌 피질 영역의 신경회로가 아기의 신호에 의해 활성화되었던 것이다.

가장 놀라운 것은 여성 없이 주 양육자 역할을 맡게 된, 지금껏 볼 수 없었던 유형의 남성의 뇌에서 벌어진 일이었다. 이들의 뇌에서는 편도체와 시상하부를 포함한 감정 처리 네트워크가 활성화되었다. 이 감정 처리 네트워크는 최초의 포유류로 거슬러 올라가 초기 척추동물 선조까지 이어지는 오래된 진화적 기원을 가지고 있는데, 2억 년의 포유류 역사에서 포유류 어머니가 아기의 안전을 유지하도록 도와온 기전이다. 이제 이러한 네트워크가 남성의 뇌에서 활성화되고 있었다. 이는 남성이 유전적으로 친부인지 아닌지 여부와 상관없이 아기의 안전과 행복이 그에게 일상적인 주요 관심사가 되었을 때, 즉 아기의 시각, 후각, 청각, 및 기타 신호에 깊이 몰두하고, 아기의 안정을 도모하며 목욕시키고 밥을 주는 일을 지속적으로 수행할 때 발생했다. 이러한 변연계 네트워크 외에도, 인지적 공감 및 '정신화'—어머니의 본능적 반응과 달리 보조 양육자가 양육 행동을 실행하기로 결정할 때 형성되는 뇌 네트워크—와 관련해 최근 진화한 대뇌 피질 영역도 활성화되었다.[37] 어머니가 있는 상태에서 주 양육자 역할을 맡는 아버지에게도 같은 변화가 일어나는지에 대해서도 곧 밝혀질 것이라 기대한다.

뇌 구조에 변화가 있을까?

루스 펠드만이 '주 양육자'와 '보조 양육자' 아버지의 뇌에서 뚜렷한 활성화 패턴을 발견하던 시기, 다른 신경과학자들도 구조적 변화를 발견하기 시작했다. 덴버 대학교의 김필영(Piyoung Kim) 교수 연구팀은 아버지 16명의 뇌를 촬영했는데, 대뇌 피질에서 회색질(신경 활동을 생성하는 뉴런)과 백질(뉴런을 연결하는 축삭)의 증가를 발견했다.* 대뇌피질은 옥시토신 수용체가 풍부하며, 행동을 해석하고 공감 반응을 담당하는 영역이다. 따라서 연구팀은 아기가 태어난 후 12주 만에 감지되는 이러한 변화가 양육자가 아기의 필요에 더 잘 반응하도록 하기 위한 것이라고 가정했다.[38]

분명히, 아기의 존재로 인해 영향을 받는 것은 어머니의 뇌만이 아니다. 남성의 뇌도 변화할 수 있다. 그러나 혼란스럽게도 후속 연구는 예상치 못한 결과를 내놓았다. 이 분야에서 사상 처음으로 실행된 국제적인 연구에서 갓 아버지가 된 20명의 스페인 남성과 자녀가 없는 대조군 17명, 그리고 첫 자녀를 기대하는 또 다른 20명의 미국 남성—총 57명의 남성—의 뇌를 MRI로 스캔했다.[39] 놀랍게도 이번에는 아기와 접촉한 남성의 뇌에서 피질 후방 영역의 감소가 관찰되었다. 고환 연구 결과와 마찬가지로 언론은 열광했다. 언론과 학술지는 아빠가 되면 뇌가 작아진다고 소개하며 대중의 관심을 끌었다.[40]

이러한 뇌 구조의 변화가 어떤 기능적 결과를 초래할지 아직 명확하지 않다. 해당 연구를 진행한 연구자도 더 많은 연구가 필요하다고 이야기한다. 또한, 실제로 유전적인 아버지여야 변화가 생기는지 여부도 명확하지 않다. 이런 현상이 육아에 같은 수준으로 참여하는 모

• 회색질(grey matter)은 척추동물의 중추신경계에서 신경세포가 모여 있어 육안으로 관찰할 때 회색으로 보이는 부분이다. 백질(white matter)은 신경섬유가 모여 있어 흰색으로 보이는 부분이다.

든 아버지나 어머니에서 발견될 수 있을까? 이는 후속 장에서 다시 다룰 주제이다. 또 한 가지 주목할 부분은 양육에 참여하는 남성의 뇌에서 구조적 변화가 발생한다면 이 변화가 '얼마나 오래 지속되는 지'이다.

뇌 변화는 얼마나 지속될까?

2020년 호주에서 고령층 건강에 아스피린이 어떤 효과가 있는지를 연구하기 위해 실시한 대규모 임상 시험을 살펴보면 이에 대한 답을 찾을 수 있다. 이 연구에서 에드위나 오차드(Edwina Orchard)와 동료들은 70세에서 88세 사이의 남성과 여성 573명의 뇌를 MRI로 스캔했다. 참가자들은 다양한 인지 테스트를 완료하고, 건강과 가족 상황에 대해 질문을 받았다. 그리고 자녀가 몇 명인지도 물었다. 결과는 흥미로웠다.

자녀가 없는 남성과 비교했을 때, 자녀가 한 명 이상 있는 남성은 뇌의 피질 두께가 달랐다. 회색질은 좌뇌의 전대상피질에서 얇아졌고, 우뇌의 측두극에서는 두꺼워졌다. 이 두 영역은 감정 조절, 공감, 타인의 생각이나 감정을 이해하는 능력과 관련이 있다. 이는 아기 돌보기에 참여한 남성의 뇌 구조 변화가 나중까지도 지속될 수 있다는 첫 번째 시사점이었다. 그러나 이러한 변화는 어머니에게서 발견된 것만큼 두드러지지는 않았다. 출산 후 '산후 건망증'을 겪은 어머니들은 나중에 기억력이 향상되었다. 여기서 중요한 점은 주 양육자로서의 어머니의 뇌와 보조 양육자로서의 아버지의 뇌가 다르게 반응한다는 것이다. 그렇다면 이 결과는 남성 보조 양육자가 겪는 전형적인 뇌 변화를 말하는 것일까? 아니면 아버지에게만 나타나는 변화를 이야기하는 것일까?

에드위나 오차드 연구팀은 논문을 다음과 같은 문장으로 마무리했다. "지금 (호주인들) 세대의 사회 구조가 남성의 부모 역할을 가로막고 있을 수 있다." 다시 말해, 전통적인 핵가족을 이루고 살기 때문에 남성이 아기를 직접 돌보는 것에 깊이 관여할 수 있는 환경이 아니라는 이야기였다. 연구팀은 이렇게 썼다. "남성과 여성에게서 관찰된 차이는 어쩌면 연구에 참여한 피험자가 주 양육자인지 또는 보조 양육자인지에 의해 달라지는 것일 수 있으며, 모성 및 부성 간의 차이라고 단정지을 수 없다. 아버지가 주 양육자로 참여하는 비율이 더 많은 미래 상황을 대상으로 같은 연구가 이루어질 경우 결과는 부모의 성별이 아니라 양육에 들어간 시간에 따라 달라질 수 있다."[41] 말하자면, 연구자들은 자기들이 관찰한 것이 '보조 양육자 효과'일 가능성을 배제하지 않은 것이다.

여기서 특히 관심이 가는 점은 주 양육자(주로 어머니), 보조 양육자(예컨대 어머니를 돕는 남성) 및 주 양육자 역할을 하는 남성에게 활성화된 신경 시스템에서 발견되는 차이점이다. 요약하자면, 주 양육자 역할을 하는 남성에게도 원시부터 존재해 온 뇌 네트워크가 활성화되는 것을 확인했다. 이로써 주 양육자 남성도 어머니에게나 기대할 법한 더 자동적인 뇌 반응을 생성할 수 있으며, 인지적 수준의 반응과 유연한 의사 결정에 관여하는 새로운 피질 네트워크도 활성화한다고 할 수 있다.[42] 예얄 에이브러햄은 이렇게 썼다. "아버지가 아이들의 일상적인 양육에 적극적으로 참여할 때, 특히 아버지가 주 양육자 역할을 맡아 어머니의 참여 없이 아기를 키울 때, 양쪽 시스템이 모두 활성화되며, 남성 양육자는 어머니처럼 아기의 신호에 민감하게 반응한다."[43] 펠드만 팀은 이러한 두 가지 시스템의 통합 기능을 인간 부모에게서 발견되는 특별한 '사회적 인지 네트워크'로 개념화했다.[44]

이 두 가지 서로 다른 반응 시스템에 대해 숙고하던 에이브러햄 연구팀은 "이러한 연구 결과는 인간의 양육이 진화적으로 오랜 역사를 가진 보조 양육 기질에서 비롯되었는데, 이 기질은 모든 성인에게 공통으로 존재하지만 아이의 안녕을 위해 돌보고 헌신하는 과정에서 유연하게 활성화될 수 있다는 가설과 일치한다"고 생각했다.[45] 이 가설에 대한 논의는 잠시 미뤄놓고 8장에서 다시 자세히 살펴보는 것으로 하자. 더 깊이 살펴볼 필요가 있는 가설이기 때문이다. 8장에서는 플라이스토세 동안 인류의 뇌에서 이러한 보조 양육 기질이 어떻게 진화했는지 설명할 것이다. 앞으로 살펴볼 테지만, 호모 사피엔스로 이어지는 두발걷기 유인원의 진화로 인해 아기의 생존에 있어서 아버지를 포함한 보조 양육자의 돌봄과 자원 제공이 중요해졌다. 이는 인류에게 일어난 핵심적인 진화적 사건이었다.

앞으로 몇 장에서는 더 가까운 문제에 집중할 것이다. 주 양육자 역할을 하는 남성의 뇌가 아기를 대하는 어머니의 뇌처럼 반사적인 감정 반응을 하는 것이 '어떻게' 가능한가? 이 질문을 떠올리니 문득 캐서린 윈-에드워즈와 나누었던 대화가 생각난다. 그가 자신의 연구 결과가 내포한 진화적 의미에 대해 이야기하면서 반문했던 한 가지 질문이다. "굳이 특별한 아버지용 뇌가 만들어졌다고 생각할 이유가 있을까요?" 캐서린이 나에게 물었다. "그냥 오랫동안 진화해온 어머

니 뇌 기능을 (선택적으로) 켜는 것이 가능하다면, 그게 더 쉬운 설명 아닐까요?"⁴⁶

여자의 뇌만큼 남자의 뇌와 닮은 것은 없다

남녀는 다르다. 여성은 난자를 배란하고, 남성은 정자를 사정한다. 일반적으로, 암컷 포유류는 두 개의 X 염색체를 가지고 태어나지만, 수컷은 보통 X 염색체 하나와 Y 염색체 하나를 가지고 태어난다. Y 염색체에는 성을 결정하는 SRY 유전자(Sex-Determining Region Y의 약자)가 있다. 남성의 Y 염색체에 있는 유전자는 태아기와 사춘기 때 테스토스테론을 급격하게 증가시킨다.

이러한 발달 차이는 육아뿐만 아니라 많은 다른 면에서도 남성의 성향을 근본적으로 바꾼다고 여겨진다. 이는 『XX 염색체의 뇌(The XX Brain)』나 『남자의 뇌, 남자의 발견(The Male Brain)』 같은 책들, 또는 여성의 뇌와 남성의 뇌는 DNA가 다르기 때문에 연결 구조가 약간 다르다고 주장하는 신문 기사에서 자세히 설명하고 있다.⁴⁷ 이렇게 우리가 알고 있는 이야기들이 펼쳐진다. 그러나 우리가 겪고 있는 사회적 변화, 유전학 및 후성유전학(epigenetics), 진화발생학(evolutionary development) 등 새로운 과학 분야의 발견은 오래전부터 가지고 있던 잘못된 지식을 다시 생각하게 만든다.

두 성은 발달하는 과정에서 다양한 시기에 테스토스테론 등 여러 호르몬에 노출되는 양이 서로 다른 것이 사실이다. 그러나 성 염색체를 제외하고, 남성과 여성은 거의 동일한 유전자를 가지고 있다. 즉, 각 성별은 서로에게 발견되는 특성을 표현할 수 있는 동일한 잠재력을 가지고 있다. 자연의 섭리는 항상 검소하고 경제적으로 작동하는데, 이런 자연의 섭리가 각 성별에 사용된 동일한 분자와 신경회로를 재사용하지 않을 이유가 있겠는가?

개체의 특성은 발달 중인 유기체가 만나는 환경의 신호에 따라 달리 만들어지며, 개인의 유전적 잠재력은 유전자가 언제 어떻게 번역되고, 활성화되며, 표현되는지에 따라 달라진다. 그 결과는 개인이 처한 사회적·생태학적 맥락 그리고 진화적 시간에 걸쳐 그 맥락이 얼마나 일관되게 유지되는지에 크게 좌우된다.[48] 포유류 어미가 연약한 아기를 낳고 본능적으로 돌보기 시작했을 때 중요한 역할을 했던 동일한 분자와 신경회로는 수컷에서도 작동할 수 있다. 이는 관련 조건이 얼마나 적합한지와 그 조건이 얼마나 오래 지속되는지에 따라 다르다. 이러한 관점에서 진화 이론가인 멀린 아-킹(Malin Ah-King)과 패트리샤 고와티(Patricia Gowaty)가 지적한 것처럼 "수컷과 암컷만큼 비슷한 것은 없다."[49]

이론적으로 봤을 때 상당히 매력적인 이야기이다. 하지만 그러한 과정이 실제로 발생할까? 그 대답은 단언컨대 '그렇다'이다. 자연계 곳곳에서, 상황이 바뀌고 변화가 지속되면, 한 성이 과거에 존재하던 특성 또는 거의 전적으로 다른 성에서만 발견되던 특성을 채택하는 사례가 발생했다. 드문 경우지만, 한 성이 다른 성에서만 발달되던 신체 부위를 성장시키거나 다른 성만 하던 행동을 보이기도 한다. 19세기의 찰스 다윈도 이런 일이 발생할 수 있다고 생각했다. 하지만 '성 역할 반전(수컷이 모성 역할을 하거나 암컷이 전형적인 남성 역할을 하는 경우)'의 기전과 그 진화적 의미는 이제 막 연구되기 시작했다. 생물이 성별

간 역할을 바꾸는 것은 SF 소설에서나 가능한 것처럼 보일 수 있다. 그러나 실제로 이로 인해 현생 인류는 직계 조상과 달리 부성 양육이 나타나게 되었다.

5
다윈, 그리고 알을 품는 수탉

"회로가 다르다는 것이 아니라, 그 회로를 조절하는 방식이 다르다는 것이다. … 남성의 뇌도 여성과 동일한 양육 행동을 위한 회로를 가지고 있다."

캐서린 뒤락(2020)

다윈의 실수

"왜 여자는 남자처럼 될 수 없을까?" 뮤지컬 〈마이 페어 레이디(My Fair Lady)〉*의 등장인물인 헨리 히긴스 교수가 던진 질문이다. 사실, 환경이 받쳐주기만 하면 여자도 남자처럼 될 수 있다. 캐럴라인 케너드(Caroline Kennard)는 1882년 보스턴에서 열린 모임에서 찰스 다윈의 발표를 들었다. 다윈은 "과거에도, 현재에도, 미래에도 여성은 남성보다 열등하다. 이는 과학적 원칙에 기초하고 있다"고 말했다. 이에 아마추어 식물학자이자 여성 권리 옹호자인 케너드는 다윈에게 편지를

• 엘런 제이러너, 프레드릭 로우가 조지 버나드 쇼의 희곡 『피그말리온』을 뮤지컬화 한 작품. 음성학자인 헨리 히긴스 교수는 핵심 등장인물이다.

보내 물었다. 정말로 그렇게 생각하느냐고 말이다.[1]

케너드와의 편지에서 다윈은 "저는 『인간의 유래와 성선택』에서 여성의 열등성에 대해 간략히 논의한 적이 있죠. 하지만 당신의 질문은 아직도 참 대답하기 어려운 문제입니다"라고 답장을 보냈다. 1871년, 『인간의 유래와 성선택』에서 다윈은 이렇게 썼다. "남성은 어떤 분야에든 뛰어난 수준에 도달하는 반면, 여성은 거기까지 도달하지 못한다."[2] 책이 출간된 지 10년이 지났지만, 케너드에게 보낸 답장을 보면 다윈의 의견은 달라지지 않은 것 같다. "저는 분명히 여성이 도덕적 특성에서 남성보다 우월하지만 지적으로는 열등하다고 생각합니다. 그리고 유전 법칙을 제가 잘 이해하고 있는 것이라면, 여성이 남성과 지적으로 동등해지는 것은 매우 어려운 일로 보입니다."[3] 다윈은 아마 암컷보다 수컷에게 더 큰 선택압을 가하는 짝짓기 경쟁을 염두에 둔 것으로 보인다. 성선택으로 인해 수컷이 더 똑똑해지도록 진화한다는 것이다. 암컷은 성선택으로 인한 수컷 간 경쟁의 수동적 목표일뿐이다. 결과적으로 암컷은 수컷보다 덜 진화될 것이다. 그런데 과연 그럴까?

다시 말할 필요도 없이, 나는 이에 동의하지 않는다. 이러한 교조적인 관점은 한 세기가 지난 1981년에 나와 같은 여성 다윈주의자가 여성 영장류에게 강하게 작용하는 선택압에 관한 책을 출간하게 만든 원인이 되었다. 그 책의 제목은 『여성은 진화하지 않았다』로, 제목에는 의도된 아이러니가 담겨 있다.[4] 하지만 이미 케너드의 시대에도 다윈의 남성 우월 주장에는 논리적 결함이 분명히 드러나고 있었다.

케너드는 이렇게 답했다. "여성에게 남성과 같은 환경과 동등한 기회를 제공하기 전에는 여성이 지적으로 남성보다 열등하다고 단언하지 마세요."[5] 동등한 교육을 받고, 남자만 드나들 수 있는 도서관을 자유롭게 출입하고, 높은 학위를 취득하며, 언젠가는 과학부서의 종신 교수로 임용될 수 있는 기회가 주어지고, '교육받은 남성과 여성'의 공동체에 (대체로) 받아들여지며, 버지니아 울프의 잊지 못할 비유처럼 여성에게 '자기만의 방'이 허용될 때에야 다윈의 주장을 검증할 수 있을 것이다. 그리고 실제로 여성에게 다양한 교육 기회가 주어지자 다윈의 생각이 편견에 불과했음이 증명되었다. 진화학자들은 수컷만 아니라 암컷에게도 가해지는 선택압을 고려하도록 시야를 넓히고 있다. 다행히도 다른 모든 바람직한 과학이 그렇듯, 진화 이론도 계속해서 수정되고 발전하고 있다.

다윈의 편견은 당시 시대적 배경을 생각해보면 어느 정도 이해할 만하다. 다윈은 자신의 이익과 개인적 편의를 중심으로 짜인 특권적 생활 방식에 익숙한 환경에서 성장했다. 시대적 상황을 감안하면 다윈은 드문 경우였다. 스스로를 헌신적인 남편이자 아버지로, 그리고 양심적인 학자로 여겼다. 또한, 초기 노예제 폐지 운동에 참여해 공개적으로 노예제를 반대하기도 했다. 진화론이 과학계와 사회 전반에 혁명적인 영향을 끼친 이후 다윈이 도덕적 고민과 내적 갈등을 했다는 사실도 잘 알려져 있다. 그러나 동시에 다윈은 건강염려증이 심했고, 일벌레였으며, 그래서 집안의 다른 여성, 특히 아내 엠마에게 크게 의존했다. 엠마는 출산에 대한 두려움에도 불구하고 열 명의 자녀를 낳았으며, 다윈은 곁에서 아내에게 클로로포름을 투여했다.[6]

당시에는 아내가 육아와 집안일에 헌신하는 것이 사회적으로 당연하게 여겨졌다. 이렇게 볼 때 다윈의 성 역할 차이에 대한 편견은 그렇게 이상해 보이지 않는다. 오히려 이해하기 힘든 것은 따로 있다. 다윈이 비인간 동물에 대해서는 암컷의 성적 유연성과 다양한 행동 양식에 대해 비교적 열린 마음을 가지고 있었다는 것이다. 한 성이 다른 성에게 기대되는 행동을 보여주거나 실제로 그렇게 진화할 가능성이 있음을 관찰했고, 이를 언급하기도 했다. 자연의 잠재력을 관찰하고 주목했던 뛰어나고 늘 호기심 많은 박물학자였다. 그러나 인간의 성 역할에 관해서는 상대적으로 전통적인 사고방식을 따른 것으로 보인다. 다윈도 결국 그 시대의 전통적인 통념에 굴복하고 만 것이다.

당대 가장 박식한 지식인이었던 다윈은 지적으로 뛰어난 여성을 여럿 알고 있었다. 사회개혁가이자 작가인 해리엇 마티노(Harriet Martineau)와 친분이 있었고, 『종의 기원』의 첫 번째 프랑스어 판을 번역한 클레멘스 로이어(Clemence Royer)와 서신을 주고받기도 했다. 조지 엘리엇(George Eliot)으로 더 잘 알려진 메리 앤 에번스(Mary Ann Evans)에 대한 찬사를 아끼지 않았는데, 한번은 함께 강령회에 참석하기도 했다.[7] 그러나 다윈은 이 여성들의 높은 지능을 특이한 사례로 여겼고, 따라서 보통 여성이 보이는 지적 열등에 관해서는 여전히 종전의 관점을 고수했다. 오늘날 일부 저명한 과학자들처럼, 다윈 역시 여성에 대한 편견을 가지고 있었다.

우리 인간은 태어날 때부터 특정한 사회에서 자라면서 형성되는 '아비투스(habitus)', 즉 내면화된 사고방식, 선호, 세상을 인식하는 방식을 통해 형성된다고 인류학자들은 말한다. 그래서 사람은 부모와 사회가 만든 성 역할에 자연스럽게 순응하게 된다. 내가 텍사스에서 자라며 배운 성 역할 인식은 다윈 시대의 관점과 크게 다르지 않았다. 다른 곳에서 자랐다면 아버지에게 더 많은 역할을 기대하거나, 그 반대일 수도 있었을 것이다. 인간은 유연하고 다양한 자원을 활용하는 기회주의적 존재다. 그래서 우리는 변화하는 환경에 맞춰 적응한다. 시대가 변하면서 여성들은 (최소한 일부 지역에서는) 높은 자율성을 토대로 전통적인 남성의 영역에서 경쟁하고 있다. 성차에 관한 사회적 시각이 달라지고 있다. 이제 여성은 더 큰 사회적 포부를 가지며, 반대로 남성도 전통적으로 여성이 맡아온 역할을 함께 책임진다. 이제는 여성이 남성처럼, 남성이 여성처럼 행동할 수 있게 되면서 성 역할은 환경에 따라 유동적으로 변화한다.

성 역할의 경계가 무너지는 오늘날, 한 가지 주의할 점이 있다. 사회과학자들은 때로 모든 행동과 사고가 전적으로 문화에 의해 결정된다고 착각하기 쉽다. 개인의 삶은 역사적, 생태적, 경제적, 사회적 맥락에 영향을 받지만, 동시에 생물학적 몸과 마음의 영향을 강하게 받는다. 이를 간과해서는 안 된다. 조지 엘리엇의 유명한 명언을 떠올려 보자. "우리가 어떤 행동을 할지 결정하는 만큼, 우리의 행동은 우리가 어떤 사람인지를 결정한다." 행동은 그 행동과 관련된 신경회로를 활성화하고, 또한 호르몬 변화를 일으키며, 그 과정에서 행위자 자신을 변화시킨다.

성 역할 반전에 대하여

이전 장에서 설명했듯, 아기와 오랜 시간 친밀하게 접촉하는 남성은 프로락틴 수치가 조금씩 오르고 테스토스테론 수치가 감소하며 기분 변화도 경험한다. 그 결과 이전에는 조용했던 시상하부의 회로가 활성화된다. 포유류에서 어미가 아기를 돌보도록 진화한 신경 및 호르몬 시스템이 남성에게도 작용할 수 있는 것이다. 이러한 변화는 여러 생물에서 관찰된다.

선충류, 물고기, 두꺼비, 새, 설치류에 이르기까지, 수컷들은 알, 애벌레, 올챙이 또는 새끼와 접촉할 때 놀라운 방식으로 반응한다. 본능적으로 작은 동종 개체를 공격하거나 잡아먹는 행동이 흔하긴 하지만, 수컷이 새끼에 장기간 노출되면 달라질 수 있다. 일부 수컷은 새끼에게 끌림을 느끼기 시작하고, 이후에는 새끼를 소중하고 친근하게 여긴다. '초정상자극(super-stimuli)' 역할을 하는 유아적인 신호에 굴복하는 것이다. 이런 행동 변화는 생존에 유리하도록 환경에 적응하게 만든 진화의 산물이다. 작은 새끼가 자신의 자식일 경우, 공격보다 보호하는 것이 진화적으로 유리하기 때문이다. 자연계 전반에서 생물체는 환경에 따라 행동과 신체에서 놀라운 유연성을 보이며, 이를 통해 새로운 기회를 얻기도 한다. 전문 용어를 써서 말하면, 각 생물이 물려받은 '유전형'이 환경에 따라 다양하게 '표현'될 수 있는데, 이는 다양한 행동적, 형태적, 생리적 변화를 일으킬 수 있다. 진화생물학에서는 이를 '표현형 가소성(phenotypic flexibility)'*이라고 한다.

• 유전형(genotype)은 어떤 생물 개체의 형질을 결정하는 유전자의 구성 양식을 말한다. 유전형에 따라 유기체가 만들어지고 유지된다. 반면 표현형(phenotype)은 생물에게 관찰가능한 물리적 또는 생화학적 특성을 말한다. 유전형과 환경의 영향으로 결정된다. 표현형은 머리카락 색깔, 잎 모양, 혈액형, 성격 등 개체의 모든 신체적, 정신적 특징을 일컫는다.

한 성이 다른 성에서 주로 보이는 행동을 채택하는 것은 표현형 가소성의 한 예이며, 이로 인해 중요한 변화가 발생할 수 있다. 예를 들어, 거세된 수탉이 알을 품으면 신체에 변화가 생긴다. 알이나 병아리 위에 앉은 거세된 수탉은 모성 반응을 유도하는 신경전달물질과 신경회로를 활성화하는데, 이는 오랜 진화 과정에서 수탉 내에 보존되었으나 발현되지 않던 본능이다. 즉, 최근에는 사용되지 않았지만 오래전부터 가지고 있던 잠재적 능력이라 할 수 있다. 진화는 특정 환경에서 최적의 효율로 살아남기 위해 '검소하게' 작용한다. 불필요한 기능을 없애거나 무작위로 새로운 것을 생성하기보다는 기존의 유용한 기전을 보존하는 방식으로 적응한다. 수컷의 모성 반응을 가능케 하는 기전이 남아 있는 것도 같은 이유다. 따라서 이러한 유전자와 분자는 매 세대 잠재된 상태로 존재하며, 새로운 환경에서 특정 자극을 받으면 발현될 준비가 되어 있다.[8] 현재로서는 자연계에서 나타나는 성 역할 반전 사례를 설명하는 가장 타당한 진화적 설명이다.

적절한 조건이 충분히 오래 지속되면, 수컷이 자손을 돌보지 않던 종도 수컷 돌봄을 보이게 될 수 있다. 예를 들어, 아버지가 자손을 보호하고 먹이를 제공하여 더 많은 생존 자손을 남긴다면, 시간이 지남에 따라 수컷의 양육 반응 문턱은 낮아질 것이다. 충분한 시간이 흐르면, 수컷과 암컷이 함께 양육하거나 수컷 돌봄이 일반화된 새로운 종이 진화할 수 있다.

다윈은 『인간의 유래와 성선택』에서 뉴기니 화식조를 예로 들며, 이 새가 안전한 장소를 확보하고 알을 보호하며 새끼를 돌보는 모습을 설명했다. 화식조 수컷은 영역을 확보하고, 알을 보호하며 품고,

알이 부화한 후에는 새끼들이 자립할 수 있도록 몇 달간 돌본다(〈그림 2.3〉을 다시 보라). 이러한 종에서는 암컷이 수컷에게 접근하려 경쟁하는데, 이는 보통의 성선택과는 다른 양상이다. 화식조, 메추라기, 노랑발도요, 에뮤 등은 "본능, 습성, 기질, 색깔, 크기, 구조의 일부 특징에 있어 거의 완전한 성별 반전을 보여주는 사례"이다.[9] 성선택 측면에서 성 역할이 뒤바뀐 종은 자연계에서 흔하지 않다. 반전이 일어나면 수컷이 자손 돌봄과 에너지 투자를 더 많이 하며, 암컷은 수컷을 차지하기 위해 경쟁하게 된다.[10] 이러한 종의 암컷은 종종 수컷보다 더 크고 경쟁적이며 공격적으로 진화한다. 그렇다면 반대로 수컷은 새끼를 돌보는 데 필요한 원재료를 가지고 있을까?

다윈의 알 품는 수탉

1838년, 호기심 많던 다윈은 거세된 수탉이 둥지에 앉아 암탉이 버린 알을 품는 모습을 관찰하고, 노트에 "거세된 수탉도 암탉 못지않게, 아니 더 잘 알을 품는다"고 적었다. 이어 흥미롭게도 "수컷의 뇌에도 잠재된 양육 본능이 있음을 보여준다"고 하면서, 오랜 고민 끝에 "모든 동물은 확실히 자웅동체다"라고 결론지었다.[11] 다윈은 두 성 모두 "정소와 난소"를 가지고 있지만 성별에 따라 "불균등하게 발달했을 뿐"이라고 생각했다.[12]

1868년에 다윈은 『사육된 동물과 재배된 식물의 변이(Variation of Animals and Plants under Domestication)』라는 책에서 이러한 잠재적 가능성에 대해 다시 언급했다. 다윈은 거세 수탉이 알을 품고 병아리를 키우는 현상을 경이롭게 여기며 이렇게 말했다. "수탉은 알을 품고 병아리를 기를 수 있다. 암탉이 둥지를 비울 때 알과 새끼를 대신 돌본다. 더 재밌는 사실은 완전히 불임인 꿩과 닭의 잡종도 새끼를 기르는 행동을 보인다는 사실이다." 더욱더 인상적인 것은 수탉을 병아리와 함께 어두운 우리에 두면 돌봄 본능이 발현되며, 병아리들이 가까이 있도록 특별한 울음소리를 낸 것이었다. 이후 "평생 동안 새로 습득한 모성 본능을 유지했다." 다윈은 이렇게 추측했다. "각 성의 이차적 특성은 특정 상황에서 진화할 준비가 된 상태로 반대 성에 잠재되어 존재한다."[13]

위대한 박물학자로서 다윈의 가장 예지력 있는 관찰 중 하나는 동물의 한쪽 성이 다른 성의 전형적 행동이나 특성을 보일 때, 이는 먼 조상에서 발견되는 형질로 회귀하는 것이라는 사실을 깨달은 점이었다.[14] 새롭게 발현한 것처럼 보이는 현상이 사실은 "오랜 세대 동안 양 부모에게 잠재적 또는 휴면 상태"로 남아 있었으며, 최초의 척추동물까지 거슬러 올라간다고 보았다.[15] 약 20퍼센트의 어류 종에서 부모의 보살핌이 발견되며, 알과 치어를 돌보는 역할은 주로 수컷에게 있었다. 다윈은 이러한 어류의 행동 양상에 대해 잘 알고 있었다. 자신의 진화론적 세계관에 비추어, 다윈은 원시의 척추동물에서 수컷 돌봄을 제공하도록 만드는 신경 시스템이 프레리들쥐와 마모셋과 같은 후대의 포유류 후손에서 발현되는 모성 돌봄 시스템보다 먼저 존재했음을 깨달았다. 진화적으로, 양육하는 어미는 양육하는 아비보다도 신참이었다.

수컷에게 양육 잠재력이 남아있다는 다윈의 의심은 모든 포유류의 유방에 있는 젖꼭지로 인해 더욱 심화되었다.[16] 다윈은 수백만 년 전에는 아마도 "양쪽 성이 젖을 생산하여 새끼를 키웠을 것"이라고 추측했다.[17] 1830년대에 작성한 노트에서는 현재 "어떤 수컷 동물이 젖을 먹이는지" 궁금해했다.[18] 나중에 다윈은 실제로 몇몇 수컷 포유류가 드물게 젖을 분비한다는 것을 알게 되었다. 이는 수컷 신생아가 분비하는 소량의 젖을 포함한다.[19] 만약 20세기 후반에 보르네오에서 자연적으로 젖을 분비하는 수컷 다약과일박쥐(*Dyacopterus spadiceus*)를 발견했을 때 다윈이 살아있었다면 이를 얼마나 흥미롭게 여겼을까?[20] 하지만 2018년에 발표된, 성전환 수술을 통해 여성이 된 사람이 수술과 호르몬 치료 후 하루에 최대 236밀리리터의 젖을 만들어냈다는 사실을 받아들이기는 힘들어 했을 것이다.[21]

성 역할 반전 가능성에 대해 고민하던 다윈은 1860년 친구인 찰스 라이엘(Charles Lyell)에게 편지를 쓰며 충격적인 추신을 추가했다. "P.S. 우리의 조상은 물에서 호흡하고, 수포를 가지며, 큰 꼬리를 가지고 헤엄치고, 불완전한 두개골을 가진 동물이었으며, 분명 자웅동체였을 것이다! 이 얼마나 재미있는 조상인가."[22] 이는 10여 년 후 『인간의 유래와 성선택』에서 주장한 것과는 상당히 다른 내용이었다.

'모든 동물은 확실히 자웅동체다'

물론 다윈은 유전자의 존재를 몰랐다. 따라서 형질이 어떻게 유전되는지는 완전히 이해하지 못했다. 하지만 개체가 처한 환경이 유전된 특성의 발현을 바꿀 수 있다는 그의 관찰을 고려하면, 현대 진화학자들이 유전자 발현 변화의 메커니즘을 추적하는 모습에 다윈은 큰 매력을 느꼈을 것이다. 특히, 유기체가 현재 조건에 반응하여 발달 과정에서 다른, 어쩌면 아주 새로운 표현형을 생성하는 과정에 다윈은 감탄하고 기뻐했을 것이다. 농장에서 뽐내며 울어대는 대신 부드럽게 몸을 낮춰 둥지 위에 앉아 병아리를 품는 수탉을 본 다윈이 놀라움을 금치 못한 것도 당연했다.

당시 다윈은 이러한 놀라운 관찰과 그에 대한 추측을 개인 노트와 가까운 동료와의 서신에만 기록했다. 논문이나 책에는 거의 언급하지 않았다. 하지만 『인간의 유래와 성선택』을 쓸 때쯤, 다윈의 초점은 남성의 타고난 '불행한 본능'인 경쟁심과 폭력성에 더 많이 맞춰져 있었고, 남성이 지닐 수 있는 잠재된 양육 능력에 대해서는 언급하지 않았다. 캐럴라인 케네드에게 답신할 때쯤, 다윈은 아마도 한 성이 다른 성처럼 행동할 수 있다는 아이디어를 잊었을 것이다. 즉, 다윈은 더 이상 인류의 '재미있는 조상'을 상상하지 않고 있었다.

다윈이 사망한 후 오랜 시간이 지나서야 자웅동체적 개념이 생물학에 도입되었다. 구글 앤그램(Ngram)으로 '성별 유동성(sexual fluidity)'이라는 용어를 검색해본 결과, 이 용어는 1980년대에야 출판물에 등장하기 시작했고 이후 기하급수적으로 증가했다. 나중에는 션 캐럴의 2005년 책인 『이보디보: 생명의 블랙박스를 열다』와 닐 슈빈의 2008년 책인 『내 안의 물고기』가 오랫동안 발현되지 않았던 유전적 특성(캐럴이 "화석 유전자(fossil gene)"라고 칭하는)이 새로운 환경에 반응하여 다시 활성화될 수 있음을 대중에게 알렸다. 이런 화석 유전자는 다시 표현형으로 나타나게 되고, 따라서 다시 자연선택의 "시야에 들어오게 되며" 새로운 맥락에서 재활용될 가능성이 생긴다.[23]

그렇다, 암컷은 난자(알)를 생산하고 수컷은 정자를 생산한다. 이것은 생물학자가 암수를 구분하는 기준이다. 난자 대부분은 정자보다 더 크고 생산 비용이 많이 든다. 남성과 여성이 생산하는 생식 세포의 유형은 다르지만, 각각의 성은 거의 동일한 유전적 잠재력의 '도서관'을 공유한다. 이러한 잠재력은 평생 동안, 그리고 세대를 거쳐 다양한 결과를 낳을 수 있다.

성장하면서 마주하는 환경적인 난관과 사회적 맥락은 결과적으로 나타나는 표현형에 많은 영향을 미친다. 만약 진화적 선택이 새롭게 출현한 특성을 선호한다면, 시간이 지나면서 표현형 가소성으로 시작된 변화가 매우 상이한 진화적 결과로 나타날 수 있다. 이것이 바로 진화 이론가 멀린 아-킹과 패트리샤 고와티가 2016년에 "후성유전학은 유전적 결정론에서 유전자 발현의 생태적 기원으로 우리의 초점을 이동시켰다"라고 언급했을 때 의미했던 바이다.[24] 후성유전학은 유기체가 지역적 조건에 적응함에 따라 발달 과정에서 유전자 발현이 어떻게 변화할 수 있는지를 연구하는 학문이다. 당시에는 이미 이 문제에 대한 나 자신의 생각도 변화하기 시작했는데, 특히 이제는 고전이 된 2003년 저서 『발달 가소성과 진화(Developmental Plasticity and Evolution)』에서 '교차 성 전이'에 대해 설명한 장을 읽은 후 더욱 그랬다. 그 책의 저자는 곤충학자이자 비주류 사회생물학자인 메리 제인 웨스트-에버하드(Mary Jane West-Eberhard)였다. 나에게 '사회적 선택'의 개념을 처음 소개했던 바로 그 사람이기도 하다.

메리 제인 웨스트-에버하드의 등장

많은 사람이 행동의 생물학적 기초를 다루는 학문 분야인 '사회생물학'을 들어보기 전부터, 웨스트-에버하드는 곤충 중—개미, 벌, 말벌이 포함된 곤충 목인—막시류(Hymenoptera)에서 발견되는 '이타적' 행동 혹은 돌봄 행동의 진화에서 유전적 근연도*의 역할을 연구하고 있었다. 주요 연구 대상은 쌍살벌이었으며, 주요 관심사 중 하나는 부모 이외의 집단 구성원이 다른 개체의 자손을 양육하는 데 평생을 바치는 초사회적(eusocial) 번식 시스템의 진화적 기원을 밝히는 것이었다. 어떤 쌍살벌은 '원시적 사회성'만을 보이며(즉, 알을 낳는 암컷이 이를 돌보고 때로는 자매가 돕는 수준), '초사회적' 종에서는 초기 어미(여왕)와 가까운 친척, 보통 자매나 딸이 벌집을 보호하고, 자손을 돌보며 먹이를 공급한다. 수컷은 여왕을 수정하는 것 외에는 거의 아무 역할도 하지 않는다.

극단적인 경우, 모든 일을 도맡아 하는 쌍살벌의 암컷은 실제로 불임 상태로, 스스로 자손을 낳지 못하는 운명에 처해 있다. 이러한 놀라운 자기희생적 결과는 진화 이론가 윌리엄 해밀턴(William D. Hamilton)이 이타주의처럼 보이는 행동을 설명하기 위해 '포괄적합도 이론'(종종 '친족 선택 이론'이라고도 함)을 내놓는 데 영감을 주었다.[25] 해밀턴 법칙에 따르면, 자기희생적으로 보이는 도움 행동은 도우미가 감수해야 하는 비용이 수혜자가 얻는 이익보다 적고, 그 수혜자가 얼마나 가까운 친족인지에 따라 보정될 때 진화할 수 있다.[26]

웨스트-에버하드의 쌍살벌 연구는 사회생물학의 중심 원리인 해밀턴의 법칙을 입증하는 데 큰 기여를 했다. 그러나 웨스트-에버하

• 유전적 근연도(genetic relatedness)란 두 개체가 공유하는 유전자의 비율을 나타내는 개념이다. 가까운 친척일수록 유전적 근연도가 높으며, 평균적으로 부모-자식은 50퍼센트, 형제 또한 50퍼센트, 사촌은 12.5퍼센트의 유전자를 공유한다. 유전적 근연도 개념은 이타적 행동의 진화를 설명하는 해밀턴의 법칙(Hamilton's rule)과 포괄적합도(inclusive fitness) 이론의 기초를 이루는 개념이다.

드는 일부 사회생물학자들이 생각하는 것처럼 유전자가 모든 행동을 결정한다고 생각하지 않았다. 사회적 곤충에 대해 너무 잘 알고 있었고, 동일한 유전체를 가진 개체가 발달하는 과정에서 마주한 조건에 따라 매우 다른 표현형으로 자주 발달하는 것을 관찰했기 때문이다. 웨스트-에버하드는 행동과 기타 표현형이 전개되는 특정 사회적·생태학적 맥락을 좀 더 유심히 지켜보기를 원했으며, 이러한 행동의 비용과 이익을 변화시킬 수 있는 환경적 요인들에 주목했다.

웨스트-에버하드에게 표현형은 "유전체를 제외한 유기체의 모든 특성"이다. 표현형은 '대사 경로', '형태학적 특징', '신경 경련'에서부터 '기억에 저장된 전화번호', '독감 후에 생긴 폐의 반점'에 이르기까지 모든 것을 포함할 수 있다.[27] 표현형은 일시적일 수도 있고 영구적일 수도 있으며, 종 특이적일 수도 있고 전형적인 현상이 아닐 수도 있다. 적응적일 수도 있고 부적응적일 수도 있으며, 중립적일 수도 있다. 더 중요한 것은 이러한 표현형 특성이 발달 과정과 경험을 통해 '표현'된 후에야 다윈주의적 선택에 '가시화'되어 선호되거나 선호되지 않을 수 있다는 점이다. 그때서야 다음 세대에서 특정 유전자의 빈도가 영향을 받게 되는 것이다. 즉, 유전형은 표현되기 전까지 자연선택의 대상이 될 수 없고, 같은 유전형도 상황에 따라 다양하게 표현될 수 있다.

웨스트-에버하드의 표현형 가소성에 대한 관심은 유기체가 발달하고 살아가는 환경과 사회적 맥락의 중요성을 강조했다. 그는 새로운 특성이 유전적 돌연변이로 시작되고 이후 다윈적 선택에 의해 선호된다고 생각하지 않았다. 유전자는 진화적 변화의 '선도자'가 아니

라 '추종자' 역할을 하는 경우가 많다고 믿었다.[28]

표현형 가소성

유전자란 단백질을 만드는 오랜 지침을 제공하는 마법 같은 분자이다. 그러나 유전자가 같다고 표현형도 같으리라는 법은 없다. 표현형 가소성이란 동일한 유전형을 가진 개체가 경험에 따라 서로 다른 능력을 개발하고, 다르게 행동하며, 서로 다른 색상이나 신체 형태를 가지게 된다는 뜻이다. 따라서 유전형이 같아도 특정한 물리적 환경 또는 사회적 상황에 따라 전혀 다른 행동 패턴을 보일 수 있다. 웨스트-에버하드가 강조하는 '맥락'의 중요성은 20세기 후반에 유행했던 '~에 대한 유전자'라는 유행어가 잘못되었음을 여실히 보여준다. "인간 게놈은 인간을 구성하기 위한 완전한 지침 세트를 포함하고 있다"는 주장은 헛소리에 불과하다.[29] "유전자는 혼자서는 아무것도 할 수 없으며, 그 발현은 게놈 외부의 신호와 상황을 포함한 환경에 따라 다르기 때문이다."[30]

이것이 바로 당면한 사회적 또는 생태적 맥락이 변할 때, 사실상 동일한 유전체를 가진 개인들이 순발력 있게 하나의 행동 전략에서 다른 전략으로 전환할 수 있는 이유다. 실제로, 새로운 상황이 벌어질 때 표현형의 가소성이 가장 유용하게 발휘된다. 갑작스럽게 필요한 일련의 행동 지침을 주기 위해 적절한 돌연변이가 기적적으로 일어나지 않아도, 이미 발현된 유전체 속에 내재된 가소성을 활용할 수 있는 것이다. 유전자는 새로운 조합으로 발현되거나 새로운 일정에 따라 발현될 수 있다. 표현형 잠재력의 변이가 생존을 강화하는 방향으로 펼쳐진다면, 유기체는 "시간을 벌게 된다."³¹ 생존뿐만 아니라 생식도 강화된다면, 다음 세대에서 유전자의 빈도는 새로운 변이를 선호하는 선택에 따라 변화한다. 웨스트-에버하드가 '유전적 적응(genetic accommodation)'이라 부르는 과정을 통해 변화가 이루어지는 것이다. 특정 조건이 시간이 지나도 지속된다면, 이러한 적응은 진화적 변화를 초래할 수 있다. 조건이 충분히 오랫동안 지속되면, 유전적 적응은 심지어 새로운 종의 출현으로 이어질 수도 있다. 이와 같은 변화는 때로 다윈이 오래전에 주목했던 '자웅동체' 잠재력에서 시작될 수도 있다.³²

웨스트-에버하드는 이렇게 상기시킨다. "수컷과 암컷은 … 매우 다르기 때문에 각 개체가 반대 성별의 표현형을 생성하는 데 필요한 대부분 또는 모든 유전자를 보유하고 있다는 사실을 잊기 쉽다."³³ 따라서 유전적으로 미리 결정된 것처럼 보이는 이분법적 성별 차이는 생존, 먹이 섭취, 성장 등 생존에 필요한 절충 및 생애사 조정(life history trade-offs)에 밀려 후순위로 밀릴 수 있다. 웨스트-에버하드는 특정 성에서 처음 발현된 특성이 반대 성에서도 2차적으로 발현될 때 관여하는 과정을 설명하기 위해 '성별 간 전이(cross-sexual transfer)'라는 용어를 사용했다.

적절한 상황이 주어지면, 본래 고정된 것으로 보였던 성 역할도 바뀔 수 있다. 예를 들어, 암컷 벌이 본능적으로 새끼를 돌보고, 수컷 벌 형제들은 아무 역할도 하지 않는다고 여겨지는 경우조차 상황에 따라 변할 수 있다. 주변에 누가 있는지, 그리고 수컷이 어떤 자극에 노출되는지에 따라 수컷도 새끼를 돌보기 시작할 수 있다. 상황이 달라지면 이전에는 암컷의 배타적 역할로 간주되었던 일을 수컷이 떠맡을 수도 있다.

'드론'의 쓸모

'드론'이 무인 비행기를 가리키는 말로 쓰이기 훨씬 전부터 양봉가들은 이 용어를 침이 없는 곤충류 수컷에게 사용했다. 이 수컷들은 벌집을 방어하거나 다른 일을 수행하는 데 거의 쓸모가 없었다. 항상 바쁘게 움직이는 일벌인 암컷 자매와 달리 수벌은 꽃가루를 모으거나 꿀을 만들거나 애벌레를 돌보는 일에 신경 쓰지 않는다. 여왕벌을 수정시키는 것 외에는 그냥 빈둥거릴 뿐이다. 이 때문에 에드워드 윌슨이 하등 쓸모가 없는 '날개 달린 정자 배달부'라며 놀리듯 등한시한 것도 당연했다.

고도로 사회적인(또는 '진사회성') 꿀벌들 중, 단 하나의 암컷 유충만이 '로열 젤리'를 먹으며 긴 번식 기간을 준비한다. 이 특별한 식단 덕분에 여왕벌은 다른 암컷보다 더 크게 자란다. 둥지 안에서 안전하게 자리잡은 후 매년 수천 개의 알을 낳는다. 알과 유충을 돌보는 것은 다른 암컷인데, 이들은 여왕과 같은 유전자를 지닌 자매와 딸이다. 이들 암컷들은 벌통을 보호하고 유충에게 먹이를 준다. 반면, 수벌은 빈둥거리며 아무것도 하지 않는다. 그러나 웨스트-에버하드를 비롯한 몇몇 학자들은 무가치해 보이는 수컷도 특정 상황에는 큰 도움을 줄 수 있는 존재라는 사실을 발견했다.[34]

1982년 "게으른 수벌의 신화를 불식시키다(On dispelling the myth of the lazy drone)"라는 눈길을 끄는 제목의 학회 발표에서 뒤영벌을 연구하는 한 곤충학자는 암컷 벌들이 군락에서 제거될 때 일어나는 일을 설명했다. 놀랍게도, 쓸모없던 수벌이 일을 대신하기 시작했다. 수벌은 유충을 따뜻하게 하기 위해 배를 펌프질하며 열을 생성하기 시작했다. 수벌의 행동은 벌통의 온도를 높였다. 물론 암컷 일벌만큼 잘해내지는 못했지만 말이다.[35]

인도의 곤충학자 루치라 센(Ruchira Sen)과 라가벤드라 가다그카르(Raghavendra Gadagkar)는 쌍살벌 실험을 통해 암컷 벌이 제거된 후 벌통에 남아 있는 수벌에게 충분한 먹이가 제공되기만 한다면, 수벌도 배고픈 유충이 보내는 진동에 반응하여 먹이를 주기 시작한다는 것을 밝혀냈다. 새로운 양육자 수컷은 암컷만큼 능숙하지는 않았지만, 고아가 된 유충을 최선을 다해 돌보았다.[36]

암컷이 음경을 가지다

한 성(性)의 개체가 다른 성처럼 행동하는 경우도 있지만, 특정 곤충에서 보이는 것처럼 극단적인 환경에 직면했을 때 아예 다른 성의 해부학적 구조를 발달시키기도 한다. 이런 성적 형태 변형(sexual shape-shifting)의 가장 극적인 사례는 동굴에 서식하는 곤충인 다듬이벌레(barklice)에서 발생한다. 다듬이벌레는 사회성 곤충과는 거리가 멀며, 다른 개체들과 거의 상호작용하지 않는다. 남미의 다듬이벌레목에 속하는 네오트로글라(Neotrogla)를 관찰한 결과, 네오트로글라 암컷은 놀랍게도 수컷에게나 있을 법한 음경을 가지고 있었다. 돌기 형태의 이 기관은 '지노솜(gynosome)'이라고 불리는데, 수컷의 음경처럼 생식에 목적이 있는 기관이다. 재미난 발견인 만큼 이 연구는 이그 노벨상(Ig Nobel Prize)을 수상했다.

네오트로글라에는 네 가지 종이 있다. 어두운 동굴에 사는 이들은 먹을 것이 희귀하며, 짝을 찾는 것은 더욱 힘들다. 암컷은 이곳에서 정액을 제공해줄 수 있는 수컷을 찾아다닌다. 모든 성적 관계에서 주도권을 쥐고 구애하는 쪽은 수컷이라는 다윈의 가정에 반하는 사례로서 암컷이 적극적으로 수컷을 찾는다.[37] 암컷은 어떤 수컷이라도 환영한다.

수컷을 찾은 암컷은 수컷 등에 올라타서 자신의 돌출된 지노솜으로 깊숙한 생식 구멍을 파고든다. 교미 중인 수컷 개의 음경처럼 지노솜은 내부에 들어가면 부풀어 올라 결합을 고정시킨다. 암컷은 가시가 돋친 다리로 수컷을 잡고, 가시 돋친 팽창한 지노솜으로 수컷에 단단히 고정된 채로 최대 70시간 동안 마치 닻을 내리듯 붙어있다. 강력한 포옹에 대한 보상으로 수컷은 암컷의 음경 관에 '결혼 선물(즉 정자)'을 몽땅 집어넣을 수 있게 해준다.[38]

남미의 암컷 네오트로글라의 음경 진화는 매우 드문 사례이다. 그러나 유일한 사례는 아니다. 가짜 음경(pseudopenis)은 다른 계통에서도 가끔 진화한다(암컷 거미원숭이는 냄새 표시를 위해 음경 같은 돌기를 기르며, '수컷화(androgenization)'● 된 암컷 하이에나는 길이 15~18센티미터의 음경 같은 클리토리스 끝에 있는 좁은 틈을 통해 출산하도록 되어 있다. 이 얼마나 고통스러운 일인가).[39] 2018년에는 아프리카의 동굴에 살며 독립적으로 진화한 다듬이벌레속인 아프로트

● '수컷화'는 남성호르몬(androgen)의 분비가 많은 경우 암컷이 수컷의 신체적, 행동적 성적 특성을 갖게 되는 현상을 말한다.

로글라(*Afrotrogla*)에서 지노솜을 발견한 사례가 기록되었다.[40] 분명히 어떤 특정 상황에서는 수컷에게 유용한 것이 암컷에게도 유용하다.

그러나 음경 같은 생식 돌기가 암컷에서 어떻게 진화할 수 있었는지, 또한 수컷이 암컷의 삽입을 받아낼 수 있도록 하는 적절한 생식강은 어떻게 만들어졌는지 등 구체적인 진화적 기원은 아직 밝혀지지 않았다. 지금도 많은 연구자가 다른 성별의 특성을 채택하는 현상을 밝혀내기 위해 열심히 노력하고 있다.

누가 돌볼까? (개구리를 보라!)

암컷과 수컷이 부모 역할을 바꾸는 사례 연구에서는 양서류—도롱뇽, 무족영원,** 두꺼비, 특히 개구리—가 자주 등장한다. 양서류에는 약 8,000여 종이 있으며, 과거에는 이보다 더 많은 종이 있었다. 현재 많은 종이 멸종 위기에 처해 있거나 이미 멸종되었다. 대부분 암컷이 알을 낳고 수컷이 수정하면 번식 활동은 그걸로 끝난다. 그러나 약 10퍼센트의 양서류에서는 한쪽 부모 또는 양쪽 부모가 자손의 생존 가능성을 높이는 양육 행동을 보인다.[41]

'양육'이 실제로 무엇을 의미하는지에 대해서는 논쟁이 끊이지 않는다. 하지만 수정된 알을 보호하기 위해 근처에 머무르거나 알에 수분을 공급해주거나, 알이 부화한 후 올챙이에게 먹이를 주거나 물로 이동시키는 행동은 양육이라고 할 수 있을 것이다. 적절한 서식지

** 무족영원목(Gymnophiona)으로, 양서강(양서류)에 속한다. 다리가 없고 마치 뱀처럼 생겼다. 양서류 중 유일하게 체내수정을 한다.

를 제공하고 보호하는 것이 양서류에게 나타나는 가장 일반적인 부모 양육의 형태이며, 먹이를 주는 것은 그보다는 훨씬 드물다. 여하튼 '부모양육'에 대한 정의 문제와는 별개로 우리가 관심이 있는 것은 어느 부모가 새끼를 양육하느냐이다.[42]

어류와 마찬가지로 양서류의 부모 양육은 주로 수컷의 몫이다. 때로는 수컷이 아주 큰 수고를 감내해야 한다. '랩스청개구리(*Ecnomiohyla rabborum*)'가 그렇다. 이 개구리는 2005년에 파나마에서 발견되었으나 2009년에 야생에서 멸종되었다. 큰 물갈퀴가 달린 손을 돛으로 사용하여 나무 사이를 뛰어다니고 활공하는 것으로 유명했다. 강한 영토성을 가진 수컷은 더 놀라운 행동을 보인다. 나무 우듬지에 있는 웅덩이로 암컷을 불러들여 알을 수정시킨 후 그 알이 부화할 때까지 지킨다. 알이 부화하고 나면 수컷은 웅덩이로 몸을 들이밀고 기다렸다가 60마리에서 200마리의 올챙이가 등짝 피부를 긁어 먹을 수 있도록 한다.[43]

올챙이에게 먹이를 주는 대신, 어떤 수컷 개구리, 예를 들어 다윈이 발견한 작은 남미 종인 다윈코개구리(*Rhinoderma darwinii*)는 종종 새끼를 입에 넣고 삼키는 것처럼 보인다. 그리스 신화의 타이탄 크로노스가 자기 자식을 먹어치우는 모습이 떠오를 것이다. 그러나 사실 다윈코개구리 수컷은 새끼를 입에 넣은 후 삼키지 않는다. 대신 자신의 목 주머니 안에 숨겨 보호하고, 이들이 개구리가 될 때까지 기다렸다가 뱉어낸다(〈그림 5.1〉).

일부 개구리 종에서는 아버지가 새끼를 입에 넣는 대신, 성장 중인 올챙이가 들어 있는 끈적한 젤리로 덮인 알을 자신의 등에 붙인 후,

〈그림 5.1〉 암컷 다윈코개구리가 알을 낳은 후, 수컷은 배아가 꿈틀거리기 시작할 때까지 곁을 지킨다. 그런 다음 수컷은 혀를 사용해 새끼를 하나씩 핥아 자신의 성대낭으로 내려보낸다. 성대낭 안에서 알은 올챙이로 부화하며, 올챙이는 부화하지 않은 알과 성대낭 벽에서 나오는 분비물을 먹고 자란다. 이 기간 동안 아버지는 금식을 한다. 몇 주 후, 잘 자란 아기 개구리들이 아버지의 입에서 튀어나오고, 배고픈 아버지는 드디어 식사를 할 수 있게 된다. (Wendy Baker / Michigan Science Art)

물이 고여 있는 장소, 예컨대 거대한 브로멜리아 잎 아래의 웅덩이로 옮긴다(종종 어미가 이 행동을 하기도 한다). 아버지는 자신이 올챙이를 둔 장소를 기억하고 주기적으로 돌아와 수위를 확인한다. 만약 웅덩이가 마르기 시작하면, 올챙이를 더 습한 장소로 운반한다. 이러한 행동은 새끼의 생존에 필수적이다. 비엔나 대학교의 생물학자인 에바 링글러(Eva Ringler) 연구팀이 연구한 넓적다리독개구리(*Allobates femoralis*)에게서도 이와 같은 행동이 발견된다.

수컷 넓적다리독개구리는 허벅지 바깥쪽에 밝은 주황색 반점이 있으며, 나무 위처럼 높은 곳에서 자기 영역을 과시하면서 울음소리로 존재를 알린다. 수컷의 울음소리에 이끌려 접근한 암컷은 약 20개의 알을 낳는다. 수컷은 이 알을 수정시키고, 암컷은 다른 곳으로 떠나 알을 낳는다. 수컷은 떠나지 않고 자기 영역에서 알들을 보호하고 수분을 유지하며, 올챙이가 부화할 때까지 돌본다. 알이 부화하면 물속에 몸을 담가 올챙이가 등에 올라타도록 한 뒤, 적절한 수역으로 이동시킨다. 그렇다면, 만약 수컷이 사라진다면 어떤 일이 벌어질까?

자연에서는 포식이나 다른 자연재해로 인해 수컷이 돌봄을 계속하지 못할 수 있다. 연구자들은 실험적으로 이러한 상황을 재현하기 위해 일부 수컷을 제거했다. 그랬더니 대부분의 경우 알들은 방치되었고, 생존 가능성은 극히 낮아졌다. 그러나 일부 암컷(약 8퍼센트)은 예상과 달리 떠나지 않고 남아 있었으며, 이들은 수컷을 대신해 올챙이들을 물로 운반하는 행동을 보였다. 암컷이 새끼들을 돌보는 경우, 올챙이의 생존율은 수컷이 있을 때보다는 낮았지만, 전혀 돌보지 않은 경우보다는 높았다. 암컷이 최적의 부모 역할을 수행하지 못하더라도 일정 수준의 생존율 향상을 가져올 수 있음을 보여준다. 이러한 현상은 예상치 못한 돌봄 행동이 나타나는 또 다른 사례이며, 이전에 관찰된 '무책임한 수벌들이 암컷이 사라진 후 새끼를 돌보는 현상'과도 유사한 양상을 보인다. 이는 일반적으로 특정 성이 돌봄을 담당하는 종에서도 환경적 변화에 따라 반대 성이 보완적인 돌봄 행동을 할 가능성이 있음을 시사한다.

에바 링글러 연구팀은 "양육을 담당하지 않는 성이 자발적으로 양육을 모방하는 행동"[44]이 "양성 양육으로의 진화적 전환에 중요한 단계"였다고 추측한다.[45] 넓적다리독개구리의 경우, 수컷이든 암컷이든 충분한 자극을 받으면 올챙이를 운반할 수 있다. 물론 돌봄 행동을 자극하기 위해 붓으로 올챙이를 성체의 등에 붙여야 했지만, 올바른 자극이 주어지기만 하면 개구리는 즉시 행동에 나섰다.

넓적다리독개구리에게는 올챙이가 등에서 꿈틀거리는 느낌이 고정행동 패턴(fixed-action patterns)*을 유발했다. 자극이 주어지면 개구리는 물이 있는 쪽으로 신속하게 이동하고, 적절한 웅덩이를 선택했으며, 올챙이를 물에 내려놓았고, 그리고 나중에 올챙이를 남긴 장소를 기억했다.[46] 상황이 나빠 암컷과 수컷 모두의 도움이 필요할 경우, 부모 모두가 자손을 돌볼 수 있다.

유연한 부모 역할의 생물학

'독개구리'라는 이름은 남아메리카 원주민들이 이 개구리의 화려한 색깔의 피부에서 나오는 분비물을 긁어내어 사냥용 독화살촉에 사용한 데서 유래했다. 그러나 약 300종의 독개구리 중 실제로 독이 있는 것은 소수에 불과하다. 독성 여부는 이들이 먹는 곤충에 따라 달라진다. 독개구리의 화려한 색은 마치 독이 있는 것처럼 보여 포식자들이 먹지 않도록 하는 기능을 가지고 있다. 따라서 행동생태학자와 신경과학자는 독성이나 색깔을 통한 위장 전략을 연구하는 경우가 많다. 그에 못지않게 많은 연구자가 관심 갖는 주제가 있으니, 바로 독개구리에게서 발견되는 유연한 부모 역할이다. 개구리의 양육 행동은 환경적 제약과 자원 가용성에 따라 수컷 양육 및 부모 공동 양육, 드물게 암컷 양육이 반복적으로 진화해왔다. 이처럼 다양한 양육 패턴을

---

* 유전적으로 각인된 행동 패턴으로, 주어진 자극에 대해 맹목적이고 기계적으로 반응하여 마치 자동화된 듯한 행동을 보이는 현상을 말한다.

단일 계통에 속하는 종에서 볼 수 있는 경우는 드물다.

크기가 작고 뇌가 작은 냉혈동물인 독개구리는 실험실에서 쉽게 기를 수 있으며, 필요한 경우 뇌를 검사하여 어떤 상황에서 신경계가 어떻게 자극받는지 알 수 있다. 게다가 이 개구리는 남아메리카, 마다가스카르 등지의 열대우림 자연 서식지에서 관찰 연구를 하기에 적합하다. 이러한 특성 덕분에 비엔나 대학교의 에바 링글러, 스탠퍼드 대학의 로런 오코넬(Lauren O'Connell), 일리노이 대학교 어바나-샴페인 캠퍼스의 에바 피셔(Eva Fischer) 등 연구자가 신경 시스템과 양육을 촉진하는 환경적 압력을 연구할 수 있게 되었다. 성체의 양육 반응이 기후 변화, 배우자의 상실 등 다양한 문제에 따라 어떻게 변화하는지 관찰하고, 한 성의 특성이 다른 성에서 어떻게 발현되는지를 추적하는 등 표현형 가소성이 어떻게 진화적 변화를 위한 기초를 다지는지 밝혀내고 있다. 이러한 변화가 여러 세대에 걸쳐 나타나면 새로운 종의 출현에 기여할 수 있다.[47]

특정한 모성 또는 부성 행동은 마치 대본에 따라 연기하도록 미리 정해진 것이 아니다. 동일하게 보존된 신경 시스템과 상황 인지 능력에 따라 어느 성에서든 발현될 수 있다. 척추동물 전반에서 수컷과 암컷의 유전자는 성 염색체의 유전자를 제외하면 거의 비슷하기 때문이다. 헨리 히긴스의 말을 빌리자면, 유전자를 비교했을 때 수컷과 가장 비슷한 것은 암컷이며, 그 반대도 마찬가지다.[48] 특히 개구리에서는 더 그렇다.

'이형성(heteromorphic)' 포유류에서는 수컷과 암컷이 인간처럼 서로 다른 크기와 형태로 성장한다. 암컷은 두 개의 X 염색체를 가지고 있으며, 수컷은 하나의 X 염색체와 작은 Y 염색체를 가지고 있다. 이 Y 염색체에 있는 SRY 유전자가 수컷 성을 결정한다. 하지만 개구리에서는 상황이 다르다. 개구리는 포유류와 달리 성 역할을 쉽게 바꿀 수 있다. 약 96퍼센트의 양서류 종은 암컷과 수컷이 갖는 염색체가 똑같기 때문이다. 이는 각 염색체의 성 결정 유전자가 다른 유전자로 쉽게 대체될 수 있음을 의미한다.[49]

환경에 따라 올챙이 운반을 담당하는 신경 시스템이 어느 성이든 자극을 받을 수 있다. 이것이 생존과 번식에 유리하다면 시간이 지나면서 유전적 변화가 뒤따를 수 있다. 아울러 개구리는 지금까지 성 역할 반전에 대한 과학적 연구에 가장 적합한 대상으로 알려져 있지만, 이 현상이 발생하는 유일한 생물은 아니다. 부모 역할의 유연성은 일반적으로 생각하는 것보다 더 흔하다.[50]

물론 성 역할 반전의 예로 자주 언급되는 종은 인간 등 포유류와는 진화적으로 거리가 멀다. 포유류 암컷은 체내 수정과 임신, 수유를 동반한 의무적인 양육을 해야 하는 반면, 닭, 다듬이벌레, 독개구리는 이런 제약이 없다. 시간을 거슬러 올라가면 수컷과 암컷 행동을 매개하는 신경 메커니즘을 구별하기가 점점 더 어려워진다. 그렇다 하더라도 포유류, 새, 곤충, 양서류 등 어떤 동물이든 양성이 사실상 동일한 신경 기초를 가지고 있다는 것은 부정할 수 없는 사실이다. 텍사스 대학교 오스틴 캠퍼스의 생물학자 데이비드 크루스(David Crews)에 따르면, 이러한 종류의 "양성성(bisexuality)"은 "모든 유기체의 필수적 요소"이며, "성 행동을 제어하는 고등 동물의 뇌 기능을 포함한 모든 생명 과정에 걸쳐 발견된다."[51]

크루스의 말이 맞다면, 성적 지향, 행동, 또는 양육 분담의 성 역할 반전이 포유류뿐만 아니라 '하위' 또는 '보다 원시적인' 유기체에서도 종종 발견되는 이유를 설명할 수 있을 것이다. 조건이 변하면 부모는 일부 자손을 살리기 위해 행동을 조정할 수 있다. 12장에서는 자연의 창고 깊숙한 곳에 숨겨져 보존되어온 신경전달물질이 어떻게 수컷에게도 모성본능 잠재력을 발현시킬 수 있는지 신경내분비 반응을 중심으로 살펴볼 것이다. 보통은 한 성에서만 보이는 양육 잠재력이 다른 성에서 활성화될 수 있다. 일단 지금은 데이비드 크루스가 양서류와 파충류에서 발견한 양성 역할의 잠재력이 포유류에도 적용될 가능성이 있는지 고민해보자.

내 자식에게만 켜지는 스위치

포유류는 새끼의 생존을 위해 반드시 젖을 먹여줄 암컷이 필요하다는 점을 생각하면, 모든 생물이 양성적 특성을 가진다는 크루스의 믿음은 터무니없어 보일 수 있다. 그러나 동물이 성별에 관계없이 유연하게 행동할 수 있다는 주장은 매우 설득력 있다.

쥐, 게르빌루스쥐, 햄스터, 집쥐와 같은 여러 포유류, 특히 설치류에서는 상황에 따라 수컷이 새끼를 공격하거나 심지어 잡아먹다가도 부드럽게 돌보는 행동으로 전환하기도 한다.[52] 이러한 변화는 주로 수컷이 마지막으로 짝짓기한 시점과 관련이 있다. 사정 후 3주가 지난 수컷 쥐는 갑자기 행동이 달라져, 새끼를 발견하면 조심스럽게 둥지로 옮기고, 털을 다듬고, 깨끗이 핥으며 마치 수유 중인 어미처럼 돌본다.

한 연구에서 짝짓기 경험이 없는 수컷 집쥐는 갑작스레 마주친 새끼를 무시하거나 (그중 약 40퍼센트는) 공격했다. 사정 직후에 새끼를 마주치면 항상 물어 죽였다. 그런데도 갑자기 수컷은 어느 시점에 돌변하여 새끼를 물어 죽이는 대신 부드럽게 새끼를 집어 둥지로 옮기고, 털을 핥아주고, 따뜻하게 돌보았다. 그러나 일정 시간이 지나면 다시 살해 모드로 돌아가 만나는 새끼를 죽였다.[53]

이 이상한 현상을 발견한 심리생물학자 프레더릭 봄 살(Frederick vom Saal)과 동료 글렌 페리고(Glenn Perrigo)는 여러 실험을 진행하면서 짝짓기하고 사정한 수컷을 다른 조명 주기(낮과 밤이 교차하는 주기)에 노출시켜 관찰했다. 실험에서 서로 다른 주기에 노출된 집쥐는 새끼에 대해 상이한 반응을 보였다. 사정 후 24시간 주기의 밤과 낮 주기에 노출된 쥐는 쥐의 임신 기간인 약 3주가 경과하면 새끼를 죽이는 대신 돌보는 쪽으로 바뀌었다. 그러나 그 후로 다시 3주가 지나면 수컷은 새끼를 죽이는 공격 모드로 돌아갔다.

이 천재적인 실험을 통해 연구자들은 특정 집쥐 종에서 수컷이 만난 새끼가 자신의 새끼인지 여부를 어떻게 파악하는지 보여줄 수 있었다.[54] 짝짓기 후 암컷이 출산할 무렵 새끼를 만나게 된다면, 수컷은 새끼를 죽이지 않고 돌보는 것이 낫다. 자기 아이일 가능성이 높기 때문이다. 그러나 짝짓기 후 두 달이 지나면 마주치는 새끼가 다른 수컷의 새끼일 가능성이 높아지므로 수컷은 다시 공격을 하기 시작했다.[55] 이 극적인 전환에 관해서 아일랜드의 동물학자 로버트 엘우드(Robert Elwood)는 이와 같은 "사정 후 번식 실패 방지 메커니즘"을 "내 자식에게만 켜지는 스위치"를 켜고 끄는 것이라고 불렀다.[56]

유연한 표현형에 대해 이야기해보자. 야만적인 하이드 씨가 친절한 지킬 박사로 마법같이 변신한다! 일부 설치류 종(또는 동일 종 내의 다른 변종)에서는 수컷의 영아살해를 억제하기 위해 암컷과의 단순한 동거만으로도 충분하며, 일부 종은 짝짓기 후 동거가 필요하고, 또 어떤 종은 짝짓기 없이 새끼에 반복적으로 노출되기만 해도 된다. 수컷이 새끼를 죽일 때마다 실험자들은 또 다른 새끼를 주어 수컷이 새끼를 죽이는 것을 멈출 때까지 반복함으로써 이를 밝혀냈다.

물론 요즘은 연구 윤리상 이런 실험은 불가능하다. 대신 다른 방법이 있다. 새끼 쥐를 보호장치로 잘 감싼 뒤 수컷이 있는 우리 속에 집어넣는 것이다. 수컷은 안의 새끼를 감지하자마자 즉시 흥분하여 가장자리를 킁킁거리며, 눈을 가늘게 뜨고, 꼬리를 흔들며, 공격적으로 보호장치를 물어뜯는다. 그러나 그랬던 수컷도 암컷과 같이 살게 하면 새끼가 태어나자마자 부드럽게 돌본다.

그렇다면 수컷의 몸에서 어떤 변화가 일어나고 있는 걸까? '내 자식에게만 켜지는 스위치'의 신경생리학적 작동 방식은 아직 연구 중이다. 2021년 하버드의 신경과학자 캐서린 뒤락(Catherine Dulac) 연구팀은 새끼를 공격하는 행동을 제어하는 특정 뉴런 집합을 확인했으며, 이는 수컷과 암컷 모두에게 존재했다. 여기서는 수컷에서 발생하는 변화에만 주목해보자.[57] 2장에서 설명했던 것처럼 어미가 아기를 공격하지 않고 돌보도록 하는 그 기전과 비슷한 일이 수컷에게도 일어난다. 수컷 쥐는 새끼를 만났을 때 비중격* 기저부에 있는 '서골비 기

---

* 비강을 좌와 우로 나누는 칸막이 벽

관 혹은 야콥슨 기관(vomeronasal organ)'**이라고 하는 특수한 감지기를 활성화하여 냄새를 구분하는데, 이는 짝짓기에도 중요한 역할을 하는 것으로 알려져 있다. 야콥슨 기관은 방어적인 싸움-도피 반응과 관련된다. 갑작스러운 자극은 매력적인 새끼의 페로몬을 무시하게 하고, 적대적으로 인식하게 한다.[58]

뒤락의 연구는 서골비 기관을 외과적으로 제거하면 수컷 쥐의 새끼 살해 반응이 사라지는 이유를 설명해준다. 그러나 맥락을 달리하여, 수컷이 사정한 지 일정 시간이 지난 후 새끼와 만나게 하거나 새끼 노출 시간을 연장하면 수컷의 본능적 적대 반응이 줄어든다. 뒤락은 이를 두고 "우리는 공격적인 수컷을 사랑스러운 아빠로 변형시켰다"고 표현했다. 12장에서는 뒤락의 연구를 다시 다루며, 암컷과 수컷 쥐 뇌의 가장 원시적 부분이 부모 행동을 위해 어떻게 재활용될 수 있는지 살펴볼 것이다.

현재로서는 두 성의 뇌 네트워크가 놀라울 만큼 유사하다는 점을 강조하는 것으로 충분하다. 상황이 바뀌면 수컷의 행동 반응도 달라질 수 있으며, 새끼를 공격하는 본능도 새로운 자극에 의해 무효화될 수 있다.[59]

수컷이 짝짓기 후 암컷 근처에 머무른다고 상상해보자. 이는 수컷이 암컷과의 관계를 강화하거나 새끼를 돌보고, 다른 수컷의 공격으로부터 보호하는 데 도움이 될 것이다. 어미가 새끼를 낳은 후 수컷이 가까이 있으면, 수컷은 새끼와 더 자주 접촉하게 되며, 점차 가까

** 보조적인 후각기관으로, 페로몬을 수용하는 기관으로 알려져 있다.

이 있는 것에 보람을 느낄 수도 있다. 암컷은 새끼를 지키려는 수컷에게 부드럽게 다가가며 접촉할 것이다. 이 촉각적 접촉은 수컷과 암컷 모두의 옥시토신 수치를 높여, 서로 더 친근해지고 아기 자극에 더 민감하게 만든다. 이러한 조건이 여러 세대에 걸쳐 지속된다면, 미성숙한 개체가 보내는 매혹적인 신호에 더 취약한 수컷, 아마도 뇌에 옥시토신 수용체가 더 많은 수컷들이 새끼를 죽이고자 하는 충동을 없애고 더 관대해지며 심지어는 새끼를 돌보게 될 것이다. 수컷의 관심과 양육은 새끼의 생존 가능성을 높일 것이다.

 시간이 흐르면서 추가 옥시토신 수용체를 코딩하는 유전자나 수컷의 양육 임계치를 낮추는 다른 특성을 가진 유전자가 그 집단에서 증가할 것이다.[60] 충분한 시간이 주어지면, 그 집단의 수컷은 새끼와 가까이 있는 것을 거부할 수 없을 만큼 매력적으로 느끼게 되어 새끼를 돌보는 것이 두 번째 천성이 될 것이다. 이러한 일이 아마도 과거에 일부다처제였던 캘리포니아쥐, 시베리아햄스터, 프레리들쥐의 조상에게 일어났을 것이다. 2장과 3장에서 설명한 것처럼 이들 종의 수컷은 이제 짝과 결속하여 암컷과 함께 공동 돌봄을 한다.

 이를 가능하게 하는 신경계를 비롯한 신체 기관은 이미 수컷의 몸에 있다. 따라서 생리적 기전은 새끼가 태어날 때 이미 활성화될 준비가 되어 있다. 수컷이 새끼와 가까이 지내면서 양쪽 모두 행복을 느낄 것이며, 이로써 수컷은 숨어있던 돌봄 잠재력을 깨운다. 반응은 도파민과 세로토닌의 동반 상승에 의해 더욱 강화될 것이다. 이렇게 행동하는 아버지의 자손이 더 많이 생존할 가능성이 있다면, 다윈주의적 선택이 작용하게 될 것이며, 수 세대 후에는 수컷이 어미가 하는 모든 일을 (수유를 제외하고는) 다 하게 될 것이다. 시베리아햄스터 수컷 산파가 출산을 돕는 이유는 이렇게 설명할 수 있다.[61]

하지만 설치류와 달리 부성 양육 행동을 하는 영장류는 중미와 남미에서 발견되는 신세계원숭이인 티티원숭이(Callicebus)와 올빼미원숭이(Aotus)뿐이다.[62]

모범적인 영장류 아빠들

영장류 중 약 40퍼센트의 속(屬)에서 수컷이 새끼를 돌보는 모습을 관찰할 수 있다. 일반적으로 포유류에서 이와 같은 수컷의 적극적인 양육 행위는 드문 현상이다. 특히 '고등 영장류'로 분류되는 구세계원숭이와 유인원들에서 수컷은 주로 영토를 방어하거나 새끼를 위협하는 외부의 적과 포식자, 심지어 다른 수컷의 공격으로부터 새끼를 보호하는 역할을 한다. 이러한 수컷의 돌봄은 대체로 가혹한 환경 조건에 직면했을 때나 위급한 상황에서 새끼를 구조하는 일시적인 행동으로 나타난다. 예를 들어, 침팬지와 같이 수컷의 돌봄이 드문 종에서조차 긴급한 상황에서는 이미 젖을 뗀 고아를 입양하는 경우가 있다(7장 참조). 본능적으로 양육을 담당하는 수컷 영장류는 인간과는 더 멀리 떨어진 친척들, 즉 원원류(prosimians)와 일부 신세계원숭이들 사이에서 주로 발견된다.[63] 이들 수컷은 어미가 젖을 먹이지 않는 시간을 제외하고는 거의 항상 새끼를 돌보며, 새끼에게 어떤 음식이 맛있으며 어떻게 하면 그 음식을 쉽게 구할 수 있는지를 가르친다. 새끼가 고형식을 먹을 준비가 되면, 단단한 과일이나 견과류를 부수어 가장 맛있는 부분을 새끼에게 주기도 한다.

수컷 올빼미원숭이와 이들의 사촌격인 티티원숭이는 가장 자상한 수컷 영장류 사례라고 할 수 있다. 마모셋과 타마린원숭이 수컷도 그 뒤를 잇는다. 중미와 남미에 퍼져 살아가는 이들 원숭이 종의 조상은 약 3천 5백만 년 전에 우리의 조상과 갈라졌다. 기나긴 진화적 시간 동안 몇몇 종은 옥시토신 및 여러 생물학적 특성을 획득함으로써 유별나게 친사회적(prosocial)인 수컷 행동을 보이게 되었다.[64] 본능적으로 양육하는 티티원숭이(*Plecturocebus moloch*, 이전 명칭은 *Callicebus moloch*) 수컷은 일주일 된 아기를 낮 시간의 최대 90퍼센트를 등에 업고 지낸다. 아기는 젖을 먹기 위해 엄마에게 넘겨질 때를 제외하면 거의 하루 종일 아빠에게 업혀 지낸다. 아기는 아빠와 너무 가까운 나머지 엄마와 떨어져 있을 때보다 아빠와 떨어져 있을 때 더 스트레스를 받는다.[65] 21세기에 일부 인간 아버지가 양육에 참여하기 전까지 티티원숭이는 아기가 어미보다 아빠에게 더 강하게 애착을 가지는 유일한 포유류였다.

수컷은 젖을 먹일 수는 없지만, 어린 티티원숭이가 생후 두 달이 되고 고형식을 먹을 수 있게 되면 곤충, 과일 등 먹을 것을 갖다 준다. 어미가 주로 스스로 음식을 찾아 먹는 동안, 티티원숭이 아빠는 하루에 다섯 번 정도 아기에게 먹이를 준다. 올빼미원숭이 역시 마찬가지로, 생후 2주차부터는 아빠가 거의 모든 힘든 일을 도맡아 한다. 아기는 어미보다 아빠에게 더 자주 먹이를 달라고 보채는데, 실제로 먹이를 주는 것은 거의 아빠다.[66] 올빼미원숭이 아빠의 돌봄 행동에 대한 가장 명확한 진화적 설명은 아빠가 암컷과 항상 붙어 지냄으로써 어미가 다른 수컷과 교미하지 못하게 하고, 이로써 암컷이 낳는 새끼가 전부 자신의 친자일 수 있도록 만든다는 것이다.

수컷 티티원숭이는 짝에게 충실한 정도가 올빼미원숭이에 이어 두 번째로 높은 종이다. 티티원숭이 암컷이 가끔 다른 수컷을 유혹하는 모습을 볼 수 있지만, 기존 수컷이 항상 함께 있기 때문에 나쁜 마음을 먹을 기회를 거의 주지 않는다.[67] 수컷은 외부 수컷을 쫓아내고, 둘은 거의 모든 시간을 서로의 시야와 서로의 소리를 들을 수 있는 범위 내에서 보내며, 종종 가지 위에 함께 앉아 꼬리를 얽으며 애정 표현을 한다(《그림 5.2》). 모든 동물의 신체 접촉이 옥시토신이나 이소토신의 방출을 만들어내는 것은 아니겠지만, 아마 티티원숭이 부부의 신체 접촉은 그럴 가능성이 크다.

지금까지 소개한 세 종의 수컷에 대한 연구를 통해 이들이 다른 종에 비에 훨씬 높은 부성 확실성을 가지고 있고, 새끼와 긴 시간 동안 친밀한 관계를 가지며, 양육 투자의 동기가 강하다는 것을 알 수 있다. 더욱이, 예일대 영장류학자 에두아르도 페르난데즈-두케(Eduardo Fernandez-Duque)가 수행한 장기 연구는 올빼미원숭이 등 일부일처제를 따르는 원숭이가 자연 상태의 영장류 중 가장 높은 유아 생존율을 보인다는 사실을 밝혔다. 오직 현대 의학을 사용하는 인간 집단에서 태어난 아기만이 이들보다 더 나은 유아 생존율을 보인다.[68]

에두아르도는 이렇게 강한 헌신으로 새끼의 생존 확률을 높이는 행동이 수컷에게 이득이 된다고 말했다. 올빼미원숭이 부부의 결속이 지속되는 기간이 길수록(중간값은 9년이다), 수컷의 생식 성공률이 높아진다.[69] 이들 짝 사이의 친자 확률은 '항상 충실한' 수컷 성향 덕분에 실질적으로 보장된다.[70] 혼외정사를 통해 새끼를 낳을 가능성은

(a)

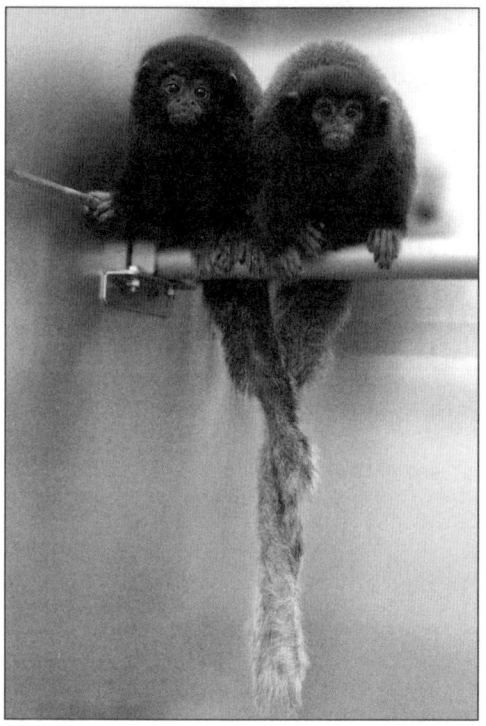
(b)

⟨그림 5.2⟩   아르헨티나에서 올빼미원숭이를 수십 년간 관찰하고 비침습적으로 DNA를 수집한 결과, 에두아르도 페르난데스-두케는 이들이 극소수의 포유류(아마도 5종 내외, 그리고 유일한 영장류)에 속하는 의무적 일부일처제(obligately monogamous) 종이라는 사실을 확인했다.
(a) 올빼미원숭이 수컷은 거의 끊임없이 짝과 접촉하며, 때때로 꼬리를 서로 얽은 후 휴식을 취하는 모습을 보인다.
(b) 이러한 다정한 행동은 일부일처제 유대가 강한 티티원숭이에서도 보고된 바 있다. ([a] Natasha Bartoletta / Owl Monkey Project, Formosa-Argentina; [b] Alexander Baxter / © CNPRC))

매우 낮다. 따라서 수컷은 새끼를 훨씬 더 자상하고 세심하게 돌봐도 손해볼 것이 없다. 그래서 역설적으로 수컷은 새끼 원숭이가 친자가 아니더라도 아낌없이 돌보도록 진화했다.

일부일처제와 수컷의 보살핌 행동이 어떻게 진화했는지에 대한 논의는 진화생물학에서 매우 중요한 주제다. 일부일처제가 짝 결속의 기본 형태로 먼저 등장하고, 이후 수컷의 적극적인 보살핌 행동이 발전했다는 것에 많은 학자들이 동의한다. 그러나 이러한 관계 구조가 처음에 어떻게 형성되었는지는 아직 명확한 해답을 찾지 못했다. 7장과 8장에서 이에 대한 나의 견해를 공유할 것이다. 그러나 지금은 다른 질문에 집중하겠다. 왜 수컷은 보살핌을 바라고, 시끄럽고, 심지어 유전적으로 관련이 없고, 극도로 취약하며, 당장 먹어 치워버릴 수도 있는 작은 새끼에게 짜증을 내지 않는 것일까? 어떤 단서가 관련되어 있을까? 아기가 수컷의 행동을 바꿀 수 있는 힘, 아기가 보내는 신호의 잠재력, 그리고 결론적으로 무관심하거나 적대적이거나 난폭한 어느 한 개체를 자기를 돌봐주는 존재로 변화시키는 신비한 힘에 대해 이야기해보자.

6
아기가 가진 신비한 힘

"아이가 태어난 지 한 달밖에 되지 않았을 때 아이가 트럭에 치였다면 나는 도의적 차원의 슬픔만 느꼈을 것이다. 아이가 태어난 지 여섯 달 후에 그런 일이 일어났다면 나는 트럭을 막기 위해 몸을 던졌을 것이다. 무엇이 이런 변화를 만든 걸까?"

마이클 루이스(2002)

아기가 위험해!

만약 차갑고 축축한 올챙이가 등에 올라타서 꿈틀거린다면, 포유류 부모 대부분은 기겁을 하며 떼어내려고 할 것이다. 그러나 어떤 자극은 마법처럼 우리의 행동을 바꿔놓는다. 그 자극은 무엇일까? 그리고 어떻게 그런 일이 일어날까? 물고기와 양서류의 많은 종에서 부성 돌봄이 관찰된다는 점을 고려할 때, 수컷이 자연세계에서 최초로 양육자 역할을 맡았을 가능성이 높다. 그러나 포유류가 등장하면서 어머니는 필연적으로 주 양육자가 되었다. 포유류 어미가 물려주는 모유는 새끼의 생존에 핵심적인 역할을 하고, 출산 후 증가하는 보호 본능, 즉 '수유 공격성(lactational aggression)'은 잠재적 영아살해 침입자를 막아준다. 하지만 출산 후 이루어지는 헌신적 양육에는 유효기간이 있다. 자손이 성장하고 젖을 떼기 시작하면, (때로는 그 이전에도) 어머니의 헌신은 사라지고 어머니는 또 다른 임신을 준비한다.[1]

이러한 적응 반응은 약 2억 년 전부터 진화했다. 아마 이 시기에도 포유류 새끼는 어미의 보호와 체온 조절에 의존했을 것이다. 그리고 성장에 필요한 영양분을 가득 담고 있는 모유 없이는 살아남기 힘들었을 것이다. 쥐라기 이후 포유류 새끼는 어미에게 돌봄을 유도하는 신호를 보내기 시작했다. 따라서 어머니의 신경생리학은 자식이 보내는 신호에 반응하도록 진화했다. 아울러 다양한 동물 실험을 통해 밝혀진 바에 따르면 새끼의 신호에 반응하는 기전은 어미만 가지고 있는 것이 아니다. 앞 장에서 보았듯이 수컷도 반응할 수 있고, 어머니가 아닌 다른 암컷도 반응할 수 있다.[2]

자연스러운 상황이라면 어미 가까이에 있는 수컷은 새끼와 관련이 있는 존재, 즉 새끼의 형제나 아비일 것이다. 가까이 있으면서 새끼와 충분히 친해지면 반드시 친밀한 관계가 아니더라도 돌봄 충동이 활성화될 수 있다. 때로는 굳이 오랜 시간 친밀한 접촉을 하지 않아도 새끼가 보내는 돌봄 자극 신호만으로 충분한 경우도 있다. 이 아이디어는 어느 여름날 오후 친구와 산책하던 중에 떠올랐다.

수 카터와 내가 과학자로 경력을 시작할 당시에는 여성 선배 과학자가 거의 없었다. 오자크에서 자란 수 카터는 가족 중 처음으로 대학을 졸업했으며, 원래는 교사가 되려는 꿈을 갖고 있었다. 과학자로서의 삶은 전혀 계획에 없던 일이었다. 그러나 생물학의 매력에 빠진 수는 1969년에 아칸소 대학교에서 박사 학위를 받았다. 논문 주제로

'사회적 애착 형성에 냄새가 미치는 영향'을 선택했고, 동네 애완동물 가게에서 기니피그를 구입해 임시 실험실에서 연구를 시작했다. 실험을 위해 버려진 냉장고를 '후각실'로 사용해 냄새 테스트를 진행했으며, 이후 연구를 쥐와 골든햄스터의 생식 내분비학으로 확장해 나갔다.

일반적인 포유류처럼 골든햄스터 수컷은 교미 후 도망가거나 암컷에 의해 쫓겨난다.[3] 수컷이 도망치지 못하면 암컷은 수컷을 죽일 수도 있다. 당시 수는 다른 연구자들처럼 부모의 돌봄 반응을 연구할 때 주로 어미의 행동에 집중했으며, 수컷이 돌봄에 중요한 역할을 할 가능성은 전혀 생각하지 못했다. 그러던 중 수는 프레리들쥐 부모가 서로에게 보여주는 상호 관용과 협력적인 행동에 놀라움을 느꼈고, 이를 계기로 프레리들쥐를 연구하기로 결심했다.[4]

1980년대, 내가 처음 수를 만났을 때는 이미 수의 연구가 널리 알려진 이후였다. 프레리들쥐는 서로에게 헌신하는 대상과 짝을 맺는다는 점에서 독특한 종이었다. 수의 연구는 《행동생태학과 사회생물학(Behavioral Ecology and Sociobiology)》 등 학술지에 실리며 많은 사람의 주목을 받았다. 특히 옥시토신의 기능에 대한 수의 통찰은 매우 선구적이었다.[5] 수와 함께 야생 프레리들쥐의 개체수 변동을 연구하던 야생생물학자 로웰 게츠(Lowell Getz)는 프레리들쥐가 일생 동안 하나의 짝을 맺는다는 증거를 발견하고 놀랐다. 게츠와 수는 프레리들쥐를 잡아 실험실로 가져왔다. 그리고 이들이 어떻게 짝을 맺는지를 관찰했다.

보통 설치류가 짧고 격렬한 교미를 하는 것과 달리 프레리들쥐는 40시간 동안 교미한다. 마라톤과 같은 교미 시간 동안 암컷의 자궁경부가 자극되어 옥시토신이 방출된다.[6] 교미가 끝나면 수컷을 쫓아내는 다른 설치류와 달리 프레리들쥐는 서로를 껴안고 털을 골라주었다. 이러한 발견은 수를 신경내분비학의 신흥 분야로 이끌었다. 수는 공부할수록 옥시토신이 짝 사이의 지속적인 유대감 형성에 중요한 역할을 한다는 확신이 들었다. 그리고 실제로 그렇다는 것이 밝혀졌다.

다른 들쥐 종 수컷은 여러 암컷과 교미한다. 그러나 일부일처의 짝 관계를 맺는 프레리들쥐 수컷은 다른 종과 달리 더 많은 옥시토신 수용체를 가지고 있다. 때로 암수 둘 중 한쪽이 다른 외부자와 교미하기도 하지만, 짝 사이에는 강한 유대감이 형성되기 때문에 장기적이고 다정한 짝 관계가 이어진다. 짝을 맺은 수컷은 암컷과 가까운 곳에 머물며, 공유하는 둥지에서 암컷이 낳은 아기의 매력적인 유혹에 노출된다. 시간이 흐르면서 수의 연구팀은 옥시토신과 구조적으로 매우 유사한 펩타이드 바소프레신(vasopressin)이 외부자에 대한 공격성을 야기하는 것 외에도 짝 유대 형성, 부성 돌봄을 매개하는 복잡한 역할을 한다는 사실을 밝혀내게 되었다.[7]

하지만 내가 처음 수를 찾아간 것은 수컷에 대한 관심 때문은 아니었다. 나는 모성 연구를 진행 중이었고, 여성의 삶에서 옥시토신이 어떤 역할을 하는지 이해하고 싶었다. 수의 연구를 바탕으로 옥시토신이 출산 수축과 모유 분출, 그리고 모자 유대 형성을 촉진하는 역할을 한다는 사실이 이미 잘 알려져 있었으며, 성적 파트너 사이의 감정적 유대, 특히 오르가슴 후 따뜻한 애정 속에서 친밀감을 높이는 데도 기여하는 것으로 밝혀졌다.[8]

결국 수의 연구팀은 암컷의 수유와 유대감을 촉진하는 옥시토신이 유사한 과정을 통해 남성 파트너에게도 기억에 남을 만큼 즐거운 유대감을 형성할 수 있음을 보여주었다. 나에게는 다행스럽게도 양육과 사회적 관계의 심리생리학적 토대를 연구해 세계적인 전문가가 된 이 여성은 '들쥐'를 사랑의 대명사로 바꾼 사람답게 자신이 연구한 바를 실천하고 있다. 수는 그 자신 여러 기수의 대학원생과 박사 후 연구원을 지도한 타고난 양육자였다. 부모 양육의 신경학적 기질을 설명하는 약어로 가득 찬 문헌을 뒤적이며 신경과학을 이해하느라 골머리를 썩는 인류학자이자 사회생물학자인 나에게 수는 친 자매처럼 따뜻한 조언을 해주었다.

수는 양육 행동의 기반이라고 할 수 있는 내측 시삭전야, 즐거운 보상을 경험할 때 도파민 러시를 전달하는 측좌핵, 도파민 전달 보상을 처리하는 데 관여하는 복측 선조체 등 복잡하고 어려운 개념을 인내심을 가지고 설명해주었다.* 부모가 새끼 가까이에 머물고 돌보도록 동기를 부여하는 것은 옥시토신, 바소프레신 등 호르몬과 이를 관장하는 신경 시스템이다. 따라서 수컷과 암컷에서 생식 전략이 어떻게 진화했는지를 연구하던 나는 뇌에서 벌어지는 일과 그에 따른 행동 사이의 복잡한 단계를 이해하기 위해 수에게 의지해야만 했다.

우리 부부는 은퇴 후 호두 농장을 마련했는데, 수는 전 세계를 돌

- 내측 시삭전야(MPOA, medial preoptic area)는 뇌의 시상하부에 위치한 영역으로, 성 행동, 부모 행동, 체온 조절, 수면, 그리고 호르몬 조절과 같은 다양한 생리적 기능에 중요한 역할을 한다. 특히 모성 행동과 관련이 있어 새끼를 돌보는 행동을 유도하는 신경회로의 핵심 부분으로 알려져 있다. 측좌핵(Nacc, nucleus accumbens)은 뇌의 보상 회로에서 중요한 역할을 하는 구조로, 주로 쾌락, 동기, 강화 학습과 관련된 기능을 담당한다. 도파민 신호를 통해 보상이나 즐거운 경험에 반응하여 쾌락 추구 및 행동 강화에 중요한 영향을 미친다. 복측 선조체(VS, ventral striatum)는 보상, 동기부여, 감정처리 등을 담당하는 영역이다. 측좌핵을 포함하고 있다.

아다니다가도 샌프란시스코의 베이 에어리어 지역에 올 때면 종종 우리 농장을 들르곤 했다. 어느 여름 오후 수가 방문했을 때, 우리는 과수원을 함께 산책하며 옥시토신과 관련한 최신 정보에 대해 이야기를 나누었다. 수는 옥시토신이 얼마나 생물학적으로 복잡하고 상호작용이 많으며 여러 역할을 수행하는지, 또 얼마나 측정하기 어려운지에 대해 설명했고, 나는 비교생물학 및 진화적 관점에서 의견을 내고 있었다. 그런데 같이 산책하던 우리 집 개가 사슴을 쫓아 과수원으로 뛰어들었다. 나는 수를 안심시켰다 "걱정하지 말아요. 우리 개는 사슴을 해치지 못할 거예요." 그러나 잠시 후 저 멀리서 애처로운 울음소리가 들려왔고 우리는 경악을 금치 못했다.

개가 숨어 있던 새끼 사슴을 잡은 것이었다.** 나는 개를 붙잡으러 달려갔고, 새끼 사슴은 풀에서 벗어나 밀밭으로 달아났다. 그 순간 개가 내 손에서 벗어나 새끼 사슴을 쫓아갔다. 이 가슴 아픈 에피소드는 곧 끝났고, 침묵이 이어졌다. 그러나 새끼 사슴의 울음소리는 우리 머릿속에 계속 맴돌았다. 아무 말도 할 수 없었다. 내가 말했다. "수, 마치 인간의 아기가 우는 소리 같았어요."

"맞아요." 수가 대답했다. "연구하면서 확인한 건데, 새끼 들쥐의 울음소리를 녹음한 다음 그 소리를 느리게 재생하면 인간 아기의 울음소리와 구분할 수 없어요. 아이가 도움을 구하는 신호와 신호에 대한 우리의 반응, 이건 진화적으로 아주 오래전부터 있었을 것 같아요."

** 저자의 개는 50킬로그램에 달하는 '리지백'이었다고 한다. 리지백은 수렵견에 속하는 맹견으로 알려진 품종이다.

과도하게 활성화된 편도체가 누그러지자 우리는 차분하게 상황을 되짚어 보았다. 우리 둘 모두 포유류, 어머니이자 이제는 할머니로서 새끼 사슴의 고통스러운 울음소리에 강력한 반응을 보인 것이 이상한 일은 아니었다. 어미 포유류의 변연계는 우리가 그런 것처럼 순식간에 반응하도록 설정되어 있다. 당시 우리의 심장은 빠르게 뛰었을 것이고, 글루코코르티코이드 수치뿐만 아니라 아마도 바소프레신도 함께 상승했을 것이다.[10] 어쩌면 프레리들쥐처럼 옥시토신 분비도 증가했을 것이다.[11]

아기의 울음소리는 '나에게 관심이 필요해'라는 뜻이다. 그러나 이 신호 자극에 충분히 노출되면 어머니는 곧 자기 아이의 울음소리를 다른 아이의 울음소리와 구별할 수 있게 된다. 아이와 유대감을 형성하기 위해서는 옥시토신 분출만으로는 부족하다. 특정 신경전달물질 분자의 혼합물과 특정한 감각과 사회적 맥락이 필요하다. 아기가 진정되거나 심지어 미소를 지으며 편안함을 표하면, 우리 뇌 속의 도파민 관련 쾌락 중심체가 활성화된다. 이는 개구리가 올챙이를 운반하도록 유도하는 것과 동일한 기전이다.[12] 하지만 포유류인 우리는 새끼를 보살피면서 모성적 감정이 충만해진다. 반사적으로 미소를 짓게 되고, 만족해하는 아기를 보면 기쁨이 한없이 커진다.[13]

일단 유대가 형성되면, 어머니는 잠시라도 아이와 떨어져 있기 힘들어하며, 배고픈 사람이 맛있는 음식을 바라는 것보다 더 간절히, 중독자가 약물을 갈망하는 것보다 더 절실히 갈망한다.[14] 이는 진화적 수준에서 간단하게 설명할 수 있다. 사바나를 방황하거나 깊은 숲속을 헤매는 어미 포유류가 아기의 고통 신호에 반응하지 못하면 아기를 쉽게 잃는다. 반응하지 않는다면 앞으로 치러야 할 비용은 치명적일 것이다. 따라서 자연은 반응의 기준을 매우 낮게 설정하고, 널리 퍼진 신경 안전장치를 이용한다.

위니펙 대학교의 생물학자 수전 링글(Susan Lingle) 연구팀은 어미 뮬사슴(Mule Deer)에 관한 흥미로운 실험을 진행했다. 연구자가 인간 아기의 고통스러운 울음소리를 재생했을 때, 어미 뮬사슴은 즉시 반응하며 숨겨진 스피커에 경계심을 보이며 다가갔다. 어미는 고양이 새끼, 마멋(Marmot) 새끼, 물개, 또는 박쥐와 같은 다른 포유류 새끼의 고통스러운 울음소리에도 비슷한 반응을 보였다. 그러나 코요테 성체가 짖는 소리 등 새끼가 아닌 동물이 내는 소리에는 전혀 반응이 없었다.[15]

거짓 양성 반응이 흔한 이유도 이해가 간다. 나는 자식이 장성한 후에도 슈퍼마켓에서 낯선 아이가 '엄마!'라고 부르는 소리를 들으면 깜짝 놀라 주변을 살폈던 적이 많다. 울음소리는 포유류 유아의 보편적 도움 요청 방식이다. 수와 나는 우리의 아기가 아니라 작은 사슴이 내는 애처로운 울음소리였음에도 불구하고 정확히 같은 방식으로 반응하도록 프로그래밍 되어 있었다.[16]

남자도 할 수 있다!

포유류 어머니와 할머니만이 아기의 울음소리에 신경 쓰는 것은 아니다. 낮잠에서 깨어난 아기의 울음소리가 들리면 남자 역시 조금 느릴지라도 반응한다. 만약 아기가 끙끙대는 소리를 내는 것이 아니라 고통의 비명을 지른다면, 아버지도 어머니만큼 긴급하게 반응한다. 앨리슨 플레밍(Alison Fleming) 연구팀이 나지막이 신음하는 아기와 포경 수술 중인 아기의 날카로운 비명을 들려주며 어머니와 아버지의 반응을 비교했을 때 이를 발견했다. 아기의 울음소리가 고통의 소리로 변하는 순간, 아버지는 어머니만큼 빨리 반응했다.[17] 특히, 다른 성인의 일반적인 울음소리가 아니라 아기의 울음소리여야만 했다. 아버지 뇌를 관찰했을 때 감정 중심이 위치한 안와전두피질에서 밀리초(ms) 단위의 빠른 반사 반응이 일어났던 것이다.[18]

흔히들 어머니가 아기에게 본능적으로 더 잘 반응할 것이라고 믿었고, 아기의 울음도 어머니가 더 잘 구별할 것이라 여겨졌다. 그러나 꼭 그렇지 않다는 사실이 밝혀진 것이다. 이 가설을 검증하고자 프랑스 리옹·생테티엔 대학의 신경행동학자 니콜라 마트뱅(Nicolas Mathevon) 연구팀이 연구를 진행했다. 연구팀은 프랑스의 핵가족과 콩고 민주공화국의 대가족 환경에서 태어난 생후 2~5개월 된 아기들의 울음소리를 녹음했다. 이후 부모에게 낯선 아기의 울음소리와 자신의 아기 울음소리를 들려주고 구별하도록 했다. 실험 결과, 부모는 자신의 아기 울음소리를 여섯 번 중 다섯 번 꼴로 정확히 식별했다. 정확한 식별에 가장 큰 영향을 미친 요인은 부모의 성별이 아니라 아기와 함께 보내는 시간이었다. 연구에 참여한 어머니는 하루에 최소 4시간 이상 아기와 함께 보냈지만, 아버지들은 평균적으로 더 적은 시간을 보냈다. 자신의 아기를 정확히 식별할 가능성이 가장 높은 아버지는 아기와 더 많은 시간을 보낸 이들이었다.[19] 후속 연구에 따르면, 아기 소리를 듣는 사람이 아기와 유전적으로 관련이 있을 필요는 없었다. 이는 이전 연구에서 어머니의 우월성을 주장했던 연구가 제대로 통제하지 못한 부분이었다.[20] 중요한 것은 아기와 함께 보낸 시간, 즉 어른이 그 아기와 친밀한 정도였다.

변화의 시작: '유아 도식'

그날 수와 내가 겪었던 것처럼, 절망에 빠진 어린 사슴의 울음소리가 남성에게도 같은 반응을 불러일으켰을지는 확실하지 않다. 또한 남성이 갓난아기의 머리에서 나는 유혹적이고 달콤한, 흔히 헥사데카날(또는 HEX)*로 알려진 유기 화합물에서 비롯된 향기에 대해 나만큼 강하게 반응하는지도 확실치 않다.[21] 아빠들에게 이 향기를 맡을 수 있는지 물어보면 일부는 그렇다고 답하지만 일부는 전혀 모르겠다고 대답한다. 갓 태어난 아기의 냄새에 대한 반응을 조사한 한 연구에서 출산한 지 얼마 안 된 여성 15명과 출산 경험이 없는 여성 15명을 대상으로 갓난아기의 냄새를 맡게 하고 뇌를 스캔했다. 도파민 관련 보상 센터는 어머니와 어머니가 아닌 여성 모두의 뇌에서 활성화되었다.[22] 하지만 이 연구에는 남성이 포함되지 않았다. 2021년 이스라엘에서 실시한 후속 연구에서는 남성을 포함하였고, HEX 향기에 대한 남녀의 반응에서 흥미로운 차이를 발견했다.

이스라엘 바이츠만 과학연구소에서 수행한 연구는 67명의 남성과 60명의 여성을 두 그룹으로 나누어 진행했다. 각 성별의 절반은 HEX에 노출되었고, 나머지 절반은 다른 냄새에 노출되었다. 그리고 곧바로 온라인 게임에 참여하도록 했다. 이 게임은 고의적으로 불공평한

• 헥사데카날은 곤충과 동물의 페로몬으로 작용하는 물질로, 체취 등을 통해 후각을 자극하여 사회적 상호작용과 감정에 영향을 미칠 수 있는 화학 신호로 작용한다.

결과를 계속 만들어내 참가자들을 좌절하게 하고 도발하도록 조작되었다. 불공정한 상대(사실은 컴퓨터 알고리즘)에게 욕하고 보복할 시간을 몇 초 주었을 때, HEX에 노출된 남성의 반응은 HEX에 노출되지 않은 남성보다 훨씬 덜 공격적이었다. 반면 HEX에 노출된 여성은 더욱 공격적인 반응을 보였다. 실험 진행자들은 이 결과를 "아기 냄새를 맡는 것은 어머니의 공격성을 증가시키지만, 아버지의 공격성을 감소시킬 수 있다"고 해석했다. 이는 "동물 세계에서 모성 공격성이 자손 생존에 직접적인 긍정적 영향을 미치는 반면, 부성 공격성은 자손 생존에 부정적 영향을 미치기 때문이다."[23]

이 해석은 갓 태어난 아이를 둔 어머니의 보호 본능과 '수유 공격성(Maternal Aggression)'이 증가하는 것과 일치한다. 그러나 실험에서 사용된 냄새는 참가자 자신의 아기 냄새가 아니었으며, 참가자 중 일부는 부모조차 아니었다는 점에 주목할 필요가 있다. 즉, 남성이 HEX에 노출된 후 공격성이 감소한 것은 특정한 부성 반응 때문이라기보다는 일반적인 아기에 대한 관용으로 설명할 수 있다는 말이다. 이는 4장에서 이야기했듯 어머니의 육아를 돕는 남성에 대한 에얄 에이브러햄과 루스 펠드만의 연구에서 말했던 '보조 양육자적' 반응에 더 가깝다.

참고로, 냄새와 관련해서 아버지가 오랜 시간 함께 살아온 자녀의 냄새를 어머니만큼 잘 식별하지 못할 이유는 없다. 부모를 비교한 몇 안 되는 연구 중 하나에서는 어머니가 자녀의 냄새를 인식하는 데 성공한 비율이 79.4퍼센트였고, 아버지는 67.7퍼센트로 통계적으로 유의미한 차이가 없었다.[24] 그러나 이 연구는 갓난아기가 아닌 네 살짜리 아이를 대상으로 했으며, 두 부모가 아기 돌보기에 동등하게 참여했을 가능성이 높은 대상을 골라서 진행된 연구였다.

남성과 여성이 아기 냄새에 반응하는 방식의 유사점과 차이점에 대한 의문을 잠시 제쳐두자. 남성이 유아의 고통스러운 울음소리에 쉽게 반응한다는 것은 의심의 여지가 없으며, 남녀 모두 다른 청각 및 시각적 신호에 반응한다는 사실에는 큰 의문의 여지가 없다. '동일한 사전 노출'이 주어지면 남성은 '어떤' 아기가 우는지 식별하는 데 엄마만큼이나 능숙하다. 여성뿐만 아니라 남성도 큰 눈, 통통한 뺨, 작은 코, 큰 머리에 따뜻하고 포근한 작은 몸 등 '아기 욕망(baby lust)'을 자극하는 매력적인 유아의 특징—노벨상을 수상한 동물행동학자 콘라트 로렌츠가 '아기' 또는 '어린아이'를 뜻하는 독일어 Kindchen과 정신적 표상을 뜻하는 '스키마'를 합쳐 유아 도식(Kindchenschema)으로 명명한 특징—에 굴복하는 것이다.

'유아 도식'은 옥스퍼드의 신경과학자 모르텐 크링엘바흐(Morten Kringelbach) 등이 진행한 연구를 통해 세상에 처음 알려졌다. 연구 참여자 12명의 남녀는 매력적인 아기와 성인의 얼굴 사진을 살펴보도록 주문받았고, 연구자는 참여자가 사진을 보는 동안 자기뇌파검사법(MEG)을 사용하여 뇌를 스캔했다. 그 결과 매력적 보상을 처리하는 뇌 영역인 안와전두피질에서 전기 활동이 불과 7분의 1초 만에 일어난다는 것을 발견했다. 사진 속 인물이 아기일 때 반응의 크기가 성인의 사진을 볼 때보다 훨씬 컸다.[25]

크링엘바흐는 이 연구 결과를 "부모 본능에 대한 특정하고 신속한 신경 각인"이라는 논문으로 발표했다. 그리고 이 연구는 미디어에서 큰 반향을 일으켰다. 한 기사 헤드라인은 "부모 본능의 신경 기초가 마침내 밝혀졌다!"고 전했다.²⁶ 그런데 실제로 뇌가 아기에게 긍정적으로 반응한 참가자 중 실제 부모는 소수에 불과했다. 크링엘바흐 연구팀의 추가 연구에 따르면, 여성이 일반적으로 귀여움에 더 민감하지만, 남성과 여성 모두 귀여운 아기 사진을 더 오래 바라보고 더 집중하는 것으로 나타났다. 분명히 두 성별 모두 귀여운 아기를 바라보면서 흐뭇함을 느낀다. 이 연구가 나오고 얼마 지나지 않아 옥스퍼드대 연구팀이 아기의 고통스러운 울음소리에 대한 사람의 반응을 연구했을 때, 부모만 아니라 비부모도 영향을 받는다는 것을 깨닫고, 연구팀은 '부모 본능'이 아닌 '보편적 뇌 기반 돌봄 본능'에 대해 논의하기 시작했다.²⁷

인간 아기, 새끼 고양이, 강아지 등 어린 동물을 사랑스럽게 느끼게 하는 뉴런을 활성화할 때, 오로지 임신과 출산, 수유에 따른 호르몬 변화, 유전적 근연도가 필수적으로 선행되어야만 하는 것은 아니다. 어머니가 아닌 다른 여성과 남성 포유류의 뇌에도 관련된 신경회로가 존재한다는 점을 짚고 넘어가자. 이 신경회로는 왜 존재할까? 그리고 어떤 조건이 인간 남성의 뇌에서 신경회로의 활성화를 촉진할까? 이 민감성의 기원은 어디일까? 태곳적으로 거슬러 올라가, 다윈이 오래전 수생 세계에서 헤엄치고 있는 것으로 상상했던, 원시 척추동물의 조상이자 자웅동체인 동물로부터 유래된 것일까?

나는 12장에서 수컷 물고기가 영역을 확보하고 지키며 알을 보호하도록 만드는 신경회로에 대해 다시 다룰 것이다. 먹이 확보와 방어를 위해 진화한 신경회로와 호르몬은 다른 영역에서 새로운 기능을 수행하도록 재구성된다. 특정 표현형이 생존과 번식에 더 유리하다면, 자연선택은 이러한 반응을 강화하는 분자와 수용체를 선호하게 된다. 그러나 이와 같은 변화가 포유류, 특히 영장류나 인간에게 정착되기까지는 오랜 시간과 진화적 이유가 필요했다. 이 책에서는 먼저 수백만 년에 걸친 영장류 진화와 수천 년에 걸친 역사 및 문화 변화를 통해 남성이 더 양육적인 존재로 변화하게 된 주요 요인과 단서를 파헤쳐볼 것이다.

친밀한 시간

포유류 수컷은 아기에 대해 둔하게 반응한다. 그리고 아기에 대한 부드러움이 활성화되는 데 더 오랜 시간이 걸린다. 그러나 일단 감각이 활성화되고 충분한 경험이 뒷받침된다면, 부모나 비부모를 불문하고 양쪽 성별 모두 아기가 내뿜는 '변화의 힘'에 젖어들 수 있다는 것이 점점 더 분명해지고 있다. 변화에 관여하는 신경 기질은 부모만 아니라 보조 양육자(alloparent)에게도 존재한다. 제품을 판매하는 기업과 기부금을 요청하는 자선단체가 홍보를 위해 아기 사진과 영상을 이용하는 것은 다 이유가 있다. 다큐멘터리 영화 〈펭귄-위대한 모험〉이나 귀여운 강아지 동영상을 제작하는 유튜브 콘텐츠 제작자도 마찬가지이다. 특히 프랑스의 영화 제작자 토마 발므(Thomas Balmè)의 영화 중 세계 각지(나미비아, 몽골, 일본, 미국)의 아기에 대한 영화인 〈베이비〉를 볼 것을 권한다. 이 영화는 아기의 본능적 역할이 '사랑스러워지기'라고 말한다.[29]

2010년에 〈베이비〉가 개봉했을 때, 나는 그 영화를 두 번이나 보러 갔다. 처음에는 잠들거나 놀고 있는 아기를 보는 감각적 즐거움을 만

끽하기 위해 갔고, 두 번째로 갔을 때는 관객의 반응을 관찰하기 위해 앞줄에 앉았다. 남녀 모두가 반응했다. 이 아기가 가까운 친족일 가능성은 거의 없었지만, 그래도 관객들은 아기에 반응했다. 물론 유전적 근연도가 아기에 대한 반응과 무관하다는 것은 아니다. 유전적으로 얼마나 가까운지는 아이와 남자의 외모가 얼마나 닮았는지, 아이 엄마와 남자가 얼마나 가까운 사이인지 등 다양한 단서를 통해 평가되는 큰 요인이다.

따라서 짝 결합이 이루어지는 종에서 짝을 가진 수컷이 그렇지 않은 수컷보다 아기 신호에 더 잘 반응한다는 것은 당연하다.[30] 또한 가까운 친족일 확률이 높은 남성이 아기를 위해 더 많은 에너지를 소비하고 더 큰 위험을 감수하는 것도 지극히 당연하다. 하지만 남성이 반드시 짝 결합 관계에 있거나 가까운 친족일 필요는 없다. 남자가 지속적으로 아기를 돌보고 있거나 과거에 육아 경험이 있는 경우에도 같은 현상이 일어난다. 실제로 형제자매를 돌본 경험이 있거나 아기를 돌보면서 많은 시간을 보낸 남성은 아기 요구에 반응하는 문턱이 낮아질 수 있다고 한다.[31] 또한, 10장에서 볼 수 있듯이 다른 사람이 자신을 어떻게 평가할지에 대한 관심이 돌봄 행동을 자극할 수 있지만, 반대로 이러한 관심이 양육 충동을 억제하기도 한다. 그러나 전폭적 헌신의 촉매는 거의 항상 아기와의 감각적 노출 시간을 얼마나 보냈는지, 즉 친밀 근접 시간(Time in Intimate Proximity, TIP)의 총량이었다.

4장에서 언급한 펠드만의 연구에 등장하는 '전통적' 가족이나 어머니 없이 아이를 키우는 동성 커플을 떠올려보자. 아기를 돌보는 남자의 뇌에서 일어나는 반응을 기억하라. 남자가 24시간 아기를 돌보며 아이를 달래고, 기저귀를 갈고, 목욕시키고, 음식을 먹이는 주 양육자일 경우, 비록 친아버지가 아니거나 성관계 시기나 동거를 통해 친자임을 확신할 수 있는 단서가 부재한 상황이더라도 뇌 하위 피질 영역에서 관찰되는 반응은 어머니의 반응과 유사하게 나타났다. 즉, 더 원초적이고 본능적인 충동이 나타났다.[32] 반면 보조 양육자인 남성의 뇌 반응은 주로 의사 결정을 관장하는 부분에 제한되었다.

아직 연구되어야 할 부분이 많다. 양육자로서의 원초적 본능이 발현되기 위해서 남성이 아기가 주는 자극에 얼마나 많은 몰입과 노출이 필요하고, 어떤 유형의 노출이 필요한지는 아직 알려지지 않았다. 또한 개별 경험이 어떻게 작용하는지도 아직 알지 못한다. 네덜란드에서 최근 수행된 연구에서는 60명의 아버지를 무작위로 두 그룹으로 나누어, 한 그룹은 부드럽고 몸에 밀착되는 포대기로 아기를 안고 다니게 하고, 다른 그룹은 아기를 옆에 누인 상태에서 데리고 다니는 장치를 사용하게 했다. 연구자들이 나중에 아기가 우는 소리를 들으며 아버지의 신경 반응을 자기공명영상(MRI)으로 스캔했을 때, 더 많은 시간 동안 아기와 직접 접촉한 '포대기' 그룹 아버지의 편도체 등 뇌 영역이 더 많이 활성화되었다. 흥미롭게도, 불행한 어린 시절을 보낸 아버지가 가장 강한 반응을 보였다. 세상을 더 위험한 곳으로 여겼기 때문일까? 아기에게 더 많은 경계와 보호가 필요하다고 느꼈을지도 모른다.[33]

분명 아버지의 신경내분비 반응에 대해 아직 배울 것이 많지만, 이미 명백한 것은 인간 남성과 수컷 포유류, 또는 양육의 성 역할 전환을 겪는 양서류 종(5장)에서 감각적 노출과 친밀 근접 시간(TIP)은 관련

뇌 회로와 호르몬 방출을 놀라울 정도로 효과적으로 활성화한다는 것이다. 수의 연구팀이 이러한 신경내분비학적 연구 결과를 발표한 것은 댄과 내가 첫 손주를 맞이했을 때쯤이었다.

'할아버지, 여기에 침을 뱉어주세요'

아기와 친밀한 시간을 얼마나 보냈는지에 따라 어른의 행동과 감정이 변화할 것이라 추측하였기 때문에 나는 침(타액)을 분석해보고자 했다.[34] 첫 손주가 태어나기 전 여름에 있었던 가족 모임을 이용해 남편, 세 명의 성인 자녀, 사위 데이비드(1장에서 설명한 남다른 아버지), 그리고 우리 아이를 키우는 데 도움을 준 보조 양육자이자 곧 태어날 손주 양육도 돕고자 했던 과달루페 데 라 콘차(Guadalupe de la Concha)의 침을 받았다. 알아내고자 했던 것은 테스토스테론과 옥시토신 수치의 변화를 측정하기 위한 기준선이었다. 이 비공식 소규모 연구에서 가장 흥미로운 발견은 할아버지인 남편 댄에게 일어난 현상이었다.

사위 데이비드와 딸 카트린카는 모두 교사였고 뉴욕에서 살고 있었다. 손주가 태어나고 11일 후, 나는 샌프란시스코에서 뉴욕으로 날아갔다. 집에 도착하기 직전에 가방에서 멸균된 플라스틱 병을 꺼내 침을 뱉은 다음 뚜껑을 단단히 닫았다. 딸의 집에 도착한 후 그 병을 냉동실에 넣었다. 그날 밤, 오랜 시간 동안 손주를 안고 행복한 시간을 보냈다. 그리고 손주의 향기와 느낌을 충분히 만끽한 후 다른 병에 침을 뱉었다. 나중에 침을 분석해보니 옥시토신 수치가 63퍼센트 상승한 것으로 나타났다(1.9에서 3.1pg/mL). 17일 후 남편 댄이 도착했을 때, 병을 건네며 "여기에 침 뱉어줘, 여보"라고 말했다. 댄이 들어와 손자를 두 시간 동안 돌보고 난 후, 다시 침을 뱉게 했다. 댄의 옥시토신 수치는 1.9에서 2.4pg/mL로 26퍼센트만 상승했다. 나와 똑같은 3.1pg/mL로 기록된 것은 손자와 함께 하루 더 시간을 보낸 후였다. 이는 막 도착했을 때의 기준선 수치에서 63퍼센트 증가한 것으로, 나의 옥시토신 수치 증가율과 동일했다(《그림 6.1》).

비록 남성 보조 양육자에게 더 많은 노출 시간이 필요했지만, 이 소규모 탐색적 연구는 양쪽 성별이 옥시토신 측면에서 동일한 위치에 도달할 수 있음을 시사했다.[35] 샘플이 인디애나 대학교의 수 카터 연구실에서 분석되었을 때는 2014년이었는데, 할아버지를 대상으로 점점 증가하는 옥시토신 수치를 확인한 첫 연구였기 때문에 모두가 흥미로워했다. 그러나 수는 프레리들쥐 등 공동 양육을 하는 다른 포유류에서 나타나는 협력적 양육, 그리고 그때 나타나는 옥시토신 수치 상승에 대해 이미 알고 있었기에 당연한 결과로 받아들였다.[36] 같은 해 이스라엘에서는 남성의 뇌에서 '협력적 양육 기질'이 있음을 암시하는 놀라운 연구 결과를 발표했다.[37] 퍼즐 조각이 천천히 맞춰지고 있었다.

몇 년 후 훨씬 더 큰 표본의 조부모를 대상으로 훨씬 더 엄격한 뇌 연구를 진행한 에모리 대학교의 제임스 릴링 연구팀은 인지적 공감과 관련된 뇌 영역이 할아버지보다 할머니에게 더 활성화된다고 보고했다.[38] 하지만 할아버지가 손주와 더 긴 시간 친밀한 접촉을 했다면 과연 결과가 동일했을까? 결국 과거 모성 반응의 경험—산후 아기 신호에 대한 반응의 동기 부여와 수유 중 옥시토신 분비—이 몇십 년 후 할머니로서의 반응에 영향을 주었을 가능성이 크다. 하지만 자식를

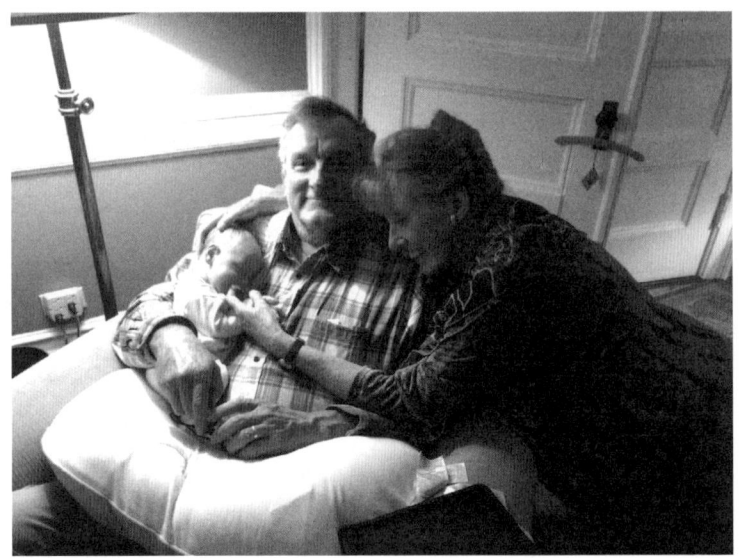

〈그림 6.1〉 어머니 반응으로 알려진 옥시토신 분비 급증 현상이 아기와 친밀한 시간을 보낸 후의 조부모에게도 발생한다. 이것은 첫 손주와 시간을 보낸 후 나와 우리 남편에게 일어난 일이다. (Katrinka Hrdy)

나만큼 많이 접촉하지는 않았던 댄이 나와 비슷한 옥시토신 수치를 보였으니, 놀라운 일이었다.

매력과 짜증

귀여운 아기의 외모나 울음소리가 항상 남성의 양육 본능을 자극할까? 물론 그렇지는 않다. 샌프란시스코에서 워싱턴으로 가는 비행기 안에서 와이셔츠 깃을 풀고 넥타이를 느슨하게 한 채 노트북에 집중하고 있는 사업가를 상상해보라. 이때 그 남성 뒤 좌석의 여성이 안고 있는 아기가 울기 시작한다. 사업가의 심장 박동이 빨라지고 혈압이 오르며, 집중력과 업무 효율은 급락한다. 사업가는 이런 상황에서 아무런 조치를 취할 수 없다. 그의 개인 공간과 평온한 시간이 침해

받았다. 아기에게 매력을 느끼기는커녕 짜증이 치민다. 이런 상황에 처하면 남자의 신경계는 어머니와 정반대로 활성화된다. 테스토스테론 수치가 올라가고 아마도 바소프레신도 증가할 것이다. 원래는 아기를 지키기 위해 사용될 호르몬이 이 상황에서는 반대로 작용하여 아기에 대한 남자의 폭력성을 높인다.[39] 스탠퍼드 대학의 천재 신경과학자 로버트 새폴스키가 저서 『행동』에서 끊임없이 강조하듯이, 중요한 것은 맥락이다.

아이의 신호와 남성이 아이에게 반응하는 방식 역시 중요하다. 미시간 대학의 심리학자 사리 반 앤더스(Sari van Anders)는 이를 독특한 실험으로 입증했다. 그는 55명의 남성에게 실제 아기처럼 행동하는 고가의 유아 시뮬레이터 인형(약 1,320달러)을 안겨주었다. 이 인형은 젖병에서 우유를 먹고, 기저귀를 적시고, 울다가 진정되며, 심지어 똥을 싸고 트림까지 하는 등 실제 아기의 행동을 정교하게 모방하도록 설계되었다. 이 인형들은 돌봄 기술을 교육하기 위해 사용되며, 또한 십대들에게 부모 역할을 체험하게 하여 출산을 다시 고려하도록 하는 프로그램에서도 활용된다. 하지만 이러한 애초의 교육 목표가 항상 의도한 대로 효과를 발휘하지는 않는다. 호주에서 진행된 최근의 무작위 통제 실험에 따르면, 13세 소녀들이 유아 시뮬레이터 인형을 돌본 경우, 아무것도 하지 않은 통제 그룹보다 오히려 임신 가능성이 높아지는 결과를 보였다![40]

이 로봇 아기를 통해 사리 반 앤더스는 기발한 실험 아이디어를 떠올렸다. 그는 55명의 젊은 남성을 모집했는데, 이들 중 38명은 어린 형제자매가 있었고, 아빠인 사람은 4명뿐이었다. 실험을 시작하기 전 타액 샘플을 채취하여 각 남성의 기준 테스토스테론 수치를 측정한 후, 네 그룹으로 나누었다. '중립 그룹'에 속한 남성에게는 나무가 그려진 그림책을 주었다. '아기 울음소리 그룹'의 남성에게는 녹음된 아기 울음소리를 듣게 했다. '진짜 아기 상호작용 그룹'에서는 울음을 멈추게 하려면 안아주거나 기저귀를 갈아주어야 진정되는 인형을 주었다. 마지막으로, '가짜 아기 상호작용 그룹'에는 예측할 수 없는 간격으로 울음이 터지며 달래려고 애를 써도 진정되지 않는 인형을 주었는데, 이 인형들은 처음에는 칭얼대다가 나중에는 극도로 시끄러운 비명을 지르도록 설정되었다.

예상대로, 보살핌에 잘 반응하는 아기를 안고 있던 남성의 테스토스테론 수치는 이전에 측정된 기준치에 비해 감소했다. 55명의 피험자 중 51명이 실제로 아빠가 아니었음에도 전혀 문제가 없었다. 반면 악몽 같은 상황에 처한 남성의 테스토스테론 수치는 급증했다. 위협으로 해석되는 아기의 불쾌한 울음소리를 듣고 전면적 동원 태세에 돌입한 것 같았다. 이는 테스토스테론과 뇌의 활성화 수준에 대한 윙필드의 가설을 지지하는 강력한 증거였다![41] 테스토스테론 수치가 높아지면 전두엽 피질의 활동이 억제되었는데,[42] 전두엽 피질은 행동 통제와 아기에 대한 반응의 민감성과 관련된 뇌 영역이다.[43] 좌절감과 급격한 테스토스테론 증가는 '흔들린 아이 증후군(shaken baby syndrome)'* 및 기타 학대의 유발 요인으로 알려져 있기 때문에[44] 이 짜

● 흔들린 아이 증후군은 양육자가 고의로 아이를 강하게 흔들어 생기는 두부손상으로 나타나는 증후군이다. 아이가 울음을 그치지 않고 달래기 힘들 때 분노의 표현으로 아이를 흔들게 되어 발생하는 경우가 잦다.

증스러운 인형이 실제 아기가 아니라는 게 천만다행이었다.

맥락에 따라 짜증을 유발하는 아기 울음소리가 오히려 도움이 되는 행동을 이끌어낼 수도 있다. 신경과학자 크링엘바흐는 이를 보여주기 위해 40명의 성인을 대상으로 실험을 진행했다. 피험자들은 귀여운 아기를 보는 대신, 새 울음소리, 성인 울음소리, 괴로워하는 유아의 울음소리 중 하나를 들으며 두더지 게임을 했다. 이 게임은 참가자들이 무작위로 튀어나오는 9가지 색깔의 두더지 머리 중 하나를 정해진 힘으로 빠르게 눌러야 하는 방식으로, 조정력과 집중력이 요구된다. 게임의 성과에 가장 큰 영향을 미친 것은 아기 울음소리였다. 아기 울음소리는 단순히 짜증을 유발하는 것이 아니라 남성과 여성 피험자 모두에서 기준 점수의 즉각적인 상승을 이끌어냈다.[45] 고통스러운 아기 울음소리는 실제로 피험자들의 성과를 크게 높였다.

이러한 효과는 옥시토신 및 바소프레신의 증가와 관련이 있을 수 있다. 이 변덕스러운 신경호르몬은 영토 방어와 공격성을 촉진하거나 보호적 양육을 촉진할 수 있다. 또 공포 또는 보호적 사랑을 만들어낼 수 있다.[46] 사실, 바소프레신에 대한 초기 연구에 따르면, 바소프레신은 수컷 쥐가 다른 개체를 돌보고 신속하게 반응하는 능력을 증가시키는 역할을 하는 신경호르몬이었다. 하지만 남성이 아기 울음소리에 어떻게 반응하는지는 여전히 맥락에 달려 있다. 단순히 짜증이 나는 상황인지, 아니면 구출이 필요한 진짜 비상 상황인지 말이다. 물론 친족, 과거 경험, 또는 남성의 어머니와의 관계 같은 다른 요인도 중요한 역할을 한다. 흥미롭게도, 또 다른 중요한 요소는 바로 '눈물'이다.

아기의 눈물

다윈은 고전적 저서 『인간과 동물의 감정 표현』에서 한 개 장을 할애해 고통과 눈물에 대해 다룬다. 많은 종류의 동물에서 눈물은 눈의 이물질을 제거하기 위해 작용한다. 하지만 현재까지 특정 감정, 예를 들어 기쁨이나 슬픔에 반응해 눈물을 흘리는 것은 인간만이 하는 것으로 알려져 있다. 그 이유는 아무도 모르지만, 이스라엘의 한 연구팀은 한 가지 아이디어를 떠올렸다. 만약 감정적인 눈물이 타인의 공감을 유도하기 위해 진화했다면 어떨까? 이 가설을 테스트하기 위해 연구한 결과 놀라운 사실을 알게 되었다.

연구자는 자신을 '눈물이 많은 사람'이라고 생각하는 사람을 모집하는 광고를 냈다. 모집된 사람은 모두 여성이었고, 슬픈 영화를 보여주어 눈물샘을 자극했다. 신선한 눈물은 조심스레 모아졌고, 주로 20대인 남성 피험자에게 여성의 눈물이 묻은 젖은 패드의 냄새를 맡도록 한 후 반응을 살폈다. 놀랍게도 눈물의 냄새를 맡은 남성의 공감능력은 별로 증가하지 않았다. 오히려 가장 큰 효과는 남성의 성적 흥분 감소였다. 이는 자기 보고 형식의 응답과 에로틱한 영화를 보는 동안의 뇌 스캔 결과를 통해 나타났다.[47] 이게 도대체 무슨 일일까?

연구에 참여한 이스라엘 와이즈먼 연구소(Weizmann Institute)의 신경생물학자 노엄 소벨(Noam Sobel) 교수는 아마도 눈물이 여성이 성관계를 거부하는 방법일 것이라고 가설을 세웠다. 눈물 속 페로몬이 '싫어' 또는 최소한 '지금은 안 돼'라는 의미를 담은 화학적 신호를 보낼 수 있다는 것이다. 〈뉴욕타임스〉의 편집자들이 달려들 만한 내용이었다. 연구를 소개하는 기사 제목은 "여성의 눈물에서 '오늘 밤은 안 돼, 여보'라는 화학물질 발견"이었다.[48] 그러나 과학 잡지에 실린 원본 보고서에서 내 눈길을 끈 것은 젊은 남성이 신선한 눈물 냄새를 맡은 후 타액의 테스토스테론 수치가 감소했다는 점이었다. 그렇다면 구체적으로 어떤 상황에서 테스토스테론 수치가 떨어지는 것이 적응적이었을까? 그리고 남성은 언제 눈물을 가장 많이 접하게 될까? 두 질문의 답은 태어난 지 얼마 안 된 아기에게(2주 정도 된 아기의 눈물) 노출될 때였다.

남성이 아기들과 밀접하게 접촉할 때 자연스럽게 테스토스테론 수치가 감소하고, 짝짓기보다는 양육을 돕는 역할로 전환된다면(4장에서 설명한 윙필드 가설에 따라), 눈물에 대한 반응으로 성적 흥분이 줄어드는 현상은 여성에 대한 공감이 아닌, 남성 진화사의 또 다른 측면으로 더 잘 설명할 수 있다. 내가 보기에 눈물은 남자의 양육 본능을 자극하여 아기를 더 세심하게 돌보게 되고 아기를 해치지 않도록 하는 역할을 하는 것 같다. 8장에서 설명하겠지만, 플라이스토세 동안 호모 사피엔스가 진화하는 과정에서 남성들은 공동생활의 근거지에서 함께 모여 있으면서 여성이 흘리는 거부의 눈물보다 아기의 눈물을 접할 확률이 훨씬 더 높았을 것이다. 이는 진화심리학과 관련 연구를 생각할 때 자주 떠오르는 소설가 데이비드 로지(David Lodge)의 한 구절을 다시금 떠올리게 한다. "문학은 주로 섹스 하는 이야기를 다루고, 아이 기르는 것에 대해서는 별로 이야기하지 않는다. 하지만 삶은 그 반대다."[49]

전환점을 넘어서

지금까지 이야기한 신경내분비계의 변화는 홀로 일어나는 것이 아니다. 인간은 사회적 유기체이며, 우리의 뇌는 본질적으로 사회적 기관이다. 우리는 타인이 내놓는 반응 속에서 살아간다. 다양한 상황이 아기와 아버지 사이의 교류를 촉진하거나 억제하며, 이러한 상호작용은 이후에 일어나는 행동을 좌우한다. 아기가 필요 신호를 보내고 남성이 '돌봐야 하나 무시해야 하나?'를 결정해야 할 때, 남성의 행동은 무의식적인 반사와 신경생리학적 반응뿐만 아니라 대뇌 신피질을 통해 다른 사람이 자신의 행동을 어떻게 생각할지에 대한 합리적 평가 등 의식적인 선택을 반영할 것이다. 행동은 또한 생리적 상태, 이전 경험과 관행, 문화적으로 규정된 역할, 가족사, 지역 관습, 자신의 명예와 가문의 명예에 대한 우려, 이용 가능한 대체 돌봄 자원 등 연쇄적인 요인에 의해 형성된다. 이는 모두 거주 패턴, 물질적 제약(즉, '경제적 현실'), 현재 처한 특정한 사회적 및 생태적 맥락과 역사적 배경 내에서 전개된다(9~11장). 그러나 결국, 수컷 쥐가 새끼를 무시하거나 해치는 것을 멈추고 돌보기 시작하는 것처럼 인간 남성도 일단 아기와 교류하기 시작하면, 아기가 가진 신비한 힘에 굴복하여 행동을 바꾸게 된다.

남성 내면의 '사일러스 마너'

소설가 조지 엘리엇은 다윈과 동시대인으로 『종의 기원』이 출판되던 날에 책을 이미 읽고 있었다. 엘리엇은 다윈만큼이나 인간 본성에 관심이 있었고, 아마도 다윈보다 인간 행동에 대한 관찰력이 더 뛰어났을 것이다. 엘리엇은 이렇게 말했다. "우리가 행위를 결정하는 만큼 행위도 우리를 결정짓는다." 이 통찰은 20세기 인지행동 치료사와 현

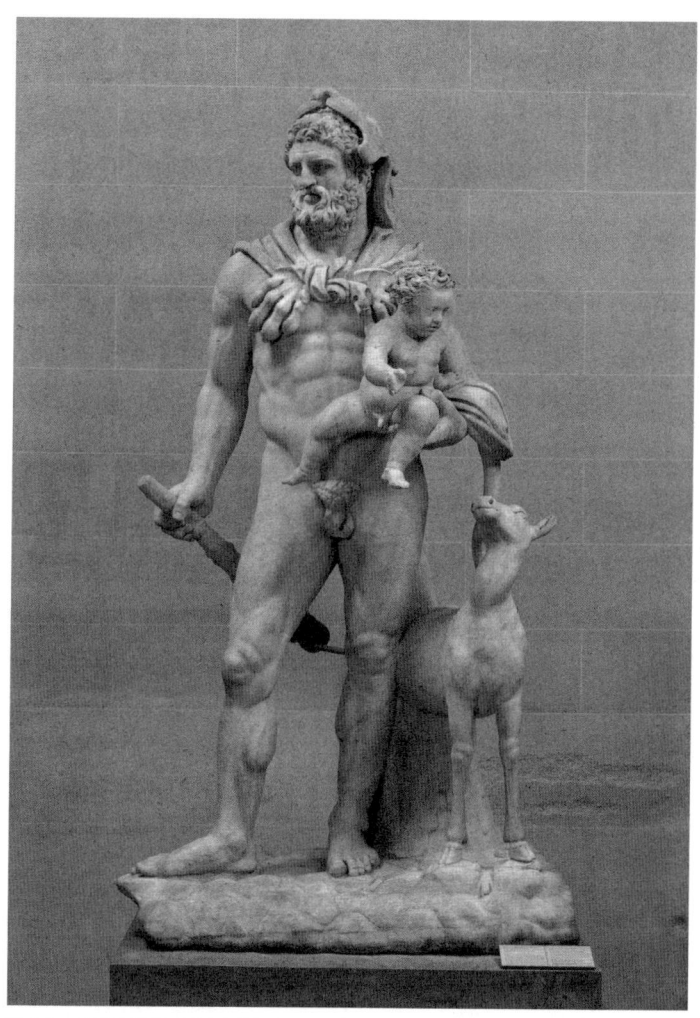

〈그림 6.2〉 아기가 내뿜는 '변화의 힘'에 남성이 반응하는 것은 이 고대 그리스 조각가에게도 낯설지 않은 현실이었다. 조각가는 멋진 남성의 아름다움을 묘사하였는데, 곤봉을 들고 사자 가죽을 두른 헤라클레스가 아기 텔레포스를 부드럽게 안고 있는 모습을 조각했다(아마도 그의 아들이었을 것이다). 텔레포스가 어머니에게 버림받아 사슴에 의해 길러지고 있던 중 헤라클레스가 그를 발견했다. 2,600년 후 디즈니는 이 주제를 재해석했다. 디즈니 버전에서는 무시무시한 현상금 사냥꾼인 만달로리안이 '아기 요다'를 구하기 위해 모든 것을 건다. 그와는 혈연관계가 없었음에도 불구하고 말이다. (1세기~2세기 AD 로마 복제품, 원본은 분실, 루브르 제공; © RMN-Grand Palais / Art Resource NY)

6 아기가 가진 신비한 힘 **175**

대 정신의학에도 여전히 통용되는 진리로 받아들여진다.

엘리엇은 『사일러스 마너(Silas Marner)』를 쓸 때 실제 사건에서 영감을 받았다. 19세기를 살았던 여느 영국인과 마찬가지로 엘리엇도 나폴레옹 군대와 싸우던 한 영국 장교의 유명한 이야기를 잘 알고 있었을 것이다. 피레네 전쟁 동안 스페인에서 벌어진 피비린내 나는 전투 직후 상황을 조사하던 중, 병사들은 죽은 어머니의 가슴에 안긴 아기의 울음소리를 들었다. 스코틀랜드 하이랜더 연대의 한 군인은 사령관이 우는 아기를 마치 헤라클레스가 텔레포스를 안아주는 것처럼(《그림 6.2》) 부드럽게 안고는 "불쌍한 아가, 내가 너를 앞으로 돌봐줄게"[50]라고 말했다고 기록했다.

엘리엇이 어떤 뉴스 보도를 참고했는지, 아니면 실제로 알던 사람의 이야기를 기억해서 쓴 것인지는 불확실하지만, 『사일러스 마너』는 아기의 존재가 가장 예상치 못한 보호자에게 미치는 변화의 효과를 아주 자연스럽게 그려낸다. 이야기는 눈보라 속에서 길을 잃은 고아가 무뚝뚝한 노인 은둔자의 문 앞에 도착하면서 시작된다. 아이는 보호가 절실히 필요했고, 아이의 금발 머리카락을 보자 잃어버린 여동생을 떠올린 노인은 결국 아이를 받아들이게 된다. 아이가 의지할수록 노인의 마음도 점차 부드러워진다. 이 과정에서 옥시토신으로 가득한 따뜻한 감정의 수문이 열렸을 것이다. 자그마한 아이가 점점 더 애착을 가지게 되자, 덩달아 사일러스 마너 역시 아이에게 더 많은 애착을 가지게 된다. 결과는 아주 깊고 평생 이어지는 아버지와 딸의 결속이었다. 사일러스 마너의 성별이나 그가 겪었던 과거의 배신은 감성적이고 따뜻한 변화를 막지 못했다. 점차 이 외로운 은둔자는

〈그림 6.3〉 리우데자네이루 시의 지도자들은 난관에 봉착했다. 파벨라의 범죄를 소탕하라는 명령을 받은 경찰이 종종 거리의 아이들을 총으로 쏘는 일이 발생했던 것이다. 이에 대한 해결책으로, 내가 본 정책 중 가장 동물행동학적으로 통찰력 있는 방안이 실행되었다. 전투화와 방탄복을 착용한 건장한 경찰들을 빈민가의 지역 보육원에서 시간을 보내도록 한 것이다. (사진 출처: Lalo de Almeida / The New York Times / Redux))

다시 사람 속으로 돌아오게 되었고, 아이를 키우면서 몇 년을 보내고 난 후에는 완전히 변화했다.

　돌봄에 무관심한 사람이든 아니면 열성적인 사람이든, 서로 다른 기질과 삶의 경험을 지닌 아버지들은 아기에 대한 반응의 임계점이 각기 다르다. 하지만 아기와 충분히 접하게 되면, 제아무리 목석 같은 남성이라도 결국 아기에게 마음을 열 수 있다. 예를 들어, 리우데자네이루의 경찰들이 어린이집에서 아이와 함께 시간을 보내는 프로그램에 참여하면서 호전성을 누그러뜨리고 점차 아이들을 부드럽게 대하게 된 사례가 있다(〈그림 6.3〉).[51] 아기가 남성의 눈에 들어오고 매력적으로 웃으면, 거의 모든 남성이 웃음을 되돌려줄 수밖에 없다. 그리고 하나의 반응은 또 다른 반응을 이끌어낸다.[52]

6 아기가 가진 신비한 힘　177

아버지가 되고자 하는 게이 남성, 이미 자신의 파트너에게 헌신하고 있고, 친화성을 촉진하는 호르몬으로 가득 찬 남성, 혹은 아내와 좋은 관계를 유지하기 위해 열심인 남성은 특히 아기에게 반응할 가능성이 높다. 하지만 일반적인 수컷 포유류가 아기와 오랫동안 친밀한 관계를 맺게 되는 이유는 무엇일까? 그리고 왜 이런 일이 다른 포유류보다 영장류에서 더 흔하게 일어날까? 아울러 아기가 일단 영장류 수컷을 자기 영향권 안에 두었을 때, 수컷이 관대해지고 돌봄 행동을 하도록 만드는 요인은 무엇일까? 영장류 수컷을 전환점으로 이끄는 것은 무엇일까? 이 모든 일이 하루아침에 벌어지는 것은 아니다. 이 질문들에 대한 대답을 찾기 위해 함께 시간을 거슬러 올라가 영장류 진화의 역사를 좀 더 깊이 들여다보자.

7
영장류 수컷의 돌봄

"수컷이 성적 경쟁 때문에 어쩔 수 없이 암컷 그리고 보채고, 울며, 페로몬 향을 내뿜는 새끼들과 함께 머물러야 한다면, 그 수컷은 과연 어디까지 부모 역할을 하게 될까?"

메리 제인 웨스트-에버하드(2003)

영장류 수컷이 암컷 곁에 머무르는 이유

에오세(Eocene Epoch) 시절* 초기 영장류는 다람쥐보다 작은 크기였다. 짝을 이루어 살지 않고 혼자 살았으며, 야행성이었다. 수컷과 암컷이 만나 교미하고 나면 곧바로 헤어졌다. 오늘날까지도 일부 원숭이는 에오세 시절 조상만큼이나 외로운 삶을 산다. 그러나 과거와 달리 현재 영장류 대부분은 무리 생활을 하는 매우 사회적인 종이 되었다. 무리를 이루어 살면 혼자 있을 때보다 더 안전하기 때문에 야행성으로 살 필요 없이 밝은 대낮에도 채집을 할 수 있다. 따라서 영장류 계

• 에오세는 지금으로부터 5,580만~3,390만 년 전까지 약 2,190만 년간의 시대를 말하며, 시신세(始新世)라고도 한다. 고제3기의 2번째 세이다.

통에서 어떤 종이든 한번 무리 지어 살기 시작하면 그런 습성은 대를 이어 유지된다. 이른바 '고등 영장류'로 분류되는 일부 영장류와 유인원도 마찬가지이다. 이들은 수컷이 연중 내내 암컷 및 새끼들과 함께 지낸다. 물론 그 방식은 다양하다. 한 마리의 암컷과 함께 짝을 맺어 일부일처 형태로 살거나 여러 암컷이 있는 하렘의 유일한 성체 수컷으로 살기도 하고, 혹은 여러 수컷과 암컷이 있는 무리 안에서 사는 경우도 있다.

수컷은 교미한 암컷 곁에 머무름으로써 자연스럽게 새끼와 함께 지내게 된다. 그러나 수컷이 자식 돌봄에 얼마나 관여하는지는 종마다 다르고 개체마다 다르다. 이는 지역적 환경과 계통의 역사에 따라 달라진다. 일반적으로, 거주 수컷은 집단 방어에 적극적이며, 때로 위험한 상황에서 새끼를 구해내기도 한다.

수컷은 어떻게 양육에 관여하게 되는 것일까? 이는 근처에 있던 수컷이 아기의 필요를 알아채고 반응하면서 시작된다. 우간다의 침팬지 연구 현장에서 발생한 한 사례를 살펴보자. 그곳에서 한 어미가 유난히 짧은 터울로 새로운 새끼를 출산했다. 비록 새끼가 어미의 털에 매달릴 수는 있었지만, 힘이 부족하기 때문에 어미는 자주 한 손으로 미끄러지는 새끼를 받쳐주어야 했다. 어미가 새끼를 키우기 힘들어한다는 사실을 알아차린 알파 수컷은 어미를 도와주었다(나중에 밝혀지기를 알파 수컷은 새끼의 친부였다). 성체 수컷 침팬지에게는 거의 관찰되지 않는 행동인데, 그 수컷은 어미가 두 아이를 돌볼 수 있을 때까지 매일 새끼를 조심스럽게 안고 항상 데리고 다녔다.[1]

만약 암컷과 수컷이 한곳에 살지 않았다면 이런 일이 일어날 수 없었을 것이다. 그렇다면 수컷은 왜 암컷을 임신시키는 데 성공했음에도 그냥 떠나버리지 않고 머무르고 있었을까? 더 나아가 아기의 신호에 반응할 만큼 오랜 시간 머무를까? 왜 새로운 암컷을 찾아 떠나지 않을까? 이 세상 포유류 수컷은 대부분 후다닥 일을 해치우고는 고맙다는 말 한마디 없이 떠나버리기 부지기수인데 말이다.[2]

짝짓기를 한 수컷은 암컷이 향후 어미로서 해야 할 최우선 과제, 즉 자기에게 필요한 영양분을 충분히 섭취하고 임신과 수유에 소요되는 자원을 비축하는 문제를 해결하도록 남겨두고 다른 기회를 찾아 떠난다. 대부분의 포유류에서 암컷이 성적으로 수용적인 상태가 되어 다시 수컷의 관심을 끌기까지는 오랜 시간이 걸린다. 이렇게 암컷은 성가신 수컷들의 구애에서 벗어나는 것은 물론 주거지에서 먹이 구하는 것을 두고 수컷과 경쟁하는 상태에서 벗어날 수 있다.

에너지 비용이 많이 드는 암컷의 성적 유혹은 '발정'이라고 알려진 배란 전후의 제한된 기간에 국한된다. '발정(estrus)'이라는 단어는 라틴어로 '흥분 상태'를 뜻하며, 이는 배란기에 호르몬에 의해 촉진된 암컷의 번식 신호를 잘 묘사한다. 발정 상태를 감지한 수컷들은 암컷에게 몰려들어 경쟁하며 짝짓기를 시도한 뒤, 암컷이 발정 신호를 멈추면 또 다른 짝짓기 기회를 찾아 떠난다.

침팬지 등 구세계원숭이는 배란기가 되면 한껏 달아올라 구애하는 것 외에도 멀리서도 식별이 가능할 만큼 항문 생식기 부위가 밝은 분홍색으로 부풀어 오르면서 가임기를 알린다. 고릴라, 오랑우탄, 랑구르원숭이 같은 종들은 이렇게 눈에 띄는 형태적 변화를 보이지 않지만, 특정한 냄새 신호와 자세를 통해 짝짓기 준비 상태를 알린다. 그

(a)

(b)

〈그림 7.1〉 (a) 침팬지 암컷은 항문과 생식기를 거대한 핑크색 껌 뭉치처럼 보이도록 부풀어 오르게 함으로써 배란기임을 알린다. (b) 랑구르원숭이와 같은 다른 영장류는 배란을 그렇게 눈에 띄게 광고하지 않는다. 대신, 암컷은 주로 자신의 행동을 통해 교미를 요청하며, 엉덩이를 수컷에게 보이고, 격렬하게 머리를 흔든다. ([a] Liran Samuni and [b] Daniel B. Hrdy)

러나 최근 원숭이와 영장류에 대해 밝혀지고 있는 이상한 점은 발정기와 유사한 짝짓기 신호가 반드시 배란기 전후로만 제한되지 않는다는 것이다. 암컷들은 번식 신호를 보다 유연하게 상황에 따라 보내며, 단순히 수정을 보장하기 위한 것 이상으로 더 많은 수컷들과 더 자주 교미하려고 시도하기도 한다.[3]

유연한 성적 행동

내가 대학원에 다닐 때만 하더라도 "비인간 영장류 암컷의 발정 주기는 배란기 전후 짧고 제한된 시간 동안 나타난다"는 것을 자명한 사실로 받아들였다. 이는 "보편적이면서 매우 적응적"인 현상으로 간주되었기 때문에 우리 조상에게도 원래 발정기가 따로 존재했을 것으로 생각했다.[4] 인간 여성이 배란 주기와 관계없이 언제든 성관계를 가질 수 있다는 사실은 여성이 "발정기를 잃어버린 것"이라 해석되었고, 이는 교수들(당시 대부분 남성이었다)에 의해 "여성은 항상 성적으로 수용 가능한 상태"로 해석되었다. 하지만 랑구르원숭이 암컷들을 매일 관찰하기 시작하면서 나는 이들의 성적 구애가 항상 주기적이지는 않다는 것을 깨달았다. 어떤 암컷은 배란 가능성이 낮은 시기에도 수컷들에게 구애를 하는 경우가 있었다. 예를 들어, 몇 달 후 출산한 것을 보고 뒤늦게 깨달았지만, 이미 임신한 상태에서도 수컷들에게 구애하고 교미하는 모습이 관찰된 것이다.[5] 분명히, 임신은 랑구르 암컷들이 성적 구애를 하는 유일한 이유가 아니었다.

그 이후 상황에 따라 달라지는 '기만' 발정은 랑구르처럼 배란을 드러내지 않는 영장류나 눈에 띄는 배란 신호를 보이는 개코원숭이,

침팬지 등 여러 영장류 모두에서 보고되었다.⁶ 듀크 대학교 박사과정 학생이었던 에밀리 보엠(Emily Boehm)은 곰베 스트림 보호구역(Gombe Stream Preserve)에서 한 수컷 침팬지가 완전히 발기된 음경을 흔들면서 한 암컷의 주의를 끌려고 나뭇가지를 흔드는 것을 보았는데, 이때 기만 발정이 존재한다는 사실이 확실히 드러났다. 암컷은 마치 발정이 난 듯 성기가 부풀어 있었지만, 에밀리 보엠은 이전에 실시한 호르몬 분석을 통해 암컷이 이미 임신 중임을 알고 있었다.⁷

에너지를 많이 소모하는 이러한 신호가 단지 재미를 위해 암컷에게 진화했을 가능성은 낮다. 그렇다면 왜 이런 기만 행동이 나타나는 것일까? 50년 전, 인도에서 랑구르원숭이를 연구하며 '영아살해' 주제를 다루던 시점으로 돌아가보자. 당시 나는 수컷이 새끼를 죽인다는 사실에 큰 충격을 받았고, 그래서 수컷을 단순히 새끼에게 위협적인 존재로만 여겼다. 수컷이 새끼를 돌볼 수 있다는 가능성은 전혀 고려하지 못했던 것이다.

수컷 살인자

새끼 원숭이의 목숨을 위협하는 것으로는 기생충, 질병, 포식, 어머니와의 분리, 기아 등이 있다. 그러나 그보다 더 큰 위험요소가 있다. 바로 같은 종의 수컷이다. 침팬지 어미는 새끼를 낳은 후 몇 달 동안 꼭 끌어안고 다니면서 살해당하지 않게 보호한다. 간혹 암컷 침팬지도 유전적으로 관련이 없는 새끼를 죽일 수 있지만, 가장 큰 위협은 수컷이다. 이 때문에 앞서 언급한 친절한 수컷 침팬지 '유모'를 어미 침팬지가 허락한 것은 매우 드문 일이다.

어미 침팬지는 다른 개체가 자기 새끼를 데려가려고 하면 절대 쉽게 주지 않는다. 아기를 안전하게 지키기 위한 집착이다. 최근 탄자니아 마할레산 국립공원에서 일어난 사건이 그러한 상황을 잘 보여준다. 교토 대학의 니시에 히토나루 박사는 한 무리의 침팬지를 따라가고 있었다. 그중 한 젊은 암컷이 임신한 것을 모르고 있던 니시에 박사는 암컷이 갑자기 땅에 웅크리고 새끼를 낳는 것을 보고 깜짝 놀랐다. 아마도 경험이 부족한 젊은 어미는 다른 침팬지 근처에서 출산하는 것이 얼마나 위험한지 아직 배우지 못한 것 같았다. 만약 경험 많은 어미 침팬지였다면 혼자 멀리 떨어져 숨어서 새끼를 낳았을 것이다. 침팬지 연구자는 이를 '출산 휴가'라고 부른다.[9]

하지만 안타깝게도 마치 이 순간을 기다렸다는 듯 무리의 알파 수컷이 갓 태어난 새끼를 낚아채 덤불로 데려가 씹어 먹기 시작했다.[10] 수컷이 새끼를 먹는 동안 다른 암수 침팬지가 주위에 모여들어 조금이라도 얻어먹으려 했다. 고기는 침팬지의 주요 식단이 아니지만, 구할 수만 있다면 지방질이 풍부한 새끼의 고기를 좋아한다. 새끼를 죽인 수컷은 어미 침팬지가 몇 년 전에 무리에 합류했을 때 두 번째 또는 세 번째 서열에 있던 개체였다. 어미가 새끼를 임신했을 때는 해당 수컷이 무리에 없었기 때문에, 그 수컷이 새끼의 아버지일 가능성은 낮았다. 이 침팬지 집단에서 기록된 45건의 영아살해 사례도 마찬가지였다.[11] 친부가 아닌 경우에만 영아살해가 일어났다.

일반적으로 영아살해를 일삼는 수컷은 다른 공동체에 속한 유전적으로 무관한 개체다. 이들은 경계가 약해진 틈을 타 습격하거나 특정 이웃 집단의 암컷과 새끼를 목표로 지속적으로 공격할 수도 있다. 이러한 행동은 잔인하게 보일 수 있지만, 본능에 기반한 것이다. 또한, 다른 영장류에서도 관찰되는 행동이기도 하다.

영장류에서 나타나는 수컷의 영아살해 행동은 새끼들에게 큰 위협이 된다. 나는 랑구르원숭이를 연구하기 전에는 이러한 행동이 진화적으로 적응적일 수 없다고 생각했다. 무리나 종의 이익에 반하는 행동이 진화할 수 없다고 믿었기 때문이다. 당시에는 높은 군집 밀도로 인한 스트레스가 랑구르 수컷의 영아살해 원인일 것이라 여겼다. 하지만 인도에서 직접 관찰해보니 나의 생각이 틀렸음을 알 수 있었다. 수컷 랑구르는 같은 무리에 있는 새끼를 공격하지 않았다. 군집 밀도와는 무관했던 것이다. 영아살해는 오직 외부 수컷 무리가 침입하여 기존 수컷들을 쫓아냈을 때만 발생했다. 이러한 침입은 평균적으로 27개월마다 일어났으며, 이때 새로운 수컷이 아기를 공격하는 장면이 관찰되었다.

당시 나는 관련 문헌을 샅샅이 뒤지며 증거를 모았고, 각 사례에서 공통된 패턴을 찾기 위해 애썼다. 2장에서 설명한 것처럼, 새끼는 새로운 수컷이 번식을 위해 접근할 때에만 공격을 받았다. 공격자는 교미하고자 하는 암컷이 데리고 다니는 젖먹이 새끼를 목표로 삼았다. 어미는 새끼가 사라지고 젖꼭지가 더 이상 자극되지 않으면 곧 배란을 재개했다.[12] 슬픔에 잠겼던 어미는 어느새 새로운 수컷을 성적으로 유혹한다. 수컷은 다른 수컷이 침입하여 자신이 쫓겨나기 전에 어미와 교미를 시도한다. 어미 입장에서는 이를 거절하기 어려운 상황이다. 이전 번식 시도가 실패로 돌아간 만큼, 이제는 살인자와 교미하거나 이번 번식 시즌을 포기하는 선택지를 마주한 셈이다. 결국,

암컷은 교미를 선택한다. 이렇게 살인자 수컷은 어미의 새끼를 희생시킴으로써 자신의 번식 성공 가능성을 높일 수 있다.[13]

성적으로 선택된 영아살해가 동물에서 여러 번 진화했다는 것은 이제 자명한 사실로 보인다. 지금까지 설치류, 육식동물, 특히 영장류에서 이를 뒷받침하는 좋은 증거들이 나오고 있다. 영아살해에는 다양한 요인이 관련되어 있다. 영장류의 경우 비정상적으로 비용이 많이 드는 아기, 즉 임신 기간이 길고 성숙이 느리며 상대적으로 젖 떼는 시기가 느린 것이 관련 요인으로 꼽힌다. 아울러 영장류 수컷에 의한 영아살해의 기원은 원시 에오세 시대, 즉 야행성에 고립된 생활을 하던 원시 영장류가 숲을 배회하던 시기로 거슬러 올라가는 것으로 추정된다. 따라서 현존하는 동물 중 우리와 가장 가까운 조상으로 야행성에 개별적으로 살며, 수컷이 영아살해를 하는 것으로 알려진 '아이아이(*Daubentonia madagascariensis*)'와 안경원숭이에 대해 살펴보자.[14]

점점 더 멸종 위기에 내몰리고 있는 이 작은 원시 유인원을 보기 위해서는 마다가스카르의 숲속으로 가야 한다. 그곳에서는 밤중에 아이아이가 나무줄기를 두드리는 소리를 들을 수 있다. 아이아이원숭이는 야행성이고 독립적인 생활을 한다. 먹이를 먹을 때는 중지의 매우 긴 손톱을 마치 딱따구리가 부리를 사용하는 것처럼 써서 나무를 뚫고는 곤충 유충을 찾아내 파먹는다. 이들은 마치 요다의 귀처럼 큰 귀로 유충의 소리를 듣고 찾아낸다. 몸무게는 3킬로그램이 채 안 나가지만, 임신 기간은 그들보다 네 배나 거대한 원숭이와 비슷하다. 출산 후에는 장기간의 수유가 이어지며, 출생 간격은 2~3년으로 길다.[15] 여기에 더해 자유롭게 이동하는 수컷들은 암컷과 접촉할 수 있는 기간이 짧을 가능성이 크다. 따라서 느린 번식 속도는 수컷에게 암컷이 다시 발정 주기를 시작하고 배란하여 임신하기까지 길어질 수 있는 기간을 단축하도록 유도한다. 즉, 암컷의 새끼를 제거함으로써 이 고독한 방랑자가 유일한 짝짓기 기회를 가질 수 있는 것이다.[16]

아주 오래전 영장류 조상 수컷은 다른 경쟁자 수컷이 자신의 새끼를 죽이지 못하도록 짝짓기 후에도 암컷 근처에 남아 짝과 새끼를 지켰을 것이다. 수컷은 새끼를 돌보기 위해서가 아니라 다른 수컷이 새끼를 죽이는 것을 막기 위해 암컷 곁에 남았을 것이다(물론 이후에 몇몇 종은 여기서 더 나아가 자신의 새끼를 돌보도록 진화했다).[17]

다른 수컷으로부터 보호하기 위하여

이번에는 르완다의 비룽가 화산 고지대에 사는 거대한 산악고릴라를 보자. 산악고릴라 새끼 사망률의 40퍼센트는 외부 수컷에 의한 영아 살해 때문이다. 출산을 한 어미는 새끼를 보호하기 위해 알파 수컷, 즉 '실버백' 근처에 모인다. 실버백은 세대에 걸친 수컷 간의 경쟁으로 인해 큰 덩치를 갖도록 진화했다. 무게가 무려 170킬로그램에 달한다. 실버백은 외부 수컷이 침입하면 목숨을 걸고 새끼를 보호한다.[18]

새끼는 어미를 본받아 실버백을 믿고 따른다. 점점 성장하고 움직임이 늘어나면서 실버백의 거대한 몸을 기어오르며 밀접한 접촉을 유지한다.[19] 어미가 없거나 사회적으로 불안정한 기간에는 수컷의 보호가 매우 중요해진다. 반세기 동안 이 집단을 추적 관찰한 영장류학자들은 두 살에서 여덟 살 사이에 어미를 잃은 59마리의 새끼 고릴라가 여전히 어미가 있는 새끼 고릴라와 동일한 생존율을 보인다는 사실을

〈그림 7.2〉   출산 후 어미 고릴라는 실버백(우두머리) 가까이에 머물기 위해 최선을 다한다. 어미의 행동을 따라 어린 고릴라들은 실버백을 믿고 따르면서 그들의 보호를 받는다. 실버백은 새끼가 자신에게 안기도록 허락하고 때로 새끼들과 놀아준다. (Lubert Stryer)

알아냈다. 이는 주로 수컷의 보살핌 덕분이었다. 처음부터 어미는 잠재적으로 도움이 되는 짝 옆에 가까이 머물면서 새끼가 이 수컷을 믿고 따르도록 하고, 수컷이 새끼를 돌볼 수 있는 환경을 마련한다〈그림 7.2〉.

수컷과 새끼의 관계는 서로 유익하다. 어미 잃은 새끼를 돌보는 수컷은 친부인 경우가 대다수다. 한 집단에 두 마리 이상의 수컷 성체가 있을 때 이 집단의 DNA 분석을 해보면, 새끼와 가장 많은 시간을 보내며 털을 골라주고 함께 휴식하는 수컷이 가장 많은 자손을 낳았다.[20]

새끼를 돌보는 것이 유익한 행동이라면, 새끼를 안전하게 지키지 못하는 고릴라 아버지는 손해를 보는 것이 당연하다. 외부 개체가 침입하여 새끼를 죽이면 실버백은 자손을 잃을 뿐만 아니라 어미와의 미래 번식 기회를 잃는다. 아이를 잃은 어미는 종종 무력한 수컷을 버리고 살해자를 따라가기 때문이다.[21] 정든 수컷을 어떻게 버릴 수 있느냐는 물음이 따라올 수 있다. 그러나 당연히 더 지배적인 수컷이 다음 아기를 더 잘 보호할 가능성이 높은 것이 사실이기에 합리적인 행동이다. 심지어 일부 고릴라 암컷은 이미 임신한 상태에서도 더 강한 수컷에게 옮겨가기도 한다. 서아프리카 저지대고릴라를 관찰한 세 번의 사례에서 수컷은 임신한 상태로 이주한 암컷을 받아주었고, 무리에 합류한 후 낳은 새끼를 죽이지 않고 용인해주었다. 암컷이 출산 전에 수컷과 함께 보낸 시간이 길수록 새끼는 더 안전했다.[22]

수컷의 장기적인 지원

영장류 수컷은 때로 위협적이고 난폭해 보일 수 있지만, 동시에 안전을 제공하는 존재이기도 하다. 함께 무리에서 생활하는 수컷은 살인자가 아니다. 이들은 먹이를 찾아다니고 쉬며, 암컷과 서로 털을 고르며 시간을 보낸다. 포식자와 맞서거나 자신의 서식지를 침범하는 이웃 무리를 방어하며 집단을 보호한다. 이러한 일반적인 보호 외에도 수컷은 새끼에게도 관심을 기울인다. 생물학자 지니 앨트먼(Jeanne Altmann)과 그 뒤를 이은 수전 앨버츠(Susan Alberts)가 50년 넘게 케냐의 암보셀리에서 연구해온 사바나 개코원숭이가 대표적인 사례다.

어미 개코원숭이는 출산을 하고 나면 과거에 짝짓기한 경험이 있는 여러 수컷, 즉 전 남자친구를 찾아 나선다. 이 예전 남자친구들은 곁에 머물면서 보호해준다. 직접 새끼를 돌보지는 않더라도 침착하게 주변에서 다른 집단 구성원이 새끼를 괴롭히거나 돌봄을 방해하는 일이 일어나지 않도록 막아준다.[23] 3장에서 설명한 인간 아버지처럼 새끼를 돌보는 개코원숭이 수컷의 테스토스테론 수치도 낮아진다.[24]

앨버츠 팀은 장기적 추적 연구를 통해 개코원숭이의 가계도를 만들고 행동을 기록해왔는데, DNA 분석기술이 발전하면서 새로운 사실을 발견하게 되었다. 74마리의 새끼 개코원숭이가 세 살이 될 때까지 유전적 아버지가 무리를 떠나지 않고 새끼와 함께한다는 것이다. 그리고 만약 어미가 죽으면 어미의 전 남자친구였던 수컷이 새끼를 돌보는 경우도 있었다. 갓 젖을 뗀 생후 6.5개월짜리 새끼가 어미를 잃고 고아가 되자 세 마리의 수컷이 새끼를 보호해주었다. 이로써 새끼는 어미가 죽은 후에도 6개월을 더 생존할 수 있었다. 그러나 그중 두 마리가 다른 무리로 이주하고, 한 마리만 남았을 때 새끼는 이틀도 지나지 않아 다른 개코원숭이에게 물려 죽었다. 어미가 죽은 고아 새끼가 성체까지 살아남은 사례는 단 두 건밖에 없었다. 그중 한 사례에서는 수컷의 헌신적인 보호 아래 건강히 자란 여덟 살짜리 수컷이었는데, DNA 검사 결과 보호자는 생물학적 아버지였음이 밝혀졌다.[25] 다른 수컷도 어미와 교미하긴 했었지만, 결국 끝까지 새끼를 지킨 것은 생물학적 아버지였다.[26]

이번 장 앞부분에서 설명한 우간다에서 잠깐 갓난 새끼를 돌본 침팬지 수컷의 사례처럼 친자 가능성이 있는 새끼를 보호하려는 수컷의 행동은 다양한 연구에서 관찰된다.[27] 이러한 사례는 짝이 다른 수컷과 무리 지어 살면서 여러 수컷과 교미하는 상황에서 아비 수컷이 어떻게 친자인지를 확인할까 하는 흥미로운 질문을 던진다.

수컷이 자신의 성생활을 추적하는 방법

내가 처음으로 랑구르 수컷은 자기 새끼가 아닌 다른 수컷의 새끼만을 공격한다고 제안하자 미심쩍어하는 사람들이 많았던 것을 기억한다. "원숭이가 6개월도 전에 일어난 일을 기억하여 친부 여부를 인식하는 것은 불가능하다"고 생각했기 때문이다.[28] 수를 셀 수 있든 그렇지 않든, 신기하게도 원숭이와 유인원 수컷은 과거의 관계를 적어놓은 일기장이라도 가지고 있는 것처럼 행동하곤 한다.

보츠와나 오카방고 삼각주 근처 모레미 보호구역의 차크마개코원숭이(*Papio ursinus*)는 이를 보여주는 대표적 사례다. 이 개체군은 수컷 간 경쟁이 특히 치열하며, 영아 사망의 76퍼센트가 수컷의 살해로 발생한다. 연구자들이 어미 암컷의 비명 소리를 녹음해 수컷들에게 들려줬을 때, 이전에 그 암컷과 짝짓기를 한 수컷은 깜짝 놀라서 주의를 기울였다. 만약 암컷의 비명이 낯선 수컷의 위협적인 소리와 함께 들리면 수컷은 더욱 격렬한 반응을 보였다. 그러나 수컷은 자신이 교미하지 않은 암컷의 비명에는 거의 신경을 쓰지 않았다. 또한, 이미 죽은 새끼의 어미가 내는 비명소리에는 전혀 미동도 하지 않았다.[29]

개코원숭이 수컷과 달리 새끼를 보호하는 행동을 보이지 않는 종에서도 과거의 짝짓기 기록이 수컷의 행동에 중요한 영향을 미칠 수 있다. 침팬지 수컷은 대부분 어미와 따로 먹이를 찾으며, 어미와의 상호작용 비율은 0.005퍼센트에 불과하다. 그러나 새끼가 태어난 후 첫 6개월 동안은 수컷이 어미 근처에 머무는 경우가 많은데, 이 수컷이 새끼의 유전적 친부일 가능성이 높다.[30] 그런데 침팬지 암컷은 여러 수컷과 교미하는 난혼 형태의 짝짓기를 한다. 이런 상황에서 수컷은 어떻게 암컷의 새끼가 자신의 유전적 후손인지 알 수 있을까? 설령 수컷이 교미한 암컷을 기억하는 놀라운 능력이 있더라도, 그날 그 암컷이 실제로 가임기였는지까지 파악할 수 있을까?

부성 혼란 짝짓기 전략

암컷 포유류 대부분은 배란 시기, 즉 '발정기' 때만 수컷과 짝짓기를 하려고 한다. 이 시기에는 성적 충동이 급증하고 짝짓기 의지가 눈에 띄게 증가한다. 침팬지와 개코원숭이 같은 영장류에서는 항문-생식기 부위가 커다랗고 액체로 가득 찬 분홍빛으로 팽창하면서 가임기를 알린다. 이는 다윈의 성선택 이론과 완벽히 일치한다. 암컷이 자신의 생식 가능성을 알리면 수컷 간 경쟁이 촉발되어 가장 강력하거나 지배적인 수컷과 새끼를 낳을 가능성이 높아지기 때문이다. 예를 들어 침팬지나 개코원숭이 사이에서는 서열이 높은 수컷이 배란 중인 암컷에 우선 접근할 권리를 독점한다. 따라서 암컷은 상위 서열 수컷의 정자를 받을 확률이 증가한다. 이는 일부 영장류 암컷이 발정 초기와 말기에는 여러 수컷과 교미하지만, 배란이 가까워지면 까다롭고 '선별적으로' 교미하는 이유를 설명해준다.[31]

암컷의 '선택' 행동이 단순히 최고의 유전자를 가진 수컷을 골라 자손을 번식하려는 것만은 아니다. 침팬지처럼 부푼 성기를 드러내 구애하는 종이든, 랑구르처럼 은밀하게 교미를 바라는 종이든, 모두

한 가지 공통된 특징을 보인다. 바로 임신한 상태에서도 교미를 요청한다는 점이다. 이는 단순히 암컷이 '최상의' 유전자를 가진 수컷을 선택하는 것 이상의 무언가가 있음을 보여준다. '성선택'이 수컷의 영아살해와 같은 생식 전략을 진화시켰다면, 암컷 또한 이에 맞서는 자신의 전략을 발전시킨 것이다.

단검 같은 송곳니로 무장한 덩치 큰 수컷들이 어미와 새끼를 매일같이 위협할 수 있는 상황에서 여러 잠재적 수컷에게 친부 가능성을 분산시킬 수 있는 암컷이 한 마리의 수컷하고만 교미한 암컷보다 새끼를 더 잘 보호할 수 있다. 일본원숭이가 그 좋은 예다. 수컷이 자신과 교미하지 않은 암컷의 새끼를 공격할 확률이 8배 더 높다.[32] 따라서 배란에 가까워진 암컷 침팬지가 엉덩이에 크고 선홍색으로 부풀어 오른 부위를 드러내며 여러 수컷에게 적극적으로 구애하는 것은 당연지사이다. 암컷은 이 붓기가 가라앉기 전까지 백 번 이상 교미할 수 있다. 침팬지 암컷은 일평생 많아야 다섯 마리 정도 새끼를 낳지만, 생애 동안 수십 마리의 수컷과 교미하고, 평균적으로 대략 6,000번의 교미를 한다.[33]

영장류 전체를 살펴보면, 다수의 수컷과 교미하려는 동기가 가장 강한 암컷은 영아살해에 가장 취약한 종에 속하는 것으로 드러났다.[34] 다수의 수컷과 교미하는 암컷이 있는 종은 약 62퍼센트에 이르지만, 영아살해가 보고되지 않은 종에서는 그 비율이 단 9퍼센트로 떨어진다.[35] 영아살해의 위험은 암컷이 다수의 수컷에게 짝짓기를 요청하도록 압박할 뿐 아니라 언제 그리고 얼마나 오랫동안 이를 요청할지에도 영향을 미친다. 비록 발정기는 배란기에 절정에 달하는 것이 일반적이나 주변에 수컷이 많을 경우 이 시기를 연장할 수 있다. 이때 암컷은 배란 전후에도 수컷들을 초대해 교미를 시도하며, 새로운 수컷이 나타날 경우 배란 중이 아니더라도 발정 신호를 보낼 수 있다.[36] 창조주가 성적 활동을 번식에만 제한하려 했다고 믿은 성 아우구스티누스와 같은 사람들의 생각과 달리 영장류 암컷들은 자신만의 생존 전략을 따른다.

동물행동학자들이 성 아우구스티누스가 익숙했던 가축에서 벗어나 야생 영장류를 연구하기 시작하면서 번식을 위한 목적이 아닌 성적 구애 행동이 생물계 전반에서, 특히 영장류 사이에서 매우 흔하다는 사실이 밝혀졌다.[37] 이 행동의 주요한 원인은 새로운, 즉 잠재적으로 영아살해 위험이 있는 수컷의 등장이다. 번식과 관련 없는 성행위는 부성 혼란(즉, 누가 친부인지에 대한 혼란)을 증가시키며, 또한 수컷들 간의 경쟁은 교미가 끝난 후에도 계속된다. 암컷의 생식기관에 쌓인 여러 수컷의 정자들이 난자를 둘러싼 투명대(zona pellucida)*에 가장 먼저 도달하기 위해 경쟁하는 것이다. 이런 이유로 침팬지를 비롯해 여러 수컷과 교미하는 종의 수컷들은 큰 고환을 가지게 되었는데, 이는 강력한 정자를 대량으로 생산해내기 위한 '공장'과도 같다.[38]

수컷의 신중함

과거 영장류 학자들은 수컷의 교미 횟수를 '번식 성공'과 동일시했

• 투명대는 포유동물의 난자를 둘러싼 투명한 무세포질 층이다. 난자에 정자가 결합할 수 있도록 하고, 난모세포를 보호하는 역할을 하는 등 번식에 중요한 역할을 한다.

다. 하지만 이제 DNA 분석과 장기적 연구 기록을 활용할 수 있게 되면서 보다 현실적으로 접근하고 있다. 수컷의 정자가 아무리 많이 방출되고 암컷의 생식기에 자주 전달된다 하더라도, 실제로 자손을 남길 기회는 제한적이다. 그 자손이 무사히 성장하여 유전자를 전할 가능성은 더욱 제한적이다. 높은 서열에 오르거나 자신만의 '하렘'을 차지한 가장 성공적인 수컷조차도 그 지위를 오래 유지하는 경우는 드물다.

한편, 무리 내 암컷은 대부분 임신 중이거나 수유 중인 경우가 많고, 생식 가능한 시기에도 외부 수컷과 은밀히 교미해 부성을 혼란스럽게 만든다. 수컷은 자손을 남길 수 있는 기회가 한정되어 있고, 자손의 수가 제한적이기 때문에 자신의 자식일 가능성이 있는 아기에게는 해를 끼치지 않는 것이 현명하다. 이것이 수컷이 위험에 처한 아기를 발견했을 때 '해밀턴의 법칙'을 따르는 것이 유리한 이유다. 개입에 큰 비용이 들지 않는 한 수컷은 새끼를 구하는 것이 이득일 때가 많다. 진화학자 윌리엄 해밀턴이 제시한 공식에 따르면, 도움의 비용이 도움을 받는 개체의 이익과 유전적 근연도를 곱한 값을 초과하지 않는 한 수컷은 돕는 쪽을 선택해야 한다.[39] 이 계산에 따르면 수컷이 유전자를 공유할 가능성이 클수록 더 많은 에너지를 쓸 수 있다. 즉, 유전적 근연도가 클수록 더 큰 위험을 감수해야 한다. 오직 한 암컷과 짝짓기를 하는 올빼미원숭이 수컷은 암컷의 충실함에 자신감을 가질 수 있어 새끼를 최우선으로 돌보겠지만, 암컷이 여러 수컷과 짝짓기하는 경우라면 그만큼의 에너지를 쓰지 않을 것이다. 그러나 어떤 경우이든 비인간 영장류 수컷은 자신의 새끼일 가능성이 있는 새끼에게 해를 끼치지 않아야 한다.

무리를 지어 생활하는 영장류 수컷이 새끼들 주위에 있는 경우가 잦다는 것을 고려할 때, 수컷에게는 친자를 알아보는 특별한 인지 편향이 있었을 것이다. 영장류는 수백만 년 동안 높은 사회성을 지닌 존재로 살아오면서 관계를 추적할 수 있는 인지 편향을 진화시켰다. 원숭이와 유인원은 보통 누가 서열이 높고 낮은지, 서열이 어떻게 변화하고 있는지, 자신의 어머니가 누구인지, 그리고 종종 다른 누군가의 어머니가 누구인지도 알고 있다.[40] 모계 형제자매를 알아보는 방법은 간단하다. 엄마인 암컷을 주시하기만 하면 된다. 그러나 부계 계통을 통해 친족 관계를 파악하는 것은 훨씬 더 복잡한 문제다.[41] 이 때문에 수컷은 자신의 새끼일 가능성이 있는 아기에게 도움을 주려는 경향이 있지만, 확신할 수 없는 경우에도 배척하지 않고 신중하게 행동하는 방향으로 진화해왔다. 이는 영장류 수컷이 때로 유전적으로 관련이 없는 새끼에게도 도움을 주는 이유를 설명해준다. 영장류에서 부성 확신은 언제나 100퍼센트 보장될 수 없기 때문에 대부분의 수컷 영장류는 자기 새끼일 가능성을 배제하지 않고 보수적으로 행동하는 본능을 지니고 있다. 이어지는 장에서는 문화적 규범과 인간 남성의 명예에 대한 높은 관심이 이러한 계산에 새로운 차원을 더해, 자신의 자식이 아닐 수도 있는 자식에게까지 도움을 주는 경향을 어떻게 강화하는지 설명할 것이다.

많은 영장류 암컷이 여러 수컷과 관계를 유지하려고 하는 이유는 이들에게 도움받을 수 있는 환경을 마련하려는 의도일 것이다. 이들 수컷이 어느 날 어린 새끼나 거의 젖을 뗀 새끼를 도울지도 모른다. 침팬지의 경우에는 암컷의 친아들이나 이전 짝이 이렇게 도우는 경우가 많다.⁴² 물론 항상 그런 것은 아니다. 때로는 비용이 거의 들지 않는 소소한 도움을 주는 무작위적 행동이 나타나기도 한다. 예를 들어, 영장류학자인 질 프루츠(Jill Pruetz)는 세네갈의 퐁골리 근처에서 침팬지를 관찰할 때, 열 살 난 수컷 침팬지가 다친 아기를 어미에게 데려다 주는 장면을 목격했다. 이는 특별히 큰 희생이 따르는 행동은 아니었지만, 순전히 호의에서 나온 행동처럼 보였다는 점에서 의미가 있었다.⁴³ 또 어떤 사례에서는 수컷 침팬지가 도움이 필요한 새끼를 위해 더 적극적으로 나서서 돕는 경우도 있었다.

수컷의 입양

암컷 침팬지는 번식을 위해 집단을 이동하는 경향을 보인다. 서아프리카의 타이 국립공원(Taï National Park)에 사는 암컷 침팬지도 번식을 위해 다른 집단으로 이동한다. 이곳은 암컷이 출산할 때 손위 형제자매나 다른 모계 친족이 주변에 있을 가능성이 적은 편이다. 포식, 밀렵, 질병으로 인한 높은 사망률 때문이다. 어린 침팬지가 독립하기 전에 어미를 잃을 경우 새끼는 큰 위험에 처한다. 그러나 잔인하기로 유명한 침팬지 수컷은 또 의외의 모습을 보이기도 한다. 놀랍게도 온순함보다는 폭력적인 성향이 더 강한 침팬지 수컷이 종종 고아를 입양한다는 사실이 밝혀진 것이다. 연구에 따르면 27건 중 59퍼센트의 사례에서 어미를 잃은 고아는 성체 수컷에 의해 입양되었다.⁴⁴

연구자들 사이에서 '프레디'로 통했던 수컷의 사례를 소개한다. 프레디는 어미를 잃은 2~5세 사이의 침팬지 새끼 7마리를 모두 입양했다. 한창 때 프레디는 집단 내 서열 2위의 수컷이었지만, 시간이 지나면서 순위에서 밀려나 수컷 계층의 최하위로 떨어졌다. 프레디는 번식 기회가 줄고 테스토스테론 수치가 떨어지면서 돌봄이 필요한 어린 침팬지를 특별한 애정으로 보살폈다.[45] 어떤 새끼는 어디를 가든 항상 프레디가 살포시 안고 데리고 다녔다. 프레디는 심지어 음식을 나눠 먹기도 했는데, 이는 어미가 아니고서야 하기 힘들 법한 행동이었다.[46] 몇 달 후, 다른 침팬지와 마찰을 빚으면서 프레디가 부상을 당한 후 그 새끼는 사라졌다.[47]

DNA 분석 결과 프레디는 자신이 애지중지 보살펴준 고아 침팬지의 아버지가 아닐 가능성이 높았다. 프레디는 삼촌일 수도 있고, 어미와 이전에 어떤 관계를 가졌을 수도 있다. 나이가 들면서 동료에 대해 더 온화하거나 이타적으로 변했을 수도 있다.[48] 또는 영장류학자 리란 새무니(Liran Samuni)가 말한 것처럼, 프레디는 '매우 독특한 개

〈그림 7.3〉 리란 새무니는 프레디가 마흔이 넘었을 때 이 사진을 찍었다. 사진에는 프레디가 어미를 잃은 암컷 새끼에게 키스하는 장면이 담겨 있다. 프레디는 새끼에게 아프리카 호두(coula)를 깨는 방법을 1시간 반 넘게 가르쳤다. 그리고 견과를 깨서 새끼에게 맛있는 알맹이를 먹여주었다. (Liran Samuni)

7 영장류 수컷의 돌봄 **199**

체'였을 수도 있다(〈그림 7.3〉).⁴⁹

소품으로서의 새끼

수컷은 혈연관계가 있을 가능성이 높은 새끼를 보살피려는 경향이 있지만, 꼭 친부가 아니더라도 새끼를 돌보는 경우가 있다. 바르바리마카크(Macaca sylvanus), 짧은꼬리마카크(Macaca arctoides), 티베트마카크(Macaca thibetana), 아삼마카크(Macaca assamensis) 등 수컷이 무리 내에서 공존하는 종에서는 한 수컷이 지위가 더 높은 수컷에게 위협을 받을 때 새끼를 붙잡고 세 다리로 달아나는 모습을 볼 수 있다. 이때 아기는 울부짖으며 몸부림치는데, 수컷은 아기를 '인질'처럼 안고 자신의 적이 아기를 해치는 것을 주저하게 만든다.⁵⁰ 이처럼 아기를 '갈등 완화용 완충제'로 사용하는 방법은 상대 수컷이 아기의 아버지일 가능성이 있을 때 특히 효과적이다.⁵¹

또 어떤 경우에는 새끼가 단합의 구심점이 되기도 한다. 티베트마카크 수컷은 가끔 새끼를 내밀며 근처의 수컷에게 다가가는데, 이것은 공통의 관심사를 공유하고자 하는 행동으로 보인다. 이를 두고 연구자들은 둘 사이에 '다리를 놓는 것'이라 표현한다(〈그림 7.4〉).⁵² 수컷은 잠재적으로 유용한 동맹을 형성함으로써 이익을 얻을 뿐만 아니라 건강에도 좋은 부수적 효과도 얻는다. 우정은 글루코코르티코이드(glucocorticoid)• 분비를 감소시킨다. 이는 스트레스 수준을 낮춘다는

• 글루코코르티코이드는 부신피질에서 합성분비되는 스테로이드 호르몬이다. 위험한 상황, 적의 위협 등에 의해 발생하는 스트레스에 반응하여 분비된다.

〈그림 7.4〉 티베트마카크 수컷 두 마리가 함께 새끼를 안고 있으면서 이빨을 맞추고 광기 어린 표정을 짓는 '다리 놓기'는 얼핏 보기에 우려스러울 수 있지만, 사실은 긴장을 완화시키는 역할을 한다. 이러한 의식적 연대 행위에서 새끼는 해를 입지 않지만, 분명히 이 상황을 즐기지는 않는 것 같다. (Carol Berman / Consuel Ionica)

것을 의미한다. 인간과 비인간 영장류 모두에서 사회적 연결성, 건강, 그리고 시간이 지남에 따라 장수와의 상관관계를 강조하는 연구가 점점 더 많아지고 있다.[53]

수컷 돌봄이 필요한 환경

새끼를 향한 수컷의 행동은 새끼를 쫓아다니며 죽이는 것부터 무관심하게 지내는 것, 그리고 적극적으로 돌보는 것까지 다양하다. 친부일 가능성에 따라 행동이 달라지며, 친부일 가능성이 있거나 실제 친부인 경우 낯선 수컷과 포식자를 막아주는 보디가드 역할을 한다. 상황이 악화되면 수컷은 위험에 처한 새끼를 도와줄 수 있다. 또, 단순한 보호 이상을 필요로 하는 서식지에서 일부 어미는 수컷 '친구'에게 새끼를 돌보도록 맡긴다. 바르바리마카크 원숭이의 '새끼 공유' 관행을 살펴보자.

겨울이 다가오고 눈이 내려 모로코의 아틀라스 산맥을 뒤덮으면, 바르바리마카크 어미 입장에서 새끼를 따뜻하고 안전하게 지키면서 먹이를 찾는 유일한 방법은 수컷이 새끼를 지키는 것이다. 그리고 놀랍게도 수컷은 이에 응한다. 왜냐하면 이전 번식 시즌 동안 이 어미는 주변의 모든 수컷과 교미하여 각각의 수컷이 어느 정도 친부일 가능성을 가지게 했기 때문이다.[54] 수컷은 새끼를 꼭 끌어안아 체온을 유지시키며 돌보는데, 번식기 동안 높아졌던 안드로젠(Androgen)* 수치가 돌봄 과정에서 떨어지기 시작한다.[55] 돌봄의 감정이 우위를 점하게 되는 것이다.

티베트 남동부의 침엽수와 상록수 숲 고지대에는 아름다운 들창코원숭이(*Rhinopithecus bieti*)가 서식한다. 해발 4,250미터 고도의 추위에 적응한 들창코원숭이는 바위에서 지의류를 긁어 먹으며 살아간다. 눈이 내리기 전이라 아직 푸른 잎을 구할 수 있을 때에는 랑구르나 다른 콜로부스원숭이처럼 암컷 간에 새끼를 돌보는 협력 양육이 이루

• 안드로젠은 남성호르몬으로 불리기도 한다. 수컷의 성호르몬 작용을 하는 스테로이드 호르몬을 포괄하는 용어이다. 테스토스테론, 안드로스테론, 디히드로에피안드로스테론 등 여러 물질을 포함한다.

어진다. 하지만 상황이 악화되면 수컷도 손을 보탠다. 수컷은 낮 동안 약 17퍼센트의 시간을 새끼를 돌보는 데 쓴다.[56] 이처럼 극한 상황에서는 평소 무관심한 수컷들도 양육 본능이 자극될 수 있다. 어미와 교미한 적이 있는 '잠재적' 아버지라면 더욱 그렇다. 그렇다면 암컷이 여러 수컷과 교미하는 종은 어떤 단서를 통해 자기 자식인지 여부를 알 수 있을까? 어미는 어떻게 수컷을 끌어들여 보호자로 만들 수 있을까?

마모셋의 자상한 아빠 만들기

암컷 영장류는 수컷이 친자 여부를 평가할 때 사용하는 단서를 조작함으로써 다음 세대 아기의 생존 가능성을 높인다. 부성 확실성을 혼란스럽게 하면 수컷은 자기 새끼일 가능성이 있기 때문에 새끼를 마음대로 죽이지 못할 것이다. 동물행동학자는 여러 수컷과 교미하는 암컷을 종종 '난잡하다(promiscuous)'고 표현하지만, 내가 볼 때 그들의 행동은 '극도로 모성적'이다. 다수의 수컷과 교미하는 것은 수컷이 자신의 새끼를 죽이지 않도록 막는 방법이며, 수컷이 자신의 새끼가 아닐 가능성이 있는 새끼를 돌보도록 유도하는 기능을 한다. 새끼를 돌보는 데 손이 더 필요해지면, 어미는 근처에 있는 수컷이 새끼의 '신비한 힘'에 더 많이 노출되도록 만들어 수컷의 양육 행동을 유도한다. 이렇게 해서 친부일 가능성이 있는 수컷이 새끼를 직접 돌보고 양육하는 단계로 나아가게 할 수 있다. 영장류 중에서는 비단원숭이과(Callitrichida)에 속하는 마모셋과 타마린이 대표적으로 이런 행동을 보인다.

마모셋과 타마린은 보통 한 번에 하나의 짝과 교미한다. 따라서 어미는 특정 수컷과 긴밀한 유대를 형성한다. 그러나 종종 다른 수컷과 교미하기도 한다. 이로써 암컷과 교미한 수컷 모두가 새끼를 양육할 때 도움을 준다. 심지어 어미와 교미한 적이 없는 신참자도 도와줄 수 있다.[57] 암컷은 뚜렷한 발정 신호 없이 언제나 성적으로 수용적인 상태를 유지하며 수컷을 유혹한다. 짝 결속 형성 초기와 이별 후에 성적 충동이 급증하는데, 놀랍게도 암컷은 임신 후에도 계속해서 교미한다.[58] 오히려 임신 초기에는 암컷의 파트너 유혹 횟수가 증가한다. 또, 여러 짝과 자유롭게 짝짓기 하는 것 외에도 다른 전략이 있다. 출산 후 며칠 이내에 어미는 다시 배란을 하는데, 이를 '출산 후 발정'이라고 한다.[59] 인간도 배란을 숨기고, 지속적인 성적 수용성이 나타나며, 임신 초기에 성욕이 증가하는 특징이 나타난다는 점에서 비슷하다.[60]

마모셋이나 타마린 암컷은 출산 후 며칠 내로 곧바로 다시 배란하기 때문에 수컷은 암컷 곁에 머무르는 것이 유리하다. 그렇지 않으면 기회를 놓칠 위험이 있기 때문이다. 만약 새로운 수컷이 등장하더라도 출산 후 발정은 그 수컷이 아기를 죽일 가능성을 낮춘다. 이는 어미가 곧 배란할 것이며, 젖을 먹이는 중이라도 번식 기회가 열려 있음을 시사하기 때문이다. 다수의 수컷과 교미하는 것 그리고 출산 후 발정기가 진화해 영아살해의 이점을 줄이는 것이 먼저였는지, 아니면 수컷이 돌봄에 동기를 가지게 된 것이 먼저였는지는 아직 확실하지 않다. 내 생각에는 암컷의 영아살해 방지 전략이 먼저 진화하여 이후 수컷의 돌봄 행동이 발달할 기반을 마련했을 가능성이 크다.[61]

마모셋 어미가 출산을 시작하면, 짝이 곁에 가까이 머물며 보살핀다. 보통 쌍둥이, 때로는 세쌍둥이 새끼들이 차례로 태어나는데, 수컷은 주변의 다른 마모셋들과 함께 새끼에게서 나오는 매혹적인 페로몬에 반응해 옥시토신으로 충만해진다.[62] 그러나 이는 일반적인 옥시토신이 아니다. 앞서 언급한 것처럼 신세계원숭이에는 특별한 옥시토신 변이와 그에 맞는 특수 옥시토신 수용체가 진화했다. 일부 옥시토신 변이는 친사회적 효과가 매우 강력해서 수컷 쥐 코에 투여했을 때에도 돌봄 본능이 강화될 정도다.[63] 마모셋 수컷이 탯줄을 물어 끊거나 태반을 먹고 어미와 함께 양수(羊水)를 핥으며 출산을 돕는 경우, 이 '수컷 산파'는 돌봄 본능을 촉진하는 추가적인 스테로이드를 공급받게 된다.[64]

이런 이유로 마모셋은 일반적으로 친부일 가능성이 높은 수컷이 새끼가 태어난 첫날부터 쌍둥이들을 돌보기 시작하며, 이후로도 약 절반의 시간을 함께 보낸다. 짝 수컷만 아니라 형제자매와 다른 수컷들도 육아를 도와주며, 새끼가 젖을 먹을 시간이 되면 어미에게 돌려준다. 약 5~10주가 지나면 어미가 젖을 떼기 위해 아기를 밀어내는데 이때 아버지는 고형식을 아기에게 주면서 길들이기 시작한다. 황금사자타마린(Leontopithecus rosalia)의 경우 새끼가 젖을 뗄 때쯤 식단의 약 90퍼센트를 어미가 아닌 다른 양육자(주로 수컷)가 제공한다.[65] 수컷의 옥시토신 수치가 높을수록 이유 시기의 새끼에게 더 많은 음식을 제공한다는 연구 결과는 수컷의 코에 옥시토신을 뿌렸을 때 음식을 더 풍부하게 제공한다는 실험 결과와 일치한다.[66] 그 결과 가장 적극적인 아빠를 둔 새끼들은 더 잘 먹고 몸무게도 더 많이 나가며, 이유 후 생

존율이 더 높다.[67]

수유를 돕는 비단원숭이과 수컷은 아직 경험이 부족하지만 식욕은 왕성한 새끼에게 무엇을 먹을지, 먹이를 어떻게 얻을지를 가르치는 데 중요한 역할을 한다. 브라질의 황금사자타마린은 과일과 씨앗을 채집하고 곤충, 어린 새, 그리고 다른 여러 나무살이 척추동물을 사냥한다. 수컷 양육자는 새끼를 위해 단단한 과일을 깨주거나 먹기 좋은 먹이를 잡아준다. 마치 '맛있는 개구리야, 한번 먹어 봐'라고 말하는 듯하다.[68] 수컷은 심지어 먹이를 잡고 제압하는 방법을 시범 보이고, 새끼가 사냥할 수 있는 나이가 되면 먹이 위치를 알려주는 특별한 소리를 내어 '먹이 호출'을 한다. 호출 후 수컷은 새끼가 먹이를 찾을 때까지 기다린다. 영장류학자 리사 라파포트(Lisa Rapaport)는 이것이 인간 사회에서 보이는 '교육'과 같다고 이야기한다(〈그림 7.5〉).[69]

수컷은 새끼에게 먹을 것을 주거나 스스로 먹이를 찾는 법을 배우도록 하여 새끼가 일찍 젖을 뗄 수 있도록 돕는다. 덕분에 어미는 먹이를 찾아먹을 여유가 생기고, 다음 임신을 빠르게 준비할 수 있다.

〈그림 7.5〉 왼쪽 상단 구석을 보면 황금사자타마린 수컷이 쌍둥이 중 하나를 알파 암컷인 어미에게 돌려보내 젖을 먹을 수 있게 한다. 한편, 다른 수컷은 배고픈 새끼에게 줄 작은 먹이를 사냥하고 있다. (펜과 잉크로 그림, 작가 세라 랜드리(Sarah Landry)가 저자에게 선물한 것)

어미는 자기 몸무게의 20퍼센트에 달하는 새끼를 한 번에 두 마리에서 세 마리씩, 1년에 두 번 낳는 놀라운 번식 속도를 유지할 수 있다. 수컷이 양육을 돕지 않았다면 불가능한 번식 속도다. 이러한 협력적 번식은 새로운 서식지의 낯선 먹이원이나 예측할 수 없는 혹독한 환경 조건에도 새끼가 굶주리지 않도록 한다. 이때 다양한 양육 제공자가 있는 것이 특히 유리하다. 게다가 어떤 이유로 상황이 나빠져 지역 내 개체수가 줄어들더라도 다른 양육자의 지원 덕분에 빠른 번식 속도를 유지하여 개체수가 빠르게 회복될 수 있다. 이를 통해 마모셋을 포함한 비단원숭이과는 중앙아메리카와 남아메리카 전역으로 퍼져 나가고 다양화될 수 있었다.

착한 이웃 만들기

마모셋이 속한 비단원숭이과는 다양한 환경에 적응하며 서식지를 옮겨 다닌다. 따라서 수컷과 암컷 모두 번식 기회를 찾아 새로운 무리로 이동할 수 있다. 수컷도 양육을 돕기 때문에 새로운 집단에서는 이주해오는 수컷을 마다하지 않는다. 때로는 형제 두 마리가 함께 이주하기도 한다.[70] 암컷이 성적 호의를 자유롭게 제공하고, 성적 선택이 수컷 간의 직접적인 싸움보다는 정자 간 경쟁에서 작용하기 때문에 마모셋 수컷의 경우 싸움 능력보다는 고환 크기가 더 중요해진다. 이는 마모셋의 거대한 고환을 설명한다. 그러나 암컷이 다른 수컷과 짝짓기 하는 것에 집착하지 않는 더 큰 이유가 있다. 한 마리 이상의 수컷이 동일한 새끼의 아버지가 될 수 있기 때문이다.

수천만 년에 걸쳐 진화한 일처다부 짝짓기 시스템은 한배 내에 다른 유전자를 가진 새끼를 잉태하고 낳을 수 있도록 진화시켰다. 땅다람쥐, 프레리도그, 난쟁이몽구스, 사자, 들개 등 다양한 포유류에게 발견되는 특징이다. 비단원숭이과도 마찬가지다. 한배 새끼들이 서로 다른 수컷에 의해 수정될 수 있는 것이다. 이로써 각 수컷은 새끼들을 돌봐야 할 동기를 가진다. 이것이 가능하기 위해서는 암컷에게 아주 특별한 태반이 필요하다.

비단원숭이과의 태반 내 융합은 쌍둥이 및 세쌍둥이 사이에서 세포가 이동하는 독특한 혈관 네트워크를 생성한다. 그 결과 동일한 개체에서 발견되는 모발, 피부, 근육 및 기타 신체 조직의 체세포는 서로 다른 수컷으로부터 유래할 수 있다. 유전적으로 복합적인 이러한 형태의 새끼는 그리스 신화에 나오는 사자, 염소, 뱀 신체의 일부로 이루어진 키메라(Chimeras)의 이름을 따서 '키메라'라고 불린다. 2007년에는 생식세포까지 키메라 형태를 가진 최초의 포유류로 비트마모셋(*Callithrix kuhlii*)이 보고된 바 있다.[71] 이처럼 환상적으로 '뒤엉킨 족보'를 발견한 영장류학자 제프리 프렌치(Jeffrey French)는 "브라질 동부 숲에서 사는 수컷 마모셋의 정자에서 발견되는 대립유전자는 그 수컷의 쌍둥이와 부모로부터 모두 유래한다"라며 놀라움을 표했다.[72]

쌍둥이가 자식 관계에 있는 동시에 조카나 조카딸의 관계에 있음을 생각하면 수컷 마모셋이 너그럽게 대하는 것이 그리 놀랄 일은 아니다. 정말 놀라운 점은 "아버지 이상의 존재"들이 키메라인 새끼와 키메라가 아닌 새끼를 구별한다는 것이다. 수컷은 키메라인 새끼에게 더욱 신경 쓰며, 두 배 더 오래 안아준다.[73] 이 수컷의 선호를 알고 있는 듯, 어미들은 키메라 새끼들을 덜 돌보며, 마치 오래된 협력 게임에서 전략을 세우듯 '이건 그냥 아빠들 중 하나에게 맡기자'라는 식으로 행동한다.

양육이라는 험난한 임무를 준비하고, 어쩌면 자신의 헌신을 짝에게 보여주기 위해 수컷은 미리 몸을 불리기 시작한다. 암컷 마모셋이 임신했다는 첫 번째 신호는 짝 수컷이 체중을 늘리기 시작하는 것이다.[74] 왜냐하면 수컷은 새끼를 데리고 다니는 약 3주 동안 최대 11퍼센트의 몸무게가 빠지기 때문이다.[75] 건강은 잃지만 충분히 그렇게 할 가치가 있다. 수컷이 도울수록 자신의 유전자를 가진 자손의 생존 가능성이 높아지기 때문이다.[76]

암컷과 수컷은 자신의 이익을 위해 줄다리기를 하지만, 서로를 위해 가진 것을 나누기도 한다. 영장류학자 폴 가버(Paul Garber)는 협동적으로 번식하는 야생 타마린에게서 보이는 유례없는 높은 수준의 협력과 먹이 나눔을 "하나를 위한 모두, 모두를 위한 하나"라는 말로 요약했다.[77] 그러나 수컷 돌봄에 의존하는 암컷에게는 어두운 면도 있다. 일반적인 영장류 사례와는 반대로, 양육 돌봄을 수컷이 지원해주고 암컷이 의존하는 구조이기 때문에 암컷이 새끼를 죽일 수 있다. 다른 마모셋 또는 타마린 암컷이 출산했을 때나 심지어 자신의 딸이 임신하고 출산하는 경우, 나아가 자신이 임신한 경우에도 알파 마모셋이나 타마린 암컷은 그 새끼를 죽일 수 있다('보모를 나눌 순 없어!'라는 식으로 말이다).[78]

마치 이러한 위협을 인지한 듯, 서열이 낮은 개체는 스스로 배란을 억제하는 경향이 있으며, 알파 암컷이 존재하는 한 거의 임신하지 않는다. 한편, 알파 암컷이 키울 수 있는 것보다 더 많은 새끼를 낳거나 수컷 도우미 중 일부가 도움을 주겠다는 신호를 보내지 않을 경우, 어미는 스스로 새끼를 포기해 버린다. 잔혹하게도 이때 어미는 새끼들을 밀어 나무에서 떨어뜨린다. 비인간 영장류 어미(특히 경험이 많은 어미)에서 전형적으로 나타나는 '무조건적' 헌신과는 현저하게 다른 모습으로, 심지어 짝짓기 경험이 있는 마모셋과 타마린 원숭이 어미도 자신의 새끼를 죽일 수 있다. 특히 수컷의 도움이 부족할 때 그런 일이 벌어진다. 때로는 말 그대로 머리를 물어뜯어버리기도 한다.[79]

그럼에도 비단원숭이과 어미는 수컷이 계속 양육에 참여하도록 하고 새끼의 생존율을 높이는 놀라운 적응 전략을 진화시켜 왔다. 다수의 수컷과 교미하는 전략 덕분에 한 마리의 새끼가 여러 수컷의 자손일 가능성이 존재할 뿐만 아니라, '키메라' 개체라는 특이한 현상이 나타나면서 실제로도 한 마리의 새끼가 여러 아버지를 가질 수 있다. 이런 환경에서는 마모셋과 타마린 수컷이 더 이상 새끼를 죽이지 않는 것이 당연하다. 그러기에는 위험이 너무 크기 때문이다.[80] 한편, 수컷의 도움으로 암컷은 새끼를 희생하지 않고도 더 빨리 번식할 수 있으며, 짝짓기가 자유롭게 이루어지기 때문에 수컷 간의 경쟁이 약화된다. 정리하면, 이러한 모든 적응은 새끼가 성장할 수 있는 더 안전한 환경을 만드는 데 기여한다.

시간이 흐르면서 관대하고 양육에 도움이 되는 수컷을 선호하는 '사회적 선택'이 공격적인 수컷을 선호하는 '성선택'보다 더 큰 비중을 차지한 것으로 보인다. 이는 마치 진화적으로 특이한 기회 영역이 생성된 것과 같은데, 이 영역에서 오랫동안 잠재되어 있던 신경회로가 활성화되어 수컷 돌봄이 나타날 기회가 생겼고, 그 결과 모든 포유류 중에서 가장 협력적이고 친사회적 수컷 중 일부가 탄생했으며, 새끼(아마도 수컷 자신의 새끼일 것이다)가 성장할 수 있는 안전한 환경이 조성되었다.

최근 스웨덴의 진화 이론가인 시그룬 엘리아센(Sigrunn Eliassen)과 크리스티안 요르겐센(Christian Jørgensen)은 이러한 "더 좋은 이웃(nicer neighborhoods)"이 어떻게 "이웃과 짝짓기를 하는 암컷이 수컷을 공공선에 협력하도록 이끄는" 인구 집단을 만들어낼 수 있는지를 모델링하기 시작했다.[81] 이 책 10장에서는 이들의 이론을 검토하면서 우리 아이들의 복지에 도움이 되는 더 안전하고 조화로운 지역을 만들기 위한 대안적인 길을 모색한다.

호모속이 신세계원숭이와 마지막으로 공통 조상을 공유한 이후로 약 3,500만 년이 지났다. 그 이후 마모셋과 타마린은 협력적 번식을 진화시켜 왔으며, 수백만 년 동안 산후 발정, 새로운 옥시토신 변종, 키메라 자손과 함께 아비가 여럿인 새끼, 그리고 헌신적으로 새끼를 돌보는 수컷의 진화에 도움이 되는 여러 특성을 진화시킬 수 있었다. 반면, 호미닌 계열의 유인원은 협력적으로 번식한 역사가 길지 않았다. 대자연이 호미닌 계통의 유인원에게 준 것은 키메라 새끼를 낳는 특수 태반이 아니라, 암컷 영장류에 특징적으로 나타나는 '유연하고 반(半)지속적인' 성적 수용성뿐이었다. 이로 인해 영장류에서 진화한 수컷은 친자 관계를 확신하기가 어려웠다. 그런데도 유인원 중 한 종은 적어도 어느 정도는 더 나은 이웃 환경을 구축해냈다.

이제 이기적이고 폭력적인 성향을 가진 침팬지의 자매 종으로 '싸움이 아니라 사랑'을 추구하는 종에 대해 이야기할 때이다. 바로 인

류와 가장 가까운 유인원인 보노보(*Pan paniscus*) 말이다.[82]

보노보의 성적 행동과 '착한 이웃'

보노보로 이어지는 유인원 계통은 침팬지로 이어지는 계통에서 약 1백만에서 2백만 년 전쯤 분리되었다. 오늘날 이 두 종은 유전적으로 차이가 크지 않지만, 행동과 성격은 매우 다르다. 우선, 수컷은 다른 수컷이나 새끼에게 훨씬 더 관용적이다.[83] 이러한 차이가 언제 어떻게 생겨났는지는 정확히 알 수 없지만, 침팬지와 다르게 보노보 수컷은 새끼를 해치지 않는다는 점에서는 분명하다. 왜 그럴까?

이는 확실히 암컷 보노보의 전략적인 쾌락주의(hedonism)와 관련이 있는 것으로 보인다. 암컷 보노보는 성적 태도에서 매우 자유분방하다. 침팬지처럼 보노보도 성적 흥분을 드러내기 위해 성기와 항문 주변을 핑크색으로 부풀리지만, 침팬지와 달리 명확한 발정주기 없이 35일의 생리주기 대부분 동안 이 상태를 유지한다. 이 기간 동안 암컷 보노보는 암컷과 수컷 모두 가리지 않고 성적으로 유혹한다. 만약 보노보 두 무리가 숲에서 만나면 침팬지처럼 싸우는 것이 아니라 서로 어울리며 교미한다.[84] 보노보 수컷은 암컷의 배란 시점을 명확히 알 수 없다.[85] 보노보 연구자는 정교한 호르몬 검사를 통해서만 배란 시점을 확인할 수 있었다. 아울러 암컷 보노보의 구애 행동을 관찰한 연구자들은 보노보가 임신 후에도 계속해서 성적 유혹을 한다는 것을 알게 되었다. 또한 보노보 암컷은 새끼를 수유하는 기간이 침팬지보다 짧아서 출산 후 다시 교미하기까지 그리 긴 시간이 걸리지 않았다.[86]

다수의 수컷과 교미하는 것은 암컷의 전략적 행동일 가능성이 높다. 이를 통해 부성 확실성을 혼란스럽게 만들어 영아살해를 방지할 수 있을 것이다. 보노보는 지구상 그 어떤 영장류보다 더 많은 파트너와 더 많은 성관계를 가짐으로써 큰 성과를 거두었다. 영아살해의 이득보다 손해가 커지면서 더 이상 새끼를 죽일 이유가 없게 되었다. 그리고 새로운 현상이 발생했다. 암컷 보노보에 작용한 사회적 선택에 의해 암컷이 다른 암컷과 성기를 문지르는 것을 즐기도록 진화한 것이다. 이를 통해 오르가즘의 쾌락을 얻게 되었고, 사회적으로는 유리한 동맹을 구축하는 방법을 얻게 되었다.

보노보는 전면에 자리하고 있는 초승달 모양의 클리토리스를 가지고 있는데 그 크기가 몸 크기에 비해 유난히 크다. 그리고 위치나 기능 면에서 오르가즘을 느끼기 적합하게 발달한다(〈그림 7.6〉). 보노보 전문가 에이미 패리시(Amy Parish)에 따르면, 보노보의 클리토리스는 "특별히 설계된" 것 같은 특징을 지니고 있다.[87] 생식기 간 마찰에 의해 자극이 누적되면서 옥시토신 수치가 단순한 교미로 인해 상승하는 수준을 뛰어넘는다.[88] 이는 암컷 보노보 사이에 관계를 돈독히 하고 무리 전체에서 폭력이 일어나지 않도록 만드는 기능을 한다.

에이미 패리시는 UC 데이비스에서 학부를 졸업할 때부터 이미 암컷 보노보의 성행위를 주제로 박사 학위 논문을 쓰고자 결심했다. 에이미는 암컷 보노보의 유대가 다른 대형 유인원에서 흔히 볼 수 있는 수컷 우월의 진화적 유산을 극복하게 했다는 가설을 세웠고, 이를 증명할 데이터를 수집하고 싶어 했다. 이를 통해 보노보 수컷보다 암컷이 더 많은 사회적 권력을 가지는 이유를 찾고자 했다.[89] 만약 침팬지에서 수컷 간의 동맹이 중요하다면, 보노보에서는 암컷 간의 유대가

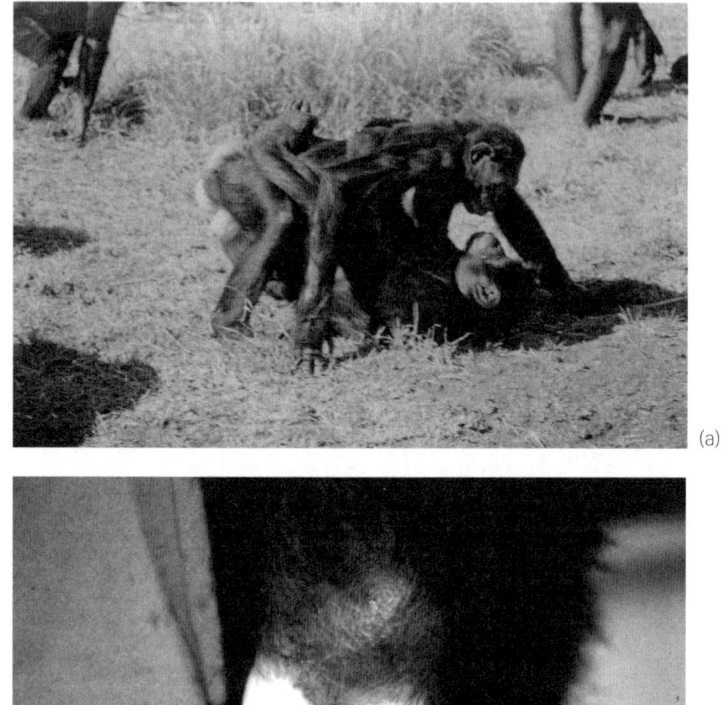

〈그림 7.6〉 (a) 보노보 암컷은 서로의 성기를 맞대고 문지르며 성행위를 한다. (b) 유난히 크고 전면에 위치한 초승달 모양의 보노보 클리토리스는 서로 오르가즘에 달하는 데 특별히 적응된 것으로 보인다. 암컷이 다른 암컷과 성행위를 할 때, 클리토리스는 실제로 파트너의 부푼 성기에 삽입될 수 있다.(Amy Parish 제공)

더 흔하고 지속적이며 유익하다. 비정상적으로 크고 돌출된 클리토리스는 이러한 유대를 촉진하기 위해 진화한 기관으로, 무리 내에서 암컷이 많은 영향력을 가질 수 있도록 한다. 만약 수컷이 새끼를 놀라게 하여 새끼가 비명을 지르면, 어미와 암컷 친구가 달려와 수컷을 응징한다.[90]

이 사건은 콩고민주공화국에서 연구자 바버라 프루스(Barbara Fruth)와 고트프리트 호만(Gottfried Hohmann)이 보노보 무리를 따라다니다가 목격했다. 갑자기 알파 수컷이 한 살짜리 새끼를 안고 있는 암컷을 위협하면서 혼란이 일어났다. 암컷은 최근 이주했으며, DNA 분석 결과 새끼는 다른 무리의 수컷 유전자를 타고난 것으로 밝혀졌다. 침팬지 무리에서 이런 일이 있었다면 새끼는 당장 죽음을 맞이했을 테지만, 보노보는 달랐다. 새끼가 죽임을 당하는 대신, 오히려 격노한 암컷 무리에 의해 수컷이 쫓겨났고, 다시는 모습을 드러내지 않았다.[91]

음식도 나눠먹는 보노보

침팬지는 처음 보는 대상을 경계하고 공격한다. 하지만 보노보는 처음 보는 대상을 친구처럼 환영하고 새끼에게 너그럽게 대한다. 이미 새끼를 키우고 있는 암컷이 이웃 집단에서 건너온 두세 살 된 어린 새끼를 입양한 사례도 두 번이나 관찰되었다.[92]

일본의 영장류학자 후루이치 타케시(Furuichi Takeshi)는 알파 암컷이 이러한 암컷 유입을 장려할 이해관계가 있다고 제안했다. 알파 암컷의 아들은 어머니의 사회적 영향력에 힘입어 외부에서 입양된 암컷들이 성체로 자랐을 때 짝짓기할 수 있을 것이다.[93] 알파 암컷의 아들은 보노보 집단의 주요 번식자다. DNA 연구를 통해 밝혀진 바에 따르면 보노보 집단 내 새끼들은 주로 알파 암컷의 아들이 친부인 경우가 많다. 보노보 집단 내에서 성공적인 수컷은 가장 성공적인 침팬지 알파 수컷보다 더 많은 자손을 남길 것이다. 침팬지가 성 경쟁을 위해 공격성과 지배적인 행동을 진화시켰음에도 불구하고 말이다.[94]

보노보의 자유분방한 성행위는 광범위한 영향을 미친다. 이들의 쾌락적 난교가 촉진하는 상호 관용은 다른 영역으로 퍼진다. 서로 털을 골라주고 성행위를 하면서 만들어진 암컷 간 동맹으로 인해 새끼를 보호할 힘이 생겼다. 암컷 보노보는 침팬지처럼 수컷에게 굴복할 이유가 없다. 암컷 보노보의 지위는 수컷과 비교했을 때 전혀 낮지 않다. 이러한 동등한 지위는 먹을 것에 대한 선호 및 접근성 등 다른 영역으로도 확장된다.[95]

보노보는 풍부한 음식 자원을 만나면, 먹을 것을 두고 더 많이 갖기 위해 싸우는 대신 서로의 성기를 문지르는 난교 상황을 만들어냄으로써 옥시토신으로 가득 찬 나눔의 분위기를 만들어낸다. 비단원숭이과와 마찬가지로 보노보 공동체는 새끼가 자라기에 더 안전한 장소일 뿐만 아니라 모두에게 더 착하고 좋은 이웃 환경이 된다.[96]

이러한 사회적 선택의 부산물로 인해 보노보는 다른 개체와 협력할 가능성이 매우 높다.[97] 그들은 이웃 집단과 더 잘 어울리고, 웬만해서는 서로를 공격하지 않으며, 종종 먹을 것을 나누기도 한다. 이는 외집단 혐오와 배척 행동을 보이는 침팬지에서는 예상할 수 없는 일이다. 2017년 1월 어느 날의 사례는 보노보 집단 간 음식 공유 행동을 잘 보여준다. 두 연구팀이 콩고민주공화국의 루이 코탈레 숲에서

⟨그림 7.7⟩ 침팬지와 달리, 보노보 사이에서 음식 나누기는 주로 수컷이 아니라 암컷이 통제한다. 음식을 가진 암컷은 구걸하는 이들에게 음식을 건넨다. 이 사진에서는 어린 보노보와 나이든 보노보가 작은 숲영양의 다리를 먹고 있는 보노보 주위에 모여 있다. (Robin Loveridge/Lui Kotale Bonobo Project)

서로 다른 보노보 무리를 따라가고 있었는데, 이 두 무리가 평화롭게 합쳐지는 것을 보았다. 그중 한 무리의 알파 수컷이 작은 영양을 잡았다. 만약 침팬지였다면 먹이를 두고 벌어지는 싸움으로 진즉 아수라장이 되었을 것이다. 하지만 보노보는 두 무리의 암컷이 사냥꾼 수컷 주위에 모여서는 눈치를 보다가 정중하게 손을 내밀어 먹이의 일부를 나눠달라고 구걸했다. 영양의 머리를 통째로 얻은 한 무리의 암컷은 먼저 자기 새끼에게 나누어 준 후, 두 무리의 암컷과도 나누었다 (⟨그림 7.7⟩).[98]

서로에게 착하고 좋은 이웃 관계를 만드는 것은 보노보에게 몹시 유익하기 때문에 이들은 때로 낯선 외집단 구성원과 먹을 것을 나누는 모습을 보인다. 동물원에서 자란 보노보에게서 발견되는 특징이다.[99] 바버라 프루스와 고트프리트 호만은 고기를 받은 보노보 무리가 다른 무리의 개체와 나눠먹는 모습을 보면서 믿기 어려웠다고 말한다. 친족과 비친족을 구분하지 않고 모두를 환대하며 가진 것을 나누는 것은 인간이 다른 영장류와 구별되는 고유한 속성이라고 알려져 있었다.[100] 그러나 우리는 다른 영장류에 대해 더 많이 배우고 시야를 넓힘으로써 인간이라는 종이 유달리 특별한 것이 아님을 알 수 있다. 보노보 사례는 인간에게 고유하다고 생각한 사회적 협력 방식을 이미 선택한 선구자가 존재한다는 사실을 알려준다.

영장류 수컷에서 발견되는 육아의 유산

포유류의 경우 임신과 수유는 암컷의 몫이다. 따라서 자연스레 돌봄을 담당하는 성도 암컷이다. 수컷의 돌봄이 나타나는 것은 예외적 현상이다. 그런데도 영장류 계통을 거슬러 올라가다 보면 이상하게도 수컷 돌봄이 자주 발견된다. 특히 다른 포유류보다 영장류에서 더 자주 나타난다. 영장류에게는 너그러운 성격, 돌봄, 음식 공유에 대한 신경 및 사회 내분비학적 기초가 존재할 뿐만 아니라 새끼에게 관대하게 반응하는 문턱이 다른 포유류 동물보다 낮은 것 같다.

언뜻 납득이 안 갈지도 모르겠지만, 나는 영장류 수컷이 낯선 암컷이 데리고 있는 새끼를 공격하려는 행동 본능이 결국 수컷 돌봄으로 이어지게 하는 배경을 마련했다고 믿는다. 수컷이 짝짓기 후에도 떠나지 않고 어미와 새끼를 보호하면서 근처에 머무르도록 유도했기 때문이다.[101] 이로써 영장류 수컷은 다른 포유류 수컷보다도 암컷과 새끼와 함께 있는 시간이 더 늘어났을 것이다. 이후 종마다 어떤 일이 벌어졌는지는 각자가 처한 생태적·사회적 요인에 따라 달라졌으며, 이러한 요인들은 수컷이 새끼에게 관용적으로 반응할지, 혹은 더 나아가 돌봄 행동을 보일지 결정하는 데 영향을 미쳤다. 심지어 앞서 프레디와 같은 수컷 침팬지 사례를 생각해보면, 수컷 돌봄이 잘 나타나지 않는 종임에도 불구하고 새끼가 보내는 신호에 대한 반응성을 촉진하는 관련 신경망과 호르몬은 여전히 잠재되어 있으며 언제든 발현될 수 있다는 사실을 알 수 있다. 즉, 적절한 환경이 만들어지면 수컷도 새끼를 돌보는 행동을 보일 수 있는 것이다.

수컷의 돌봄은 주로 보통 유전적으로 가까운 정도에 따라 달라진다. 돌봄 비용이 많이 들거나 특정 개체에게만 독점적으로 향할수록, 유전적 근연도(또는 적어도 친족 관계로 인식하는 정도)가 더 중요해진다. 하지만 친부임을 확신하는 것만이 부성 돌봄의 유일한 이유는 아니다.[102] 과거 어미와의 경험이나 미래에 어미와 짝짓기 할 가능성도 중요하다. 또 새끼의 돌봄 요청이 강력한 요인이 될 수 있다. 환경이 더 가혹하고 수컷의 도움 여부가 생존 가능성에 더 큰 차이를 만들수록 수컷이 양육을 도울 유인이 더 커진다. 역설적이게도 친부에 대한 불확실성조차도 관대함과 돌봄의 진화를 촉진할 수 있다. 암컷이 영아살해에 대한 대항 전략으로 친부가 누구인지를 알 수 없게 만든 종에서는 수컷이 자신의 자손인지 확신할 수 없기 때문에 신중한 편을 선택하는 것이 좋다. 영장류 수컷은 또한 오랜 시간 함께하여 생기는 친숙함 같은 간접적인 친족 관계 신호에 반응하는 문턱이 놀랍도록 낮다. 6장에서 보았듯이, 하나의 경험적 요인이 다른 모든 진화적 촉발 요인을 압도한다. 바로 아기와 함께 보내는 친밀한 시간의 총량이다. 호모속에서 수컷 돌봄의 진화와 관련하여 영장류학자가 밝혀낸 사실을 알게 될수록, 우리가 살아가는 자연의 창고에는 생각했던 것보다 더 많은 재료가 있으며, 활용 가능성도 무궁무진하다는 것을 깨닫게 되었다.

유인원 수컷이 가끔 다른 개체를 돕는 것을 넘어 유아를 포함한 모든 개체의 생존 가능성을 높이는 방식으로 자발적으로 협력하기 시작했을 정도로 돌봄 반응 문턱이 낮아진 이유는 무엇일까? 무엇보다도 해부학적으로 현생 인류로 이어지는 이족보행 유인원인 수컷 호미닌이 어떻게 해서 가끔이 아니라 일상적으로 음식을 나눌 만큼 관대해졌는지 이해해야 했다. 다른 영장류와 달리 초기 인류는 도대체 왜 유전적으로 거리가 먼 동료에게까지 습관적으로 음식을 나누기 시작했을까?

8
플라이스토세에 일어난 놀라운 진화

"고작 7만 년 전에 우리 인류가 극한의 기후로 인해 멸종될 위기에 처할 만큼 소수만이 살아남았다는 사실을 누가 생각이나 했겠는가?"

미브 리키(2008)

"나를 죽이지 못하는 고통은 나를 강하게 만든다."

프리드리히 니체(1939)

온화한 수컷 만들기

앞서 설명하였듯, 오랜 시간 동안 이루어진 진화는 수컷 유인원이 새끼를 공격하게 만들기도 하고, 새끼에게 자상한 아빠가 되도록 만들기도 했다. 암컷은 새끼의 친부가 될 수 있는 수컷의 범위를 넓히기 위해 노력했고, 동시에 자신과 새끼에게 더 많은 도움을 주는 수컷이 누구인지 신중하게 골랐다. 암컷은 수컷이 새끼와 가까워지도록 하는 무대를 설계했고, 또 아무나 접근하지 못하도록 하는 문지기 역할도 했다. 수컷이 새끼 근처에서 더 많은 시간을 보낼수록 새끼가 가진 신비한 힘을 경험할 가능성이 높았다. 암컷은 무리 내에서 영향력이 클수록 누구와 어울릴지 더 자유롭게 선택할 수 있었다.

그러나 수컷이 어미와 새끼 근처로 다가와 성격이 유순해진다고 하더라도 자기중심적이던 수컷이 육아를 돕고 자원을 나누는 행동을 보이게 된 것은 놀라운 일이다. 어떻게 하면 자신이 먹을 양보다 더 많은 식량을 구해 다른 이와 나눌 수 있을까? 포유류 세계에서도 이런 현상은 아주 드문데 말이다.

간단하게 대답하면 바로 '멸종 직전까지 내몰렸던 경험'이다.

인류가 아주 혹독한 환경에 직면했을 때, 동성 간 경쟁을 통해 짝을 얻는 성선택 압력보다 돕고 나누는 수컷을 선호하는 사회적 선택이 생존과 번식에 더 유리한 선택압으로 작용했다. 이로써 인간은 다양한 서식지에 적응하고 전 세계로 퍼질 수 있게 되었다. 그렇다면 구체적으로 어떻게 이런 일이 일어날 수 있었는지 알아보자.

잃어버린 낙원

2천만 년 전, 미오세(Miocene, 또는 중신세) 시대의 유인원은 따뜻하고 습한 숲에서 번성했다. 아프리카와 유럽, 남아시아와 동남아시아의 숲을 가로질러 민첩하게 나무를 타고 옮겨 다니며 황금기를 누렸다. 그러나 500만 년 전쯤에는 플라이오세(Pliocene, 또는 선신세) 기후가 추워지고 건조해지면서 숲이 줄어들고 유인원 개체수도 함께 감소했다.[1] 이러한 환경은 에너지 소모가 크고 성장 속도가 느린 자녀를 양육하기에는 적합하지 않았다.

미오세가 끝날 무렵, 작은 뇌를 가진 일부 유인원들은 나무 사이를 걸어 다니면서 에너지를 절약하기 시작했다. 하지만 이들은 여전히 나무를 타기에 좋은 긴 팔과 굽은 손가락을 가지고 있었다. 이렇게 두 발 걷기를 하는 유인원은 사헬란트로푸스(Sahelanthropus), 오로린(Orrorin), 아르디피테쿠스(Ardipithecus)와 같은 속에 속했다. 아르디피테쿠스(일명 '아르디')는 침팬지보다 원숭이를 더 닮았지만, 손 모양이 인간과 비슷했다.[2] 440만 년 전쯤, 이처럼 혼합된 특성을 가진 유인원들은 지구상에서 점차 사라졌다. 마지막으로 남은 유인원은 대부분 몸집이 작고 겁이 많은 오스트랄로피테쿠스(Australopithecus)였다. 이들은 남아프리카에서부터 에티오피아까지 넓게 퍼져 있었으며, 오늘날 우리에게 알려진 오스트랄로피테쿠스 아프리카누스(A. africanus), 세디바(A. sediba), 프로메테우스(A. prometheus), 가르히(A. garhi), 데이레메다(A. deyiremeda), 아나멘시스(A. anamensis), 아파렌시스(A. afarensis)의 화석을 남겼다. 그러나 이들 또한 사라지고 있었고, 그 자리를 몸집이 더 크고 두 발로 걷는 호모속에 속하는 유인원이 대체하고 있었다.

고생물학자 대부분은 우리의 조상이 침팬지처럼 생긴 오스트랄로피테쿠스에서 유래했다고 본다. 그러나 몇몇 연구자는 침팬지와 고릴라보다 인간의 손발을 더 닮은 특성과 송곳니의 성적 이형성(sexual dimorphism) 감소에* 주목하였다. 이는 더 온순한 수컷이 치열한 싸움 대신 다른 방식으로 암컷에 접근했음을 시사한다.[3] 따라서 아르디의 발견자들은 오스트랄로피테쿠스가 아니라 아르디피테쿠스를 우리의

---

* 즉, 송곳니 모양의 암수 양성 간 차이가 줄어듦. 성적 이형성은 동종 내 암수 양성 간에 나타나는 신체적 차이를 말한다.

마지막 공통 조상에 더 가까운 대표로 보는 해석을 선택했다.[4] 어떤 해석이 더 맞을지는 시간이 지나야 알겠지만, 인류의 이야기가 본격적으로 시작된 것은 플라이스토세, 즉 260만 년 전부터 1만 2000년 전까지였다. 이 시기에 호모 에렉투스(*Homo erectus*)라는 높은 적응력을 가진 발 빠른 개척자가 진화하면서 인류 역사가 본격적으로 전개되었다.

생존자와 탈락자

플라이스토세 동안 다양한 호모속 유인원이 도처에 살았지만, 많은 종이 오래 버티지 못하고 멸종했다. 멸종의 길로 몰아낸 것은 다름 아닌 기후 변화였다. 아프리카는 플라이스토세를 거치는 동안 따뜻한 시기와 추운 시기, 습한 시기와 건조한 시기를 오가는 기후 변동을 겪었는데, 전반적으로는 건조해지는 추세를 보였다. 올두바이(Olduvai)와 오모(Omo) 같은 동아프리카 지역에서는 초기 호모속 화석이 여전히 발굴되고 있으며, 이 지역의 지층 기록에는 거대한 호수가 넘칠 정도로 강한 비가 내린 시기와 가뭄으로 호수가 먼지판으로 변한 시기가 교차하였던 흔적이 나타난다.[5] 한때 나무가 우거진 초원을 배회하던 기린과 거대한 돼지, 물에 잠긴 하마는 건조한 사바나와 황무지에 더 잘 적응한 소과(*Bovidae*) 동물에게 자리를 내주었다.[6] 큰 포유류가 여전히 풍부한 곳에서도 두 발로 걷는 유인원의 화석은 드물었고, 호모속의 화석은 더욱 희귀했다.[7] 이는 유인원이 살아가기에 혹독한 환경이었음을 보여준다.

분명히 수컷은 여전히 번식 가능한 암컷에 접근하기 위해 다른 수컷과 경쟁했을 것이다. 그러나 수컷이 암컷을 수정시키는 데 성공하더라도 그 결과로 태어난 자손이 살아남는 것은 쉬운 일이 아니었다. 먹을 것을 확보하는 일이 점점 더 어려워졌다. 어려운 시기였지만, 그럼에도 어떻게든 몇몇 끈질긴 개체군이 간신히 대를 이었는데, 바로 호모 에렉투스였다. 호모 에렉투스는 천천히 그 수를 늘리기 시작했다. 약 180만 년 전, 일부 원시 호모 에렉투스는 열대 아프리카에서 조지아 코카서스 지역(드마니시 지역)의 서아시아 구릉지대로 이주하기 시작했고, 이후 동남아시아로의 이주가 이어졌다.

대부분의 사람이 흔히 생각하는 것보다 호모속의 운명은 훨씬 더 위태로웠다. 우리 조상은 한때 번식 가능한 성체가 2만 명도 채 되지 않았을 것으로 추정되는 초라한 호모 에렉투스 개체군에서 나왔다. 이는 왜 오늘날 약 30만 마리의 침팬지가 지닌 유전적 다양성이 현재 지구상에 존재하는 80억 명의 인간이 가진 유전자 다양성보다 더 큰지를 설명할 수 있다.[8] 이렇게 혹독한 상황을 거치면서도 인류가 살아남을 수 있었던 비결은 무엇이었을까?

인구학적 딜레마

작은 포유류인 쥐나 나그네쥐는 급격한 개체수 증감을 보인다. 이들은 어려움이 닥쳐 숫자가 급감하는 일이 있더라도 빠르게 새끼를 낳아 개체군의 크기를 늘릴 수 있다. 그러나 크기가 큰 유인원은 사정이 다르다. 임신과 수유 기간이 길기 때문에 자식 하나 낳아 기르기 위해 각고의 노력을 들여야 한다. 어미는 자식이 스스로 먹이를 구할 수 있을 만큼 자라기 전에는 다시 임신하기 어려웠다. 이는 오늘날 침팬지나 고릴라 새끼가 젖을 뗀 뒤 스스로 먹이를 찾는 것과 유사했을 것이다.

초기 호미닌의 수유 기간이 오늘날의 침팬지와 비슷했다고 가정한다면 출산 간격은 약 5년 정도였을 것이다. 식량 부족이 심각해지면 출산 간격은 더욱 길어졌을 것이며, 오랑우탄처럼 8년까지도 길어졌을 수 있다. 기근을 겪으며 새끼가 계속 죽게 되면 느리게 번식하는 호미닌 개체군은 환경이 나아져도 다시 개체수를 회복하기 어려웠을 것이다. 고생물학자 오언 러브조이(Owen Lovejoy)는 1981년 《사이언스》에 논문 "인간의 기원(The Origin of Man)"을 발표하면서 초기 호미닌의 '인구학적 딜레마'를 처음으로 주장했다.[9]

호미닌은 생존 가능성을 유지하기 위해 더 빨리 번식할 필요가 있었다. 그것이 어떻게 가능했을까? 다윈부터 20세기 중반까지의 진화 연구자는 인간이 살아남아 진화한 이유가 '사냥꾼 남성'의 존재 때문이었을 것이라 생각했다. 즉 남자가 사냥을 해서 배우자와 자식에게 음식을 제공했다는 것이다.[10] 그러나 그렇게 가족을 위해 희생하고 투자하려면 남자는 아기가 자신의 자식이 맞다는 확신이 필요했다.

러브조이의 논문은 40년 전에 출판되었다. 그는 플라이스토세의 인류 조상은 자녀를 키우는 데 매우 애를 먹었을 것이라고 생각했으며, 이런 생각은 지금까지도 받아들여진다. 자식을 키우는 것은 작은 뇌를 가진 오스트랄로피테쿠스에게도 어려운 일이었다. 당연히 더 큰 뇌를 가진 호모 에렉투스에게는 더욱 힘든 일이었다. 뇌가 커지면서 여성이 양육에 들이는 비용이 훨씬 커졌다. 뇌는 성장하고 유지하는 데 엄청난 비용이 드는 기관이기 때문이다. 생물 대부분에게 적용되듯, 호미닌에게도 인구학적 생존 가능성과 일치하는 최대 뇌 크기가 있었을 것이다. 취리히 대학의 인류학자 카린 아이슬러(Karin Isler)와 카렐 반 샤이크(Carel van Schaik)는 이를 뇌 크기 한계의 '회색 천장(gray ceiling)'이라고 부른다.[11] 뇌의 크기를 키우면서 생기는 비용을 어떻게든 충당해야만 인류가 생존할 수 있었을 것이다.

오스트랄로피테쿠스속의 유인원이 처음 등장할 때부터 아마 한 개체 내에서 뇌가 성숙에 도달하는 데 드는 시간이 이전보다 더 길어졌을 것이다. 인류의 뇌 크기 증가가 본격적으로 시작되기 전에도 말이다.[12] 플라이스토세를 거치면서 호모 에렉투스의 뇌는 거의 두 배로 커져 약 900cc에 달했다. 후기 플라이스토세에 이르러 호모 사피엔스가 등장하면서 뇌는 더 커졌다.[13] 1200~1600cc의 회색질을 발달시킨 것이다. 이런 거대한 뇌를 만들고 유지하는 데 필요한 에너지는 어디에서 왔을까? 그 에너지가 확보되기 전에는 자연선택이 이러한 기관 발달을 선호할 수 없었을 것이다.[14]

사바나 초원에서 작은 뇌를 가진 호미닌은 점점 사라져갔지만 호모 에렉투스는 멸종의 위기를 겨우 넘기며 버텼다. 그들은 어떻게든 살아남아 자손의 수를 불렸다. 극심한 계절 변화, 변동하는 온도, 예측할 수 없는 강우량, 반복되는 식량 부족을 견디면서도 양육비용이 더 많이 드는 자손을 낳았다. 이 시기에 호미닌은 더 넓은 범위로 이동하며, 더 많이 사냥하고, 동물 사냥감에서 단백질과 지방을 수확하며, 새로운 방식으로 도구를 사용하는 데 더 능숙해졌다. 플라이스토세를 거치는 동안 인류는 불을 사용하고 요리를 시작하면서 음식에서 더 많은 영양소를 얻어내기 시작했다.[15]

그러나 아무리 식단이 다양하고 풍부해졌다고 해도, 어머니가 모유수유를 하고 돌보면서 동시에 식량을 얻어 자녀를 키우고 본인도 먹고살 방법이 있어야 했다. 혼자서 모든 것을 다 하기는 불가능했을 것이다. 그래서 러브조이는 일부일처제를 통해 배우자와 자녀를 위해 아버지가 식량을 제공하는 것이 빠른 번식과 개체군 회복에 주요한 역할을 했을 것이라 추측했다. 두발걷기의 진화도 설명을 돕는다. 러브조이는 아버지가 먹을 것을 운반할 때 두발걷기를 통해 손을 자유롭게 사용할 수 있었을 것이며, 이로써 가족을 먹여 살릴 식량을 들고 나를 수 있었을 것이라고 주장했다. 이 모든 설명은 서로 깔끔하게 맞아떨어진다. 오늘날까지도 '인류의 기원'에 대한 교과서적인 설명에 포함되는 가설이다. 그러나 짝과 자식을 위한 아버지의 식량 제공이 인간 남성의 진화를 얼마나 잘 설명하는지는 좀 더 살펴볼 필요가 있다.

'사냥꾼 남성'의 진실?

고기를 먹는 것은 그 자체로 새로운 일이 아니었다. 유인원은 고기를 아주 좋아한다. 침팬지가 연구되는 모든 곳에서 어린 영양을 잡아먹는 침팬지가 관찰되었다. 다른 유인원과 인간의 마지막 공통 조상도 사냥을 했을 것으로 보인다. 오스트랄로피테쿠스와 초기 호모속의 수렵 및 채집 활동이 현존하는 침팬지와 비슷했다면, 먹을 것을 구할 때 성별 간의 기본적인 역할 분담이 이루어졌을 것이다. 수컷 침팬지는 적극적으로 사냥하고, 암컷은 견과류를 깨거나 흰개미 둑에 나뭇가지를 쑤시는 등의 방법으로 단백질이 풍부한 먹거리를 찾는 분업이 나타난다.[16] 물론 암컷은 쉽게 잡아먹을 수 있는 새끼 영양을 놓치지 않는다. 단지 암컷, 특히 새끼가 있는 어미는 수컷이 위험한 사냥감을 잡기 위해 나무를 타고 추격전을 벌일 때 가담하지 않을 뿐이다.[17]

수컷 침팬지 대부분은 사냥을 한다. 이들은 홀로 사냥하지 않고 주로 여러 수컷이 함께 사냥감을 노리는 '사회적 사냥(social hunting)'을 하는 특징이 있다. 수컷은 먹잇감을 궁지에 몰아넣기 위해 다른 수컷과 협력한다.[18] 사냥에 성공할 경우, 수컷 하나가 사냥감을 독차지하는 것이 아니라 형제나 동료에게 조금 떼어 주기도 한다. 전리품은 마치 서비스를 교환하는 화폐처럼 여겨진다.[19] 그런 의미에서 수컷 침팬지는 다른 침팬지에게 아무 이유 없이 음식을 주는 일이 거의 없다.[20] 앞서 언급한 것처럼 보노보는 더 관대할 수 있지만, 이 둘 중 어느 종도 그리고 다른 현존하는 여타 유인원도 인간처럼 서로 행동을 맞추고, 돕고, 다른 개체와 가진 것을 나누는 데 열성적이지 않다.

플라이스토세 초기의 것으로 추정되는 뼈 화석에 있는 석기 절단 자국은 호미닌의 육식 소비 증가를 증명하고 있다. 다윈이 그랬듯, 러브조이는 남성이 주로 먹을 것을 얻기 위해 사냥을 했다고 가정하였고 이는 분명 옳은 추측이었다.[21] 다윈은 더 나아가 만약 뛰어난 사냥꾼의 자손이 더 잘 먹고 더 생존할 가능성이 크다면, 여자는 '단지 가장 잘생긴 남자'가 아니라 '가족을 방어하고 지원하는 데 가장 능한 남자'와의 짝짓기를 더 선호해야 한다고 생각했다.[22]

이렇게 인간만이 가진 특징으로 여겨지는 더 큰 두뇌, 높은 지능, 그리고 기타 중요한 특성들의 진화를 설명하기 위해 암컷이 최고의 자원을 제공하는 수컷을 선호했다는 이론이 제시되었다. 이는 지금까지도 매력적인 아이디어로 많은 사람이 동의한다. 그리고 여성에게 '배란 은폐'*가 나타나는 이유를 설명할 때에도 이 논리가 사용되었다. 왜 호미닌 여성은 원숭이처럼 붉게 부푼 엉덩이를 통해 발정기를 드러내지 않고, 배란을 감춘 상태로 주기 전체에 걸쳐 성적으로 수용 가능한 상태가 되었을까? 영장류는 환경과 상황에 따라 다양한 배란 전략이 나타나는 것으로 잘 알려져 있다. 하지만 1980년대에는 배란을 숨기는 전략은 인간에게만 나타나는 특징으로 여겨졌다. 그리고 여성이 배란을 은폐함으로써 거의 언제나 성관계가 가능하도록 진화한 이유는 매일 저녁 남자를 유혹하여 식량을 얻을 수 있기 때문이라고 설명했다.[23]

그 당시 인류의 진화를 연구한 많은 학자에게 남성의 베풂, 즉 여성에게 고기와 같은 귀중한 자원을 제공할 의지가 진화한 것은 짝 결속을 강화하여 남성의 부성 확실성을 보장하기 위한 것이었다. 러브조이는 "부성 확실성을 대가로 한 음식"이 조상들의 "인구학적 딜레마"를 해결할 수 있는 가장 확실하고 유일한 메커니즘일 것이라고 보았다.[24] 호미닌 조상이 살아남은 이유가 남성이 양육 등 생식 과정에 직접적이고 지속적으로 참여하는 비율이 높아졌기 때문이라는 것이다. 이로써 사냥꾼 남성과 하나뿐인 아내 사이의 짝 결속이 가능했을 것이다.[25] 4

---

* 배란 은폐는 암컷의 배란 시기를 알려주는 명백한 신체적 또는 행동적 징후가 없어 잠재적 짝이 가임기를 인식하기 어렵게 만드는 현상을 말한다. 성기 주위가 부푸는 부종, 호르몬 작용에 의한 냄새 변화, 적극적인 구애 등 감각적, 행동적 신호가 나타나는 종과 달리 배란 은폐가 나타나는 종은 가임기를 겉으로 드러내지 않고 대부분의 주기 동안 성적으로 수용 가능한 상태를 유지한다. 이러한 현상이 나타나는 이유에 대해 많은 가설이 제기되었지만, 아직 명확히 밝혀진 바는 없다.

백만 년 전의 호미닌인 아르디피테쿠스가 에티오피아의 황무지에서 발견되었을 때에도 이러한 추정을 반영하여 해석하려 했다.[26]

지난 수십 년 동안 더 빠른 번식은 부성 확실성의 대가로 고기를 교환하는 "성 간 계약(the sex contract)"을 통해 가능했다고 설명했으며, 이로 인해 뇌 크기의 "회색 천장"을 뚫을 수 있을 만큼 충분한 에너지가 공급되었다고 보았다.[27] 이에 따르면, 더 큰 뇌는 호미닌 수컷이 더 효과적인 도구를 만들고, 이 도구들을 더 능숙하게 사용하며, 자원을 더 잘 얻어낼 수 있는 문화적 관행을 만들고 전달할 수 있도록 하였다. 이로써 아버지가 자식에게 더 풍부한 자원을 제공할 수 있게 하여, 아기가 젖을 뗀 후에도 더 오랜 기간 동안 자녀를 부양할 수 있도록 하고 더 빠른 번식을 촉진할 수 있었다. 이는 부성 양육 투자로 인해 시작된 것으로 추정되는 매우 중요한 자기 강화 피드백 고리였다.

그러나 아버지의 양육 투자가 '정말로' 현생 인류의 시작을 설명할 수 있을까? 일부일처제의 짝 결속과 가족을 든든하게 부양하는 아버지의 존재가 정말로 지구상에서 "가장 똑똑하고, 인구학적으로 가장 성공한" 영장류의 진화를 설명할 수 있을까?[28] 답은 아마도 '아니다' 일 것이다.

새로운 패러다임

1980년대 후반 즈음하여 인류의 사냥과 식생활에 대한 많은 연구가 이루어졌고, 이로써 우리는 약 200만 년 전 아프리카에 살던 조상들에 대해 한층 더 이해할 수 있게 되었다. 그리고 그 결과 '사냥꾼 남성' 가설은 힘을 잃었다.[29] 막대기와 돌 외에는 마땅한 무기가 없던 플라이스토세 초기 인류는 같은 사냥감을 노리는 사자, 하이에나 등 맹수와 경쟁해야 했다. 따라서 사냥에 성공할 확률이 극히 낮았다. 심지어 약 30만 년 전에 투사 무기를 쓰기 시작한 이후에도 사냥 성공률은 그다지 높지 않았다. 현대 수렵채집사회의 사례도 마찬가지다. 금속 재료로 만든 창과 활을 사용하는 하드자족 사냥꾼이 세렝게티 평원에서 고군분투한다고 해도 한 달에 대형 동물 한 마리를 잡기가 버겁다.[30] 그런 사냥꾼이 매일 가족을 책임질 만큼 많은 열량을 얻었다는 생각은 비현실적이다.

그렇다 해도 분명 누군가는 모유수유하는 어미를 도와야만 했다. 분명 누군가가 도와주었던 것이다. 왜냐하면 호모속으로 진화했던 일부 유인원들이 혹독한 시기를 견뎌내 살아남았고, 이후 빠르게 번식해 전 세계로 퍼져 나갔기 때문이다. 어떻게 이게 가능했을까? 최선의 방법은 아기가 젖을 빨리 떼는 것이다. 그래야 어미가 빨리 임신해서 아이를 다시 낳을 수 있기 때문이다. 그러나 플라이스토세의 아프리카 사바나 환경이 얼마나 혹독했는지를 감안할 때, 젖을 떼고 나면 몇 년이 지나야 스스로 먹이를 찾아 먹을 수 있는 배고픈 영아들은 누가 도와줬을까? 분명 어려운 시기 동안 누군가 어미와 아이를 부양했다는 뜻이다. 누군가는 젖을 뗀 아기에게 견과류를 깨는 방법을 가르치고, 녹말 뿌리를 파내고 꿀과 고기를 주어야만 했다.

호모 에렉투스 등 호미닌 유아가 필요로 하는 열량은 정확히 계산할 수 없지만, 많은 양이 필요했다는 것은 분명하다. 출생부터 아이가 먹이를 구할 수 있는 나이가 되기까지 최소 1,300만 칼로리가 필요하다.[31] 어미는 임신 중이거나 신생아를 안고 있거나 젖을 먹이고 있을 가능성이 크다. 그렇다면 이런 상황에서 어떻게 어미는 자녀가 필요한 열량을 모두 공급하고, 자기 자신도 먹고살 수 있었을까? 이 답을 찾기 위해서는 비교 연구를 활용해야 한다.

지난 장에서 논의했듯, 다양한 사회적 동물은 가혹한 조건에 적응하기 위해 실제 부모 외에도 여러 보조 양육자가 자손을 부양하는 협력적인 양육을 한다.[32] 아프리카들개의 경우, 부모와 함께 다른 개체(보조 양육자)가 사냥을 한 후 먹이를 먹고, 굴로 돌아와 새끼들을 위해 미리 소화시킨 고기를 토해낸다. 그러나 문제는 구세계원숭이나 우리와 가까운 유인원의 경우 어느 종도 협력적인 양육을 하지 않는다는 것이다. 공동 양육을 하는 타마린, 마모셋은 모두 비단원숭이과에 속하며 신세계원숭이다. 간혹 수컷이 새끼에게 먹이를 주는 현상이 관찰되는 올빼미원숭이와 티티원숭이도 마찬가지로 신세계원숭이다. 이들은 인간과 계통적으로 거리가 멀다.

인간이 남미에 사는 신세계원숭이와 마지막으로 공통 조상을 공유한 것은 약 3천 5백만 년 전의 일이다. 그 긴 시간 동안 마모셋 등 비단원숭이과 동물은 협력적 번식 방법을 통해 개체수를 늘리도록 적응했다. 이들은 새로운 땅으로 이동하여 그곳에 자리잡고 빠르게 번식하는 개척자가 되었다. 일부 종의 암컷은 일 년에 두 번씩 쌍둥이나 세쌍둥이를 낳기도 한다. 그리고 출산 이후에는 바로 배란하고, 새끼는 보조 양육자에게 맡겨서 젖을 빨리 떼는 특징이 있다.

마모셋과 타마린의 경우 보조 양육자는 손위형제나 자매일 수도 있겠지만, 주로 수컷 짝들이 담당한다. 앞서 말했듯 이 수컷 짝들은 어미의 특이한 태반으로 인해 '부분적으로' 아버지가 될 수 있다. 보조 양육자 역할을 맡게 되면 성격이 매우 유순해지고, 새끼에게 먹을 것을 나누어주는 행동을 보인다. 반면 유인원은 이런 행동을 보이지 않는다. 그렇다면 어떻게 인류는 훨씬 짧은 진화적 시간 동안 이러한 적응을 했을까? 아마 호미닌에게도 여전히 유아의 돌봄 요구에 반응하는 오래된 잠재적 성향이 남아 있었기 때문에 가능했을 것이다.

7장에서 검토한 증거를 기억해보자. 대부분의 구세계원숭이와 유인원 수컷은 집단 안의 새끼를 보호하기 위해 노력한다. 일부는 새끼의 돌봄 요구에 잘 반응하며, 유전적 근연도에 대한 신호에도 민감하다. 이러한 성향이 점점 더 두 발로 걷고 더 나은 도구를 더 효과적으로 사용하며 식단에 더 많은 고기를 포함하게 된 플라이스토세 동안의 초기 호미닌에게도 있었을 것이라 추측하는 것이 합당하다. 화석으로 발견된 치아를 통해 추측건대, 호모 에렉투스의 유아는 오스트랄로피테쿠스 유아보다 더 일찍 모유에서 고형(아마도 누군가가 미리 씹은) 음식으로 음식 섭취 방법을 전환하고 있었다. 그러나 이 증거는 추가 칼로리를 누가 제공했는지, 또는 왜 제공했는지 알려주지 않는다. 사냥꾼 아버지로 부족하다면, 누구의 도움이 있었을까?

여기서 우리는 20세기 행동생태학자가 수집한 증거로 눈을 돌려야 한다. 연구자는 주로 아프리카 수렵채집민을 연구하는데, 일부는 여전히 과거처럼 이미 죽은 동물의 사체를 먹거나 사냥 및 채집으로 먹거리를 얻으며 생계를 유지하고 있다. 대표적으로 칼라하리의 사막 근처에서 수렵채집하는 주호안시족(Ju/'hoansi 또는 !쿵 산 또는 부시맨으로도 알려진 부족), 중앙아프리카의 숲에 거주하는 에페(Efe), 음부티(Mbuti), 아카(Aka)[33] 수렵채집인들, 그리고 탄자니아의 사냥감이 풍부한 지역에서 사는 하드자족(Hadza)이다.[34] 이들 부족으로부터 우리는 플라이스토세 조상이 불규칙한 기후로 인한 불안정한 자원 상황에도 불구하고 협력적 양육을 통해 아이를 기아로부터 보호하려고 노력하였음을 알 수 있다. 여기서 '협력적 양육'이란 부모만 아니라 보조 양육자도 자손을 돌보고 부양하는 것을 의미한다.

민족지적 증거

타임머신이 있다면 플라이스토세로 돌아가 어떤 일이 있었는지 지켜볼 수 있겠지만, 이는 불가능하기 때문에 우리는 차선책을 택해야 한다. 바로 우리가 가진 증거로 과거를 재구성하는 것이다. 유전적 증거에 따르면 오늘날의 동아프리카 하드자족은 약 56,000년 전에 주호안시족과 다른 코이산족 주민에서 갈라졌는데, 이들은 일부 중앙아프리카 수렵채집인과 함께 세계에서 가장 깊은 뿌리를 가진 부족민이다. 코이산족, 주호안시족, 하드자족이 사용하는 코이산 클릭(혀를 차는 소리)에 기반한 방언*은 아마 지금까지 사용되는 언어 중 세계에서 가장 오래된 언어일 것이다.[35] 인류학자 카밀라 파워(Camilla Power)는 이들이 초기 인간의 사회적 생활을 재구성하기 위한 최고의 예시라고 주장한다. 대표적으로 인류가 가진 공유, 갈등 회피 및 평등주의적 규범을 강조하는 성향 등을 보여주는 좋은 사례라는 이야기다.[36] 물론 파워는 현대 수렵채집사회와 전 세계의 인류가 시공간적으로 멀

- 코이산 흡착음이라고도 하는 클릭 자음 소리. 혀를 차며 '딱' 소리를 낸다. '!쿵'에서 느낌표(!) 표시가 클릭 소리이다. 즉, '!쿵'은 '딱(혀 차는 소리) 쿵'이라고 읽으면 된다.

리 떨어져 있다는 사실을 인정한다. 하지만 현존하는 수렵채집인은 우리의 플라이스토세 조상이 어떻게 다른 유인원보다 훨씬 더 일찍 젖을 뗀 아이를 안전하게 지키고 먹여 살렸는지 알려줄 수 있는 최고의 대상이다.

20세기 수렵채집사회를 대상으로 한 조사에 따르면, 아기는 약 2.5년 동안 젖을 먹고, 다른 유인원보다 훨씬 더 일찍 젖을 뗀다. 예를 들어, 침팬지는 약 5년 동안 어미젖을 먹으며, 오랑우탄은 8년까지도 젖을 먹는다. 이 시기 동안 유인원은 성장하여 숲의 잎과 부드러운 과일로 완전히 스스로 먹이를 구하는 방법을 터득하게 된다.[37] 그러나 인간의 유아는 젖을 뗀 후에도 여전히 영양적으로 자립하기까지 몇 년의 시간이 더 필요하다. 이 기간에 어머니는 이미 임신 중이거나 다른 아이를 낳고 있을 가능성이 높다(〈그림 8.1〉). 그렇다면 젖을 뗀 아이들이 필요로 하는 추가적인 영양분은 어디에서 왔을까? 사냥꾼 아버지로부터? 그러나 생태학적 증거 바탕으로 추론하는 인류학자는 플라이스토세의 사냥꾼 아버지가 매일 충분히 먹어야 하는 아이들을 넉넉히 부양할 수 있을 것 같지 않다는 정량적 증거를 보여준다. 즉, '사냥꾼 아버지와 보호자'라는 개념은 아동 사망률을 낮출 수 없는 처방으로 판명되었다. 그러나 우리 인류가 여기 살아있는 것은 우리의 조상이 어떻게든 살아남았다는 명백한 증거다. 어쨌든, 더 빨리 번식하는 우리의 선조는 미숙하고 손이 많이 가는 자손을 먹여 살리는 데 필요한 열량을 어디선가 찾았다. 그 열량은 어디에서 왔을까, 만약 아버지가 혼자서 제공할 수 없었다면 누가 도와주었을까?

이러한 질문에 답하기 위해 인류학자 크리스텐 호크스(Kristen

〈그림 8.1〉 반세기 전, 보츠와나의 주호안시족(당시는 !쿵산족으로 불림)은 여전히 유목 생활을 하며 수렵채집인으로 살았다. 이 사진은 !쿵산족 어머니가 아기를 품에 안고, 그 옆에 더 큰 아이와 함께 있는 모습을 보여준다. 이 사진은 호모 사피엔스처럼 에너지가 많이 들고 성숙이 느리며 오랫동안 의존적인 자손을 낳는 유인원이 진화하려면 양육에 도움이 필요했다는 것을 알려준다. 아기는 누군가의 품에 지속적으로 안겨 있어야 하고, 다섯 살 된 아이는 여전히 스스로 먹을 것을 얻을 수 없으며, 여덟 살 된 아이는 겨우 자기가 먹을 것을 얻을 수 있더라도 주변 사람으로부터 지속적으로 지원이 필요하다. (Richard B. Lee)

Hawkes), 제임스 오코넬(James O'Connell), 니컬러스 블러턴 존스(Nicholas Blurton Jones)가 20세기 후반에 하드자족을 연구하며 알게 된 것을 살펴보자. 이 팀은 사냥꾼들을 추적하며 사냥감 선택과 사냥 성공률을 기록하고, 사냥과 채집된 모든 음식의 무게를 쟀으며, 그것이 누구에게 갔는지를 기록했다. 여섯 명의 다른 사냥꾼이 사냥한 고기를 모두 합쳐도, 각 사냥꾼이 사냥에 투자한 시간당 평균적으로 얻는 고기의 양은 겨우 0.12킬로그램으로, 햄버거 패티 한 장 정도에 불과했다.[38] 모든 하드자족 사냥꾼이 가져온 고기와 꿀은 연간 필요한 칼로리의 40퍼센트에 불과했다. 주거지로 가져온 칼로리의 대부분(약 60퍼센트)은 여성이 채집한 식물성 식품에서 나왔다.[39] !쿵족도 마찬가지였다.[40] 만약 사냥꾼이 아프리카토끼나 기니새와 같은 더 작은 사냥감을 잡는 데 노력을 기울였다면 가족에게 더 많은 단백질을 제공했을 가능성이 있지만, 사냥꾼들은 더 드물고 잡기 어려운 커다란 동물 사냥감을 찾는 것을 선택했다.

사냥에 실패하여 아버지가 빈손으로 돌아오면, 어머니가 채집한 덩이줄기 식물, 바오바브 열매, 곤충 유충 또는 지방이 많고 단백질이 풍부한 견과류가 아이를 비롯해 무리의 모든 사람이 충분히 먹을 수 있을 만큼 모여 있었다. 어머니가 채집을 하러 떠날 때 아기와 아이를 데리고 갈 수도 있고, 아니면 집에 남겨두고 손위 형제자매나 다른 친족이 아이를 돌보도록 할 수도 있다. 베리류, 조개류, 도마뱀 또는 달팽이와 같은 음식을 쉽게 구할 수 있는 경우 아이들은 열매를 따먹거나 작은 동물을 잡아 현장에서 먹고, 손아래 형제자매나 사촌과 일부를 나누어 먹는다.[41]

숲에 사는 아카족의 경우 작은 사냥감, 곤충 유충과 같은 무척추동물에서 얻는 칼로리 비율이 더 높았다. 남성과 여성은 함께 단체 사냥에 참여하여 숲속 동물을 몰아내고 그물을 사용하여 사냥감을 덫으로 잡았다. 더 개방된 서식지에 사는 사람과 달리 어머니는 사냥할 때 아기를 데리고 갔고, 남자도 때로 아기를 데리고 다녔다.[42] 그러나 사냥 기법과 성공률이 다르더라도 아카족, !쿵족, 하드자족의 사냥에는 공통점이 있었다. 더 큰 동물의 고기는 거의 항상 전체와 공유했으며, 이는 주변사람으로부터 명성을 얻게 해주었다는 것이다.[43]

하드자족과 !쿵족의 경우 큰 영양 등 귀한 사냥감을 잡아도 고기 중 약 10퍼센트 정도만이 사냥꾼 가족의 몫이었다. 언뜻 보면 사냥꾼이 아내와 가족을 위해 그렇게 많은 노력을 기울이고 위험을 감수하면서 고기를 가지고 돌아왔음에도 대부분을 공동체에 헌납한다는 것이 비적응적으로 보일 수 있다.[44] 그러나 중요한 것은 명성이었다. 더군다나 실패 가능성을 고려하면 성공할 때의 보상을 공유하는 것으로써 보험을 드는 것이 이득이다. 더 많은 사냥꾼이 참여할수록 적어도 그중 한 명이 고기를 잡아서 돌아올 가능성이 높아졌다.[45]

'여성 보조 양육자'가 채집한 음식도 매우 중요했다. 예를 들어, 크리스텐 호크스 등이 하드자족에 대해 기록한 바에 따르면 가장 열심히 일하는 이들은 더 이상 아이를 낳지 않는 나이 든 여성, 즉 보통 고모·이모나 할머니였다. 이 부지런한 채집가들은 어머니보다 더 많은 음식을 가져왔다.[46] 바오바브 꼬투리를 모으거나 찾기 어렵지만 녹말이 많은 덩이줄기 식물을 파내는데, 경험 많은 하드자족 여성은 한 시간에 최대 1,500칼로리를 모을 수 있었다. 이는 하루 동안 가족을 먹일 수 있는 양이었다.⁴⁷ 그 결과 나이 많은 모계 친족이 있는 하드자족 아이는 보릿고개가 이어지는 계절에도 체중 감소가 적었다. 이를 바탕으로 호크스 연구팀은 '할머니 가설'을 제시했다. 50세쯤에 난소가 기능을 멈추고 나면 곧 죽음을 맞이하는 침팬지와 같은 다른 유인원과 달리,⁴⁸ 인간은 나이가 들어서도 강인함을 유지하며 폐경 후에도 수십 년 동안 살아남아 젊은 친족의 생존에 기여하는 여성이 자연선택 되었다는 이야기였다.⁴⁹

다른 영장류에서도 생식 경력의 끝에 다다른 나이 든 암컷은 친족에게 매우 도움이 될 수 있다. 내가 랑구르를 연구할 때, 더 이상 아기를 낳지 않는 관절염에 걸린 나이 든 암컷이 자신의 무리에 침입한 이웃을 영웅적으로 물리치거나 새끼를 죽이려고 달려드는 수컷의 공격을 방어하는 모습을 지켜보는 것은 정말이지 경이로운 일이었다.⁵⁰ 그리고 나이 든 암컷 개코원숭이에서도 영아살해로부터 아기를 방어하는 등 유사한 이타주의적 행동이 관찰되기도 했다.⁵¹

그러나 다른 영장류 사례와 인류의 사례는 분명한 차이가 있다. 다른 영장류는 친족의 양육을 위해 늙은 암컷이 희생하는 경우가 보편적이지 않다. 하지만 인간은 늙고 생식능력이 사라지더라도 친족을 돌보기 위해 식량을 얻고 나누는 등 매일 노력할 수 있다. 이러한 도움은 식량이 부족할 때 매우 중요하게 작용한다. 또한 이는 현대의 모든 사회에서 보편적으로 나타나는 특징이기도 하다.

음식 공유가 만든 변화

음식 공유는 여성의 생존에 작용하는 진화적 선택압을 통해 여성이 폐경 이후에도 살아남을 수 있게 만들었다. 사냥꾼과 채집꾼 사이의 노동 분담이 이루어지면서 상호의존성이 더욱 높아졌다. 따라서 인류는 무리의 일원으로 받아들여지는 것이 그 어느 때보다 중요하게 되었다. 음식 공유는 남성이 배우자 그리고 가족 구성원과 상호 작용하는 방식만 아니라, 동료 사냥꾼과의 상호 작용 방식을 변화시켰다.

시간을 따라 거슬러 올라갈수록 일부일처제인지 일부다처제인지, 그리고 남성이 배우자에게 얼마나 충실했는지에 대한 정보는 점점 더 적어져서 알기 어렵다. 그렇다 해도 플라이스토세를 거치면서 인간 성인 대부분은 이성 파트너와 짝을 이루고 있었을 가능성이 높다. 물론 짝 결합의 지속 기간과 충실도는 알 수 없다.[52] 현대 수렵채집인을 통해 추측하고자 해도, 윤리적 문제라는 현실적 제약 때문에 자녀의 친자 여부를 확인하는 것이 불가능하다. 다만 우리가 알 수 있는 것은 20세기의 수렵채집인은 남녀 한 쌍이 짝을 이루는 것이 일반적이지만 또한 쉽게 해체될 수 있었다는 사실이다. 또 파트너 중 한 명이 다른 집단으로 이동할 수 있었고, 자녀는 일반적으로 어머니와 함께 남아 곧 새로운 관계를 형성하는 경우가 많았다.[53] 한편, 수명은 늘어났지만 나이가 들어서도 계속 번식할 수 있는 것은 남성이기 때문에 젊은 여성을 둘러싼 남성들 사이의 경쟁이 증가했을 것으로 추측할 수 있다.[54]

아직 모르는 부분이 많지만, 내가 보기에는 남성이 여성 곁에서 더 많은 시간을 보내고 있었고, 주변 사람들을 충분히 신뢰할 수 있었던 어머니가 아기에게 접근하도록 허용했다고 가정하는 것이 합당하다고 생각한다(〈그림 8.2〉). 그렇다면 남성이 여성과 아기 주변에서 더 많은 시간을 보내게 된 이유는 무엇이며, 이것이 음식 공유 행동에 어떤 영향을 미치게 되었을까?

영장류들 간의 음식 공유의 기원을 다룬 가장 체계적인 연구에서 스위스 영장류학자 에이드리언 예기(Adrian Jaeggi)와 카렐 반 샤이크는 음식을 준다고 알려진 모든 비인간 영장류 종의 기록을 조사했다. 연구 결과를 보면 영장류 절반 이상에서 성체가 새끼에게 음식을 주는 행동을 하는 것으로 나타났다.[55] 먹이를 주는 것은 보통 어미가 자신이 먹던 음식을 새끼가 가져가도록 허용하는 정도에 불과했다. 그러나 일부 경우에는 높은 확률로 친부일 가능성이 있는 수컷이 직접 새끼에게 음식을 건네는 모습도 관찰되었다. 예를 들어, 긴밀한 유대를 형성하는 올빼미원숭이가 가끔 음식을 건넸으며, 협력적으로 번식하는 타마린 수컷은 젖을 떼는 시기의 새끼들에게 꾸준히 먹이를 주었다.[56] 그러나 종을 불문하고, 일부일처제, 일처다부제, 또는 일부다처제를 갖춘 종들 사이에서 성체끼리 음식을 주고받는 행동은 이미 성체가 새끼에게 음식을 나누어 주는 관습이 자리 잡은 계통에서만 나타났다.

척추동물이 다른 개체에게 음식을 주는 행동은 종종 나타난다. 수컷 새가 둥지에 음식을 가져다주는 것, 흡혈박쥐가 동료에게 혈액 식사를 나누어주는 것, 들개 수컷이 새끼의 입에 미리 소화된 고기를 토해내는 것 등을 생각해보라. 하지만 이런 행동은 모든 척추동물 종에게 나타나는 행동이 아니다. 다양한 종을 비교하여 밝혀낸 바에 따르면, 성체가 새끼에게 먹을 것을 주는 행동은 새끼가 보채는 행동에 대한 반응으로 시작된다. 그러나 수렵채집사회의 민족지적 증거

〈그림 8.2〉 약 200만 년 전의 호모 에렉투스 무리. 어머니는 주변인의 선의에 대한 신뢰를 가지고 있었기에 보조 양육자가 아기를 데려가는 것을 허락할 수 있었으며, 아기가 안전하게 돌아올 것이라고 확신할 수 있었다. (빅토르 디악(Victor Deak)이 재구성한 '돌봄 공유', ⓒ SBH Lit)

를 살펴보면, 인간은 남녀 모두가 성인들 간의 음식 공유에 참여하지만 남자가 아기에게 직접 음식을 주는 예는 거의 찾을 수 없다. 남자가 음식을 주는 것은 대부분 다른 성인을 향한 행동이다. 일부일처제의 올빼미원숭이나 협동적으로 번식하는 타마린은 수컷의 직접적인 음식 공유가 나타난다는 점에서 차이가 있다. 전통적인 인간 사회에서 아기에게 음식을 주는 것은 여성이나 아이였으며, 남자가 아이에게 음식을 주는 등의 행동은 거의 없었다.

그렇다면 성인 간 음식 공유는 어떻게 시작되었을까? 우리는 그 답을 알 수 없다. 그리고 음식 공유가 인류 계통에서 중요한 역할을 하게 된 시점 또한 정확히 추정하기란 쉬운 일이 아니다. 그러나 채집꾼과 사냥꾼 간의 상호 의존성이 분명히 큰 역할을 했을 것이다. 인간의 경우, 나는 또 다른 요소가 작용했을 것이라고 의심한다. 예기와 샤이크가 연구한 결과를 보면 성체 간 음식 공유가 나타나면 이미 성체에서 새끼로 음식 전달이 이루어지고 있었다. 사람도 마찬가지다. 개인적으로 경험한 바에 따르면, 만약 누군가가 다른 사람에게 먹을 것을 준다면, 아이든, 애완견이든, 우리가 캘리포니아 농장에서 기르는 집 염소든, 주변의 다른 이도 모두 먹고 싶어 한다. 모두가 손을 내밀며 다가온다.

음식이 공유된 후 주변 개체가 음식을 두고 경쟁하거나 음식을 받고자 기대하기 시작하면, 여러 전략이 등장하게 된다. 이기적인 침팬지 수컷이 가끔 고기를 공유하는 경우를 떠올려보라. 침팬지가 고기를 나누는 경우는 잠재적으로 가치 있는 수컷 동맹에게 조금 나눠주는 경우가 대부분이다. 일부 침팬지 연구 사례에서는 수컷이 발정기 암컷에게 선택받기 위해 고기를 주기도 한다. 예기와 샤이크는 수컷에서 암컷으로의 음식 전달이 한 마리의 수컷만 있는 그룹에서는 관찰되지 않고, 두 마리 이상의 수컷이 있는 그룹에서 관찰된다는 것을 발견했다. 비록 단순한 상관관계일 수 있지만, 수컷에서 암컷으로의 음식 전달이 암컷을 두고 다수 수컷이 경쟁하는 상황에서 가장 많이 일어난다는 사실에 주목하게 된다. 이는 현대 수렵채집사회에서 남성이 관대한 사람 또는 가치 있는 사람으로 보이기 위해 경쟁하는 현상과 일치한다. 남성은 타인이 자신을 어떻게 생각하는지, 즉 '평판'을 신경 쓴다.

평판은 왜 인간 남성이 다른 성인 개체와 음식을 더 많이 공유하게 되었는지 설명하는 데 도움이 된다. 이는 개인적으로 경험한 바와도 상응한다. 남자가 동일한 잠재 파트너의 관심을 두고 다른 남자들과 경쟁할 때 기사도적 행동을 하고, 식당에서 많은 팁을 주기도 하며, 다양한 방식으로 관대함을 드러내는 표현이 증가하는 것을 쉽게 볼 수 있다. 또한 주머니 사정이 넉넉하지 않음에도 술집에서 친구에게 술을 사는 남자의 충동적 관대함을 설명하는 데 도움이 된다. 다음 장에서는 인간 계통의 남성이 다른 사람이 자신을 어떻게 생각하는지에 대해 왜 그렇게 신경 쓰게 되었는지에 대한 질문으로 돌아간다. 지금 말할 수 있는 핵심은 인간만이 서로에게 지속적으로 의존하며 먹고사는 종이라는 것이다. 음식 공유는 오랫동안 인류 종의 특징이었다.

상호 의존의 증가

모든 사회적 영장류가 그렇듯 집단생활은 포식자로부터 안전을 유지하기 위해 중요하다. 플라이스토세 시기를 거치면서 가족을 먹여 살려야 했던 호미닌에게 서로 무리를 지어 사는 것이 더 중요해졌다. 남성이 사냥에 실패하는 기간이 길어져도 여성이 꾸준히 수확한 식물성 식품으로 보충할 수 있었기 때문에, 결국에는 고기와 그에 포함된 아미노산, 비타민, 뇌를 풍부하게 하는 오메가-3 지방산과 미네랄이 계속 식단에 포함될 수 있었다.[57] 이 상호 의존성의 결과로 남성은 여성과 가까운 거리에서 더 많은 시간을 보낼 수 있었고, 이는 남성이 아기와 가까운 거리를 유지하는 배경이 되었다. 앞서 6장에서 설명하였듯, 아기는 주위에 있는 사람을 인자하고 관대하게 행동하도록 만드는 신비로운 힘을 가지고 있다《그림 8.3》.

인간이 언제부터 불을 다루고 음식을 요리하기 시작했는지는 정확히 알 수 없지만, 리처드 랭엄이 지적하듯 일단 불을 사용하게 되면서 요리는 영양학적 의미만 아니라 사회적 의미도 가지게 된다. 사람들이 불 주위에 함께 모여 따뜻함과 안전을 도모하면서 친밀감이 더욱 커졌고, 요리된 음식의 소화가 더 쉬워지면서 음식의 일부를 나눌 때 생기는 비용이 감소했다.[58] 그 결과, 식량 자원에 대한 집단 내 경쟁을 줄이는 동시에 여러 공급자가 더 넓고 안정적인 식단을 제공하는 것이 가능하게 되었다.

보조 양육자의 양육 지원, 특히 공동의 수유를 통해 어머니는 자녀가 더 빨리 젖을 떼고 이유를 시작하도록 할 수 있었고, 더 빨리 다시 출산할 수 있었으며, 이는 양육 지원의 필요성을 증가시켰다.[59] 한편, 느슨하고 유동적인 사회적 경계는 생식을 마친 여성이 자신들의 도움을 가장 필요로 하는 친족 가까이로 이주할 수 있게 했다. 부모와 할머니, 이모, 삼촌, 무리집단 내 다른 남성(일부는 혈연관계이고, 일부는 그렇지 않은), 특히 나이가 더 많은 형제자매와 아직 건강한 할머니의 공동 활동은 성장 속도가 느린 아이를 굶주림으로부터 보호하고 더 빠른 출산을 촉진하며 남성이 자신의 아기나 다른 사람의 아기 근처에서 조화를 이루며 지내도록 돕는 데 기여했다.[60]

사냥꾼이 큰 사냥감을 여러 사람과 공유하는 관습은 !쿵산족이나

〈그림 8.3〉 약 200만 년 전, 음식 공유와 성인들 사이의 의존성이 증가하면서 호모 에렉투스 남성은 음식을 먹고 나누는 동안 여성 및 아기와 함께 더 많은 시간을 보냈다. 마치 오늘날 아기처럼 이 시대의 아기도 어김없이 음식을 먹으려고 손을 뻗고 한 입 먹은 후 어른에게 한 조각을 다시 건네주는 '되받아먹기'를 했을 것이다. (빅토르 디악이 구상한 '현실적인 플라이스토세 가족', © SBH Lit)

하드자족 수렵채집인들 사이에서 뛰어난 사냥꾼의 자녀와 아무것도 잡지 못한 아버지를 둔 자녀 사이에 체중의 차이가 별로 없는 이유를 잘 설명한다.[61] 음식 공유와 함께 플라이스토세에 진화한 사회 안전망은 아버지가 사망하거나 떠난 아이들도 여전히 음식을 공급받았다는 것을 의미한다. 약 30퍼센트 정도의 하드자족 아이는 양부모와 함께 살거나 아버지가 없었다.[62] 그러나 보조 양육자의 지원이 있다 해도, 인류 진화의 역사 동안 영유아 사망률은 여전히 높았을 가능성이 크다. 영유아 사망률은 20~50퍼센트 정도였을 것이며, 아주 상황이 좋지 않을 때에는 그보다 더 높았을 것이다.[63]

남성의 복합적 동기

어머니와 자녀만이 다른 사람의 식량 공급에 의존한 것은 아니다. 여성이 모은 식물성 식품과 남성이 가져온 사냥감 덕분에 운이 나쁜 사냥꾼도 굶지 않을 수 있었다. 고기를 공유해야 한다는 기대는 사냥꾼에게 협력을 촉진시켰고, 이후 발생할 수 있는 음식을 둘러싼 싸움을 줄여주었다.[64] 싸움은 언제나 비용이 큰 법이다. 따라서 사냥감을 공유하는 것은 사냥꾼을 포함한 모든 이에게 이익이 되었다. 고기를 나누어 먹을 때 고기 자체만큼이나 맛있는 것은 다른 사람의 시선과 존경이었다.

주호안시족의 속담에는 '여자는 고기를 좋아한다'[65]는 말이 있다. 그러다 보니 능력이 부족한 사냥꾼은 짝을 찾지 못하는 경우가 있다. 반면 잘나가는 사냥꾼은 좋은 배우자감이고, 나아가 좋은 사윗감이다. 전통 수렵채집사회에서 훌륭한 사냥꾼과 꿀을 잘 따는 남자는 최고의 사윗감으로 인정받는다.[66] 사냥꾼의 명성은 동료 사냥꾼과 다른 가족, 그리고 고기를 갈망하는 친척 사이에서도 널리 퍼진다.[67] 사냥꾼의 업적은 밤에 모닥불 주변 모여 앉아서 쉴 때 이야깃거리가 되었다. 또한 남자에게 무엇을 기대하는지 상기시키는 교훈적인 이야기도 전해졌다. 예를 들어, 하드자족의 전설에서는 괴물로 변신하여 사위의 살을 뜯어먹는 장모의 이야기가 있다.[68]

훌륭한 사냥꾼은 귀중한 자산이었고, 무리 전체에서 애지중지하는 병사였다. 공동체의 존경은 짝을 구할 때 매우 중요했다. 사냥을 통해 젊은 남성은 결혼 자격을 증명했다. 어떤 사회의 결혼 관행에서는 짝을 찾는 젊은 남성이 예비 처가 가족과 함께 살면서 일정 기간 동안 사냥을 해야 했다.[69] 사냥에서 크게 성공하면 남성의 가족과 공동체에 대한 가치를 입증할 수 있었다. 비록 좋은 사냥꾼의 자녀가 다른 자녀보다 더 잘 먹고 살 수 있는 것은 아니었지만, 높은 존경을 받는 남성의 자녀는 다른 혜택을 누릴 수 있었다. 예를 들어, 지위가 높은 남성의 아이가 아프면 무리 전체의 이주 계획이 미뤄질 수 있었다.

17개의 다른 무리집단에서 온 156명의 하드자족 부족민에게 가장 좋아하는 동료를 물었더니 뛰어난 사냥꾼이자 관대한 사냥꾼이 꼽히는 경우가 가장 많았다. 뛰어난 사냥꾼은 다른 사냥꾼으로부터 '친구'로 더 많이 언급되었다.[70] 이는 뛰어난 사냥꾼이 이혼한 경우 더 빨리 재혼할 수 있었던 이유를 설명해준다. 또한, 수렵채집사회 거의 어디서나 좋은 사냥꾼이 많은 성적 관심을 받는다는 소문이 돌았고,[71] 하드자족에서는 재혼할 때 좋은 사냥꾼일수록 더 젊은 아내를 찾을 수 있었다.[72]

당연히 남성의 우선순위는 상황에 따라 달라졌다. 아마존의 한 수렵채집사회에서 브라이언 우드(Brian Wood)와 킴 힐(Kim Hill)이 관찰한 사례를 소개한다. 남자들에게 같이 살고 싶은 집단을 고르라고 했을 때, 자녀가 있는 남자는 더 능숙한 사냥꾼이 많은 집단을 골랐다. 자녀에게 더 많은 고기를 줄 수 있기 때문이었다. 반면 미혼 남성은 더 많은 미혼 여성이 있는 집단을 원했다.[73] 구애할 대상이 많기 때문이었다. 미혼 남성의 동기는 단순한 성선택으로 설명될 수 있다. 반면 이미 아버지가 된 남성은 자녀에게 더 많은 자원을 제공하는 공동체에 속하고자 하는 사회적 선택을 더 중요하게 여겼다. 시간이 지나면서 부양자로서 아버지 역할을 맡게 된 남성은 우선순위를 재구성하여 미래를 더 중시하게 된 것이다. 이때 남자의 명성과 지위는 후손이 살아가는 환경을 만드는 데 큰 역할을 한다.

민족지학자 폴리 위스너(Polly Wiessner)는 주호안시족과 함께 살면서 좋은 사냥꾼이 갖는 주요 혜택 중 일부가 정치적인 것임을 깨달았다. 신랑감으로 인정받기 위해 사냥꾼은 약 1년 반 동안 적어도 세 마리의 큰 동물을 잡아야 하는 어려움이 있었다. 그러나 그렇게 명성을 쌓은 뛰어난 사냥꾼은 유용한 동맹을 모을 수 있었다. 존경받는 남성은 같은 집단 내에 부모, 형제, 자매, 조카 등 더 많은 친족을 갖게 될 가능성이 높았다. 이러한 주변 사람은 좋은 보조 양육자가 되었다. 아버지가 떠나거나 사망하더라도 주변 사람들은 그의 자녀와 후손의 생존 가능성을 계속해서 높일 수 있었다.[74]

존경받는 주호안시족 남자는 또한 주술사(또는 치유자)가 될 가능성이 더 높았다. 주술사가 되는 것은 더 넓은 영역에서 영향력을 확장할 수 있는 위치에 올라간다는 것을 의미했다. 특히 다른 부족과 교환 관계를 형성함으로써 정치적, 경제적 이득을 얻었다. 위스너는 화살촉, 타조 알껍데기 목걸이 등 유물을 통해 관계를 유지하는 '흐사로(hxaro)'라는 정교한 선물 교환 네트워크를 묘사했다.[75] 이들은 때로 음식도 주고받았다. 20세기 하드자족의 경우 마을에 도착한 고기의 약 27퍼센트는 다른 무리의 남자들이 잡은 것이었다.[76]

고기는 흔적을 남기지 않지만, 선사시대 아프리카를 연구하는 고고학자는 흑요석이나 적토 같은 내구성 있는 물질의 교환을 수백만 년 전까지, 또 때로는 먼 거리에 걸쳐서 추적한다.[77] 교환은 가뭄이 들거나 기근 때 특히 더 중요했고, 수렵채집인이 역경에서 벗어나 기회를 찾아 이동할 수 있게 했다.

이러한 관습은 평판이 좋은 !쿵족(또는 주호안시족) 사냥꾼이 더 많은 아내를 두거나 더 젊은 여성과 결혼하지 않았더라도 자녀 생존율이 높은 이유를 말해준다.[78] 지위가 주는 혜택은 남성의 생애 동안 그리고 그 이후에도 계속해서 중요했다.[79] 남자가 나이를 먹으면 단지 책임만 커지는 것이 아니라 무리 내에 친족이 많아지게 된다. 친족 및 친족에 가까운 관계를 통합함으로써 남성은 정치적 영향을 강화하고, 적절한 보조 양육자로 이루어진 최적의 공동체를 만들었다(《그림 8.4》).[80]

그렇다고 성선택의 영향이 없어지는 것은 아니다. 이에 대한 민족지적 증거는 명확하다. 수렵채집사회의 남성 사이에서 싸움이나 살인 사건이 발생하기도 한다. 심각한 싸움은 주로 여성을 둘러싼 문제로 발생했다.[81] 그러나 남성이 생존 가능한 자손을 키우고 스스로 먹고 살기 위해 다른 사람에게 의존하게 되면서 싸움의 비용이 증가했다는 사실은 자명하다. 그렇기 때문에 몇몇 지배적 수컷이 번식을 독점할 수 있는 가까운 유인원 친척과 비교하면, 인류에게 나타나는 성선택에 의한 짝 경쟁은 먼 과거에 비해 완화되었다. '좋은' 평판을 유지하는 것의 가치가 중요해졌기 때문이다. 다윈은 이렇게 말한다. "아주 먼 시기에 원시인은 동료의 칭찬과 비난에 의해 영향을 받았을 것이다. 칭찬을 좋아하고 비난을 두려워하는 성격은 아주 중요한 진

〈그림 8.4〉 주호안시족 할아버지인 토마(≠Toma) 씨가 애정 가득한 손길로 아이를 안고 있다. 토마 씨가 일생 동안 모은 사회적, 물적 자원은 손녀의 삶을 윤택하게 해줄 것이다. (로렌스 K. 마셜과 로나 J. 마셜 기증. © President and Fellows of Harvard College, Peabody Museum of Archaeology and Ethnology, 2001.29.267)

화적 요소였다."[82]

다윈이 그 말을 쓴 지 150년이 지났지만 지금도 우리 사회의 남성에게 여전히 적용되는 말이다. 한 설문에 따르면 남성은 '나치'로 취급받거나 '소아성애자'로 낙인 찍혀 본인의 명예를 훼손당할 바에는 감옥에 가거나 팔다리를 절단하거나 죽음을 선택하겠다고 응답했다. 우리의 사회에서는 "도덕적 평판을 유지하는 것이 가장 중요한 가치다."[83]

낯선 유인원 수컷이 젖먹이 새끼를 본능적으로 공격하던 성선택 행동은 수백만 년이 지나 매우 비용이 큰 행동이 되었다. 보노보 무리에서 보조 양육자는 모두 어미 암컷과 함께 아이를 지키는 데 동참할 것이다. 수컷은 의붓자녀에게 덜 관대할 수는 있지만, 의붓자녀를 공격하는 것은 용납되지 않을 가능성이 높다.[84]

명성과 평판에 민감한 유인원, 즉 인류는 집단 구성원에 대한 공격적인 반응이 줄어듦에 따라 남성이 아기와 가까이 있는 시간이 늘어났다. 이로써 매력적인 아기의 냄새와 미소에 더 많이 노출되었다(6장 참조). 이러한 이유로 남성이 직접적으로 아기를 돌보지 않는 사회에서도 남성은 아기를 따뜻하게 맞이하고 안아준다. 일부는 여성에게 허락받고 아기를 데려와 돌보는 모습을 보여주는 행위를 통해 본인의 인자함을 과시하기도 한다.[85]

호미닌 남성은 지위 경쟁을 했지만 그것은 더 이상 음식 접근이나 배우자를 두고 벌이는 직접적 경쟁이 아니었다. 플라이스토세 시기 동안, 지위의 기준은 협력적이고 관대한 행동에 대한 존경을 포함하면서 확장되었다. 이렇게 획득한 사회적 자본은 다양한 방식으로 사용할 수 있었다.[86] 따라서 남성은 누가 더 너그러운 마음씨를 가졌는지를 두고 경쟁하게 되었다. 이는 종종 "경쟁적 관대함"으로 불린다.[87] 그러나 주는 사람의 관대함이 지나치게 과시적으로 보일 경우 불쾌감을 불러일으킬 수 있었다.[88] 20세기 인류학자가 사냥 후 고기를 나누는 !쿵족과 하드자족 사냥꾼의 행동을 관찰한 결과를 보면 남성은 관대하지만 겸손해야 한다는 기대가 있었다. 따라서 사냥감은 다른 사람에게 넘겨 집단 전체에 문화적으로 규정된 할당량에 따라

분배되도록 했다.[89]

1950년대에 !쿵족을 연구한 선구적인 민족학자 로나 마셜(Lorna Marshall)은 !쿵족 남성이 음식을 나눠가질 때 관대해 보이기 위해 노력하는 모습을 기록했다. 마셜은 "항상 식량이 많지 않아 깡마른 사람이 음식 앞에서 모두 절제하고 관대하게 행동하는 모습은 감동적이었다"고 썼다. 모든 사람에게 음식을 주는 것이 좋은 매너였고, 심지어 자신의 몫을 최소한으로 남겨놓거나 아예 남기지 않고 다 나눠줄 정도였다.[90] !쿵족이 보여준 모습은 수렵채집인이 야만인과 같다는 편견과는 거리가 멀었다.

원시인의 짐

명성이 언제부터 이렇게 중요한 역할을 하게 되었는지(이 부분에 대해서는 다음 장에서 더 자세히 다룬다), 그리고 언제부터 남자가 명예를 얻고자 커다란 사냥감을 쫓게 되었는지는 정확히 알 수 없다. 하지만 그 역사가 깊다는 것을 알 수 있는 증거가 있다. 수천 년 전의 암벽화와 동굴벽화에는 영양, 기린, 코뿔소 등이 묘사되어 있다. 이는 사냥감에 대한 유서 깊은 집착을 드러낸다. 대형 동물 사냥의 성공은 남성의 능력에 대한 명성으로 이어졌고, 음식을 나누는 과정에서 공동체의 가치를 깨닫게 했다.[91] 뛰어난 사냥꾼에게 부여된 명성은 시간이 지나 우리 현대사회로 이어지면서 가족 부양자로서 아버지의 모습을 이상적으로 그리도록 만들었다. 빅토리아 시대 영국부터 산업화 이후의 서구 사회에 이르기까지, 가족을 부양하는 것은 남성에게 주어진 당연한 진화적 의무로 받아들여졌고, 인간의 타고난 속성이자 훌륭한 남

자의 기준으로 간주되었다.[92]

이와 같은 '남자다움'에 대한 뿌리깊은 선입견 탓인지 크리스텐 호크스 연구팀이 런던에서 열린 강연회에서 연구 결과를 발표하자 긴장이 감돌았다. 호크스는 플라이스토세 시기든 오늘날의 하드자족이 사는 지역이든 '사냥꾼 부양자 아버지' 모델이 열량의 측면에서 실패할 수밖에 없다는 점을 설명했다. 호크스는 "사냥꾼 남성 모델이 사실상 무너졌다"고 도발적으로 말했다. 이것은 마치 작은 조각배가 유조선의 항로를 바꾸려고 시도하는 것 같았다.[93] 한 저명한 진화심리학자가 손을 번쩍 들며 "고기가 중요하지 않다는 뜻은 아니겠죠!"라고 외쳤다. 일부는 남성의 부양 동기로서 부성 확실성과 부성애를 과소평가하는 주장이라고 비판했다. 하지만 호크스 팀은 고기와 단백질의 중요성을 부정한 적이 없었다. 사냥꾼이 부성애에 무관심하다고 주장하지도 않았으며, 남성이 자신의 배우자에게 성적인 질투를 하지 않는다고 말하지도 않았다. 단순히 아프리카의 수렵채집인 사이에서 남성이 사냥을 나갈 때 여러 가지의 동기를 가지고 있으며, 그중 '과시하기'도 포함된다고 말했을 뿐이다.[94]

남성이 사냥을 통해 자신을 증명하는 것을 멈춘 지 오래되었지만, '남자'로 인정받기 위해 부양자가 되어야 한다는 생각은 여전히 남아 있다. 사회학자 캐슬린 거슨(Kathleen Gerson)은 "20세기 후반 미국 여성의 사회 진출과 오르지 않는 임금으로 인해 남성의 단독 부양이 불가능해지고 있는 시대에도 여전히 많은 남성이 진정한 남자라면 좋은 부양자가 되어야 한다고 믿는다"라고 지적했다.[95] 가족을 부양할 수 없는 남성은 "남자답지 않다"고 느낄 수 있다.[96] 한편으로 기업가, 정치인, 스타 운동선수, 록 스타 등 과시욕과 승부욕을 가진 사람들은 여전히 필요 이상으로 개인적 명성과 유명세에 집착하는 모습을 보인다. 이는 현대의 남자들이 플라이스토세 시대의 선조들에게 빚지고 있는 유산의 일부라고 할 수 있다.

케셈 동굴의 모닥불 주위에 모여

에얄 에이브러햄과 루스 펠드만은 신생아를 입양한 후 주된 돌봄을 맡았던 남성의 뇌를 스캔하는 선구적인 연구를 했다. 연구를 진행한 곳은 이스라엘의 실리콘밸리로 알려진 텔아비브 근처 헤르즐리야(Herzliya)에 위치한 연구실이었다. 바로 그 연구실에서 자동차로 20분 정도 되는 거리에는 석회동굴이 하나 있다. 케셈 동굴(Qesem Cave)은 2000년 10월, 사마리아 언덕과 지중해 해안 평원을 연결하는 도로를 건설하던 도중 인부들이 우연히 동굴의 석회암 천장부를 뚫게 되면서 세상에 드러났다.

50만 년 전 이 동굴에는 원시 인류가 살았다. 30만 년 전에는 후기 호모 에렉투스와 초기 호모 사피엔스 무리가 추운 계절이 되면 이곳으로 돌아왔다. 불을 이용하여 온기를 유지했고, 먹을 것을 요리했다. 이로써 동굴 집을 따뜻한 곳으로 만들고 근거지로 삼았다. 이곳에서 안전을 느끼고, 따뜻하게 지내며, 사회적 활동을 하고, 음식을 먹었다.[97] 케셈 동굴의 요리 구역에는 재로 된 층이 발견되었는데, 사슴, 야생 소, 말, 야생 당나귀, 돼지, 염소, 거북, 가끔은 코뿔소의 타다 남은 뼈가 남아 있었다. 이 뼈들은 단순한 뼈가 아니라 가장 살점이 많고 골수가 풍부한 부위의 뼈였다. 사냥꾼들이 이러한 귀중한 부분을 바로 먹어치우지 않고 굳이 근거지로 가져온 이유는 아마 음식을 공유하기 위한 것이었을 가능성이 크다.

뼈에 난 홈집과 절단 자국은 흑요석으로 만든 긁개와 돌칼로 낸 것으로 밝혀졌다. 이 도구들은 다양한 방식으로 여러 사람에 의해 사용된 것으로 보인다.[98] 화석화된 치아에서 긁어낸 치석을 통해서는 거주자들이 무엇을 먹었는지 알 수 있다. 이들은 여성이 주로 채집한 솔방울, 씨앗 및 기타 전분이 풍부한 식물성 음식을 주로 먹었다.[99] 이는 도구를 사용할 정도로 점점 더 인지적 수준이 높아진 사냥꾼과 채집자들에게 딱 안성맞춤인 폭넓은 식단 구성으로 노동 분업과 음식 공유의 결과물이었다. 이처럼 인류는 먹을 것을 나누고 함께 아기를 키우면서 '인구학적 딜레마'를 해결할 수 있었다.

인류가 플라이스토세에 직면한 여러 위험을 견디며 살아남아 번성할 수 있었던 비결은 이것이 다가 아니다. '신체적 완충제(Physiological buffering)'라고 불리는 것이 그중 하나로, 엉덩이를 포함한 몸의 여러 부분에 지방을 축적하는 방법이 있다. 또한 '인지적 완충제(cognitive buffering)'로서 효율적인 도구를 만들고, 사용법을 배우고, 지식을 전달하는 방식을 채택한 것도 한 몫 했다. 그러는 동안 두뇌 크기의 '회색 천장'은 점차 높아지게 되었다.[100] 그렇게 더 큰 두뇌를 가진 더 비싼 자손을 더 짧은 출산 간격으로 낳는 예상치 못한 상황이 발생했는데, 이는 음식 공유를 통한 집단 내 상호 의존이 없었다면 불가능한 일이었다.

혹독하고 예측 불가능한 플라이스토세의 기후는 다른 직립 유인원들의 멸종을 초래했으며, 호모속으로 이어지는 계통의 조상이 서로 자원을 공유할 수밖에 없게 만들었다. 아이를 기아에서 구해내고 어려운 상황에서 벗어나기 위해서는 다른 사람의 도움이 있어야만 했다. 수컷은 짝을 지키기 위해 함께하려 했다. 인류는 높은 지능을 바탕으로 상호의존적 공동 양육과 음식 공유 전략을 통해 번성할 수 있었다. 이를 계기로 행동적, 발달적, 신경내분비학적 영향이 연쇄적으로 발생하게 되어 여성과 아이, 그리고 남성에까지 그 영향이 미치게 되었다.

수컷 호미닌이 사냥을 하고 나서 먹을 것을 근거지로 가져와 나누어 먹는 것은 남자가 아내와 아이 곁에 머물게 된 또 다른 이유다.[101] 다른 영장류처럼 인류는 자원을 나눌 때 옥시토신 수치가 상승한다. 또 어른이 아기 근처에 있을 때도 마찬가지다.[102] 따라서 아기가 근처에 있다는 사실만으로도 남자는 더 관대하게 행동하도록 자극받았을 것이다. 연구에 따르면 사람은 아이나 아이의 사진만 봐도 더 관대해지는 경향이 있다.[103] 모금 활동가들이 기부를 요청할 때 아이 사진을 많이 사용하는 데에는 다 이유가 있는 것이다.

다른 사람에게 무언가를 주는 행위는 도파민, 세로토닌 또는 옥시토신과 같은 신경 호르몬을 분비하여 인간의 뇌에 있는 보상 중추를 더욱 자극한다. 이는 케셈 동굴에서 함께 어울려 음식을 나누었던 플라이스토세 후기 인류에게도 작용했다. 그들은 음식을 나누며 즐거움의 감정을 느꼈을 가능성이 크다.[104]

현대 수렵채집인처럼 남성이 근거지에서 식사를 마친 후 짝과 함께 따뜻한 잠을 자면서 체온을 유지했다면 이러한 효과는 더욱 증폭되었을 것이다. 여자와 함께 잠을 자는 남자는 자연스레 아기 곁에서 잠을 자게 되었을 것이다. 횡문화적으로 볼 때, 모자동침(어머니와 아기의 공동 수면)은 영장류의 보편적인 습관으로, 인간 사회에서 전통적으로 널리 행해지다가 현대 산업사회에서 줄어든 행동이다. 오늘날의 아버지도 아기와 함께 자면 테스토스테론 수치가 줄고 옥시토신 수치가 높아진다.[105]

이처럼 원시의 호미닌이 상호의존적 사교성을 가지고 있었고 서로에 대한 신뢰 수준이 높았기 때문에 어머니는 기꺼이 다른 사람에게 아기를 맡길 수 있었을 것이다. 이제는 멸종한 우리 자매 종인 네안데르탈인(Homo neanderthalensis)에서 발견된 새로운 증거를 통해 어머니가 타인에 대한 신뢰가 높았을 것이라는 점을 다시 한번 확인할 수 있다. 30만 년 전, 어쩌면 그보다 더 이른 시기에 네안데르탈인 조상은 호모 사피엔스와 유사한 뇌 성장 패턴을 보였다.[106] 9만 년 전, 일부 네안데르탈인 어머니는 다른 사람에게 자녀를 맡길 정도로 타인을 믿었던 것으로 보인다.

이는 발자국 화석을 보고 추론한 사실이다. 최근 프랑스 노르망디 해변에서 10~13명의 호미닌(아마도 네안데르탈인)이 남긴 발자국 화석이 발견되었다. 대부분 두 살이 넘는 아이의 발자국이었다. 고생물학자 제레미 데실바(Jeremy DeSilva)는 이를 "선사시대의 데이케어(주간 보육)"의 증거라고 말했다.[107] 과거에 주간양육센터에서 자원봉사자로 일했던 경험을 떠올려보면 성인 한 명당 네 명의 아이로 된 구성은 아이 돌봄에 적절한 비율이다.

이 시기까지 적어도 7만 년 전 네안데르탈인의 유아는 비(非)인간 유인원 조상들에 비해 더 일찍 젖을 뗐을 것이다. 치아 화석을 분석

해보니 생후 5~6개월에 이유식을 먹었던 것으로 나타났는데, 현생 인류와 유사한 시기이다.[108]

이러한 패턴은 네안데르탈인의 조상이 약 50만 년 전 호모 사피엔스의 계통에서 분화될 즈음에 이미 공동 양육이 진행 중이었음을 시사한다. 그러나 우리가 알고 싶은 것은 네안데르탈인이 아니라 현생 인류다. 현생 인류는 후기 플라이스토세에 마지막으로 두뇌가 급격히 확대되었고, 대뇌 피질의 발달과 함께 공동 양육, 자원(음식) 공유, 온순한 성격이 공진화했다. 물론 모든 유인원처럼 그 당시 남성도 여전히 높은 지위를 원했다. 그리고 여성에 대한 접근을 놓고 경쟁했다. 그러나 살아남기 위해서는 배우자만 아니라 동료 사냥꾼 등 집단 구성원과 잘 지내고 잘 나누어야 했다.

인류는 유성생식을 하는 종이기 때문에 성선택의 힘을 무시할 수 없다. 하지만 이처럼 더 유순하고 수용적인 남성은 집단 내 다른 남성에 의해 사회적으로 선택되었을 것이다. 왜냐하면 남성은 협력자이자 팀으로서 동료를 얻고 명성을 높이고자 노력하기 때문이다. 타인과 좋은 관계를 맺고자 했던 현대 수렵채집인은 바로 이 유인원의 후손이었다. (여기서 !쿵족을 연구한 민족지학자인 로나 마셜의 말을 인용하자면) 이들은 "적대감과 배척을 피하고 싶어했다."[109] 그러나 이를 위해서는 유순한 성격과 양육 보조만으로는 부족했다. 남성은 다른 사람으로부터 인정받고 받아들여지기 위해 다른 사람의 생각을 읽어야 했다. 그리고 무엇을 좋아하고 싫어하는지 관찰하고 파악해야 했다. 이러한 성향은 수천수만 년 후 일부 21세기 남성이 의식적으로 '멋진' 아버지가 되고자 노력하는 성향을 만들었다. 남성은 왜 자기 이미지와 명성에 대해 그토록 신경 쓰게 되었을까? 바로 그것은 호미닌 아이가 성장하는 독특한 방식 때문이었다. 다음 장에서는 남성의 공동 양육과 자원 제공이 아이의 발달적 맥락을 어떻게 변화시켰는지, 그리고 특유의 타인을 배려하는 성향의 진화에 어떻게 기여했는지 설명할 것이다.

9
정신의 변화

"더 높은 지위를 얻기 위해 강한 힘과 많은 자원을 자랑하는 수컷의 본성은 동물의 세계 어디에나 존재한다. 그러나 자신의 넓은 아량을 자랑하고 자신이 얼마나 사회적 규범을 잘 따르는지를 자랑하는 동물은 인간뿐이다."

랜돌프 네스(2009)

상호의존성과 그 결과

케셈 동굴에 살았던 원시 인류는 화로 주변에 모여 음식을 나누며 살았을 것이다. 이들은 300만 년 전 아프리카의 숲과 사바나를 돌아다니던 오스트랄로피테쿠스와는 인지적, 감정적으로 상당히 달랐다. 더 큰 몸집, 더 큰 뇌, 그리고 더 효과적인 도구를 가지고 있었고, 과거의 유인원이 시도하지 않았던 방법으로 다른 개체와 상호작용하고 있었다. 이러한 수준의 협력을 유지하려면 다른 사람이 무엇을 생각하고 의도하는지 추론할 수 있어야 했다.

모든 유인원은 비교적 큰 뇌를 가지고 있지만, 호미닌의 뇌는 훨씬 더 커서 침팬지의 뇌보다 세 배나 크다. 특히 전두엽은 놀라울 정도로 많은 수의 뉴런을 담을 수 있을 만큼 발달해 있다.[1] 이 뉴런들이 모여 형성한 신경망은 개인이 다른 사람의 생각과 감정을 이해하고 자신의 행동이 타인에게 미칠 영향을 평가할 때 활성화된다. '호미닌들의 삶에서 이렇게 다른 사람을 고려하는 능력이 필수적일 수밖에 없었던 이유는 무엇일까?'

플라이스토세 시기에 성적 파트너 사이의 감정적 관계가 어땠는지, 그 유대가 얼마나 지속되었는지, 혹은 어느 성이 얼마나 충실했는지에 대해 정확히 알 수는 없다. 우리가 알 수 있는 것은 치아 화석에서 얻은 증거다. 이 증거에 따르면 원시 인류는 다른 영장류에 비해 유년기가 조금 더 길어졌고, 이에 따라 아이가 더 긴 시간 동안 다른 개체에게 의존해야 했다. 아마 이 아이는 부모만 아니라 주위의 보조 양육자에게도 의존했을 것이다. 그리고 핵가족이 아니라 대가족에서 자랐을 것이다. 인류는 변화하는 상황에 따라 다양한 방식으로 살아가며, 또한 매우 이동성이 높은 종이다. 따라서 무리를 이루는 구성원 또한 종종 변했을 것이다. 즉, 이것은 '가족'으로 간주되는 사람이 계절별로 다르고 해마다 다를 수 있음을 의미한다.

음식을 요리하고 함께 먹는 동안 남성은 자연스레 여성과 가까워졌을 것이고, 이로써 아기와 가깝고 친밀한 관계를 맺는 시간 또한 많아졌을 것이다. 그러나 남성이 아기와 어떤 감정을 가지고 상호작용했는지는 알 도리가 없다.

뼈, 발자국, 그리고 배설물은 모두 화석화된다. 이 화석을 통해 때로 원시 인류의 DNA가 복원되고 분석되기도 한다. 이러한 흔적은 운동 효율, 식단의 폭, 계통, 그리고 친족 관계에 대해 알려준다. 그러나 감정에 대해서는 알려주지 않는다. 그래서 우리는 아버지나 남성 양육자가 아기를 부드럽게 안아주고, 아기의 머리 냄새를 맡으며, 아기에게서 발산되는 HEX 냄새를 즐기고, 엉덩이를 닦아주거나 고기를 씹어서 이유식으로 주는 등의 행동을 했는지 여부는 알 수 없다. 남성이 자상하고 다정한 행동을 했을 수도 있고, 그렇지 않았을 수도 있다. 그러나 우리가 꽤 확신할 수 있는 것은 과거 남성이 자신의 배우자와 자녀뿐만 아니라 다른 집단 구성원을 위해서도 협력하고 있었다는 것이다. 게다가 현대 수렵채집사회를 연구하는 민족지학자가 보고하듯, 남성이 따르는 음식 공유의 규범이 있었을 가능성이 높다.

플라이스토세 시기 조상이 일상적으로 협력하면서 음식을 나누었다는 사실을 바탕으로 막스 플랑크 진화인류학연구소의 소장이었던 비교발달심리학자 마이클 토마셀로(Michael Tomasello)는 '상호의존성(Interdependence) 가설' 또는 '상호주의(Mutualism) 가설'로 알려진 가설을 제안했다. 토마셀로는 수렵과 채집 상황에서 발생하는 의무적 협력이 인간 종 특유의 친사회성 및 초사회성(hyper-social)의 점진적 진화를 설명한다고 주장했다.[2] 하지만 어떤 심리적 성향이 이러한 진화적 발달의 기초가 되었을까?

토마셀로는 이에 대한 답으로 '지향점 공유'라는 독특한 사회인지적 능력을 제안했다.[3] 지향점 공유 능력은 서로 다른 개인이 정신 상태를 공유하고 동시에 같은 경험을 하면서 '함께하고 있음'을 아는 능력으로, 이는 큰 먹잇감을 잡기 위해 사냥꾼이 협력하는 등 광범위한 협력을 위해 필수적인 능력이다.[4] 실험에 따르면, 다른 유인원은 지향점을 공유하는 경향을 거의 보이지 않는 반면, 인간은 지향점 공유가 일상적이다.

　막스 플랑크 연구팀은 두 돌 반이 된 인간 유아 105명, 대부분 성장이 끝난 침팬지와 오랑우탄 각각 106마리와 32마리의 사회인지 능력을 비교하기 위해 특수한 비언어적 테스트 장치를 사용했는데, 이 테스트를 통해 물리적 인지와 자연 세계에 대한 이해에서 세 유인원 종이 대략 비슷한 수준이라는 것을 알게 되었다. 인간 유아, 침팬지, 오랑우탄은 간식이 숨겨진 장소를 기억하거나 물건의 많고 적음을 구별하고, 인과관계를 이해하는 영역에서 점수가 비슷했다. 큰 차이가 발견된 영역은 '사회적 인지' 영역이었다. 이것은 다른 사람이 시범을 보이는 것을 주의 깊게 관찰하여 상대의 의도를 이해하거나 그들의 생각을 정신화(mentalizing)하는 능력이었다.[5] 다른 유인원, 예를 들어 침팬지는 음식 보상을 위해 누군가가 간식을 어디에 숨겼는지를 추론해야 할 때, 숨긴 사람이 가지고 있는 정보가 무엇인지 생각하고 행동하는 빈도가 높지 않았다. 하지만 인간 유아는 다른 사람이 생각하거나 알고 있는 것을 인식하는 데 훨씬 더 관심이 많고 능숙했다. 실험심리학에서는 이를 '마음 이론(theory of mind)'이라고 한다.[6]

　인간이 다른 사람이 원하는 것이나 의도하는 것을 읽는 데 더 능숙하다는 발견은 인간이 진화적으로 '협력을 위한 눈동자'를 가지게 되었다는 가설과 일맥상통한다. 대부분 다른 유인원의 눈동자는 어두운 갈색 공막으로 둘러싸여 있으며, 흰자위는 거의 보이지 않는다. 그렇기 때문에 유인원은 서로의 시선이 어디를 향하는지 알기 어렵다. 그러나 인간의 경우, 홍채와 동공을 둘러싼 공막의 흰색 부분이 드러남에 따라 시선의 방향을 읽을 수 있으며, 이로써 다른 사람에게 어떤 사람이 무엇에 관심을 가지고 있는지 신호를 보낼 수 있다.[7] 인간의 눈은 특히 다른 사람에게 자신의 의도를 알리고 공유하는 데 적합하게 보인다. 진화 과정에서 호미닌 홍채 주변의 조직이 언제부터 밝은 색을 띠기 시작했는지는 알 수 없으며, 여전히 우리의 상상에 맡겨져 있다 (《그림 9.1》).[8]

생후 9개월이 되면 아기는 시선의 방향만으로 의사소통할 뿐만 아니라 자신이 관심이 있는 것에 대해 다른 사람도 주의를 기울이도록 만들 수 있다. 이때 아기는 어떤 물체에 시선을 보내 다른 사람도 보

〈그림 9.1〉 예술가 빅토르 디악의 호모 조지쿠스(또는 초기 형태의 호모 에렉투스) 복원 영상을 처음 보았을 때, 180만 년 전 이 호미닌의 시선에서 느껴지는 현실성에 압도되었다. 호모 조지쿠스는 뒤돌아보며 나와 눈을 마주쳤고, 그 순간 그가 내 목적지를 알고 있음을 이해할 수 있었다. 왜 의사소통을 하고 있다는 느낌을 강하게 받았을까? 눈동자와 시선을 통해 나와 소통하고 싶고 의도를 공유하고 싶어 한다는 것을 표현했기 때문이다. (빅토르 디악의 승낙 하에 전재)

게 하고, 마치 '이게 뭐야?' '이것에 대해 어떻게 생각해?'라는 질문을 하는 것처럼 행동할 수도 있다. 이러한 상호작용은 자연 상태의 침팬지에서는 거의, 또는 전혀 관찰되지 않는다.

아기는 또한 무언가를 직접 가리키며 주의를 끄는 경우가 많다. 이는 자연 상태의 침팬지가 거의 하지 않는 일이지만, 친하고 신뢰할 수 있는 사육사(다른 종인 보조 양육자)와 친숙한 사육 침팬지는 이런 행동을 하는 경우가 있다.[9]

다시 말해, 침팬지와 오랑우탄은 때로 다른 사람이 무엇을 인지하고 생각하는지 이해하는 기초적인 수준의 능력을 보이기도 하지만, 인간 아기는 다른 사람이 생각하고, 느끼고, 의도하는 것에 본능적으로 훨씬 더 많은 관심을 가지며, 다른 사람에게 자신의 생각을 전하고 다른 사람의 생각을 이해하는 데에 훨씬 능숙하다. 이런 능력은 다른 사람이 가르쳐주는 것을 배우거나 복잡한 작업에서 여러 사람이 협력할 때 매우 유리한 특성이다. 이러한 지향점 공유는 토마셀로의 상호주의 가설에서 중요한 특징이며, 인간만의 독특한 친사회적이고 협력적인 경향의 진화에 기여한 '두 가지 주요 단계' 중 첫 번째 단계이다. 이를테면 지향점 공유는 인간이 혼자 사냥하기에는 위험이 따르는 대형 먹잇감을 힘을 합쳐 잡기 전에 필수적이었을 것이다. 그렇다면 두 번째 단계는 무엇이었을까? 그것은 바로 이러한 협력적인 노력의 결과물을 공유하지 않는 '배신자'에 대한 처벌이었다.[10]

'사회적 처벌의 선택'

지난 장의 민족지학적 예에서 보았듯이, 현대 수렵채집인은 '다른 사람이 자신에 대해 어떻게 생각하는지'에 신경을 쓴다. 뛰어난 사냥꾼이나 친사회적 행동을 하는 남성에게는 명성의 혜택이 있지만, 다른 사람의 이익에 충분히 주의를 기울이지 않는 사람은 명성을 잃는다. 몇몇 인류학자들은 사람들이 관대함과 공유의 규범을 따르기 시작한 것은 이와 같은 처벌을 피하기 위해서라고 주장한다. 이러한 '사회적 처벌의 선택' 가설을 채택하는 것이 무엇을 뜻하는지 자세히 살펴보자.

아프리카의 수렵채집사회를 직접 찾아가 함께 살아보며 연구했던 20세기의 인류학자들은 현지 문화 내부에서 높은 수준의 공유 활동이 일어난다는 사실을 관찰했다. 만약 공유에 참여하지 않으면 집단에서 배척되었다. 리처드 리나 로나 마샬과 같은 일부 인류학자는 과시하고, 이기적이고, 오만한 행동을 하는 남성이 조롱당하거나 따돌림 당하거나 실제로 무리에서 추방된다는 사실을 기록했다. 심지어 리처드 리는 아주 극단적인 한 사례를 생생히 묘사했다. 성질이 상당히 사나운 주호안시족 남자 트위(Twi)에 대한 이야기로, 트위의 동생이 사건을 겪은 후 리에게 전해준 이야기다.

트위는 지역에 사는 남자 여럿을 죽였다. 이 사안에 대해 공동체 구성원이 모여서 논의하고는 트위를 죽이기로 결정했다. 그러나 트위를 죽이기 위한 매복 습격은 성공적이지 않았다. 트위는 반격하여 또 다른 남성을 죽이고 근처의 여성을 찔렀다. 그러자 다른 사람과 함께 트위의 친족마저도 공격에 합류했다. 마치 영화화된 소설 『오리엔트 특급 살인사건』의 한 장면처럼, 모두가 독화살을 쏘아 그를 고슴도치처럼 만들어버렸다. 트위가 죽은 후에도 사람들은 공격을 멈추지 않았다.[11] 트위와 같은 사례는 많지 않지만, 리는 인터뷰를 통해 몇몇 비슷한 사례를 확인할 수 있었다.[12] 2만 년 전 발견된 암각화에서도 창이나 다수의 화살에 찔린 남자를 묘사한 그림을 우리는 확인할 수 있다(〈그림 9.2〉).[13]

인간의 조상이 침팬지처럼 지배적이고 폭력적이었을 것이라 예측하는 일부 진화인류학자는 구석기 시대의 인류에게 사형제도가 있었을 것이라 생각했다. 인간 조상이 협력하여 사냥하기 시작했을 때, 사냥 후 서열 높은 수컷이 모든 것을 독차지하지 못했던 이유는 이러한 처벌이 두렵기 때문이었을 것이라는 이야기였다. 이 가설을 가장 먼저 제안한 사람은 크리스토퍼 보엠(Christopher Boehm)이었다.

처음에는 세르비아의 목축 농업 공동체에서 친족 간 다툼과 보복 살해에 관한 인류학 연구를 진행했던 보엠은 남성 중심 부계사회의 수컷 집단 내 관계를 관찰하며 인간 폭력성의 진화적 뿌리와 폭력을 대하는 방식에 대해 연구하기로 결심했다. 보엠은 침팬지를 연구 대상으로 선택했다. 왜냐하면 침팬지는 수컷이 지배하는 무리로, 공격

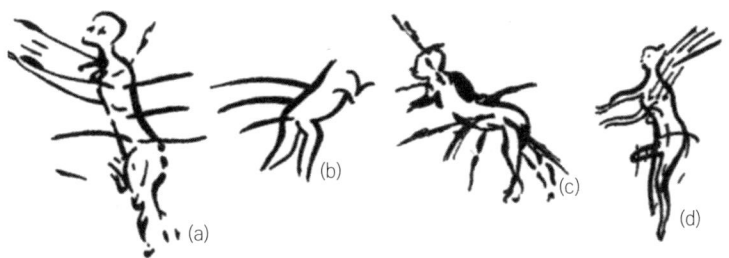

〈그림 9.2〉 R. 데일 거스리(R. Dale Guthrie)의 백과사전적인 구석기 예술 편람에는 여러 개의 화살이나 창에 찔린 사람의 모습을 그린 초기 구석기 시대의 그림이 들어 있다. 이 그림은 공동 처형을 당한 사람을 묘사한 것으로 추정된다. (데일 거스리의 『구석기 예술의 본질(The Nature of Paleolithic Art)』(University of Chicago Press, 2005), 〈그림 8.21〉에서 사용된 것. Copyright Clearance Center, Inc.를 통해 허가 받음.)

성이 뚜렷하면서, 인류와 계통적 거리가 가깝기 때문이었다. 보엠은 원시 인간 사회도 당연히 부계를 따르고 남성 중심적인 사회라고 생각했다. 따라서 초기 인간이 큰 사냥감을 사냥하기 시작하고 협력이 필요하게 되었을 때, 사냥에 성공한 후 일부 우두머리가 전리품을 독차지하려 한다면 문제가 발생하였을 것이라고 생각했다. 이때 원시 인간은 '사회적 처벌'의 선택을 통해 이 문제를 해결했을 것이라고 제안했다.[14]

보엠이 상상한 시나리오는 이렇다. 약 25만 년 전, 고대 인간이 더 크고 위험한 먹이를 사냥하기 시작하면서 신뢰할 수 있는 사냥꾼 간의 협력이 필수가 되었다.[15] 그러나 '협력'은 사냥꾼이 사냥 후 전리품을 공평하게 나눌 수 있을 것이라는 확신이 있을 때만 가치가 있다. 만약 지배 남성이 전리품을 독차지한다면, 과연 어떤 사람이 큰 동물을 함께 사냥하는 위험을 감수하겠는가? 아무도 함께 하지 않을 것이다. 만약 원시 사냥꾼이 창과 칼 등 치명적인 무기를 가지고 있고, 따라서 독재자를 쉽게 제거할 수 있었다면, 독재자가 얼마나 오래 살아남을 수 있겠는가? 보엠에 따르면, 독재자와 같은 반사회적인 남성은 오래 버티지 못할 것이다. 그는 곧 추방되거나 살해될 것이다.

집단의 이득에 반하는 행동을 한 경우 주변의 친척 또한 악당을 암살하는 데 동원될 수 있는데, 이는 혈족 간의 복수를 막기 위해서라고 추정된다. 보엠은 이러한 처벌의 위협이 플라이스토세 남성에게 강압적이거나 공격적이거나 이기적인 행동을 하지 못하게 하는 '내면의 목소리', 즉 '양심'을 발달시키게 했다고 추측했다.[16]

하버드 대학의 리처드 랭엄 같은 진화인류학자는 이 같은 방식으로 권위적 독재자를 처형하면 공격적 행동을 하도록 만든 유전자도 유전자풀 내에서 제거된다는 사실에 집중했다. 랭엄은 처벌이 인간이 스스로를 길들이는 '자기가축화'의 한 과정이었다고 주장했다.[17] 그런데 정말로 처벌에 대한 두려움을 갖게 하고, 유전자풀에서 공격적인 행동을 야기하는 표현형을 제거하는 것으로 인해 인간이 협력적이고 타인을 돕는 성향을 갖게 된 것일까?

보엠 등 연구자의 초기 관심은 아이를 돌보고 키우는 것과는 거의 관련이 없었다. 주요 관심사는 성인 남성이었고, 남자의 폭력적이고 반사회적인 경향을 제거하기 위해 우리 조상이 어떤 방식을 썼는지에 대한 것이었다. 하지만 단순히 나쁜 행위자를 죽이는 것만으로 문제를 해결할 수 있는 것은 아니다. 그 이상의 노력이 필요하다.

공격적인 개인을 처벌하는 것은 위험한 일이다. 처벌을 안전하게 수행하려면 사전 계획과 조정이 필요하다. 이러한 이유로 "악한 사람에 대한 선한 제거" 가설을 주장하는 주요 학자들은 언어, 그리고 그에 필수적으로 수반되는 "소문(gossip)"이 이 과정에서 핵심적인 역할을 해야 한다고 주장하기 시작했다.[18] 랭엄이 말한 것처럼, "개인이 서로의 감정을 신중하게 확인하고, 계획을 세우고 공유하여" 불량배를 처형하는 등 위험한 일을 시도할 때 언어가 필수적이다.[19]

그런데 잠깐. 나쁜 사람을 처벌하는 것이 정말로 인간이 친사회적이고 협력적인 존재가 된 가장 유력한 이유일까? 현대 인류와 유사한 행동적 특성을 가진 인간이 진화하기 위해서 공격적인 개인을 제거하는 것이 필수적이었다면, 그리고 안전하게 이를 수행하기 위해 고도로 발달된 언어가 필수적이었다면, 이런 추론으로는 설명이 부족한 부분이 있다. 인간이 서로의 생각과 감정을 발견하고 공유하는 것에 충분히 관심 갖게 되어 초기 언어가 필요하게 된 이유를 먼저 설명해야 한다. 개인이 이미 자신의 생각을 공유하고 싶은 열망이 있었던 것이 아니라면 왜 인류가 높은 수준의 언어를 사용하기 시작했는지를 설명할 수 없다.

사회적 선택의 중요성

다른 영장류는 언어 없이도 잘 소통한다. 예를 들어, 원숭이는 날아다니는 천적과 지상의 천적을 발견했을 때 동료들에게 경고하는 방식이 다르다. 또, '복종해라!' 같은 명령을 전달하는 으르렁 소리나 짖는 소리를 낼 수 있다. 하지만 인간의 언어는 훨씬 더 개방적이고, 미묘하며, 유연하다.[20] 피터 홉슨(Peter Hobson)은 이렇게 말했다. "언어 이전에 뭔가 다른 것이 있어야 했다. 우리가 언어를 사용하도록 이끈, 더 원시적이고 기본적인 것 말이다. 이것에서 아주 약간의 도약을 거쳐 언어로 진화할 수 있었을 것이고, 끝내 인류는 사고력을 통해 정신적 생활의 혁신을 경험하게 되었다." 홉스가 말하는 '언어 이전의 무언가'는 바로 "다른 사람의 마음과 누군가의 마음을 연결하는 것, 즉 감정적 연결"이었다.[21] 진화인류학자인 크리스 나이트(Chris Knight)는 사회적 사고방식의 선택압을 빼놓고 언어를 설명하는 것은 "미친 짓"이라 말했다. 여기서 '사회적 사고방식'이란 다른 사람과 관계를 생각하는 것을 말한다. 관계 속에서 적응하기 위한 선택압이 언어를 출현시켰다는 것이다.[22]

이것은 다시 '정신화', '지향점 공유', 또는 '상호주관적 상호작용'(inter-subjective engagement)으로* 돌아오게 한다. 즉, 다른 사람과 함께 같은 대상에 주의를 기울이고, 다른 사람과 생각과 감정을 공유하는 능력은 미묘하고 무한히 다양한 소리를 만들어내 소통하도록 하는 필수 자극이었을 것이다. 하지만 언어가 진화하기 위해 인간 특유의 협력하고자 하는 열의가 중요했다고 한다면, 그 원동력이 사회적 처벌에 있다는 주장은 설득력이 부족하다. 이러한 추론에는 누락된 단계가 있으며, 생각보다 더 복잡한 문제일 수 있다고 생각한다. 보엠, 랭엄 및 여타 연구자의 가설은 "초사회성을 위해 진화한 언어 등 인류 특성의 기원이 남성 간 관계의 역학에 있다"[23]고 여긴다. 그렇다면 여성은 인간 사회성의 진화에 아무런 영향을 미치지 않았다는 말인가?

대형 동물을 사냥할 때 여성이 함께하는 경우는 별로 없었다. 그러나 분명 다른 영역에서 협력하고 경쟁했을 것이다.[24] 여성은 사냥에 나선 남성이 빈손으로 돌아와도 가족의 저녁 식사에서 단백질이 빠지지 않도록 만드는 중요한 존재였다. 그리고 여성은 적어도 남성만큼, 아니, 그 이상 더 공감을 잘하고 더 친사회적이다. 또한, 친사회적 경향은 적어도 두 살 정도의 어린 아이에게도 분명하게 나타난다. 아이가 사냥이나 집단 방어에 도움이 될 만큼 성장하기 훨씬 이전에 친사회성을 발달시킨다는 뜻이다. 본능이 아니라 교육을 통한 사회화에 의한 것이라고 생각할 수 있지만, 아이가 보이는 친사회적 행동이 후천적인 교육에 의한 것은 절대 아니라고 말할 수 있다. 관찰 연구

---

* 상호주관적 상호작용은 개인들이 서로의 주관적 경험을 공유하고 상호작용함으로써 형성되는 심리적 연결이나 관계를 의미한다.

에 따르면, 여러 명이 함께 어떤 일을 해야 할 때 다섯 살 아이가 아홉 살 아이보다 더 많이 도우려 한다.[25] 이러한 불일치는 결국 문제의 본질로 우리를 이끈다.

따라서 단순히 여성이 고려되지 않은 것뿐만 아니라 인간의 엄청난 친사회성을 뒷받침하는 초기 동기에 대한 가정에서 중요한 단계가 빠져 있다. 우선, 생애 단계 중 하나가 간과되었다. 타인의 생각과 감정을 신경쓰고, 이를 바탕으로 정교한 의사소통 방식을 발전시키며, 사기꾼을 처벌하는 것과 같은 사회적으로 복잡한 행동을 계획하고 조정할 수 있는 남성 유인원이 어떻게 등장했는지 설명하기 전에 먼저 어린 아이들이 성장한 사회적 환경을 고려해야 한다. 즉, 어린 아이가 살아남기 위해 무엇을 해야 했는지를 이해하는 것이 먼저다.[26]

주호안시족 아이 양육에 대한 선구적 인류학자인 멜빈 코너(Melvin Konner)가 몇 년 전에 한 말이 떠오른다. 코너는 인간 행동을 이해하기 어려울 때, "성인 행동의 특성들이 전부 이상적인 적응의 결과라고 믿을 것이 아니라 유아기에 필요했던 적응이 성인기까지 남아있는 결과일 가능성이 있다"고 제안했다.[27] 인간의 친사회성을 이해하기 위해서는 성장 과정에서 더 거슬러 올라가야 하며, 개체 발생적(ontogenetic) 시간뿐만 아니라 진화적 시간 속에서도 그 기원을 찾아야 한다. 즉, 이 특별한 호미닌 계통의 아이가 성장한, 기존 유인원과는 확연히 다른 사회적 환경을 고려해야 한다.

성장기의 경험

침팬지 등 인간이 아닌 유인원도 도구를 사용하며, 때로 다른 개체와 협력하기도 한다. 자연상태가 아니라 인간에 의해 길러지는 경우 더욱 그런 경향을 보이며, 심지어 원하는 물건을 손가락으로 가리키기도 한다. 그리고 이러한 집단에서 자란 유인원은 다른 사람이 특정 작업을 수행하는 데 필요한 도구를 건네주는 '목표지향적 도움' 행동을 하기도 한다. 인간에게 길러진 침팬지는 컴퓨터 화면에 순식간에 나타났다 사라지는 숫자의 순서를 기억하고 입력하도록 훈련될 수도 있다.[28] 교토 근처의 마츠자와 테츠로 침팬지 연구센터를 방문했을 때 이 놀이를 했는데, 침팬지는 인류학 명예교수인 나보다 훨씬 더 좋은 점수를 받았다. 하지만 과거에 야생에서 살았던 침팬지가 숫자 순서를 기억하는 능력을 배우고 활용할 기회는 거의 없었을 것이다.

마츠자와의 천재 침팬지는 아마도 야생의 침팬지와 별 차이 없는 유전자형과 선천적 지능을 가지고 태어났을 것이다. 하지만 다른 사회적 맥락에서 자라고 있기 때문에 숨겨져 있던 행동 잠재력이 발현되는 것이다. 동일한 유전자형을 가지고 있더라도 발달 과정에서 겪는 경험으로 인해 개체의 특성은 달라지며, 눈에 띄게 다른 행동을 보이게 된다. 이러한 서로 다른 결과, 즉 표현형의 변이는 다윈주의적 자연선택이 작용하는 대상이며, 웨스트-에버하드 같은 이론가들은 이를 "선택적 변이(selectable variation)"라고 명명한다.[29] 그렇다면 인간의 발달 환경이 만들어내는 '선택적 변이'에는 어떤 것이 있을지 생각해보자.

날 때부터 의존할 수밖에 없는 존재

다른 유인원처럼 사람도 태어난 직후에 누군가에게 완전히 의존해야만 한다. 갓 태어난 아기는 잘 보이지도 않는 흐릿한 눈으로 주변을 살펴 가까이 있는 누군가를 찾는다. 따뜻함과 안전함을 줄 수 있는 존재를 본능적으로 찾는 것이다. 다른 유인원과 인간의 차이점은 신생아를 돌보는 사람이 항상 어머니인 것은 아니라는 점이다.

사람은 아기를 좋아한다. 현대 수렵채집인을 포함하여 모든 문화의 사람에게 관찰되는 사실이다. 후기 플라이스토세 시기의 호모 에렉투스나 초기의 호모 사피엔스도 마찬가지였을 것이다. 어머니만이 아니라 할머니, 이모, 아버지, 심지어 주변의 다른 사람도 아기를 아끼고 사랑했을 것이다. 어머니는 사람들을 신뢰했을 것이고, 따라서 이들은 아기를 끌어안거나 주변에 머무르며 돌볼 수 있었다.[30] 만약 모유수유가 가능한 사람이 있다면 어머니에게 젖이 돌기 전에 아기에게 달콤한 젖을 처음으로 먹여주었을 것이다.[31] 이로써 아기가 주변 사람에게 의존하고 교류할 수밖에 없는 조건이 만들어지게 되었다.[32] 그리고 현대 수렵채집사회에서 딸과 아들을 차별하지 않는다는 점으로 짐작할 때, 후기 플라이스토세의 인류도 그랬을 것이다.[33]

다른 유인원들은 새끼가 태어나면 어미 암컷이 전적으로 헌신하면서 새끼를 키운다.[34] 암컷은 4년이 넘는 기간 동안 새끼에게 젖을 먹인다. 다음 새끼가 태어날 무렵이 되면 그 전의 새끼는 스스로 먹을 수 있고 영양적으로 자급자족할 수 있게 된다. 그러나 호미닌은 그렇지 않았다. 다른 협력적 양육을 하는 종처럼, 호미닌은 천천히 성숙하며 젖을 뗀 후에도 수년 동안 영양을 공급받아야 한다.[35] 그리고 이 역할은 비단 어머니만의 몫이 아니라 주변 보조 양육자의 몫이기도 했다. 따라서 어머니는 아이를 낳은 후 다른 집단 구성원, 특히 아버지로부터의 사회적 지원에 대해 특별히 민감했다.[36] (어머니 및 다른 구성원의 존재와 감시가 아버지가 자녀를 대하는 방식에 어떤 영향을 미치는지는 다음 장에서 다룰 것이다.)

호미닌 아기가 스스로 먹을 것을 구해 먹을 수 있게 되는 나이가 정확히 언제인지 아무도 모른다. 그 시기는 아기가 살고 있는 곳에 따라 달랐을 것이다. 다만 플라이스토세 후기 호미닌의 성장속도는 오스트랄로피테쿠스, 침팬지 및 다른 유인원보다 느렸던 것은 분명하다. 수렵채집사회의 아기가 다른 유인원 새끼보다 더 일찍 젖을 뗀다는 사실을 알게 된 인류학자들이 어리둥절한 것은 바로 이런 이유였다. 더욱 이상한 것은 인간 아기의 경우 뇌의 발달에 엄청나게 큰 에너지를 소모하는데, 뇌의 시냅스 형성에 관련된 유전자의 발현이 모유수유가 이루어지는 시기가 지나고 난 이후에 정점에 이른다는 점이었다. 그 시기는 아이가 어머니만 아니라 다른 보조 양육자의 영양 공급에 의존하고 있을 때였다.[37]

오늘날 아이들을 보면 뇌 발달에 필요한 에너지 요구량(포도당 섭취로 측정)은 대략 5세 정도에 최고조에 이른다.[38] 그러나 20세기 수렵채집사회를 대상으로 한 조사에서는 아기가 대개 2년 반 정도면 젖을 뗀다는 보고가 나왔다. 이는 다른 대형 유인원보다 상당히 이른 시기다. 그리고 그 즈음 어머니는 이미 임신 중이거나 다른 아기를 돌보고 있을 가능성이 높다.[39] 따라서 보조 양육자의 영양 공급은 시냅스 성장이 최고조에 이를 때의 에너지 필요를 충족시키기 위해 필수적이었다.

플라이스토세의 호미닌이 일찍 젖을 떼기 시작한 시기가 정확히 언제인지는 알 수 없다. 그러나 최근 호미닌 아기와 어린이의 치아 화석에서 얻은 증거를 검토한 고생물학자 제레미 데실바(Jeremy DeSilva)는 2.5세에 이유(離乳)를 하는 것처럼 일찍 젖을 뗀 것은 최근에 일어난 변화가 아니라고 결론지었다.[40] 데실바의 말이 옳다면, 양육 투자가 많이 필요한 아기와 더 일찍 젖을 떼는 현상은 공진화했을 것이다. 진화적 관점에서 너무 비용이 많이 들어 생존하기 어려운 아기를 낳는 것은 불합리하다. 따라서 어머니가 아이를 먹여 살리는 데 주변인의 도움을 기대할 수 없었다면 이 문제는 설명하기 어려울 것이다. 이것은 인간의 독특한 육아 방식이 사피엔스 뇌의 진화에 얼마나 중요한 역할을 했는지를 깨닫게 해준다.

아기를 누가 돌봤는지를 정확히 알 방법은 없지만, 어머니 혼자 아이를 돌보았을 가능성은 거의 없다. 어머니가 중요하지 않다는 뜻이 아니다. 분명히 어머니는 중요하다. 그러나 우리는 과거의 모계 중심 모델을 넘어서서 인간 아기가 한 명 이상의 존재에 의지하도록 진화했다는 사실을 인정할 필요가 있다.[41] 초창기 연구 중 하나에서 민족지학자 커트니 미한(Courtney Meehan)과 션 호크스(Sean Hawks)는 중앙아프리카의 아카족 아기가 어머니 외에도 약 다섯 명의 사람과 애착을 형성하고 이들에게 보호받는다는 사실을 보고했다. 그리고 아버지가 집단에 포함되어 있는 19건의 사례 중 12건에서 아버지와 아이가 애착 관계를 만들었음을 밝혔다.[42]

분명히 아카족 아버지는 중요한 역할을 한다. 하지만 아기 돌봄을 최우선으로 삼지는 않는다. 또 캘리포니아쥐나 티티원숭이 수컷처럼 본능적으로 아이를 돌보는 것이 아니라는 점도 분명하다. 아카족 아버지의 역할은 어머니가 지정한 특별 공동 양육자라기보다는 도움을 주는 보조 양육자의 역할에 더 가까웠다. 휴렛이 묘사한 바에 따르면, 친근하고 정이 많은 것으로 유명한 아카족 아버지는 아기와 24시간 중 12시간 이상을 가까이에 머무르고, 아이의 대변을 닦아주고, 아기가 정서적 신호를 보낼 때 잘 호응해주었지만, 낮 시간의 고작 9퍼센트만 아기(생후 6개월에서 12개월)를 품에 안고 지냈다. 더 어린 아기를 품에 안고 보내는 시간은 더 적었다.[43] 나머지 시간 동안 아기는 주로 어머니와 다른 여성이 안고 있었다.

중요한 점은 아버지가 양육을 얼마나 많이 돕느냐는 아버지가 집단에 함께 살고 있으며 아기와 물리적으로 가까이 있는지 여부뿐만이 아니라 주변에 양육을 도와줄 사람으로 누가 더 있는지, 이들은 얼마나 양육을 돕고자 하는 의지를 가지고 있는지 등의 요소에 영향을 받는다는 것이다. 일례로 4세 미만의 하드자족 아이 42명을 대상으로 한 연구에서 27명은 아버지가 같은 마을에 함께 살았다. 이 경우 아버지는 모든 보조 양육자의 보육 중 4분의 1 이상을 책임졌다(보육은 아기를 안고 지내는 시간으로 측정되었다). 그러나 아버지가 마을에 없는 15명의 경우, 다른 보조 양육자가 이 시간을 보충했다. 그리고 할머니가 있을 경우 할머니가 보조 양육자로서 역할을 맡는 경우가 잦았다. 따라서 아버지가 아기를 안는 시간의 비율은 할머니가 아기를 돌보는 시간과 반비례하는 것으로 나타났다.[44]

아기의 의무사항

이제 여기서는 어미뿐만 아니라 다른 개체들의 보살핌에도 의존하며 성장해야 했던 어린 유인원들이 직면한 새로운 도전에 대해 이야기할 차례다. 호미닌 신생아가 세상에 나오자마자 해야 할 가장 중요한 일은 자신이 충분히 건강하고 활력 있는 존재임을 어머니뿐만 아니라 아버지를 포함한 주변의 다른 이들에게도 확실히 인식시키는 것이다. 즉, 생존 가능성이 높은 개체로 여겨져 투자할 가치가 있는 존재라는 신호를 보내야 한다. 나는 이것이 인간 아기가 임신 마지막 3개월 동안 지방을 축적하고, 다른 유인원들보다 훨씬 통통한 상태로 태어나는 이유 중 하나라고 생각한다.[45] 그렇게 태어난 아기는 힘찬 울음소리로 울며 주변 사람의 관심을 끈다.

아기가 어머니의 젖을 빨기 시작하면 어머니와 강한 유대를 형성하게 된다. 프로락틴, 옥시토신, 그리고 기타 호르몬이 어머니와 아기 사이의 감정적 유대를 촉진한다. 어머니로부터 중요한 돌봄과 영양 공급이 확보되고 나면 아기는 다른 사람의 관심을 끌고자 노력한다. 현대의 인간 아기는 생후 3개월 정도부터 주변 사람을 살피며,[46] 자신에게 도움이 될 것 같은 사람을 선호하는 법을 알아가기 시작한다.[47] 이 시기부터 아기의 요정 같은 미소는 특정한 사람들에게 보내는 더 적극적인 사회적 미소로 변하며, 때로 웃음소리까지 곁들여지면서 본격적인 매력 공세를 펼친다. 생후 6개월 정도가 되면, 즉 현대 인간과 유사한 발달 일정을 따른다고 가정할 때 '젖니'가 잇몸을 뚫고 나오기 시작하는 시점이 되면, 어린 호미닌의 사회적 상호작용 능력은 중요한 보상을 받았을 가능성이 크다. 예를 들어, 어른들이 씹어서 부드럽게 만든 고기 조각을 빨거나 꿀 혹은 갈아놓은 바오밥 열매가 묻은 타액을 '입맞춤 먹이주기(kiss-feeding)' 방식으로 전달받는 경험을 했을지도 모른다.

최근 MIT의 발달심리학 연구팀에 따르면, 이 시기 아기는 누가 자신의 요구에 응답하는지를 살필 뿐만 아니라 누가 자기에게 음식을 나누어 주는지를 예의주시한다고 한다. 음식을 씹어서 주거나 숟가락을 공유하거나 같은 음식을 먹는 등과 같은 경우가 그러한 예다. 아기는 이런 사람을 더 오래 쳐다보며, 이들에게 도움을 받을 가능성이 더 높다고 기대한다고 한다.[48] 이는 아기가 다른 사람과 연결될 때 전략적으로 최적의 선택을 목표로 한다는 것을 의미한다.

생후 6개월이 지나고 나면 아기는 의미 없는 음절을 자기 스스로 발음하는 '옹알이'를 시작하여 우리의 주의를 끌기 시작한다. 옹알이는 오랫동안 언어를 배우기 위한 준비와 연습으로 여겨져 왔지만, 아기가 다른 사람의 주의를 끌기 위한 옹알이는 언어를 쓰기 이전인 초기 플라이스토세에 공동 돌봄이 시작되었을 때부터 또는 아마도 그보다 더 이전에 존재했을 것이다.[49] 아기가 보육자 사이에 있을 때 더 시끄러워지는 이유는 사람들의 이목을 잘 끄는 아기가 관심을 더 받기 때문이다. 아기 주변에 있는 사람은 이러한 아기의 행동을 사랑스럽게 느낀다. 이 글을 쓰는 지금도 아기가 마치 'I love you'라고 말하는 것처럼 옹알이하는 유튜브 영상이 한창 인기를 끌고 있다.[50]

아기는 다른 사람의 도움을 필요로 하는 만큼, 다른 사람을 돕고자 하는 의지와 행동을 보인다. 9개월 된 아기는 누군가 떨어뜨린 물건을 주워 주거나 필요한 물건을 건네주려 한다.[51] 두 살 난 아기는 아직 다른 사람의 도움 없이는 음식을 먹을 수 없을 만큼 어리지만, 호기심 가득한 모습으로 다른 사람에게 음식을 먹이려고 한다(《그림 9.3》). 음식을 잡기 어려운데도 손에 쥔 음식을 누군가에게 주려고 하는 행동은 본능적으로 하는 행동이다. 이는 단순히 타인의 행동을 모방하는 것만은 아닐 것이다. 왜냐하면 아기는 받아먹는 사람이 더 좋아하는 음식을 주려고 한다. 예컨대 채소를 좋아하는 사람에게는 브로콜리를 준다. 비록 자기는 과자를 더 좋아하더라도 말이다.[52] 아기는 이처럼 친절하고 도움을 주는 행동을 할 때 행복함을 표출한다. 내가 가장 좋아하는 논문 중 하나의 제목은 브리티시컬럼비아 대학 카일리 햄린(Kiley Hamlin) 연구소의 발달심리학자가 쓴 "아이는 베풀 때 행복하다(Giving leads to happiness in young children)"라는 논문이다.[53]

플라이스토세로 돌아가 직접 확인할 수는 없지만, 아이가 다른 사람에게 무언가를 주면서 느끼는 기쁨 같은 본능적 행동은 타인과의 사회적 관계가 생존에 있어서 아주 중요했던 시기로 거슬러 올라가야 그 기원을 찾을 수 있을 것이다. 시간이 지남에 따라 이러한 행동은 평판을 신경 쓰고 다른 사람이 자신을 어떻게 생각하는지 관심 갖는 인간의 성장을 이끌었을 것이라고 믿는다. 이것은 다섯 살 어린이조차도 다른 사람이 보고 있거나 알 가능성이 있을 때 더 관대해지는 이유를 설명해준다.[54] 침팬지는 누가 자신을 보고 있어도 별로 신경 쓰지 않는 것 같지만, 어린이는 확실히 신경을 쓴다.[55]

초기 플라이스토세의 호미닌은 태어날 때 다른 유인원과 신경계 구성이 별반 다르지 않지만, 새로운 양육 성장 환경에 반응하여 잠재된 능력이 발현되었다. 다른 사람의 도움을 필요로 하는 환경에서 자

⟨그림 9.3⟩ (a) 남아프리카의 힘바족 아이가 먹을 것을 입에 넣어주고 있다. (b) 두 살 정도 된 캘리포니아의 아이들도 마찬가지다. (c) 한 아이가 아빠의 입에 음식을 넣어주면서 기뻐하고 있다. 사냥꾼 남성 가설에 따르면, 아버지는 아이를 부양하기 위해 진화한 존재다. 왜 전 세계의 아이는 본능적으로 예쁨 받는 행동을 할까? ([a] Irenäus Eibl-Eibesfeldt; [b] N. Hrdy; [c] S. B. Hrdy)

란 아기는 어떻게 하면 도와주는 사람의 마음을 움직일 수 있을지 스스로 학습할 것이다. 그렇게 마음을 움직이는 데 성공하면 아기는 관심과 음식으로 보상받는다. 즉, 호미닌 아기는 유인원과 다를 바 없는 유전형을 가지고 태어났지만, 다른 사람을 배려하는 표현형 특성을 발달시키도록 촉진되었을 것이다.

앞서 5장에서 이야기했던 것처럼 성장 발달 환경이 새로운 '선택 가능한 변이'의 발현으로 나타나는 표현형의 가소성을 떠올려보자. 이러한 표현형은 다윈의 자연선택에 의해 도태되거나 선택될 수 있

다음의 사고실험을 생각해보자.
다른 사람의 마음을 읽을 수 있고, 영리하며, 두 발로 걷고, 도구를 쓰는 유인원이 있다. 이 유인원은 유아기 때부터 다른 사람의 보살핌에 의존해야만 살아남을 수 있다

그 유인원은 다른 사람의 주의를 끌고 보호받아야만 한다. 그렇기 때문에 다른 사람을 관찰하고 호감을 사는 행동을 해야만 할 것이다. 이 과정에서 잠재되어 있던 능력이 발현되며, 타인에 대한 배려의 특성이 자연선택의 대상이 될 것이다. 세대가 거듭될수록 사회적 선택으로 인해 다른 사람에게 잘 보이려는 경향이 있는 유아가 선택될 것이다. (Lore Ruttan의 그림)

다. 일단 표현되고 나면 자연선택에 노출된다. 특히 이처럼 유아의 생존이 달려있는 문제라면 더욱 그렇다. 이것은 직접적인 사회적 선택이 일어나도록 하는 새로운 기회 그리고 이와 함께 진화적 변화를 이끌었다(《그림 9.4》).

플라이스토세의 영유아는 다른 양육자로부터 관심을 받기 위해 경쟁해야 했고, 사망률 또한 높았다. 이와 같은 환경에서 주변 사람들의 행동을 더욱 면밀히 관찰하고, 그들의 의도와 선호를 파악하는 능력이 뛰어난 아기가 더 많은 관심과 보호를 받을 가능성이 높았을 것이다. 그리고 결국, 그러한 능력을 가진 아기가 살아남아 성장할 확률이 높았을 것이다. 이러한 선택압은 어린 호미닌이 점차 사회적 눈치를 보고, 타인의 기대에 맞추어 행동하는 성향을 강화하는 방향으로 진화하도록 만들었을 것이다. 이는 결국 다른 사람과 효과적으로 협력하는 능력을 갖춘 성인 남성으로 성장하게 하는 밑바탕이 되었을 것이다. 즉, 어린 시절부터 주변의 반응에 잘 반응하며 사회적 평판을 의식하는 성향을 가진 아이가 성인이 되었을 때, 공동체 내에서 협력하고 조율하는 능력이 뛰어난 남성으로 자리 잡을 가능성이 크다.

다른 사람을 배려하는 뇌

침팬지 등 유인원은 태어난 직후부터 어미의 털을 붙잡는다. 어미가 자신을 더 잘 안을 수 있도록 돕는 행동이다. 그리고 인간 아기보다 훨씬 더 빠르게 운동능력이 성장하여 민첩해진다. 생후 6개월인 인간 아기는 여전히 느리고 서투른 반면, 새끼 침팬지는 활발하게 뛰어다닐 수 있다. 하지만 인간 아기가 육체적으로 성장이 느리더라도 더 뛰어난 부분도 있다. 타인의 의도와 선호를 파악하는 부분에서는 놀라울 정도로 빠르다. 아기는 다른 사람의 생각과 감정을 이해할 수 있으며, 시간이 지남에 따라 점점 더 능숙하게 된다.

교토 대학교의 비교 신경과학자 연구팀이 발달 중인 침팬지와 인간의 뇌를 스캔한 연구 결과에 따르면, 생후 6개월이 되었을 때 인간의 전두엽 백질이 더 빠르게 발달하고 있었다.[56] 다 자란 인간과 침팬지의 뇌를 비교했을 때 인간의 전두엽 백질이 더 크기 때문에 당연한 결과로 보일 수 있다.[57] 그런데 왜 인간은 그렇게 이른 나이에 신체적 성장을 늦추고, 뇌의 성장에 투자할까?

인간 아기가 어른에게 받기만 하는 수동적인 존재라고 생각했던 시절의 신경과학자는 굳이 태어난 지 얼마 안 된 아기의 뇌 기능을 분석할 이유가 없었다. 또 뇌 스캔을 위해서는 시끄러운 MRI 기계에 아기를 넣어야 했기 때문에 연구 자체가 더욱 꺼려졌다. 따라서 과거에는 아기의 신체 기능 대부분이 원시적인 변연계에 의해 유지된다고 여겼다. 그리고 새로 진화한 전두엽 영역과의 연결이 나중에야 형성된다고 생각했다. 그러나 근적외선 분광법과 같은 새로운 기술 덕분에 아기가 어머니의 품에 안겨 안정감을 느낄 때 뇌의 혈류를 측정할 수 있게 되었다. 이로써 밝혀진 내용은 실로 놀랍다.

버지니아 대학교의 신경과학자 토비아스 그로스만(Tobias Grossmann)은 성인과 유아의 내측 전두엽 피질*의 반응성을 비교했다. 이 영역은

● 내측 전두엽 피질(medial prefrontal cortex, mPFC)은 감정 조절, 의사 결정, 사회적 인지에 중요한 역할을 하는 뇌 영역이다. 특히 자기 자신과 타인의 정신 상태를 이해하는 기능(정신화)과 관련이 깊으며, 보상 예측과 동기 부여에도 관여한다. 또한 내측 전두엽 피질의 특정 부분은 감정적 기억 처리와 스트레스 반응 조절에도 중요한 역할을 한다.

진화적으로 최근에 발달하였으며, 인간에게 유달리 많이 발달한 부분이다. 연구 결과, 생후 4개월에 이 뇌 영역이 활성화됨을 발견했다. 아기가 주변 사람의 얼굴을 살피고 의도를 파악할 때 이 부분으로 향하는 혈류가 증가한 것이다. 생후 9개월이 되었을 때, 내측 전두엽 피질은 아기를 돌보는 사람의 목소리 톤, 미소, 시선 방향, 일반적인 얼굴 표정에 의해 전달되는 감정 정보를 해석하거나 다른 사람과 함께 어떤 제3의 대상에 주의를 기울이는 상호작용에 참여할 때 활성화되었다. 그리고 뇌가 성숙함에 따라 내측 전두엽 피질과 그 외 다른 영역 사이의 연결이 점점 더 중요해지게 된다. 이는 아기가 자신의 행동이 자기 자신뿐만 아니라 타인에게 미치는 영향을 평가하는 능력을 향상시키는 데 중요한 역할을 한다.[58] 이 과정에서 아기는 점차 자신에 대한 인식을 발달시키며, 자신의 '정체성(sense of self)'을 형성해 나간다.[59]

이와 같은 과정은 발달 초기부터 시작되는데, 성별에 관계없이 아기가 주변 사람을 살피면서 나타난다. 어머니나 다른 돌봄 제공자, 심지어 낯선 사람의 미소를 볼 때, 특히 그 미소가 눈 맞춤과 함께할 때 아기의 내측 전두엽 피질이 활성화되는 것이 관찰되었다. 다섯 살 무렵이 되면, 아이는 이미 적극적으로 "이미지 관리"를 하며, 다른 사람이 지켜볼 때와 그렇지 않을 때 행동을 다르게 한다. 어린 침팬지에게서는 보이지 않는 특징이다. 하지만 "자기를 지켜보는 사람들을 의식하는 행동"의 기초는 이미 생후 5개월경부터 나타난다.[60] 아기는 상대방의 시선과 미소에서 긍정을 느끼면 기쁨에 겨워 웃음을 터뜨리며, 성인의 시선을 적극적으로 찾아 더 많은 미소를 나누려 한다.[61] 생후 1년이 지나면, 아기들은 칭찬받을 때 자부심을 드러내고, 반대로 꾸중을 들으면 당혹스러워하거나 부끄러움을 느끼는 모습을 보인다.[62] 이러한 반응은 어린아이들이 점차 타인의 평가를 의식하고, 자신이 속한 공동체의 규범에 적응해 나가는 과정의 일부이다.

이를 통해 아이는 공동체의 일원으로 성장하면서 규범을 습득하고, 사람들에게 받아들여지는 것뿐만 아니라 존경받는 능력까지 갖출 수 있는 존재가 된다. 이런 아이는 단순히 자신에 대해 만족감을 느끼는 것에 그치지 않고, 생존 확률 또한 더 높았다. 따라서 그로스만이 내측 전두엽 피질이 발달 초기에 더 중요한 역할을 할 가능성이 있다고 추측했을 때,[63] 진화인류학자로서 나는 이렇게 덧붙이고 싶다. '그럴 수밖에 없었다!' 수백만 년 동안, 인간 아기는 어머니뿐만 아니라 다른 보조 양육자의 관심과 보살핌을 끌어내야만 하는 환경에서 태어나 자라왔다. 그렇다면 인간 아기의 뇌가 타인을 더 의식하도록 선택받았다는 것은 당연한 일이지 않은가? 물론, 자연은 인간의 미래를 내다보며 인간들이 협력하고 배우는 능력을 갖추도록 미리 설계한 것이 아니다. 그러나 타인을 배려하는(other-regarding) 감각은 당시의 자연선택에 의해 즉각적으로 유리한 형질로 작용했을 것이다.

단순히 더 사회적으로 매력적인 아기가 자라면서 협력 능력이 뛰어난 성인이 되었기 때문만은 아니다. 특히 남자아이의 경우, 주변 사람의 평가에 민감한 신경 네트워크를 갖추고 성장하면서, 결국에는 사춘기와 성인기에 접어들며 타인의 시선을 철저히 의식하는 존재로 변모했다. 이것이야말로 남성이 명성과 평판에 대해 깊이, 때로는 고통스럽게까지 신경 쓰는 이유 중 하나일 것이다. 남성에게 있어 지위는 단순히 타인을 지배하는 능력에서 비롯되는 것이 아니다. 지위란 여러 중요한 사회적 영역에서 한 개인이 어떻게 평가받느냐, 즉 그 사람의 명성에 달린 것이었다.

선택받고, 의사소통하고, 순응하도록 미리 적응된 인간

지금까지의 이야기는 내가 대학원에서 배웠던 내용과는 사뭇 다르다. 다른 사람의 요구와 감정에 집중해야 하는 사람은 어머니가 될 여성에게만 한정된 이야기는 아니다. 남성 또한 살아남기 위해서는 유아기부터 주변 사람의 선호와 기대에 맞춰 행동하고 순응해야 했다. 이로써 뉴런이 풍부한 내측 전두엽 피질을 발달시키도록 사회적으로 선택되었을 것이다. 다른 사람에게 잘 보이려고 애쓰는 어린이는 자라서 자신의 용기를 증명하려고 애쓰는 청소년이 될 것이다. 잠재적인 짝으로 선택할 수 있는 여성의 관심을 구할 뿐만 아니라 동료들, 처가 쪽 가족, 그리고 다른 집단 구성원으로부터 좋은 평판을 얻고자 노력했을 것이다.[64]

다른 유인원도 때로는 다른 개체를 돕지만, 인간만큼 당연히 여기고 일상적으로 서로 돕는 유인원은 없다. 플라이스토세 말기에 인간은 지구상에서 가장 협력적인 포유류가 되었고, 친족뿐만 아니라 비친족도 기꺼이 돕는 존재가 되었다. 인간만큼 타인에게 관대함과 도움을 베풀려는 열의를 적극적으로 드러내고 과시하는 육상 포유류는 없다. 다른 어떤 생물도 낯선 존재를 환대하고, 음식을 나누는 것뿐만 아니라 자신이 가진 것 중에서 가장 좋은 것을 기꺼이 베풀려는 모습을 보이지 않는다.[65]

우리가 다른 사람에게 잘 보이려고 하는 강한 충동이 어떻게 진화할 수 있었는지를 이해하기 위한 최고의 이론적 틀은 현재로서는 자연선택의 중요한 하위 유형인 '사회적 선택'이다. 인간이 보여주는 본능적 관대함과 남을 돕고자 하는 태도는 타인의 평가를 고려하지 않고는 설명하기 어렵다. 진화 정신의학자 랜돌프 네스가 말했듯이, "사회적 선택은 딱히 다른 방식으로는 이해하기 어려운 인간의 특징들이 어떻게 진화했는지를 설명하는 데 도움을 준다." 즉, 인간이 보이는 "비용이 많이 드는 관대함의 표현과 사회적 규범 준수" 같은 독특한 특성을 이해하려면 사회적 선택을 고려해야 한다.[66]

다른 유인원에게 사회적 규범이 없다는 말은 아니다. 다른 유인원도 동맹 여부나 사회적 서열에 따라 구분되는 인사 방법이나 복종을 드러내는 방법이 있다. 아울러 이런 행동은 같은 종 내에서도 집단에 따라 다르게 나타나기도 한다. 하지만 인간은 사회적 규범이 아무리 자의적이고 실용적이지 않아도 유별날 정도로 규범을 준수하는 편이다. 영향력 있는 개인은 집단의 규범에 대한 순응을 장려하고 규제하려고 노력하며, 집단에 속한 구성원은 자신이 얼마나 규범을 잘 따르는지 과시한다.[67] 심지어 사회 규범을 어기면서 지위를 얻는 독불장군과 무법자 무리도 자기들만의 고유한 표식과 행동 규칙을 가지고 있다. 집단 규범에 순응할 수 있도록 만드는 신경계적 기반과 사고방식은 여러 세대에 걸쳐 진화해왔다. 그러나 그 과정은 다른 사람에게 좋은 인상을 주고 호감을 사려는 아기로부터 시작되었다. 이로써 아기는 생존 가능성을 높일 수 있었고, 훗날 자라서 타인으로부터 얻게 될 평판에 대해 민감한 성격을 가지게 되었을 것이다.[68]

상호 의존성이 커지고 아이를 공동으로 육아하게 되면서 사회적 선택은 인간만의 독특한 능력을 형성하는 데 점점 더 중요한 역할을 하게 되었다. 여기에는 "다른 사람이 원하는 것을 이해하고 그들을 동료로 만드는 방법"이 포함된다.[69] 이는 다윈이 "사회적 미덕의 발달"을 설명하기 위해 고민했던 감정들로, 사람이 "동료의 칭찬과 비난"에 반응하는 방식과 관련이 있다. "칭찬에 대한 열망과 불명예에 대한 두려움, 그리고 타인을 칭찬하거나 비난하는 행동은 주로 공감 본능에 기인하며, 이 본능은 다른 모든 본능과 마찬가지로 자연선택을 통해 획득되었을 것이다."[70] 하지만 자연선택 과정은 다윈이 상상했던 것보다 더 이른 생애 단계, 즉 유아기와 어린 시절에 작용하고 있었다. 관련 뇌 영역이 급성장하는 시기는 플라이스토세의 협력적 양육이 이루어지는 시기와 일치했다. 이 시기는 유아와 보조 양육자 모두에게 사회적 선택이 작용하는 기간으로, 유아는 다른 사람의 호감을 얻을 수 있도록 성장하고, 보조 양육자는 그에 상응하는 도움을 제공하도록 했다.[71]

영장류 뇌의 비교 연구는 아직 걸음마 단계이긴 하나 두 말할 것도 없이 이런 현상은 한꺼번에 일어났다. 사회적 선택은 타인의 감정과 사고를 유추하는 정신화(mentalizing) 능력을 가진 개체를 선호했으며, 정신화 능력의 발달은 뇌의 정보 처리 센터가 확장되고 수백만 개의 뉴런 사이에 무수한 연결이 형성된 플라이스토세 마지막 분기에 일어난 중요한 사건과 일치했다. 이는 (정확히 언제인지는 알 수 없으나) 정교한 언어가 등장한 시기와도 일치했다. 지식, 생각, 계획을 전달하는 방식으로서 언어의 발달은 공동 양육보다 더 큰 영향을 미쳤다. 언어는 사람이 대화를 나누고 말할 수 있도록 함으로써 다른 사회적 특성의 범위와 영향을 증대하는 촉매제가 되었다. 언어는 삶의 여러 영역을 변화시켰으며, 사람들의 평판 형성에 아주 중요한 역할을 했다. 아울러 언어는 자기 자신과의 내적 대화를 통해 자신의 행동과 자기 인식을 평가하고 표현하는 새로운 방식을 마련해주었다.[72]

언어와 '남자다움'

대부분의 사람이 언어의 발명이 인류사적으로 '중대한 사건'이라는 데 의견을 함께한다.[73] 그러나 언어가 어떻게 진화했는지, 심지어 진화한 것이 맞는지에 대한 주제는 다양한 분야의 많은 학자(언어학자, 신경과학자, 정신분석가, 정신과의사, 인류학자, 철학자) 사이에서 뜨거운 논쟁의 대상이다. 언어의 기원을 놓고 다양한 의견과 가설이 나오고 있다. 유명한 언어학자 노엄 촘스키(Noam Chomsky)와 같은 일부 학자는 "수십만 년 동안 별다른 변화가 없다가 갑자기 창의적 에너지의 폭발"과 함께 큰 발전이 일어났다고 말한다. 이로써 '보편 문법' 규칙을 따르는 무한히 재귀적인 새로운 구어적 소통 방법이 생겨났다고 주장한다.[74] 여기에 아직 발견되지 않은 유전자 돌연변이가 관련되었을까? 그렇지 않다면, 어떻게 이런 일이 일어났을까? 답을 알기는 쉽지 않다. 이런 탓인지 1866년에 프랑스 과학아카데미는 언어 기원에 관한 논문은 더 이상 허락하지 않는다는 발표를 내놓기도 했다. 한 세기 반 후, 저널리스트 톰 울프(Tom Wolfe)는 언어 진화에 관한 끝없는 논쟁에 참여한 사람들을 유쾌하게 비판한 책 『말의 왕국(The Kingdom of Speech)』을 출판했다.[75]

언어 논쟁에 참여할 위치도 아니고 의지도 없지만, '언어 사용에 앞서 관련 전조가 있었을 것'이라고 확신한다. 개인적으로 정신분석가 피터 홉슨, 촘스키 전문가인 크리스 나이트, 여러 인류학자의 의견을 따른다. 인간이 다른 사람을 배려하는 성향, 즉 내가 생각하는 '감정적 현대성'이 대뇌화로 인해 뇌가 커진 '해부학적 현대인'의 진화보다 먼저 등장했고, 정교한 언어를 가진 '행동적 현대인'이 등장하기 훨씬 전에 등장했어야 한다고 확신한다. 다른 사람을 배려하는 이러한 성향은 결국 이 독특하고, 미묘하고, 광범위한 의사소통 방법인 언어가 등장하기 위한 필수 전제 조건이었다.[76]

초창기에 사용한 구어(口語)의 용도는 무엇이었을까? 동물이나 중요한 장소(이를테면 샘물이 솟아나는 곳), 그리고 사람을 지칭하는 이름과 상징적 지표로 사용되었을 것이다. 특정 관련자를 지칭하는 단어(종종 친족과 친족처럼 여겨지는 사람을 동일한 용어로 묶는 것, 마치 오늘날 우리가 '형제'라는 용어를 사용하는 것처럼)는 정보를 공유하고 사회적 접촉을 유지하는 데 유용한 장치다. 이러한 용어는 위험을 분산하기 위한 교환망을 만들거나, '결혼'으로 엮인 인척관계를 설명하는 데 유용하다. 이렇게 만들어진 사회적 관계는 시간과 거리에 구애받지 않고 유지되어야 하기 때문이다.[77] 물론, 당연히 인간의 오랜 친구인 잡담도 빠질 수 없다.[78] 잡담은 다른 사람 사이의 관계를 추적하고 유대감을 형성하며, 신뢰할 사람과 신뢰하지 못할 사람을 가려내고, 평판을 확립하거나 손상시키는 방법일 뿐만 아니라, 집단의 규범을 준수하는 데 도움이 되는 귀중한 도구이기도 하다.

따라서 남성이 다른 사람의 의견과 관심에 신경 쓰며 엄청난 시간과 에너지를 투자하는 것은 당연한 일이다. '맨스플레인(mansplaining)'

이라는 용어는 최근에 등장했을지 모르지만, 다른 사람에게 깊은 인상을 남기려는 남성의 근본적 동기는 진화적으로 오래전에 만들어졌을 것이다. 성인기가 되기 훨씬 이전에 양쪽 성(특히 남성)은 자신에 대해 남에게 이야기하는 것을 스스로 보람되게 여기며, 사람들이 좋아할 만한 단어를 선택해 자신을 표현하는 것을 좋아한다. 이러한 행위는 맛있는 음식을 기대할 때 자극되는 신경 영역과 동일한 신경 영역을 자극한다.[80]

타인과 소통하고, 정신적·감정적 상태를 공유하며, 행동을 조율하고 협력하는 능력은 인간만이 가진 독특한 동기와 태도였다. 덕분에 인간은 점차 더 복잡한 사회를 형성해 나갈 수 있었다. 그리고 인류는 이를 바탕으로 식량을 재배하고 기근에 대비해 비축하며, 지식을 축적하고 젊은이들을 가르치고 이끌며,[81] "시장과 무역 네트워크를 발전시키고, 전쟁을 벌이고, 공공사업을 구축하고, 사회 제도를 만들어낼"[82] 뿐만 아니라, 인터넷에서 생각을 퍼트리고, 막대한 자원을 투입해 사람을 달에 보내는 것이 가능해졌다.

하지만 여기서는 언어를 구사하는 현대 인간이 가진 능력은 잠시 접어두고, 남성이 타인에 의해 평가되는 방식의 다양성과 가변성, 그리고 시대와 문화에 따라 남성이 자신의 가치를 어떻게 드러내고 스스로 인식해왔는지에 집중해야 한다. 이제, 공동체의 규범과 내면화된 기준이 '남성' 혹은 '아버지'라는 존재를 어떻게 규정하는지, 그리고 그 자격을 갖춘 사람은 누구인지를 살펴볼 차례다.

10
아버지 역할의 문화적 구성

"이 세상은 무대이고, 사람은 살면서 다양한 역을 연기한다."

윌리엄 셰익스피어(1599년경)[1]

조건부 부성의 역설

모든 영장류는 모유수유를 한다. 그 외에는 영장류 공통의 양육 행동 양식이라는 것이 따로 존재하지는 않는다.[2] 하지만 새끼를 대할 때 나타나는 유사성은 있다. 예컨대, 비인간 영장류 수컷은 처음 보는 암컷의 새끼를 죽일 가능성이 높다. 따라서 동물원 사육사는 수컷과 새끼를 같은 우리에 두지 않는다. 하지만 수컷의 영아살해 행동은 무조건적인 것이 아니어서, 일부 종에서는 예외가 나타난다. 올빼미원숭이가 그렇다. 짝을 잃은 어미와 새로운 수컷을 함께 살게 하면 수컷은 마치 새끼가 자기 자식인양 돌보며 '새 아빠' 역할을 자처한다. 이러한 행동은 수백만 년 동안 진화해온 짝짓기 전략으로 인해 수컷이 양육 본능을 가지고 있기 때문에 나타난다. 올빼미원숭이 수컷의 양육은 말 그대로 '본능적'인데, 주변에 있는 새끼가 자신의 유전적 친자가 아닌 경우가 거의 없기 때문에 자연스럽게 어떤 새끼이건 돌보게 된다.[3] 하지만 다행스럽게도 인간 종에서는 적어도 낯선 여성이 데리고 있는 아이를 본능적으로 공격하는 일은 일어나지 않는다.

그렇다면 남성은 양육 본능을 가지고 있을까? 일부 아버지는 자녀와 거의 접촉하지 않거나 무관심하게 지내지만, 많은 아버지는 선천적으로 애정이 많아 자녀가 성장하는 과정에서 많은 시간을 함께 보낸다. 어떤 아버지는 아이가 자기 친자가 확실함에도 무심하게 행동하는 반면, 누군가는 자기 자식이 아님에도 자녀를 키우기도 하며, 또 누군가는 그런 상황에 분노를 표출하기도 한다. 남성이 자녀를 대하는 방식에는 집단 내에 또 집단 간에 매우 많은 편차가 있다.

인간이 짝을 맺고 살아가는 양상도 매우 다양하다. 다양한 기회와 기회비용을 가지고 광범위한 서식지에 퍼져 있는 인간 종은 양쪽 성 모두 경제적·사회적 상황과 문화적 규범에 따라 생식 행동을 조정한다. 예를 들어, 친자가 아닌 자식을 키우는 비율은 주어진 환경과 맥락에 따라 매우 다르다.[4] 족보를 기록하고 유전자 검사를 통해 친자 확인이 가능한 사람을 대상으로 연구해보면, 친자가 아닌 자녀를 키우는 비율이 인구 통계학적, 사회적, 그리고 특히 사회경제적 조건에 따라 다르다는 것을 알 수 있다(예컨대, 자원이 부족한 지역에서는 그 비율이 종종 더 높다).[5] 처할 수 있는 상황은 천차만별이며 사회문화적 조건과 경제적 상황은 급격히 변할 수 있기에 남자의 양육 행동은 당연히 유연할 수밖에 없다. 따라서 남성의 부성 양육 투자 측면에서 현생 인류는 다른 300여 종의 영장류 전체를 합친 것보다 더 큰 다양성을 가지고 있다.

양육자의 상황에 따른 아기의 생존율에 대해 알아보자. 최근 43개의 전통적 인간 사회를 대상으로 한 조사에 따르면, 아기가 두 살이 되기 전에 어머니가 사망하는 것은 거의 항상 치명적인 결과를 초래했다. 두 살 이후 아기가 젖을 떼고 나면 어머니의 부재는 그 전보다 덜 중요해졌는데, 이는 아버지나 할머니, 자매 또는 다른 집단 구성원이 아이를 대신 돌보았기 때문일 것이다. 놀라운 것은 대략 절반의 사회에서는 아버지의 존재 여부가 아기의 생존에 아무런 영향을 미치지 않았다는 점, 반면 어떤 사회에서는 아버지의 존재가 결정적인 역할을 했다는 점이다. 특히 남성이 주로 생계를 책임지는 상황, 예를 들어 사냥이 대부분의 먹거리를 제공하는 사회의 경우 아버지의 영향력이 컸다. 이러한 상황에서는 확실한 남성 양육자가 없는 아기는 생존 가능성이 낮았다.[6]

아마존 저지대에 살면서 육류 의존도가 높은 와오라니족(Huaorani)은 아버지 없이 태어난 아기를 '원치 않는 아이'로 간주한다. 민족지학자 로라 라이벌(Laura Rival)에 따르면, 그들은 "원치 않는 아이는 사람이 될 수 없다"고 믿었기 때문에 아버지 없는 신생아는 "죽여서 태반과 함께 묻어야 한다"고 했다.[7] 이들이 사는 지역은 집단 간 갈등이 잦은데, 만약 집단 간의 충돌로 남자가 사망할 경우 친척이 그 시신을 마을로 가져오고, 아내가 죽은 남편의 시신을 묻을 때 막내아이를 함께 매장하도록 한다. 따라서 아직 살아있는 아이는 치명상을 입고 죽어가는 아버지와 함께 묻힐 수도 있다.[8] 아이의 희생이 문화적으로 허용된 이유는 아버지가 내세에서 외로움을 느끼지 않도록 하기 위함이었다. 물론 실질적인 이유는 아기를 데리고 있으면 어머니의 재혼 가능성이 줄어들기 때문일 가능성이 높다.

여타 아프리카의 수렵채집사회, 예컨대 주호안시족이나 하드자족에서 기록된 바와 달리, 와오라니족 문화에서 계부는 전 남편의 아이에 대해 훨씬 덜 관용적이다. 따라서 어머니는 아기가 어차피 죽을 운명이라고 생각할 수도 있다.[9] 여기서 우리는 '왜 이런 일이 일어나는가'가 아니라 남성에게 있어서 '왜 양육의 중요성이 일관되지 않고 다양하게 나타나는가'에 초점을 맞추고자 한다.

조건부 부성의 역설을 해결하기 위해 우리는 기나긴 플라이스토세 기간의 유산인 인간의 협력적 육아를 기억해야 한다. 수십만 년 동안 부모뿐만 아니라 보조 양육자도 자손을 돌보고 함께 키웠다(8장). 어머니가 자유롭게 집단을 이동하며 더 나은 조건(특히 타인의 도움을 얻을 수 있는 가능성)을 찾는 사회에서 돌봄은 대체 가능한 것이었다. 도움을 줄 수 있는 다른 사람이 있는지 여부에 따라 아버지도 자신이 제공하는 도움의 양을 자손의 생존 가능성을 높이는 방향으로 조절했다. 부모 모두 상황에 따라 투자를 조절하도록 진화했다.[10] 이런 조건에서 남성은 올빼미원숭이처럼 무조건적으로 모든 아기에게(자기 아이가 아닌 아이까지) 양육투자를 하는 것보다 조건부 부성 양육투자를 하는 것이 진화적으로 더 유리했다.

아이에 대한 남성의 행동은 짝의 충실도 및 지역 생태적 또는 사회적 상황에 따라 달라질 뿐만 아니라 공동체 내의 다른 사람의 기대에 따라 달라진다. 문화에 따라 너무나 다르게 나타나는 다양성에 깊은 인상을 받은 생물인류학자 조너선 마크스(Jonathan Marks)는 인간을 '생물

문화적 영장류'라고 부른다.[11] 일리가 있는 의견이다. 인간은 여전히 원숭이이지만 타인의 인식에 대해 비정상적일 정도로 민감하다. 따라서 생각과 행동에서 자신이 속한 곳의 규범이 매우 중요하게 작용한다. 문화적으로 전달된 기대는 남성의 행동 방식과 자녀를 대하는 방식에 영향을 미친다. 성장 과정에서 문화적 기대를 받아들이고, 이로써 타인을 대하는 방식과 양육 방식을 결정한다.[12] 이 장에서는 문화적으로 구성된 남성 돌봄에 대한 기대가 얼마나 다양할 수 있는지에 대한 여러 예시를 다룰 것이다. 그러나 그에 앞서, 타인의 기대가 왜 그렇게 중요한지를 다시 떠올려볼 필요가 있다.

타인의 영향을 쉽게 받는 유인원

보조 양육자의 도움 덕분에 어머니는 비용이 많이 드는 자녀를 더 많이, 짧은 간격으로 낳을 수 있게 되었다. 다른 여러 사람의 보살핌을 필요로 했던 아이는 타인을 배려하는 감각을 발달시키기 시작했다. 잠재되어 있던 본성이 발현되면서, 다른 사람의 생각을 살피고 더 선호 받고자 노력하도록 하는 성향이 자연선택 되었다. 결과적으로 아이는 성장하여 타인의 기분을 잘 살피고 협력하는 데 더 능숙한 성인이 되었다(9장).

다른 현존하는 유인원 중에서 인간 아이처럼 타인의 마음을 읽고자 노력하는 유인원은 없다. 그리고 아이는 타인이 가진 생각과 편견에 맞추어 행동하고 순응한다. 자신의 행동이 다른 이에게 어떻게 비칠지를 평가하거나 행동을 조정하는 데 적합한 뇌 구조는 인간에게만 존재한다. 그런 점에서 인간이 타인의 영향을 쉽게 받는다는 말은 듣기 좋게 표현한 것이다. 사회생물학자 에드워드 윌슨이 말했듯이 "인간은 타인으로부터 영향 받기를 열망한다."[13]

타인의 영향을 쉽게 받는 유인원은 쉽게 사회화된다. 사람들은 다양한 생활환경, 다양한 사람, 그리고 다양한 사회 시스템에 모두 잘 적응한다. 남자가 아버지로서 역할하는 데에는 여러 방법이 있었다. 플라이스토세의 호미닌은 자손을 남기기 위해 생존과 충분한 음식 섭취를 목표로 노력함과 동시에 친족을 포함한 다른 사람을 도와야만 했다. 그렇게 하기 위해서는 결속력 있고 믿을 수 있는 무리를 만들어야 했다. 필연적으로 아이를 최우선으로 두는 사회가 만들어지기도 했지만, 모든 인간 사회가 그렇게 지속되지만은 않았다.

인류가 전 세계로 퍼져 나가면서 상이한 거주 환경에 적응하고 서로 다른 역사를 겪게 되면서, 남성은 아버지로 인정받고 공동체의 구성원에 소속되기 위한 서로 다른 방식을 채택했다. 플라이스토세에 이동하며 살아가던 수렵채집인의 인구밀도는 대부분 낮았다. 따라서 집단 간 싸움으로 얻는 이익은 비용보다 낮았다(9장). 긴장 상황이 벌어지면 사람들은 거주지를 떠남으로써 갈등을 피했다.[14] 그런데 12,000년 전, 더 온화한 기후 조건 아래에서 농경과 목축이 시작되면서 상황이 변했다. 자원 축적이 가능해졌고, 이유식으로 우유와 곡물 죽을 먹일 수 있게 되었으며, 이로써 출산 간격이 짧아지고 인구가 빠르게 팽창했다.[15] 농경과 목축은 자연스레 침입자로부터 농지와 가축을 보호할 필요성을 제기했다. 물론 부계 출계 및 부계 거주 문화의 기원이 농경과 목축의 시작과 일치하는 것은 아닐지라도 자원보호의 중요성은 부계를 따르도록 촉진하는 작용을 했다.

신뢰할 수 있는 동료의 도움이 필요한 남성은 아버지, 형제, 그리고 형제와 다름없는 씨족 내 인척 가까이에 머물 가능성이 더 높았다. 아들은 부계 공동체에 머물고 딸은 가까운 친척과의 번식을 피하기 위해 멀리 떠났다. 멀리 떠난다는 것은 모계 지원의 상실을 의미했으며, 그로 인해 어머니의 영향력이 감소했다. 남성이 더 많은 힘을 가진 사회에서는 아버지와 형제들이 다른 집단과 동맹을 맺기 위해 딸을 교환할 수도 있었다. 꽤 많은 사회에서 어머니의 중요성이 우선순위에서 밀리게 되었고, 이는 자녀의 삶에 부정적인 영향을 미쳤다. 그렇다면 부계 이익이 우선순위를 차지하게 되는 이유에 대해 알아보자.

성 역할의 새로운 차원

사회가 부계 거주 문화를 따르고 딸보다 재산을 지키는 데 능한 아들에게 우선적으로 재산을 물려주기 시작하면서 사람들은 남자와 남자 사이의 관계에 더 많은 관심을 기울이기 시작했다.[16] 가문 내 재산 상속이 남성을 따라 이루어지면서 점점 더 많은 전통, 제도, 그리고 다른 영향력 있는 요소들이 부계의 이익에 맞게 편향되었다. 그리고 언어는 이 과정을 더욱 강화했다.

모든 유인원이 그렇듯 친족 관계는 매우 중요했다. 하지만 언어의 등장으로 '친족'의 의미는 새로운 차원으로 도약했다. 얼마나 친한 사이인지 여부는 더 이상 남성에게 유전적 관련성을 나타내는 주요 신호가 아니었다. 전 세계적으로 인간은 친족을 명명하고 분류하는 복잡한 시스템을 개발했으며, 물리적으로 멀리 떨어진 사람이라도 적절한 친족 용어를 통해, 이를테면 '어머니', '고모', '아버지' 등과 같은 용어를 통해 친족관계가 명확하게 지칭되었다. 친족 분류 시스템은 어떤 사람과 성관계를 맺거나 결혼할 수 있는지, 절대 결혼해서는 안 되는 사람이 누구인지를 명시했다. 그러나 이러한 금기는 때로는 교묘한 논리적 기만을 통해 협상될 수 있었다.

남성이 출산 중인 여성 근처에 있거나 접촉하는 것에 대한 금기를 제외하면, 남성이 아기를 피해야 한다는 규칙은 거의 없다. 그러나 아기는 어머니와 함께 있는 경우가 많기 때문에 자연스레 성 역할의 분리가 일어나게 된다. 부계 거주 풍습과 부계 영향을 강화하는 제도를 가진 사회에서는 성 역할 분리를 규정하는 관습이 가장 엄격하게 시행된다. 이는 거주지에 대한 규칙이 유연하고 남녀가 함께 사는 아프리카 수렵채집사회나 모계사회와 대조된다.

사회가 더 가부장적일수록 규정된 성 역할을 무시하는 여성에 대한 처벌의 강도가 커진다. 양쪽 성별 모두 사후나 현세의 무서운 초자연적 악령으로부터 보복을 당할 수 있지만, 순종적이지 않거나 순결하지 않은 여성은 종종 남편, 친척, 또는 전체 사회에 의해 참혹한 방식으로 처벌받는다. 약 10,000년 전에 티에라 델 푸에고의 아열대 지역으로 이주해 야생 라마 등 사냥감을 사냥하며 살아갔던 셀크남족(Selknam) 원주민에게 일어난 일을 살펴보자.[17]

셀크남족은 식민시대의 유럽인에 인해 거의 소멸되었는데, 이들 부족은 사라지기 전까지 매우 독특한 문화를 가지고 있었다. 이들에게는 남성과 여성 사이의 갈등에 관한 신화와 전통이 많았다. 여성이 과거 한때 상당한 권력을 휘둘렀다고 믿었고, 더 이상 여성은 '지

〈그림 10.1〉 과거 셀크남족의 남자는 매년 '슈어츠'라는 신화적 악마를 흉내 냈다. 뿔 달린 악마와 두 발로 걷는 성기처럼 보이는 의상으로 꾸며진 슈어츠는 성 역할에 대한 규범을 강화하는 데 주력했다. (Gusinde 1931, plate 85)

배할 자격'이 없으며 사회의 이익을 위해 타도되어야 한다고 믿었다. 이를 상기시키기 위해 매년 셀크남족 남성은 온 몸에 물감을 칠하고 '슈어츠(shoorts)'라는 악마로 변장한 후 마을 주변을 돌아다녔다(《그림 10.1》). 남편에게 순종적이지 않은 것으로 여겨지는 아내가 목표물이었다. 슈어츠는 그 여성이 있는 오두막을 뒤엎고, 여성이 감히 내다보면 날카로운 막대로 찔러 고통을 주었다.[18]

내가 연구한 남부 멕시코의 현대 마야인에게 전해져 내려오는 '원시 박쥐 악마'도 이와 비슷한 사례였다(2장). 그곳에서도 박쥐 악마는 성적 부정행위를 처벌하는 존재였고, 남자는 매년 악마로 변장했다. 이들은 규범을 벗어난 행동을 한 여성을 공개적으로 불러내어 모욕하고, 막대로 찌르고 유린했다. 현대 사회에서 가장 가까운 사례를 찾아보면, 미국 가족계획 클리닉 밖에서 환자와 직원을 대상으로 분노하며 시위하는 남성 혹은 아프가니스탄에서 베일을 쓰지 않은 여성을 공격하는 탈레반을 들 수 있다.

아이는 성장하면서 이러한 세계관을 받아들여 당연시하게 되며, 남자라면 어떻게 행동해야 하는지에 대한 암묵적인 기대를 배운다. 아이들은 '남자가 아내와 아이와 어울리는 것은 바람직하다'는 뜻으로 받아들일 수도 있고 아니면 '진짜 남자는 아내와 아이에 연연하지 않는다'는 메시지로 받아들일 수도 있다. 인류학자 메리 더글러스(Mary Douglas)가 말하듯이 "우리가 사고한다는 것에 대한 대가는 서로의 정신을 식민화하는 것이다." 주어진 환경에 따라 남성의 사고방식은 천차만별이다. 남성에 대한 기대는 문화마다 매우 다양하고, 심지어 서로 모순되기도 한다. 일부 전통사회에서는 특정 나이 또는 지위의 남성만 결혼할 자격이 있다고 여겨진다. 어떤 사회에서는 아버지가 되어야 성인으로 간주되고 존경받을 만한 자격이 주어진다. 1950년대까지 전 세계 절반 이상의 사회에서는 남성이 아내가 출산할 때 곁에 있지 않았다. 그러나 전 세계 문화의 약 4분의 1에서는 아내의 출산에 함께하는 것을 중요하게 여긴다. 출산 과정에 참여하는 것은 아기를 돌보려는 실제 욕구보다는 공개적으로 아버지로 인정받으려는 욕구와 더 관련이 있다. 아이가 성장하면 그 남성에게 충성을 다하게 될 것이다. 유전적으로 관련이 있든 없든, 남성이 양육을 도운 아이는 그의 명성을 높여주거나 가치 있는 정치적 지원을 제공할 수 있다.[19] 그렇다면 과연, 누가 특정 아이의 '아버지'로 인정받을까?

임신에 관한 인식

이 책을 읽는 사람 대부분은 아마도 부성이 정자를 제공한 남성에 의해 확립된다고 생각할 것이다. 하지만 부성에 대한 개념이 생겨난 것은 최근의 일이며(아마 언어의 진화 이후에 나오지 않았을까?), 아이가 어떻게 생기는지를 완전히 이해하게 된 것은 더욱 최근의 일이다.[20] 그러다 보니 문화마다 부성, 즉 아버지의 존재와 의미에 대해 생각하는 방식은 몹시 다양하다.

중국과 티베트 국경 근처에 사는 모계 중심 사회 모수오족(Mosuo) 농경민에게는 독특한 특징이 있다. 바로 남성이 아내와 함께 살거나 결혼하지 않는다는 것이다. 여성은 어머니와 함께 살며, 남성은 여성의 집을 슬쩍 방문하여 밀회를 갖는다. 아이는 할머니 집에서 형제 및 다른 모계 친척의 도움을 받으며 자란다. 따라서 모수오족 사회는 아버지와 남편이 없다고 알려져 있다. 그리고 아이를 잉태하여 낳는 과정은 여성 안에 심긴 씨앗에 남성의 영혼이 '물을 주는 것'이라고 생각한다. 따라서 남성의 역할은 여성에 비해 덜 중요하며, 여러 남성이 돌아가며 '물을 주는' 것도 가능하다.[21] 반면, 아버지가 중심이 되는 사회에서는 출산에 대한 개념이 매우 다르다.

창세기를 보면, 신이 인간을 만들 때 자신의 모습을 본떠 창조했다고 말한다. 첫 인간은 남자였다. 이후 신은 이 남자의 갈비뼈 중 하나를 사용하여 여성을 만들었다. 마야인은 신이 옥수수 반죽으로 인간을 만들고 생명을 불어넣었다고 생각했다. 5세기경 아테네에 살던 사람은 남자가 아주 작은 아기를 여성에게 주입하고, 이로써 아이가 여성의 배 안에서 자란다고 믿었다.[22] 비슷한 생각을 가지고 있었던 17세기 말의 네덜란드 렌즈 제조업자 니콜라스 하르수커(Nicolaas Hartsoeker)는 자신의 정액을 현미경으로 관찰했다. 정액에는 작은 '호문쿨루스(아주 작은 인간)'가 숨어 있을 것이라고 생각했다. 그리고 본인이 생각했던 작은 인간의 모습을 상상하여 스케치하기도 했다(〈그림 10.2〉).

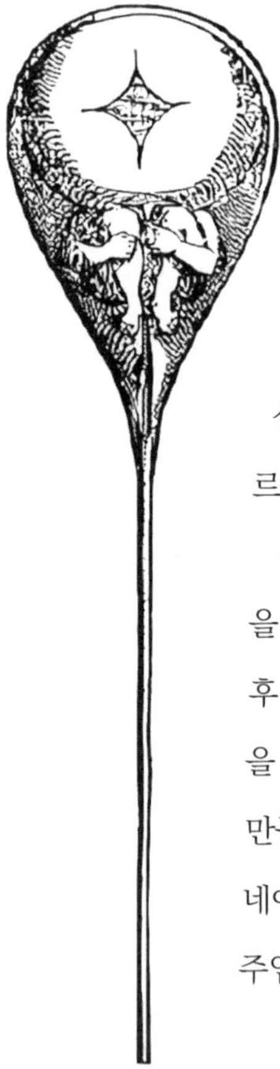

〈그림 10.2〉 1695년, 렌즈 제작자인 니콜라스 하르수커는 현미경 아래에서 정자를 관찰한 최초의 사람 중 하나였다. 그는 정자 세포 안에 있는 아버지의 축소된 인간 형태의 삽입물, 즉 '호문쿨루스'가 어떤 모습일지 상상하여 그렸다. (N. Hartsoeker / Wikimedia)

지구상의 모든 사람이 오늘날 생물학자가 생각하는 방식으로 부성을 생각하지는 않는다. 호주 서부 사막, 남태평양의 트로브리안드 제도, 중앙아프리카, 남미 등 세계 여러 곳에서는 아기를 만드는 것은 한 번에 되는 것이 아니라 여러 차례 노력해서 만들어내는 과정으로 여긴다.[23] 즉, 반복적 성관계를 통해 아기가 조금씩 만들어진다고 믿는다. 아마존에 사는 사람은 남성이 사정할 때마다 그것이 마치 조개 속에서 진주가 만들어지듯 축적되어 아기가 된다고 확신했다. 부성은 여성이 출산하기 전 10개월 동안 성관계를 가진 모든 남성들이 '나누어' 공유하는 것으로 여겨졌다.[24] 아버지의 부양이 중시되면서도 남성의 부상이나 조기 사망 위험이 높은 상황이라면, 아기에게 여러 명의 '아버지'를 할당하는 것이 합리적일 것이다.[25]

페루의 마티스족(Matis), 프랑스령 기아나의 와야노족(Wayano), 볼리비아의 타카나족(Takana), 베네수엘라의 야노마미족(Yanomami)과 바리족(Bari), 파라과이의 아체족, 에콰도르의 와오라니족, 콜롬비아와 브라질 국경의 쿠리파코족(Curripaco), 브라질의 쿨리나족(Kulina)과 카넬라족(Canela) 등 다양한 지리적, 언어적 집단 사이에서 한 아이에게 여러 명의 아버지가 있을 수 있음을 당연하게 여겼다. 아마존의 128개 부족을 조사한 결과, 이러한 분할 부성에 대한 믿음이 일반적인 임신 개념보다 두 배나 더 흔했다. 올바른 시기에 한 번의 성관계로 충분하다는 우리의 믿음과 달랐다.[26] 대신 아체족은 출산 전 몇 달 동안 어머니와 가장 많이 성관계를 가진 남성을 지칭하는 단어(apa miare)가 있으며, 이외의 아버지를 위한 다른 단어(apa peroare 또는 apa momboare)가 따로 있다.[27]

많은 사회에서 남편은 실제 형제 또는 의례적으로 형제라고 부르는 이들이 자신의 아내와 성관계를 갖는 것을 허용하고, 심지어는 장려하는 문화를 가지고 있다.[28] 브라질의 쿨리나족과 카넬라족은 성적 결합이 공동체 의식 중에 공개적으로 이루어지기도 한다.[29] 질투는 강력한 본능적 감정이므로 위험해 보일 수 있지만, 만성적 식량 부족 상황이라면 남편 입장에서도 아이의 아버지가 여러 명이면 홀로 부양하지 않아도 된다는 이득이 있다.[30] 게다가 또 다른 이유가 있었다. 아프리카의 주호안시족이나 하드자족과 달리 이 지역의 경우 역사적으로 전쟁이 잦았다. 이로 인해 여성을 두고 일어나는 내분을 줄이고, '형제' 간의 연대를 강화하는 관습이 특히 유리했다. 여기서 중요한 것은 이들 부족의 분할 부성에 대한 믿음이 주로 모계 거주를 중심으로 하는 문화를 배경으로 나타났다는 점이다. 이곳의 젊은 여성은 보통 처음 출산할 때 어머니나 모계 친척이 가까이에서 도와주었다. 이러한 지원을 통해 어머니가 최우선으로 여기는 아이의 안전과 행복이 사회적으로도 존중되도록 보장받을 수 있었다.[31]

부성을 나누어 위험을 줄이는 전략

카넬라족 신랑은 결혼 전날 밤 외삼촌에게 불려가서 조언을 듣는다. 아내가 다른 남자와 연애를 해도 참으라고 말이다.[32] 결혼 생활이 지속되면 남편이 아버지가 될 확률이 가장 높겠지만, '제2, 제3의' 아버지들도 여성이 임신 중일 때나 출산 후에 맛있는 고기나 생선을 가져다주며 여성을 돕는다. 바리족 어머니도 마찬가지다. 어머니는 아이에게 전 애인을 가리키며, "저 사람도 네 아버지야. 저 사람도 너에게 생선을 줄 거야. 고기를 줄 거야"라고 말한다.[33] 아체와 바리족 모두에서 '제2의' 아버지를 가진 아이는 생존 확률이 더 높았다. 하지만 아버지가 너무 많으면 그 혜택이 줄어들거나 사라질 수 있다. 적정 아버지 수는 평균 두 명이었다.[34] 이들 여성이 출산할 때가 되면, 지난 10개월 동안 성관계를 가진 모든 남자를 열거한다. 해당되는 남자는 남편의 지위를 가지지는 않더라도 여성이 출산한 후 남편이 따라야 하는 '음식 제한(dietary restrictions)'을 지키며 잠재적 아버지로서 역할을 다한다. 물론 진짜 남편이 가장 엄격하게 규범을 따름으로써 자신이 남편임을 과시하기도 한다.[35]

와오라니족 남편은 장모와 함께 분만을 돕는다. 아내의 등을 마사지하거나, 심지어 아기가 산도를 통과하는 과정을 도울 수 있다. 이후 대나무 조각으로 탯줄을 자른다. 그리고 나서 태반을 잎으로 싸서 숲에 묻는다.[36] 이렇게 분만 과정에서 나름의 역할을 하는데도 이들 문화권에서 남성이 신생아를 실제로 안고 돌보는 경우는 거의 없다. 아체족을 연구한 인류학자가 사적인 자리에서 이야기한 것처럼, "만약 아체족 남자가 3개월 된 아기를 포대기에 넣고 다니면, 다른 남자들이 그를 게이라고 부를 것이다."[37] 아버지가 '산파'로 행동하는 다른 특이한 포유류와 달리(2장의 캐서린 윈-에드워드의 중가리아햄스터를 떠올려보라), 출산 시 아버지의 참여가 이후 직접적인 아기 돌봄으로 이어지지는 않는 것으로 나타났다. 남성의 행동은 '아버지'로서 지위를 알리고 그에 따른 정치적 이득을 얻기 위한 것으로 보인다.

옆에서 부가적으로 도움을 주는 사람, 즉 제2의 아버지로부터 직접적 혜택을 받는 것은 어머니와 자녀이지만, 남편도 이득을 본다.

남편이 마지못해 아내와 성관계를 허용하는 것은 아이가 고아가 되었을 때를 대비해 보험 역할을 하기 때문이다. 그리고 두 번째 남성은 주로 동맹자나 친형제, 이복형제인 경우가 대부분이다. 적대적인 이웃에 맞서 살아남기 위해 집단의 크기를 키우고 단결력을 높여야 하는 일부 지역에서는 한 남성의 부족과 부족 구성원 모두 집단 내 경쟁이 줄어들면 혜택을 얻는다.[38] 심지어 아예 친부일 리가 없는 남성조차도 그 공동체에서 자신의 친척이 아이를 양육하고 있다면 더 안전한 환경에서 생활할 수 있는 이점을 누린다.

분할 부성이라는 개념이 어떻게 시작되었는지는 아무도 모른다. 하지만 배우 잉그리드 버그만이 영화 〈카사블랑카〉가 대중들의 사랑을 한 몸에 받을 수 있었던 이유로 "그 이야기는 이전부터 존재해왔던 사회적 욕구를 충족시켜주기 때문"이라고 말한 것처럼, 분할 부성 개념은 어떤 사회적 욕구를 충족시켰다. 문득 아마존 숲 어딘가에서 해먹에 누워 흔들거리며 혼자 피식 웃고 있는 백발성성한 할머니가 떠오른다. 할머니는 이 중대한 의미를 지닌 '옛날이야기'를 지어내며 즐거워하고 있을까? 아마도 할머니가 꿈꾸던 분할 부성이라는 상상은 오히려 성적 가능성과 관련이 있기보다는 여성에 대한 남성의 성 선택 경쟁을 줄이고, 그 과정에서 아이들을 먹이고 안전하게 키우는 것과 관련이 있었을 것이다.

문화적으로 전해지는 분할 부성이라는 개념은 이를 선택한 집단을 지속적으로 유지하는 데 기여했다. 이런 점에서 바리족이나 카넬라족 사람들은 집단의 번영 문제를 해결하기 위해 문화적 장치를 활용했는데, 이는 일부 영장류에서 자연선택을 통해 진화한 해결책과 만난다. 예를 들면, 수마트라 섬에서 가뭄과 산불로 인해 서식지인 숲이 황폐화된 이후, 주로 일부일처 생활을 하던 소형 유인원인 시아망 수컷은 암컷과의 관계에서 다른 수컷들을 용인하기 시작했다. 암컷이 다른 수컷과 교미를 시도하면 원래 수컷은 예외적으로 이를 받아들였고, 이전에 둘 사이에서 낳았던 손위 자식은 아비 이외의 수컷들에게 돌봄을 받을 수 있었다. 영장류학자인 수전 라판(Susan Lappan)은 시아망이 가족 크기를 키움으로써 열악한 환경에서도 생존을 위한 영역을 지키는 능력을 강화했을 가능성이 있다고 말한다.

조류도 마찬가지이다. 예를 들어 태즈메이니아 토종암탉(Gallinula mortierii)과 푸케코(Porphyrio porphyrio)는 일처다부 형식의 짝짓기를 통해 수컷들 간의 경쟁을 줄인다. 푸케코는 일처다부 연합을 결성함으로써 그렇지 않은 수컷들보다 더 좋은 영역을 차지한다. 또, 알락딱새(Ficedula hypoleuca)의 경우, 일반적으로 일부일처를 따르지만, 어미 새가 근처의 다른 수컷과 짝짓기 함으로써 부성 책임을 퍼뜨리곤 한다. 이런 어미새는 아기새가 위기 상황에 처하면 여러 수컷의 보호를 받을 수 있다.[40] 6장에서 함께 보았듯이 보노보의 경우도 부성을 공유하는 것은 무리들 사이의 협력적인 관계를 유지하는 데 기여한다.

다른 종과의 비교는 차치하고, 호주, 아메리카 대륙, 아시아 내륙, 아프리카 원주민 등 인간 사회에서 이러한 '분할 부성' 문화가 실제로 연구될 만큼 오래 지속된 사례는 극소수에 불과하다.[41] 이제 우리는 사람들이 쉽게 간과하는 일부 사례를 살펴보고, '아버지란 누구인가'에 대한 문화적 기대와 그에게 요구되는 역할이 아동 복지와 남성이 아기와 접촉하는 방식에 어떤 영향을 미치는지 살펴볼 차례다.

많은 아버지를 둔 아이들

17세기 유럽의 모피 상인이 모피를 찾아 세인트 로렌스 강 계곡(오늘날의 퀘벡)에 도착했을 때, 그 지역에는 몬타냐-나스카피(Montagnais-Naskapi) 수렵채집인이 살고 있었다. 상인의 뒤를 이어 선교사가 들어갔다. 그곳에 도착한 예수회 신부 폴 르 주느(Paul Le Jeune)는 여성이 집단 내에서 상당한 영향력을 가지고 있다는 점에 놀랐고, "아이를 과도할 정도로 아끼고 사랑한다"는 점에서 깊은 인상을 받았다.[42] 르 주느가 몬타냐 남자에게 "여자가 남편이 아닌 다른 남자와 사랑을 나누는 것은 정숙하지 못한 행실입니다"라고 말하자 남자는 이렇게 답했다. "당신은 아무것도 모르는군요. 프랑스 사람은 자기 아이만 사랑하지만, 우리는 부족의 모든 아이를 사랑합니다."[43]

약 300년이 지난 후, 인류의 시원이라고 할 수 있는 중앙아프리카에서 영국의 젊은 인류학자 메리 튜(Mary Tew, 나중에 메리 더글러스 여사로 불렸다. 인간이 상징적 사고를 통해 자신의 세계를 이해하는 방법을 밝힌 것으로 유명하며, 개인적으로 나의 우상이기도 하다)는 비슷한 답변을 들었다. 튜는 한 남자를 만났다. 그리고 그의 아내가 여러 남자와 성관계를 가졌음을 알게 되었다. 튜는 아이의 아버지가 누구냐고 물었다. 돌아온 대답은 이러했다. "우리 모두가 아버지입니다."[44] 이것은 무슨 의미일까? 튜는 궁금했다.

1949년 튜는 남성들의 혈통보다는 모계혈통을 문화적으로 더 중요하게 생각하는 사람들을 연구하기로 결심했다. 튜가 보기에 모계 거주 패턴과 모계 전통은 식민지화 및 선교사에 의한 개종, 서구적인 법적 제도의 도입, 정치적 갈등, 전쟁 및 새로운 생계 방식 등으로 인해 점점 사라지고 있었다. 아프리카, 중앙아시아, 오스트로네시아,

아메리카 대륙의 모계사회에서 임금 노동의 도입과 식민 통치로 인해 재산을 부계를 따라 물려주는 방식을 채택하기 시작했고, 여러 장소를 이동하며 거주하는 삶의 방식과 모계 중심의 유산은 모두 사라져 가고 있었다.⁴⁵

20세기 중반까지 전 세계 문화의 17퍼센트만이 모계 상속을 유지하고 있었다. 모계사회를 연구하기로 결심한 튜는 자기 어머니의 모피 코트를 판 돈을 들고 런던을 떠나 브뤼셀에서 열린 민족학 회의에 참석했다. 그곳에서 벨기에 콩고(현재는 콩고민주공화국)의 카사이(Kasai) 지역에 사는 레레족(Lele) 현장 연구를 위한 인맥을 쌓았다.⁴⁶ 훗날 메리 더글러스는 자신의 영광스러운 학문적 경력을 마무리할 무렵 나에게 이렇게 썼다. "아아, 저는 레레 문화의 안타까운 마지막을 지켜본 산 증인이었습니다."⁴⁷

당시 레레족은 여전히 두 가지 형태의 결혼 방식이 있었다. 나이가 많은 남자는 주로 한 명 혹은 그 이상의 '개인적 아내'와 결혼했고, 젊은 남자는 '호홈베(hohombe)'라고 하는 마을 공동의 아내와 결혼했다.⁴⁸ 호홈베는 인근 마을에서 부모와 거래하여 데려오는 경우가 많았고, 종종 납치하여 데려오기도 했다. 호홈베는 별도의 오두막에 살았는데, 잡일에서 면제되었고, 젊은 남자로부터 고기, 야자수로 만든 술 및 라피아 천을 선물로 받았다.

선교사들과 벨기에 당국은 이런 관습을 매춘과 같다며 비난했다 (1947년에는 이런 풍습을 금했다). 하지만 호홈베는 그들이 생각하는 것보다 중요한 역할을 했다. 호홈베는 4~5명의 나이가 비슷한 남자들 무리를 선택해서 이들을 장기적인 남편으로 삼는다.⁴⁹ 남자들은 호홈베의 남편이 되기 위해 다양한 선물을 주는데, 이렇게 받은 선물은 모든 이들이 볼 수 있게 전시된다. 여기에서 남자들은 선택을 받기 위해 서로 경쟁을 하고, 이 경쟁에서 이기면 명예를 얻을 수 있었다.[50] 선택받은 남자는 호홈베와 그녀의 어머니를 위해 작은 새와 다람쥐, 음식 등을 선물했다.[51] 이렇게 물질적인 것과 성의 교환은 식민정부와 선교사에게는 사라져야 할 관행으로 보였는지 몰라도, 레레족 사이에서는 전혀 문제가 되지 않았다.[52] 레레족 남성이 다처제 결혼에 참여하는 것은 단지 성적인 것뿐만 아니라 지위와 명예를 위한 행동이었다.

많은 전통 사회에서 그렇듯, 레레족 사회에서도 미혼이거나 아이가 없는 남자를 여전히 '소년'으로 간주했다. 아내가 있는 남자는 환대받았고 음식을 나눠줄 손님으로 초대받았다. 그뿐만 아니라 아내는 있지만 아이가 없다면 '진정한 남자'로 인정받지 못했다.[53] 호홈베에게서 태어난 아이는 '므와나바볼라(mwanababola)' 즉, '마을의 아이'로 불렸다. 메리 튜가 아버지가 누구냐고 물었을 때, "우리 모두입니다. 우리는 모두 그 아이를 낳았으며, 마을의 모든 남자가 아버지입니다"[54]라는 대답을 들었던 아이이다. 다수의 남성이 자신이 아버지라고 생각하도록 장려하는 이러한 전통은 모든 사람이 이 '마을의 아이'를 키우는 데 도움을 준다는 것을 의미했다. 하지만 다시 말하지만, 이 '아버지들'이 얼마나 아이들을 직접적으로 보살폈는지는 확실하지 않다.

호홈베가 출산하면 어머니나 이모가 와서 신생아를 돌보는 것을 도왔다. 할머니가 집으로 돌아가면 어머니와 몇 달 된 아기는 모계 쪽 친척과 함께 지내며 보살핌을 받았다. 개인적인 의견이지만 자원이 부족한 환경에서 사는 경우 아버지의 주요 역할은 주로 생계 지원이나 긴급 상황에서의 경제적 지원이었을 것이다. 그리고 부계 친척 역시 아이에게 도움을 주긴 했는데, 주로 그 '마을의 아이'가 결혼하기 위해 신부대(결혼을 위해 신부 쪽에 주는 대가)를 모을 때였다.

'마을의 아이'는 든든한 지원군이 있는 네트워크의 일원으로 태어나며, 마을 간 동맹과 마을 내 단결을 증진시키는 연결고리를 만든다. 호홈베 관습은 아내가 있는 남자와 없는 남자 사이의 내부 갈등(특히 성적 기회가 없는 젊은 남성과 여러 아내를 거느린 중년 남성 사이의 갈등)을 완화하는 데 도움이 된다. 이러한 부성 분할의 호홈베 전통은 보노보처럼 '더 나은 이웃'을 만드는 데 기여하며, 이로써 어머니와 모계 친족은 물론이고 아버지들도 혜택을 누리는 문화를 만든다. 하지만 실제로 유전적인 관점에서 부성이 얼마나 분할되는지, 즉 호홈베에게서 태어나는 아이들이 각각 어떤 남자의 친자이고 그 비율이 어떻게 되는지는 아직 알 수 없다. 이 질문에 대한 답은 이제 막 드러나고 있는 단계이다.

공동체적 개념의 부성과 혈연주의적 개념의 부성

UCLA의 인류학자 브룩 셀자(Brooke Scelza)는 유전적 부성과 사회적 부성이 일치하지 않는 사회를 더 파악하기 위해 나미비아의 힘바족(Himba)을 연구했다. 전통적으로 수렵채집 및 농업을 병행했던 힘바족은 오늘날에는 소와 염소를 목축하기도 한다. 힘바족 여성은 남편이 가축을 치러 떠난 동안 다른 남자와 밀회를 갖는다. 친자 여부를 파악하는 연구는 자칫하면 윤리적 위험을 초래할 수 있기 때문에 셀자는 광범위한 공동체 대상의 인터뷰와 익명성을 보장하는 연구 방법을 이용하였고, 그렇게 수천 개의 DNA 샘플을 수집할 수 있었다. 이로 인해 힘바족 아이 중 48.6퍼센트가 공식적인 남편이 아닌 다른 남성의 자식이라는 사실을 알게 되었다. 이러한 수치는 유례없는 것으로, 지금껏 연구된 집단 중 가장 친자확률이 낮은 사례였다. 약 70퍼센트의 가정에서 최소한 한 명의 아이는 다른 남성의 자식, 즉 '오모카(omoka)'였다.[55]

힘바족의 아내는 눈에 띄지 않게 밀회를 가지려 하고, 내연남 역시 조심스럽게 움직인다. 하지만 예상치 못한 시간에 집으로 돌아온 남편이 내연남의 존재를 알게 되면 질투심을 느낄 수도 있다. 그러나 남편은 대부분 이러한 상황을 묵인한다. 남편은 오모카의 아버지가 누구인지 (대개는 정확히) 짐작하지만 오모카를 자신의 자식처럼 대한다. 관용과 관대함이 사회 전체에서 존경받는 사회이기 때문에, 만약 오모카를 홀대하거나 아내에게 분풀이한 것이 밝혀지면 남자의 평판에 치명적이다.[56] 또한 민족학자 폴리 위스너가 지적하듯, 남자에게 자식의 수는 정치적 힘을 상징한다. 아이가 유전적으로 친자가 아닐지라도 말이다.

팔은 안으로 굽는다는 말처럼 동등하게 대우받아야 할 오모카를 차별하는 일이 발생하기도 하지만 이는 대개 다른 사람들이 없는 자리에서 이루어진다. 아들을 위해 신부대를 모을 때처럼 공적인 자리에서는 친자 여부와 상관없이 똑같은 금액을 내놓으며, 더 관대해 보이고자 많은 금액을 내서 경쟁하기도 한다. 개별적으로 선물을 할 때도 다른 사람에게 알려질 것을 감안하여 아들을 동등하게 대우한다.

그리고 먹을 것을 줄 때도 차별하는 일이 거의 없다.

하지만 힘바족 남성들도 아내와 아이들이 함께 잠을 자는 집에서는 개인적인 편애가 생길 수도 있다. 아무래도 집에서는 아버지가 친자식에게 더 애정을 줄 것이다. 셸자의 동료 연구자 션 프랄(Sean Prall)에게 힘바 남성이 어린 아기를 안고 있는 사진을 본 적이 있는지 물었더니 이렇게 대답했다. "그런 장면을 본 적이 있는지 잘 모르겠습니다." 그러더니 잠시 가만히 있다가 이렇게 덧붙였다. "딱 한 번, 한 남자가 모닥불 앞에서 자기 친딸을 무릎에 앉히고 있는 모습을 본 적은 있어요."[57] 말인즉 이곳 남자는 좀처럼 아이를 안거나 하지 않지만, 굳이 아이를 안고 시간을 보낸다면 친자식을 조금 더 좋아하는 것 같다는 이야기였다. 또한, 종종 일부 자녀가 양육을 위해 외가로 보내지는데, 친자식보다 오모카가 보내지는 경우가 더 많았다.[58] 셸자와 프랄이 힘바족 남자에게 다양한 사람이 사회적 관계를 맺는 그림을 보여주며 반응을 조사했을 때, 모든 다른 조건이 같다면 성적 충실성이 높은 파트너를 더 선호했다.[59] 프랄은 오모카를 많이 낳은 짝은 이혼으로 끝날 가능성이 더 높을 것으로 보았다.[60]

분명히 시대가 변화하고 있다. 오모카 관습이 처음 생겨났을 때 힘바족은 여전히 모계 상속을 따르고 있었다. 하지만 가축을 기르면서 새롭게 나타난 가축 상속 양상은 모계사회의 성격이 많이 옅어지고 있음을 보여준다. 소와 염소는 처음에는 모계 혈통을 통해 전달되었으나, 지금은 이중 상속 패턴을 따른다. 이는 모계 중심의 영향력이 부계 중심의 영향력으로 전환되고 있음을 나타낸다.[61] 한때 힘바족처럼 아내 공유 관습이 있던 인근의 헤레로(Herrero) 목축민은 이 관습을 거의 버렸다.

부계적 이해관계가 우세해지면

자원 축적, 불평등의 증대, 부계 거주 방식의 확산은 부계 혈통 내에서 재산을 상속하고 유지하려고 하는 경향을 점점 증가시킨다. 남성이 출생 집단에 남아 있기 때문에 근친교배를 피하려면 여성이 떠나야 한다. 이 과정에서 어머니는 모계 친척과의 협력이 줄어들게 되며, 모계의 지원을 받을 기회를 잃게 된다. 이는 모성 영향력, 자율성, 자녀의 삶에 큰 타격을 준다. 여성은 배우자를 선택할 때 짝과 그의 부계 집단이 가지고 있는 자원에 주목해야 하며, '관대함', '관용', '영민함' 같은 기준을 우선시하기 어려워진다. 결국 더 이상 남성이 자녀 양육을 얼마나 도울지는 중요한 고려사항이 아니게 되는 것이다.

약 150년 전 사회이론가 프리드리히 엥겔스(Friedrich Engels)가 말했듯이, 재산과 부계 상속은 남성의 우선순위를 변화시켰다. 남성의 주요 목표는 부성 확실성이 확실한 자녀를 많이 낳는 것이 되었다.[62] 남성은 아내의 이동을 제한하고 아내의 연애 관계를 통제하면서, '형제' 및 가문의 사람과 긴밀한 유대 관계를 유지하는 것이 중요해졌다. 이는 집단 내 성별 간 분리를 초래하는데, 이로 인해 여성과 떨어진 남성은 아기와 함께하기 힘들어진다.

여성이 언제든 성관계를 가질 수 있고 실제로 그렇게 하려는 본능을 가진다는 점에서(7장 참고), 여성의 성적 특성이 남편에게 위험할 수 있다는 새로운 이념이 등장했다. 따라서 고대 그리스와 중동 등 여러 지역에서 여성을 숨기고자 했다. 그 결과 여성은 집 마당을 벗어나지 못하고, 얼굴을 가리거나, 머리부터 발끝까지 덮는 부르카를 착용해야 했다. 이는 여성의 가족 부양이나 돌봄의 효율성을 전혀 높여주지 않는다. 계급사회의 최고층은 후궁을 고벽으로 둘러싸인 궁궐에 가두고, 나이 든 여성이나 환관이 감시하도록 하기도 했다.

여성의 정절에 집착하는 부계사회는 여성의 음핵을 자르는 할례나 질을 봉합하는 관습을 낳았다. 여전히 일부 무슬림 사회에서 행해지고 있는 관습이다. 감염과 출산 합병증은 여성뿐만 아니라 아기에게도 해롭다. 하지만 남성에게는 부차적인 문제였다. 이러한 관습은 여성의 정절을 보장하고, 부성 확실성과 권력을 얻기 위한 방법이었다.[63]

서아프리카 도곤(Dogon)이나 네팔의 외딴 마을에서는 체액에 대한 금기를 이유로 월경 중인 여성을 격리한다. 여성이 격리되는 '월경 오두막'은 비위생적이고 위험한 경우가 많다. 상당수의 다른 영장류와 마찬가지로 여성은 배란 시 눈에 띄는 징후가 없기 때문에 월경 오두막은 예비 남편이 여성의 생리 주기를 알 수 있는 통로가 된다. 남성은 이런 식으로 여성이 아직 임신하지 않았음을 확신할 수 있다.[64]

장기적으로 보면 정절 강요 관습은 직접적이든 간접적이든 모성과 자녀 복지를 저해한다. 남성의 통제를 강화하려는 여타 관습도 마찬가지다. 예를 들어, 여러 아내를 둔 일부다처제 도곤족 남자는 만약 어떤 두 여성이 자매관계라면 둘 모두와는 결혼하지 않는다. 왜냐하면 자매가 협력하여 자신의 이익에 반하는 행동을 할 수 있기 때문이다. 그리고 도곤족은 무슬림이며, 점점 더 희귀해지는 땅 소유 권리가 부계로 전해지기 때문에, 아들을 둔 두 아내 사이에서 상속을 두고 치명적인 경쟁이 일어나기도 한다. 미시간 대학교의 인류학자 베벌리 스트라스만(Beverly Strassmann)에 따르면, 이러한 적대감은 높은 유아 사망률의 원인이 된다.[65]

부계적 이해관계를 우선시하여 여성과 아동 복지를 희생시키는 다른 관습으로는 무슬림의 '명예 살인'이 있다. 명예 살인은 남성이 자신의 자매, 아내, 또는 딸을 살해하는 것으로, 여성의 행동이 자기 부계 혈통의 명예를 훼손했다고 여겨지는 경우에 주로 행해진다. 이로 인해 아이는 어머니나 소중한 보조 양육자를 잃게 된다. 고대 힌두의 사티(Suttee) 관습도 이에 해당한다. 고위 계층 남자가 사망하면 미망인은 남편의 장례 화장터에 몸을 던져야 했으며, 이를 거부하면 불명예를 안게 되었다. 사티는 미망인이 다른 남자와 관계를 맺어 혈통의 순수성을 더럽히는 위험을 제거하고, 남편의 친족이 미망인을 부양해야 하는 부담을 덜어주었다. 물론, 미망인의 죽음은 아이의 어머니이자 미래의 할머니, 그리고 유용한 보조 양육자를 잃는다는 것을 의미한다.

『어머니의 탄생』에서 나는 어떻게 여성이 이러한 불리한 조건을 받아들이도록 사회화되고, 설득되고, 수치심을 겪거나, 협박당하고, 또는 노골적으로 괴롭힘을 당하게 되는지를 설명하려 했다.[66] 이것은 장기적으로 보았을 때, 남성의 명예를 보호하고, 남성의 우월성, 지위, 유산, 혈통의 순수성을 유지하려는 가부장적 관습이 남성의 자손에게 얼마나 해로운지를 보여주는 사례이다. 가부장적 관습은 누구에게도 더 안전하거나 '더 착한 이웃'을 만들지 못한다.

자녀 복지에 대한 어머니의 우선순위

부계 중심 사회에서는 자녀, 특히 아기에 관한 한 아버지와 어머니가 중요시하는 바가 서로 다르다. 어머니는 태어나는 아기의 복지에 더 관심을 기울이는 반면, 아버지는 자녀의 수에 더 관심을 갖는다.[67] 이런 경향은 당연히 양육 부담이 어머니에게 집중되는 사회에서 많이 나타난다. 어머니는 아기의 체중 증가나 감소, 복통이나 열과 같은 아기의 건강 상태를 나타내는 신호에 집중하는 경향이 많지만,[68] 남편은 유전적으로 얼마나 가까운지에 대한 신호에 더 주목하는 경향이 있다. 더 가부장적인 사회일수록 이런 경향이 두드러진다.

최근 유엔 보고서에 따르면, 아동의 건강, 영양, 교육은 "가족 내에서 여성이 얼마나 많은 권한을 갖는지"와 밀접하게 연관되어 있다.[69] 여러 자선 단체는 여성의 지위가 높은 사회의 아이가 더 건강하며, 지원금이 어머니에게 직접 전달될 때 아동 복지가 향상된다고 보고한다. 반면, 아버지는 지원금을 술과 담배를 사거나 친구들과 노는 데 쓰거나 본인의 명성을 높이는 데 낭비할 우려가 있었다.[70] 이러한 성별 역학이 모계와 부계로 조직된 사회에서 아동 복지에 어떻게 영향을 미치는지는 인류학자 도나 레오네티(Donna Leonetti)가 인도 북동부의 두 인접 사회를 비교한 연구에서 잘 드러난다.

모계 중심의 카시족(Khasi)에서는 여성이 어머니로부터 농지를 상속받는다. 전통적으로 남편은 처가에 살면서 처가 식구들을 도우며 처갓집 땅에서 농사를 짓는다. 이 덕분에 어머니들은 지역에서 더 많은 지원을 받고 자율성도 높다.[71] 여성은 자유롭게 이동하고, 시장에서 물건을 사고팔며, 8장에서 이야기한 아프리카 수렵채집사회처럼 높

〈그림 10.3〉 1980년대에 인류학자 도나 레오네티는 카시족 남성을 보고 깜짝 놀랐다. 태어난 지 얼마 안 된 아기를 포대기에 싸서 등에 업고 있었기 때문이다. 레오네티가 가부장적인 벵골족을 연구할 때에는 이런 모습을 한 번도 본 적이 없었다. (Dinodia Photos / Alamy Stock Photo)

은 성관계의 자율성을 가진다. 남편감을 고를 때, 여성은 성적 충실성 혹은 얼마나 양육을 잘 도와주는지와 같은 특성을 우선시할 수 있다. 그리고 전통적으로 카시족 남성은 아기가 방치되는 일이 없도록 지극정성으로 돕는다. 레오네티는 카시족 남성이 아기를 등에 업고 마을을 돌아다니는 모습을 처음 봤을 때 얼마나 '놀라움'을 금치 못

했는지 대해 이야기했다(《그림 10.3》).[72]

여성의 자율성과 보조 양육자의 지원은 결과적으로 어머니와 자녀 모두를 더 건강하게 만든다. 카시족은 벵골족과 비교했을 때 어머니와 자녀의 건강 상태가 더 양호하다. 부계 중심의 벵골족은 여성이 시가에 들어가 살며, 생계를 유지하기 위해서는 시가 사람들에게 의존해야 한다. 벵골족의 부계사회에서는 아버지가 상위의 권력을 가지며, 아내와 아기에게 더 무관심하다. 두 공동체 모두 가난하고 비슷한 민족적 배경을 가지고 있지만, 카시족 아이는 벵골족 아이보다 생후 5년까지의 생존율이 더 높다. 카시족 어머니도 더 건강하고 영양 상태가 좋으며, 부계 중심 공동체의 어머니보다 더 키가 크고 몸무게도 더 나간다.[73]

공동체의 기대와 규범은 어머니가 아버지로부터 얼마나 많이 도움을 받을 수 있는지와 관련이 있다. 수마트라에서 가장 큰 부족이자 전통적으로 모계사회인 미낭카바우족(Minangkabau)은 자신들의 조상이 신화적 여왕인 '분도 칸두앙(Bundo Kanduang)'이라고 믿는다. 분도 칸두앙은 자연의 생명력을 숭배하고 전쟁의 비극에 대해 일깨운다. "모성애는 어머니뿐만 아니라 아버지, 연인, 배우자, 아이에 의해 주어진다." 말하자면 남녀 모두 모성적 감수성을 가져야 한다는 의미다.[74] 남성은 정기적으로 권력을 행사하지만, 물건과 땅을 관리하고 사용하는 권리는 모계로 전해진다. 이로써 여성은 일상생활에서 상당한 권한을 유지하여, 통치자 없이 모성적 이해관계를 통해 집단 내의 조화가 유지되도록 한다.[75]

모계 출계를 따르는 것으로 유명한 파푸아뉴기니의 트로브리안드

군도에서는 출산이 다가오면 여성은 친정으로 돌아간다. 출산을 하면 몇 개월 동안 격리되어 친정 가족의 보살핌을 지극정성으로 받는다. 하지만 이후 격리에서 벗어나 아기가 세상 밖으로 나오면 어머니와 아기는 많은 관심을 받는다. "마을 사람은 물론이고 다른 마을 사람조차 아이를 보러 와서 키스하고, 포옹하고, 놀리고, 쓰다듬으며, 품에 안는다." 그리고 아버지도 마찬가지다. 아버지는 "아기를 안거나 업고 마을을 돌아다닌다."[76] 아기를 잘 돌보지 않거나 자녀에게 충분한 음식을 주지 않는 아버지는 평판을 잃기 때문에 "정치적"으로도 피해를 입는다.[77]

반면 남성이 지배하는 사회에서는 상황이 완전히 다르다.

남성과 여성이 떨어지는 것은 남성과 아기가 떨어지는 것이다

가부장적 사회 체계는 남성이 타집단과의 경쟁에서 우위를 차지할 수 있는 효과적인 방법으로 밝혀졌다. 이는 가부장적으로 조직된 멜라네시아 농경민이 이전에 파푸아뉴기니의 산악지대를 돌아다니던 수렵채집사회를 대체한 과정을 설명해준다. 엔가족(Enga), 이아트물족(Iatmul), 삼비아족(Sambia) 등에서 여성이 고구마를 재배하고 돼지를 기르는 동안 남성은 땅을 갈고 집을 짓고, 정치적 분쟁을 해결하고, 종교적 의식을 책임지고, 전쟁을 준비하는 등 중요한 일을 맡았다. 남성의 일에서 여성을 배제함으로써 남성 간의 유대가 강화되었는데, 이는 이웃과 지속적 갈등을 겪고 있는 집단에 특히 효과적인 전략이었다.[78]

남자가 존경받기 위해서는 강력함을 뽐내야 하며 공포심을 불러일으켜야 한다. 전쟁 지도자가 되고 싶은 삼비아족 남성이 '여성스러움'을 보이면 형편없는 남자로 낙인찍히거나 '계집애'로 치부되었다. 남성들은 특히 여러 아내를 거느린 '큰 남자(Big Men)'로 보이기 위해 노력했다.[79] 여성은 남자에게 종속되어 있다고 여겼는데, 특히 출산 중일 때에는 오염되고 타락한 존재로 간주되었다. 아기와의 과도한 접촉도 오염을 불러일으킨다고 생각하여 기피되었다.

아버지의 온기가 가끔 빛을 발하긴 했지만, 남편이 아내와 아기와 어울리는 것은 "남자답지 않다"고 여겨졌다.[80] 삼비아족은 "남자가 아이를 안고 다니면 피부가 늘어지고, 약해지며, 빨리 늙고, 무력해진다"고 믿었다.[81] 전통적인 삼비아 사회는 남성과 여성이 분리되어 살아가는 극단적인 사회였다. 남성은 '남자의 집'에서 동료와 유대감을 쌓는 데 바빴으며, 여성은 그곳에 들어갈 수 없었다. 남자의 집에서 남성은 먹고, 수다를 떨고, 비밀 의식을 수행하고, 중요한 문제를 논의하며, 함께 잠을 잤다.

인류학자 폴리 위스너는 뉴기니 고지대에 사는 엔가족을 연구하면서, 다른 부족에 비해 엔가족의 아버지가 아기와 아내를 더 자상하게 대하는 것을 알게 되었다. 그러나 이들조차 주호안시족이나 아카족, 하드자족 등 아프리카 부족과 비교하면 아기가 출생 직후부터 공동체 생활에 한데 어울리지는 못한다는 점에서 한계가 있었다. 엔가족 아버지는 저녁 시간에 여성의 집에서 아기와 정답게 놀았지만, 삼비아족 아버지는 아기와 상호 작용을 거의 하지 않았다. 위스너가 한 삼비아족 남자에게 어린 시절에 대해 이야기해 달라고 했을 때, 아버지와 친밀한 접촉을 할 수 있게 되기까지 수년이 걸렸다고 말했다. "제가 태어났을 때, 어머니는 저를 정성스레 돌보고 내 삶의 모든 것을 책임지셨어요. 그러다 제가 소년의 역할을 이해할 수 있을 만큼 나이가 들자 아버지께서 어느 날 말씀하셨어요. '너는 어머니를 계속 따라다니고 여자의 집에서 자고 있지만, 남자로서 이제 그런 것들로부터 벗어나야 할 때다'라고요. 아버지는 제가 말라비틀어진 더러운 꼬마라고 하셨고, 남자의 집으로 들어가 살면서 더욱 강인해질 때가 되었다고 말씀하셨죠."[82] 아들은 젖을 떼고 몇 년 동안 어머니와 여성과 함께 지내다가 아버지 및 다른 가문의 남성과 함께 남자의 집에서 생활하게 된다.

'남자의 집'에서 소년은 가문의 역사를 배우고, 복잡한 의식에 참여하며, 나이 든 남성의 도제로 일한다. 성숙으로의 전환은 화려한 의식을 거치며 이루어지는데, 이 과정에서 볼품없는 젊은 총각은 충성스러운 가문의 아들로 변하게 되며 결혼할 자격을 얻는다.[83] 엔가족이나 삼비아족 소년이 어린 아이와 시간을 보낼 수 있는 때는 어머니와 여성과 함께 살던 행복한 시기뿐이었다. 당시 뉴기니 이아트뮬족을 연구한 마거릿 미드는 이렇게 말했다. "남자아이들도 여자아이들 못지않게 아기를 돌보는 것을 좋아한다."[84]

삼비아족의 경우, 소년이 남자의 세계로 들어가기 위해서는 의식화된 성행위를 거쳐야 했다. 이는 대개 소년이 나이 든 남자에게 구강성교를 하는 방식으로 행해지며, 정액은 어머니의 젖처럼 어린 남자를 강하게 만드는 것으로 여겨졌다.[85] 오르가즘과 옥시토신 분출이 동반되는 신체 접촉을 통해 남성 간 유대가 더욱 강화되는 것이다. 어머니 혹은 보조 양육자와 아기 사이에서 마법을 부리던 호르몬이 이러한 문화적 관행을 통해 남성 간 유대를 촉진하는 데에도 사용된다. 그러나 옥시토신은 근처에 있는 사람과의 사회적 유대를 촉진할 뿐만 아니라 외집단으로부터 자기 집단을 보호하고 방어하는 반응도 증가시킨다.[86]

본성, 양육, 또는 그 둘의 상호작용 때문이든 아니든, 구성원 간의 결속은 적과의 전투에 유리하게 작용한다. 누구도 그러한 단합이 주는 이점을 포기하기는 어렵다. 그러나 집단 내부의 결속이 집단을 안전하게 지키는 데 도움이 될지라도, 남성 간의 결속은 결과적으로 남성이 가족과 친밀한 유대를 형성하거나 자녀의 건강과 행복에 신경 쓸 기회를 줄인다. 따라서 아이라는 존재는 이러한 남성 중심 사회에서 소외될 수밖에 없다.

휘팅 효과

반세기 전, 심리인류학자 존 휘팅(John Whiting)과 비어트리스 휘팅(Beatrice Whiting)은 남성이 아내와 거리를 두는 사회일수록 용맹함을 추구하고, 전쟁에서의 영광을 중요시하며, 따라서 소년들이 '과도하게 공격적'으로 성장하는 사회라는 데 주목했다. 뉴기니 이아트물족이나 엔가족, 동아프리카의 마사이족 등 전사로서의 이미지가 널리 알려진 사회에서는 남자가 여자와 따로 떨어져 지낸다. 뉴기니의 '남자의 집'이나 마사이의 전사인 '모란(morans)'이 사는 마니아타(manyatta)가 대표적이다.[87]

휘팅 부부가 전 세계에서 대표적인 186개 문화를 조사한 결과를 보면 이들 중 과반수의 문화에서 남성은 아내와 같은 방에서 자고, 가족과 모여 함께 수다를 떨며 식사를 하고, 출산 시 아내를 도왔다.

하지만 약 4분의 1의 사회에서는 남성이 가족과 '떨어져' 지내는데, 때로는 밖에서 먹고 자면서 다른 남성과 유대감을 쌓기 위해 시간을 보냈다.

휘팅 부부가 참고한 한 연구는 남성과 여성의 분리가 곧 남성과 아기의 분리로 이어지는 과정을 잘 보여준다. 이 연구는 전통적인 요루바(Yoruba) 관습에 따라 가부장적으로 사는 서아프리카 목축농업 사회의 남성들을 대상으로 설문 조사한 결과였다. 다처제를 유지하는 남성은 각 아내에게 별도의 거처를 마련하고, '출산 후 성관계 금기(postpartum sex taboos)'를 지켰으며, 새로 태어난 아기가 있는 아내와 함께 자는 것을 피했다. 이곳 남성은 아내, 자식 등 가족과 함께 식사하는 일이 드물었고, 열 명 중 두 명만이 기저귀를 갈아본 적이 있었다. 그리고 아무도 출산할 때 남자가 있는 것이 좋다고 생각하지 않았다.[88]

휘팅 부부가 연구하던 시절에는 남성이 아기와 함께할 때 겪게 되는 신경내분비학적 변화에 대해 알려진 것이 별로 없었다. 테스토스테론 수치 감소나 옥시토신 증가 같은 변화들 말이다.[89] 당시 휘팅 부부는 연구 결과를 설명하기 위해 프로이트 이론과 '교차 성 정체성(cross-sex identity)' 개념을 가져왔다. 휘팅 부부는 남자 아이가 어린 시절 어머니와 너무 가까우면, 이를 보상하기 위해 성장한 후 역으로 공격적인 성향을 갖게 될 것이라 가설을 세웠다.[90] 반대로 나는 아기가 다른 사람을 온화하게 만드는 '신비한 힘'이 영향을 미칠 것이라고 생각했다. 나의 생각은 휘팅 부부의 동료 과학자인 캐럴 엠버(Carol Ember)가 당시 수행했던 연구로 인해 더 확고해졌다. 엠버는 동아프리카의 루오족(Luo) 어린이가 일을 돕는 방식 대해 연구했다. 루오족은 명확한 성 역할 분담이 있었으며, 채소 따기, 물이나 장작 나르기, 곡물 갈기, 불 지피기, 요리나 음식하기, 어린 아이 돌보기와 같은 작업은 '여성적인' 것으로 간주되어 딸에게 맡겼다. 그러나 딸이 없는 루오족 어머니는 종종 여성적인 일을 아들에게 시켰다. 엠버가 자연 발생적 비교연구를 하기에 적합한 환경이었다.

여자가 주로 맡는 일을 소년이 하게 되면 덜 공격적으로 사회화될까? 그렇지 않았다. 보편적으로 대다수의 문화에서 그렇듯 루오족 소년 '모두'가 여자 아이보다 더 공격적으로 자랐다. 집 '밖'에서 여자가 하는 일을 맡는 것은 별다른 차이를 만들지 않았다. 진짜 중요한 차이는 집 '안'에서 여자가 하는 임무를 맡는 것에서 나왔다. 집 안에 있다는 것은 소년이 아기와 접촉할 기회가 많았다는 뜻이다. 엠버의 연구에서 '아기 돌보기'는 "이기적 공격성과 부적 관계"를 보였다.[91] 이는 반대로 말하면 소년이 아기와 접촉할 기회가 적을수록 더 공격적으로 자란다는 것을 의미한다. 호전적인 사회는 남성과 여성을 분리하고, 남성과 아기의 접촉 가능성을 줄이는 방향의 문화를 선택하면서 다시금 호전성이 강화되는 방식의 순환 고리를 만든다.

가부장적 사고방식의 확산

대형 고양잇과 동물의 존재와 불규칙한 플라이스토세 기후가 생존에 가장 큰 위협이었던 시기는 수십만 년 동안 지속되었지만, 이제는 적대적인 이웃과 자원 경쟁자가 그 자리를 대신했다. 공격적인 남성은 이제 비난받거나 외면당하는 대신 존경받게 되었다.[92] 남성 간 유대가 강화되고 남성과 여성이 나뉘는 사회 시스템이 자연스럽게 확립

되었으며, 남성 중심의 사회 조직, 호전적인 이념, 그리고 여성의 복종과 같은 특징이 강하게 결합하면서 다른 집단을 압도하는 데 유리하게 작용했다. 이러한 이점을 감지한 많은 사회가 같은 방향으로 나아갔다. 이는 가부장적 사회 조직이 널리 퍼지게 된 이유 중 하나다. 주변의 집단은 더 공격적으로 변하거나 항복해야 했다. 동시에, 분쟁으로 인한 폭력에 직면한 공동체는 단단히 결속하며 외부인을 더욱 배척하게 되었다.[93]

삼비아, 엔가, 그리고 북아프리카와 중동의 다양한 무슬림 사회 등 가부장적 사회는 인간 사회의 많은 형태 중 하나의 극단에 해당한다. 프랑스 선교사가 들어가기 전에는 공동 육아를 하던 나스카피, 유럽 태생의 백인과 반투(Bantu) 농부들에 의해 쫓겨나고 지배당하기 전까지는 폭력을 꺼리던 주호안시, 식민지 법률 시스템에 굴복하기 전 아내 공유를 하던 레레, 그리고 유럽인이 도착하기 전 모계사회였던 체로키(Cherokee), 킥카푸(Kickapoo), 카도(Caddo), 치티마차(Chitimacha) 등은 모두 가부장적 가족 가치관에 노출되기 전에는 매우 다른 삶을 살았다. 세계 여러 지역에서 부계 거주와 부계 재산 방어가 새로운 규범이 되었고, 여성의 순결과 '친자임이 확실한' 아들을 생산하는 것이 최우선 과제가 되었다.[94]

가족 가치는 시간이 흐르면서 변화했다. 변화의 방향은 가족이 만들어질 때 누구의 이익과 선호가 우세했는지에 따라 결정되었다. 짝짓기 선호 역시 진화적, 역사적 시간에 따라 변했다. 명백한 예는 남성의 짝 선택 선호도의 변화다. 침팬지와 같은 비인간 유인원은 두 암컷 중 하나를 선택할 때 출산 경험이 없는 젊은 암컷보다 여러 아이를 키운 경험이 많은 암컷을 선호한다. 아마 인류의 조상도 마찬가지였을 것이다. 이러한 선택은 출산 경험이 없는 원숭이나 유인원 어미의 새끼 사망률이 더 높다는 점을 감안할 때 진화적으로 이치에 맞다.[95] 하지만 인간의 진화 과정에서 폐경 후 생존이 중요해지고, 짝 관계가 단순히 여성의 가임기에만 짧게 이루어지는 것이 아니라 긴 기간 결속되는 방식으로 진화하면서, 남성은 잔여 생식 기간이 긴 젊은 여성을 더욱 선호하게 되었다. 이로써 첫 출산 때 출산 경험이 많은 모계 친척으로부터 도움을 받는 것이 더 중요해졌을 것이다. 그러나 부계 거주가 득세하게 되면서 모계 친척의 지원을 받는 것은 점점 더 어려워졌다.

사회가 보다 위계적이고 구획화 되면서 남성 우선주의적 규범이 점점 성문화되고 법으로 정립되었다. 남성이 누구와 결혼할 수 있는지, 몇 명의 아내를 가질 수 있는지, 자녀에게 무엇을 제공해야 하는지에 관한 구체적 지침이 만들어졌다. 거의 4천 년 전, 이러한 규칙은 문자 그대로 돌에 새겨지기 시작했다. 바빌로니아의 함무라비 법전에 따르면, 자녀를 낳지 못한 아내는 이혼당할 수 있었다. 남편은 장인어른에게 받았던 지참금을 돌려주어야 했다. 그리고 만약 아내가 자녀를 낳았다면, 남편은 이혼할 수 있되, 여자는 자녀의 양육 책임을 가지고, 남자는 자녀가 다 클 때까지 양육비를 지불해야 했다.[96]

시간을 돌려 유럽의 가부장적 사회가 서구의, 교육받은, 산업화된, 부유한, 민주주의 사회, 즉 위어드(WEIRD; Western, Educated, Industrialized, Rich, and Democratic)로 변모하는 시점으로 넘어가보자.[97] 이 시기에는 남성 우월이라는 서구식 사고가 여전히 견고하게 유지되고, 반복되는 전쟁으로 인해 더욱 강화되었다. 조지프 헨리히(Joseph Henrich)에 따르면, 유럽의 정치체제는 1500년부터 1800년 사이에 80~90퍼센트의 기간 동안 전쟁에 휘말렸다.[98] 연대기는 남성과 아기 사이의 관계에서 일어나는 일에 대해 거의 언급하지 않는다. 남성 중심의 전쟁이 일어나고 십자군을 기리는 사회에서는 남녀 양성이 분리되기도 했고, 남자와 아기 사이에 교류가 별로 없었기 때문일 것이다. 진화를 공부하는 다원주의자라면 응당 말하듯, 전쟁은 남성의 호전성을 선호하는 성선택을 초래한다.[99]

하지만 때로 아버지의 부드러운 면모가 드러나기도 했다. 예를 들어, 중세 이탈리아 도시에 사는 한 중산층 아버지가 아내의 배에서 태동을 느끼고, "건강하고 잘생긴 아들"이 태어났을 때의 기쁨을 서술한 기록 등이 있다.[100] 그러나 보통 중세 및 르네상스 시대의 남성은 그렇게 자상한 아버지가 아니었다. 역사가는 아버지가 "자녀를 무시하고, 방치하며, 잊어버리기 쉬운 존재"라고 묘사했다. 어머니는 가난과 원치 않는 임신으로 인해 수백만 명의 아기를 고아원에 버렸고, 이로써 유럽 전역에 걸쳐 고아원이 생겼다. 고아원은 대규모의 죽음을 초래하여 '죽음의 덫'으로 불렸다. 부모가 자녀를 다시 볼 가능성은 거의 없었다.[101]

양육비용을 감당할 수 있었던 상류층에서는 아버지가 아기를 유모에게 보내 젖을 먹이도록 했다.[102] 기록에 따르면 한 남성은 "아기의 세례식을 서둘러 끝내고는 그 조그마한 생명을 마을로 보냈다"고 한다. 아기를 유모의 품에 맡겨야 하기 때문이다.[103] 그리고 남편은 자신의 아내가 모유수유 하는 것을 막으려는 강한 동기가 있었다. 성관계를 지속하려는 욕망과 더불어 더 많은 자녀를 원했기 때문이다. 일부일처제 결혼이 의무화되었고, 간통은 대죄로 간주되었으며, 가톨릭 교리는 아내가 모유수유를 하는 동안 성관계를 금지했다. 모유수유를 다른 사람에게 맡기면 남편은 계속 성욕을 충족시킬 수 있었고, 아내는 더 빨리 임신하여 더 많은 자녀를 낳을 수 있었다(〈그림 10.4〉).

18세기 유럽 '유모 양육의 전성기'에 모유수유를 외부에 맡기는 관행은 상류층에서 시작해 중산층 전체로 확산되었고, 도시 지역의 장인, 상인, 그리고 무역업자 사이에서도 퍼졌다. 1780년 파리에서 등록된 21,000명의 출생 중 오직 5퍼센트만이 어머니의 모유를 먹고 아버지와 가까이 지냈다.[104] 유아 사망률은 이미 높았지만, 고아원이 급증하면서 프랑스, 이탈리아, 러시아 등지에서 80퍼센트에 이르는 높은 사망률을 기록했다. 유모는 자신의 아이를 키우지 못하고 남의 아이를 키워야 하는 운명에 처해졌다. 겨우 키운 아이를 다시 부모에게 돌려주는 과정에서 겪는 심리적 트라우마에 대해서는 아무도 신경 쓰지 않았다.[105]

하지만 이런 결정을 내린 사람(대부분 아버지)의 우선순위는 아이들의 복지가 아니었다. 이런 상황에서도 서구 사회에서 가장 초기의 '진보적' 운동 중 일부에서 어머니가 직접 아이에게 모유수유를 해야 한다고 주장하는 남녀 개혁가들이 등장했다. 당시 유행하던 상업적 유모 양육 서비스를 없애기 위해 열정적으로 노력한 사람은 바로 동물학자 카롤루스 린네우스(Carolus Linnaeus, 칼 린네)였다. 린네는 『자연의 체계(Systema Naturae)』에서 (털, 특이한 귀뼈가 아니라) 유선을 포유류의 특징으로 꼽았다.

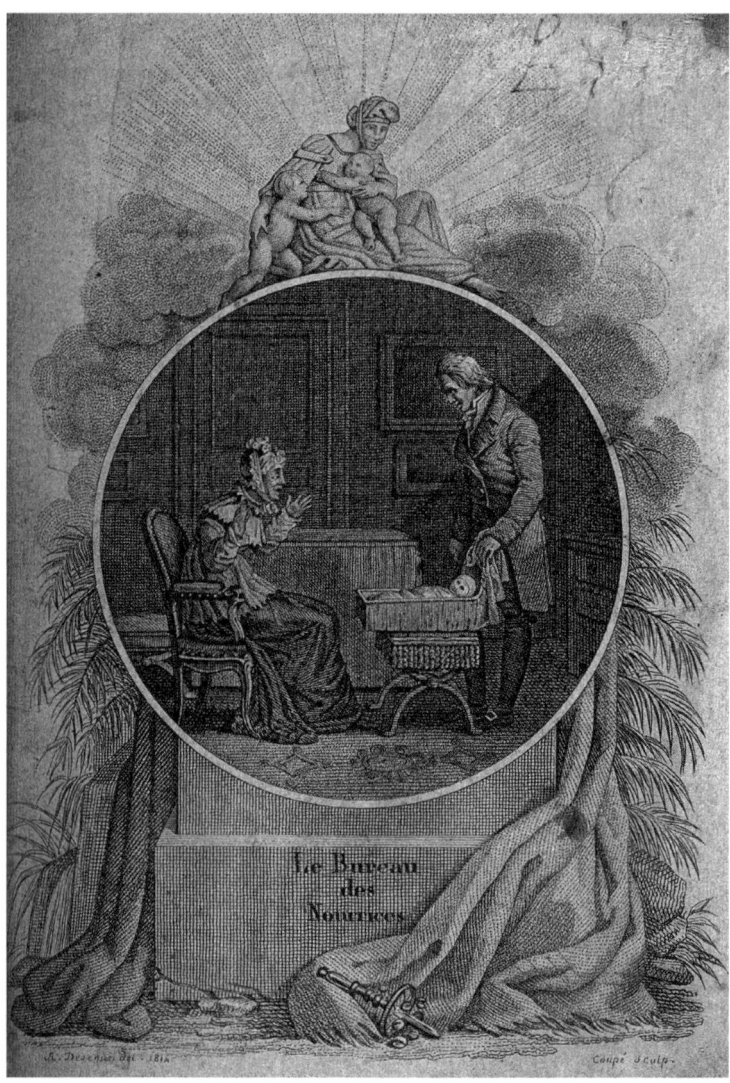

〈그림 10.4〉 19세기 파리의 한 아버지가 신생아를 데리고 '유모사무소(Le Bureau des Nourrices)'에 와서 추천인을 만나고 있다. 추천인은 수수료를 받고 시골에서 젖을 먹일 여성을 구해주는 전문가였다. 신선한 젖을 위해 가능하면 새로 아이를 낳은 여성을 선호했다. 외부 유모에게 맡겨진 아기가 실제로 어떤 대우를 받았는지, 유모가 낳은 아이는 어떻게 되었는지에 대해서는 알려진 것이 없다. 유모의 아이가 유동식(죽 등)을 먹고 자라게 되는 경우, 종종 어린 나이에 사망에 이르곤 했다. 이 부유한 도시 아버지는 자기 아이와 유모 아이의 육아에 대해 더 이상 신경 쓰지 않았을 것이다. (Wellcome Collection, London)

말할 것도 없이 린네의 1758년 생물 분류 체계는 암컷을 양육하는 성으로 확정했는데, 다윈 역시 이를 받아들였다.[106] 다윈 시대에는 영국에서 유모 양육과 자녀 유기에 대한 공적 제재가 이미 진행 중이었다. 하지만 어머니가 자신의 아이를 돌보아야 한다는 권고는 있었지만, 아버지가 자녀 양육에 더 많이 참여해야 한다는 언급은 거의 없었다. 이러한 사고방식은 다윈이 살았던 가부장적 빅토리아 시대에 깊이 스며들어 있었다.

다윈주의와 가부장제

유럽 역사는 정치적, 종교적, 영토적 갈등과 자원 분쟁 등으로 인한 지속적인 전쟁으로 얼룩졌는데, 이는 급격한 경제 변화, 자본주의적 불평등과 함께 위어드(WEIRD) 사회의 독특한 심리적 편향을 형성했다. 조지프 헨리히의 표현을 빌리자면, "유럽인은 전쟁을 했고, 전쟁은 그들을 더 '위어드'하게 만들었다."[107] 혈연관계는 여전히 중요하긴 했지만, 아버지의 개인적 이해관계는 부계 혈족의 이해관계와 점점 분리되어 같은 국가 정체성과 계급적 지위를 공유하는 다른 남성의 이해관계와 연결되었다. 서구의 남성 우월주의는 여전히 유효했고, 매 세기마다 반복되는 전쟁을 통해 강화되었다.[108]

하지만 남자가 아내를 시집으로 데려오는 풍습이 줄어들고, 신혼 주거지를 따로 마련하는 일이 점점 더 일반화되었다. 가사 도우미가 다른 어머니의 역할을 대신하게 되었다. 중상류층 남자인 다윈은 더 넓은 세계에서 자신의 관심사를 추구할 수 있는 자유를 누렸다. 다윈의 아내 엠마는 가정을 돌보고 식사를 준비하며 아이들을 돌보았고,

다윈은 재산 투자 및 과학계의 다른 남성과 소통하는 것을 주된 일로 삼았다. 다윈은 건강이 나빠져 집에서 일했을 때도 외부 세계와 접촉하는 일을 도맡았다.

남성의 자원 독점력과 기타 특권은 남성의 권리를 신성시하는 제도에 의해 강화되었다. 영국 법률은 남성 상속자에게 우선권을 보장하는 데 중요한 역할을 했다. 다윈이 사망한 해인 1882년이 되어서야 여성은 자기 이름으로 재산을 소유할 수 있게 되었다. 한 19세기 다윈주의 페미니스트의 신랄한 비판처럼, 이 〈기혼 여성 재산법〉 이전에는 그리고 실질적으로 그 후로도 오랫동안 여성이 "생계를 보장받기 위해서는 남성을 유혹하도록 강요되었다."[109] 이것은 제인 오스틴의 소설을 읽을 수 있을 만큼 교육받은 사람이라면 누구나 알고 있는 보편적 사실이었다.

이것이 다윈이 살던, 번영하는 빅토리아 시대 사람의 세계관이었다. 다윈은 비정상적으로 애정이 많은 아버지였고, 둘째아이이자 맏딸인 애니의 죽음에 큰 충격을 받았다. 그러나 아기는 아내 엠마와 가사 도우미가 직접 돌보았다. 다윈은 집에서 일했기 때문에 동시대의 같은 계급 남자와 소통하는 시간보다 열 명의 자녀(유년기를 살아서 넘긴 자녀는 일곱이었다)와 더불어 살며 소통하는 시간이 더 많았다. 심지어 과학 실험을 할 때 아이들을 참여시키거나 관찰하도록 했다. 첫째아들인 윌리엄은 다윈 자신이 정성스레 쓴 『유아의 전기적 스케치(Biographical sketch of an infant)』에서 주된 관찰 대상이었다.

다윈은 노예제를 신랄하게 비판하고, 당시 빅토리아 시대 관행이었던 장남 상속제를 반대하는 자유주의자였다. 다윈은 "장남 상속제는 자연선택을 파괴하는 계획이다"라고 탄식하며, 자신이 주장한 바를 실천하여 재산을 다섯 아들 모두에게 균등하게 분배했다. 그러나 이러한 자유주의적 성향은 성별에 대한 평등한 대우로는 확장되지 않았다. 두 딸에게는 소액의 자산만 물려주었다.[110]

한 세기 후, 빅토리아 시대의 남성 지배와 남성 우월주의는 다윈주의적 진화론의 명성에 힘입어 지속되었다. 20세기에 실시된 침팬지 관찰 연구는 수컷의 지배, 부계 거주 패턴, 수컷 결속 사회 집단, 이웃에 대한 수컷 주도적 적대감과 갈등을 보고하면서 인간의 본성에 대한 편견을 더욱 강화했다. 침팬지는 다윈이 인간의 조상으로 예측했던 '멸종된 아프리카 유인원'의 대체물로 사용되었다. 자주 인용되는 비유에 따르면, "수컷 주도적 영토 공격 체계와 외집단에 대한 적대감이 나타나는 가장 대표적인 두 종은 침팬지와 인간이다."[111]

20세기 중반에 인류학자가 실제로 집계한 바에 따르면 전 세계 70퍼센트 이상의 문화가 부계 거주 패턴을 따르고 있었다. 부계 거주 패턴의 보편성은 가부장적 체제가 인간에게 자연스럽다는 확신을 강화했다.[112] 따라서 "전통 사회에서는 아들이 가족 가까이에 머물고 딸이 떠나는 것이 일반적이다"라는 교과서적 가치가 확립되었다.[113] 하지만 물론, 그것이 항상 또는 어디서나 사실인 것은 아니었다. 그런데도 가부장적 사회 체제는 '자연스러운' 그리고 인간의 종 특성으로 여겨지게 되었다.

진화적 남성 길들이기

많은 전문가가 여전히 "가부장제는 전 세계적으로, 또 역사를 통틀어 존재하며, 그 기원은 600만 년으로 거슬러 올라가는 침팬지의 사회 생활에서 찾을 수 있다"는 가정에서 출발한다.[114] 이런 가정에 따라 인간 어머니는 '최고의' (대개는 지배적인 알파) 수컷을 선택하고, 오직 그 남자와만 교미해야 한다고 여겼다. 그 이유는 양육투자가 많이 필요한 상황에서 남성의 존재가 아이의 생존에 필수적인데, 친자 확실성이 없는 상태에서 남성은 양육투자를 할 수 없다고 생각했기 때문이었다. 이런 관점은 도널드 사이먼스 같은 20세기 진화심리학자가 저서 『인간 성(性)의 진화』에서 여성이 한 명 이상의 남성과 성관계를 맺는다는 것은 '의심스럽기 짝이 없다'는 주장으로 이어졌다. 특히 "여성이 다수의 남성에게 부성 확실성을 혼란스럽게 만들어 복수의 남성으로부터 양육 투자를 이끌어내는 사례는 어디에서도 발견되지 않는다"며 이를 뒷받침하려 했다.[115]

진화심리학자는 호주 원주민이나 미크로네시아, 저지대 아마존의 전통 부족, 또는 레레족이나 힘바족과 같은 집단을 실제로 관찰한 민족지학자의 기록을 놓친 것 같다. 이러한 증거를 무시함으로써 "어떤 여성은 기꺼이 남편을 공유하지만, 어떤 사회에서도 남성이 쉽게 아내를 공유하지 않는다"는 주장을 계속할 수 있었다.[116] 이는 "여성이 다른 남성과 성관계를 가지는 것은 항상 남성의 유전적 이익에 위협이 된다"는 이유 때문이었다.[117] 이러한 일반화는 완전히 틀렸다고 할 수는 없지만, 맞다고 할 수도 없다. 이를 지지하는 사례도 있지만 반박하는 다양한 상황과 예외도 존재하기 때문이다. 그런데도 어떤 주장이 자주 반복되어 진리인 양 취급되다 보면, 반대되는 주장을 하는 것은 금기시되곤 한다.[118]

사람들에게 거의 잊힌 휘팅 부부의 연구가 발표되고 수십 년이 지난 후 발레리 허드슨(Valerie Hudson)과 국제안보 연구팀은 휘팅 부부가 발견한 부계 거주, 모성 우선순위의 억압, 갈등 발생 가능성 사이의 연관성에 주목했다.[119] 전 세계 여성의 처우에 관한 사상 최대 규모의 데이터를 구축하여, 거주 패턴, 결혼 시장, 여성의 지위, 모성 및 아동 복지, 사회 안정성 사이의 연관성을 설득력 있게 입증한 것이다. 이 프로젝트는 미국 국방부가 자금을 지원할 만큼 중요하게 여겨졌다.[120] 그러나 여성의 자율성과 지위를 저해하는 것이 평화를 위협한다는 것을 보여주려는 이러한 노력조차 가부장적인 사고에서 자유롭지 않았다.

허드슨 팀이 2012년에 펴낸 『성과 세계평화(Sex and World Peace)』는 인간이 '항상' 가부장적 질서에 기반한 사회에서 살아왔다는 전제에서 출발한다. 이들의 출발점은 진화론적 관점을 가진 심리학자들이 제시한 평가에 기반하고 있는데, 이에 따르면 남성의 기본적 본성을 가장 잘 이해하려면 다음 사실을 인정해야 한다. "시간이 흐르는 동안 자연선택은 일정한 특징을 가진 남성에게 더 많은 자손을 남길 수 있는 기회를 부여해왔다. 생식적으로 성공한 남성 중에는 다른 남성과 긴밀한 유대 관계를 형성하는 남성, 원하는 것을 얻기 위해 물리적 폭력을 사용하는 남성, 공감 능력이 부족한 남성, 최소한의 노력으로 자원을 확보하려는 동기가 큰 남성, 위험을 기꺼이 감수하는 남성, 그리고 여성이나 이방인을 '타자'로 하여 그들을 종속시키는 남성이 포함된다. … 이들은 '내집단' 내에서 다른 남성과 협력하여 '타자'로 분류되는 집단으로부터 자원을 빼앗는데, 이는 우리의 진화적 유산 때문이다. 바로 그런 이유로 전 세계 인구의 1퍼센트가 칸(Khan)의 후손으로 남게 되었다."[121]

여기서 '칸'은 몽골의 가부장적인 인물인 칭기즈칸(Genghis Khan)을 뜻한다. 이 말은 중앙아시아의 넓은 지역에서 표집된 염색체의 약 8퍼센트를 차지하는 유전자 집단이 칭기즈칸의 13세기 정복으로 거슬러 올라갈 수 있음을 의미한다.[122] 특정 Y 염색체가 칭기즈칸 자신(최소 20,000명의 후손을 둔 것으로 추정됨)에게서 유래했는지 아니면 칸 가문의 일원에게서 유래했는지 여부는 불분명하지만, 초기 제국의 성공한 권력자가 아주 많은 자손을 남길 수 있는 위치에 있었다는 것은 분명하다.[123] 많은 여성을 거느리며 높은 성벽 안에 큰 후궁을 두고, 노파와 내시를 이용하여 보호할 수 있었기 때문에 부성 확실성에 대해 안심할 수 있었다.[124] 그러나 역사는 이러한 권력자가 자녀의 건강과 안녕을 얼마나 신경 썼는지는 거의 기록하지 않았다. 권력자는 많은 여자를 누리고 많은 자손을 낳을 수 있는 위치에 있었지만, 그렇게 태어난 자녀의 행복은 우선순위가 아니었다.

처음에는 권력자의 번식 성공에 대한 유전적 발견이 '침팬지적' 원시 인간에 대한 가정을 더욱 그럴듯하게 보이게 만들었다. 그리고 이것은 허버트 스펜서(Herbert Spencer)의 유명한 표현인 '적자생존(survival of the fittest)'에 매우 부합해 보였다. 하지만 이와 반대되는 수많은 인간 사회의 사례를 우리가 알아야만 하는 이유가 여기에 있다. 플라이스토세와 그 이후 수천 년 동안, 이 장에서 설명된 일부 사회처럼, 인간은 다양한 방법으로 질서를 만들었다. 그 과정에서 우선순위 또한 다양했으며, 일부 사회는 다른 사회보다 훨씬 더 아동 복지에 초점을 맞추는 특성을 보였다.

인구 조사 정보와 유전적 증거를 통해 우리는 인간이 역사적으로 다양한 상황에 따라 상이한 거주 패턴을 가지고 있다는 것을 알 수 있다. 열대 수렵채집인은 거주 패턴이 유연하고 비교적 여러 곳을 돌아다니며 사는 경향이 있었고, 여성은 친족 가까이에 모여서 영향력과 생식 자율성을 유지하려고 했다. 하지만 농경과 목축을 하게 되면서 부를 축적하고 불평등이 생겨나게 되었으며, 남성은 부계를 따라 아버지와 형제와 함께 거주함으로써 이렇게 형성된 자산을 보호하려 노력했다.[125]

물론 남성은 언제 어디에서나 명예와 지위를 추구한다. 여러 배우자를 독점할 수 있는 남성은 실제로 더 많은 자손을 낳을 수 있다. 그러나 이는 점점 더 비현실적인 사실이 되어가고 있다. 인간 사회 전반에서 성선택의 강력한 동기 부여 요인은 완화될 수 있다. 생태 및 사회적 제약, 자녀를 키우는 데 필요한 어머니 및 다른 사람의 투자, 그리고 문화적 규범에 의해서 말이다. 수렵채집인을 비롯하여 현대의 여러 사회를 살펴보았을 때, 가장 적은 자손을 가진 남성과 많은 자손을 가진 남성 사이의 편차는 여전히 존재하지만, 이는 비인간 영장류나 일반적인 포유류에게 나타나는 편차에 비해 많이 완화되었다고 볼 수 있다.[126]

요컨대, 사람들이 언제나 그리고 어디에서나 부계적, 가부장적 조직 사회에서 살며 이웃 집단과 지속적으로 갈등을 겪어야 했던 것은 아니다. 또한 우리가 보았듯이 부성 확실성이 항상 자녀를 돌보기 위한 필수 조건이었던 것도 아니다.

친자 관계의 객관화

수천만 년 동안 유전적 근연도가 있느냐 없느냐의 문제는 영장류 수컷이 아기에게 반응하는 방식에 영향을 미쳤다. 수컷이 암컷과 과거에 가졌던 성적 관계, 암컷의 환경 조성, 그리고 친숙도가 중요한 요소로 작용했다. 냄새나 외모 등 표현형 특성은 수컷의 신경내분비 반응을 촉진할 수 있는 단서가 될 수 있었다. 그러나 근연도는 대부분 맥락에서 추론된 확률적 관계였다. 문화가 도입되면서 인간 사이의 관계와 근연도는 더욱 복잡해졌다. 친족에 대한 단서는 어머니의 성적 전략에 의해 조작되거나 도덕규범에 의해 무시될 수 있었다(7장과 8장). 어떤 사회에서는 남자가 아이에게 음식을 주는 것만으로도 '친족'으로 분류되고, 아버지가 될 수 있었다.

'친족'이라는 개념은 항상 유동적이고 협상 가능한 것이었다. 그러나 사람들이 동식물을 가축화하고, 핏줄 관계를 직접 관찰할 기회가 많아지면서 친자 관계에 대한 기초적 생물학적 원리를 이해하기 시작했다. 일부에서는 많은 자녀의 아버지가 되는 것을 추구해야 할 지위로까지 생각했다. 그런데도 부성에 대한 지식은 여전히 해석에 따라 달라지며, 문화적 전제에 영향을 받기 쉬웠다.[127] 가부장제가 확산되면서 친자 관계는 더욱 중요해졌다. '명예'와 같은 것들에 취약하고 타인의 영향을 쉽게 받는 인간에게 친자 관계에 대한 개념은 아내, 의붓자식, 서자(庶子), 친자식의 삶을 억압하거나 심지어 죽음에 이르게 하는 결과를 초래하는 등 수많은 제약들을 낳았다. 부성이라는 개념은 그 자체로 독자적인 생명력을 갖추게 되었고, 실체화되어 논의되는 과정에서 일부 남성의 '자아감'의 핵심 요소로 자리 잡았다.

그러다 20세기 중반 유전자의 발견과 이어진 DNA 검사로 인해, 그토록 오랫동안 추론에 의존해온 부성은 실제로 확인 가능한 영역으로 들어섰고, 이는 복잡하고 다양한 파장을 일으켰다.

이러한 논의는 내가 성장했던 세계, 즉 20세기 텍사스로 우리를 더욱 가까이 데려온다. 백인 남성은 경제적으로 안정적이었고, 일부일처제를 따라 아내와 함께 살았지만, 자녀를 돌보는 일은 아내에게 맡겼다. '남자다운' 삶을 추구해야 했기 때문이다. 특히 아기를 돌보는 일은 상상하기 어려웠다. 그러나 이런 가부장적 영향에도 불구하고 사회·경제·기술적 변화가 빠르게 일어나고 있었으며, 성 역할과 깊은 관련을 가진 개인적, 법적 견해도 끊임없이 요동쳤다. 21세기에 이르러 이러한 흐름은 남성이 아기와 상호작용하는 조건을 변화시킨다.

11
변화하는 인식

"포사이트 가(家) 남자는 일반인과 다를 바 없습니다. … 그들은 무엇이 좋은 것인지, 무엇이 안전한지 잘 알고 있으며, 많은 자산을 가지고 있죠. … 아내, 돈, 명성은 포사이트 가 남자를 대표하는 특징입니다."

존 골즈워디, '포사이트 가문 진단', 『자산가』(1906).

유럽에서 미국으로 건너온 이민자들은 가부장적 이데올로기와 제도를 가지고 왔다. 이민자 집단은 매우 상이한 가족 체계를 가진 아메리카 원주민을 직접적으로 혹은 간접적으로 대체해 나갔다. 대표적인 사례로 지금의 매사추세츠 주와 로드아일랜드 주에 살던 왐파노아그족(Wampanoag) 모계사회가 있다.[1] 왐파노아그 남자는 결혼 후 처갓집 식구들과 함께 살았다. 어머니는 보통 모계 친족 사이에서 첫 아이를 낳았다. 아이는 모계 친족에게 정체성과 지위, 공동체를 물려받았다. 하지만 모험가, 부유한 가정의 차남, 종교적 반체제 인사, 유럽에서 온 계약 노동자 등 다양한 배경을 가진 식민지 개척자 대부분은 홀로 건너오거나 적은 수의 식구만을 데리고 왔다. 따라서 대가족보다는 핵가족을 구성하고 정착했다. 말하자면 가문을 새롭게 시작한 것이나 다름없었다. 반면 도덕적 틀과 제도는 그렇지 못했다. 이민자는 가부장적 사고방식과 법률 제도를 유럽에서 가지고 왔다.

뉴잉글랜드 주에서는 영국의 관습법을 받아들였다. 물론 법률이 감정에 기반하여 만들어지지는 않지만, 법을 작성하고, 제정하며, 시행하는 사람을 우선할 수밖에 없다. 그리고 이 사람은 주로 남성이고 아버지인 경우가 많았다. 영국 관습법은 나스카피나 레레 공동체에서 태어난 아이가 '모두'의 소유로 여겨지는 것과 왐파노아그 아이가 어머니의 친족 사이에서 태어나 자리잡는 관례와 완전히 달랐다. 뉴잉글랜드 식민지 개척자 사이에서 태어난 아이는 자연스럽게 남편의 소유로 여겨졌으며, 이는 당연하고 신성한 권리로 간주되었다. 물론 어머니가 미혼일 경우는 예외였다. 이 경우 아이는 '부모 없는 아이(filius nullius)'로 여겨졌다. 아이가 젖을 뗄 나이가 되면 곧바로 빈민법에 따라 입양을 희망하는 지역 가정에 위탁했다.[2]

이와 같은 차이는 아버지의 우선순위와 어머니의 우선순위 사이의 익숙한 줄다리기를 반영한다. 앞 장에서 본 것처럼, 가부장적 사회는 남성이 어린 아이와 접촉하는 빈도를 줄이고, 그 결과 남성의 양육 본능을 저해한다. 이러한 전통은 시간이 지나도 계속 이어졌고, 수세대가 지난 후에도 사라지지 않았다. 생계활동 방식과 교통수단 그리고 거주 패턴과 일상생활에서 100년 넘게 변화가 지속되었음에도 불구하고, 유럽에서 들여온 가부장적 이데올로기는 여전하다. 노벨 문학상을 수상한 존 골즈워디(John Galsworthy)의 소설을 최근 읽은 나는 이

점을 다시 한번 절감했다. 19세기 영국을 배경으로 한 이 소설은 가상의 가문인 '포사이트 가'의 이야기를 다룬다.

소설 『자산가(The Man of Property)』 속 포사이트 가문은 원래 대대로 궁핍한 농부였다. 하지만 후손들이 런던으로 이주하고 난 후 빅토리아 시대의 번영 속에서 상인이 되거나 전문직을 갖게 되었다. 주인공 소엄스 포사이트(Soames Forsyte)는 변호사였는데, 아내와 자식을 마치 부동산이나 예술작품 같은 재산으로 여겼다. 소설을 읽으며 나는 우리 아버지의 임종을 떠올렸다. 아버지는 당신이 너무 일찍 죽어서 아직 어린 아들이 아빠 없이 자라야 한다는 사실에 대해 슬퍼하지 않으셨다. 아버지가 걱정하신 것은 다름 아닌, '다른 남자가 내 아내를 차지하게 될 것'이라는 사실이었다. 자식을 돌보는 것은 아버지에게 1순위가 아니었다.

여기서 내가 관심을 가지는 것은 가부장적 사회 조직이 남성과 여성에게 어떤 문제를 만드는지가 아니다. 그런 내용을 담고 있는 책은 많다.[3] 대신, 나는 21세기의 남성과 아기 사이의 관계를 바꾸어 놓은 법적 변화, 경제적 변화, 사회 운동, 기술 혁신을 추적하고자 한다. 다시 말해 우리 사위가 그렇듯, 어떻게 남자가 아기와 오랫동안 시간을 보내며 친밀한 관계를 만드는 존재가 될 수 있었는지 이해하는 것이 목적이다.

알 수 없는 것들

앞 장에서 설명했듯이, 가부장적 아버지 개념은 남자가 아기 가까이에서(이를테면 같은 방에서) 아니면 대부분 떨어져서 얼마나 시간을 보내는지에 큰 영향을 미쳤다. 위어드(WEIRD) 사회에서는 중세시대로부터 이어져 내려온 기독교 교리로 남녀의 역할을 구분했다. 역사가가 유럽의 가족에 대해 묘사한 글에서 남자와 아이 사이의 상호작용이 거의 나오지 않는 이유는 접촉 자체가 드물었기 때문일 것이다.

가부장적 사회 조직과 성 역할의 구분이 정상적인 것으로 여겨졌기 때문에 역사가들은 아이와 아버지의 접촉에 대한 기록이 별로 없는 것에 대해 전혀 의문을 갖지 않았다. 예를 들어, 식민지 시대의 아버지가 사생아를 어디론가 보내기 전에 애정을 담아 작별 인사를 했는지 알 수 있는 기록은 없다. 그러한 아버지가 느꼈던 감정을 기록한 일기나 편지도 거의 남아 있지 않다. 우리가 가지고 있는 기록 대부분은 재산을 가진 남자가 남긴 유언장과 자녀 양육권 분쟁 소송 관련 문서다.[4]

이혼한 부부가 양육권에 대해 합의하지 못하면 법원의 결정에 맡겼다. 양육권 분쟁 기록은 법원의 의견이 어느 부모의 이익이 우선되어야 하는지—아버지와 그의 가계, 혹은 어머니의 이익—를 추적한다. 19세기 중반부터 후반까지는 아이가 6세가 되기 전에는 여성의 보살핌이 필요하다는 인식이 많아지면서 어머니가 양육권을 가질 가능성이 높았다.[5] 그러나 20세기 동안 가부장적 제약이 완화되면서 법원은 점점 더 '아동에게 최선의 이익을 주는 선택'에 초점을 맞추게 되었다. 그러나 그 '이익'이 무엇인지에 대한 의견은 분분했다.

가부장제의 지속적인 영향

식민지 시대, 영국의 관습법이 시행되던 시기의 아버지는 가족 내 무소불위의 수장으로 여겨졌다. 남성은 아내의 노동력과 생식 능력을 소유했으며, 가족을 넓히고 키울 재료로써 자녀를 소유했다. 18세기와 19세기를 거치면서, 법원 판결은 가부장 남성이 자녀에 대해 가지는 최우선적 권리 그리고 점진적으로 늘어난 여성의 권리 및 아동 복지에 대한 관심 사이에서 갈팡질팡했다. 양육권 소송에서 종종 '선천적으로 양육에 특화'되고 '도덕적으로 우월하다'고 여겨진 어머니 쪽의 손을 들어주기도 했다. 이는 나중에 '유아기 원칙(Tender Years Doctrine)'•으로 알려졌다. 1870년대에 이르러, 미국에서 〈유부녀 재산법〉이 통과되면서 어머니가 생계를 유지하고 자녀를 부양할 수 있는 환경이 조금은 개선되었다. 이후 여성 참정권 및 여러 다른 권리도 뒤따랐다.

이러한 시기를 거치며 사람들은 사는 곳의 환경에 따라 적응하며 삶을 꾸려나갔다. 거주 형태는 변화하는 상황에 맞춰 바뀌었고, 가부장적 상속 관행도 이민자의 출신 국가와 현지 경제 및 인구 상황에 따라 유지되거나 사라졌다. 영국의 지주 가문에서 널리 시행되던 단일상속제(unigeniture, 재산을 한 자녀에게 상속)와 장남상속제(primogeniture, 맏아들을 우선하는 관습) 같은 오래된 관습법은 정착민이 새로운 지역을 개척하고 더 많은 토지를 이용하게 되면서 점차 사라졌으나, 삼림이 개간되어 경작지가 부족하거나 경작지를 분할하는 것이 경제적으로 비효율적인 상황이 되면 다시 부활했다. 이 때문에 아버지가 수고를 감수하

• '유아기 원칙'은 4세 이하의 유아를 돌보는 데는 어머니의 역할이 지대하기 때문에, 부부가 이혼하더라도 적어도 그 기간만큼은 어머니가 양육하도록 하는 가정법 원칙이다.

고 단일 상속인(거의 남성)을 지정하는 유언장을 다시 쓰기도 했다.[6] 물론 재산을 후손에게 물려주는 것은 아버지가 직접 자녀를 돌보는 것과는 다른 일이다.

시장 경제가 발전하고 도시화가 이루어지면서 남성은 가족노동의 관리자이자 지배자에서 가족의 생계 부양자로 변화했다. 그러나 아기를 돌보는 일은 아버지의 역할에 포함되지 않았다.[7] 생계 부양자의 일자리와 직업 선택의 기회가 확대되면서 대가족과 가까이 사는 것보다 직장을 중심으로 거주하는 것이 중요해졌다. 그 결과, '결혼의 황금기'가 시작되었고, 부부가 어느 한쪽 친가 근처에서 사는 대신 독립적으로 거주하는 신거주형 생활방식이 강조되었다. 새로운 세대는 아버지가 일하러 나가고 어머니가 집에서 아이를 돌보는 핵가족에서 살 가능성이 더 높아졌다.[8] 하지만 여전히 적지 않은 사람이 친척과 떨어져 사는 것을 꺼리거나 타지로 나가 새로운 기회를 찾는 것을 어려워했다. 오랫동안 대가족으로 살았거나 간혹 모계 중심의 가족생활에 익숙한 많은 흑인, 아시아계, 히스패닉계 미국인들은 여전히 원래의 방식대로 사는 경우가 많았다.

어머니가 아이를 낳고자 하는 의지는 주변에서 도움을 주기로 약속하는 보조 양육자가 많은 경우 더욱 커질 수 있다. 또한 보조 양육자의 존재는 이미 기르고 있는 자녀에게도 도움이 될 수 있다.[9] 비록 핵가족 형태로 함께 사는 것은 아이와 남성이 더 자주 접촉할 수 있는 기회를 만들기는 하나, 이러한 공동 거주가 남성과 아이 간의 접촉을 늘리는지 여부는 상황에 따라 달라진다. 아버지가 근근이 생계를 유지하느라 얼마나 바쁜가? 몇 가지 일을 동시에 해야 하는가? 심지어 아버지나 계부, 삼촌, 할아버지가 있기는 한가? 불우한 계층에서는 오래된 불평등과 사회적 문제로 인해 많은 아버지가 조기 사망하거나 (미국의 경우처럼) 수감되는 일이 빈번히 발생한다.

도시 빈민가의 아버지들에 관한 연대기인 『최선을 다하다(Trying the Best I Can)』에서 캐서린 에딘(Kathryn Edin)과 티모시 넬슨(Timothy Nelson)은 아이가 있지만 결혼하지 않았거나 이미 이혼한 남자가 자녀와의 만남을 이어가기 위해 얼마나 많은 노력을 기울이는지, 얼마나 많은 어려움에 직면하게 되는지에 대해 상세히 다루고 있다.[10] 하지만 주말 방문과 선물로 아빠가 할 수 있는 '최선을 다하는 것'과 함께 더불어 살면서 직접 돌보는 것에는 차이가 있을 수밖에 없으며, 특히 유아기에는 더욱 그렇다.

젖병과 피임이 여성의 삶을 바꾸다

플라이스토세 이후 600세대가 지난 오늘날, 선진국에서는 현대 의료 서비스가 보편화되고, 정부 지원과 식료품점 덕분에 굶주림에서 어느 정도 벗어났다. 이제 더 이상 생존은 부모의 주된 관심사가 아니다. 오늘날 서구화된 국가에서 태어난 아기의 98퍼센트 이상이 생존한다. 이제 가족 규모를 결정하는 요인은 아동 사망률보다는 신념 체계와 피임법이다. 흔쾌히 식량을 공유할 수 있는 생산적인 집단 성원을 찾아서 일을 도모하지 않아도 식량을 확보할 수 있다. 남성의 가치는 이제 다른 방식으로 드러난다. 더불어 기술이 발달한 세계의 여러 지역에서 혁신은 아버지가 육아에서 맡을 수 있는 역할을 변화시켰다.

아기 젖먹이기 용도로 만든 주둥이 달린 항아리는 수천 년 전부터 존재했지만, 19세기 들어 고무젖꼭지가 달린 젖병이 등장하면서 보조 양육자가 아기에게 젖을 먹이는 일을 훨씬 쉽게 만들었다. 이어 우유의 저온 살균법과 영양적으로 균형 잡힌 분유가 등장하면서 아기에게 더 안전한 음식을 줄 수 있었다. 이에 따라 수유하는 양육자(어머니이든 유모이든)의 역할은 더 이상 아기 생존과 동의어가 아니었다.[11] 오늘날 소아과 의사는 여전히 모유수유를 권장하지만, 유축기와 냉장고 덕분에 어머니는 다른 사람도 아기에게 줄 수 있도록 모유를 저장할 수 있다.[12] 또한, 이유식을 손으로 직접 만들고 씹어서 먹일 필요가 없다. 누구나 믹서기를 사용해 이유식을 준비할 수 있는 것이다. 이제는 성에 상관없이 다른 사람이 아기에게 음식을 먹일 수 있기 때문에 아기는 그 사람에게 더 애착을 갖게 되며, 유전적으로 관련이 없더라도 그 사람을 '가족'으로 느끼게 된다.[13]

하지만 아기의 복지에 가장 큰 기여를 한 현대의 기술 혁신은 뭐니 뭐니 해도 안전하고 신뢰할 수 있는 피임법(알약, 패치, 피임기구)과 낙태이다. 피임 기술은 태어난 아기가 더 많이 환영받을 수 있도록 하고, 부모가 아이를 더 잘 돌볼 수 있는 여건을 만들어준다. 예를 들어, 여성은 출산을 늦춤으로써 교육과 직업 기회를 높이거나, 가족이나 사회적 지원 체계를 갖출 수 있을 때까지 기다릴 수 있어 자녀의 미래에도 분명히 이득이 된다. 선진국의 상류 중산층 여성이든 개발도상국의 어려움을 겪는 여성이든 이 점에서는 평등하며, 여성이 난소로 투표할 수 있는 능력은 투표소에서 행사하는 권리보다도 더욱 중요해졌다. 그렇기에 여성이 가지고 있는 출산 통제권에 대한 지속적인 위협은 특히 어머니 중심의 양육 전통을 가진 사회에서 심각한 문제가 된다. 이제 현대 산업화 이후의 세계로 넘어가 이러한 변화가 어떤 영향을 미쳤는지 살펴보자.

계속되는 변화

전 세계적으로 현대 사회의 여성은 새로운 교육 및 고용 기회를 적극 활용하고 있다. 중국, 일본, 인도네시아, 독일, 미국뿐만 아니라 점차 열대 아프리카의 일부 지역에서도 출산을 늦추거나 아예 아이를 갖지 않기로 결정하는 여성이 늘고 있다.[14] 2022년 한국 여성의 평균 출산율은 0.81명으로, 급속히 고령화되는 인구 속에서 대체 출산율(여성 당 2.1명)에 한참 못 미친다.[15] 한편, 미국에서는 "저는 임신할 수 없어요. 저에겐 직장과 커리어가 있으니까요"라고 말하는 여성이 늘고 있다.[16] 여성에게만 나타나는 현상은 아니다. 최근 중국에서는 '맞벌이, 무자녀(Double Income, No Kids)'를 의미하는 딩크(DINK)라는 이름의 온라인 데이팅 사이트가 등장했다. 한 남성은 인터뷰에서 "만약 제가 결혼하고 아이를 낳는다면 계속 낮은 계층으로 살 수밖에 없을 거예요"라며 정관 수술을 선택한 이유를 밝혔다.[17]

출산의 경제적 비용이 높아지고 있는 상황에서 양육의 기회비용 또한 커지고 있다.[18] 예를 들어, 미국에서는 여성의 취업 기회가 좋은 지역일수록 출산율이 가파르게 감소하는데, 경제적으로 정체된 지역에서는 여전히 출산율이 높게 유지된다.[19] 한편, 더 가부장적인 공동체에서는 남성이 개별 자녀의 복지보다 많은 자녀(특히 아들)를 선호하며 피임을 반대하기 때문에 출산율이 높게 유지되지만 아동 복지는 더 열악한 상황에 처하게 된다.²⁰ 자녀 생존이 더 이상 부모의 주된 걱정거리가 아니게 된 오늘날, 부모가 점점 더 중요하게 여기는 것은 자녀의 교육과 진로 그리고 경제적 전망을 유지하거나 향상시키는 일이다.

바버라 에런라이크(Barbara Ehrenreich)가 '추락에 대한 두려움'이라 부른 현상처럼, 식료품비, 유류비, 집세를 감당할 수 있는 부모조차도 자녀가 경쟁에서 밀려나지 않도록 끊임없이 고민한다. 이는 보육원, 우수한 학교, 괜찮은 직업, 심지어는 무엇이 되었든 일단 일을 할 수 있는 기회 등 제한된 자리를 두고 벌어지는 경쟁 때문이다. 이런 상황에서 자녀를 성공적으로 독립시키는 비용이 크게 증가하면서 일부 남성은 아내의 수입을 더욱 중요하게 여기게 되었고, 사회적 성공과 부를 추구하게 된 아내가 수입을 중요시하는 것만큼 남편도 아내의 수입이 갖는 중요성을 높게 평가하기 시작했다. 더 높은 곳으로 올라가기를 열망하는 중산층 가정이나 이미 잘사는 부부 사이에서도, 맞벌이 아내를 둔 남성은 점점 더 집안일을 도울 의무를 지고 있어, 핵가족에서의 보조 양육자 지원 부족 문제를 부분적으로 해결해주고 있다.²¹

사회적 변화는 가족 내에서 아버지가 맡았던 역할에 영향을 미쳤는데, 법적 분쟁을 다루는 판사들도 이를 주의 깊게 보았다. 미국에서는 주마다 법적 판결이 다르긴 했지만, 이미 1973년 뉴욕의 한 판사는 최근의 판례를 뒤집고 양육권을 어머니가 아닌 아버지에게 주었다. 판사는 마거릿 미드의 주장을 인용하며, 어머니에게 양육권을 우선적으로 부여하는 것은 "모성을 중요시하는 척하면서 여성들을 자녀와 더 강하게 묶어두는 미묘한 형태의 반(反)페미니즘"이라고 비판했다.[22] 미드가 말하고자 했던 것은 '기회의 균등'이었다. 양육이라는 전통적인 기대에 의해 여성의 역할이 규정되어서는 안 된다는 이야기였다. 미드의 주장은 19세기에 시작되어 20세기 내내 가속화된 여성권 투쟁에서 힘을 얻었던 여러 갈래의 페미니즘 중 하나에 불과했다.[23]

이처럼 급격한 사회 변화의 시대에 아버지의 권리도 법정에서 논의되기 시작했다. 이때의 논점은 더 이상 아버지가 자녀를 소유할 권리가 아니라 자녀를 양육할 능력이 있는가에 대한 것이었다. 1979년 법정 드라마 〈크레이머 대 크레이머(Kramer vs. Kramer)〉에서 더스틴 호프먼은 일에 빠진 아버지 역할을 맡았는데, 극 중 아내는 지쳐서 집을 나가버리고 아버지 홀로 자녀를 돌보는 상황에 처하게 된다. 결국 아이를 키우며 많은 것을 깨달은 아버지는 법정에서 '그동안 이해하지 못한 것들이 많았지만 이제는 이해한다'며, '단지 여성이란 이유만으로 더 나은 부모라는 법이 어디 있느냐'고 항변한다. 그러면서 좋은 부모란 인내와 사랑을 실천하는 것이며, 남성도 좋은 부모가 될 수 있다고 말한다.

동성애자의 부모 권리 투쟁도 뒤를 이었다. 그러나 2005년, 미국 대법원은 두 명의 동성애 남성이 아동을 입양하는 것을 금지한 플로리다 법에 대한 이의 제기를 받아들이지 않았다. 제11연방순회항소법원이 "수천 년의 인간 경험에서 얻은 지혜에 따르면, 아이를 양육하기에 가장 이상적인 가족 구조는 결혼한 남성과 여성으로 이루어진 가정"이라는 결정을 내린 것을 근거로 삼았다.[24] 이러한 전통적 핵가족에 대한 이상화는 진화심리학에서 오랫동안 주장해온 가설과도 맞닿아 있다. 진화심리학자는 남성은 친부 확실성이 있는 자녀에게만 투자하려 한다고 주장하며, 여성은 자녀를 부양할 수 있는 남성과 안정적인 관계를 추구하도록 진화했다고 본다. 이에 대한 보상으로 아내는 남편에게 부성 확실성을 보장해줄 것이다. 이는 사냥꾼-부양자 아버지 패러다임의 최신 버전이다.[25] 많은 동물에서 그렇듯, 부성 확실성의 약속은 "아버지의 돌봄과 배우자 투자가 진화하기 위해 꼭 넘어야 할 단계"로 여겨졌다.[26]

예외적인 동물 사례와 마찬가지로 인간 남성이 자녀를 돌보는 이유가 반드시 유전적 친부이기 때문만은 아니라는 것을 보여주는 많은 사례는 등한시되었다. 플라이스토세 시대 동안 중요한 역할을 했던 선택적 남성 돌봄 역할(8장)이나 신석기 이후 사회(10장)에서의 역할은 명확히 중요했다. 후손의 생존과 공동체의 수용을 위해 자신의 친자식이 아닌 아이도 기꺼이 돌봤던 행동은 한때 인간 사회에서 필수적이었지만, 이후 진화적으로 불가능하거나 부자연스러운 것으로 여겨졌다. 심지어 일부 남성은 바람직하지 않은 행동으로 보기도 한다.

미국의 유전자검사

요즘에는 20세기에 등장한 또 다른 혁신인 DNA 검사 덕분에 자신이 유전적 아버지인지 확실히 알 수 있다. 20세기 말, 포유류 역사상 처음으로 남성은 생물학적 친부를 확실히 알 수 있게 되었고, 이는 해마(海馬)가 새끼를 품는 방법보다도 부성 확실성 면에서 더 확실한 확인 방법이었다. 1990년대에는 미국의 한 병원에서만 연간 12만 건의

DNA 검사가 의뢰되었다. 곧이어, 가정용 친자 확인 키트가 TV 광고를 통해 홍보되고 동네 약국에서도 구매할 수 있게 되었다.[27]

그러나 법정에서 검사 결과가 증거로 인정받으려면 특별히 승인된 실험실에서 실시한 검사만 가능했는데, 검사 비용이 더 비쌌기에 친부 문제가 이미 문제시되는 경우에 주로 사용되었다. 따라서 실험실에 검사가 의뢰되는 경우 당연히 친부 불일치 확률이 높았다.[28] 2000년 미국혈액은행협회(American Association of Blood Banks)가 실시한 28만 건의 친자 검사 중 3분의 1에서 친부 불일치 결과가 나왔다.[29] 불일치 결과는 모든 당사자의 인생을 바꾸어 놓는다.

이 시기는 진화생물학자들이 영장류를 비롯해 다른 동물의 사회적 행동 진화에서 '해밀턴의 법칙' 또는 '친족 선택'이 중요한 역할을 한다는 것을 밝혀내던 시기였다.[30] 유전적으로 친부인지 여부가 인간 남성의 돌봄 행동 진화에 중요한 선택압이라는 것은 친족 선택 이론과 맞아떨어져 설득력을 얻었다.[31] 그 과정에서 기존의 가부장적 편견은 과학적 증거처럼 보이는 것들에 의해 강화되었다. 나 역시 남성 돌봄이 친부 여부에 의해 좌우될 것이라는 선입견을 가지고 있었기에 진화심리학자와 인류학자들이 내놓은 가설, 즉 남성의 양육은 '유전적 근연도 인식'에 의해 결정된다는 가설과 이를 검증하기 위해 만든 연구 모델의 결과를 아무런 의심 없이 받아들였다. 하지만 우리는 보고 싶은 것만 보려 하는 지극히 인간적인 성향 때문에 이 '인간 보편성'에 얼마나 많은 예외가 매일 행복하게 진행되고 있는지 간과하고 말았다.

유전적 친부 여부 외에도 많은 다른 요인이 남성의 양육 행동에 영향을 미친다. 특히 인간처럼 학습 가능한 생물에게는 다른 요인이 더욱 중요하다. 그러나 이러한 요인은 덜 주목받았다. 남성의 양육 투자와 돌봄이 진화하는 데 부성 확실성이 영향을 미쳤을까? 그렇다, 분명히 영향을 미쳤다. 하지만 친부임을 확신하는 것이 돌봄의 필수 조건일까? 그것이 인간 남성이 자녀를 돌보는 유일한 이유일까? 만약 여러분이 여기까지 읽었다면, 내가 더 이상 그렇게 생각하지 않는다는 것을 잘 알 것이다. 인간에게는 맥락, 친밀한 시간, 이를 촉진하는 모성 전략, 그리고 문화적 규범이 중요하다. 특히 남성이 집단 내 다른 구성원들의 존경과 수용을 얻으려 할 때 이러한 요인은 더욱 중요해진다. 실제로 일부 남성들은 자신의 배려하는 성향을 의도적으로 드러내 자신이 좋은 배우자일 뿐만 아니라 '좋은 시민'이라는 것을 내보이고자 한다. 아이들이 자라날 수 있는 더 안전하고 지속 가능한 동네를 만드는 데 보탬이 되는 사람이라는 것을 보여주기 위함이다. 게다가 6장에서 설명했듯이 아기들 자신도 이 문제에 관해서라면 할 말이 많다.

하지만 현대 서양의 일부 법정에서는 '생물학적' 부모가 양육권을 주장할 경우, 태어날 때부터 입양아를 키워온 양부모가 정이 단단히 든 자녀의 양육권을 잃을 수도 있다. 아이와 함께한 적이 없는 남성이 유전적 친부로 확인되면 단독 양육권을 받을 수 있다.[32] 여기서 긴 시간 동안 함께 살면서 친밀한 시간을 보낸 양부모의 신경내분비 반응이 충분히 생물학적일 수 있다는 점은 고려되지 않는 것이다.

미국을 보면 21세기에 이르러 법적 판례가 혼란스럽게 뒤섞여 있다. 일부 주에서는 감정적 유대를 고려하고 '아이의 최선의 이익'을 보호하는 데 초점을 맞추고 있으나 다른 주에서는 친부가 아닌 경우 아이를 부양하지 않아도 되도록 남성을 보호하는 판결을 내리기도 했다. 예를 들어, 2011년 텍사스 상원 법안 #785이 통과되면서, DNA 증거를 통해 자신이 아이의 친부가 아님을 입증한 이혼 남성은 양육비 지급을 중단하고 아이와의 관계를 끊을 수 있게 되었다.[33] 이런 싸움에서 누구의 이익이 우선시되는가? 남편? 친부? 어머니? 아이? 그 답은 명확하다. 남성의 이익, 남성의 '자연적' 권리와 자존심, 그리고 영장류 수컷이 암컷의 생식 접근을 통제하려는 오래된 성선택적 충동이 우선한다. 아버지와 자녀가 함께 살면서 생긴 정서적 유대는 완전히 무시된다.

이런 법이 얼마나 자주 적용되는지 모르겠다. 또한 억울한 전 남편과 자녀 사이의 관계가 어떠했는지도 모른다. 확실히 말할 수 있는 것은 남성이 자녀와 함께 산 시간이 길어질수록 가까운 관계를 형성한다는 사실이다.[34]

새로운 기술과 환경에 대한 적응

미국 텍사스 주 등지에서 DNA 증거를 통해 친자 관계를 확인하고 무효화할 수 있게 될 즈음 또 다른 지역에서는 '아버지'와 '유전적 친부'의 의미를 법적으로 다르게 평가하는 움직임이 있었다. 2008년, 두 동성 커플은 캘리포니아 헌법의 동성결혼 금지 수정안을 뒤집는 데 성공했다. 수십 년 전 아버지의 양육 연구를 사회과학의 주류로 이끌어낸 심리학자 마이클 램이 전문가로서 증언했다. 램은 다수의 연구를 요약하며, 동성 부모가 양육한 아이가 이성 부모, 특히 유전적 부모가 양육한 아이만큼 잘 적응하며 성장한다는 것을 보여주었다. 이 연구들에 따르면, "동성애자 아버지를 인터뷰하고 직접 관찰을 통해 평가한 결과 이성 부모보다 더 높은 수준의 따뜻함, 상호작용, 반응성을 보였으며, 훈육적 공격성은 더 낮았다."[35] 모유수유를 제외하면, 이 남성은 여성만큼이나 아이를 양육할 준비가 잘 되어 있었으며, 심지어 유전적으로 관련이 없는 아이까지 돌볼 수 있었다.

우리 종의 유연한 특성을 고려할 때, 새로운 생식 기술과 이를 통해 가능해진 다양한 가능성에 적응하기 위해 더 유연한 평가 기준이 필요하다. 생식 기술은 각 지역의 법률에 따라 IVF(시험관 수정), 정자 기증(아이와 어머니는 유전적으로 관련이 있으나 파트너와는 무관), 난자 기증(아이와 아버지는 유전적으로 관련이 있으나 어머니와는 무관), 혹은 난자와 정자가 모두 기증되어 부모 양쪽과 유전적으로 무관한 경우 등을 포함한다. 이런 경우 아이는 입양된 자녀와 유사하나 부모가 임신 과정을 직접 경험하며 출생 시점부터 아이와 관계를 형성한다는 점이 다르다. 물론 대리모의 경우, 아이가 부모 양쪽과 유전적으로 관련이 있을 수도, 한쪽 부모만 관련이 있을 수도, 혹은 양쪽 모두와 관련이 없을 수도 있다.[36]

2021년까지 미국에서 적어도 6개 주(캘리포니아, 델라웨어, 메인, 버몬트, 워싱턴, 가장 최근에는 코네티컷)는 아동당 두 명 이상의 부모를 인정하는 법을 제정했다. 이즈음 세 명의 남성이 오랜 기간 헌신적 관계를 유지하며 다른 커플이 제공한 여분의 IVF 배아를 통해 대리모를 고용해 아이를 출산했으며, 그 아기의 공식 출생증명서에 세 남성 모두의 이름이 기재되었다.[37] 이것은 아마도 커플(couple)이 아니라 '트러플(throuple)'이 법적 부모로 인정받은 세계 최초의 사례일 것이다. 그러나 바리족과 아체족 남성 및 아마존 이웃에게는 이러한 공동 친부가 오래된 전통이었다. 영장류에서는 마모셋이 수백만 년 동안 여러 아버지를 가진 아기를 낳아왔다. 법적 혹은 관습적 허구가 아니라 적응에 따른 진화적 현실이었던 것이다. 더욱이 윤리적으로 여전히 논란이 되기는 하나, 세 사람의 유전자를 가진 아이를 만들기 위한 크리스퍼(CRISPR) 유전자 편집 기술 연구가 중국에서 빠르게 진행됨에 따라 언젠가는 '키메라형' 인간이 태어날 수 있을지도 모른다.[38]

기나긴 플라이스토세를 거치면서 인간 남성은 친척이 아닌 사람까지 포함하는 다양한 집단 구성원을 지원하고 부양하기 시작했고, 아이는 부모뿐만 아니라 다양한 양육자를 가족으로 받아들이면서 성장하게 되었다. 이제 21세기에는 한 아기가 다시 여러 명의 '부모'를 가질 수 있게 되었다. 오늘날에는 다양한 형태의 가족이 많아지면서 이론상 난자 기증자, 정자 기증자, 출산 모, 두 명의(혹은 일부 주에서는 그 이상) 사회적 부모, 합해서 총 다섯 명의 부모가 있을 수 있다.[39] 한편, 아기에게 가장 중요한 것은 여전히 돌보는 사람의 반응성과 신뢰성이다. 아이는 누가 자신과 같은 DNA를 공유하는지는 모르지만, 누구와 더 친하고 누가 더 잘 보살펴주는지는 알고 있다.[40]

보조 생식기술로 태어난 아이들은 대체로 부모들이 간절히 원해서 태어난 아이들이며, 대개 나이가 많은 부모에게서 태어난다. 보고에 따르면, 이 아이들은 자연적으로 잉태된 아이들보다 더 나은 양육 환경에서 자라나는 경우가 많다.[41] 이렇게 볼 때 인간의 유연성을 잘 보여주는 단서가 '가족(family)'이라는 단어의 어원에 숨겨져 있다. '패밀리'라는 말은 한 집에 사는 사람을 의미하는 라틴어 '파물루스(famulus)'

에서 유래했다. 양육에 대한 법적, 개인적, 정치적 관점은 다양할 수 있지만, 가장 중요한 것은 정서적 보살핌이다. 아이에게는 함께 살며 보살핌을 제공하기만 하면 모두 '가족'이다.

약한 아기와 새로운 아버지들

임신 조절, 정자 수집과 저장, 배아 이식 방법 등 기술혁신과 함께, 인터넷을 통해 성 역할 인식, 출산 방식, 배아 등에 대한 대중의 의견 형성과 확산이 빠르게 나타나고 있다. 21세기에는 어느 '현대판 칭기즈칸'이 자신의 정자를 저장해두고, 본인은 전혀 알지 못하는 수많은 후손을 남길 가능성도 충분히 있다. 심지어 어떤 남성은 살아있지 않은 상태에서 아버지가 될 수 있다. 일부 국가에서는 사망한 남성으로부터 정자를 추출하는 것이 합법이다. 예를 들어, 이스라엘 군대는 1,000달러와 정자 저장을 위한 추가 비용을 지불하면, 사망한 군인의 아내나 여자친구가 자원하여 아이의 어머니가 될 수 있도록 돕는다.[42]

새로운 기술의 등장과 이를 이용하고자 하는 열망 속에서 간과되기 쉬운 것은 세포 덩어리를 살아있는 유기체로 변화시키기 위해 얼마나 많은 투자가 필요한가 하는 점이다. 약 20~30퍼센트의 임신이 자연 유산으로 끝난다. 설령 수정란이 생존하고, 임신이 출산으로 이어진다고 해도, 신생아가 제대로 성장하고 완전한 인간으로 발달하려면 얼굴을 맞대고 어르고 달래는 돌봄이 엄청나게 필요하다(AI로는 대체할 수 없다). 역사적으로, 신생아 돌봄은 주로 어머니와 주변 여성이 도맡았다. 아버지가 존재하더라도 돌봄은 보장되지 않았다. 그러나 세계 여러 지역에서 일부 남성은 아버지가 된다는 것의 의미를 새롭게 생각하기 시작했다. 새로운 경제적 조건, 문화적 규범, 기술, 법적 의견, 그리고 양육권 판결의 변화는 남성이 아기와 접촉하는 방식을 재구성하고 있으며, 이는 예상치 못한 결과를 낳고 있다.

항상 그렇듯, 과거의 경험, 사고방식, 그리고 맥락이 중요하다. 어떤 상황에서는 남성이 어린 자녀들과 오랜 기간 함께 있는 것(이를테면 최근의 코로나19 격리 기간)이 돌봄보다는 학대로 이어질 수 있다.[43] 하지만 다른 상황에서는 그와 같은 고립이 남성에게 아기가 얼마나 많은 도움을 필요로 하는지에 대한 인식을 높이는 계기가 될 수 있다. 실제로 많은 남성이 자신이 생각했던 것보다 훨씬 더 적극적으로 유아 돌봄에 참여하게 되었다. 이처럼 남성의 육아 경험은 21세기에 남자 그리고 아버지가 되는 것이 무엇을 의미하는지에 대한 태도를 변화시키고 있다.

변화하는 남성성: 1부

20세기 후반에 들어서면서 성 역할에 대한 재고가 이루어졌다. 또한 인권, 여성 권리, 아동 복지, 동물 복지를 옹호하는 사회 운동은 '남자다움'의 개념을 순화해야 한다며 목소리를 높였다. 21세기에는 남성성을 더 '모성적'으로 보아야 한다는 시각이 남녀 모두에게 그리고 여러 기관에서 힘을 얻고 있다. 이 논의는 아버지의 직접적인 육아 참여를 유도하고 있다.

2019년, 영국 제국훈장을 받은 던컨 피셔(Duncan Fisher)는 아이들 양육에 아버지의 참여를 독려하기 위해 노력했다. 피셔는 마이클 램 등 발달심리학자들과 함께 '글로벌 아버지 헌장'을 발표했다. 이 헌장은 남성이 "본질적으로 사랑하고 돌볼 수 있는" 존재임을 강조하며, "모든 아버지(생물학적이든 비생물학적이든)는 아이가 태어난 첫날부터 아이와 유대감을 형성할 선천적인 능력을 가지고 있다"고 명시한다. 또한 "아버지가 자녀를 적극적으로 돌볼 때 아버지의 뇌가 변화하여 돌봄과 공감 능력이 향상된다"고 강조한다.[44] 한편 캐나다에서는 '공감의 뿌리 프로그램(Roots of Empathy Program)'을 통해 성별과 젠더에 상관없이 아기가 무엇을 바라는지 인식하고 이에 대응하는 방법을 배울 수 있도록 아기를 교실로 데려오는 프로그램을 진행하고 있다.[45] 오랫동안 '남자의 나라'의 대명사로 알려진 멕시코에서는 어떤 남자가 교회 프로그램 덕분에 기저귀 가는 것을 배울 수 있었다고 민족지학자 매튜 구트만(Matthew Gutmann)에게 털어놓았다고 한다.[46]

2019년, 프랑스 역사가 이반 자블론카(Ivan Jablonka)는 남성성의 정의와 '지배적 남성성'을 체계적으로 분석하며, 남성성이 남자에게 "남자다움을 끊임없이 증명하도록" 한다며 비판했다. 자블론카는 성별 간의 더 나은 평등을 촉구하며, '평등의 남성성'이 지배하는 새로운 도덕적 질서를 제안했다. 그의 책 『정의로운 남성: 가부장제에서 젠더 정의로』는 형제애와 평등을 동일시해온 프랑스에서 베스트셀러가 되었다. 자블론카는 진정으로 민주적인 남성은 육아와 같은 활동에 평등하게 참여해야 한다고 주장했다.

한밤중에도 기저귀를 갈고 분유를 주기 위해 일어나는 사위 데이비드가 생각난다. 데이비드는 "여성이 평등하다고 정말로 믿는다면, 내가 하지 않을 일을 아내에게 떠넘길 수 있을까요?"라고 말했다. 이처럼 성 평등에 대한 요구는 유럽 전역과 그 너머로 퍼져나가고 있다. 약 1,500개의 지역 단체가 '지역 생활에서 여성과 남성의 평등에 관한 유럽 헌장'에 서명한 것이다. 관련 프로그램은 종종 '성 주류화(성 평등의 보급화)'를 목표로 하여, 어린이집에서 여자 아이들에게 고층 건물 짓는 법을 가르치고 남자 아이들에게 기저귀를 가는 법을 알려주는 놀이 공간을 만든다.[47]

20세기 말, 미국의 사회학자 마이클 킴멜(Michael Kimmel)은 남성이 가정에서 아내를 돕고 '민주주의적 남성성'을 촉진할 수 있는 다양한 현실적 방안을 제시했다. 하지만 킴멜은 자신의 대표작인 『미국에서의 남성성』 세 번째 판이 나온 후에도 아기 돌봄에 대해 거의 언급하지 않았다. 저자들이 아기 돌봄에 본격적으로 주목하기 시작한 것은 21세기 들어서였다. 신문 논평 란에는 '우리는 모유수유하는 아버지를 맞이할 준비가 되었는가?', '왜 아버지들은 육아 휴직을 쓰지 않을까?'와 같은 질문이 논의된다. 한때 터무니없게 들렸던 제안이 이제는 공론화될 뿐만 아니라 실행되기 시작했다. 트랜스젠더 남성인 '프레디'는 호르몬 치료를 중단하고 임신하여 자신의 아기를 출산했으며, 이 과정을 담은 다큐멘터리 〈해마: 아기 낳는 아버지〉를 만들었다.

2022년 아버지의 날에는 신생아를 돌보는 전업 돌봄 아빠와 입양 또는 대리모를 통해 아기를 키우는 게이 커플을 기념하는 블로그 글과 미디어 스트림이 넘쳐났다. 그리고 남자를 위한 출산 및 육아 관련 책이 쏟아져 나왔다. 대표적으로 『남자를 위한 임신 설명서: 40주 만에 남자에서 아빠로』, 『상남자의 임신 지침서: 예비 아빠를 위한 생존 가이드』, 레너드 피츠의 『아빠가 되다: 흑인 남성이 아버지가 되기까지의 여정』, 고든 처칠의 『임신: 한 남자의 솔직한 임신 회고록』 등의 책에서 이를 다루고 있다.

이전에는 남성이 전유하던 분야에 여성이 진출함에 따라 한때 여성이 전유했던 일이 남성의 역할로 확장되고 있다. 2022년 간호학교 모집 캠페인에서는 가죽 재킷을 입은 남성의 사진과 함께 '간호사가 될 만큼 남자다운가?'라는 문구가 등장했다.[48] 같은 해에 미국 래퍼 켄드릭 라마(Kendrick Lamar)는 전통적 남성성의 강요를 비판했는데, 이는 남성이 "여성 그리고 자신의 모성적 감정으로부터 스스로를 차단"할 때 어떤 일이 벌어지는지에 대한 킴멜과 자블론카의 분석을 떠올리게 했다.[49] 라마는 강하고 주도적인 남성상이 어떻게 자신과 같은 남성들을 '남성으로서의 자격'을 잃거나, 아버지께 인정받지 못할지도 모른다는 두려움 속에 가두는지에 대해 이야기한다. 그는 갱들이 활개를 치는 캘리포니아 콤프턴의 위험한 거리에서 성장했던 어린 시절을 회상하며, 남성들이 약함을 감추고 감정을 억누르도록 강요받는 현실을 조목조목 짚어낸다. 이러한 억압이 결국 남성을 "불안정한" 상태로 몰아가며, "자아의 위축"을 초래할 뿐만 아니라, 결국에는 평균 기대수명까지 감소시키는 결과를 낳는다고 개탄한다.[50]

라마는 무릎이 까져도 눈물을 보이지 못했던 소년 시절에 대한 슬픔을 토로한다. 왜냐하면 거친 동네에서 잔뼈가 굵은 아버지가 그에게 "약해지지 마라"고 말할 것이기 때문이었다. 수백만 명의 사람들이 그의 절규를 들으며 공감했다. 켄드릭 라마는 섬세해지는 법을 배우고, 공감하고, 타인을 돌보는 법을 익혀야 했던 과정을 이야기했다. 그가 돌보는 대상에는 자신의 연인과 자녀도 포함되어 있었다.[51] 랩 제목은 '아버지의 시간(Father Time)'이었다. 이 제목은 지금 우리가 살고 있는 새로운 시대를 묘사하는 데 있어 더없이 적절한 표현이었다.

아빠와의 시간은 얼마나?

미국 보건복지부에서 실시한 인터뷰에 따르면, 21세기에 들어서 5세 이하 자녀와 함께 사는 미국 아빠 10명 중 9명이 목욕, 기저귀 갈기, 옷 입히기, 혹은 화장실 사용을 돕는 일을 최소한 매주 여러 번 또는 매일 한다고 답했다. 아이와 함께 사는 '공동 거주' 여부가 이러한 참여의 핵심이었다. 아이와 함께 사는 남성은 거의 모두 아이와 놀아준다고 보고했다.[52] 비록 일부 남성이 자신의 육아 참여를 과장하여 이야기했을 수도 있겠지만, 오히려 남자가 아이를 더 돌본다고 과장하여 말하고 '싶어 한다'면 그 사실 자체로도 내가 자라던 20세기 중반의 세계와는 다른 큰 변화이다. 또한, 이제 연구자가 남성에게 아기 돌봄에 대해 묻기 시작했다는 점도 주목할 만하다.[53]

전 세계적으로 국적, 계층, 인종을 불문하고 많은 남성이 점점 더 많이 양육에 참여하고 있다. 이는 여성의 교육 및 취업 기회, 성 역할의 완화, 그리고 자기표현의 새로운 가능성에 대한 반응이라 할 수 있다. 그리고 꽤 많은 남성이 자신과 혈연관계가 없는 아기를 돌보고 있다. 이 사실은 오랜 시간 검증된 혈연적 편견이 완전히 사라졌다는 것을 의미할까?

북미에서 진화심리학자들이 1970년대와 1980년대에 수집한 충격적인 통계를 잊기 어렵다. 엄마가 남자친구나 계부와 함께 살면 아기가 친부모와 함께 사는 경우보다 학대당할 가능성이 7배 더 높았고, 3세 이하 아기는 살해될 가능성이 100배 더 높았다.[54] 비혈연 남성과 함께 사는 경우 아기의 위험이 현저히 높아진다는 것은 의심할 여지가 없다. 그러나 이제는 이러한 결과가 상황에 따라 달라질 수 있음을 밝히려는 움직임이 있다.

2018년 핀란드 연구자 안나 로트키르치(Anna Rotkirch)는 "과거와 비교하면 현대의 진화 가족사회학계에서는 계부모 가정의 위험이 그리 높지 않다고 생각한다"고 지적한다.[55] 미국에서 3분의 1 이상의 아이가 재혼 가정에서 자라지만, 남성에 의한 영아살해 발생률은 낮다(다른 영장류와 비교하면 극히 일부에 불과하다). 로트키르치는 "가족 내 보호자가 너무 적은 것이 계부모에게 노출되는 것보다 치명적일 수 있다"고 지적한다. 그리고 경제적 계층, 사회적 계층, 가족 역학도 중요한 역할을 한다.[56] 남성이 아이와 친밀하게 지낸 시간의 양도 중요하다.

아이가 커가면서 가족이 함께 오랜 시간 친밀한 관계를 쌓으면, 만약 그 아이가 친자가 아니더라도 마치 혈연처럼 중요한 역할을 한다. 이는 계부와 엄마의 동거 기간이 중요하다는 것을 의미한다. 실제로 독일 가정에 대한 최근 연구에 따르면, 같은 집에 사는 계부의 투자 규모는 더 이상 아이와 함께 살지 않는 친부의 투자 규모에 가깝다.[57]

8장에서 봤듯이, 아이가 남성 보조 양육자와 함께 사는 것은 진화적으로 새로운 환경이 아니다. 그러나 현대 사회에서는 자본주의, 취업, 세계화와 관련된 새로운 경제적 상황 등 다른 요인이 작용한다. 필리핀에 남겨진 아버지의 경우(1장 참조)처럼 말이다. 이러한 상황에서는 경제적 이유가 가족과 함께하는 시간의 총량을 좌우하는 가장 큰 요인이 된다. 하지만 아직까지는 가족과 더 많은 시간을 보내고 싶어 하는 계층이 '고소득층'이며 '일과 생활의 균형이 적절한 일'을 하는 남성인 경우가 더 많다고 집계된다. 이들 남성이 가족과 함께 보내는 시간을 우선시하려는 열망이 생겨나는 것 또한 변화하는 시대의 모습이긴 하다.

2014년 하버드경영대학원 졸업생 25,000명을 대상으로 한 설문조사 결과를 살펴보자. 이들 대부분은 유리한 조건에서 출발했고, 거의 모두가 높은 수익을 기대했던 사람이다. 그러나 경력을 되돌아보면 대부분은 '개인 및 가족 관계'의 중요성을 언급했다. 응답자 중 비교적 젊은 밀레니얼 세대 남성은 좋은 직업을 갖거나 경영진이 되는 것보다는 일과 생활의 균형과 육아에 더 많은 관심을 가지고 있었다.[58] 베이비붐 세대인 49~67세 졸업생 중 결혼한 남성의 16퍼센트만이 아내의 경력이 자신의 경력과 동등하게 중요할 것이라고 기대했으며, 아내가 주로 육아를 담당할 것으로 예상했다. 반면 32~48세의 X세대 남성에서는 그 비율이 22퍼센트로 증가했으며, 26~31세의 밀레니얼 세대 남성 중 거의 3분의 1은 아내의 경력이 자신의 경력과 동등하게 중요할 것이라고 생각했다. 베이비붐 세대와 밀레니얼 세대 사이에 나타난 두 배의 증가율은 변화의 징후를 나타낸다. 그리고 다시 한 번 공동 거주와 마찬가지로(10장 참조), 유색 인종 남성이 더 앞서 있었다. 흑인 졸업생은 아내의 경력이 자신의 경력과 동등하게 중요할 것이라고 생각할 가능성이 더 높았는데, 이는 일반적으로 흑인 가정에서 가사 노동의 평등 수준이 더 높다는 사실과 일치한다.[59] 또한 대규모 국가 연구에서 드러난 것처럼, 자녀와 함께 살 때 흑인 아버지가 백인이나 히스패닉 아버지보다 육아에 더 많이 참여한다는 사실과도 부합한다.[60]

과거의 육아 연구가 남성의 아기 돌봄 참여에 대해 관심을 가졌더라면 좋았겠지만, 사회학자 캐슬린 거슨이 지적하듯이 "당시 사람은 남성이 육아를 하지 않는다고 가정했다. 연구자조차도 마찬가지였다."[61] 20세기 말이 되어서야 아버지의 육아 참여와 아이 건강의 긍정적인 연관성을 보고한 연구가 나오면서 아버지에 대한 연구 관심이 늘어나기 시작했다.[62] 비록 남성의 육아 참여에 대해 아직 모르는 것이 많지만, 21세기 미국 남성이 육아와 가사에 더 많은 시간을 쓰고 있다는 사실은 분명하다. 1960년대에 주당 4시간이었던 것이 이제 주당 10시간으로 늘어난 것이다. 1965년부터 2011년까지 아버지가 자녀와 함께 보내는 시간은 주당 2.5시간에서 7.3시간으로 거의 세 배 증가했다.[63] 함께 보내는 시간이 늘어나면 아기와의 접촉 시간도 늘어난다. 더 나아가 많은 아버지들은 인터뷰에서 자녀와 더 많은 시간을 보내고 싶다고 밝혔다. 이는 아버지가 육아와 가족생활에 대한 관심과 참여를 점점 더 중요하게 여기고 있음을 보여준다.[64]

임신을 통한 지렛대효과

남성이 아이를 돌보는 데 더 적극적으로 나서게 된 이유는 과연 실질적인 필요 때문일까? 아니면 변화하는 남성성의 정의 때문일까? 혹은 이반 자블론카가 말한 '젠더 정의'의 이상에 부응하려는 의식적 노력 때문일까? 아니면 새롭게 힘을 얻은 배우자의 압박 때문일까? 세 명의 아이를 둔 아버지가 "그냥 하는 게 더 쉬워요. 나중에 비난받지 않아도 되니까요"라고 고백하며 이야기한 모습이 떠오른다.

어떤 이유가 가장 큰 원인인지 정확히 말하기는 아직 이르다. 또한 고전적인 다윈의 성선택 요소인 여성의 선택을 무시할 수는 없다. 최근 미국 공영라디오는 '마마보이'로 불리는 것에 개의치 않는 일부 젊은 남성에 대한 이야기를 보도했다. 과거 잠비아 부족의 청년이나 20세기 중반 미국의 십대에게는 이 단어가 가장 두려운 모욕일 수 있었지만, 오늘날 젊은 남성 중 일부는 이를 더 이상 모욕으로 여기지 않는다.[65] 온라인 데이팅 사이트 매치닷컴(Match.com)의 과학 고문 헬렌 피셔(Helen Fisher)가 데이터베이스를 조사한 결과를 보면 '마마보이'라고 자칭한 남성의 비율이 26퍼센트 증가한 것으로 나타났다. 이들 중 다수가 짝을 찾는 데 성공했다. 오늘날 '마마보이'는 모욕에서 "감수성이 풍부한 남자"라는 코드로 변모했으며, 이는 여성이 짝을 찾을 때 기대하는 이상적 특성으로 보인다.[66]

생식 및 경제적 잠재력 면에서 여성의 힘이 더 커지면서, 더 이상 샬럿 퍼킨스 길먼(Charlotte Perkins Gilman)이 묘사한 대로 가족을 부양하기 위해 재산 있는 남자의 마음을 '사로잡아야 할' 필요가 없다.[67] 한편으로 가부장제의 지배력도 줄어들고 있다. 가까운 친척의 지원 없이도 여성은 법적 구제를 받을 수 있다. 여성은 가정 폭력으로부터 보호받거나 직업 또는 자신이 소유한 재산을 보장받기 위해 정부의 도움을 받을 수 있다. 물론 많은 여성이 (예전처럼) 여전히 자원을 얻기 위해 결혼하거나 (역시 예전 방식대로) 사랑을 위해 결혼하지만, 어떤 여성들은 결혼을 건너뛰고 어머니가 되기도 한다.

직업적 포부를 가진 여성은 (여성이 경력을 추구할 수 있고 좋은 일자리를 얻을 수 있는 사회에서 운 좋게 사는 경우) 새로운 기술을 활용해 임신 여부나 시기를 결정할 수 있다. 피임이 실패할 경우, 선진국 대부분(그리고 여전히 합법적인 미국의 주)에서 원치 않는 임신을 안전하게 중단할 수 있다. 현재 여성은 아직 위험하긴 하나 생존 가능한 난자를 냉동 보관해 폐경 후에도 사용할 수 있는 새로운 기술을 이용할 수 있다.[68] 이처럼 결혼하지 않거나 이성애를 통한 성관계를 전혀 하지 않아도 어머니가 될 수 있는 완전히 새로운 생식 환경에 놓여 있다.

1982년에 미국 최초의 정자은행이 문을 열었다.[69] 몇백 달러만 지불하면 여성은 남성에게 선택받을 필요 없이 스스로 출산을 할 수 있다. 혼자이거나 어떤 성별의 파트너와 함께라도, 여성은 기증자의 프로필과 사진을 검토하며 거실에서 자신이 원하는 정자를 선택할 수 있다. 기증자는 생존해 있을 수도, 사망했을 수도 있지만, 선택된 정자는 "병에 담겨, 검사되고, 운동성이 평가되고, 냉동 보관되어, 운송될 준비"가 되어 있다.[70]

1949년에 시몬 드 보부아르는 '자궁'이라는 단어 하나로 '여성'을 정의할 수 있다고 불평했지만, 오늘날의 자궁은 남편이나 하렘 소유자의 재산이나 '자연적 권리'에서 벗어나 잠재적 아버지가 경쟁하고 협상해야 하는 대상으로 변모했다. 남성이 성관계를 갖는 것과 아이를 갖는 것은 이제 별개의 문제가 되었고, 여성은 사회적, 기술적, 법적으로 획득한 새로운 자율성을 통해 더 나은 조건을 요구할 수 있게 되었다.

여성 선택의 확대에 따른 대응

오늘날 짝을 선택하고 아이를 낳을 때 중요시하는 조건은 단순히 남성(혹은 여성)이 함께 있어주고 계속 지원해줄 것을 보장하는 것뿐만 아니라 양육을 직접적으로 도와줄 준비가 되어 있는지 여부다. 21세기 들어 많은 남성이 이러한 수준의 헌신을 보여주려는 동기를 가지게 되었고, 이는 새로운 형태의 '쿠바드(couvade)'*에서 나타나고 있다. 베이징에서 브리스톨에 이르기까지 남성들이 임신 중인 배우자의 고통을 체험하기 위해 임신 체험용 배 모형을 착용하거나 돈을 내고(영국에서는 약 25파운드의 비용) 진통을 모방한 전기충격을 받는 체험을 하고 있다.[71]

전통적으로 쿠바드 관습 즉, 남성이 출산 전후 여성의 행동을 흉내 내거나 함께하는 관습은 모계사회 등 여성의 영향력이 상당한 사회에서 집중되어 있었다. 쿠바드는 다윈이 살았던 시대나 20세기 중반 텍사스에서는 거의 존재하지 않았다.[72] 그러나 21세기의 새로운 쿠바드 행위는 남성이 경험적 혹은 상징적으로 극심한 진통을 느끼고자 하는 것으로, 남성성이 어떻게 정의되고 아버지가 지녀야 할 기준이 어떻게 변화하고 있는지를 반영한다. 남성에게 쿠바드는 자신이 기꺼이 어떤 고통을 감수할 준비가 되어 있는지를 보여주는 수단이 될 수 있다. 결혼 후 이미 아이가 있는 상황에서 남편이 또 다른 아이를 원할 때, 남편이 새벽 2시에도 일어나 우는 아이를 달랜 경험이 있다면 파트너가 더 쉽게 응할 가능성이 높아진다.

실제로, 새로운 힘이 생긴 21세기 여성들 일부는 짝을 선택할 때 기준을 미리 명시하기도 한다. 소설가 클레어 메수드(Claire Messud)가 최근 인터뷰에서 말하듯 말이다. 메수드는 자신의 어머니가 변호사가

• 쿠바드 관습은 남편이 산모의 고통을 모방하는 것인데, 심하면 입덧, 요통 등 신체적 증상을 함께 겪는 '쿠바드 증후군'을 보이기도 한다. 의만(擬娩)이라고도 한다.

되려는 꿈을 포기하고 결혼과 가족을 선택한 것을 보면서 자랐다. 메수드는 이렇게 썼다. "나는 그런 삶을 살고 싶지 않았다. 절대 요리하는 법을 배우지 않겠다고 다짐했고, 결국 배우지 않았다. 그리고 어느 정도는 무자비해야 한다는 생각이 들었다." 메수드는 짝을 선택할 때 가사일의 50퍼센트를 분담할 사람을 찾고자 했으며, 이를 "아주 신중하지만 무의식적인 진화적 성선택"이었다고 덧붙였다.[73]

메수드의 이야기는 경제적으로나 생식적으로 권한을 가진 여성이 어떻게 다윈의 성선택을 실천하는지 보여주는 예시이다. 메수드는 남자가 사슴을 잡거나 롤렉스를 차고 다니거나 화려한 차를 운전하는지를 보는 대신, 자신의 짝이 '모든 것을 나눌' 의지가 있는지를 알고자 했다. 여성의 짝 선택 기준이 육아 능력을 중시하는 방향으로 진화한다면, 이는 물장군이나 산파개구리 같은 동물에서 볼 수 있는 성선택과 유사한 양상을 띨 수 있다. 수컷 공작의 화려한 꼬리는 잊자. 산파개구리나 물장군 수컷은 수십 개의 알을 끌고 다니며 알을 안전하게 지킬 수 있음을 과시한다(《그림 11.1》).[74] 그러나 생물학자 수전 알론조(Suzanne Alonzo)가 말한 "좋은 부모임을 나타내는 과정의 성선택"은 아주 특별한 환경을 요구한다. 따라서 지금까지 관련 연구가 곤충, 양서류, 어류, 조류에서만 이루어졌던 것은 당연한 일이다.[75]

수컷의 양육을 선호하는 선택이 어떻게 가능한지에 대한 좋은 정량적 증거는 우리와 계통적으로 먼 종에게서 찾을 수 있다. 예를 들어, 패트리샤 브레넌(Patricia Brennan)의 관찰에 따르면 코스타리카에 서식하는 조류인 티나무(Tinamu) 암컷은 여러 수컷과 짝짓기를 한 후, 수컷의 영역을 돌아다니면서 많은 알이 들어 있고 안전해 보이는 둥지

〈그림 11.1〉 물장군 수컷은 수백 개의 알을 등에 붙이고 다닌다. 이 알들 중 일부는 다른 수컷에게 수정된 것도 있다. 물장군 수컷은 아마 암컷이 더 잘 '돌볼 수 있는' 수컷을 진화적으로 선호하기 때문에 이러한 행동을 할 것이다. (Christine L. Goforth)

를 찾아 알을 낳는다. 수컷 티나무는 여러 수컷과 교미하는 암컷을 대상으로 자신의 정자가 더 잘 수정되도록 하기 위해 삽입 시 마치 스파게티 면처럼 길고 유연하게 늘어나는 생식기를 가지도록 진화했다. 조류에서는 흔치 않은 사례이다. 대부분이 총배설강을 잠시 비비는 '클로아칼 키스(cloacal kisses)'로 수정을 하기 때문이다. 그러나 아무리 엄청난 생식기를 가지고 있더라도, 티나무의 알 일부는 다른 수컷에 의해 수정된 것으로 판명된다. 하지만 그 수컷은 어차피 둥지를 보호해야 하고, 알이 많으면 다른 암컷을 또 유혹할 수 있기 때문에 암컷의 알이 어떤 수컷에 의해 수정된 것인지는 개의치 않고 알을 받아들인다.[76]

티나무의 경우처럼 암컷의 성선택 기준이 수컷의 양육을 선호하는 방향으로 작용하기 위해서는 특정한 조건이 필요하다. 암컷이 좋은 양육자와 짝짓기 하려는 선호가 진화적으로 선택되기 위해서는 수컷의 양육이 유아 생존에 상당한 영향을 미쳐야 하고, 암컷이 좋은 수컷을 식별하는 눈이 있어야 하며, 암컷이 그와 같은 선택을 할 수 있는 생식적 자율성을 누려야 한다. 또, 관련된 특성이 유전 가능해야 하고, 이와 같은 유리한 조건이 충분히 오랜 시간 지속되어야 한다.[77] 넘어야 할 산이 참 많은 것이다.

따라서 티나무는 가능성을 보여주는 사례일 뿐, 인간 사회에서 이러한 진화적 변화가 일어날 가능성을 시사하지는 않는다. 앞서 말한 클레어 메수드 같은 배우자 선택 기준이 널리 퍼지고 지속되어 인간의 진화적 성선택에 영향을 미칠지는 여성이 얼마나 오랜 세월 동안 그런 기준을 적용할 수 있고, 그 기준을 적용하여 아이를 낳아 많은 자손을 생존하게 할 수 있는지에 달려 있다. 그러나 현재로서는 포유류 대부분에서 수컷의 직접적인 새끼 돌봄은 드물며, 인간에서도 아버지의 직접적인 돌봄이 생존이나 진화에 미치는 영향은 전혀 입증되지 않았다. 따라서 이러한 변화가 인간에게 보편적으로 자리 잡을 가능성은 낮다. 그러나 적절한 조건이 생기고 여러 세대에 걸쳐 지속된다면 불가능한 것도 아니다. 아울러 이것이 자연에서 성별 간 양육 성향의 교차 이동이 일어나는 첫 사례는 아닐 것이다(5장 참조).

현재로서는 사회적, 경제적, 기술적, 문화적 요인이 결합하여 21세기의 일부 남성이 자녀와 더 많은 시간을 보내고 돌보게 되는 예상치 못한 상황이 펼쳐지고 있다는 것만 알 수 있다. 어떤 경우에는 필요에 의해, 어떤 경우에는 파트너의 요구에 의해, 또 어떤 경우에는 남성 자신이 원해서 아이 돌봄이 이루어진다. 그러나 유전적 아버지, 새아버지, 또는 양아버지로서 남성이 돌봄 역할을 맡는 경우가 늘어나더라도, 이러한 추세가 지속 가능할지는 여전히 불확실하다. 아울러 가부장적 특권이 약화되고 권력 구조가 변화함에 따라 변화에 반발하는 움직임도 오랫동안 존재해왔으며, 일부 국가에서는 점점 더 강해지고 있다.

반발

21세기에 들어서면서, 성 역할은 과거에도 여러 번 그랬듯 또다시 문화 전쟁과 세대 간 갈등의 중심 화두가 되었다. 같은 가족 내에서도 전통적 남성 역할을 버리는 아들을 보고 놀란 부모는(1장에서 인용한 어머니처럼) "누가 마을을 지킬 것인가?" 하는 질문을 던지며 걱정한다.[78]

이러한 우려는 최근 조지아 주의 한 하원의원(이자 어머니인 여성)이 2022년 플로리다에서 보수 단체 '터닝 포인트 USA'가 후원한 학생행동 정상회담(Student Action Summit)에서 "미국 군대가 필요로 하는 것은 더 독한 남성성"이라고 발언한 것과 맥을 같이한다.[79]

어떤 사람들은 '여성화' 된 태도에 대해 불쾌감을 느낀다. 한 아버지는 아들이 여성의 '베이비 샤워'에 참석하고 싶어하자 "진짜 남자"처럼 행동하라고 꾸짖으며 〈워싱턴 포스트〉에 편지를 썼다. 아버지는 아들 세대의 남성이 "여성화" 되어 사회를 망치고 있다며 분노를 터뜨렸다.[80]

남성의 '여성화'에 대한 의견 충돌은 동성애, 남성혐오 여성주의자 또는 '페미나치', 트랜스젠더 문제, '문화 전쟁', 그리고 '진보적 민감도' 등과 얽히기 쉽다. 가정과 직장 그리고 정부 내에서 여성의 영향력이 커지면서, 남성은 가부장적 혜택의 상실, 지위의 하락, '당연히' 자신에게 주어졌다고 느낀 권리의 소멸에 불만을 품고 저항한다. 특권에 익숙한 사람에게 평등은 억압처럼 느껴질 수 있다.

어떤 남성은 "저 여자가 내 일을 빼앗았다"거나 "자기 주제를 모른다"며 짜증을 낸다. 여기서 '자기 주제'란 집에서, 아기를 낳고, 아이를 돌보고, 무급 노동을 하는 전통적인 역할을 의미한다. 돌보는 남성이 '비정상적'이라고 여기는 인식은 이러한 불안을 악용하는 사람들에게 선동의 도구가 된다. 이들은 이데올로기적, 정치적, 또는 경제적 이익을 위해 잘 조직된 캠페인을 통해 과거로 돌아가고자 하는 움직임을 부추긴다. 이 캠페인은 추종자를 끌어들이고 사회적, 정치적, 법적 풍경을 변화시키려는(변화라고 하지만 실상은 되돌리는) 목표를 가지고 있다. 17세기 식민지 법이나 10세기 중동의 규정에 더 가까운 방향으로 돌아가는 것이다. 진화한 인간 본성의 왜곡된 버전은 남성성, 성 역할, 자존심에 대한 대안을 없애려는 노력을 뒷받침한다.

이러한 반발을 더욱 부채질하는 정치인과 종교 지도자, 그리고 언론인은 '진짜' 남성이 어떻게 행동해야 하는지 규정한다. 남성은 강하고, 지배적이며, 책임을 지고, 임박한 침입이나 다른 위협으로부터 방어할 준비가 된 전사여야 한다. '진짜 남성'의 역할은 가족을 보호하고 경제적으로 부양하는 것이고, 규율을 강화하는 데 치중하는 것이다. 반면 다른 사람에게 공감하는 역할은 거의 등한시한다. 당연히 아이 돌봄에 대한 언급은 없다. 다른 한편으로 "군사적 남성성"을 강화하려는 목적으로 우리 삶을 위협하는 존재가 도처에 산재해 있다고 과장한다. 그 위협은 주로 이런 것이다. '공산주의자', 핵전쟁, 무슬림, 이민자, 흑인, 신의 뜻을 거스르는 급진좌파 민주당원, 중국, 강간범, 소아성애자, 또는 '엄마의 배를 찢고 아기를 꺼내는' 의사 등. 이러한 위협으로 인간의 두려움을 자극하고, 그렇게 인류가 어렵게 얻은 전두엽 피질의 스위치를 내린다.

전쟁의 위협과 종교적 믿음 사이의 피드백 고리가 활발히 연구되고 있다. 종교적 믿음은 외부인에 대항하여 같은 집단 사람끼리 더 연대하도록 만든다. 이는 집단 내 충성심을 높여 폭력을 점점 부추긴다. 이러한 자기 강화적 피드백 고리는 가정과 사회를 지킬 '남자다운 남자'와 강력한 지도자가 필요하다는 메시지를 효과적으로 전달하며,[81] 더 많은 공포를 조성할수록 그들의 필요성이 강조된다.

선동가들은 해묵은 성별 갈등에 다시 불을 지피는 방법을 잘 알고 있다. 이 갈등은 모든 영장류에게 공통된 것이며 '가부장제' 자체보다도 오래되었다. 지난 장에서 보았듯이, 강하고 호전적인 전사를 이상화하는 것은 언제나 성별 사이의 분리를 심화하고, 아기 근처에서 시간을 보내거나 아기를 돌보는 남성을 낙인찍는다. 이 과정이 순환되면서 성 역할의 분리 인식은 깊어지고, 평화를 잠식하고, 갈등을 촉발한다. 집단은 호전적으로 반응하고 싸움이 불가피해진다(9장 참조). 정말 아이러니하게도, 여성과 어린이를 보호하기 위해 '남자다움'을 강조하는 것은 거의 항상 더 불안한 세상을 만들며, 특히 아이에게는 더 위험한 세상을 만든다.

새롭게 등장한 "남성적 기독교" 지지자들은 신약성서적 기독교 대신 구약성서에 뿌리를 둔, 미국식의 총을 든 "기독교적 가부장제"를 따른다.[82] 사회학자 마이클 킴멜은 "고통받는 아이를 구하는 것은 이들의 사명이 아니다. 이들의 예수는 친절한 이웃집 아저씨가 아니다"라고 말했다.[83] '남성적 기독교'는 적을 물리칠 수 있는 강하고 지배적인 남성을 찬양한다. 가부장적 권력을 받들며 모계적 양육자 남성을 다시 멀리 밀어내고 있다. 이들의 뜻이 관철되면 '지상의 평화'는 길을 잃고, 이 세상 아이들과 전 인류의 미래는 그 대가를 치를 것이다.

사회 전반에서 벌어지는 이러한 변화 중에서도 미국의 가장 보수적 기관인 대법원이 한층 두드러지고 있다. 영향력 있는 21세기 법학자는 미국 법률을 구약성경의 가르침과 더 유사하게 수정하고 있다. 구약에서는 여성에게 "네 남편이 너를 다스릴 것이다"라고 하며, 남성에게 "아이를 낳고 번성하라"고 한다.[84] 이것은 남성이 아내와 자녀를 지배하도록 규정한 '신성한' 자연법을 떠올리게 한다. 그렇게 태어난 자녀를 어떻게 돌보고 키우는지는 예나 지금이나 이들에게는 중요한 문제가 아니다. 만약 남성이 자기 아이를 아내와 동등한 수준으로 돌보거나 양육을 전적으로 책임을 진다면, 출산율 문제가 이렇게 계속 논쟁거리가 될지 의문이 든다.

2022년 대법원 판결로 미국 여성의 오랜 헌법적 낙태 권리를 뒤집은 결정에는 17세기 법학자 매튜 헤일 경(Sir Matthew Hale)에 대한 언급이 여덟 번 들어 있었다. 헤일은 청교도적인 엄격함과 청렴으로 유명했으며, 아내와 자녀를 남편의 절대적 소유물로 여기는 영국의 관습법을 집행하던 시기의 인물이다.[85] 헤일에게 강간은 마녀사냥이나 태아 낙태만큼이나 '극악무도한' 범죄였지만, 남편이 자신의 아내를 강간하는 경우는 예외였다. 아내 강간은 가장이 그저 자신의 소유물을 적절하게 사용한 것에 불과했다.[86]

미국에서만 이런 일들이 벌어지는 것은 아니다. 여성의 생식 자율성에 대한 반발은 다른 곳에서도 진행 중이다. 같은 해 인도 델리 고등법원의 판사는 남편이 아내를 강간해도 범죄가 될 수 없다고 판결했다. 이 역시 헤일의 17세기 선례를 근거로 삼았다.[87]

성 역할 변화는 가부장적 이해관계와 모성 중심적 가치 사이의 오랜 긴장을 배경으로 펼쳐지고 있다. 이러한 갈등은 과거의 유산이 다시 부상하여 새로운 국면을 맞이하고 있으며, 앞으로 어떻게 전개될지는 아무도 알 수 없다. 분명한 것은 또다시 변화가 일어나고 있다는 점이다. 과거와 다른 점은 성의 역할과 기회가 매우 유동적인 21세기의 맥락에서 이해관계의 충돌이 일어나고 있다는 것이다. '변화하는 남성성: 2부'는 아직 씌어지지 않았다.

이 장에서는 남성과 아이가 친밀하게 상호작용하는 현상이 오늘날 여러 곳에서 발생하게 된 배경을 조성한 법적, 정치적, 이념적, 사회적, 경제적, 기술적 변화를 요약했다. 그러나 아기와 가까이 지내는 시간으로 인해 남성에게 신경생리학적 및 정서적 변화가 나타나는 이유를 이해하려면 더 먼 과거로, 영장류 이전으로, 포유류의 출현 이전으로, 물속 세계에서 헤엄치던 초기 척추동물 시대로 돌아가야 한다. 5장에서 찰스 다윈의 인류 계보에 관한 흥미로운 추측에 대해 이야기했다면, 마지막 장에서는 현대 신경과학이 밝혀낸 자연의 첫 번째 남성 양육자와 부모 돌봄의 기원을 살펴본다. 그리고 오래된 역사를 다시 들추기 전에, 다윈 시대 이후로 남성의 양육 능력에 대한 선입견이 얼마나 변했는지를 보여주는 몇 가지 간단한 예를 먼저 살펴보자.

12
남성과 아기의 21세기적 만남

"남자, 여자, 동물 너나 할 것 없이 뇌 속의 버튼 하나만 누르면 모두들 아기를 돌보는 법을 알고 있는 상태가 된다."

캐서린 뒤락(2015)

이제 21세기에 이르렀고, 많은 남성이 침팬지나 내가 자라면서 봤던 아버지들보다는 티티원숭이나 올빼미원숭이처럼 행동하며 지속적으로 아기를 돌보는 일에 힘을 쏟고 있다. 나를 비롯해 아마도 나와 같은 세대를 살았던 대부분의 사람에게는 이러한 변화가 놀랍게 느껴질 것이다. 하지만 젊은 독자들은 남성이 기저귀를 갈고 아기를 돌보는 것을 당연하게 여길 수도 있다.

서양 예술에서 부모의 헌신이 묘사된 방식을 보면 남성의 유아 돌봄에 대한 태도가 지난 몇 세기 동안 어떻게 변해왔는지 생생하게 알 수 있다. 17세기 프랑스 화가 피에르 다레 드 카즈뇌브(Pierre Daret de Cazeneuve)의 유명한 작품 〈자비의 알레고리(Allegory of Charity)〉를 보자.[1] 이 작품은 마돈나 같은 여성이 아기를 가슴에 품고 돌보는 모습을 그려,

〈그림 12.1〉 프랑스 예술가 윌리엄 아돌프 부그로는 오랜 서구 전통에 맞게 마돈나 같은 여성이 여러 아이들을 평온하게 돌보는 모습을 그림으로써 이타적인 헌신과 여성이 삶에서 자연스러운 역할을 수행하는 것을 상징적으로 표현했다.(William-Adolphe Bouguereau / Wikimedia)

아기 돌봄을 여성이 맡아야 한다는 메시지를 전달한다. 두 세기가 지나고 다윈이 『인간의 유래』를 완성하던 1878년, 윌리엄 아돌프 부그로(William-Adolphe Bougeureau)는 〈베풂(La Charité)〉이라는 작품으로 여성의 헌신을 상징적으로 표현하며 같은 주제를 이어갔다(〈그림 12.1〉).

하지만 20세기 후반에 이르러 사람들은 '아기를 돌보는 것이 정말 여성만의 역할인가?'라는 의문을 제기하기 시작했다. 이 시기에는 양육권 분쟁에서 아버지가 동등하게 대우받거나 심지어 단독 양육권을 얻는 경우도 있었지만, 주로 다 큰 자녀에 해당되었고 유아 돌봄은 여전히 여성의 몫으로 여겨졌다. 보수 정치평론가 맷 월시(Matt Walsh)는 2021년에도 여전히 "남성이 아이와 유대감을 형성하는 시기는 아이가 어느 정도 컸을 때다. 왜냐하면 유아는 생물학적으로 어머니에게만 집중하기 때문이다"라고 주장했다.[2]

20세기 후반부터는 점차 더 많은 미국 아버지가 자녀 양육에 관심을 갖기 시작했고, 일부는 유아를 돌보기까지 했다. 1986년 남성 권리와 관련된 기사에서 캘리포니아의 한 아버지는 이렇게 말했다 "우리 아버지는 기저귀를 한 번도 갈지 않았다는 사실을 자랑스레 말씀하셨다. 하지만 나는 수백 번 갈았다는 사실을 자랑스럽게 말할 수 있다."[3]

그러나 여전히 진보적인 미국 남성조차 유아 돌봄에 대해 어색해한다. 예를 들어, 서양 예술에서 남성성을 새롭게 구현하려는 동성애자 화가인 20세기 후반의 예술가 웨스 헴펠(Wes Hempel)은 아이 입양 여부를 고민하던 중 아돌프 부그로의 〈베풂〉을 자신의 방식으로 재해석했다.[4] 헴펠은 이 작품에 〈아버지됨(Fatherhood)〉이라는 제목을 붙였지

〈그림 12.2〉 웨스 헴펠의 20세기 후반 작품인 〈아버지됨〉을 보면 남성 양육자는 능숙한 모습보다는 충격을 받은 듯한 모습이다. (Wes Hempel, Fatherhood, 1997. 덴버 미술관 컬렉션: Mark and Polly Addison, Suzanne Farver, Jim Robischon, Jennifer Doran, 그리고 예술가의 기금, 1998.297. 사진 제공: 덴버 미술관)

만, 남성이 아기를 돌보는 것이 자연스러운 일이라는 확신이 없었고, 이는 작품 속 남성의 당황한 표정으로 반영되었다(〈그림 12.2〉).

하지만 21세기에 들어서면서 일부 지역에서 가부장제가 약해지고, 이분법적 성 역할이 느슨해졌으며, 법적 제도가 변화하고, 새로운 생식 기술이 도입되고, 더 많은 여성이 경제활동을 하면서 아버지의 역할에 대한 기대에도 큰 변화가 생겼다. 병원에서는 남성에게 출생 직후 아기와 유대감을 형성하도록 권장하고, 유축기와 젖병을 이용해 아기에게 젖을 주도록 한다. 일부 남성은 주 양육자의 역할을 맡고 있으며, 여전히 전통적 모성 돌봄의 이상이 남아있음에도 불구하고 그 역할을 수행하고 있다.

2012년 5월 12일자 《타임》의 표지를 한번 보자. 한 엄마가 네댓 살쯤 되어 보이는 아이에게 모유를 먹이고 있는 사진이 있다. 이 사진은 '애착 육아(Attachment Parenting)'에 관한 특집 기사와 함께 실렸는데, 애착 육아의 철학은 어머니와 아기 사이의 지속적인 신체적 접촉을 강조한다. 발달심리학자와 진화인류학자의 연구에 의하면 아기는 꼭 엄마가 아니더라도 남성 양육자 등을 포함한 여러 양육자에게 애착을 갖도록 진화했다(8장). 다행히 사람들은 남성도 아기를 돌볼 수 있다고 믿기 시작했으며, 심지어 자기 자식이 아닌 아기도 충분히 돌볼 수 있다는 사실을 깨닫기 시작했다.

정확한 숫자는 알 수 없지만, 인류 역사상 그 어느 때보다도 더 많은 남성이 어린 아기를 돌보고 있다. 가족이 어머니의 수입에 의존하는 경우처럼 선택의 여지가 없어서 양육하는 남성도 있지만, 많은 남성이 자발적으로, 상당한 노력을 기울여 아이를 키우고 있다. 유급 육아휴직을 받을 수 있거나 재택근무를 하는 남성은 공동 양육자 또는 주 양육자로서 역할을 할 기회를 갖는다. 또 어떤 경우에는 그저 자연스럽게 시작되기도 한다. 21세기 초 미국 보건복지부 설문조사에서 공동 거주하는 아빠의 90퍼센트가 아기 돌봄에 직접 관여했으며, 이 중 대부분은 기저귀 갈기나 아기 목욕시키기, 혹은 밥 먹이는 일을 했다(11장 참조). 비록 남성의 돌봄은 공동 거주라는 중요한 조건이 있을 때만 가능했지만, 일단 상황이 만들어지면 적지 않은 남성이 새로운 역할을 즐기고 받아들였다.

2021년 피트 부티지지(Pete Buttigieg)는 미국 역사상 처음으로 육아휴직을 사용한 내각 장관으로서, 입양한 쌍둥이 신생아를 돌보는 사진을 공개하며 이목을 끌었다(〈그림 1.4〉). 인터뷰에서 부티지지와 파트너는 행복하고 들뜬 기분으로 일상적인 아기 돌봄에 대해 이야기했는데, 부모가 되는 과정에 큰 기쁨을 느꼈다고 밝혔다. 2022년 〈뉴욕타임스〉에 편지를 쓴 또 다른 동성애자 아버지는 신생아 딸을 가슴에 안고 있으면 "강렬하고 이루 말할 수 없는 부모의 사랑"이 솟아난다고 묘사했다. 그는 자신과 파트너가 자녀를 돌보는 법을 얼마나 쉽게 배웠는지 인상 깊었다며, 주변의 여성 어머니보다 더 잘하고 있다고 느끼기도 한다고 언급했다. 영국 기자 폴 모건-벤틀리(Paul Morgan-Bentley)가 자신의 아들과 함께한 경험을 담은 2023년 책 『똑같은 부모(The Equal Parent)』에 대해 인터뷰했을 때도, 벤틀리는 아기의 울음소리에 놀라 잠에서 깨어나는 경험을 여성과 똑같이 경험했다고 말했다. 이들 21세기 남성 양육자는 자신의 역할을 기쁘게 받아들이며, 피곤하고 잠이 부족할지라도 기꺼이 이를 수행하고 있다. 이들의 초상도 아기들을 돌보는 사람들을 모아놓은 갤러리에 추가될 자격이 있다《그림 12.3》).

남성 양육자의 독특한 '모성적' 반응을 어떻게 설명할 수 있을까? 이들은 단순히 도움을 주기로 '마음먹은' 보조 양육자가 아니다. 생물학적이면서도 문화적인 과정이 명백히 작용하고 있다. 유전적 아버지이든 그렇지 않든 이들 아버지는 본능적으로 양육에 빠져들며 아기의 안녕을 최우선으로 여긴다. 이 과정에서 남성은 신경내분비학적으로 변화한다. 주변 사람의 기대 변화와 전두엽에서 촉발한 돌봄 감수성이 변화를 촉진했을 것이다. 하지만 임신, 출산, 수유를 경험하지 않은 남성이 이러한 변화를 겪기 위해서는 더 깊은 무언가가 필요하다.

남성의 두뇌에서 가장 오래된 원시적 영역인 변연계가 자극을 받으면 강렬한 보호본능이 작동한다. "이 아기를 세상 무엇보다도 안전하게 지켜줄 것"이라는 다짐과 함께 말이다.[5] 이 책을 쓰기 위해 연구하면서 21세기 남성이 어떻게 이러한 지점에 도달할 수 있었는지 알아내기 위해 노력했다. 하지만 어떻게 남성이 애초에 관련 신경회로와 잠재력을 갖게 되었는지도 이해할 필요가 있었다. 이에 따라 매 장마다 이를 밝혀내기 위해 고군분투했다.

이를 위해서는 기후 사건, 진화적 적응, 우연한 사전 적응, 역사적 사건, 경제적 변혁, 문화적으로 주도된 사회적 변화, 인간의 혁신과 수많은 의식적 결정을 재구성해야 했다. 이 모든 요인이 우연히 결합되지 않았다면 변화가 일어나는 것은 불가능했을 것이다. 하지만 이 모든 이질적인 요소들이 맞물려 작용한 결과, 일부 보조 양육자 남성

〈그림 12.3〉 21세기 들어 아버지의 역할에 대한 인식에 큰 변화가 있었다. 이 사진 속 아버지는 재택근무를 한다. 이 아버지는 유축기, 젖병, 그리고 보조 양육자의 도움을 받아 세 명의 아기를 태어날 때부터 아내와 동등하게 돌보고 있다. (Catherine S. Hrdy)

은 아기와 지속적으로 친밀한 접촉을 해야 하는 불가피한 상황에 처하거나 자연스럽게 접촉하게 되는 환경에 놓이게 되었다. 그리고 이러한 접촉이 일정 수준을 넘어 임계점을 지났을 때, 남성들의 신경생리학적 변화가 촉진된 것이다.

이 남성들은 단순히 짝짓기 후 암컷을 보호하기 위해 가까이 머물렀던 그 옛날 자신들의 영장류 조상들과는 다르다. 이제 그들의 우선순위는 자신이 돌보는 아기의 건강과 행복으로 이동했으며, 심지어 그 아기에게 삶을 헌신할 준비가 되어 있다.

그러나 하버드대의 신경과학자 캐서린 뒤락이 말하는 "남성의 두뇌에서 잠재되어 있던 보호 본능을 활성화하는 버튼"을 누르기 위해서는 매우 특별한 진화적, 역사적, 문화적 상황이 필요하다.[6] 우리 사위가 신생아인 손자를 돌보는 모습을 보며 놀라움을 금치 못했던 이유다(1장).

변곡점으로의 여행: 간단한 요약

2억 년이 넘는 세월 동안, 포유류의 새끼 양육은 거의 전적으로 어머니의 영역이었다. 체내 수정은 출산하는 암컷이 친모일 가능성을 사실상 보장했다. 암컷은 또한 새끼가 생존하기 위해 필수적인 모유를 제공할 수 있는 유일한 존재였다(2장). 그러므로 포유류의 진화 과정에서 암컷이 새끼를 돌보게 된 것은 당연한 일이었다. 수컷이 아기 돌봄에 헌신하는 경우는 암컷이 한 배우자와 거의 전적으로 짝을 이루는 종에서만 찾아볼 수 있으며, 그 종의 암컷은 사실상 자신의 배우자 수컷에게 부성 확실성을 보장해주었다. 영장류의 경우 소수의 종에게만 부성 확실성이 보장되었다(7장).

7천만 년 전으로, 설치류처럼 생긴 포유류 수컷이 먹이를 찾고 짝을 찾던 원시 시대로 돌아가보자. 이들은 새끼와 함께 있는 어미를 만났을 때 새끼를 돌보기보다는 죽이는 경우가 더 많았다. 본능적 살인마가 새끼의 '신비한 힘'에 이끌려 돌보는 것이 가능했을까? 수컷의 학대가 돌봄으로 변화하는 역설적 과정을 어떻게 설명할 수 있을까? 여기에 내가 중요하게 생각하는 결정적 분기점이 있다.

교미 후에 어미 근처에 머물기 시작한 영장류 수컷은 새끼를 돌보거나 양육을 돕기 위해 머무른 것이 아니었다. 수컷은 다른 침입자로부터 자신의 자손일 가능성이 있는 아기를 보호하기 위해 머물렀다. 시간이 지나면서 이러한 방어자 수컷은 더 사교적으로 진화하여 다른 개체와 가까이 있는 것을 더 안전하게 느끼고, 접촉을 통한 편안함을 즐기기 시작했다. 친밀성은 자체적으로 진정 효과가 있었다. 그러나 직접적인 아기 돌봄은 예외적으로 드물었다. 이는 주로 원원류와 일부 신세계원숭이에서만 관찰되었다.

협비원류(catarrhine) 중 인간과 가장 많은 유전자를 공유하는 구세계원숭이와 유인원 영장류 수컷은 아기와의 직접적인 접촉을 피하는 경향이 있었다. 하지만 자신이 속한 무리의 수호자를 자처한 이들 수컷은 어미로부터 떨어져 있고 위험에 처해 고통받는 새끼를 구조하기 위해 나서기도 했다. 따라서 어미는 주도적으로 새끼를 잘 지킬 것 같은 수컷과 새끼가 더 자주 접촉하고 친밀감을 쌓도록 만들었다.

새끼를 낳기 전에 암컷 영장류는 새끼에게 해코지를 할 가능성이 있는 여러 수컷들을 유혹하고 교미하여 영아살해의 가능성을 줄일 수 있었다. 그렇게 출산을 하고 나면 암컷과 교미한 기억이 있는 수컷은 새끼를 더 돌봐줄 수 있었다. 어미는 또한 신중하게 문지기 역할을 하며 아기와 아이를 지켜줄 수 있는 수컷이 혈연으로 엮인 가족임을 느끼도록 만들었다. 이런 점에서 이 영장류 조상은 오늘날의 고릴라 어미와 매우 흡사하게 행동하고 있었다. 고릴라 어미는 출산을 한 이후 자신의 새끼를 가장 잘 지켜줄 수 있는 위치에 있는 수컷 고릴라와 최대한 가까이 지내려고 한다. 한편, 계절적으로 환경이 어려운 서식지에 사는 구세계원숭이 어미는 젖을 떼는 시기가 가까워지면 거의 독립한 새끼를 이전의 배우자에게 맡기는 경우도 있었다. 심지어 일부 유인원에서는 나이가 든 고아를 입양하는 수컷의 사례도 관찰되었다(7장).

과거 영장류의 사례를 살펴보다 보니 영장류 수컷에게 '돌봄 반응'의 가능성이 생각보다 훨씬 더 많았음을 알게 되었다. 그럼에도 통계적으로 대부분의 유인원 수컷이 신생아와 접촉한 가장 가까운 사례는 학대하거나 잡아먹는 경우였지 돌보는 경우가 아니었다. 그렇다면 21세기를 사는 이들 유인원의 후손이 기저귀를 갈아주고, 고무젖꼭지가 달린 젖병으로 아기를 먹이는 모습은 어떻게 설명할 수 있을까? 이런 일이 어떻게 생겨났는지를 재구성할 때는 남성 양육이 거의 없었던 때를 기억하는 것이 좋을 것이다!

플라이스토세에 들어서면서 한때 황금기를 누렸던 유인원의 시대는 가혹한 기후 조건으로 인해 막을 내렸다. 숲이 줄어들면서 일부 유인원은 숲 밖 사바나 초원으로 내몰렸다. 풍요와는 거리가 먼 이곳에서 이족보행을 하는 피난민 중 일부는 멸종 위기를 가까스로 벗어나 호모속으로 진화했다. 이 초기 호미닌은 시간과 비용이 많이 드는 새끼를 양육하기 위해 마치 일부 조류와 포유류가 그러하듯, 부모만 아니라 보조 양육자의 돌봄에 의존하게 되었다(8장). 협력적인 양육이 언제 시작되었는지는 확실하지 않지만, 대략 200만 년 전이나 그 이전일 것으로 보인다. 이 시기에 성인 남녀와 여러 세대의 개인들은 점차 서로에게 의존하는 상호 의존의 네트워크로 얽히게 되었다.[7] 물론 성선택에 따른 수컷 간 경쟁이 완전히 사라진 것은 아니었지만, 이러한 협력적 번식자 사이에서 다윈주의적 선택이 작동하는 방식은 변화했다. 특히 다른 이들의 도움을 받아야 성장할 수 있었던 호미닌 사이에서 그 변화는 더욱 두드러졌다. 과거 동굴에 살던 시절에 가졌던, 본능적 충동에 따라 경쟁자를 무력으로 제압하려는 경향은 점차 줄어들었으며, 대신 사회적 선택이 중요한 역할을 하게 되었다. 이에 따라 남성은 단순히 힘을 과시하는 것이 아니라, 타인에게 받아들여지고, 존중받으며, 가치 있는 존재로 인정받기를 원했다. 또한 협력하고, 행동을 조정할 수 있는 능력과 성향이 점점 더 중요해졌다(9장).

식량 공유는 새로운 생활 방식의 핵심적인 특징이었다. 다른 유인원 수컷은 가끔, 마지못해 음식을 나눈다. 그러나 호미닌은 음식 공유를 중심으로 인간만의 독특한 생활 방식을 만들어갔다. 남성과 여성은 사냥감으로 얻은 단백질과 안정적으로 채집할 수 있는 식물성 식품을 통해 서로를 적절히 보완했다. 특히 고기와 꿀 같은 귀한 음식은 가까운 친척을 넘어 다른 무리의 사람들에게 나눠지기도 했다(8장). 사냥꾼은 음식을 나눔으로써 사냥에 성공했을 때 존경받고, 실패했을 때 굶주릴 위험을 줄였다. 이로써 모두가 거의 똑같이 배고팠고 똑같이 잘 먹었다. 보노보의 경우 가까운 무리 간에 고기를 나누는 사례가 관찰된 적이 있긴 하나 인간을 제외한 어떤 영장류에서도 수컷이 다른 성체에게 음식을 나눠줄 것을 '기대'하는 경우는 없다(7장과 8장).

남성들 사이의 지위 경쟁과 배우자 접근을 위한 경쟁이 여전히 계속되는 한편, 공유에 대한 강조는 남성의 생식 방법과 성공 여부에 변화를 가져왔다. 이전 유인원 조상의 방식과 달랐으며, 인간이 가축을 기르고 재산과 권력을 축적하기 시작한 후의 방식과도 달랐다. 이동생활을 하며 근근이 먹고 사는 수렵채집인들에게 남성의 관대함과 타인을 잘 돕는다는 평판은 다른 사람이 그를 남편이나 친족으로 삼고 싶어 하는지 여부를 결정했다. 또 자손이나 친척의 생존 가능성을 높였다. 타인의 존경을 받는 것은 분명히 경쟁할 가치가 있지만, 이를 위해서는 남성의 심리적 우선순위가 먼저 재조정되어야 했다. 우연히도, 이러한 변화가 이미 진행 중이었다(9장).

어머니는 임신, 출산, 수유 중 분비되는 호르몬에 의해 아기가 보내는 신호에 반사적이고 본능적으로 반응하지만, 남성 양육자는 아이 양육을 돕고자 '결정'해야 했다. 이로써 어머니와 관계를 형성하고 아기와의 친숙한 관계를 만들 수 있었다. 이것은 영장류로서 부성 확실성을 높이기 위해 사용한 전략이었다. 그리고 남성은 자신의 상태, 아기의 필요 정도, 도움의 비용, 그리고 다른 누가 도움을 줄 수 있을지도 고려해서 돌봄 행동을 선택했을 것이다. 또, 남성은 타인(유아 포함)에게 관대하도록 진화하였을 뿐만 아니라 (더욱 중요하게도) 다른 사람이 친사회적 행동을 알아보고, 관심을 갖고, 기억하고 그에 따라

가치를 부여하는 것에 대해 점점 더 의식하게 되었다.

유인원 대부분과 다를 바 없이 이기적이던 남성이 어떻게 다른 사람을 배려하는 존재가 되었는지 궁금하다면, 호미닌 아이가 얼마나 일찍 배려하는 법을 배우는지 관찰해야 한다. 세상에 나오는 순간부터 아기는 다른 사람의 의도를 파악해야 했고, 어머니뿐만 아니라 다른 보호자의 돌봄을 받기 위한 방안을 모색해야 했다. 이 과정에서 아기의 뇌는 단순히 도구 사용과 채집 능력을 발달시키는 데 그치지 않고, 타인의 생각과 선호를 읽어내는 능력을 더욱 정교하게 발달시켰다(9장). 다윈주의의 사회적 선택은 타인의 선호를 유추하고 호소하며 돌봄을 이끌어내는 데 가장 능숙한 유아를 선호했다. 이러한 유아가 보살핌을 받고, 먹이를 얻고, 생존하며, 타인의 의도와 선호를 읽는 능력을 갖추며 성장할 가능성이 가장 높았다.

필연, 우연, 그리고 더 많은 필연

프랑스의 위대한 생물학자 자크 모노(Jacques Monod)는 여러 종의 이족보행 영장류를 멸종으로 몰아넣은 가혹하고 예측할 수 없는 플라이스토세 기후를 '우연'이라고 불렀다. 그러나 그 운명적 기간 동안 벌어진 일에 대해서는 '필연'이라고 했다. 인간의 초사회적 협력 의지는 단일한 출발점에서 비롯된 것이 아니었다. 하지만 가장 중요한 선행 조건 중 하나를 꼽자면, 의존적이고 늘 배고픈 어린 호미닌이 다양한 타인으로부터 도움을 이끌어내려는 필사적인 노력이라 할 수 있다. 이 과정에서 어린 호미닌은 사회적 인지 능력을 정교하게 다듬으며 발전시켰다.

오늘날 지구에 사는 모든 유인원은 초보적인 수준이긴 하지만 다른 존재의 생각을 추론하는 능력이 있다. 이들과 우리의 공통 조상도 비슷한 능력이 있었을 것이다. 그러나 호모속의 일부 유인원 사이에서 출생 간격이 점차 짧아짐에 따라 빠르게 번식하는 어머니에게 전적으로 의존할 수 없었던 어린 개체는 타인의 의도와 심리적 선호를 이해하는 데 더 능숙해질 필요가 있었다. 돌봄 경쟁에서 실패한 어린 개체는 방치될 가능성이 높았지만, 성공한 개체는 보상을 받으며 타인에게 호감을 사려는 행동을 지속하도록 조건화되었다. 이 과정에서 이전에는 드물게 발현되었던 타인을 관찰하는 능력이 더욱 발전했다. 다른 사람의 표정을 읽고, 의도를 해독하며, 이에 따라 반응을 계획할 수 있도록 하는 신경망은 진화적 법칙에 의해 세대를 거듭할수록 정교해졌다. 이러한 차별화된 능력의 핵심 기관은 전두엽, 특히 내측 전전두엽 피질이었다(9장).

이렇게 우연과 필연이 맞물려 사회적 인간의 진화가 가속화되었다. 다른 사람의 의도를 읽는 데 능했던 어린 호미닌은 다른 사람을 배려하는 성인으로 성장했고, 서로에게 이득이 되는 방식으로 타인과 협력하는 것에 적응했다(9장). 루스 펠드만이 말하는 '보조 양육 기질'은(4장) 아마 후기 플라이스토세 동안 전두엽이 급속하게 커지고 정교화되는 시기에 함께 발전했을 것이다. 물론 기본적 토대는 훨씬 이전부터 이미 만들어지고 있었을 것이다.

이 신경회로는 남녀를 불문하고 보조 양육자가 어머니를 도와 아기를 돌볼 때 활성화된다. 현대 남성 중 아버지가 된 이들의 전측 대상피질(anterior cingulate cortex)의 회백질이 그렇지 않은 남성보다 두껍다는 연구 결과는 이러한 활성화와 관련이 있을 가능성을 시사한다(4장).

설치류나 인간을 대상으로 한 양육자 뇌 관련 연구는 너무 오랜 시간 동안 어머니에게만 초점을 맞추었다. 아버지의 뇌에 대한 연구가 본격적으로 시작된 것은 21세기부터다. 현재까지도 조부모, 형제, 헌신적인 유모 및 다양한 보조 양육자의 뇌에 대한 뇌 영상 연구는 거의 시작되지 않았다. 개인적인 의견이지만 어머니를 도와 아이를 돌보는 아버지의 전두엽에서 활성화되는 부분이 보조 양육자 전반에서 똑같이 관찰될 것으로 보인다. 아울러 옥시토신 급증과 같은 신경내분비 변화가 동반될 것이다. 이는 나와 남편이 첫 손자를 안고 돌보면서 직접 겪은 일이다(6장). 지속적으로 관심을 가지고 지켜볼 일이다.

다시 진화적 서사로 돌아가서, 이 모든 전두엽 활동은 '회색 천장', 즉 뇌 성장과 발달에 사용할 수 있는 에너지 한계의 확장과 맞물려 일어났을 것이다(8장). 어떻게 보면 이 또한 '우연'처럼 보이지만, 식량의 질과 안정성이 공동 조달로 인해 향상된 것은 어느 정도 예측 가능한 결과였다. 운이 좋았던 건 사실이지만, 이를 단순히 우연이라 하기는 어렵다. 왜냐하면, 중내측 전전두엽(medial prefrontal cortex)—현대 인간이 자신의 행동이 타인에게 미칠 영향을 평가하고, 타인이 자신을 어떻게 생각할지 판단하는 데 사용하는 뇌 부위—이 보조 양육자의 돌봄이 증가함에 따라 동시에 확장되었기 때문이다. 다시 생각하면 선순환처럼 보이는 이 과정에서 보다 정교한 전두엽을 발달시킨 유인원은 상호 이해와 협조에 특히 적합했으며, 이를 통해 광범위한 협력의 이점을 누리게 되었다. 더 많은 에너지를 뇌 발달에 사용할 수 있었으며, 결과적으로 뇌 발달이 더욱 가속화되었다(9장).

플라이스토세 말기에 이르면 초기 인류는 케셈 동굴의 사례처럼 근거지에 모여 식재료를 가공하고, 요리하고, 음식을 공유하고, 대가족과 함께 잠을 잤다(8장). 어머니는 가까이에 있는 남성을 신뢰할 수 있었고, 남성은 확실히 여성 및 아기와 함께 많은 시간을 보냈다. 상황에 따라 이들 남성은 아기를 돌보는 일에 참여할 수 있었으며, 이로써 남성의 몸은 (종종 매우 즐거운) 신경내분비적 변화를 겪었다(4장과 6장). 지금까지 알려진 바에 따르면 신경생리학적 수준에서 이러한 종류의 근접 반응을 가정하는 것이 타당하다고 생각한다. 그러나 신경내분비 변화가 후성유전학적 변화 및 궁극적으로 유전적 변화로 이어질지는 제임스 릴링과 같은 신경과학자에 의해 이제 막 연구되기 시작했다(9장). 역시 지속적으로 관심을 가지고 지켜볼 일이다.

셰익스피어가 말한 "거품 같은 평판"을 언제부터 남성이 중요시했는지 정확히 아는 사람은 아무도 없다. 정교한 언어의 출현은 분명 커다란 요인이었고, 남성의 가치를 평가하는 새로운 기준도 마찬가지로 중요했다. 또한 타인의 의도와 선호에 주의를 기울여야 하는 현대적 유인원은 점점 사회적으로 더 쉽게 학습되고 영향을 받는 존재로 변해가고 있었다. 다른 사람에게 존경받고 싶은 마음은 더욱 협력적인 남성을 선호하는 사회적 선택을 유발했을 것이다. 사냥꾼, 부양자, 건설자 또는 전사로서 다른 사람과 조율하고 협력할 수 있는 남성을 위한 무대가 마련된 것이다. 하지만 인간이 타인을 배려하는 충동을 자랑스럽게 여기는 만큼, 이렇게 서로 협력하는 능력의 진화를 가능케 했던 시발점은 어머니뿐만 아니라 보조 양육자의 관심을 끌기 위해 안간힘을 쓰는 아기의 발달하는 뇌였다는 사실을 명심할 필요가 있다. 아기는 성장을 위한 영양과 정서적 돌봄을 필요로 했고, 이것이 초사회적이고, 언어를 쓰며, 문화를 전파하고, 행성을 지배하는 종을 만들어냈다. 아직 사냥감을 쓰러뜨리거나 침입자와 싸울 나이가 되지 않은 무력하고 무해한 아기가 모든 혁신의 시작이었다. 이는 자주 간과되지만 매우 중요한 진실이다. 이른바 인간 본성의 '선한 천사'가 그 모습을 온전히 드러내기 위해서는 양육이 필요했으며, 이는 현재도 마찬가지이다.

남자의 우선순위

플라이스토세 이후 기후의 안정화, 경작과 동물의 가축화 그리고 음식 저장과 가공을 위한 새로운 수단(특히 이유식)의 발명과 함께 인류는 계절에 따른 주기적인 자원 부족에 더 잘 대처하게 되었고, 정착생활이 더욱 용이하게 되었다. 출생 간격은 더 짧아졌다. 재산 축적 및 집중적인 생산 방식으로 인해 일부 남성은 다른 이보다 훨씬 더 많은 번식 성공을 거두게 되었는데, 이는 재산 축적을 남자의 우선순위에서 최상단에 올려놓았다.[8] 출산율이 높아지고 인구가 늘어나면서 남성은 자신이 속한 씨족의 지위와 외부의 침입에 더 많은 관심을 쏟았고, 더 중요한 사안이 되었다. 아이의 건강과 안녕은 뒷전으로 밀려났다.

플라이스토세 이후 남성들 사이에 경쟁이 심화되었음에도 불구하고, 부성 행동에 영향을 미친 유전적 변화의 증거는 발견되지 않았다. 인간이 진화를 멈추었다는 이야기가 아니다. 플라이스토세 이후 일어난 유전자 빈도 변화는 여러 방면에서 매우 잘 연구되고 있다. 하지만 지금까지 유전자 변화는 위도, 온도 및 일조량에 대한 적응, 새로운 질병에 대한 저항, 또는 새로운 음식을 소화하는 능력 등에 관한 것이 대부분이다. 또, 유전체 분석은 과거 이주 패턴에서 모계 중심 사회와 부계 중심 사회를 구분하는 확실한 증거를 보여준다. 하지만 이들 사회의 차이 중 어느 것도 유전적 수준에서 부성 돌봄과 특별히 관련이 있는 것 같지는 않다.

문화적 변화가 유전적 변화보다 훨씬 더 빠르고 예측하기 어려운 방식으로 이루어지기 때문에 납득할 수 있는 결과다. 가족 구성의 유연성, 그리고 새로운 기회나 제약에 따라 사회적으로 구성된 성 역할이 빠르게 조정되는 속도를 감안하면, 유전적 변화는 적응적이기보다는 비적응적으로 작용할 가능성이 크다. 부성 돌봄이 특정 환경에서 유리했을 수는 있지만, 인간 아버지가 자동적으로 아이를 돌보도록 진화하지 않은 것은 어쩌면 당연한 일이다. 인류가 플라이스토세를 거치며 보조 양육과 조건부 부성 돌봄을 미리 적응했을지라도, 아버지 역할에 대한 규범은 문화적으로 만들어지고 전파된 것이라 생각한다.

따라서 관습과 관련된 사회 구조에서 남성 혹은 여성 중심 사회, 더 계층적 혹은 덜 계층적인 사회, 더 모계 중심적이거나 부계 중심적인 사회, 더 공격적이거나 덜 공격적인 사회 구조가 뒤죽박죽 섞여 전 세계에 퍼져나갔다. 남성이 아기와 접촉하는 정도와 남성이 아이를 얼마나 소중히 여기고 시간을 투자하는지는 집단마다 차이가 있었고, 개인마다 차이가 있었다(10장). 사회심리학자 웬디 우드(Wendy Wood)와 앨리스 이글리(Alice Eagly)의 말을 빌리자면, 아기와 아이들에 대한 남성의 반응은 "상황에 따라 나타나는" 특성으로, "성별의 진화적 특성, 발달 경험, 사회에서의 활동 상황"에 따라 달라졌다. 어느 시점, 어느 장소에서나 남성의 돌봄은 생물학적 잠재력에 따라 전개되었지만, "생태적 환경, 전통, 그리고 그 외 다양한 요인"에 의해 형성되고 발전했다.[9]

개개 남성들은 언제 육아를 도와야 하고 언제 무시해야 할지를 놓고 비용-편익 분석을 하는데, 이는 새롭게 진화한 뇌의 피질 영역에서 이루어진다. 뇌에서 일어나는 기본적인 과정은 플라이스토세가 한참 지나고 나서야 루스 펠드만의 실험실에서 보조 양육을 하는 아버지의 뇌를 스캔함으로써 확인할 수 있었다. 하지만 같은 실험실에서 주 양육자 남성, 즉 주로 아기를 책임지고 장기간 친밀한 관계를 맺고 있는 아버지의 뇌를 스캔하면 어떤 결과가 나올까? 모성 동물의 뇌에서 일반적으로 활성화되는 '원시의 뇌 영역'이 이들의 뇌에서도 활성화되었다. 즉, 이들 아버지의 신피질뿐만 아니라 아기를 지키기 위해 한밤중 작은 소리에도 깨어나게 하는 원시적 변연계 영역도 함께 활성화되었던 것이다(1장). 반사적인 모성적 경계심을 통해 '아기의 안녕'이 다른 모든 것을 압도하고 우선순위로 올라서는 순간이다.

이러한 변화는 신경과학자 캐서린 뒤락이 '수컷과 암컷 동물의 뇌는 매우 비슷하다'고 강조한 이유와 연결된다. 하지만 주 돌봄자 역할을 하는 남성에게서 관찰된 예상치 못한 반응에 대해 생각할 때, 뒤락의 또 다른 말이 떠오른다. "신경과학자 대부분은 대뇌 피질에만 초점을 맞춘다." 인간이 자랑해마지 않는, 플라이스토세 동안 진화한 고등 신경 영역—즉, 음식을 공유하고, 보조 양육자를 통해 돌봄을 제공하며, 타인의 의도를 읽는 행동과 관련된 영역—에만 집중한다는 것이다. 그러나 "진화적으로 말하자면, 우리는 여전히 동물이다." 뒤락은 이렇게 덧붙인다. "먹고, 자고, 짝짓기하고, 양육하는 행동은 우리가 해야 할 것들이다. 이러한 행동과 관련된 영역은 피질이 아니라 시상하부에 있으며, 이와 관련된 회로는 동물 종 전체에서 매우 잘 보존되어 있다."[10]

부모의 돌봄이 필수적인 동물에서 새끼가 보내는 신호에 반응하는 것은 온도 조절, 호흡, 먹기 또는 위험 회피와 마찬가지로 본능이 된다. 우리는 포유류이기 때문에 따뜻하고, 털이 많고, 무력한 새끼 동물에게 감정적으로 반응하도록 조건화되어 있다. 따라서 물고기처럼 비늘이 있는 냉혈동물에서 부모 돌봄의 기원을 상상하기란 쉽지가 않다. 하지만 주 양육자 아버지의 신경 반응을 이해하려면 물고기부터 출발해야 한다. 어쨌든 어린 동물을 돌본 첫 번째 척추동물은 포유류가 아니라 물고기였다. 그리고 물고기의 돌봄은 수컷에 의해 제공될 가능성이 더 높았다(2장). 따라서 부모 돌봄과 관련된 호르몬 분자와 뇌 회로는 수컷에서 처음 진화했을 가능성이 크다.[11] 그렇다면, 수컷이 새끼를 돌보는 데 필요한 구성 요소들은 자연의 창고에 이미 들어 있었고, 사용되기를 기다리고 있었다고 말할 수 있다.

단순한 유기체에서 가장 높은 단계인 영장류로 그리고 만물의 영장인 호모 사피엔스로 이어지는 지속적이고 연속적인 진화적 '진보'에 대한 인간중심적 생각은 잠시 제쳐두자. 포유류 남성, 특히 유인원이 어떻게 양육 본능을 반사적으로 나타낼 수 있는지를 이해하려면, 우리는 진화인류학자가 통상적으로 연구하는 시대보다 훨씬 더 먼 과거로 여행해야 한다. 플라이스토세 이전, 호모속으로 이어지는 유인원이 공동 돌봄을 시작한 시기이자, 일부 초기 영장류 수컷이 짝짓기 후에 암컷 근처에 머물기 시작했을 때로 돌아가야 한다. 암컷 포유류가 모성 감정을 다른 관계에도 확장하기 시작했을 때로 돌아가야 한다. 여기서 찰스 다윈의 초기 척추동물에 대한 추측은 중요한 통찰을 제공한다. 다윈은 1860년 친구 찰스 라이엘에게 보낸 편지에서 이렇게 적었다(5장 참조). "우리의 조상은 물에서 호흡하고, 부레가 있으며, 큰 꼬리로 헤엄치고, 불완전한 두개골을 가진 동물이었으며, 분명 자웅동체였을 것이다!" 비록 나중에 뒷전으로 밀려나긴 했지만 이것이 다윈이 말한 "인류의 재미있는 계보"였다.[12]

물고기처럼 물에 적응하기

우리 포유류의 뇌로는 다소 상상하기 어려운 이 시나리오를 이해하기 위해 물고기에 대해 알려진 사실을 살펴보고 초기 수컷이 직면했을 도전 과제를 상상해보자. 대자연이 가지고 있었을 재료와 이 재료를 활용한 과정을 생각해보자. 물고기는 생존을 위해 내부 수분 균형을 조절해야 했는데, 이는 프로락틴과 같은 호르몬, 그리고 이소토신과 바소토신(vasotocin) 같은 신경 펩타이드의 삼투 조절 기능에 달려 있었다. 이소토신과 바소토신(포유류 옥시토신과 바소프레신의 상동체)은 짝짓기 활동, 특히 영토를 확보하고 경쟁 수컷을 배제하는 데도 중요한 역할을 한다. 최초의 '영토 소유자'(11장)는 여기서 시작하는데, 수컷 자신이 통제하는 영역에 암컷이 알을 낳기를 기다리는 시절로 거슬러 올라간다. 반면, 암컷은 더 많은 알을 생산하기 위해 먹이를 찾고 몸집을 키우는 데 집중했다.

하지만 잠깐. 수컷은 먹고살기 위해 먹어도 되는 것과 아닌 것을 식별하는 신경회로가 필요했다. 알다시피 캐비어는 맛있고 영양가 높은 별미다. 게다가 큰 물고기의 본능은 작은 생명체를 먹는 것이다. 그렇다면 영역을 지키는 수컷 물고기가 자신이 수정했을 수도 있는 알을 먹지 않도록 막는 것은 무엇일까? 아마도 다음과 같은 규칙이 있을 것이다. "네가 방어하는 영역에서 발견한 알을 먹지 말라. 대신 보호하고 산소를 공급하라. 단, 너무 배가 고프면 몇 개만 먹어라." 이상하게 들릴 수도 있지만, 나는 여기서 아버지의 돌봄이 시작되었다고 생각한다.

아마도 이 초기 척추동물의 부모 헌신은 익숙한 진화적 선택압에 의해 형성되었을 것이다. 새와 포유류 같은 다른 척추동물처럼 이 초기 척추동물 수컷은 윙필드 가설의 주요 틀에 부합했다(4장). 오늘날의 가시고기, 틸라피아 및 많은 다른 경골어류(뼈를 가진 물고기) 수컷이 다른 수컷과 영역을 두고 다투면 바소토신이 분비된다.[13] 일단 영역이 설정되면 수컷은 그곳에 잠복하면서 지나가는 암컷에게 '여기가 알을 낳기에 적합한 장소'라고 유혹한다. 이를 위해 보금자리를 구축하거나 개선한다. 영역 보유자가 이미 돌보고 있는 알이 많을수록 그 장소는 번식기 암컷에게 더 안전하고 매력적으로 보일 것이다. 물장군 수컷을 떠올려보라(<그림 11.3>). 암컷은 수컷의 등에 알이 많이 얹혀 있을수록 알을 낳기에 더 매력적인 장소로 본다. 수컷 입장에서는 비록 자신이 수정하지 않은 알이 섞여 있어도 짊어지고 다니는 것이 더 낫다.

수생생물이 삼투 조절을 위해 쓴다고 알려진 호르몬이 포유류 번식에서 중요한 역할을 하게 된 과정을 이해하려면, 대자연의 본질적인 절약성을 떠올려야 한다. 대자연은 새로운 요리를 위해 새로운 재료, 즉 새로운 돌연변이를 기다리지 않는다. 대신 창고에 이미 있는 재료를 재사용한다. 다윈이 자연선택을 "다양성에는 관대하지만 혁신에는 인색하다"고 묘사한 이유다.[14] 수탉이 알을 품는 것을 처음 목격한 다윈은 양육 반응이 "여러 세대 동안 부모 양쪽에서 잠재적이거나 휴면 상태로 존재할 수 있다"고 제안했다.[15] 그리고는 이러한 반응은 "특정 상황에서 진화할 준비(혹은 활성화될 준비)가 되어 있다"고 덧붙였다.[16] 로런 오코넬(Lauren O'Connell)의 연구에서 수컷 독개구리가 등에서 꿈틀거리며 입맞춤하는 올챙이로 인해 양육 본능이 깨어난 것처럼 말이다.

우리의 어류 조상 이야기로 돌아가서, 수컷이 영역을 차지하고 있고 암컷이 알을 낳기를 기다리고 있는 모습을 생각해보자. 아마도 수컷은 꽤 많은 알을 수정할 것이다. 알을 보호하는 것은 자신의 유전적 자손을 보호하는 것이다. 이는 왜 이소토신과 바소토신과 같은 신경 펩타이드와 관련 신경회로가 경쟁 수컷으로부터 자기 영역을 보호하는 기능을 넘어 알과 자손을 보호하는 기능으로 확장되었는지를 설명해준다.[17]

일부 물고기에서는 알을 지키고자 하는 충동이 부양 본능으로까지 확장된다. 예를 들어 디스커스(Discus) 물고기의 부모는 알과 함께 지내며, 양쪽 모두 비늘에서 영양가 있는 점액을 분비하여 새끼가 갉아 먹을 수 있도록 한다. 포유류 암컷의 젖 생산을 자극하기 위해 사용하는 호르몬 '프로락틴'이 바로 이 점액을 생산하는 데도 사용된다.[18] 실고기와 해마의 수컷 배 안에서 자라는 배아에게 영양분을 공급하는 태반과 같은 체액을 만드는 데도 마찬가지로 프로락틴이 사용된다(2장).[19]

하지만 우리의 물고기 조상은 양육자가 되기 훨씬 전부터 동종 포식자였다는 것을 떠올려보자. 그런데도 어떻게 갑자기 자손을 지키도록 돌변하게 되었는지는 아직 완전히 밝혀지지 않았다. 그러나 우리는 유추할 수 있다. 수컷 쥐가 새끼를 공격하는 것을 멈추고 돌보기 시작하는 사례를 함께 보았다(5장). 물고기의 경우 영역을 점유하고 있는 개체는 알이나 새끼를 먹지 않고 보호하는 행동으로 전환해야 했다. 일부 물고기, 예를 들어 2장에서 설명한 것처럼 입 속에서 자손을 기르는 시클리드의 경우, 수컷 물고기는 먹이 섭취를 완전히 중단하고 며칠 동안 굶주리면서 새끼를 키운다. 수컷이 굶주릴 때, 식욕과 먹이 섭취 욕구를 조절하는 것으로 알려진 신경 펩타이드인 갈라닌(galanin)이 시상하부의 전측 영역과 다른 부분에서 증가한다.[20] 이 고도로 안정적인 신경펩타이드 갈라닌은 이제 물고기뿐만 아니라 다른 생물에서도 양육 행동을 조절하는 신경내분비 조절제로 떠오르고 있다.[21]

올챙이를 새로운 (그리고 더 축축한) 장소로 이동시켜야 하는 독개구리를 떠올려보자(4장). 올챙이를 등에 태우는 부모의 시상하부에서도 갈라닌이 상승한다.[22] 포유류에서도 비슷한 패턴이 나타난다. 갈라닌은 새끼를 죽이거나 먹는 것을 멈추고 대신 돌보기 시작한 수컷 쥐의 뇌에서도 현저하게 증가한다.[23] 근래의 연구를 보면 영장류에서도 비슷한 일들이 벌어진다는 증거가 하나둘 나오고 있다. 협력적으로 새끼를 기르는 마모셋의 경우, 수컷을 포함한 보조 양육자의 뇌에서 거부 반응과 양육 반응을 중재하는 신경회로가 있는 것으로 나타났다.[24] 양육 동기의 기초에 대한 연구는 여전히 진행 중이다. 그러나 확실한 것은 수컷이 미성숙 개체를 돌볼 때 매우 오래된 신경회로가 작용하고 있다는 점이다.[25]

냉혈동물인 비늘 달린 물고기가 온혈포유류와 얼마나 다른지에 대한 의문은 잠시 접어두자. 복어의 이소토신 유전자를 쥐에 삽입하면, 쥐의 옥시토신 생성 뉴런이 작동하기 시작한다. 딱 한 가지 문제가 있다. 쥐는 옥시토신을 생산하는 대신 물고기 버전의 신경 펩타이드인 이소토신을 생산한다. 이소토신은 물고기에서 옥시토신과 같은 역할을 하는데, 해마 수컷이 출산할 때 새끼를 배출하기 위해 근육 수축을 유발하는 작용을 하기도 한다(《그림 2.1》). 그러나 부모 양쪽 모두의 돌봄이 있는 종, 이를테면 흰줄시클리드에서 이소토신 수용체를 실험적으로 차단하면, 일반적으로 돌봄에 참여했을 수컷이 더 이상 새끼를 돌보지 않는다.[27] 바소토신은 수분 균형 조절에 관여하는 또 다른 호르몬으로, 초기 수생 척추동물에서도 바로 활용할 수 있었던 것으로 보인다. 이소토신도 마찬가지다. 신경과학자 래리 영(Larry Young)은 이소토신이 영토에 놓인 알을 수컷 물고기가 먹는 것을 억제하는 역할을 했을 가능성을 제시한다. 영역을 차지하고 있는 수컷의 소변이 물속에서 퍼지면서 "이곳은 네 영역이고, 여기 있는 알들도 네 것일 가능성이 크다"라는 식의 신호를 보낸다는 것이다.[28]

이 모든 설명은 여전히 가설적인 부분이 많다. 하지만 요점은 진화 과정에서 대자연은 즉각적인 필요를 충족하기 위해 기존의 분자들을 창고에서 꺼내 재활용해왔다는 것이다. 척추동물 세계에서 이소토신이나 비슷한 역할을 하는 분자(개구리에서의 메소토신(Mesotocin), 환형동물에서의 아네프레신(Anephrexin), 거머리와 연체동물에서의 코노프레신(Conopressin), 포유류에서의 옥시토신과 바소프레신)는 수컷의 보호와 돌봄 행동을 조절하기 위해 사용되었다.[29]

수컷 양육은 다양한 생태적 제약과 선택압에 대응하여 여러 차례 진화했으며, 이 과정에서 동일한 원시의 분자와 신경회로가 끊임없이 변동하는 비용과 편익의 균형을 해결하기 위해 재활용되었다.[30] 포유류가 마지막으로 물고기와 공통 조상을 공유한 이후 5억 년 이상 동안 진화하는 과정에서 거의 변하지 않고 보존된 이 분자들이 새로운 역할에 활용된 것이다. 포유류의 경우, 이들 분자는 돌봄, 과거 상호작용의 기억, 개인 간 신뢰, 그리고 유아-어머니 애착, 짝 결합, 돕기, 공유와 관련된 감정을 조절하는 데 도움을 주었다.[31] 이 모든 시간 동안 변화한 것은 수컷의 양육 반응을 이끌어낸 환경이었다.

남자가 아기와 친밀한 유대를 만들어가는 동안 아기의 감각 자극에 오랜 기간 노출되면 원시의 신경 펩타이드가 방출되고 뇌 깊숙이 있는 신경회로가 활성화된다. 아이를 돌보기 시작한 초기에 남성은 아이의 자극에 깊이 빠져들어 결정적인 전환점을 넘어선다. 아기의 울음소리가 들리면 편도체가 활성화되고 화들짝 놀라 깨어나는 주 양육자 아버지처럼 말이다. 이는 많은 종의 수컷에서 장기간 친밀한 접촉 후에 발생하는 신경내분비학적 변형이다(4~6장에서 설명함). 임신이나 출산을 경험하지 않았더라도, 아기와 오랜 시간 친밀하게 접촉하면 남성 내면의 양육 본능을 깨운다. 이렇게 남성은 유전적으로 관련이 있든 없든 상관없이 아기를 정성으로 돌보고 보호하는 존재로 변모하게 되는 것이다. 의식적 우선순위(이를테면 '나는 잠이 필요하다')는 더 이상 중요하지 않으며, 무시된다. 이러한 조건에서 아버지의 반응은 인지적이고 논리적인 뇌를 사용하여 결정한 것이 아니다. 반응은 그보다 더 반사적이며, 더 본능적이다. 여기서 로런 오코넬이 떠오른다. "대뇌피질 없이도 할 수 있는 일이 많다. … 내 개구리가 그 증거다."[32]

오코넬은 변화하는 상황에 따라 서로 부모 역할을 대신하는 수컷과 암컷 독개구리를 관찰했다. 독개구리는 올챙이를 안전하게 지키고, 운반하거나 먹이를 주는 부모 역할의 '성 교차 전이'를 대표하는 생물이 되었다(4장). 수컷의 등에서 꿈틀거리는 올챙이의 자극은 원시의 신경회로를 활성화하는 신호로 작용한다. 21세기의 남성은 성 교차 전이가 일어나기 가장 힘든 존재에게도 일어날 수 있다는 것을 보여주는 사례다. 그러나 아직은 아무도 이 실험이 어떻게 끝날지 알 수 없다. 그리고 이것이 미래에 어떤 영향을 미칠지는 여전히 미지수다.

남성 내면의 부모 본능 깨우기

마치 어머니처럼 헌신적으로 아이를 돌보고 아이를 최우선으로 생각하는 남성의 뇌 속에서 정확히 무슨 일이 일어나는지 이해하기까지는 아직 갈 길이 멀다. 우리가 포유류 부모 돌봄의 신경생리학적 기초에 대해 알고 있는 지식 대부분은 설치류 연구에서 나온 것이다. 들쥐, 생쥐 등을 이용한 연구를 통해 옥시토신과 바소프레신 같은 호르몬이 남성의 발기와 사정, 여성의 출산과 수유에 이르는 생식 기능에서 얼마나 중요한지 처음으로 알게 되었다. 수년 전 과학자들은 생쥐를 연구하다 이른바 '민감화' 현상을 발견했다. 이 현상은 원래 새끼를 죽이고 잡아먹는 수컷에게 새끼를 계속해서 노출하면 새끼를 돌보게 되는 현상이었다. 나중에 프레드 봄 살(Fred vom Saal)과 글렌 페리고(Glen Perrigo)는 일부 생쥐 품종에서 사정 후 일정 기간이 지나면 살해를 중단하고 돌보는 행동이 시작된다는 사실을 발견했다. 이 기간은 생쥐의 임신 기간과 일치한다. 그 시점에 태어난 새끼가 자신의 새끼일 가능성이 높으므로 수컷의 뇌에서 혐오를 생성하는 뉴런이 꺼지고 대신 애착 반응이 활성화되는 것은 적응적으로 타당했다.[33]

수십 년 동안 쥐와 생쥐의 부모 돌봄을 연구해온 선구적인 신경과학자 마이클 누만(Michael Numan)은 이러한 종류의 이중적이고 겉보기에는 적대적인 신경회로가 양성 모두에 존재하며 유아에 대한 반응을 조절한다고 가정한다. 한 회로는 회피, 혐오 또는 포식 충동을 조절하고, 다른 회로는 보호 또는 돌봄 반응을 조절한다. 일반적인 암컷 포유류의 경우, 임신 말기와 출산을 거치면서 회피 회로가 억제되고 양육 회로가 활성화된다. 반면, 수컷 대부분과 처녀 암컷에서는 방어적 또는 적대적 회로가 우세하다. 하지만 특정 경험(예를 들어 수컷 쥐가 임신 주기에 해당하는 시점에 짝짓기한 경우)은 이러한 방어 회로를 억제하고 돌봄 행동을 활성화한다. 수컷은 새끼를 먹는 대신 조심스럽게 입에 물고 보금자리로 옮긴다.[34]

물론 단순히 수컷 생쥐가 적절한 날에 짝짓기 하거나 독개구리 수컷이 등에 있는 올챙이를 감지하는 것만으로 양육 반응이 유발되지는 않는다. 그러나 마이클 누만, 캐서린 뒤락, 로런 오코넬을 비롯한 여러 신경과학자가 강조하는 기본 요점은 무력하고 미성숙한 개체를 보호하거나 공격하는 행동에 대한 설계도가 수억 년 동안 존재해왔다는 것이다. 시간의 흐르면서 부모 돌봄은 종마다 다양한 형태로 섞이고, 결합하고, 우연하게 함께 공존하면서 진화해왔다. 하지만 알이든 치어든 올챙이든 새끼든 아기든 간에 돌봄 행동의 가장 오래된 형태는 수컷에서 유래한다.

진화적 관점에서 보면, 자손을 보호하고 돌보는 것은 남성의 타고난 본성으로 경쟁, 싸움, 영아살해와 마찬가지로 인간 진화의 일부였다. 하지만 포유류에서 이 양육 본능을 실현하기 위해서는 특수한 환경이 필요했다. 이는 최근까지 수컷이 거의 마주하지 못한 환경이었다. 영장류 진화 과정에서의 우연한 사건, 호미닌의 양육 필요성, 역사적 상황, 현대 인류의 주요한 문화적 혁신이 필요했던 것이다. 이 독특한 본능이 발현되기 위해서는 적절한 우연이 겹치는 행운이 따라야만 했다.

우리 사위 데이비드는 자신의 삶을 아내와 함께 아들을 돌보는 일에 쏟아 붓기로 했다. 만약 데이비드가 성평등 관념이 없거나 남성 육아휴직이 불가능한 기관에서 일했다면 전혀 다른 선택을 했을 것이다. 다른 사회적 규범과 환경, '남자다움'에 대한 이상을 추구하는 사회에서는 아버지가 의식적으로 아기 돌봄을 피할 수도 있다. 어떤 남성은 갓 태어난 아기를 일절 돌보지 않을 수도 있다. 그런 남성은 자신의 잠재된 본능을 발견하거나 그 가능성을 상상할 기회를 결코 가지지 못할 것이다. 이를 염두에 두고, 나는 사위 데이비드에게 손

수 아이를 돌보는 것이 자신을 어떻게 변화시켰는지 물어보았다.

데이비드의 대답은 간단했다. "아들을 돌보다 보니 양육에 대해 자신감이 솟아났어요. 그리고 부모로서 평등하다는 느낌을 받았죠. 제 친아버지와 계부는 모두 훌륭한 아버지였지만, 아이를 직접 돌보는 일은 철저히 분업해야 한다고 믿으셨어요. 하지만 제가 직접 겪어보니, 육아의 경험은 인내심을 키워주었고, 이타심이 무엇인지 알려주었어요. 이것은 성별이나 젠더에 따른 구분과 관계없이 전적으로 돌봄 경험에서 비롯된 것이었어요."[35] 사위는 아기를 돌보는 아버지가 되기 위해 태어난 것은 아니었지만, 적절한 환경을 접하면서 이러한 변화를 겪을 수 있었다. 데이비드와 같은 21세기 아버지는 원시의 권리를 재발견하며 새로운 삶의 목적을 찾고 있다. 이는 인간이 진화 과정에서 내재한 잠재력을 어떻게 구현할 수 있는지를 보여준다.

나가는 말

"세계 어느 나라에서든 누구나 모두 동의할 수 있는 사실은, 아이의 행복과 건강은 언제나 좋은 것이며, 완전하고, 그 자체로 목적이라는 사실이다."

앨리슨 고프닉(2010)

영장류 수컷이 어미와 자식 근처에서 시간을 보내기까지는 수백만 년이 걸렸고, 호미닌 수컷이 다른 이들을 부양하고 보호하는 데 도움을 주기까지는 수십만 년이 더 걸렸으며, 아버지가 자녀를 보호하고 놀아주는 것뿐만 아니라 어른이 되기까지 돕고 가르치는 중요한 역할을 하기까지는 수천 년이 더 걸렸다. 21세기에 이르러 점점 더 많은 남성이 직접 아이를 안고, 씻기고, 먹이는 데 참여하고 있으며, 때로는 출생 직후부터 매우 어린 자녀를 돌보고 있다. 이러한 남성은 본래 양육자로 길러진 것이 아니었다. 그들에게는 유아 돌봄의 롤모델이나 경험이 없었다. 하지만 막상 참여하고 나면 자신이 양육에 서툴지 않다는 것을 알게 된다. 과학자들은 남성이 아기를 돌볼 때 무슨 일이 일어나는지 이제 막 연구하기 시작했지만, 이미 우리는 다양한 신경생리학적 변화를 겪고 있으며, 상당수의 남성이 그 경험을 만족스럽고 뜻깊게 느낀다는 것을 알고 있다.

사회적 규범이 완화되어 남성이 평가받는 방식이 바뀌고, 성실한 양육에 대한 존경이 주어지며, 돌봄 받는 아기로부터 황홀한 애정을 보상으로 돌려받는다면 남자는 양육에 더 많은 동기부여를 느낄 것이다. 경제적 상황, 평등주의의 이상, 그리고 남성성에 대한 새로운 정의가 무대를 만들었지만, 생물학적 기전도 중요한 역할을 한다. 남성의 뇌는 어떤 시점을 넘기면 가장 오래된 원시 변연계 시스템의 신경회로를 활성화한다. 이러한 새로운 만족과 목적의 원천을 찾는 과정에서 남성은 자신이 알지 못했던 숨겨진 본능을 발견하게 된다.

이 양육 본능의 중요성을 인식한 사람은 내가 처음이 아니다. 전 세계적으로, 현재 '돌봄 위기'를 겪고 있는 탈산업화 국가에서 특히, 남성이 자녀와 더 많이 교류하도록 장려하는 풀뿌리 운동이 싹트고 있다. 2019년, 영국, 브라질, 호주, 캐나다, 미국의 활동가와 연구자로 이루어진 국제 컨소시엄이 '글로벌 아버지 헌장'을 발표한 것을 떠올려보자. 이 헌장은 아이를 돌보는 사람이 부족한 상황에 대한 대책으로 아버지가 더 많이 참여할 것을 촉구했으며, 기관들이 좀 더 가족 친화적인 정책을 도입해야 한다고 주장했다. 기업들도 최근 맥킨지 앤 컴퍼니에서 내놓은 보고서 등을 통해 아버지의 육아휴직이 개인적 차원을 넘어 부모와 자녀는 물론 기업의 수익에도 긍정적 영향을 미친다고 보고하고 있다.

분명히 아직 활용되지 않은 엄청난 자원이 존재하며, 이는 시기적으로도 적절하고 가치 있는 것이다. 하지만 할머니이자 환경운동가, 학자로서 남성의 양육 잠재력이 중요하다고 생각하는 이유는 단지 보육자의 만성적 부족이나 과중한 육아 부담으로 인해 고통받는 어머니, 방치된 아이들, 소외감과 자신이 "쓸모없다"는 감정으로 인해 고통받는 외로운 남성이 초래하는 비극 때문만은 아니다.[1] 내가 생각하는 이유는 우리 후손이 물려받게 될 세상에 대한 정책 결정자의 무관심이 주는 깊은 좌절감에서 나온 것이다.

나는 현재 북부 캘리포니아 시골에 살며 기후 변화의 영향을 바로 지척에서 목격하고 있다. 가뭄과 홍수가 번갈아가며 발생하고, 기온이 상승하며, 산불이 더 자주, 더 크게 발생하고 있다. 의사결정을 내릴 수 있는 위치에 있는 사람이 왜 이러한 문제를 심각하게 받아들이지 않는지 이해할 수 없다. 인간이 영향을 미친 지질학적 시기인 '인류세(Anthropocene)'에 멸종률이 기하급수적으로 증가하고 있다는 사실을 모르는 것일까? 플라이스토세 때의 기후 압력이 인류의 협력을 유도한 사실이 얼마나 기적적인 것인지 모르는 걸까? 80억 명의 인구가 살아가는 세상에서 과거와 같은 친사회적 결과물을 다시 만들어내는 것이 얼마나 어려운지 모르는 걸까?

권력자의 무관심은 한편으로는 설명할 수 없는 것처럼 보인다. 지구의 안녕과 더불어 유전적 후손의 미래가 왜 그들에게 중요하지 않은가? 진화적 관점에서 보면 후손의 미래가 항상 생명의 본질적인 목적이 아니었던가? 상황이 이 지경인데도 왜 이들은 신경 쓰지 않는 것일까? 지속 가능한 자연 세계와 아이들의 복지가 모든 사람의 의제에서 최우선 순위가 되지 않는 이유는 무엇일까?

가족의 가치를 이야기하거나 '여성과 아이를 보호하겠다'고 말하며 유세에서 아기를 안고 키스하는 지도자 중 다수는 사실 미래 세대가 살아갈 세계에 집중하기보다 권력을 유지하는 데 지나치게 몰두해 있다. 이들은 핵전쟁이나 기후 변화와 같은 실존적 위협을 완화하기 위한 정책을 추구하기보다는 경쟁자를 의식하고 자신의 지위를 공고히 하는 데 더 많은 관심을 기울이고 있다. 이러한 행위는 지속 가능한 해결책에 대한 논점을 흐리게 하고, 장기적으로 적응 가능성이 더 높은 방안을 무시하게 만든다. 이런 근시안적 태도는 결국 경쟁에서 승리한 수컷 랑구르원숭이가 경쟁자를 몰아내고 암컷을 차지한 뒤, 한 세대씩 새끼를 제거하다 결국 무리를 멸종으로 몰고 가는 모습과 닮아 있다. 다만, 우리의 경우에는 이 문제가 전 세계적으로 영향을 미친다는 점이 다를 뿐이다.[2]

이처럼 모든 비용을 감수하면서도 권력을 차지하려는 남성의 성선택적 행동을 목격하며, "여성이 세상을 구할 수 있을까?"라는 질문을 던지는 칼럼니스트와 평론가가 늘고 있다.[3] 다윈이 아이를 돌보도록 진화한 여성의 "더 온화하고 덜 이기적인" 본성에 대해 언급하기도 전에, 19세기 여성주의자는 이미 "여성의 생각을 국가적 문제에 포함시켜야 안전하고 안정적인 정부를 만들 수 있다"고 주장하고 있었다.[4]

세계적으로 더 많은 여성이 정부에서 활동해야 한다는 목소리가 높아지고 있다. 르완다, 남아프리카공화국, 나미비아, 멕시코, 코스타리카, 스웨덴 등은 이에 앞장서고 있다.[5] 여성이 더 배려심이 많고, 공감 능력이 뛰어나며, 위험을 줄이는 성이라는 주장을 뒷받침하는 증거가 진화심리학자, 행동경제학자, 인류학자, 정치학자, 여론조사

전문가, 투자고문으로부터 쏟아지고 있다. 결국 여성(이러한 증거들에 대해 이야기하는 멜빈 코너의 놀라운 저서 제목 'Woman After All'에서 따왔다)은 남성에 비해 방위비 지출을 낮게 평가하고 교육, 아동 복지, 환경 보호를 우선시할 가능성이 높다. 여성이 투표권을 갖는 민주주의 국가에서는 "여성 참정권 평화"*가 찾아온다.[7]

전통사회에서도 비슷한 일이 일어났을 가능성이 높다. 남성이 아내 그리고 아기와 더 많은 시간을 보내고 가까이 지내는 사회가 덜 호전적이라는 '휘팅 효과'를 떠올려보자. 또는 서로 더불어 살고 자연 세계와 조화를 이루며 살아야 한다고 믿던 수마트라 고원의 전쟁을 싫어하는 모계사회인 미낭족을 생각해보자(10장).[8] 그리고 남성과 여성이 부족의 모든 아이를 함께 돌보는 왐파노아그족과 같은 다른 모계사회를 기억하자(11장). 왐파노아그족의 고향인 매사추세츠는 가부장적 문화로 식민화된 지 오래지만, 여전히 삶의 방식을 유지하기 위해 노력하고 있다.[9]

자연을 사랑하고 지키며 복원하는 사람들이 모성적 감수성을 강조하는 것은 드문 일이 아니다. 카르나타카의 숲을 복원하기 위해 활동하는 인도의 툴시 고우다(Tulsi Gowda)는 나무를 심으며 묘목 하나하나에게 "엄마가 갓난아이에게 말하듯" 속삭였다고 한다.[10] 나 역시 캘리포니아에서 살아가며 토종 참나무를 심으면서 비슷한 심정을 느낀다.

야마구치 츠토무와 동료 평화운동가들이 인류 보호를 위한 선언문

• 여성 참정권 평화(Suffragist Peace)는 여성의 참정권이 평화를 만든다는 개념으로, 19~20세기 초 참정권을 가진 여성들이 전쟁 반대와 평화 증진을 주장하면서 전쟁을 줄이고 평화로 이끌었던 역사를 의미하는 표현이다.

을 내놓을 때도 이와 같은 모성적 감정이 마음속에 자리 잡고 있었을 것이다. 2010년 사망 당시 아흔세 살이었던 이 할아버지는 히로시마 원폭 피해 생존자 165명 중 한 명으로 이후 가족을 만나러 나가사키에 갔다가 다시 두 번째 원폭을 당하는 최악의 불운을 뚫고 기적적으로 살아남은 인물로 기억되고 있다. 야마구치와 동료 운동가들은 다시는 이런 끔찍한 재앙이 일어나지 않도록 '모유를 먹이는 어머니 외에는 그 누구도' 핵무기를 보유한 국가의 수장이 되어서는 안 된다고 촉구했다.[11]

하지만 어머니만이 돌봄의 가치를 중심에 놓고 살아가는 것이 아니라면 어떨까? 나는 뉴질랜드의 전 총리 자신다 아던(Jacinda Ardern)의 이임 연설을 들으며 이 점을 떠올렸다. 아던은 원폭보다 규모는 작지만 크라이스트처치 모스크에서 발생한 끔찍한 학살 사건에 온정적으로 대응해 전 세계적으로 존경을 받은 지도자였다. 의회에서 물러나며, 이 어머니는 뉴질랜드 의회(그중 48퍼센트가 남성)에게 기후 변화에 대응해 행동에 나설 것을 호소했다. 아던은 남성들도 돌봄의 가치를 행할 수 있는 능력이 충분하다고 보았다.

자신다 총리의 낙관론은 현대과학이 밝혀낸 사실과 어우러지면서 우리에게 희망을 준다. 이제 '모유를 먹이는 어머니'뿐만 아니라 남성도 돌봄의 가치를 우선에 두고 행동할 수 있는 능력을 이미 갖고 있다는 사실이 점점 더 분명해지고 있다. 하지만 그곳에 도달하기 위해, 사회적 규범과 자아상이 필요한 방향으로 조금씩 움직이려면, 마침맞는 시기에 별이 정렬되는 것처럼 조건이 갖춰져야 한다. 이렇게 조건이 갖추어져도 너무 취약해 자칫하면 깨지기 십상이다. 지금 무르익은 이 상황을 놓친다면 언제 다시 기회가 올지 누가 알겠는가.

돌봄 반응이 어머니만의 전유물이라는 잘못된 관념을 이제 내려놓아야 할 때다. 모든 남성 안에는 오래전 수컷들에게 있었던 흔적이 남아 있다. 남성들은 생계를 책임지거나 가부장이 되기 이전에 돌보는 사람이었고, 돌보는 사람이 되기 이전에 보호하는 존재였다. 남성들은 아기들이 발산하는 변화의 힘에 반응할 수 있는 몸과 뇌를 가지고 있었다.

감사의 글

과학이 남성의 양육 잠재력을 인식하고 집중하기까지는 너무 오랜 시간이 걸렸다. 나 또한 책을 쓰는 데 예상보다 더 오랜 시간이 걸려서 골치가 아프기도 했다. 『아버지의 시간』은 첫 손자의 출생을 열렬히 기대하고 즐기던 2014년에 시작되었다. 나는 사위가 아기가 태어나자마자 돌보는 모습을 경이롭게 지켜보았다. 당시 나는 여성의 생식 자율성과 직업적 기회가 확대되는 사회적 추세와 남성을 더 넓게 정의하려는 분위기에 고무되어 있었다. 책의 서문은 남편이 암 진단을 받고 수술과 방사선 치료를 받게 되어 집필을 중단하기 전에 작성되었다. 내가 책으로 돌아왔을 때는 성별을 불문하고 개인의 자유를 제한하려는 반발이 힘을 얻고 있었기에 희망을 느끼기 어려웠다. 하지만 남성의 양육 잠재력을 인식하고 이를 촉진하는 것이 그 어느 때보다 절실했다는 사실만은 분명했다.

  책을 쓰는 동안 운 좋게도 많은 도움을 받을 수 있었다. 반세기가 넘는 시간 동안 그러했듯이, 남편 댄은 '내 인생 최고의 선택'이었다. 물심양면으로 도움을 아끼지 않았을 뿐만 아니라 모든 장을 읽고 지적인 피드백을 해주었다. 우리 세 아들딸의 오랜 유모이자 이제 다섯 명의 손주에게 공동 할머니가 된 시트로나 호두 농장의 관리자인 과달루페 델 라 콘차는 이 책을 쓰는 데 큰 도움을 주었다. 시트로나 농장 사무실에서 기술 및 기타 지원을 제공한 뛰어나고 항상 즐거운 아리 후버와 《휴먼 네이처》의 오랜 교열담당자로서 방대한 참고 문헌을 정리하고 삽화를 위한 허가를 얻은 준엘 파이퍼, 감수로 최종본의 완성도를 크게 향상시킨 애니 고틀립의 뛰어난 능력 덕분에 가능했다. 이들에게 매우 감사하다는 말을 전한다.

글을 쓰는 동안 소중한 동료들인 카렌 베일스, 수 카터, 크리스텐 호크스, 앤디 톰슨, 메리 제인 웨스트-에버하드, 폴리 위스너가 내 시야를 넓혀주었고, 격려해주었으며, 원고를 비판적으로 읽어주었다. 전 편집자이자 현재 하버드 대학의 사무장인 엘리자베스 놀은 현명한 조언을 덧붙여주었다. 평소 지혜로운 조언을 해준 커티스 브라운 소속의 피터 긴즈버그, 뛰어난 편집을 해준 프린스턴 대학 출판사의 앨리슨 칼렛에게도 감사의 말씀을 전한다. 한편, 다큐멘터리 영화 제작자 재클린 파머와 알렉산드라 테르낭이 이 책에 관한 영상을 만들면서 그랬던 것처럼 예술가 빅터 디악, 빅토리아 디미트라코풀로스, 그리고 독보적인 이사벨라 커크랜드는 나에게 새로운 눈을 뜨게 해주었다.

『부모의 뇌: 기전, 발달 및 진화』의 저자이자 이 주제에 관한 고전적인 책을 저술한 마이클 누만에게 특별히 감사를 표한다. 이 주제에 대해 더 알고자 하는 사람은 누만의 책을 읽어보길 권한다. 작가 메리 배튼, 중세학자 조앤 카든, 영장류학자 에두아르도 페르난데즈-두케, 정신생물학자 앨리슨 플레밍과 포레스트 로저스, 민속학자 레이 헤임스, 고전학자 랠프 헥스터와 세라 포메로이, 부성 전문가 리 게틀러, 배리 휴렛, 마이클 램, 침팬지와 보노보 전문가 리란 새무니, 엘리자베스 론즈도프, 에이미 페리시, 고생물학자 오언 러브조이, 신경과학자 제임스 릴링과 래리 영, 비교 신경과학자 로런 오코넬, 인류학자 홀리 던스워스, 션 프랄, 브룩 셀자, 고고학자 메리 스티너, 생물학자 앤 스토리와 캐서린 원-에드워즈, 회고록 작가 폴 모건-벤틀리, 부성 돌봄 운동가 던컨 피셔, 해양생물학자 제인 루브첸코 그리고 프랜신 도이치 등과 나눈 대화와 서신도 식견을 넓혀주었다. 또한 산타페 고등연구소에서 열린 회의, 2022~23년 스탠퍼드 대학교 행동과학 고등연구센터에서 마거릿 레비, 앨리슨 고프닉, 자카리 우골닉이 주최한 '돌봄의 사회과학' 워크숍, 그리고 라호야의 샐크 연구소에서 진행하는 인간 본성의 영장류적 기원을 규명하기 위한 프로젝트인 '불가능해 보이는 모험'에 지속적으로 참여한 것에서 많은 도움을 받았다. 또한 영화제작자 프랜시스 포드 코폴라와 서신을 주고받으면서, 오늘날의 세계만큼 가부장적이지 않았을지도 모르는 과거 사회에 대한 나의 관심을 공유하고 재확인할 수 있었다.

마지막으로 며느리 캐서린과 딸 카밀라, 카트린카의 유용한 제안과 인내에 감사하며, 특히 사위 데이비드 조프와 아들 니코에게 21세기의 아버지가 활약하는 모습을 지켜볼 수 있는 기회를 준 것에 감사의 말을 전한다.

감수자 해제

진화인류학자 세라 블래퍼 허디(Sarah Blaffer Hrdy)는 모성 연구의 권위자로 잘 알려져 있다. 『어머니의 탄생』 등에서 모성 본능이 인류학적으로, 특히 진화생물학적으로 어떻게 발현되는지를 종합적으로 논하여 폭넓은 반향을 일으킨 바 있다. 이번 책은 더 도발적이다. 과연 남성도 생물학적으로 육아에 적합하도록 진화했는지에 관한 대담한 인류학적 주제를 다루고 있다.

이 책의 부제는 '남성과 아기의 자연사'다. 저자는 영장류와 포유류, 심지어 어류와 양서류에 이르기까지 다양한 종(種)의 양육 사례를 언급하면서, 남성의 육아가 진화사에서 어떻게 펼쳐졌는지 추적하고 있다. 이를 통해 현대 사회의 남성 육아가 단지 사회·문화적 변화에 의해 강요되는 '귀찮고 힘든, 본성에 맞지 않는 과업'이 아니라, 이미 신경생리학적으로 잠재력을 충분히 지닌 남성의 수많은 '가능성' 중 하나임을 역설한다. 다시 말해, 남성도 여성과 마찬가지로 언제든지 훌륭한 양육자가 될 수 있다는 것이다.

이 책은 육아 과정에서 남성 역시 여성과 유사한 생물학적·심리적 변화를 겪으며, 실제로 '매우 세심하고 부드러운 보살핌'을 수행할 수 있다는 신선한 통찰을 제시한다. 성선택 이론에 근거한 고전적 성역할 분업 가설이 기존 통념만큼 강고하지 않음을 주장하고, 이를 뒷받침하는 여러 다채롭고 독창적인 연구를 소개한다. 저자는 전작에서 '육아는 어머니가 전담하는 것이 아니라 주변의 많은 사람이 함께 도와 이루어진다'고 주장한 바 있는데, 여기서는 더 나아가 남편, 심지어 친부(親父)가 아닌 남성의 양육도 충분히 가능하다고 설득력 있게 설명한다.

특히 저자의 개인적 체험과 가족사를 폭넓게 인용하여 논지를 뒷받침하는 서술 방식은 독자에게 한층 친근하고 따뜻한 인상을 준다. 아버지와 남편, 사위의 육아 행동이 시대에 따라 급격히 변해온 과정을 근거리에서 서술하면서, 남성의 육아 행동이 환경에 따라 유연하게 발현되는 '진화생물학적·사회문화적 가변 형질'임을 생생히 보여준다. 아마도 아기의 울음소리에 유독 예민하게 반응한 경험이 있는 남성이라면, 허디의 이야기에 강한 공감을 느낄 것이다.

그러나 저자 스스로도 지적하듯, 이 책의 주장에는 몇 가지 중대한 한계가 있다. 먼저, 전작을 포함해 저자는 남성성에 관한 기존 견해가 소위 '자연주의의 오류'에서 비롯되었다고 말한다. 자연주의의 오류란, 자연에 존재하는 현상 자체를 도덕적으로 '옳은 것'으로 간주하는 잘못을 뜻한다. 사실 세상 모든 사물과 현상 중 '자연적이지 않은 것'을 찾기는 어렵지만, 우리는 흔히 자연과 문명을 대립적으로 여기면서 '자연적인 것은 옳다'고 믿으려는 경향이 있다. 자연 유래 식품, 천연 화장품, 숲 속 공기 같은 마케팅이 잘 통하는 것도 이 때문이다.

야생의 왕국에서 수컷은 대개 암컷에 비해 몸집이 크고, 더 공격적이고, 이기적이며, 양육에는 훨씬 무심한 편이다. 따라서 종종 자연계의 수컷이 그러하므로, 인간 남성도 육아에 신경쓸 필요가 없다고, 그것이 자연적인 남성의 천성이므로 따라야 한다는 오류를 저지르곤 한다. 그러나 허디는 이러한 '자연적 사실'을 곧바로 현대 남성의 역할 규범으로 삼아서는 곤란하다고 역설한다.

흥미로운 점은 허디가 자연주의의 오류를 극복해야 한다고 강조하면서도, 현대 남성의 무궁한 '육아 잠재력'을 다양한 생물학적 자료로 정당화하려 애쓰는 과정에서 다시 같은 오류에 빠지고 있다는 것이다. '남성도 당연히 육아를 해야 한다'는 도덕적 명제를 다시 자연 세계의 사례로부터 끌어내려 하는데, 이는 곧 '기존 남성성은 이제 바뀌어야 한다. 왜냐하면 새로운 남성성 역시 자연적 기반이 있기 때문이다'라는 식의 논리로 이어지기도 한다. 허디 역시 자연주의의 오류를 범하고 있다.

더 나아가 저자가 제시하는 영장류·양서류·어류 등 '자연적' 사례는 너무 제한적이고 극단적이다. 종(種) 간 차이는 성별 간 차이보다 훨씬 크므로, 아무리 가까운 근연종이라고 해도 영장류의 수컷 양육에 관한 사례를 호모 사피엔스에 외삽할 수는 없다. 게다가 원숭이뿐 아니라, 개구리와 어류 수컷의 양육 사례를 들면서 '그러므로 인간 남성도 훌륭한 양육자!'라고 한다면, 인간도 개구리처럼 점프를 해야 하고, 물고기처럼 물속에서 호흡해야 할 것이다.

적극적 부성(父性)이 관찰되는 전통 부족의 인류학적 사례는 무척 흥미롭지만, 그렇다고 해서 그것이 곧 '옳다'거나 '바람직하다', 혹은 '더 본성에 가깝다'고 찬양할 수는 없다. 마다가스카르의 수렵채집인인 미케아족(mikea)은 건기 내내 씻지 않는다. 그렇다고 해서 목욕을 꺼리는 우리 집 막내에게 큰 위안이 될 수는 없다. 단지 물이 없어서 씻지 못하는 것이다. 그러나 우기에 접어들어 폭우가 쏟아지면 웅덩이에 뛰어들어 모처럼의 물놀이를 즐긴다. 마찬가지다. 인간 행동 대부분은 다양한 생태학적 조건에 대한 유연한 반응이다. 현대 남성이 육아에 많이 참여한다고 해서, 잠재된 고생대 어류의 본능이 다시 싹을 틔운다는 식의 설명은 난망하다. 남성 육아가 필요하면 그렇게 하고, 필요하지 않으면 그렇게 하지 않을 것이다. 그러니 허디의 주장에 대한 반례, 즉 육아에 개입하지 않는 수컷의 사례, 그리고 육아에 무관심한 전통 부족의 사례를 제시하자면 끝도 없을 것이다.

하나만 더 지적해보자. 책 전반에서 인용되는 다양한 연구 결과가 참신하긴 하나 과학적 근거가 분명치 않은 설명도 있다. 특히 호르몬 변화와 행동 변화 사이의 인과관계는 불투명하다. 행동이 변해서 호르몬 반응이 변한 것인가? 혹은 그 반대인가? 이를테면 신나는 음악을 들으면 도파민 수치가 올라가는데, '도파민이 올라가서 우리가 신나는 것인가, 아니면 신이 나는 행위가 도파민을 증가시키는 것인가?' 이러한 순환 설명은 아무것도 입증하지 못한다. 옥시토신도 마찬가지다. 양육 관련 호르몬은 분명 아이를 돌보는 남성에게서 고조될 것이다. 그러나 곧 '아버지에게도 알고 보니 '어머니 호르몬'이 있다!'라는 식의 결론은 경계해야 한다. 저자도 여러 번 언급한 것처럼 인간은 성적 이형성이 비교적 적은 종이다. 그러니 여성이 할 수 있는 일은 임신·출산을 제외하면 남성도 거의 할 수 있고, 반대로 남성의 과업도 여성이 대부분 해낼 수 있다. 그러므로 양 성의 해부학적·신경학적·생리학적 반응 양상도 꽤나 비슷할 수밖에 없다.

이렇게 생물학적 근거와 도덕적 당위를 혼동하는 일반화, 문화적 차이를 충분히 반영하지 않는 거친 서술, 그리고 남성과 여성의 역할 분담을 과도하게 본질화하거나 혹은 무효화하려는 시도가 이 책의 주된 제한점이다. 허디의 잘못은 아니다. 사실 '남성과 여성의 성차'를 다루는 모든 진화인류학적 시도가 마주하는 어려움이기도 하다. 그럼에도, 은퇴 후 자신의 연구 여정을 총정리하며 과감한 주장을 펼치는 노(老)학자의 저작을 섣불리 폄훼하고 싶지는 않다. 모든 사실과 논리를 완벽하게 설명하고, 어떤 비판의 여지도 남기지 않은 상태에서야 비로소 책을 낼 수 있다면, 세상의 도서관은 텅 비고 말 것이다. 인간 진화에 관한 가설은 지금 이 순간에도 끊임없이 갱신 중이며, 심지어 허디 본인의 초기 연구와 후기 연구가 서로 어긋나 보이는 결과를 내놓은 적이 숱하다. 역동적인 학문 분야에서는 흔한 일이다.

어쨌거나 옥시토신이 아무리 넘쳐나도 육아는 여전히 힘들고 귀찮은 과업이다. 그러니 유모를 쓸 여력이 없는 가정이라면, 부부 사이에 육아 분담을 두고 신경전이 벌어지기 십상이다. 우리 집도 마찬가지였는데, 결국 마음 약한 쪽(혹은 아기 울음소리에 내성이 낮은 쪽)이 주로 책임을 떠안게 되었다. 영유아를 키워 본 부부라면 절절히 공감할 것이다. 일과 육아를 동시에 잘해낸다는 건 허디의 말마따나 외발자전거를 타며 저글링하는 것만큼이나 어려워서, 결국 그 스트레스가 눈 앞의 배우자에게 고스란히 투사되곤 한다. 하지만 부부 간의 육아 갈등을 진화인류학적 연구의 어느 한 결과로 단순 치환하거나, 혹은 국가적 육아 정책을 위한 성급한 당위론으로 몰아붙이거나, 심지어 반대성을 타자화하여 공격하는 '오이디푸스적 방어'로 악용하는 일은 피해야 한다. 단언하건데, 상호 신뢰와 배려를 바탕으로 육아 분담을 최적화하는 부부가 서로 육아를 떠넘기며 치고받는 부부보다 훨씬 더 아이를 잘 키울 것이다. 지역사회나 국가 차원에서도 역시 마찬가지다.

■

허디의 여러 연구 가설에 관한 평가는 종종 '여성 연구자'로서의 정체성이라는 배경에 크게 좌우되었는데, 그래서 초기에는 '여성에게 불리한 결론을 낸다'는 비판을 받았고, 후에는 '과학자로서의 객관성을 잃고 여성주의에 치우쳤다'는 비난에 직면하기도 했다. 그러나 이런 공허한 논쟁의 상당 부분은 대중이 허디의 연구를 입맛대로 소비한 결과에 의한 것이다. 결국 『아버지의 시간』이 던지는 핵심 질문은 '남성도 육아를 좋아할 수 있고, 잘할 수 있으며, 더 많이 해야 한다'는 차원에 머무르지 않는다. 궁극적으로 인간이라는 종이 생태적·사회적·문화적 조건에 유연하게 적응할 수 있는 '진화적 잠재력', 특히 번식 행동에 관한 유연성이 과연 얼마나 광범위한가를 묻는 것이다. 단지 육아 분담에 관한 경박한 프로파간다로 귀결될 문제가 아니다.

세라 블래퍼 허디는 1946년생으로 진화행동과학의 역사적 풍파를 온 몸으로 겪어낸 탁월한 진화인류학자다. 훗날 하버드 대학교에 합병된 레드클리프 칼리지(Radcliffe College)에서 인류학을 전공했고, 1975년 하버드에서 진화인류학 박사학위를 받았다. 이 논문을 바탕으로 『아부의 랑구르: 암컷과 수컷의 번식전략(The Langurs of Abu: Female and Male Strategies of Reproduction)』을 출간했는데, 군집 밀도에 따라 새끼 살해(infanticide)가 일어난다는 당시의 정설을 깨고, 사실은 수컷의 번식 전략이 작동한 결과임을 밝혀 큰 주목을 받았다. 즉 새롭게 우두머리가 된 수컷 랑구르는 이전 우두머리의 새끼를 죽여서 어미의 수유 부담을 없애고, 조기에 발정을 유도하여 자신의 번식 적합도를 높인다는 설명이다. 새끼 살해는 집단 이익을 위한 숭고한 희생이 아니라, 번식적 이득에 따른 자연선택의 결과에 불과하다는 것이다. 이러한 수컷의 전략에 대응해서, 허디는 암컷 랑구르가 여러 수컷, 특히 새롭게 무리에 들어온 '유력한' 수컷과 교미하여 부성 확실성을 혼란시키는 전략을 쓴다고 주장했다.

그러나 이러한 주장은 70년대 대학가의 사회생물학에 대한 오도된 비판 물결에 힘입어, 급진적 페미니즘의 거센 비판에 직면했다. 남성의 공격성과 폭력성이 자연적·진화적 결과라고 한다면, '결국 남성 폭력성을 정당화할 것'이라는 항의가 이어졌기 때문이다. 랑구르 원숭이에 관한 인류학적 연구 결과는 대중의 성급한 오독, 그리고 자연주의의 오류와 도덕주의의 오류가 복잡하게 얽힌 반지성의 수렁에 빠져버렸다. 허디는 자신이 자연적 현상을 '설명'하려는 것이지, 그 현상을 '평가'하려는 것이 아니라고 거듭 항변했다. 게다가 수컷만 새끼 살해를 하는 것도 아니며, 더욱이 인간 사회의 영아살해를 정당화하려는 것은 아니라고 누차 밝혔다. 그러나 당대의 반(反)생물학적 여론이 워낙 강력해서 허디는 이것저것 싸잡아 비판을 받았다. 사실 진화인류학자 마틴 데일리(Martin Daly)와 마고 윌슨(Margo Wilson)의 연구에 의하면, 인간 사회에서 영아살해는 아버지가 아니라 어머니가 더 많이 저지르는데도 말이다.

허디는 이후 약 10년간 대학에서 안정된 자리를 잡지 못했다. 매사추세츠 대학교(보스턴) 등에서 강의하고, 딸이 다니는 어린이집에서 자원봉사자로 일하면서 직접 육아 행동을 관찰하며 연구했다. 그러던 중 1981년 『여성은 진화하지 않았다』 제하의 책을 펴내며, 여성의 생식전략이 수동적·희생적이라기보다 주도적·능동적이라고 주장했다. 즉 암컷도 마음에 드는 수컷을 고르고, 여러 수컷과 관계를 맺으며, 다른 암컷과 경쟁하며 자신의 전략적 이득을 최대화한다는 것이다. 이른바 스스로 결정하고 주체적으로 행동하는 '여성 에이전시'를 강조한 이 책은 이전과 달리 페미니스트의 큰 호응을 받았다. 하지만 비난도 쏟아졌다. '여성도 교활하게 짝을 고르고 권력을 추구한다는 주장은 여성 피해자성을 약화시키고 가부장제에 날개를 달아주는 것 아니냐'는 정반대의 비판에 직면한 것이다. 결국 이런 식이라면 무엇을 주장해도 비난은 불가피하다.

1984년 UC 데이비스에 자리를 잡은 허디는 꾸준히 진화인류학 연구를 이어 갔고, 1999년에 『어머니의 탄생』을 통해 인간 사회의 모성 본능, 육아 환경, 그리고 여성에게 가해지는 진화적·문화적 압력을 포괄적으로 재조망했다. 허디의 가장 잘 알려진 책이다. 그러나 여기서 또다시 '여성의 모성을 자연화한다'는 비난 그리고 '문화적 요인을 지나치게 강조한다'는 반론이 동시에 제기되었다. 한편, 『어머니의 탄생』에서 '어머니가 육아를 위해 얼마나 많은 자원과 주변 도움을 필요로 하는지'를 분석했다면, 2009년 『어머니, 그리고 다른 사람들』에서는 '주변의 여러 보조 양육자들이 적극적으로 참여했기에 인간이 독특한 인지적·정서적 능력을 발전시켰다'고 주장한다. 다중 양육자와 확장된 모계(母系) 구조, 사회적 기술, 상호 주관성, 마음 이론 등이 서로 공진화하면서 어머니가 아닌 존재도 아기를 돌보게 되었다는 것이다. 친자식이 아니어도 아기를 보면 흐뭇해지는 정서적 반응은 인류의 깊은 진화적 기반에 닿아 있다는 설명이다.

이번 책은 바로 전작에서 말한 '다른 사람들' 중 특히 남성에 주목한다. 아버지는 물론이고, 남의 아이나 심지어 게이 커플의 사례까지 동원하면서 '돌봄의 본능'이 진화했다고 주장한다. 다양한 남성 주도의 육아 사례를 소개하며 '남자도 아이를 좋아한다'는, 어떤 의미에서는 누구나 알고 있는 자명한 상식적 주장을 진화인류학의 근거 위에 펼치고 있다. 얼핏 보면 '남편이 육아를 더 분담해야 한다'는 호소처럼 들릴 수도 있지만(실제로 그런 맥락도 엿보인다), 허디가 평생토록 진행한 연구 궤적에 비추어 보면 이 책이 더 근본적인 문제의식을 담고 있음을 알 수 있다. 영아살해 같은 극단적 폭력에서 시작하여, 수컷의 공격성, 암컷의 교활한 경쟁과 외도, 어머니의 강력한 양육 본능과 인간 사회의 협동 양육 문화, 그리고 아버지를 포함한 남성의 양육 본성에 이르기까지, 점점 단계적으로 확장되고 있으나 하나의 주제를 향하고 있는 기나긴 학문적 여정의 마무리다.

허디의 연구는 종종 서로 모순, 대립한다는 비판을 받기도 하고, 페미니스트의 공격을 받다가 결국 변절했다는 평가를 받기도 한다.

실제로 대중학술서에서 드러나는 허디의 어조는 이러한 트라우마를 의식한 흔적이 역력하다. 지난 반세기 동안 진화인류학은 '사회생물학 대논쟁'과 '반(反)생물학 페미니즘', '포스트 페미니즘' 등 엄청난 시대적 파고를 겪어야 했고, 진화인류학 연구실의 학술적 견해는 광장으로 끌려와 한쪽에서는 뜻밖의 찬사를 받았고, 한쪽에서는 부당한 비난을 견뎌야 했다. 남성과 여성의 성차를 다루는 연구는 그 어떤 입장을 취하더라도 비판에서 자유롭기 어렵다. 아마 이 책도 예외는 아닐 것이다.

그런데 왜 이런 주제는 늘 뜨거운 반응을 불러오는 것일까? 인간의 번식 행동이 지닌 진화적 본성과 문화적 배경에 대한 연구가 유독 화끈한 반향을 일으키는 것은 그만큼 번식이 인간의 삶에서 지대한 비중을 차지하기 때문일 것이다. 동물행동학자 콘라트 로렌츠(Konrad Lorentz)가 말했듯, 우리는 중요한 일이 아니면 절대 싸우지 않는다. 시시한 일에는 누구라도 관대할 수 있다. 결혼과 임신, 출산, 양육 등 번식 관련 행동 및 이에 관한 사회적·문화적·도덕적·종교적 규범 등은 모두 시시한 일이 아니다. 이를 둘러싼 갈등은 언제나 깊고 격렬하다. 인간 사회는 점점 복잡해지고 있고, 덕분에 싸움의 규모 또한 커지고 치열해진다. 제각각의 도덕적 신념과 정치적 이데올로기, 종교적 신조로 무장한 반지성적 무리는 이른바 과학적 연구 결과를 언제라도 입맛에 맞게 왜곡하여 확대 재생산하고, 수틀리면 누구의 어떤 주장이라도 트집을 잡아 비난할 준비가 되어 있다.

이게 그렇게 중요한 일일까? 1967년, 정신과 의사 토마스 홈즈(Thomas Holmes)와 라처드 라헤(Richard Rahe)는 사회적 재적응 평가 척도

(Social Readjustment Rating Scale, SRRS)를 개발했는데, 총 43개 생활 사건이 주는 스트레스를 점수화한 것이다. 감옥에 수감되는 스트레스는 63점에 불과한데, 배우자 사망이 100점, 이혼이 73점, 별거가 65점이다. 배우자를 잃는 일은 감옥에 가는 것보다 더 힘들다. 심지어 결혼은 50점, 임신이 40점, 출산이 38점이다. 좋은 일인데도 스트레스가 상당하다. 번식 관련 생애사는 흔히 심각한 갈등과 고통을 일으키곤 한다. 자연스러운 일이다. 번식은 삶의 가장 중요한 적응적 문제이므로, 누구라도 쉽게 양보할 수 없기 때문이다. 너그럽게 번식 관련 투쟁에서 자신의 이득을 양보한 마음씨 좋은 조상은 좀처럼 후손을 남기지 못했을 것이다. 5억 년 전 유성 생식이 진화한 이후로는 늘 그랬고, 지금도 물론 그렇다. 그러니 허디의 글을 읽을 때는, 특히 반복되는 주장을 읽을 때는 행간에 담긴 함의를 읽는 노력이 필요하다.

■

이 책의 옮긴이는 수렵채집사회의 혼인·번식 관련 행동과 관습에 관해 연구하고 있는 젊은 '남성' 연구자다. 상당히 공을 들여 여러 번 개고한 첫 번째 역서라 좋은 반응이 있기를 기대한다. 옮긴이는 아직 아버지가 아니고, 물론 결혼도 안했지만, 그건 허디가 인류학 연구를 시작할 때도 마찬가지였다. 허디는 의도적으로 젊은 시절의 학문적 이력, 그리고 개인적 가정사를 책 전반에서 노출하고 있는데, 이제 저글링을 막 배우고 있는 젊은 인류학 연구자에게는 여든을 바라보는 할머니 허디의 자전적 경험담이 큰 격려가 될 것이다. 학문에서도, 일상에서도 말이다.

허디는 『어머니의 탄생』에서 이렇게 말했다.

"자연이 모든 어머니에게 똑같은 모성 본능이나 능력을 자동으로 부여하는 것은 아니다. … 어머니가 될 성향을 지닌 여성은 어떤 아기든 사랑하는 법을 배울 수 있지만, 그런 성향이 없는 어머니는 자기 아이조차도 사랑하는 법을 배우지 못한다."

모르긴 몰라도 이건 남성에게도 마찬가지일 것이다. 어머니가 되는 법을 배워야 하듯이, 아버지가 되는 법도 배워야 한다. 하지만 지금 사정은 썩 밝지 않다. 육아에 관한 책과 방송 프로그램이 쏟아지지만, 대개 어머니와 아이의 관계에 초점을 맞춘다. 부성 본능이나 아버지의 육아 행동, 그리고 아버지로서 아이를 사랑하고 보살피는 부성 실천 방법에 관해서는 사람들의 관심도 적고, 관련 연구는 더더욱 드물다. 세상의 절반은 남성이고, 남성의 90퍼센트는 언제라도 아버지가 되는 것을 고려하면 실망스러운 일이다. 어머니됨에 관한 수많은 오해가 있듯이, 아버지됨에 관한 잘못된 신화도 넘쳐난다. 남성은 만날 온몸에 피를 칠갑하고, 들판에서 창 들고 사냥만 하는 존재처럼 그려진다. 아버지의 양육 행동이라고는 아들에게 활쏘기나 칼싸움을 가르치는 상투적 클리셰로나 간신히 등장한다.

왜 '아버지됨(fatherhood)'에 관한 진화인류학적 연구는 흔하지 않은 것일까? 잘 모르겠다. 하지만 허디가 모성 연구를 시작한 지 고작 반세기가 지났을 뿐이다. 길지 않은 시간이지만, 어머니의 본질에 관한 수많은 인류학적 사실이 밝혀졌고, 덕분에 오래된 편견도 상당히 불식되었다. 이제는 아버지 차례다. 아울러 앞으로 부성 번식 및 양육 행동에 관한 풍성한 진화인류학적 연구가 활발하게 진행되고, '아버지'의 본질에 관한 더 많은 사실이 환하게 밝혀지기를 희망한다.

서울대학교 인류학과 진화인류학 교실

박한선

미주

들어가는 말

1. 이 관점은 여러 곳에서 표현되었다. 인용된 내용은 태미스 르몬다(Tamis-LeMonda)가 쓴 전 세계의 아버지 돌봄에 관한 에세이 모음집 서문 11쪽에서 가져온 것이다(Roopnarine 2015).
2. Darwin (1871) 1981, part 2:326.

1. 그때의 아버지와 지금의 아버지

1. Gray and Anderson, 2010:35.
2. Badinter, 2010.
3. Wilson, 1975: 제27장; Lovejoy, 1981.
4. Litwack, 1979.
5. Johnson, 2012. https://www.timeshighereducation.com/features/women-and-children-first/419301.article?storycode=419301.
6. 예를 들어, 레이먼드 헤임스(Raymond Hames)는 전 세계적으로 여성이 남성보다 어린아이를 돌보는 데 훨씬 더 많이 관여한다는 점을 권위 있는 문화 간 검토에서 지적한다. 여기에는 안고, 먹이고, 돌봐주는 직접적인 돌봄뿐 아니라 식량 생산을 통한 경제적 기여도 포함된다(Hames, 2015:512).
7. Spock, 1964:17-18.
8. 이 시대에 관해서는 마이클 킴멜(Michael Kimmel)의 *Manhood in America*(2012)에서 잘 설명되어 있다.
9. 윌리엄 아이언스(William Irons) 교수가 회고한 이야기는 쿨레와 샐먼의 논문에서 대화로 기록되었고, 배리 쿨레(Barry Kuhle)의 드롭박스에 게시된 동영상(링크)에서 확인할 수 있다.
10. 2020~2021학년도 기준으로 대학 등록생 중 여성이 59.5퍼센트, 남성이 40.5퍼센트를 차지했다(Belkin, 2021).
11. Oláh 외, 2018:46.

12. Lamb 외, 1982; Lamb, 1984:423에서 인용. 램(Lamb)은 이후 다양한 문화권에서 아버지의 역할에 관한 여러 책을 저술하고 편집했다.
13. Lamb, 1987; Shwalb, Shwalb, and Lamb, 2013. 21세기에 접어들면서 히스패닉 공동체에서 남성의 산전 참여(Cabrera et al., 2009)와 같은 주제나, 흑인 가정에서의 부재에 대한 고정관념을 바로잡으려는 New America Foundation과 같은 싱크탱크의 보고서(St. Julien, 2021)처럼 아버지의 돌봄에 관한 문헌이 증가하고 있다. 또한 동성애 남성의 가족에 관한 문헌(e.g., Gates, 2015; Golombok 외, 2013; McConnachie 외, 2020)도 등장했다. 그러나 아버지가 영아를 돌보는 전통을 가진 하위문화에 대한 자료는 거의 발견되지 않는다. 사회복지사와 다양한 분야의 연구자들이 점점 더 아버지의 돌봄에 주목하고 있음에도 불구하고, 이 주제는 여전히 연구가 부족한 상태이다. 약 40년 전, 출산 시 아버지의 참여를 연구하던 한 연구자는 정보 부족으로 인해 '확대된 접촉'이 이후 아버지의 육아 참여에 미치는 영향을 결론적으로 말할 수 없다고 솔직히 언급했다(Palkovitz, 1985). 현재 상황은 그때보다 약간 나아진 정도에 불과하다.
14. 인간관계지역파일(Human Relations Area Files)에서 배리와 팍슨의 분석(1971)에서 발췌. Hames, 1988; Katz and Konner, 1981; Konner, 1972, 2010에서 리뷰 참조.
15. Konner, 1972에서 고전적인 초기 연구 참조. 여기에서 인용된 도표는 이후 분석에서 가져왔다 (Konner, 2016).
16. Hewlett, 1992:77 및 134, 표 42.
17. Hewlett, 1991:1.
18. Hewlett, 1991, 1992.
19. Babchuk 외, 1985; Hames, 1988.
20. Yogman and Garfield, 2016.
21. Hoffman, 2019. 저자는 더 많은 아버지의 참여를 장려하면서도 여성이 '남성보다 훨씬 강하게 부모가 되도록 생물학적으로 프로그램되어 있다'고 여전히 강조하고 있다. 저자의 메시지는 좋은 아버지가 어머니와 협력해야 한다는 점에 있다는 것으로 보인다.
22. Kaczynski and Apper, 2016.
23. D'Antonio, 2019.
24. Griswold, 1993: 제5장.
25. Bernstein, 2017.
26. Graduate School Council 데이터를 인용한 블로거에 따르면, 박사 학위 중 여성이 34,761개, 남성이 67,220개를 취득했다(Perry, 2015). 멜빈 코너(Melvin Konner)는 『결국, 여성(Women After All)』에서 의학 및 법률 학교에서 여성 대표성이 증가하는 긍정적 의미를 검토하고 있다 (2015:234 이하).
27. Coontz, 2005:228.
28. England 외, 2020.
29. 2023년 3월 9일 〈월스트리트저널〉 1면에 '여성 노동시장 재진입, 경제 강화에 기여'라는 제목으로 발표(Cambon and Weber, 2023).
30. Schmidt, 2020; Miller, 2021.
31. Yogman and Garfield, 2016.
32. Yogman and Garfield, 2016.

33. Yeung 외, 2001.
34. Parker and Wang, 2013에 따르면 46퍼센트 대 23퍼센트이다.
35. Brainard, 2019.
36. De Carlo, 2018.
37. Mead, 1949, Introduction to Pelican Edition; 1962, p. xviii. 또한 Mead, 1935 참조. 미드는 '모성애의 기쁨'을 '여성 창의성의 장벽'으로 보았으며, 그의 저명한 경력은 전 세계를 여행하며 강연하고 베스트셀러를 쓰며 지내는 동안 외동딸을 다른 여성에게 맡긴 결과였다.
38. Cheng, 2021. 또한 Rosenthal, 2016 참조.
39. 진화론자 로버트 트리버스의 1972년 정의에 따르면, 부모 투자는 '개별 자손의 생존 가능성을 높이고(그리고 따라서 번식 성공을 높이고) 다른 자손에게 투자할 수 있는 부모의 능력의 대가로 이루어지는 모든 투자'이다(p. 139). 동물 및 인간의 부모 행동을 분석하는 데 매우 유용했지만, 현재의 풍요로운 사회에서는 거의 모든 자손이 생존하는 상황에서 이와 같은 제로섬 정의를 적용하기가 더 어려워진다. 따라서 이 책에서는 '부모 돌봄'이라는 용어를 보다 일반적인 의미로 사용하여, 그것이 적합도에 영향을 미치든 아니든 간에 자손에 대한 호의적인 행위를 지칭하고 있다.

2. 남자의 불행한 본능

1. Darwin (1871) 1981, part 2:326.
2. 로저스와 베일즈는 2019년 연구에서 아버지의 자녀 돌봄 비율을 3~5퍼센트로 추정했다. 루카스와 클루턴-브록이 2,545종의 포유류를 대상으로 한 연구에서는 자녀 돌봄을 수행하는 수컷의 비율이 약간 더 높아져 5.3퍼센트로 나타났다. 이 수치는 주로 단혼제(monogamous) 어미와 짝을 이루어 새끼를 데리고 다니거나 먹이를 주는 데 도움을 주는 수컷 135종을 포함한다(Lukas and Clutton-Brock 2013:527).
3. 남성의 자녀 돌봄을 연구한 선구자인 배리 휴렛(Barry Hewlett)은 '남성이 여성보다 더 많은 자녀 돌봄을 하는 사회는 존재하지 않는다'고 요약한다(1992:121). 이 관찰은 웬디 우드와 엘리스 이글리가 2002년 보고서에서 인간 사회의 92퍼센트에서 어머니가 주된 양육자로 활동한다고 언급한 내용과 일치하며, 멜빈 코너의 *Evolution of Childhood*(2010)와 데이비드 랜시의 *Anthropology of Childhood*(2022)와 같은 인류학적 고전에서도 반영된다.
4. Terkel and Rosenblatt 1968.
5. Fleming et al. 2016.
6. Carter 2017a; 또한 Carter 1998 참조.
7. Carter 1998.
8. Darwin (1871) 1981, part 2:326.
9. Allman 2000; Chapman et al. 2006; Christov-Moore et al. 2014; de Waal 2019, 2022; Carter and Perkeybile 2018; Bales 2021. 공감하는 감정의 모성적 기원과 관련하여, Keverne et al. 1997의 선구적인 뇌 연구는 Hrdy 1999:141 이하에서 요약된다.
10. Wesolowski 2004.
11. Gross and Sargent 1985.
12. Balshine and Sloman 2011; Balshine 2012.
13. Avise et al. 2002; Balshine and Sloman 2011.

14. Vincent 1990:39. 자세한 내용은 The Seahorse Trust 웹사이트를 참조(http://www.theseahorsetrust.org/seahorse-facts.aspx).
15. 한국해마가 수컷이 출산하는 사진과 캡션은 Wu 2020:4에서 볼 수 있다.
16. Lappan 2009.
17. Dixson and George 1982는 비단마모셋에 대해 연구했다.
18. Gubernick and Nelson 1989는 캘리포니아쥐를 대상으로, Schradin and Anzenberger 1999 및 Schradin et al. 2003은 구릿빛티티(*Callicebus cupreus*), 비단마모셋, 그리고 필디원숭이를 대상으로, Ziegler et al. 1996은 목화머리타마린(*Saguinus oedipus*)을 대상으로 연구했다. 현재까지 프로락틴이 마모셋 아버지가 새끼 자극에 반응하도록 준비하는 데 중요한 역할을 한다는 것이 명확히 밝혀졌으며, 이는 양육 행동을 유도하는 데 필수적이다(Ziegler et al. 2009; Saltzman and Ziegler 2016).
19. 1980년대 후반, 캘리포니아쥐의 비(非)친자 돌봄을 연구한 선구자인 동물행동학자 데이비드 구버닉(David Gubernick)은 캐럴 워스먼(Carol Worthman) 및 스톨링(J. F. Stallings)과 협력하여 수컷 캘리포니아쥐의 프로락틴 수치 상승이 새끼를 돌보는 수컷에게서도 나타나는지 조사했다. 결과는 나타났지만 소규모 연구에서 나온 결과라 출판되지 않았다(Gubernick et al. n.d.). 이후 구버닉은 학계를 떠나 자연 사진작가로 활동했다. 그 후 또 다른 선구자인 배리 휴렛은 데이비드 올스터와 함께 아버지가 3개월 된 아기를 가슴에 15분 동안 안았을 때 혈장 프로락틴 수치의 증가를 소규모 샘플로 감지했지만, 이 결과도 출판되지 않았다(Hewlett and Alster n.d.).
20. 상대적 부모 투자와 다윈의 성 선택에 대해서는 로버트 트리버스의 유명한 1972년 논문을 참조하라.
21. Darwin (1871) 1981, part 2:326.
22. Darwin (1871) 1981, part 2:326.
23. Richter 2008. *Chat Room* 인터뷰에서 주요 인물—유인원을 연기한 댄 리히터와의 인터뷰를 참조. https://www.vulture.com/2008/04/dan_richter_on_playing_the_ape.html.
24. 여러 계절에 걸쳐 진행된 현장연구는 여기서 단순화되었다. 보다 완전한 순서를 보려면 Hrdy 1977b를 참조하라.
25. Borries et al. 1999.
26. Hrdy 1977a.
27. Dolhinow 1977; Vogel 1979; Schubert 1982; Sussman et al. 1995; Sussman 1996. 과학사회학자인 어맨다 리즈는 2009년 『영아살해 논쟁(The Infanticide Controversy)』이라는 권위 있는 저서에서 이 역사를 연대기적으로 기술했다. 내 관점은 Hrdy 1999:293 이하, 2010:353-357, 그리고 Sridhar 2018에서 설명되어 있다.
28. '사회생물학적 신화'와 나의 미숙함에 대해서는 Schubert 1982를 참조하라. 또한 Sussman et al. 1995와 특히 Sussman 1996을 참조하라. 이들 논문은 수컷 생식 전략으로서의 영아살해에 관한 나의 주장을 악명 높은 인류학적 필트다운인(Piltdown Man) 사기와 동일시하여 불쾌함을 주었다.
29. Dolhinow 1977:266.
30. 영아살해와 관련하여 비인간 영장류에서의 남성 행동에 대한 개요는 van Schaik and Janson, eds. 2000과 Palombit 2012를 참조하라. 이후 연구에서는 영아살해가 남성에 의해 이루어졌을 가능성이 높고 성선택에 의해 발생했을 가능성도 있는 사례가 관찰되었다. 이는 원시적 생

미주 **439**

활방식을 가진 야행성 고립성 영장류인 안경원숭이와 아이아이(Aye-aye)에서도 발견되었으며 (Gursky-Doyen 2011; Rakotondrazandry et al. 2021), 오랑우탄(Knott et al. 2019), 코쿠렐 시파카(Ramsay et al. 2020), 그리고 몇몇 기번과 시아망(Morino and Borries 2016; Ma et al. 2019)에서도 보고되었다. 영아살해에 대한 일반적인 동물 연구로는 Hrdy 1979, Hausfater and Hrdy, eds. 1984, Parmigiani and vom Saal, eds. 1994, Lukas and Huchard 2014를 참조하라. 생쥐를 대상으로 한 연구에서 자세한 실험 내용을 볼 수 있다(Perrigo and vom Saal 1994; Parmigiani et al. 1994). 아프리카사자에 대한 현장 관찰은 Packer and Pusey 2008을, 아시아사자에 대해서는 Chakrabarti and Jhala 2019를 참조하라.

31. Wrangham and Peterson 1996; Wilson and Wrangham 2003.

32. Linden 2002; Hooven 2021:5.

33. Wrangham and Peterson 1996.

34. Darwin (1871) 1981, part 2:326.

35. Buss 2021; Bribiescas 2021; de Waal 2022. 또는 PBS NOVA 다큐멘터리 시리즈 The Violence Paradox (2019)를 참조: https://ny.pbslearningmedia.org/collection/nova-the-violence-paradox/.

36. Wrangham and Peterson 1996:24.

37. Wrangham and Peterson 1996:63.

38. 랭엄은 1996년 리 시겔과의 인터뷰에서 인간을 '치명적 공격성을 가진 500만 년의 행동 관습에서 살아남은 생존자'로 묘사했다. Wrangham and Peterson 1996:63도 참조하라.

39. Wrangham 2019:195.

40. Bribiescas 2021:S23.

41. 엘리자베스 스프리지(Elizabeth Sprigge)가 번역한 아우구스트 스트린드버그(August Strindberg)의 *The Father*(1887)에서 인용.

42. De Waal and Lanting 1997; 이 인용은 전통적인 남성 지배 가설을 도전하는 '다른 가장 가까운 친척들'에 관한 에세이에서 나왔다(Parish and de Waal 2000).

43. 윌리엄 제임스는 1897년 보스턴 워 칼리지에서 시민전쟁 영웅 쇼 대령을 기리는 연설을 했고, 이는 에반 토머스(Evan Thomas)의 책 *The War Lovers*(2011:167)에서 인용되었다. 제임스는 이들 중에서도 평화주의자로 두드러졌다.

44. 수컷 지위와 생식 성공률 간의 연관성은 비인간 영장류 전반에서 발견될 수 있지만, 다양한 이유로 인해 인간 사회에서는 이러한 효과가 감소된다(von Rueden and Jaeggi 2016: fig. 2).

45. West-Eberhard 1979, 1983, 2003.

46. West-Eberhard 1979:158, 이는 다윈, 존 크룩 및 다른 연구자들의 연구를 기반으로 한다. Nesse 2007:144 이하에서 논의되었다.

47. '사회적 선택'은 다양한 의미로 사용되지만, 이 책에서는 West-Eberhard(1979)와 Nesse(2007) 의 정의를 따를 것이다.

3. 물꼬를 트다

1. Wilson 1975:321.

2. Huck 1984; Parmigiani, Palanza et al. 1994.

3. Storey and Snow 1990.
4. Getz and Carter 1981 및 Carter 1998, 그리고 이 연구에 대한 새로운 내용과 함께 짝 결속 및 옥시토신 증가가 종을 어떻게 변화시킬 수 있는지에 대한 흥미로운 추측을 위해 Carter and Perkeybile 2018을 참조.
5. Rosenblatt 1967, Wiesner and Sheard 1933의 초기 보고서도 참조, Numan and Insel 2003:13에서 인용.
6. 보조 양육자(allo-mother, allo-parent)라는 용어는 자손을 돌보는 생물학적 어머니 외의 집단 구성원을 의미한다. 초기 영장류 학자들은 이 보모를 '가족의 오래된 친구'를 의미하는 영국식 표현에서 '이모' 또는 '삼촌'으로 묘사하곤 했다. 그러나 내가 에드워드 O. 윌슨(Edward O. Wilson) 교수의 세미나 논문에서 이 용어를 사용했을 때, 그는 더 품위 있는 용어가 필요하다고 부드럽게 제안했다. 윌슨은 '다른'을 의미하는 그리스어 allo-에서 'allo-mother'를 제안했다. 나는 즉시 이 용어를 채택하여 내 박사 논문에서 사용했는데, 거의 최초의 사용이었다. 이제 'allo-mother'라는 용어는 점점 더 널리 사용되고 있으며 메리엄-웹스터(Merriam-Webster) 사전에 등장하여 생물학적 어머니 외에 영아를 돌보는 남성 또는 여성의 집단 구성원을 의미한다. 'allo-parent'는 생물학적 부모 외에 자녀를 돌보는 모든 집단 구성원을 의미한다.
7. Wynne-Edwards 1987.
8. Jones and Wynne-Edwards 2000.
9. Jones and Wynne-Edwards 2001:454.
10. 1994년 4월 보조금 신청서에서 발췌한 내용으로 디지털 파일에서 복구되고 2017년 5월 23일 윈-에드워즈(K. Wynne-Edwards)가 제공한 내용. 윈-에드워즈는 원래 '바소토신(vasotocin)'으로 써어 있던 것을 포유류에서 이 신경 펩타이드의 현대적 사용법에 맞게 '바소프레신(vasopressin)'으로 수정했다.
11. 초기 감소율은 약 33퍼센트였다(Storey et al. 2000; Wynne-Edwards and Reburn 2000: box 3).
12. 앤 스토레이(Anne Storey)와의 2022년 12월 9일 Zoom 인터뷰.
13. Berg and Wynne-Edwards 2001:582 및 588.
14. Berg and Wynne-Edwards 2001:592.

4. 아빠의 뇌

1. Dabbs 1993; Mazur and Booth 1998; Dreher et al. 2016; Huston 2017; Hooven 2021.
2. Jordan-Young and Karkakis 2019.
3. Gray and Campbell 2009에서 리뷰.
4. Burnham et al. 2003.
5. Fleming, Corter, Stallings, and Steiner 2002.
6. Ellison 1993.
7. 엘리슨과 다른 연구팀이 2008년까지 진행한 관련 연구를 종합적으로 요약한 표는 Gray and Campbell 2009에서 확인할 수 있다. 또한 동료 인류학자 커마이트 앤더슨(Kermyt Anderson)과 공동 저술한 피터 그레이(Peter Gray)의 *Fatherhood: Evolution and Human Paternal Behavior* (2010)도 참고할 것.

8. Muller, Marlowe 등 2009.
9. Wingfield et al. 1990.
10. 오랫동안 자기 보고에 기초하여 추정되어 왔으나 Mascaro, Hackett, and Rilling 2014에서 뇌 스캔을 통해 마침내 확인되었다.
11. Porio 2007.
12. Inhorn et al. 2016; Lam and Yeoh 2016.
13. Gettler et al. 2011.
14. Gettler et al. 2011:16196.
15. Kuzawa et al. 2015; Van Anders et al. 2015.
16. Gettler et al. 2011.
17. 인용은 《타임》 매거진에 게시된 'Men are hardwired to take care of their kids, study says' 라는 제목의 기사에서 로치먼이 게틀러와의 2011년 인터뷰를 요약한 내용이다. https://healthland.time.com/2011/09/13/why-do-dads-have-lower-levels-of-testosterone/.
18. 사회학자 로빈 사이먼(Robin Simon)의 말을 Rochman 2011에서 인용함.
19. Mascaro et al. 2013.
20. Berko 2013.
21. Alexander 2013.
22. 제임스 릴링과의 인터뷰, Akpan 2013에서.
23. Numan 2017.
24. Newton 1973; Carter 1998; Krüger et al. 2003; Carter and Perkeybile 2018.
25. Marlin et al. 2015.
26. Numan 2015: 5장 참고.
27. Van IJzendoorn and Bakermans-Kranenburg 2012; 또한 Li, Mascaro et al. 2017; Rilling 2017도 참고.
28. 펠드만(2014)이 카일 프루이트(Kyle Pruitt)와의 대화에서 언급한 내용: https://youtu.be/V2fkFYO4Yk4.
29. Bar On 2018.
30. Abraham and Feldman 2017.
31. Numan 2020, *The Parental Brain: Mechanisms, Development and Evolution*의 5장에 포괄적인 개요가 제시됨.
32. Abraham and Feldman 2017; Atzil et al. 2012.
33. 개인적으로 이 반응이 구체적으로 남성에게만 해당되는지 알고 싶다. 여성 조부모나 보조모 (allomother)의 뇌도 유사하게 반응할까?
34. Abraham et al. 2014: 9794; 또한 코네티컷 뉴 헤븐(New Haven, Connecticut)에서 남성 동성 애자 부부에 대한 호르몬 수치(테스토스테론과 코르티솔 포함) 연구를 진행 중이다. Burke and Bribiescas 2018 참고.
35. Golombok et al. 2013; McConnachie et al. 2020.
36. Abraham et al. 2014, Feldman et al. 2019에서 논의됨. 또한 Cardenas et al. 2021도 참고.

37. 저자들은 최근 영상검사에서 이성애자와 동성애자 남성의 애착 대상에 대한 반응에서 차이가 없음을 보여준다. 이성애자와 동성애자 남성의 여성스러움 점수에서도 차이가 나타나지 않았다. 즉, 연구자들이 기록한 뇌 변화의 가장 명백한 설명은 직접적인 육아 책임의 양이었다(Abraham et al. 2014).
38. Kim et al. 2014; Gettler 2016도 참고.
39. Martínez-García et al. 2023.
40. 《이코노미스트》 기사: https://www.economist.com/science-and-technology/2022/10/21/becoming-a-father-shrinks-your-cerebrum. 《사이콜로지 투데이(Psychology Today)》의 시베스천 오클렌버그(Sebastian Ocklenburg) 기사: https://www.psychologytoday.com/us/blog/the-asymmetric-brain/202209/no-dad-joke-fatherhood-shrinks-the-brain.
41. Orchard et al. 2020, 온라인 버전의 10쪽 참고.
42. Abraham et al. 2014: 9794; Abraham 2016; Saturn 2014에서 논의.
43. Abraham 2016; Feldman et al. 2019: 212.
44. Abraham 2016; 루스 펠드만과의 인터뷰는 Henderson 2021: 57-58 참고.
45. Abraham 2014: 9795. 처음에는 이 도발적인 구절을 빙하기 동안 호미닌의 자녀 양육에 대한 내 추측과 연결하는 것이 지나치지 않을까 염려했다(확증 편향이라 부르는 현상에 굴복하는 것처럼 보일 수 있어서). 그러나 출처를 확인해보니 그것은 바로 나의 2009년 저서 『어머니, 그리고 다른 사람들(Mothers and Others: The Evolutionary Origins of Mutual Understanding)』에서 나온 내용이었다. '원시 조부모 육아 기초(ancient alloparenting substrate)'에 대해 우리는 같은 방향에서 추측하고 있는 것으로 보였다.
46. 캐서린 윈-에드워즈(Katherine Wynne-Edwards)와의 전화 인터뷰, 2017년 5월 23일.
47. Reddy 2020.
48. West-Eberhard 2003: 15장 참고.
49. Ah-King and Gowaty 2015.

5. 다윈, 그리고 알을 품는 수탉

1. 과학의 성차별적 편견에 관한 앤절라 새이니(Angela Saini)의 훌륭한 저서 *Inferior: How Science Got Women Wrong—and the New Research That Is Rewriting the Story* (2017)의 13쪽 그리고 다윈과 여성의 서신 교환에 관한 사만다 에반스(Samantha Evans)의 2017년 편집본 참고.
2. Darwin (1871) 1981, 제2부: 327; 두 번째 판(1874)에서도 동일.
3. Darwin 1882, C. A. Kennard에게 보낸 답변.
4. Hrdy 1981 및 1999년 개정판 서문. 초기 생물학 문헌에 대한 여성주의적 비판을 확장하고 업데이트한 Saini 2017도 참고.
5. 캐럴라인 케너드(Caroline A. Kennard)가 다윈에게 보낸 1882년 1월 28일자 답신. Evans 2017: 226-227에 재수록.
6. Evans 2017: 37.
7. 여성의 지적 능력에 대한 다윈의 포괄적인 평가는 초기 다윈주의와 사회적 다윈주의 사고에 만연했던 편견을 반영하고 전형화했다(Hrdy 1999: 12-24 참고). 그러나 1970년대 이후 사회생물학의 등장과 함께 여성의 주체성, 이른바 '모성 효과' 등이 자손에게 미치는 영향을 중심으로 한 연

구가 폭발적으로 증가했으며, 진화론이 양성 개체에 작용하는 선택압을 포괄하도록 확장되었다 (Hrdy 2013: 그림 1 참고). 만약 다윈이 아직 살아있었다면, 아마도 오래전에 자기 생각을 바꿨을 것이다!

8. 척추동물 전반에 대한 훌륭한 개요는 O'Connell and Hofmann 2010 참고.
9. Darwin 1871, 초판, 1981 재판, 제3권: 207.
10. 다윈의 초기 통찰은 한 세기 후 로버트 트리버스의 영향력 있는 1972년 에세이 "부모 투자와 성선택(Parental Investment and Sexual Selection)"에서 업데이트되고 훌륭하게 확장되었다.
11. Darwin's D Notebook, Barrett et al. 1987: 380에 재수록. 이는 내가 『어머니의 탄생』을 집필하며 깊은 인상을 받았던 같은 구절로, 남성이 아기와 접촉했을 때 무슨 일이 일어나는지를 다룬 9장의 머리말로 사용했다. 당시에는 다윈의 사색이 얼마나 예지적이고 중요한지 몰랐다.
12. Darwin's D Notebook, 1838, Barrett et al. 1987: 382에 재수록.
13. Darwin 1868, 1998 재판, *Variation in Plants and Animals under Domestication*, 제2권: 27.
14. 위와 동일.
15. Darwin 1868, 1998 재판, 제2권: 25.
16. Darwin 1871, 6장 끝부분: 158에 언급됨.
17. Darwin 1974(1874년 두 번째 판: 158 및 159)에서 클레멘스 로이어(Clemence Royer)의 1870년 저서 *Origine de l'Homme*를 인용. 다윈이 '유럽에서 가장 똑똑하고 이상한 여성 중 한 명'이라 묘사했던 이 여성과의 복잡한 관계에 대해서는 Hrdy 1999: 20 이하 참고.
18. Darwin's D Notebook, 약 1838년 작성, Barrett et al. 1987: 382에 재수록.
19. Darwin 1874, 6장: 159; 다윈은 남성의 젖 분비에 대한 일화를 알렉산더 폰 훔볼트의 보고에서 얻었을 가능성이 있다.
20. Francis et al. 1994.
21. Cederstrom 2019에 인용된 동료 검토 사례 보고서에서 발췌.
22. 라이엘에게 보낸 1860년 1월 10일자 편지의 후문, Darwin 1867: 60에 출판됨.
23. Shubin et al. 2009.
24. Ah-King and Gowaty 2016.
25. '혈연 선택(Kin selection)'이라는 용어는 해밀턴의 라이벌이었던 유전학자 존 메이너드 스미스가 해밀턴의 논문을 읽은 후 처음 사용했다.
26. Hamilton 1964; 인간에게서 종종 '친족 선택'으로 불리는 포괄적합도 이론이 어떻게 작용하는지에 대한 간결한 개요는 Hames 2015 참고.
27. West-Eberhard 2003: 31.
28. West-Eberhard 2003; Pennisi 2018.
29. 자세한 설명은 West-Eberhard 2003: 112 참고.
30. West-Eberhard, 개인적인 의사소통, 2019년 4월 11일.
31. Pennisi 2018의 훌륭한 논의 참고.
32. West-Eberhard 2003; 유전자 적응(genetic accommodation)에 대한 웨스트-에버하드의 정의는 특히 140쪽 참고.
33. West-Eberhard 2003.

34. West-Eberhard 1969.
35. Cameron 1982.
36. Sen and Gadagkar 2006 참고.
37. Darwin (1871) 1981; 『인간의 유래(Descent of Man)』의 1974년 재판, 제1권: 273 참고.
38. Cepelewicz 2019; 위키피디아에도 감사의 말 포함!
39. West-Eberhard 2003, 260-262쪽.
40. Yoshizawa et al. 2018.
41. Roland과 O'Connell 2015 참고; 10퍼센트 추정치는 그림 1에서 나온 것이다.
42. 데이비드 애튼버러가 《네이처(Nature)》 비디오에서 유익한 양서류 아버지를 지켜보는 장면을 https://www.youtube.com/watch?v=l3uO2lO9JDk에서 볼 수 있다.
43. Mendelson 2016, https://www.nytimes.com/2016/10/10/opinion/a-frog-dies-in-atlanta-and-a-world-vanishes-with-it.html 참고.
44. Ringler et al. 2015:1220.
45. Ringler et al. 2015:1219.
46. Pašukonis et al. 2017:3953.
47. 1896년에 심리학자 제임스 마크 볼드윈이 이러한 시나리오를 제안했고, 이는 '볼드윈 효과'로 알려졌다. 20세기에 걸쳐 이 이론은 생물학의 '새로운 종합'에 포함되었다. 이후 볼드윈의 아이디어는 발달 및 후성유전학이 진화 과정에서 하는 역할에 대한 21세기적 이해와 함께 확장되고 업데이트되었다. 이 책의 논의에 기초가 된 West-Eberhard(2003)를 포함해, 볼드윈의 공헌을 역사적 맥락에서 자세하게 설명한 Jablonka and Lamb 2005:289 이하 참고.
48. Ah-King and Gowaty 2015에서 아름다운 개요를 확인할 수 있다.
49. 양서류에서 성 결정에 관한 미우라(Miura)의 2017년 리뷰를 알려준 웨스트-에버하드에게 감사드린다.
50. West-Eberhard 2003; Ringler et al. 2015.
51. Crews 2012:779.
52. E.g., Rosenblatt 1967; Elwood 1977; Perrigo와 vom Saal 1994; Horrell et al. 2017.
53. Perrigo와 vom Saal 1994.
54. Perrigo와 vom Saal 1994; Elwood and Stolzenberg 2020의 리뷰 참고.
55. Perrigo와 vom Saal 1994; Wu et al. 2014; Isogai et al. 2018.
56. Elwood 1994; 다른 연구자들은 '죽일 때와 돌볼 때'라는 표현을 떠올렸다(Parmigiani et al. 1994). 내 번역 성경에서는 '치유할 때'로 표현되었다(Ecclesiastes 3:3).
57. Autry et al. 2021.
58. Numan 2015:211-12, 2020:217-19; Kuroda and Numan 2014; Dulac et al. 2014.
59. Tachikawa et al. 2013; Kuroda and Numan 2014; Dulac et al. 2014; Numan 2020:196, 224.
60. West-Eberhard 2003: chapter 15; Jablonka and Lamb 2005 참고.
61. Young and Alexander 2012; Carter and Perkeybile 2018; Jones and Wynne-Edwards 2000 참고. 웨스트-에버하드의 이 변화들에 대한 추측은 2003:287-288 참고.
62. 신세계원숭이 분류학은 항상 변동한다. *All the World's Primates*(2016년 판)에 따르면, 현재 티티원

미주 445

숭이(Callicebinae) 아과에 속하는 33종의 티티원숭이는 *Callicebus, Cheracebus, Plecturocebus* 세 속으로 나뉜다. 올빼미원숭이 11종은 모두 *Aotus* 한 속에 속한다.

63. Fernandez-Duque et al. 2009.
64. Parreiras-e-Silva et al. 2017.
65. Hoffman et al. 1995; Mendoza와 Mason 1997.
66. Wright 1984; Wolovich et al. 2008; Fernandez-Duque 2021. Fernandez-Duque et al. 2020의 개요 참고.
67. Mason 1966; Mendoza와 Mason 1997.
68. Fernandez-Duque 2021에 따르면, 아르헨티나에서 오랜 세월 동안 연구한 올빼미원숭이에서 태어난 새끼 186마리 중 162마리, 즉 87퍼센트가 생후 6개월까지 생존했다. 에콰도르 야생 티티원숭이에서 더 적은 샘플로 생존율은 더 높아 24마리 중 22마리(91퍼센트)가 생후 6개월까지 생존했다.
69. Fernandez-Duque 2021.
70. 페르난데스 두케의 현장연구는 25년 전에 시작되어 여전히 진행 중이다(Fernandez-Duque et al. 2009, 2020). '항상 충실한(always faithful)'이라는 그의 명칭은 아자래올빼미원숭이(*Aotus azarai*) 35쌍의 데이터에서 유래했다(Fernandez-Duque and Finkel 2014-2015).

6. 아기가 가진 신비한 힘

1. 어머니의 모유가 필수적이라는 사실이 모유나 다른 돌봄이 보장된다는 것을 의미하지는 않는다. 조건부 모성 헌신이라는 복잡한 주제는 다른 에세이(Hrdy 2000, 2016b)와 『어머니의 탄생』(특히 8, 12, 14장)에서 다룬 바 있다. 이 책은 모성의 양면성뿐만 아니라 사랑에 관해 다룬다.
2. 특히 Rogers and Bales 2019, 2020 및 Numan 2020의 7장을 참고하라.
3. Tucker 2014.
4. Sue Carter, 개인적인 의사소통, 이메일, 2019년 10월 13일.
5. Getz, Carter, and Gavish 1981; Carter와 Getz 1993.
6. Carter 1992.
7. Bales et al. 2014; Carter와 Perkeybile 2018.
8. Newton 1973; Carter 1992; Hrdy and Carter 1995; 수가 이러한 '행복의 묘약'에 대해 알게 해 준 것에 대해서는 Hrdy 1999:137-140 참고.
9. 예를 들어 'Challenges for measuring oxytocin: the blind men and the elephant,' MacLean et al. 2019. 정신과적 개입에서 옥시토신 사용에 대한 문제는 더 복잡하며, 이는 이 책의 범위를 벗어난 주제이다(Tabak et al. 2023).
10. 예: Stallings et al. 2001.
11. 출산 경험이 있는 초원들쥐가 예민해진다는 것을 보여주는 최근 연구는 Numan 2020:198-199 참고.
12. Fischer et al. 2019.
13. Strathearn et al. 2008.
14. Lundström et al. 2013.

15. Lingle과 Riede 2014.
16. Frodi, Lamb et al. 1978; Stallings et al. 2001; Lingle과 Riede 2014.
17. Stallings et al. 2001.
18. Young et al. 2016.
19. Gustafson et al. 2013.
20. Bouchet et al. 2020.
21. 헥사데카날(hexadecanal)은 인간의 피부, 타액, 배설물뿐만 아니라 아기들의 두피에서도 발견되는 유기 화합물이다. HEX는 테스트된 19명의 아기 중 17명의 머리에서 발견된 가장 풍부한 휘발성 화학 물질이었다(Mishor et al. 2021).
22. Lundström et al. 2013.
23. Mishor et al. 2021.
24. Dubas et al. 2009:85. 네덜란드 연구로, 66명의 어머니와 39명의 아버지, 그리고 그들의 아이들을 대상으로 했으며, 모두 네 살 이상의 아이들이었기 때문에 실제로는 아기가 아니었다.
25. Kringelbach et al. 2008.
26. 'Top News'에 보고됨(Joshi 2008, 현재 삭제됨). Public Library of Science 2008도 참고.
27. Young et al. 2016.
28. 마이클 누만(Michael Numan)의 2015년 교재 *The Neurobiology of Social Behavior*에서 훌륭한 개요를 제공한다, pp. 211 이하.
29. 예고편을 온라인에서 확인하라: https://youtu.be/vB36k0hGxDM.
30. Mascaro et al. 2014.
31. Fleming et al. 2002.
32. Feldman et al. 2010:1134; Feldman 2014; Feldman, Braun, and Champagne 2019; 또한 Bales and Saltzman 2016; Carter 2017b; Hrdy 2013 (https://patten.indiana.edu/lectures/2012-hrdy-lec2.html), 2018 참고.
33. Riem et al. 2021.
34. Hrdy 2013b.
35. Hrdy 2018. 이 연구는 2014년 일곱 가족 성원을 대상으로 한 비공식 연구가 갖는 문제, 어려움, 그리고 대체로 불확실한 결과를 보여준다는 점에 유의해야 한다. 실제로 수 카터와 리 게틀러(테스토스테론 분석 담당)는 우리 대학교의 윤리심의위원회(Institutional Review Board)로부터 허가를 받을 것을 조건으로 연구를 도와주기로 동의했다. 질문에 답한 연구원이 대부분 연구 대상자의 아내 또는 어머니였기 때문에 일부 질문은 우스꽝스러웠지만, 이는 또 다른 이야기이다. '기준선' 옥시토신 및 테스토스테론 수치를 확인하기 위한 샘플링은 아기 출산 몇 달 전 가족 모임에서 시작되었고, 이후 추가 샘플링이 이루어졌다. 인간에서의 옥시토신 효과를 훨씬 더 면밀히 조사한 연구는 Sanchez et al. 2009, 특히 p. 320 참고.
36. Roberts et al. 1998; Bales et al. 2004.
37. Abraham et al. 2014:9795.
38. Rilling et al. 2021.
39. 영장류학자인 스테이시 테콧과 안드레아 베이든(2018)이 수행한 종간 분석에서도 안드로겐 수

치가 양육 반응과 양의 상관관계, 음의 상관관계, 또는 무관한 결과를 보이며 혼합된 결과가 나타났다.

40. Brinkman et al. 2016 참고.
41. Van Anders et al. 2012.
42. Mehta와 Beer 2010; Huston 2017.
43. Kringelbach et al. 2008.
44. Barr 2012; Glasper et al. 2019.
45. Parsons et al. 2011.
46. Carter 1998; 최근 리뷰는 Alyousefi-van Dijk et al. 2019; De Dreu et al. 2010; De Dreu 2012 참고.
47. Gelstein et al. 2011.
48. Belluck 2011.
49. *The British Museum Is Falling Down* (Lodge 1965)에서 발췌.
50. 1808년 71st Highlander's journal에서, Hibbert 1996:31 재출판.
51. Barrionuevo 2010.
52. Fleming et al. 2002.

7. 영장류 수컷의 돌봄

1. Cibot et al. 2019.
2. 루카스와 클루턴-브록(2013)은 증거가 있는 2,545종의 포유류 중 68퍼센트를 단독 생활 종으로 분류했다.
3. Hrdy and Whitten 1987.
4. Washburn and Lancaster 1968:459.
5. Hrdy 1977:50 이하, 120-121, 284-287.
6. 여기에서 에밀리 보엠의 용어인 '기만적 발정'을 채택했으며, 이는 내가 처음 이 현상을 묘사했을 때 사용한 '가짜 발정' 대신 사용된다(Hrdy 1974). 추가 연구는 Hrdy and Whitten 1987을 참조하고, 더 많은 정보를 포함한 후속 연구로는 저지대 고릴라와 함께 망가비, 푸른원숭이, 랑구르에 대한 연구는 Manguette et al. 2020 참조. 특히 침팬지의 암컷 성적 수용성 확장에 관한 에밀리 보엠의 2016년 박사 논문이 있다.
7. Boehm 2016, 전체 온라인에서 이용 가능.
8. 드문 예외로는 신뢰받는 동료가 있는 암컷 침팬지의 사례가 있다. 예를 들어, 곰베의 한 어린 엄마 침팬지는 가까이에 자신의 어머니가 있어 다른 암컷에게 위협을 받았을 때 새끼를 할머니에게 넘겼다(Wroblewski 2008). 풍부한 먹이가 암컷 간 자원 경쟁을 줄이고 거의 감지되지 않는 암컷 우위 계층 구조를 만드는 응고고(Ngogo)에서는 평소보다 더 많은 암컷 침팬지가 자신의 출생 집단에 남아 있을 수 있다. 이는 암컷 친족의 새끼 공동 돌봄을 용이하게 하고, 응고고의 침팬지 어머니가 야생 침팬지 어머니가 일반적으로 하는 것보다 더 일찍 이유를 하게 한다(Badescu et al. 2016).
9. Pusey et al. 2008.

10. Nishie and Nakamura 2018.
11. Nishie and Nakamura 2018; 또한 Nishida 2012:194 참조.
12. Konner and Worthman 1980은 인간 영장류를 다루지만, 이는 영장류 전체에서 발견된다.
13. Hrdy 1974, 1979.
14. '영아살해의 직접적인 목격은 없었지만,' Rakotondrazandry et al. 2021은 '영아의 신체적 부상, 성체 암컷의 울음소리, 그리고 성체 수컷 아이아이를 추적한 이후의 상황을 볼 때 영아살해를 강하게 시사한다'고 보고했다. 안경원숭이에 관한 관찰은 더 애매하나, Gursky-Doyen(2011)가 보고한 안경원숭이 어미의 수컷 반응에 대한 기술은(Roberts 1994) 수컷이 아마도 살해자일 가능성을 제시한다. 추후를 지켜보자.
15. Rakotondrazandry et al. 2021. 아이아이의 임신 기간은 152~177일로 17파운드(7.8kg)짜리 마카크원숭이(165일의 임신 기간)와 유사하며, 아이아이의 출산 간격은 2~3년으로 마카크 원숭이(1~2년)보다 더 길다.
16. Hrdy 1974, 1979에서 임기 기간의 관련성 참조. 임신 및 수유 기간에 관한 추가 정보는 van Noordwijk and van Schaik 2000; van Schaik 2000을 참조.
17. Hrdy 1979:31; van Schaik and Dunbar 1990; van Schaik and Kappeler 1997:1691.
18. Harcourt and Stewart 2007:125. 새끼 고릴라가 수컷 침팬지 무리에 의해 살해된 사례에서 새끼와 어머니 곁에 수컷이 없었다는 점은 유아의 취약성을 크게 증가시켰다고 추정된다(Southern et al. 2021).
19. Stewart 2001; Rosenbaum et al. 2011. 로젠바움에 따르면, 성장하면서 이동 가능한 미성숙 개체가 접근의 73퍼센트를 차지한다. 한편, 성체 수컷 중 일부만이 근접성을 유지하려는 주도적인 행동을 보인다(개인적인 의사소통, 2019년 2월 12일).
20. Rosenbaum et al. 2018. 이 암컷의 선호는 수컷의 순위를 통제했을 때에도 유지된다. 그러나 밀렵 증가로 인해 알파 수컷이 과거보다 추가적인 수컷을 더 관용적으로 받아들일 가능성이 높아졌다(K. Stewart, 개인적인 의사소통, 2019년 1월 4일). 친부를 확인할 수 있는 고아 중 66.8퍼센트가 보호자인 수컷의 자손으로 밝혀졌으며, 과거에는 이 비율이 더 높았을 가능성이 있다(Morrison et al. 2021).
21. Harcourt and Stewart 2007. 수컷 거주자가 새끼를 영아살해로부터 보호할 수 없을 때 어머니가 떠나는 사례는 원숭이에서도 보고된다(예: 토마스잎원숭이에 대한 연구 Sterck 1997; 콜로부스원숭이에 대한 연구 Teichroeb and Sicotte 2008, Palombit 2012에 인용).
22. Manguette et al. 2020.
23. Altmann 1980:114 및 그림 37; Alberts 2016:379.
24. Shur 2008.
25. Alberts 2016.
26. '진정한 부성 돌봄이 다수의 수컷 영장류 사회에서 이루어진다'는 보고서는 2003년 아버지의 날 《네이처》에 발표되었다(Buchan, Alberts, Silk, Altmann 2003). 태국에서의 아삼마카크(Macaca assamensis) 사례에 관한 Alberts 2016 및 Ostner et al. 2013도 참조. 여기서는 DNA 증거로 밝혀진 것처럼 출산 후 어미와 더 이상 함께 다니지 않는 새끼를 돌보는 수컷의 유일한 신뢰할 수 있는 예측 변수는 친부임이 밝혀졌다.
27. Murray et al. 2016은 탄자니아의 곰베 사례, Cibot et al. 2019는 우간다의 불린디침팬지 사례를 다룬다. 여기서는 DNA 증거를 통해 새끼를 안고, 어루만지고, 손질하며 달랬던 수컷이 99퍼

센트의 확률로 생부임이 밝혀졌다.
28. Dolhinow 1977:266.
29. Palombit et al. 1997. 모레미 및 다른 장소에서의 이 특별히 혁신적이고 중요한 연구에 대한 추가 정보는 Dorothy Cheney와 Robert Seyfarth의 Baboon Metaphysics (2007)를 참조.
30. Murray et al. 2016.
31. Stumpf and Boesch 2005.
32. Soltis et al. 2000.
33. 영장류학자 리처드 랭엄은 초경 이후 젊은 암컷이 여러 번의 불임 주기 동안 약 2,400번 교미하며, 이는 엉덩이 주변이 크고 빨간색으로 부풀어 표시된 후, 성인 기간 동안 약 3,600번의 교미를 한다고 추정한다(1993:55).
34. Ebensperger 1998; Wolff and Macdonald 2004.
35. Van Noordwijk and van Schaik 2000; 유사한 패턴에 대해서는 Agrell et al. 1998; Wolff and Macdonald 2004를 참조.
36. 내가 마운트 아부에서 같은 패턴을 보았지만, 가장 좋은 데이터는 Heistermann et al. 2001에서 나온다. 이 논문에서는 여러 수컷 랑구르 집단에서 각 암컷의 신원과 내분비 상태, 암컷과 교미한 수컷의 신원을 기록했다. 성적 수용성의 기간은 여러 수컷 집단의 랑구르에서 더 길었으며, 단일 수컷 집단의 랑구르와는 차이가 있었다. 대부분의 유혹(91퍼센트)은 거주 수컷을 대상으로 했으며, 나머지 9퍼센트는 인접 무리의 수컷을 겨냥했다. 내부 집단의 유혹 중 53.2퍼센트는 지배 수컷을 목표로 했고, 나머지 26.1퍼센트와 11.9퍼센트는 각각 그의 두 하위 수컷을 목표로 했다. 이러한 유혹은 암컷이 배란 전후 2일 동안 임신한 상태인지 여부와 무관했다. DNA 증거로 아버지를 식별할 수 있었던 다섯 새끼 중 하나만이 가장 많은 교미를 한 지배 수컷의 자손이었다. 새끼 세 마리는 하위 수컷 중 하나의 자손이었으며, 다섯 번째 새끼는 외부 수컷의 자손이었다. 랍나가르에서 새끼 사망률의 30~65퍼센트를 차지하는 수컷의 새끼 살해를 고려할 때, 이렇게 부성 가능성을 분산시키는 것은 훌륭한 보험이었다. Hrdy and Whitten 1987; Small 1990; Gust 1994; van Schaik 2000a; Heistermann et al. 2001; Campbell 2004; Boehm 2016.
37. 랑구르, 파타스원숭이, 다양한 마카크 종, 사이크스원숭이 및 버빗원숭이(Hrdy 1977:284 이하)에서 유사한 사례가 관찰된다. 야생 긴꼬리마카크의 '배란 은폐'에 대한 자세한 문서는 van Noordwijk 1985, 버빗원숭이는 Andelman 1987, 카푸친원숭이의 경우 Manson et al. 1997을 참조하라. 이와 같은 영장류 증거의 급증에 대한 분석은 Hrdy and Whitten 1987, van Schaik, Hodges, 그리고 Nunn 2000, 마모셋의 경우 Tardif et al. 2003, 특히 Boehm 2016을 참조하라. 포유류 전반에 걸쳐, 영아살해 방지 전략으로 추정되는 부성 혼란은 영아살해가 가장 자주 보고되는 영장류와 육식동물과 같은 분류군에서 특히 흔한 것으로 보인다. van Noordwijk and van Schaik 2000을 참조하라.
38. 고환 크기와 교미 시스템 간의 상관관계에 대해서는 Harcourt et al. 1981; Dixson 2013을 참조.
39. Hamilton 1964.
40. 원숭이가 신원을 확인하는 방법을 설명하는 더 권위 있고 읽기 쉬운 설명은 Cheney and Seyfarth의 *Baboon Metaphysics: The Evolution of a Social Mind* (2007)가 최고로 꼽힌다.
41. 이에 대한 훌륭한 개요는 Chapais, *Primeval Kinship* (2008) 참조.
42. Goodall 1986; Hobaiter et al. 2014; Samuni et al. 2019.
43. Pruetz 2010.

44. Boesch et al. 2010; Boesch 2012; Samuni et al. 2019 참조. 이들 중 일부 수컷의 입양 사례는 2012년 앨라스테어 포더길과 마크 린필드가 감독하고 디즈니네이처가 제작한 영화 〈침팬지〉에 감동적으로 엮였다. DVD로 이용 가능하다.

45. 생식 가치가 나이와 함께 감소함에 따라 사바나개코원숭이 수컷들의 새끼 돌봄 경향은 비슷하게 증가하는 것으로 보인다.

46. 프레디는 때로 자신이 깬 견과류 대부분을 자기가 돌보는 대상에게 주었다(Boesch 2012). 이 점에서 프레디는 대부분의 침팬지 어머니보다도 더 관대했는데, 어머니들은 보통 마지못해 맛이 덜한 부스러기만 나누어준다(Silk 1978).

47. Boesch 2012.

48. 나이와 감소하는 생식 가치는 랑구르 암컷에서 이타주의 또는 '기부 의도'의 증가와 상관관계가 있으며, 특정 조건에서는 수컷에서도 발생할 가능성이 매우 높다.

49. 리란 새무니와의 개인적인 의사소통, 2019년 12월 11일.

50. Hrdy 1976; Paul et al. 2000; Dunayer and Berman 2018.

51. Alberts 2016. 새끼를 해칠 의도가 없어도 이 방법으로 새끼를 '공격 완충제'로 사용하는 것이 끔찍하게 잘못된 결과를 초래하는 사례를 기억할 필요가 있다. 앨버츠는 또한 '공격 완충제'로 사용된 개코원숭이 새끼가 무작위로 물려 죽은 사례를 언급한다.

52. Dunayer and Berman 2018.

53. Campos et al. 2020; Yang et al. 2016; 일부 과학자들은 친밀한 사회적 상호작용 중에 상승하는 신경펩타이드 옥시토신이 역할을 할 가능성을 제기한다. Horn and Carter 2021 참조.

54. Small 1990.

55. Rincon et al. 2017.

56. Xiang et al. 2010; Guo et al. 2022는 중국 북부 산악 서식지의 가혹한 기후 조건이 한 쌍의 마카크원숭이 수컷이(그중 한 마리는 확실히 아버지로 밝혀졌는데) 거의 젖을 떼는 고아를 도운 이 유일 가능성이 있다고 가설을 세웠다.

57. 2016년 기준으로 비단원숭이과에 속하는 마모셋 또는 타마린 48종이 있었다(Rowe와 Myers 2016). 한때 일부일처제로 추정되었지만, 실제로는 암컷 마모셋과 타마린은 종종 다수의 수컷과 짝짓기를 하며, 일부 종은 다른 종보다 더 다부일처제적이다. 비단원숭이과 수컷은 새끼 돌봄의 양에서 다르지만, 모두 가끔씩은 새끼를 데리고 다닌다. 이에 대한 종합적인 설명은 Goldizen 1987, Bales et al. 2000, Garber 1997 등의 현장 관찰에 기반한다.

58. Snowdon and Ziegler 2007.

59. 출산 후 발정까지 걸리는 시간은 다양하다. 수전 타디프(Susan Tardif)가 수년간 연구한 일반 마모셋의 경우 출산 후 약 11일 후에 발정이 일어난다(Tardif et al. 2003).

60. Hrdy and Whitten 1987; 인간과 비단마모셋의 유사성에 대해서는 Hrdy 2016a: 표 2.1 참조.

61. 출산 후 발정은 수컷에 의한 영아살해가 보고되지 않은 17종의 영장류 중 13종에서 발견되었지만, 영아살해가 보고된 32종에서는 발견되지 않았다(van Noordwijk and van Schaik 2000:344).

62. Finkenwirth et al. 2016.

63. Parreiras-e-Silva et al. 2017. 이 연구를 소개하고 이해를 돕는 데 도움을 준 수 카터에게 감사하다.

64. Allman 2000:190에 인용된 Marc van Roosmalen의 관찰.

65. 야생 타마린에 대해서는 Rapaport 2011 참조. 마모셋의 협력과 음식 공유에 대한 준비성을 보여주는 실험적 증거에 대해서는 Burkart et al. 2007 참조.
66. Saito and Nakamura 2011.
67. Ziegler, Sosa, 그리고 Colman 2017; Burkart et al. 2007.
68. Rapaport과 Brown 2008; Rapaport 2006, 2011.
69. Rapaport 2011.
70. 야생 일반 마모셋(*Callithrix jacchus*)은 Koenig 1995; 야생 수염타마린(*Saguinus mystax*)은 Garber 1997; 야생 황금사자타마린(*Leontopithecus rosalia*)은 Baker et al. 1993 참조. 마모셋은 심지어 가장 도움을 주는 수컷에게 유리하도록 출생 시의 성비를 조정하기도 한다(Silk and Brown 2008). Gowaty and Lennartz(1985)가 '지역 자원 증강(Local Resource Enhancement)'이라고 명명한 이러한 성비 편향은 다른 협력적으로 번식하는 종에서도 보고되었다.
71. Ross et al. 2007; Zimmer 2007.
72. French 2007.
73. Ross et al. 2007; Zimmer 2007.
74. Ziegler et al. 2004.
75. Ziegler, Prudom et al. 2016.
76. Ziegler 2016; Ziegler et al. 2017.
77. Garber 1997. 야생 타마린과 마모셋의 협력을 다룬 다른 모범적인 현장 연구는 Bales et al. 2000, 2002; Rapaport 2006; Rapaport and Brown 2008 참조. 실험실에서 마모셋의 협력을 확인한 실험적 증거는 Burkart et al. 2007 참조.
78. Hrdy 2009:92 이하.; 검토는 Hrdy 2016b 참조.
79. Hrdy 2016b에서 이 끔찍한 행동에 대한 산발적이지만 광범위한 기록을 다룬다.
80. Dieter Lukas and Elise Huchard(2014)의 계통발생 재구성에 따르면, 고환이 클수록 해당 계통에서 영아살해가 진화한 이후 더 오랜 시간이 경과했다. 부성 확실성이 충분히 혼란스러워지면, 수컷에 의한 성 선택적 유아살해는 거의 사라진다.
81. Eliassen and Jørgensen 2014. Krams et al.(2022)는 이 모델에 대한 흥미로운 현장 조사연구를 보여주며, 수컷이 인근 둥지에서 추가 쌍둥이 새끼를 낳았을 때 지역 포식자 방어에 참여할 가능성이 더 높다고 보고했다.
82. Parish and de Waal 2000.
83. 인간과 98퍼센트의 유전자가 일치함에도 불구하고, 보노보가 인간과 공유하는 일부 유전자는 침팬지가 인간과 공유하는 유전자와 다르다(de Waal 2022:112-113).
84. Furuichi 2017; Fruth and Hohmann 2018.
85. Reichert et al. 2002; Douglas et al. 2016.
86. Douglas et al. 2016; Furuichi 2017; Walker and Hare 2017.
87. Parish 2006.
88. Moscovice et al. 2019. 암컷의 오르가즘 반응은 특정 파트너에 대한 헌신이나 특정 수컷의 성적 능력보다는 생리 주기와 더 관련이 있을 가능성이 있으며, 적어도 보노보와 같은 비인간 영장류의 경우 이전 파트너로부터의 자극이 오르가즘 가능성을 증가시킬 수 있다. 이러한 점에서 여성이 파트너의 자존심을 위해 오르가즘을 '가짜로' 연기해야 한다고 느끼는 것은 아이러니하다.

89. Parish 1994; de Waal and Lanting 1997.
90. Parish 1994; Fruth and Hohmann 2016; Furuichi 2017; Hohmann et al. 2018.
91. Hohmann and Fruth 2011.
92. Tokuyama et al. 2021.
93. Furuichi 2011, 2017; Tokuyama and Furuichi 2016:33.
94. Surbeck et al. 2017; Hare and Woods 2020: chapter 3, 특히 p. 47.
95. Parish and de Waal 2000; White and Wood 2007 참조. 먹이 조각이 작으면 암컷이 수컷보다 먹이를 우선적으로 얻는 반면, 큰 먹이 조각에서는 그렇지 않았다. 암컷이 동맹 없이 단독으로 수컷과 대치할 때 수컷은 여전히 우위를 차지했다.
96. 암컷들이 벌이는 이런 교미가 다른 종의 '협력적 이웃' 진화에 어떻게 기여할 수 있는지에 대한 이론적 모델링은 Eliassen and Jørgensen 2014; Sheldon and Mangel 2014를 참조.
97. Hare et al. 2007.
98. Fruth와 Hohmann 2018; Samuni et al. 2022 참조.
99. Hare et al. 2007; Tan and Hare 2013; Hare and Woods 2020: 3장은 덜 친한 보노보와 음식 공유를 보여주는 실험이 제시된다. 하지만 또 다른 집단의 성체 보노보에서는 같은 무리의 구성원이 좋아하는 음식에 접근하는 데 거의 관심이 없다는 Verspeek et al. 2022의 연구도 주목할 만하다. 계속 지켜볼 일이다.
100. Fruth and Hohmann 2018에서 인용. 음식을 공유하는 다른 동물들에 대해서는 다음을 보라. 청회색앵무새, 청색어치, 아프리카회색앵무새와 같은 새에서의 능동적인 음식 공유 사례는 Massen et al. 2020 참조. 영장류는 특히 Jaeggi and van Schaik 2011 참조. 일반적인 침팬지 무리 성원 그리고 공동으로 사냥을 한 성원들끼리 자발적으로 고기를 공유하는 '유대 기반의 상호 이타주의' 같은 흥미로운 연구를 보여준 Samuni et al. 2018도 참조. 영장류 중에서도 '다른 존재를 배려하는' 적극적인 음식 공유의 대표주자는 단연 협력적 번식을 하는 비단원숭이와 아과이다(Burkart et al. 2007, 2014). 흥미로운 점은 사회성이 뛰어나고 뇌가 큰 포유류 중 유일하게 돌고래가 암수 모두 무리지어 이동하며, 무리가 서로 마주치면 보노보처럼 싸우지 않고 섞이고 짝짓기를 하는 포유류라는 사실이다(Danaher-Garcia et al. 2022). 보노보 조상들이 확실히 그렇듯 수컷 돌고래의 영아살해는 돌고래 어미들에게 오랜 시간 동안 문제였을 것이다(Patterson et al. 1998; Rosser et al. 2022). 이러한 문제는 아마도 '더 좋은 이웃'을 만들기 위한 노력의 일환으로 비슷하게 크고 잘 발달된 음핵의 진화에 기여했을 것이다(Gross 2022:83, 생물학자 패트리샤 브레넌의 말을 인용).
101. Van Schaik and Dunbar 1990; van Schaik 2000a와 2000b; Borries et al. 2010.
102. Rosenbaum and Silk(2022)는 유사한 결론에 도달한 다른 영장류학자들을 검토했다.

8. 플라이스토세에 일어난 놀라운 진화

1. 이 역사를 재구성하기 위해 DeSilva 2020의 명쾌한 설명과 그 안에 참조된 자료를 사용했다. 특히 74페이지 이후를 참조.
2. 아르디피테쿠스(*Ardipithecus ramidus*)와 그와 관련된 종에 대해 현재 우리가 알고 있는 정보는 White et al. 2015를 참조.
3. Lovejoy 2009; Suwa et al. 2021; Raghanti et al. 2018. 또한 최근 출판된 케이 마틴(M. Kay

Martin)의 저서 *The Wrong Ape for Early Human Origins: The Chimpanzee as a Skewed Ancestral Model* (2023) 참조.

4. 과학 저널리스트 커밋 패티슨은 아르디(Ardi) 발견의 뒷이야기, 파괴된 유해를 다시 재구성하는 문제, 그리고 진화사에서의 위치를 해석하는 거의 불가능한 과제를 2020년 저서 *Fossil Men: The Quest for the Oldest Skeleton and the Origins of Humankind*에서 생생하게 서술했다.

5. Magill et al. 2013; DiMaggio et al. 2015; Potts and Sloan 2010; Potts and Faith 2015; Leakey 2020.

6. Bobe and Leakey 2009.

7. 예를 들어, Bobe and Leakey(2009)는 오모 투르카나(Omo-Turkana) 분지의 플리오 플라이스토세 지층에서 회수된 대형 포유류 화석의 풍부한 개체군 중에서 호미닌이 차지하는 비율이 0.6퍼센트를 넘지 않는다고 추정했다.

8. Hawks et al. 2000; Leakey 2020:322.

9. Lovejoy 1981.

10. Darwin 1879; Isaac 1968; Washburn and Lancaster 1968; Lovejoy 1981; Kaplan et al. 2000 도 참조.

11. Isler and van Schaik 2012; van Schaik 2016:385.

12. 2.5세의 오스트랄로피테쿠스 아파렌시스(*Australopithecus afarensis*) 아이의 두개골 크기와 모양에 대한 분석과 치아 성장 고리 연구는 330만 년 전까지 호미닌 아기가 출생 시 더 크고, 오늘날의 유인원보다 더 무력하고 느리게 성숙했음을 시사한다(Alemseged et al. 2006; 개요 및 인간진화생물학자 타냐 스미스가 느린 성장 속도를 결정한 방법에 대한 설명은 DeSilva 2020:110 이하 참조). 오스트랄로피테쿠스에서의 느린 성숙은 더 큰 두뇌에 대한 선택이 본격적으로 시작되기 전에 의존적인 어린 자녀에 대한 돌봄 증가가 이미 진행되고 있었음을 암시한다(Hrdy 1999:287; Hublin et al. 2015; Gunz et al. 2020).

13. Hublin et al. 2017의 화석 발견은 원시 호모 사피엔스를 30만 년 전으로 거슬러 올라가게 한다.

14. 참고로, 침팬지보다 하루 약 400칼로리를 더 소비한다(Pontzer et al. 2016).

15. Wrangham 2009; Carmody et al. 2011. 정확한 날짜는 논란이 많지만, 80만 년 전까지는 불 사용에 대한 확실한 고고학적 증거가 존재한다.

16. McGrew 1979; Goodall 1986; Watts and Mitani 2000; Gilby et al. 2015.

17. 침팬지 암컷이 사냥을 덜 하는 또 다른 이유는 독불장군 수컷이 그 사냥감을 차지할 가능성 때문이다. 굳이 애쓸 이유가 없는 것이다. 그러나 낮은 밀도의 개방된 서식지인 퐁골리(Fongoli) 지역의 암컷은 흥미로운 예외 사례다. 이곳의 암컷은 수컷만큼이나 작은 사냥감을 사냥하며, 더 큰 이동 자율성을 가지고 동료를 선택하거나 모계 친척에 가까이 있으면서 지역 내에서 영향력을 쌓는다. 이들 암컷은 음식에 대한 통제권이 더 크며, 이전 장에서 언급한 보노보 암컷처럼 음식을 다른 이들과 더 기꺼이 공유하는 것 같다(Pruetz 2018).

18. Mitani 2006, 2021; Langergraber et al. 2017.

19. 코트디부아르의 타이 숲은 침팬지 수컷이 서로와 함께 사냥하고 이후 '상호주의적'으로 음식을 공유하는 것이 관찰된 장소 중 하나다(Boesch et al. 2006:150). 또한 키도고에서 음식의 상호 교환에 대해서는 Mitani 2006 참조.

20. Wittig et al. 2014.

21. 다윈이 1871년에 플라이스토세 아프리카 조상은 주로 남성이 사냥했을 것이라고 당연하게 여

긴 점은 분명히 맞지만, 어떤 상황에서는 여성도 사냥을 하며, 때로는 이를 일상적으로 수행한다는 점이 점점 더 명확해지고 있다. 예를 들어, 아카족은 남성과 여성이 함께 그물을 사용해 사냥하며, 필리핀의 아그타(Agta)와 같은 채집민들은 개를 사용해 사냥한다. 그러나 필리핀, 아메리카 및 다른 지역에서 여성 사냥꾼들이 사용하는 말, 개, 활과 화살 같은 도구는 플라이스토세 아프리카 초기 호미닌에게는 없었던 혁신임을 알아둘 필요가 있다.

22. Darwin (1871) 1981, 2권, 20장: 368, 374-375.
23. Darwin 1879; Westermarck 1891; Symons 1979 및 이후 논의들. 이런 시각을 가장 잘 대변하고 있는 것은 아마도 셔우드 워시번과 쳇 랭카스터가 *Man the Hunter* (Lee and DeVore 1968)에 쓴 글일 것이다. 그러나 유연하거나 반연속적인 발정 신호는 다른 영장류에서도 발생하며, 우리와 가장 가까운 대형 유인원 중에서는 침팬지속 암컷만이 배란 시 눈에 띄는 성적 부풀림을 보인다. 인간에서 배란이 '은폐'되었다기보다는 처음부터 눈에 띄게 광고되지 않았을 가능성이 크다(Hrdy와 Whitten 1987; Hrdy 1981).
24. Lovejoy 1981.
25. Lovejoy 1981.
26. Lovejoy 1981, 2009. 이 발견을 이끈 팀 화이트와 다른 연구자들에 대한 흥미로운 설명은 Pattison 2020을 참조. 여기에는 연구팀의 해부학자 오언 러브조이(Owen Lovejoy)가 창조론자로 자랐다는 재미있는 이야기도 포함되어 있다(163페이지). 창조론자로 자란 배경이 화석 기록 해석에 영향을 미쳤을지는 미지수다.
27. 예: Helen Fisher의 대중적 저서 *The Sex Contract* (1983년).
28. Meindl, Chaney, and Lovejoy 2018.
29. 주호안시족(이전에는 !쿵산족으로 불림)에 관해서는 리처드 리의 초기 연구(1979)를 참조. 탄자니아 하드자족은 James O'Connell, Kristen Hawkes, Nicholas Blurton Jones의 현장 연구 논문(O'Connell et al. 1988, 2002; Blurton Jones 2016:237; Hawkes et al. 2018)을 참조.
30. Lee 1979; Hawkes et al. 2001a:686; Blurton Jones 2016.
31. 1,300만 칼로리는 카플란(Kaplan 1994)이 수렵채집사회의 광범위한 샘플 데이터를 사용하여 추정한 수치다. 크래머(Kramer 2005 및 2005년에 있었던 개인적인 의사소통)는 원예 사회에서 어린이를 키우는 데 비슷한 칼로리가 든다고 계산했는데, 여기에는 심지어 아이들이 하는 심부름과 밭일이 포함되어 있다.
32. Hrdy 2009: 6장.
33. '바 아카(Ba Aka, 복수형)'로도 알려져 있지만, 여기서는 휴렛의 원래 용어를 따른다.
34. Marshall 1976b; Turnbull 1962; Hewlett 1991; Marlowe 2010. 개요는 Konner 2005, 2010; 특히 16장과 17장; Blurton Jones 2016을 참조. 칼라하리(Kalahari)가 더 습했던 시기에 대해서는 Wilkins et al. 2021 참조.
35. Blurton Jones 2016:5; Scheinfeldt et al. 2019. 오늘날 이들 아프리카 인구는 세계에서 가장 유전적으로 이질적인 집단으로 남아 있다(Henn et al. 2011).
36. Power 2017; Power et al. 2017. Marshall 1961; Lee 1979도 참조.
37. 아기가 어머니의 젖을 떼는 정확한 시기를 알아내기는 어렵다. 가장 신뢰할 수 있는 추정치는 자연적인 출산율을 특징으로 하는 전통 사회를 대상으로 댄 셀런(Dan Sellen)이 수행한 조사에서 나온다(Sellen 2001).
38. Hawkes, O'Connell, Blurton Jones 2018:783.

39. Hawkes et al. 1991; Marlowe 2010. 이는 일반적으로 인용되는 수치이지만, 크리스텐 호크스는 남성이 사냥을 하면서 식물성 음식을 간식으로 먹는 경우가 많았고, 여성이 사냥 중 거북이나 작은 사냥감을 잡는 것을 마다하지 않았음을 상기시킨다.

40. Lee 1979; Marlowe 2010: 5장, 특히 하드자족과 !쿵족 데이터를 비교한 그림 5.11 참조.

41. Crittenden 2016.

42. Hewlett 1991:134. 몾사냥과 남녀가 공동으로 수행하는 그물사냥이 일부 중앙아프리카 숲의 수렵채집민들 사이에서 더 많은 고기를 제공했다는 점도 주목할 것(Reyes-Garcia et al. 2020).

43. '과시 가설'로 알려진 것에 대한 논의는 Hawkes 1991; Gurven et al. 2000; Hawkes and Bliege Bird 2002 참조.

44. Hawkes 2000:63; Hawkes et al. 2001; Blurton Jones 2016:426-427도 참조.

45. Wiessner 1982; Cashdan 1990; Kaplan et al. 1990.

46. Hawkes et al. 1989; Marlowe 2010: 그림 5.11.

47. Blurton Jones 2016.

48. Jones et al. 2006.

49. Hawkes et al. 1998, 2021.

50. 나이가 많은 암컷 영장류의 이타심에 대해서는 Hrdy 2009:250 이하 참조.

51. Collins et al. 1984.

52. 자세한 내용은 버나드 채페이스(Bernard Chapais)의 *Primeval Kinship: How Pair-Bonding Gave Rise to Human Society* (2008)를 권하지만, 주의할 점이 있다. 채페이스의 모델은 과거의 거주 패턴과 성적 관계에 대해 나와는 다른 가정을 기반으로 한다. 예를 들어, 나는 우리 호미닌 조상의 거주 패턴이 채페이스가 가정하는 것보다 더 유연했고, 부계 지역보다는 다지역적(multilocal) 경향이 더 강했다고 가정한다. 현재로서는 누가 더 맞는지 확신하기 어렵다.

53. Schacht and Kramer 2019.

54. Hawkes 2014b; Coxworth et al. 2015.

55. 이들은 관련 정보를 찾을 수 있는 68종의 영장류를 대상으로 계통발생적 통제 분석을 수행했다(Jaeggi and van Schaik 2011).

56. 올빼미원숭이 수컷이 음식을 주는 것은 아마도 영양적 중요성보다는 사회적 중요성이 더 많은 것으로 보인다(Wolovich et al. 2008 및 Fernandez-Duque 2021). 그러나 야생 황금사자타마린에서는 친부인 수컷과 친부가 아니지만 양육을 돕는 여러 수컷이 새끼가 젖을 뗄 즈음 소비하는 고형식의 최대 90퍼센트를 제공한다(Rapaport 2011). 개요는 Brown et al. 2004 참조.

57. Strazdiṇa et al. 2013.

58. Wrangham 2009; Carmody et al. 2011. 주호안시족이 타오르는 불빛 주위에 모여 이야기를 나누고 이야기를 들려주는 '불빛 대화'에 대해서는 Wiessner 2014 참조.

59. 오늘날의 수렵채집민(Hewlett and Winn 2014)처럼 초기 호미닌 집단에서도 어느 정도 대리모 젖먹이(allomaternal nursing)가 이루어졌을 가능성이 크다. 포유류 전반에서 어머니의 대사를 줄이기 위해 아기를 데리고 다니는 것은 이러한 대리모 제공보다 다음 임신까지의 시간을 더 단축할 수 있지만, 두 가지 모두 중요하다(Cerrito and Spear 2022).

60. Hrdy 1999, 2005, 2009; Hewlett and Lamb 2005; Konner 2010; Draper and Howell 2005; Blurton Jones et al. 2005; Blurton Jones 2016; Meehan and Crittenden 2016. 세계 다른 지역

열대 수렵채집민들의 보조 양육자를 두었던 유사한 사례는 Hames 1988; 남아메리카 아체족을 다룬 Hill and Hurtado 2009; 필리핀의 아그타족을 다룬 Dyble et al. 2016; 호주의 알야와라족 (Alyawarra)를 다룬 Denham 2015 참조.

61. Hawkes et al. 2001; Blurton Jones 2016:423; Draper and Howell 2005; Howell 2010도 참조.
62. Blurton Jones 2016.
63. Lancy 2022:35 및 전체 참조.
64. Wiessner 1982; Cashdan 1990.
65. Biesele 1993.
66. Marlowe 2010:251.
67. Hawkes 1991; Wiessner 2002; Jaeggi and Gurven 2013. 남아메리카 아체족 사이에서는 더 많이 생산하고 더 많이 공유하는 사람이 도움이 필요할 경우 더 많은 도움을 받았다(Gurven et al. 2000).
68. 하드자족의 사회적 기대에 대해서는 Marlowe 2010:171을 참조. !쿵족의 민담에 대해서는 Biesele 1993을 참조.
69. Apostolou 2007; Walker et al. 2011.
70. Marlowe 2010:251; 설문조사는 Smith and Apicella 2020 참조.
71. Hawkes 1991; Hill and Hurtado 1996; Gurven and von Rueden 2006; Blurton Jones 2016. 결혼 준비 상태에 대해서는 Wiessner 2002:417 참조.
72. Blurton Jones 2016.
73. Wood와 Hill 2000.
74. Wiessner 2002.
75. Wiessner 1977, 1986.
76. Marlowe 2010:233.
77. McBrearty and Brooks 2000; Brooks et al. 2018.
78. Wiessner 2002:419; Wiessner, 개인적인 의사소통, 2023년 3월 14일.
79. 세대 간 정보 전달, 결혼 중개, 보조 양육, 그리고 숙련도가 높아지면서 노년기에 잉여 식량 생산이 늘어난 것이 긴 수명에 어떻게 기여하는지를 보여주는 혁신적 모델에 대해서는 Davison and Gurven (2022)를 참조
80. Wiessner 2002:410.
81. Marshall 1976b; Lee 1968, 1979; Boehm 1999, 2012; Blurton Jones 2016.
82. Darwin (1871) 1981, 1권:164.
83. Vonasch et al. 2018.
84. 수컷에 의한 영아살해는 인간보다 비인간 영장류에서 훨씬 더 흔하다. 아프리카 수렵채집인 사이에서 영아살해가 발생할 경우, 관련이 없는 남성보다는 어머니 자신이 가해자일 가능성이 더 높다(Howell 1976; Blurton Jones 2016). 인류학적 인구학자인 낸시 호웰은 !쿵족 수렵채집민들에 대한 데이터를 분석하여, 어머니가 신생아를 포기해야 했던 경우가 100명 중 약 1명꼴이었다고 계산했다. 이는 신생아가 문제가 있어 생존할 가능성이 낮아 보이거나 새로 태어나는 아기가 아직 의존적인 손위형제의 생존을 위협했기 때문이다. 문화와 시대를 넘어 신생아를 유기하고 살

해하는 사례에 대한 분석은 Hrdy 1999: 12장 및 14장을 참조.
85. Lancy 2022:78-79.
86. Wiessner 2002.
87. Bliege Bird and Bird 2008.
88. 이 점에 관해 이야기를 함께 나눈 폴리 위스너에게 감사드린다.
89. Lee 1979; Boehm 1999, 2012.
90. Marshall 1961, 1976a 재출판, 355-356쪽 참조.
91. Hawkes 1991; Hawkes and Bliege Bird 2002.
92. La Barre 1967:104. 조지 부시 대통령과 같은 고위 정책 입안자들이 공유하는 이 견해는 Carey 2005에서 인용되었다.
93. 2001년 Human Behavior and Evolution Society 연례 회의에서 호크스의 기조연설; O'Connell et al. 2002:862 참조. 또한 Hawkes 1991의 이전 논문 참조.
94. 남성이 가족을 부양하기 위해 사냥한다는 가설과는 다른 이야기 그리고 '과시 가설'에 대한 논의를 더 자세히 알아보려면 Hawkes 1991을 참조. 비판적 내용은 Wood and Marlowe 2013, 2014 참조. 이에 대한 상세한 답변으로는 Hawkes et al. 2014, Blurton Jones 2016: 264쪽 이후의 설명 참조. 사냥의 중요성이 더 일반적인 평판 및 기타 사회적 이익과 어떻게 통합되는지에 대해서는 Wiessner 2002; Gurven and von Rueden 2006; Alger et al. 2020을 참조.
95. Gerson 1993:76.
96. Coontz 1992는 미국인 아버지가 맡아야 할 역할이 어떻게 '우리가 결코 그렇지 않았던 방식'으로 되었는지에 대해 훌륭히 설명한다. 또한 Sear 2015, 2021; Gray et al. 2018을 참조.
97. Wrangham et al. 1999; Stiner et al. 2010.
98. Stiner et al. 2010; Kuhn and Stiner 2019. 나는 케셈 동굴의 거주자를 후기 호모 에렉투스로 보지만, 다른 사람은 그들을 현대 호모 사피엔스의 직전 조상인 호모 하이델베르겐시스로 분류한다.
99. Killgrove 2015; Hardy et al. 2015. 호모속 후기 단계 개체(여기에는 호모 하이델베르겐시스도 포함됨)의 유전자 분석 결과를 보면 이들의 미생물 군집은 박테리아가 사용할 수 있는 타액에서 전분 소화 효소 균주를 포획하는 데 적응한 것으로 밝혀졌다(Fellows Yates et al. 2021).
100. Heldstab et al. 2016, 2019; 더 자세한 내용은 특히 van Schaik 2016을 참조.
101. Katz와 Konner 1981; Endicott 1992; Konner 2010: 17장을 참조.
102. 예를 들어, 야생 침팬지 사이에서 자원이 공유될 때 소변 옥시토신 수치가 증가하는 것으로 나타났다. Samuni et al. 2018 참조.
103. Wolf et al. 2022 참조.
104. Gettler et al. 2012.
105. 전통사회에서 함께 잠을 자는 것에 대해서는 McKenna 2016 참조. 내분비학적 상관에 대해서는 Gettler et al. 2012 참조.
106. Ponce de León et al. 2016.
107. Duveau et al. 2019. 데실바 인용문에 대해서는 Hotz 2019 참조.
108. Nava et al. 2020.

109. Marshall 1976b:288.

9. 정신의 변화

1. Donahue et al. 2018; Smaers et al. 2017에 따르면, 인간 전두엽이 차지하는 회색질의 비율은 마카크의 거의 두 배이며 침팬지의 1.2배이다. 더욱 큰 격차는 피질하 백질에서 발생하는데, 이는 침팬지와 비교하여 인간이 1.7배 더 많다.
2. Tomasello et al. 2012; Hill 2002 참조.
3. Tomasello 2009.
4. Tomasello and Carpenter 2007:121-122; Bard and Leavens 2014 참조.
5. Herrmann et al. 2007.
6. Hare and Tomasello 2004; Tomasello 2019.
7. Kobayashi and Koshima 1997; Tomasello et al. 2007; Kano et al. 2022. 새끼 침팬지는 다른 사람의 시선을 따라가는 데 관심을 보이긴 하지만, 발달 과정에서 이러한 관심이 사라지는 것 같다(Tomonaga et al. 2004; Tomonaga 2006). 이것이 자연 상태의 침팬지 사이에서 삼자 상호작용(물건을 가리키고 다른 사람의 반응을 지켜보는 행위)이 드물게 관찰되는 이유일 수 있다.
8. Mearing et al. 2022의 논의 참조.
9. Leavens and Hopkins 1998; Tomasello and Gonzalez Cabrera 2017. 야생 침팬지 사이에서도 이러한 상호 참조가 때때로 관찰되지만(예: Boesch 2012), 인간이 돌봐온 포획 침팬지 사이에서 더 흔히 관찰된다(Leavens and Bard 2014; Hrdy 2016a의 논의 참조). 인간 아이들의 인지와 다른 유인원의 인지를 비교하는 연구 개요는 Lonsdorf et al. 2010 참조.
10. Tomasello et al. 2012; Boyd et al. 2003, '이타적 처벌의 진화' 참조.
11. Lee 1979:387-400, p. 394에서 인용; Boehm 1999, 2012 참조.
12. 보엠 자신은 실제로 수렵채집인과 함께 살지는 않았다. 실제로 수렵채집인과 함께 살았던 민족지학자 폴리 위스너는 친족이 그러한 처벌에 참여하는 것은 '진정한 사이코패스'와 공동체에 심각한 위협을 주는 범죄자의 경우에만 가능할 것이라고 경고한다(개인적인 의사소통, 2023년 3월 14일).
13. R. 데일 거스리(R. Dale Guthrie)는 한 개인이 창에 찔려 죽는 것을 보여주는 최소 16개의 초기 구석기 시대 살해 장면을 기록했다. 개별적인 '살인'의 오래된 묘사와 집단 간 전쟁을 보여주는 더 최근의 암각화 사이의 뚜렷한 차이를 지적하고 있다.(2005: 그림 8-3 및 pp. 182-183).
14. Boehm 2012:164, 312-313, 340. 다양한 이론가가 '사회적 선택'이라는 용어를 다양한 의미 또는 매우 다른 과정을 의미하는 데 사용한다는 점에 유의해야 한다(예: Roughgarden 2004). 보엠의 용법은 이론생물학자가 '사회적 선택'을 일부 자원이나 혜택(예: 존경, 수용, 귀중한 서비스의 수혜자 선택)을 위한 경쟁에서의 차별적 성공을 의미할 때 일반적으로 염두에 두는 것과는 다르다.
15. Boehm 2012:313은 25만 년 전을 '마법의 숫자'라고 언급한다.
16. Boehm 2012:167-168; 보엠은 여기서 진화정신의학자인 랜돌프 네스의 글에 기초하고 있으며, 이는 다시 웨스트-에버하드의 다원주의 사회적 선택의 설명에 영향을 받았다(1979, 1983). 또한 수치의 문화 간 불변성에 관해서는 Sznycer et al. 2018 참조.
17. Wrangham 2019.

18. Wrangham 2019; 특히 8장, '사형' 참조.
19. 랭엄은 이러한 계획된 처형을 '연합 보복 공격'이라고 부르고, 더 충동적이고 계획되지 않은 '반응적 공격'과 구별한다. 이는 침팬지에서 더 흔하다(2019:163). 랭엄은 네안데르탈인이 언어가 없었기 때문에 호모 사피엔스에서와 달리 호전적이고 비협조적인 남성을 제거할 유전자가 네안데르탈인에게는 없었을 것이라고 추측한다(p. 164). 그러나 네안데르탈인이 말을 했는지 여부는 알 수 없다. 네안데르탈인이 말을 했을 수도 있다.
20. Tomasello and Carpenter 2007.
21. Hobson 2004:2. 나는 홉슨이 옳다고 믿기 때문에 이 구절을 수년 동안 여러 번 인용했다.
22. Knight 2016:210; Terrace 2013 참조.
23. Wrangham 2021에서 인용; 더 자세한 설명은 Wrangham 2019 및 비슷하게 남성 중심주의에 초점을 맞춘 Boehm 2012 참조.
24. 이 책의 초점은 남성이다. 그러나 남성 행동이 여성들 사이의 협력적이고 경쟁적인 상호작용의 맥락에서 펼쳐진다는 사실을 무시하는 것은 좋은 생각이 아니다. 다윈 이후로 진화 연구에서 확실히 남성 중심의 편향이 있었지만(Hrdy 1981), 이는 점차 수정되고 있다. Gowaty, ed. 1997; Campbell 1999; Campbell and Stockley 2013; Fisher, Garcia, and Chang 2013; Cassar and Rigdon 2021a, 2021b; Cooke 2022 참조.
25. Hrdy 2009, 2013a, 2016a; Hawkes 2014a; Tomasello and Gonzalez-Cabrera 2017; 또한 Silk and House 2016 및 Cooke 2022 참조.
26. 협력적 수렵채집에 기반한 설명 이외에도 집단들 간에 갈등이 일어나는 동안 남성이 집단 구성원들과 협력할 필요성을 강조하는 이론도 있다. 이는 무리들이 이웃과 같은 자원을 놓고 경쟁하기 시작하고 그들과 갈등을 겪기 시작할 때 강력한 요인이었을 것이다. 하지만 인구 밀도가 매우 낮았던 초기 플라이스토세 시대에 집단 간 경쟁이 일어났다는 증거는 거의 찾아볼 수 없다. 사람들이 점점 더 정착하고 서식지가 더 포화되면서 재산을 보호해야 했던 20,000~40,000년 전 정도가 되어서야 집단 간 갈등의 징후가 나타나기 시작한다(Kelly 1995; Fry 2013).
27. 코너는 1972년 유아기의 선택압에 더 많은 주의를 기울여야 한다고 제안했다(p. 302 참조). 그러나 다른 사람이 그의 주장을 받아들이기까지는 몇 년이 걸렸다(Hrdy 1999, 2005, 2009; Hawkes 2014; Tomasello and Gonzalez-Cabrera 2017). 아울러 마이클 토마셀로는 지적인 인지가 '유아가 다른 사람과 공동으로 의도적인 활동에 참여할 때 시작된다'고 제안했다(2019:190).
28. Matsuzawa 2010.
29. 나는 여기서 다시 한번 표현형 가소성과 진화에 대한 웨스트-에버하드의 주장에 기대고 있다(2003).
30. Ivey 2000; Hewlett and Lamb 2005; Hrdy 2009; Meehan and Crittenden 2016; Konner 2016 참조. 샌프란시스코 대학교의 행동경제학자 알레한드라 캐사르 연구팀이 수행 중인 훌륭한 연구도 주목할 만하다. 이들은 솔로몬 제도의 한 집단에서 수집한 실험적 증거를 횡문화 데이터와 결합하여 보조 양육자에 의한 보육과 더 높은 수준의 타인에 대한 신뢰 사이의 연관성을 보여주었다(Cassar et al. 2023).
31. 출산 후 최대 24시간 동안 영장류 어머니의 젖이 나오지 않을 수 있다. 대리모 수유에 대한 횡문화적 설명으로는 Hewlett and Winn 2014 참조.
32. Katz and Konner 1981; Konner 2005, 2010 참조.
33. 세계의 다른 지역에서는 태어날 때부터 성별에 따른 편향이 있다. 북극 및 뉴기니와 남미의 고

지대 일부 지역에서는 원치 않는 성별을 가진 아기를 어머니가 출산 직후 포기하거나 살해할 수 있다. 아프리카 수렵채집인 사이에서는 영아살해 발생률이 훨씬 낮고, 발생할 경우 출생 간격 문제(여전히 손이 가는 자식이 있는데 너무 빠르게 새로운 아이가 태어나는 경우) 또는 신체 결함 때문일 가능성이 높다. 그러나 성별에 관해서는 남자 아기와 여자 아기가 똑같이 환영받는 것으로 보인다(Hrdy 1999: esp. chapter 13).

34. 이것은 주로 출산 경험이 있는 영장류 어미에게 적용된다. 경험이 없는 어미, 특히 포획된 암컷 어미에게서 태어난 첫 새끼는 사망률이 높다(Hrdy 1999: esp. chapter 13).
35. Hrdy 2009: chapter 6.
36. 사회적 지원이 없으면, 인간 어머니의 유아에 대한 헌신이 흔들려 출산 후 기간 동안의 유대 형성을 방해할 수 있다(Hrdy 1999, 2016b).
37. Smaers et al. 2017.
38. 인간 뇌의 에너지 요구 시기를 추정한 것은 진화인류학이자 크리스토퍼 쿠자와, 챗 셔우드 등 기타 연구자들과 함께 자기공명영상 및 PET 스캔을 사용하여 출생에서 성인기까지의 뇌 포도당 섭취를 측정한 신경과학자 H. T. 추가니(H. T. Chugani)의 놀라운 협력 덕분이다(Kuzawa et al. 2014).
39. Sellen 2001.
40. DeSilva 2022:75.
41. Quinn and Mageo 2013.
42. Meehan and Hawks 2013.
43. *Intimate Fathers*(1992: 77쪽 이후)에서 휴렛은 6개월에서 12개월 사이의 아카족 아기는 약 40퍼센트의 시간을 어머니가 안고 있었고, 나머지 60퍼센트는 다양한 여성 및 남성 대리모에 의해 안겨 있다고 보고한다. 아버지가 아기를 안고 있는 시간은 9퍼센트를 차지한다. 배변을 닦아주는 내용은 111쪽에 있다.
44. Marlowe 2005:184 및 fig. 8.2.
45. 여기에는 분명히 지방의 체온조절 역할과 발달 중인 뇌의 대사적 필요도 있었을 것이다. 하지만 어머니들이 통통하고 만기 출산한 신생아들이 생존할 가능성이 더 높다는 것을 알아차리고 그에 따라 투자를 하게 되었다면, 이러한 신생아들을 선호하는 방향으로 사회적 선택이 가속화되었을 것이다(Hrdy 1999).
46. Hamlin, Wynn, and Bloom 2010.
47. Hamlin et al. 2007; Hamlin and Wynn 2011.
48. Thomas et al. 2022.
49. 협동적 번식을 하는 피그미 마모셋의 새끼가 이유를 시작할 때쯤 새끼는 주의를 끌기 위해 목소리를 내기 시작한다(Ellowson et al. 1998). 이때는 보조 양육자의 양육과 음식 제공이 가장 중요한 시점이다(Hrdy 2009; Hrdy and Burkart 2020).
50. 예를 들어, https://www.youtube.com/watch?v=m3tSs-UN5SM 참조.
51. Warneken and Tomasello 2006. 야생의 유인원 사이에서는 이러한 '목표 지향적 도움'이 드물게 관찰되지만, 인간이 돌보는 것에 익숙하고 길들여진 포획 유인원은 이것을 수행할 수 있다 (Yamamoto et al. 2012).
52. Repacholi and Gopnik 1997.

53. Aknin et al. 2012.
54. Leimgruber et al. 2012; Englemann et al. 2012.
55. Engelmann et al. 2012, 2018.
56. Sakai et al. 2011; esp. fig. 3 참조. 절대 크기를 통제했을 때도, 전두엽은 인간에서 침팬지보다 더 빠르게 발달했으며, 약 3세가 되어서야 평준화되었다. Hublin et al. 2015; Hrdy 2016:39 이하에서 논의.
57. Kass 2013에 따르면, 다섯 배 더 크다.
58. Grossmann 2020; Raz and Saxe 2020; Saxe 2022; Zoh et al. 2022 참조.
59. 그로스먼(Grossmann 2013)은 전두엽이 발달 초기에 중요한 역할을 하는 이유 중 하나가 유아에게 다른 사람이 자신을 부르는 소리를 들을 수 있는 기회를 제공함으로써 '자아 감각을 발전시키는 강력한 기초'로 작용하기 때문이라고 추측한다.
60. Englemann et al. 2012.
61. Grossmann 2013, 2020.
62. Reddy 2003; Trevarthen and Aitken 2001.
63. Grossmann 2020:75-77.
64. 남성이 동료들의 평판에 관심을 갖는 이유에 대해 더 자세히 알고 싶다면 Rodseth 2012 참조. 여기에는 크리스텐 호크스의 '과시 가설'(1991)이 반영되어 있다. 나중에 로드세스는 성관계를 맺고자 하는 여성뿐만 아니라 더 넓은 범위의 타인으로 수정했다(Hawkes 2014b).
65. '이타적인' 사회적 선호의 진화에 대해 더 알고 싶다면, Silk and House 2016 및 그 안의 참조를 참조하라.
66. Nesse 2009:145-146. 네스는 이를 다음과 같이 표현한다. '파트너 선택의 역할은 다른 개인이 내리는 결정의 적합도 효과에 주목하게 하고, 따라서 다른 사람이 원하는 것을 이해하고 그들이 파트너로서 선호하도록 만드는 것이 적합도 면에서 이득이라는 점을 깨닫게 한다'(2009:137).
67. 힐(Hill 2009)의 추가 설명 및 현재 뉴기니 고지대 엔가족의 관습법과 지역 법원이 분쟁을 해결하고 규범 준수를 규제하는 방법에 대한 자세한 사례 연구는 Wiessner 2020 참조.
68. 인류학자 에드바르 웨스터마크는 1906~1908년에 이미 긍정적 사회 선택뿐만 아니라 징벌적 사회 선택의 역할을 *The Origin and Development of the Moral Ideas*에서 조사한 최초의 진화론자 중 한 명이었다. 그러나 보엠(Boehm 2012)은 주로 '내면의 목소리' 또는 양심의 출현을 촉진하는 촉매제로서 징벌적 사회 선택의 역할에 초점을 맞추고, 인간이 비난받을 만한 행동을 하지 않도록 경고한다. 규범 내면화가 집단행동을 촉진하는 방법과 이를 통해 얻을 수 있는 이익에 대한 추가 논의는 Gavrilets and Richerson 2017 참조.
69. Nesse 2009:140, West-Eberhard 1979를 따름.
70. Darwin (1871) 1981:164.
71. Burkart et al. 2009.
72. Nesse 2009:143-145.
73. 예: Wilson 1975.
74. Chomsky 2012; Knight 2016에서 논의 및 분석.
75. Számadó and Szathmáry 2004; Wolfe 2016.
76. 언어의 기원에 대해서는 Pinker 1994; Christiansen and Kirby 2003 및 특히 Hauser,

Chomsky, and Fitch 2004 참조. 유아가 다른 사람을 생각하도록 하는 선택이 언어의 진화에 선행했어야 한다는 내 신념에 대해서는 Zuberbühler 2011; Hrdy and Burkart 2019 및 특히 크리스 나이트(Chris Knight)의 2016년 책 *Decoding Chomsky*의 22장 '언어 이전' 참조.

77. Wiessner 1982 및 개인적인 의사소통, 2007; Rodseth and Wrangham 2004; Chapais 2008.
78. Dunbar 1996; Wiessner 2014.
79. Wiessner 2014.
80. Tamir and Mitchell 2012.
81. 많은 부분이 생략되어 있다. 특히, 공간의 제약으로 인해 아이의 발달에 필요한 자원을 함께 조달하는 것이 발달에 미치는 상관관계를 논의할 수 없다. 이러한 공유는 아이가 성장하는 동안 배고픔을 피할 수 있으며, 엄청난 에너지가 소모되는 뇌를 만들고 유지하는 비용을 시간에 걸쳐 분산시킬 수 있도록 도왔다. 성장 속도는 자원 가용성에 따라 빨라지거나 느려질 수 있었다. 한편, 앨리슨 고프닉과 같은 발달 심리학자들은 아이들이 여러 멘토로부터 더 많은 시행착오 학습을 할 수 있는 기회를 강조한다(Gopnik 2016; Gopnik et al. 2020). 아이는 다른 사람으로부터 배우고 그 지식을 다음 세대로 전달하며, 시간이 지남에 따라 지식이 축적될 수 있었다. 하지만 다른 사람의 도움을 기대할 수 없었다면, 어머니는 이렇게 천천히 성장하며 문화적 적응을 하는 아이를 애초에 양육할 여력이 없었을 것이다. 협력적 양육이 먼저다(Hrdy 1999:287).

10. 아버지 역할의 문화적 구성

1. 이 유명한 독백은 "좋으실 대로(As You Like It)"에서 유아가 '간호사의 품에서 낑낑거리고 구토하는' 장면에서 시작하여 젊은 연인이 '용광로처럼 한숨짓을' 병사가 '명예를 질투하며, 갑자기 싸움질을 하고, 거품 같은 명성을 추구하는' 장면까지 남자의 인생 단계를 그린다. 이는 남자가 다양한 문화적 맥락에서 어떻게 행동하는지를 다루지는 않는다. 또한, 16세기 영국의 시인이 염두에 둔 인생 단계 중 어디에도 조그만 아이를 돌보는 남자는 들어 있지 않다. 그런데도 셰익스피어는 남성이 맡는 역할이 얼마나 다양한지를 아름답게 전달한다.
2. Strier 2007, 2016.
3. 현대 의학에 접근할 수 있는 인간을 제외하면 올빼미원숭이는 야생 영장류 중 가장 높은 유아 생존율(최대 91퍼센트)을 기록하고 있다(Fernandez-Duque 2021).
4. Hrdy 2000; Anderson et al. 2007; Gray and Anderson 2010; Starkweather and Hames 2012; Larmuseau et al. 2016.
5. 특히 라르뮈조(Larmuseau) 외 연구진(2019)이 유럽의 '저지대'(벨기에와 네덜란드)를 대상으로 지난 500년에 걸친 계보학, 사회경제적, 인구학적 기록을 활용해 수행한 최근 유전 분석을 참고할 만하다. 전반적으로 혼외 출생률은 낮았으며, 부적절한 친자 확인 사례는 1~5퍼센트에 불과했다. 그러나 19세기 벨기에와 네덜란드 도시에서는 이 비율이 12퍼센트로 증가했으며, 브뤼셀에서 일하는 하인과 일용직 노동자들 사이에서는 최대 36퍼센트까지 상승했다.
6. Sear and Mace 2008.
7. Rival 1997:626.
8. Rival 1997:627.
9. 리발(Rival, 1997)의 와오라니족 사례를 참고하라. 아체족에서 새 계부에 의한 영아살해 사례는 Hill and Hurtado(1996)에서 다루고 있다. 서양 사회, 특히 미국과 같은 지역에서도 의붓자식에 대한 차별은 미묘한 형태부터 치명적인 형태까지 다양한 사례로 기록되어 있다. Daly and

Wilson(1988), 그리고 Case and Paxton(2000)을 참고하라. 20세기 미국에서 태어난 아기들이 20세기 아마존 수렵채집민들 사이에서 태어난 아기들보다 훨씬 높은 생존율을 보였음에도 불구하고, 1999년 남부 조지아주의 출생 기록과 사망 데이터를 연결한 정보에 따르면, 아버지가 기록되지 않은 미혼모(추정컨대 경제적으로 어려운 경우)에게서 태어난 아이들은 아버지가 기록된 미혼모에게서 태어난 아이들보다 영아 사망 확률이 두 배 더 높았다(Gray and Anderson 2010:122).

10. 민족지학자 커트니 미한(Courtney Meehan 2005)이 아카 수렵채집인에게서 발견한 것이다. 이 중앙아프리카인은 양쪽 성 모두 일생 동안 여러 번 집단을 옮기며 살아간다. 젊은 아내가 첫 아이를 낳았을 때와 같이 부부가 주로 아내의 부모 가까이에 거주하는 경우, 대체로 동족 여성들이 보조 양육자 역할을 맡는다. 앞서 1장에서 언급했듯이 아카족은 기록된 사례 중 가장 높은 수준의 아버지 양육률을 보이지만, 아버지들은 실제로 아기가 보조 양육자에게 안겨 있는 시간의 3퍼센트 정도만 아기를 안고 있었다. 그러나 부부가 남편의 친족 가까이로 이주해 모계 친족이 함께하지 못하게 되면, 이전에 함께 이주했던 큰 아이들이 계속해서 도움을 주었음에도 불구하고, 아버지가 아이를 안는 빈도가 급격히 증가했다. 이때 아기가 어머니 외 다른 사람에게 안겨 있는 시간의 무려 61퍼센트를 아버지가 차지하게 된다. Marlowe(2010)도 참고하라. 이와 유사한 선택적 남성 양육 사례는 브라질에서 Bales et al.(2002)가 연구한 야생 황금사자타마린처럼 협력적 양육을 하는 영장류에서도 발견된다. 아버지는 보조 양육자가 제공하는 도움의 정도에 따라 더 많이 또는 더 적게 도움을 주었다. 이는 Hrdy(2009)에서 자세히 논의된 바 있다.

11. Marks 2015.

12. '생물문화적 영장류': 어떤 면에서는 그렇다. 그러나 이러한 문화적으로 형성된 결과의 신경생리학적 기초에 대해 더 알고 싶다면 Trumble et al. 2015도 참조하라. 이는 매우 복잡한 문제다.

13. Wilson 1975:562.

14. Johnson and Earle 2000:43; Fry and Soderberg 2013; Fry 2013.

15. 현대 인류 집단은 후기 플라이스토세에 확장되기 시작했으며, 약 40,000년 전 붕괴를 겪은 후 꾸준히 증가했다(Marth et al. 2003). 최초의 현대 인류는 적어도 54,000년 전에 유럽에 도착했으며, 40,000년 전에 호주에, 20,000년 전에 아메리카에 도착했는데, 아마도 훨씬 이전에 도착했을 것이다.

16. 모계 거주 패턴은 거의 항상 모계 계통 시스템(지위와 재산이 모계로 전수되는 곳)의 출현을 위한 전제 조건이며, 부계 거주 패턴은 일반적으로(항상은 아니지만) 부계 상속 시스템에 의해 형성된다(Aberle 1961).

17. Chapman 1982; McEwan et al. 1997.

18. McEwan et al. 1997; Gusinde 1931.

19. Gray and Anderson 2010:35, 203 이하; Wiessner 2002 및 개인적인 의사소통, 2023년 3월 14일.

20. Dunsworth 2017.

21. Hua 2001:118–119.

22. 흥미롭게도, 5세기 그리스에서는 임신에 대해 여러 견해가 분분했다. 여기 본문에 소개된 견해는 아이스킬로스의 『에우메니데스』에 나오는데, 아폴로는 어머니를 살해한 혐의로 기소된 오레스테스를 변호하기 위해 아테네 법정에 등장하여 진정한 부모가 아니라고 주장한다. 그러나 그 당시 히포크라테스 의학을 배운 그리스인은 양쪽 부모가 모두 관련된다는 것을 알고 있었다. 성관계 중 남성의 정자가 여성의 '정자'와 섞인다고 생각했다(Skinner 2013).

23. Berndt and Berndt 1999:151; Pollock 2002:52; Weiner 1988; 아카족에 대해서는 배리 휴렛과

의 개인적인 의사소통.
24. Hill and Hurtado 1996; Beckerman and Valentine 2002; Walker et al. 2010.
25. 다부제(다처제) 가족의 증가에 남성 사망률과 여성 편향적 성인 성비가 어떤 역할을 하는지에 대해서는 Starkweather and Hames 2012를 참조하라.
26. Beckerman and Valentine 2002; Walker et al. 2010, 2015; Ellsworth et al. 2014; 이전 기록은 Henry 1941; Crocker and Crocker 1994; Hill and Hurtado 1996; Carneiro n.d.를 참조하라.
27. Hill and Hurtado 1996:274-275.
28. Crocker and Crocker 1994; Crocker 2002; Hrdy 1999: chapter 10.
29. Crocker and Crocker 1994; Pollock 2002.
30. 예를 들어 Pollock 2002; Beckerman et al. 1998.
31. Walker et al. 2010, 특히 fig. 1; Ellsworth et al. 2014에서 추가 논의됨.
32. Crocker and Crocker 1994.
33. Beckerman et al. 1998:32-33.
34. Hill and Hurtado 1996; Beckerman et al. 1998; Beckerman and Valentine 2002; Beckerman et al. 2002a는 여러 남성을 아이 아버지로 둔 여성은 유산할 가능성이 적다고 보고했다.
35. 예컨대 쿠리파코족 남성은 음식을 금식 중임을 과시하여 '자신이 아기와 신비적이고 육체적으로 연결되어 있다는 것을' 모든 사람에게 알린다(Valentine 2002:188).
36. Rival 1997:622 이하.
37. 휴렛(Hewlett 1992)이 아체족을 연구한 동료 인류학자 힐라드 카플란(Hillard Kaplan)과의 대화를 바탕으로 보고한 내용.
38. Pollock 2002; Beckerman and Valentine 2002; Walker et al. 2010; Hrdy 1999:153 이하, 2000에서 논의됨.
39. Lappan(2009). 나는 랑구르 무리에서도 비슷한 일이 일어날 가능성이 있다고 본다. 여기서 거주 수컷이 외부에서 반복적인 압박을 받을 경우, 추가적인 수컷들을 용인할 수 있다(Hrdy 1977b).
40. Eliassen and Jørgensen 2014; Krams et al. 2022.
41. 인간 사회에서 일처다부제 형태의 짝 결합이 얼마나 일반적이었는지에 대한 권위 있는 설명은 Starkweather and Hames(2012)의 연구를 참조. 티베트 상인, 인도의 나야르(Nayar) 등에서 발견되는 '공식적인' 일처다부 결혼 사례는 드물지만, 여기서 논의되는 훨씬 더 일반적인 '비공식적인' 형태의 결합이 더욱 흔했다.
42. Leacock 1980.
43. Leacock 1980:31.
44. Tew 1951:4.
45. 전반적인 설명은 Schneider and Gough(1961) 참조. 또한, 위키피디아의 'Matrilineal or Matrilocal' 항목(https://en.wikipedia.org/wiki/List_of_matrilineal_or_matrilocal_societies)은 상당히 포괄적인 목록을 제공한다. 특히 주목할 만한 것은 Holden and Mace(2003)의 연구로, 아프리카에서 가축 사육의 확산이 모계 계보의 상실로 이어지는 과정을 신중히 분석한 내용이다. 또한 Jordan et al.(2009)의 연구는 정교한 계통 분석을 활용하여 조상들의 거주 패턴을 재구성하려는 최근의 노력에 대해 다룬다. 아울러 약 3,000년 전 미크로네시아를 식민화했던 초기 항해자

들의 모계 거주 패턴에 대해서는 Liu et al.(2022) 참조.
46. Fardon 1999:47-49.
47. 메리 더글러스와의 개인적인 의사소통, 2000년 9월 26일.
48. Tew 1951; Douglas 1963. 이러한 일처다부제 결혼이 널리 행해졌지만, 상황 또는 역사에 따라 달랐다. 일부 레레 마을은 일처다부를 따랐지만 다른 마을은 따르지 않기도 했다(Vansina 1990:20).
49. Tew 1951; Douglas 1963.
50. Douglas 1963:132.
51. Tew 1951:3.
52. 보츠와나의 '매춘'을 주제로 상반된 도덕적 관습에 대해 상세히 다룬 논문은 Jo Helle-Valle(1999) 참조.
53. Tew 1951:4-8.
54. Tew 1951:4-8.
55. Scelza et al. 2019.
56. Scelza et al. 2019; Prall and Scelza 2020; Prall 2022.
57. 프랄과의 전화 인터뷰, 2022년 3월 8일. 동물행동학자 이레니우스 아이블-아이베스펠트가 지난 세기 중반에 힘바를 방문했을 때, 남성과 자녀 간의 애정 어린 상호작용에 감명을 받았다(Eibl-Eibesfeldt 1989:224쪽 이후 및 fig. 4.42a).
58. Prall and Scelza(2020)를 참조하라. 아프리카 전역에서 아이를 위탁하는 관행은 흔하다. 아이는 할머니나 자녀가 없는 여성과 함께 살도록 보내지거나 더 나은 교육 기회를 주기 위해 도시에 거주하는 친척집으로 보내지기도 한다.
59. Scelza, Prall, and Starkweather 2020.
60. Prall 2022 (전화 인터뷰).
61. Prall 2022 (전화 인터뷰); Wiessner, 개인적인 의사소통, 2023.
62. Engels (1884) 1942:54-55 (영어 번역본: *The Origin of the Family, Private Property and the State*).
63. '여성 할례'와 관련된 광범위한 문헌을 최근에 정리한 Hudson et al. 2012; Goldberg 2009: 5장을 참조.
64. Strassmann 1991.
65. 영아 사망률은 47퍼센트까지 오를 수 있다(Strassmann 1991).
66. Hrdy 1999:257-265.
67. Hrdy 1999: 10장에서 논의됨; 이러한 일반화의 복잡성을 보여주는 현대 아프리카 사례 연구는 Borgerhoff Mulder 2009를 참조하라.
68. Franklin and Volk 2018.
69. UNICEF 2006, https://www.unicef.org/montenegro/media/8196/file/MNE-media-MNEpublication408.pdf; Brinda 2015도 참조하라.
70. Bruce et al. 1995; Hudson et al. 2012. 영국과 미국에 대해서는 Miller 2021을 참조하라.
71. 거의 전 영장류에서 모계 거주('여성 회향 경향')와 여성 자율성 사이에 연관성이 나타난다. 이는 내가 약 40년 전 『여성은 진화하지 않았다(The Woman That Never Evolved)』(1981)를 집필하다

가 처음으로 깨달은 것이다(1981). 당시 나는 사바나개코원숭이 암컷들이 태어난 무리에 남아 누구와 어울리고 어디에서 먹이를 구할지 스스로 결정하는 것과 어미에게 '납치된' 하마드리아스 개코원숭이 암컷들이 '하렘'의 일원이 될 수컷들에게 길러지고, 이들 수컷에 지배당하는 것 사이의 극명한 차이를 보고 충격을 받았다. 수년 동안 모계 거주와 여성 자율성 및 사회적 지원, 보조 모성 보육 접근 사이의 연관성에 대한 증거는 꾸준히 쏟아졌다(Smuts 1992; Silk 2007; Meehan 2016; Mattison et al. 2019; Seabright et al. 2022). 2010년 워커(Walker et al. 2010)는 아마존 부족 전체의 분할 부성에 대한 '계통 발생' 분석을 지리적 및 언어적 증거와 훌륭하게 통합했다. 그들은 모계 거주 패턴(그들은 'uxorilocal' 거주라고 불렀다)의 확산이 어떻게 '더 큰 여성 생식 자율성'에 유리하게 권력 균형을 바꿀 수 있는지 보여주었다(2010:191-95 및 fig. 1). 2014년부터 연구를 시작한 허드슨(Hudson et al. 2014-2018)은 거주 패턴과 여성 역량 강화 사이의 연관성을 보고하여 이를 국가 안보와 연결할 수 있었다.

72. 도나 레오네티(Donna Leonetti)의 연구는 1980년에서 2000년까지의 기간에 걸쳐 이루어졌는데, 당시 그는 벵갈리족 남성들이 아이들과 거리감이 더 큰 것에 비해 카시족 남성들이 아이들 양육에 더 많이 참여하는 것이 아이들의 영양상태와 생존에 유리하게 작용했다고 생각했다(개인적인 의사소통, 2022년 7월). 그러나 전 세계적으로 변화가 일어나고 있으며, 오늘날 많은 카시족 남성이 전통적인 모계 관습을 버리고 현금 경제에 합류하고 있다. 행동경제학자 알레산드라 캐사르는 지속적인 현장 연구를 바탕으로 레오네티가 연구할 때와 마찬가지로 카시족 남성이 여전히 자상하다고 가정하면 안 된다고 경고한다(개인적인 의사소통, 2022년 8월).

73. Leonetti et al. 2005, 2007, 개인적인 의사소통, 2022년 7월 19일. Mesoudi and Laland 2007 도 참조하라.

74. Sanday 2002:169.

75. Sanday 2002:116.

76. Weiner 1988:58.

77. Weiner 1988:58.

78. Mead 1968; Herdt 1987; Wiessner (아키 투무와 니체 푸푸와의 협업) 2016; 특히 Wiessner and Tumu 1998.

79. Herdt 1987:36.

80. Herdt 1987:89.

81. Herdt 1987:90.

82. Wiessner 2016:86; Wiessner, 개인적인 의사소통, 2014.

83. Wiessner 2016.

84. Herdt 1987; Wiessner 2016; Mead 1968:195.

85. Herdt 1987:164-167.

86. De Dreu(2012). 문화적 세련화를 모두 배제한다 하더라도 다른 영장류에서도 위험한 집단 간 갈등이 발생하기 전에 이와 유사한 수컷들 간의 성적 유대감이 발견된다. 특히 Lemoine et al.(2022)에 따르면 침팬지 수컷이 외부세력과 싸우기 위해 내부적으로 함께 뭉쳐야 할 때, 옥시토신 시스템의 동원이 집단 내 협력과 '배타적 이타주의'에 중요한 역할을 한다고 추정한다.

87. Whiting and Whiting 1975:193.

88. LeVine, Klein, and Owen 1967, Whiting and Whiting 1975에서 인용; 그 무렵 내가 존 휘팅과 나눈 대화를 재구성함.

89. Muller et al. 2009, chapter 4에서 논의됨; Gettler et al. 2011; Gettler 2016; Mascaro et al. 2014; 관련 문헌 검토 및 '남성성 및 전쟁'에 대한 사려 깊은 분석을 위해서는 Bribiescas 2021을 참조하라.

90. 엠버(Ember 1973)의 사회화에 대한 논의, 휘팅 부부(Whiting and Whiting 1975)의 교차 성 정체성 위기를 참조하라.

91. Ember 1973:436.

92. Johnson and Earle 2000: part 1 및 2.

93. 예컨대 시에라리온에서 활동하는 경제학자가 실험 게임을 사용하여 전쟁 중 어린 시절을 보낸 사람(즉, 이주를 경험했거나 가까운 사람이 부상을 입거나 사망하는 것을 목격한 사람)과 전쟁의 영향을 덜 받은 사람을 비교한 결과 전자 그룹은 내부 집단(in-group) 구성원에게 더 관대하고 외 집단(out-group) 사람들과는 나누고 싶은 마음이 적다는 것을 발견했다. 반면, 전쟁의 영향을 덜 직접적으로 받은 사람은 이러한 차이를 보이지 않았다(Bauer, Cassar et al. 2014).

94. 프리드리히 엥겔스가 1884년 그의 저서 *The Origin of the Family, Private Property and the State*에서 말한 것과 같다. 이에 대한 업데이트는 Evans 2022를 참조하라.

95. Tutin 1975; Hrdy 1997.

96. 함무라비법전과 바빌로니아 법률, 예일 로스쿨 웹사이트에서 수정됨: https://avalon.law.yale.edu/ancient/hamframe.asp.

97. 헨리히(Henrich 2020)가 정리한 방대한 작업 그리고 웬디 우드와 엘리스 이글리가 2002년 성별 차이의 기원에 대한 교차문화분석을 통해 제시한 중요한 추가 사항을 참조. 이들은 헨리히의 위어드(WEIRD)에 대한 주장을 지지하면서도, '가부장적 젠더 관계'가 헨리히가 말한 위어드가 사회경제적으로 발달한 사회에서 어떻게 작용하는지를 고려하는 것이 중요하다고 덧붙였다(2002:720).

98. Henrich 2020, 역사 사회학자 찰스 틸리 및 다른 사람을 인용.

99. Low 2000; chapter 13; Konner 2015:172.

100. 나는 『어머니의 탄생』에서 주로 아기를 버리거나 유모에게 맡길 수밖에 없었던 어머니의 관점에서 이 주제를 다뤘다(Hrdy 1999: chapter 14). 14세기 지오반니 모렐리(Giovanni Morelli)의 회고는 12장에서 논의되며, 312페이지에 나온다. 초기 피렌체 아버지들이 아기에게 얼마나 무관심했는지를 보여주는 인용문은 Haas 1998의 5페이지에서 확인할 수 있다.

101. 이 주제는 다른 곳에서도 다루었다(Hrdy 1999: chapters 12-14).

102. Hrdy 1999참조. 이 책 12장과 14장에서 이처럼 광범위하게 유모에게 아기를 보내는 것에 대해 설명했다. 이 과정에는 '임의적 거리 두기'라는 개념이 동반되었으며, 이 경우 남편은 아이를 시골 유모에게 데려가는 메너(meneur)가 도착할 때까지 어머니와 새로 태어난 아기 사이를 멀리 떨어뜨려 놓았다. 어머니가 아기에게 정서적으로 너무 깊이 애착을 가지지 않도록 하기 위한 것으로 보인다.

103. Sussman 1982:80 이하.

104. Sussman 1982; Hrdy 1999:351.

105. Hrdy 1999:297-311, 356-370.

106. Schiebinger 1994.

107. Henrich 2020.

108. 역사 사회학자 찰스 틸리를 인용하면서, 헨리히(Henrich 2020:332)는 유럽 정치가들이 1500년에서 1800년 사이의 80~90퍼센트의 기간 동안 전쟁에 참여했다고 지적한다.

109. 경제학자 엘리자 버트 갬블(Eliza Burt Gamble 1894)의 말을 인용함.

110. 이 인용문은 1864년 5월 28일 다윈이 앨프리드 러셀 월리스(Alfred Russel Wallace)에게 보낸 편지에서 나온 것이다. 다윈이 사망했을 때, 그의 상당한 재산(총 331,000파운드)은 다섯 아들들에게 균등하게 나뉘어졌으며, 메달과 가족 기념품은 장남에게만 남겨졌다. 딸들은 다윈과 엠마(Emma)가 결혼 초기, 가족을 꾸리기 전 생활했던 수준에 해당하는 용돈만을 받았다(Hrdy and Judge 1993).

111. Wrangham and Peterson 1996:24. 2009년에 '인간 공격성의 진화'에 관한 회의에 참석했을 때, 이 인용을 포함한 녹음이 휴식 시간 동안 방송되었다.

112. Service 1962; Lévi-Strauss 1949; Goldberg 1973.

113. Pinker 1997:477.

114. Wrangham and Peterson 1996:125.

115. Symons 1982:297-300.

116. Pinker 1997:488, Symons (1979:297-300) 등을 따름.

117. Pinker 1997:488.

118. 솔직히 말하면, 나는 이런 비난을 받은 적이 한두 번이 아니다. 예를 들어, 『여성은 진화하지 않았다』에 대해 '존재한 적 없는 또 다른 여성'이라는 잊을 수 없는 비판을 받았다(Symons 1982).

119. Caprioli 2003; Hudson et al. 2012; Hand 2006, 2014도 참조하라.

120. Hudson et al. 2014-2018.

121. Hudson et al. 2012:45-46.

122. Jobling and Tyler-Smith 2003.

123. 칭기즈칸은 유일한 사례가 아니다. 유전학자 데이비드 라이히에 따르면, 인도 남성의 20~40퍼센트, 동유럽 남성의 30~50퍼센트가 약 6,800년에서 4,800년 전에 살았던 단 한 명의 남성으로부터 유래했다고 한다. 비슷한 사례는 초기 영국에서도 보고된다(Shaw 2022:49에서 인용).

124. Dickemann 1981; Betzig 1986의 예를 참조하라.

125. Alvarez 2004; Hill et al. 2011; 다지역 수렵채집민에 대한 것은 Power et al. 2017; 초기 미크로네시아 이주민들 사이에서 엄격한 모계 거주 가능성을 강력히 시사하는 원시 DNA 분석은 Liu et al. 2022를 참조하라. 아열대 채집민들 사이에서 상대적으로 적은 다처제와 부계 거주 패턴, 그리고 식량생산 목축민과 원예농업인 사이에서 부계 거주가 더 흔하게 나타나는 경향을 보여주는 유전 분석은 Destro-Bisol et al. 2004; Wilkins and Marlowe 2006을 참조하라.

126. von Rueden and Jaeggi 2016.

127. 특히 사려 깊은 논의를 위해 Dunsworth 2016을 참조하라.

11. 변화하는 인식

1. 예를 들어, 알곤킨어를 사용하는 집단과 왐파노아그족의 약 30~50퍼센트가 모계 상속을 하고 있었다(Guédon 2020). 19세기 텍사스에서 우리 조상이 만났을 체로키족, 카도족, 키커푸족, 세미놀족도 모계 상속을 따랐다.

2. 이곳뿐만 아니라 다른 곳에서도 나는 메리 앤 매이슨(Mary Ann Mason)의 1994년 저서 *From Father's Property to Children's Rights*에서 17세기부터 20세기 후반까지 미국에서 있었던 자녀 양육권 소송에 대한 역사를 참조했다. 다른 지역에서는 여전히 영국 관습법에 따라 어머니를 사생아의 부모로 간주했다(트레이시 토머스 교수와의 개인적 서신, 2022). 1960년대 초반에야 대법원이 비혼 자녀에 대한 차별이 위헌이라는 일련의 의견을 발표했다(Jacobs 2004:206 및 n. 61).
3. 최근 주목받는 저서로는 폴 시브라이트(Paul Seabright)의 *War of the Sexes* (2012), 이반 자블론카(Ivan Jablonka)의 *History of Masculinity: From Patriarchy to Gender Justice* (2021), 발레리 허드슨 외(Valerie Hudson et al.)의 *Sex and World Power* (2012)가 있는데, 이 책들은 모두 구시대의 성선택적 충동을 극복하여 더 안전한 세상을 만드는 방법을 설명한다. 멜빈 코너의 *Women After All* (2015)도 참조하라.
4. 식민지 시대의 미국에서 이혼은 드물었고, 법적으로 '사유'가 필요했으며, 법적 구제는 이를 감당할 수 있는 청구인에게만 제한되었다. 이는 빈자, 약 20퍼센트의 노예 식민지 주민, 대부분의 계약 노예를 배제했으며, 자녀에 대한 처우는 거의 언급되지 않았다. 아버지의 역할과 이러한 사람의 자녀에 대한 처우, 식민지 시스템에 갇힌 인디언 개종자들의 자녀 양육에 대한 정보는 이제막 연구되기 시작했다. 로버트 거트먼(Robert Gutman)의 *The Black Family in Slavery and Freedom, 1750-1925* 및 로버트 그리스월드(Robert Griswold)의 *Fatherhood in America*와 같은 고전이 있지만 아직 더 연구되어야 한다.
5. 애크런 대학교 법학 교수 트레이시 토머스에게 감사한다.
6. De Tocqueville 1835-1840; Greven 1970; Hrdy and Judge 1993.
7. Coontz 2005.
8. Oláh et al. 2018.
9. 개요는 Konner 2010:250 이하와 Sear 2017을 참조하라; 20세기 초 스웨덴 사례 연구는 Willführ et al. 2022를 참조하라; 특히 자녀의 사회인지적 이점에 대해서는 Cassar et al. 2023도 참조하라.
10. 특히 '도심 지역' 아버지들이 당면한 문제와 그들의 의도에 대해서는 Edin and Nelson(2012) 참고. 1921년까지 (그리고 팬데믹 이후 다시) 약 6천만 명의 미국인이 최소 두 세대의 성인으로 구성된 가구에서 살고 있었으며(Cohn et al., 2021), 많은 이들이 그러한 방식으로 사는 것을 선호한다고 결정했다(Shulevitz 2021).
11. 나는 모유수유를 오랫동안 지지해 온 옹호자이며 이를 장려하는 정책에 찬성한다. 그러나 깨끗한 물 공급 등 여건이 갖춰진 선진국에서는 좋은 품질의 분유나 기타 대체식으로 키운 아기도 건강하게 자랄 수 있다는 점은 분명하다. 특히 모유수유와 연관된 친밀한 신체적 접촉이 병행될 수 있다면, 분유 수유가 더 나은 선택이 되는 상황도 있을 수 있다.
12. 최초의 유축기 특허는 1854년에 출원되었지만, 덜 번거로운 기계는 주로 20세기 후반이 되어 병원에서 조산아를 위해 만들어졌다. 1999년에 스위스 제조회사가 가정에서 사용할 수 있는 더 편리한 제품을 개발했으며, 이후 여성이 직장에 가지고 갈 수 있는 휴대용 제품도 점점 더 많이 출시되었다.
13. 볼비를 비롯해 처음에 애착을 연구했던 사람들은 수유의 역할을 경시했지만, 지금은 수유가 애착 형성에 역할을 한다는 것이 분명하다(Schmidt et al. 2023).
14. Julian 2018; Barbaro 2021; Tavernise et al. 2021; Wang 2021.
15. Bae and Yeung 2022.
16. Tavernise et al. 2021.

17. Wee and Chen 2021.
18. 브루킹스 연구소(Brookings Institution)에 따르면, 두 자녀를 둔 중산층 미국 부부는 자녀 중 막내를 키우는 데 연평균 18,221달러를 지출하며, 고등학교 졸업까지 301,221달러를 지출한다. 대학 비용은 포함되지 않았다(Torchinsky 2022).
19. Tavernise et al. 2021.
20. 아프리카 사하라 이남에 대해서는 Borgerhoff Mulder 2009, 중동 및 기타 지역의 가부장적 사회에 대해서는 Hudson et al. 2012를 참조하라.
21. 최근 인류학자들이 '핵가족'에 대해 어떻게 말하는지를 보려면 Sear 2017을 참조하라.
22. 마거릿 미드가 1954년에 쓴 기사에서 가져온 것으로, 1973년 뉴욕 양육권 소송에서 판사가 인용한 내용이다(Mason 1994:123).
23. Coontz 2005; Hamlin 2014.
24. Lofton v. Secretary of Florida Department of Children and Families No. 04-478, Greenhouse 2005에서 논의됨.
25. Symons 1979, 1982. Alexander and Noonan 1979; Lovejoy 1981도 참조하라.
26. 이 인용문에서 Bribiescas et al. (2012)는 '남성 생식 활동의 유연성에 가장 큰 영향을 미치는 비용'을 '친자관계 확실성에 대한 오판과 배우자 외도'라고 지적한다.
27. Gray and Anderson 2010.
28. Gray and Anderson 2010: chapter 5에서 논의됨.
29. Jacobs 2004:201 및 n. 41; Anderson et al. 2007도 참조하라.
30. Hamilton 1964; Trivers 1972; Wilson 1975; Alexander and Noonan 1979.
31. Smuts and Gubernick 1992:20, 사회생물학의 일반적인 합의를 정리하고 Lovejoy 1981; Symons 1979, 1982; Franklin and Volke 2017을 인용; 최신 요약은 Hames 2015를 참조하라.
32. Santillo 2003; Jacobs 2004의 사례 연구를 참조하라.
33. dallasnews Administrator 2012.
34. Rotkirch 2018; Pettay et al. 2023을 참조하라.
35. Golombok et al. 2013. 후속 연구에서는 평균적으로 동성 부모가 자녀에게 더 많은 시간을 할애하고(Prickett et al. 2015), 자녀와 더 안정적으로 결속된다는 것을 보여주었다(McConnachie et al. 2020); Egelko 2010도 참조하라.
36. 대리 출산을 둘러싼 찬반양론과 수많은 윤리적 문제에 대한 논의는 생략한다.
37. Feldman 2020.
38. Ye 2022.
39. Golombok et al. 1995:285.
40. 법원도 자녀 양육권 변경이 자녀에게 얼마나 충격적인지 인식하기 시작했다(Joslin and NeJaime 2022). 위탁 돌봄이 필요할 때, 판사와 복지 기관은 모두 '혈연' 친족 또는 같은 지역 사회의 친숙한 사람을 찾기 위해 더 노력하고 있다(Perry et al. 2012).
41. Golombok et al. 1995:285.
42. Bronner and Shalita 2022.
43. Karbasi et al. 2022.

44. Lamb et al. 2019, https://childandfamilyblog.com/global-fatherhood-charter/.
45. https://rootsofempathy.org/.
46. Gutmann 2007:169.
47. Jablonka 2022:388-389.
48. Miller 2018.
49. Jablonka 2022:178; Kimmel 2012:269 이하.
50. Jablonka 2022:177-178, 194, 191.
51. Kendrick Lamar, 'Father Time,' https://genius.com/Kendrick-lamar-father-time-lyrics.
52. 미국 질병통제예방센터의 연구는 2006~2010년 사이 10,403명의 아버지를 대상으로 이루어졌으며, 여기에는 계부와 양아버지도 포함되었다. 인터뷰에 응한 사람 중 2,200명은 5세 이하의 자녀와 함께 사는 15~44세 사이의 남성이었다(Jones and Mosher 2013).
53. 1995년, 20세기 말에 이르러서야 아버지의 존재와 양육 참여가 자녀의 삶에 긍정적인 연관이 있다는 연구가 증가하면서 미국 대통령 빌 클린턴은 미국 가족을 연구하는 정부기관이 연구에 아버지의 역할을 포함하도록 하는 지침을 1995년에 발표했다(Jones and Mosher 2013).
54. Daly and Wilson 1984, 1988.
55. Rotkirch 2018.
56. Rotkirch 2018.
57. Pettay et al. 2023. 어머니와의 관계에 대해서는 Anderson et al. 1999; Gray and Anderson 2010: chapter 7을 참조하라.
58. Ely et al. 2014.
59. 하버드경영대학원의 연구 결과는 Ely et al. 2014를 참조하라; 미국의 흑인 가정에 대해서는 Kimmel 2012:295를 참조하라.
60. Jones and Mosher 2013:6; St. Julien 2021도 참조하라.
61. Tracy(2013)에서 재인용. 민족지학자 매튜 거트만(Matthew Gutmann)은 '남성의 가정 내 육아 행동'을 '사회과학에서 거의 연구되지 않았고 보고되지 않은 분야'라고 언급했다(2007:147).
62. Jones and Mosher의 2013년 보고서 2페이지를 참조하라. 후속 연구는 Opundo et al. 2016을 참조하라.
63. Parker and Wang 2013.
64. Livingston 2014. 2013년 미국 성인 2,511명을 대상으로 한 시간사용 조사에서 아버지의 46퍼센트가 자녀와 충분한 시간을 보내지 않는다고 느끼는 반면 어머니는 23퍼센트에 불과했다(Parker and Wang 2013). 남성은 '관계를 개선하거나 가족을 더 우선시하는 것'이 경력 단절의 위험보다 더 중요하다고 언급했다. (McKinsey & Company 2021, 'Fresh look at paternity leave: Why the benefits extend beyond the personal.')
65. NPR의 *Weekend Edition*, 2022년 5월 7일에 네다 율라비가 방송한 내용 참조; 마마보이라는 말이 '모욕'로 간주되었던 것에 대해서는 Kimmel 2012:269 이하 참조.
66. 실제로 이렇게 자처한 남성은 1.4퍼센트에 불과하다는 점에 유의하라. 피셔의 요점은 그들이 그 어느 때보다 더 잘하고 있다는 것이었다(Ulaby 2022에서 인용).
67. Gilman 1898. Wood and Eagly 2002:721도 참조하라.

68. 성공률은 약 39퍼센트로, 기증자의 나이와 난자 채취 시기에 따라 다르다(Kolata 2022).
69. Rudolph 2017.
70. 프리드모어 브라운(Pridmore Brown 2019)이 다이앤 토버(Diane Tober)의 *Romancing the Sperm*에 대한 리뷰에서 언급한 내용이다. 솔직히 말하자면, 개인적으로는 여성들이 자신의 자녀의 기증자를 선택하기 전에 자가 보고를 통해 얻을 수 있는 정보보다 더 많은 것을 알아보는 것이 바람직하다고 생각한다!
71. 2014년 12월 19일 〈월스트리트저널〉에 실린 언급에는 '중국 남성이 출산을 모의 체험하며 고통 속에서 몸부림치는 모습을 보세요'라는 링크가 함께 첨부되어 있다. 이러한 장면들은 베이징에서 브리스톨(25파운드의 비용이 드는 곳)까지 유튜브에 게시되어 있다. 예를 들어, 'The Try Guys'는 친구 한 명이 14시간 동안 진통을 모의 체험하는 장면을 촬영한 영상을 올렸다: https://www.youtube.com/watch?v=UkUskA-stM8.또한 https://www.goodto.com/family/men-can-now-experience-pain-childbirth-425985에서도 관련 내용을 볼 수 있다.
72. Gray and Anderson 2010:39, 페이지와 페이지(Paige and Paige)의 1981년 저서 *The Politics of Reproductive Ritual*에서 인용.
73. Franklin 2017.
74. 오랫동안 의심되었던, 알을 운반하는 수컷에 대한 암컷의 선호가 Shin-ya Ohba et al. (2016)에 의해 실험적으로 확인되었다.
75. Alonzo(2012). 일처일부제로 짝짓기를 하는 올빼미원숭이와 같은 종이 돌봄을 잘하는 수컷을 선택한 암컷의 사례를 대표하는지 궁금하다면, 대답은 아마도 '아니다'일 것이다. 포유류 전반에 걸친 광범위한 조사에 따르면, 수컷 돌봄은 대개 일처일부제가 원인이 아니라 결과로서 진화하는 경향이 있다(Lukas and Clutton-Brock 2013:527).
76. Brennan 2012; 브레넌의 놀라운 발견을 설명한 Cooke 2022의 훌륭한 설명을 참조하라. 브레넌은 자신의 사무실 벽에 티나무 사진을 붙여놓았다.
77. Alonzo 2012; Price and Hosken 2012; Griffin et al. 2013.
78. De Carlo 2018.
79. 그 하원의원은 바로 '우익의 악명 높은 M.T.G.'로 불리기도 하는 마조리 테일러 그린이었다. 그가 '해로운 남성성'으로 무장한 '전사들'을 요구한 발언은 2022년 7월 28일 콜린 마틴(Colin Martin)의 WBBM 뉴스 라디오에서 들을 수 있으며, 링크는 다음과 같다. https://www.audacy.com/wbbm780/news/national/georgia-congresswoman-military-needs-more-toxic-masculinity.
80. Hax 2022.
81. Henrich et al. 2019; Atran 2016; Bauer et al. 2016; Turchin 2016도 참조하라.
82. Kimmel 2012:242 이하, 아울러 크리스텐 두 메즈(Kristen Du Mez)의 2020년 저서 *Jesus and John Wayne*에서 자세히 다루고 있다.
83. Kimmel 2012:242.
84. 창세기 1:28; 3:16.
85. 앨리토(Alito) 판결 이전에 헤일(Hale)은 아마도 마녀 처형을 이끄는 법적 의견과 결혼한 남편을 성폭행에서 면제시키는 법적 의견으로 가장 잘 알려져 있을 것이다. 더 많은 내용을 보려면 마고 윌슨(Margo Wilson)과 마틴 데일(Martin Daly)이 1992년에 쓴 고전적 에세이 "The man who mistook his wife for a chattel"을 참조하라.

86. 대법관 9명 중 6명이 가톨릭 신자였으며, 닐 고서치(N. Gorsuch) 대법관까지 포함하면 7명이 가톨릭 신자였다는 것도 관련이 있을 것이다. 고서치는 가톨릭 신자로 자라서 브렛 캐버노(B. Kavanaugh) 대법관과 같은 엘리트 예수회 남자 학교에 다녔으며 이후 성공회 신자가 되었다. 몇 몇 판사들은 낙태에 반대할 가능성이 있거나 반대 입장을 표명했다는 이유로 의도적으로 임명되었다.
87. Taub 2022.

12. 남성과 아기의 21세기적 만남

1. 서구에서 '모성'을 자기희생, '베풂'과 동일시하는 것에 대한 논의는 Hrdy 1999:10쪽 이후 및 그림 1.1을 참조하라.
2. 2021년 10월 25일 매트 월시(Matt Walsh)의 트위터 피드에 게시된 내용으로, Chelsea Conaboy 2022:249에 인용되었다. 전체 인용문은 pp. 331-332, n. 249 참조.
3. Griswold 1993:243에서 존 레오(John Leo)의 1986년 기사 'Men Have Rights Too'를 인용.
4. 웨스 헴펠의 홈페이지, www.WesHempel.com, 2011년 Lew Allen Gallery 보도자료 인용; 웨스 헴펠과의 인터뷰는 유튜브에서도 볼 수 있다: https://www.youtube.com/watch?v=JBpC2ujJ9Uc.
5. 내가 부성 감정에 대해 생각하기 훨씬 전에, 셰익스피어의 〈타이투스 앤드로니커스(Titus Andronicus)〉의 한 구절 '이 [아기]를 온 세상 앞에서 … 안전하게 지킬 것이다'가 계속 귀에 맴돌았다. 이 구절은 내가 밤에 깨어나 갓난아기를 확인하러 달려갈 때 느낀 감정을 완벽하게 표현했다. 이 책을 쓰면서 이 말이 다시 떠올랐고, 셰익스피어가 의도한 대로 맥락 속에서 이해할 수 있었다. 버지니아 울프가 셰익스피어의 '양성적' 상상력이라고 말한 것의 의미를 이해할 수 있었다. 이는 모성 감정을 애런(〈타이투스 앤드로니커스〉의 극중 태머러의 연인) 같은 아버지에게 생생하게 전달할 수 있는 능력이었다. 여기, 자신의 아기를 '아름다운 꽃'에 비유한 후 자신의 '어느 누구의 자녀도 아닌 아기'(filius nullius)를 안고 멀리 도망쳐 신생아를 안전하게 지키려는 남자가 있었다.
6. 뒤락과의 인터뷰, O'Donnell 2015.
7. 인간이 협력적 양육자로 진화했다는 사회생물학적 가설(Emlen 1995; Hrdy 1999, 2005, 2009)은 진화인류학자 및 문화인류학자(Mace and Sear 2005; Bentley and Mace 2009; Quinn and Mageo 2013; Lancy 2022), 사회학자(Rotkirch 2018), 행동 경제학자(Cassar et al. 2023) 사이에서 점점 더 받아들여지고 있다.
8. 진화인류학자 로라 베트직은 1986년 고전인 *Despotism and Differential Reproduction*에서 보여준 바와 같이, 전제정치와 차등적인 생식 간의 상관관계를 평생에 걸쳐 연구해왔다. 그러나 그는 2012년 발표한 전통사회(유목 수렵채집민, 원예 농업인, 목축민, 농경민 포함)에 대한 비교 개관에서 생산 방식이 더욱 집약적일수록 남성 생식 성공의 편차가 증가하는 전 세계적 경향을 기록했다. 현대 시대의 'WEIRD(서구, 교육받은, 산업화된, 부유한, 민주적인) 사람'이 등장하기 전까지는 남성과 여성의 생식 성공 편차가 완벽하진 않더라도 이처럼 거의 동일했던 시점은 플라이스토세 시대 아프리카 유목 수렵채집민들 사이에서나 가능했을 것이다.
9. Wood and Eagly 2002:699 이하.
10. *Harvard Gazette* (Radsken 2020)에서 뒤락과의 인터뷰. 관련 연구에 대해서는 Tachikawa et al. 2013; Kuroda and Numan 2014; Autry et al. 2021; Wu et al. 2021 참조.

11. 약 30퍼센트의 어류에서 부모의 양육이 보고되며, 그중 78퍼센트는 부모 중 한쪽 또는 양쪽 모두가 양육할 때 아버지가 양육을 담당한다(Balshine and Sloman 2011:672).
12. Darwin 1897:60.
13. 이 패턴은 가시고기와 검은턱틸라피아 외에도 자리돔, 가리발디(garibaldis), 블루길, *Porichthys notatus* 등에서 보고되었다(Balshine and Sloman 2011).
14. Darwin 1859.
15. Darwin (1868) 1998: Variation in Plants and Animals under Domestication, vol. 2:25.
16. Darwin (1868) 1998, vol. 2:27.
17. 짝을 지키는 것 그리고 인간의 짝 결속을 포괄하는 도발적인 반전이 있는 비슷한 시나리오는 영과 알렉산더 참조. 영과 알렉산더는 남성에게 짝은 '뇌 관점에서' 자기 영토의 연장선으로 인식된다고 주장한다(Young and Alexander 2012:184).
18. 디스커스 물고기의 양쪽 부모가 먹이를 주는 데 있어 프로락틴의 역할은 Balshine and Sloman 2011:676 참조.
19. Vincent 1990.
20. Butler et al. 2020; Culbert et al. 2022.
21. Fischer and O'Connell 2017; Culbert et al. 2022.
22. Fischer et al. 2019.
23. Dulac, O'Connell, and Wu 2014.
24. Shinasuka et al. 2022; Kuroda and Numan 2014도 참조하라.
25. 이 빠르게 발전하는 사회 신경과학 분야에 대해서는 특히 Dulac, O'Connell, and Wu 2014; Kuroda and Numan 2014; Wu et al. 2014; Fischer and O'Connell 2017; Ringler et al. 2017; Fischer et al. 2019; Numan and Insel 2003; Numan 2020, 특히 chapter 7 참조.
26. Gruber 2014:57; Young and Alexander 2012에서 논의됨.
27. 양쪽 부모 모두가 새끼를 돌보는 어류 종 흰줄시클리드에서 이소토신의 역할에 대해서는 O'Connell et al. 2012 참조.
28. Young and Alexander 2012.
29. Donaldson and Young 2008: fig. 1; Young and Alexander 2012: chapter 6; Numan 2020: chapter 7.
30. Shubin et al. 2009를 인용한 O'Connell et al. 2012의 훌륭한 설명을 참조하라.
31. Carter 1998; Numan 2015; Numan and Insel 2003; Donaldson과 Young 2008; Dulac et al. 2014; Rogers and Bales 2019a.
32. 오코넬이 2019년 UC 데이비스의 Animal Behavior Graduate Group에서 강의한 내용.
33. *Harvard Gazette* (Silezar 2020)와 인터뷰하면서 페리고와 봄 살(Perrigo and vom Saal)의 1994년 연구 결과에 대한 뒤락의 설명.
34. Numan 2015:211, 2017, 2020; Kuroda and Numan 2014; Wu et al. 2014, 그리고 최초의 연구 중 하나인 마모셋에서 유사한 과정을 탐색한 연구인 Shinosuka et al. 2022도 참조하라.
35. 데이비드 조프와의 전화 및 이메일 대화, 2022년 11월 13일; 명확성을 위해 구두점과 표현이 편집됨.

나가는 말

1. Case and Deaton 2022.
2. 내게 깊은 인상을 준 고생물학 연구 중 하나는 마틴스(Martins el al., 2020) 등이 발표한 최근 연구다. 이 연구는 다양한 종의 갑각류의 진화적 운명에 대해 상세히 다루고 있다. 이들이 연구한 작은 갑각류는 조개처럼 생긴 껍데기에 둘러싸여 있는데, 이 껍데기는 화석 기록에 잘 보존될 뿐 아니라 성적 이형성에 대한 중요한 정보를 담고 있다. 수컷의 껍데기는 더 길쭉한데, 해당 종에서 성선택이 미친 영향을 나타낸다. 수컷과 암컷 껍데기의 형태 차이가 클수록, 그 종의 진화에서 성선택의 영향이 더 두드러진다. 그리고 성선택의 영향을 가장 많이 받은 갑각류 종들은 멸종될 가능성이 가장 높았다. 마틴스 등 연구진은 '급변하는 환경에서 생존과 관련된 특성보다 번식과 관련된 특성에 자원을 할당하면 멸종 위험이 높아질 수 있다'고 밝혔다.
3. 예를 들어, Brown 2019 참조.
4. Darwin 1871, part 2:326, 1869년 1월 19일 전국 여성참정권대회에서 엘리자베스 캐디 스탠튼의 연설 중. 코너의 *Women After All*의 서문에서 재인용.
5. Thornton 2019.
6. Edsall 2022. 코너의 2015년도 책은 내가 이 에필로그를 쓸 때 매우 많이 참고했다.
7. Barnhart et al. 2018.
8. Sanday 2002.
9. Zuckoff 2022.
10. Yasir 2022.
11. Garner 2010; Pellegrino 2012:202.

참고문헌

Aberle, David F. 1961. Matrilineal descent in cross-cultural perspective. In *Matrilineal Kinship*, edited by D. M. Schneider and K. Gough, 661–727. Berkeley: University of California Press.

Abraham, Eyal. 2016. Fathers' active caring of infants changes their brains to be more like mothers'. *Fatherhood Global*, November 12. https://fatherhood.global/fathers-brains-mothers/.

Abraham, Eyal, and Ruth Feldman. 2017. Oxytocin and fathering. *Fatherhood Global*, January 4. https://fatherhood.global/oxytocin-fathering/.

Abraham, Eyal, and Ruth Feldman. 2018. The many faces of human caregiving. In *Routledge International Handbook of Social Neuroendocrinology*, edited by Oliver C. Schultheiss and Pranjal H. Mehta. Abingdon, UK: Routledge.

Abraham, Eyal, Talma Handler, Irit Shapira-Lichter, Yaniv Kanat-Maymon, Oma Zagoory-Sharon, and Ruth Feldman. 2014. Father's brain is sensitive to childcare experiences. *PNAS* 111: 9792–9797.

Agoramoorthy, G., S. M. Mohnot, V. Sommer, and A. Srivastava. 1988. Abortions in free-ranging Hanuman langurs (*Presbytis entellus*)—a male-induced strategy? *Human Evolution* 3: 297–308.

Agrell, Jep, Jerry O. Wolff, and Hannu Ylönen. 1998. Counter-strategies to infanticide in mammals: Costs and consequences. *Oikos* 83: 507–517.

Ahern, Todd H., and Larry J. Young. 2009. The impact of early life family structure on adult social attachment, alloparental behavior, and the neuropeptide system regulating affiliative behaviors in the monogamous prairie vole (*Microtus ochrogaster*). *Frontiers in Behavioral Neuroscience* 3. https://doi.org/10.3389/neuro.08.017.2009.

Ah-King, Malin, and Patricia Adair Gowaty. 2015. Reaction norms of sex and adaptive individual flexibility in reproductive decisions. In *Current Perspectives on Sexual Selection*, edited by Terry Hoquet, 211–234. History, Philosophy and Theory of the Life Sciences 9.

Dordrecht: Springer.

Ah-King, Malin, and P. A. Gowaty. 2016. A conceptual review of mate choice: Stochastic demography, within-sex phenotypic plasticity, and individual flexibility. *Ecology and Evolution* 6: 4607-4642. https://doi.org/10.1002/ece3.2197.

Aknin, Lara B., J. K. Hamlin, and E. W. Dunn. 2012. Giving leads to happiness in young children. *PLOS ONE* 7(6): e39211. https://doi.org/10.1371/journal.pone.0039211.

Akpan, Nsikan. 2013. Absent fathers have bigger testicles: Size matters with male parenting? *Medical Daily*, September 9. https://www.medicaldaily.com/absent-fathers-have-bigger-testicles-size-matters-male-parenting-256069.

Alberts, Susan C. 2016. The challenge of survival for wild infant baboons. *American Scientist* 104: 366-373.

Alemseged, Zeray, F. Spoor, W. H. Kimbel, R. Bobe, D. Geraads, D. Reed, and J. G. Wynn. 2006. A juvenile early hominin skeleton from Dikika, Ethiopia. *Nature* 443: 296-301.

Alexander, Brian. 2013. Aw, nuts! Nurturing dads have smaller testicles, study shows. September 9. NBC Health News. https://www.nbcnews.com/healthmain/aw-nuts-nurturing-dads-have-smaller-testicles-study-shows-8C11097634.

Alexander, R. D., and K. M. Noonan. 1979. Concealment of ovulation, parental care, and human social evolution. In *Evolutionary Biology and Human Social Behavior: An Anthropological Perspective*, edited by N. A. Chagnon and W. G. Irons, 436-453. North Scituate, MA: Duxbury Press.

Alger, Ingela, Paul L. Hooper, D. Cox, J. Stieglitz, and Hillard S. Kaplan. 2020. Paternal provisioning results from ecological change. *PNAS* 117(20): 10746-10754.

Allen, Henry. 2016. The messiah of masculinity. (Review of JFK and the Masculine Mystique, by Steven Watts.) *Wall Street Journal*, November 4. https://www.wsj.com/articles/the-messiah-of-masculinity-1478280156.

Allman, John M. 2000. *Evolving Brains*. New York: Scientific American Press.

Alonzo, Suzanne H. 2012. Sexual selection favors male parental care, when females can choose. *Proceedings of the Royal Society of London B* 279: 1784-1790.

Altmann, Jeanne. 1980. *Baboon Mothers and Infants*. Cambridge, MA: Harvard University Press.

Alvarez, Helen Perich. 2004. Residence groups among hunter-gatherers: A view of the claims and evidence of patrilocal bonds. In *Kinship and Behaviour in Primates*, edited by B. Chapais and C. M. Berman, 420-442. Oxford: Oxford University Press.

Alvergne, Alexandra, C. Faurie, and M. Raymond. 2009a. Variation in testosterone levels and male reproductive effort: Insight from a polygynous human population. *Hormones and Behavior* 56: 191-197.

Alvergne, Alexandra, C. Faurie, and M. Raymond. 2009b. Father-offspring resemblance predicts paternal investment in humans. *Animal Behaviour* 78: 61-69.

Alyousefi-van Dijk, Kim, A. E. van 't Veer, W. M. Meijer, A. M. Lotz, J. Rijlaarsdam, J. Witteman, and M. J. Bakermans-Kranenburg. 2019. Vasopressin differentially affects handgrip force of expectant fathers in reaction to own and unknown infant faces.

Frontiers in *Behavioral Neuroscience* 13, 105. https://doi.org/10.3389/fnbeh.2019.00105.

Andelman, Sandra. 1987. Evolution of concealed ovulation in vervet monkeys (*Cercopithecus aethiops*). *The American Naturalist* 129: 785–799.

Anderson, K. G., H. Kaplan, D. Lam, and J. B. Lancaster. 1999. Paternal care by genetic fathers and stepfathers, II: Reports by Xhosa High School students. *Evolution and Human Behavior* 20: 433–451.

Anderson, K. G., H. Kaplan, and J. B. Lancaster. 2007. Confidence of paternity, divorce and investment in children by Albuquerque men. *Evolution and Human Behavior* 28: 1–10.

Apostolou, M. 2007. Sexual selection under parental choice: The role of parents in the evolution of human mating. *Evolution and Human Behavior* 28: 403–409.

Atran, Scott. 2016. The devoted actor: Unconditional commitment and intractable conflict across cultures. *Current Anthropology* 57: S192–S203.

Atzil, Shir, T. Handler, O. Zagoory-Sharon, Y. Winetraub, and R. Feldman. 2012. Synchrony and specificity in the maternal and the paternal brain: Relations to oxytocin and vasopressin. *Journal of the American Academy of Child and Adolescent Psychiatry* 51: 798–811.

Autry, Anita E., Zheng Wu, Vikrant Kapoor, Johannes Kohl, Dhananjay Bambah-Mukku, Nimrod D. Rubinstein, Brenda Marin-Rodriguez, Ilaria Carta, Victoria Sedwick, Ming Tang, and Catherine Dulac. 2021. Urocortin-3 neurons in the mouse perifornical area promote infant-directed neglect and aggression. *eLife* 10: e64680. https://doi.org/10.7554/eLife.64680.

Avise, John C., A. G. Jones, D. Walker, and J. A. DeWoody. 2002. Genetic mating systems and reproductive natural histories of fishes: Lessons for ecology and evolution. *Annual Review of Genetics* 36: 19–45.

Babchuk, W. A., R. B. Hames, and R. A. Thompson. 1985. Sex differences in the recognition of infant facial expressions of emotion: The primary caretaker hypothesis. *Ethology and Sociobiology* 6(2): 89–101.

Badescu, Iulia, D. P. Watts, M. A. Katzenberg, and D. W. Sellen. 2016. Alloparenting is associated with reduced maternal lactation effort and faster weaning in wild chimpanzees. *Royal Society Open Science* 3: 160577.

Badinter, Elisabeth. 2010. *Le Conflit: La femme et la mère*. Paris: Flammarion.

Bae, Gawon, and Jessie Yeung. 2022. South Korea records world's lowest birth rate—again. CNN, August 26. https://www.cnn.com/2022/08/26/asia/south-korea-worlds-lowest-fertility-rate-intl-hnk/index.html.

Baker, A. M., J. M. Dietz, and D. G. Kleiman. 1993. Behavioural evidence for monopolization of paternity in multi-male groups of golden lion tamarins. *Animal Behaviour* 46: 1092–1103.

Bakermans-Kranenburg, Marian J., M. H. van IJzendoorn, M. M. E. Riem, M. Tops, and L. R. A. Alink. 2012. Oxytocin decreases handgrip force in reaction to infant crying in females without harsh parenting experiences. *Social Cognitive and Affective Neuroscience* 7(8): 951–957.

Bales, Karen, C. S. Ardekani, A. Baxter, X. L. Karaskiewicz, J. X. Kuske, A. R. Lau, L. E. Savidge, K. R. Sayler, and L. R. Witczak. 2021. What is a pair bond? *Hormones and Behavior*

136: 105062.

Bales, Karen, J. Dietz, A. Baker, K. Miller, and S. D. Tardif. 2000. Effects of allocare-givers on fitness of infants and parents in callitrichid primates. *Folia Primatologica* 71: 27–38.

Bales, Karen, J. A. French, and J. A. Dietz. 2002. Explaining variation in parental care in cooperatively breeding mammals. *Animal Behaviour* 63: 453–461.

Bales, Karen L., A. J. Kim, A. D. Lewis Reese, and C. S. Carter. 2004. Both oxytocin and vasopressin may influence alloparental behavior in male prairie voles. *Hormones and Behavior* 45: 354–361.

Bales, Karen, and Wendy Saltzman. 2016. Fathering in rodents: Neurobiological substrates and consequences for offspring. *Hormones and Behavior* 77: 249–258.

Balshine, Sigal. 2012. Patterns of parental care in vertebrates. In *The Evolution of Parental Care*, edited by N. J. Royle, P. T. Smiseth, and M. Kölliker, 62–80. Oxford: Oxford University Press.

Balshine, Sigal, and K. A. Sloman. 2011. Parental care in fishes. In *Encyclopedia of Fish Physiology: From Genome to Environment*, vol. 1, edited by A. P. Farrell, 670–677. San Diego: Academic Press.

Barbaro, Michael. 2021. A shrinking society in Japan. "The Daily" podcast, *New York Times*, May 5. https://www.nytimes.com/2021/05/05/podcasts/the-daily/japan-birthrate-ageing-population.html.

Barbash, Ilsa. 2016. *Where the Roads All End: Photography and Anthropology in the Kalahari*. Cambridge, MA: Peabody Museum Press.

Bard, Kim A., and David A. Leavens. 2014. The importance of development for comparative primatology. *Annual Review of Anthropology* 43: 183–200.

Barden, R. Christopher, M. E. Ford, A. G. Jensen, M. Rogers-Salyer, and K. E. Salyer. 1989. Effects of craniofacial deformity in infancy on the quality of mother-infant interactions. *Child Development* 60: 819–824.

Barnhart, Joslyn N., R. F. Trager, E. N. Saunders, and A. Dafoe. 2018. The Suffragist Peace. *International Organization* 74: 633–49. https://www.academia.edu/75649053/The_Suffragist_Peace.

Bar On, Dani. 2018. How do we become human beings? *Haaretz*, October 19. https://ruthfeldmanlab.com/wp-content/uploads/2019/03/ת ילנגא-קראהב-הבתכ.pdf.

Barr, Ron. 2012. Preventing abusive head trauma resulting from a failure of normal interaction between infants and their caregivers. *PNAS* 109(suppl. 2): 17294–17301.

Barrett, P. H., P. J. Gautrey, S. Herbert, D. Kohn, and S. Smith. 1987. *Charles Darwin's Notebooks, 1836–1844*. Ithaca, NY: British Museum (Natural History) and Cornell University Press.

Barrionuevo, Alexei. 2010. In rough Rio de Janeiro slum, police units try a softer touch. *New York Times*, October 11, 2010.

Barry, H., and L. M. Paxson. 1971. Infancy and early childhood: Cross-cultural codes 2. *Ethnology* 10: 466–508.

Bauer, Michal, Christopher Blattman, Julie Chytilová, Joseph Henrich, Edward Miguel, and

Tamar Mitts. 2016. Can war foster cooperation? *Journal of Economic Perspectives* 30(3): 249–74. https://doi.org/10.1257/jep.30.3.249.

Bauer, M., A. Cassar, J. Chytilová, and J. Henrich. 2014. War's enduring effects on the development of egalitarian motivation and in-group biases. *Psychological Science* 25:47–57.

Beckerman, Stephen, and Paul Valentine (eds). 2002. *Cultures of Multiple Fathers: The Theory and Practice of Partible Paternity in Lowland South America*. Gainesville: University Press of Florida.

Beckerman, Stephen, and Paul Valentine. 2002. The concept of partible paternity among native South Americans. In Beckerman and Valentine, *Cultures of Multiple Fathers*, 1–13.

Beckerman, Stephen, Roberto Lizarralde, Carol Ballew, Sissel Schroeder, Christina Fingelton, Angela Garrison, and Helen Smith. 1998. The Barí Partible Paternity Project: Preliminary results. *Current Anthropology* 39: 164–168.

Beckerman, Stephen, R. Lizarralde, M. Lizarralde, J. Bai, C. Ballew, S. Schroeder, D. Dajani, L. Walkup, M. Hsiung, N. Rawlins, and M. Palermo. 2002. The Barí Partible Paternity Project, phase one. In Beckerman and Valentine, *Cultures of Multiple Fathers*, 27–41.

Beehner, Jacinta C., and Thore J. Bergman. 2008. Infant mortality following male takeovers in wild geladas. *American Journal of Primatology* 70: 1152–1159.

Belkin, Douglas. 2021. A generation of American men give up on college: "I just feel lost." *Wall Street Journal*, September 6. https://www.wsj.com/articles/college-university-fall-higher-education-men-women-enrollment-admissions-back-to-school-11630948233.

Belluck, Pam. 2011. In women's tears, a chemical that says, "Not tonight, dear." *New York Times*, January 6. https://www.nytimes.com/2011/01/07/science/07tears.html.

Benshoof, L., and R. Thornhill. 1979. The evolution of monogamy and concealed ovulation in humans. *Journal of Social and Biological Structures* 2: 95–106.

Bentley, Gillian, and Ruth Mace, eds. 2009. *Substitute Parents: Biological and Social Perspectives on Alloparenting in Human Societies*. New York: Berghahn Books.

Berg, Sandra J., and K. Wynne-Edwards. 2001. Changes in testosterone, cortisol and estradiol levels in men becoming fathers. *Mayo Clinic Proceedings* 76: 582–592.

Berko, Lex. 2013. Dads with bigger balls care less about their kids. *Motherboard*, September 6. https://www.vice.com/en/article/vvv53b/dads-with-bigger-balls-care-less-about-their-kids.

Bernstein, Rachel. 2017. More female researchers globally, but challenges remain. *Science*, March 9. https://doi.org/10.1126/science.caredit.a1700022.

Berndt, Ronald M., and Catherine H. Berndt. 1999. *The World of the First Australians: Aboriginal Traditional Life: Past and Present*. Canberra: Aboriginal Studies Press.

Betzig, Laura. 1986. *Despotism and Differential Reproductive Success: A Darwinian View of History*. New York: Aldine.

Betzig, Laura. 2012. Means, variances, and ranges in reproductive success: Comparative evidence. *Evolution and Human Behavior* 33: 309–317.

Biesele, Megan. 1993. *Women Like Meat: The Folklore and Foraging Ideology of the Kalahari Ju/'hoan*. Bloomington: Indiana University Press.

Blaffer, Sarah C. 1972. *The Black-man of Zinacantan: A Central American Legend*. Austin: University of Texas Press. (Reprinted in 2012)

Bliege Bird, Rebecca, and Douglas W. Bird. 2008. Why women hunt: Risk and contemporary foraging in a Western Desert Aboriginal community. *Current Anthropology* 49: 655–693.

Blurton Jones, Nicholas. 2016. *Demography and Evolutionary Ecology of Hadza Hunter-Gatherers*. Cambridge, UK: Cambridge University Press.

Blurton Jones, Nicholas, Kristen Hawkes, and James O'Connell. 2005. Hadza grandmothers as helpers: Residence data. In *Grandmotherhood: The Evolutionary Significance of the Second Half of Female Life*, edited by E. Voland, A. Chasiotis, and W. Schiefenhövel, 118–140. New Brunswick: Rutgers University Press.

Bobe, René, and Maeve G. Leakey. 2009. Ecology and Plio-Pleistocene mammals in the Omo-Turkana Basin and the emergence of Homo. In *The First Humans: Origins and Early Evolution of the Genus Homo*, edited by Frederick E. Grine, John G. Fleagle, and Richard E. Leakey, 173–184. Springer.

Boehm, Christopher. 1999. *Hierarchy in the Forest: The Evolution of Egalitarian Behavior*. Cambridge, MA: Harvard University Press.

Boehm, Christopher. 2012. *Moral Origins: The Evolution of Virtue, Altruism, and Shame*. New York: Basic Books.

Boehm, Emily E. 2016. The evolution of extended sexual receptivity in chimpanzees: Variation, male-female associations, and hormonal correlates. Ph.D. dissertation, Duke University. Available at https://dukespace.lib.duke.edu/dspace/bitstream/handle/10161/13419/Boehm_duke_0066D_13770.pdf?isAllowed=y&sequence=1.

Boehm, Emily E. 2018. Effects of female reproductive state on male mating interest and female proceptivity in the chimpanzees (*Pan troglodytes schweinfurthi*) of Gombe. Paper presented at the 87th annual meeting of the American Association of Physical Anthropologists, April 11–14, Austin, Texas.

Boesch, Christophe. 2012. *Wild Cultures: A Comparison between Chimpanzee and Human Cultures*. Cambridge, UK: Cambridge University Press.

Boesch, Christophe, H. Boesch, and L. Vigilant. 2006. Cooperative hunting in chimpanzees: kinship or mutualism? In *Cooperation in Primates and Humans: Mechanisms and Evolution*, edited by P. M. Kappeler and C. P. van Schaik, 139–150. Berlin: Springer.

Boesch, Christophe, C. Bole, N. Eckhardt, and H. Boesch. 2010. Altruism in forest chimpanzees: The case of adoption. *PLOS ONE* 5: e8901.

Borgerhoff Mulder, Monique. 2009. Tradeoffs and sexual conflict over women's fertility preferences in Mpimbwe. *American Journal of Human Biology* 21(4): 478–487.

Borries, Carola. 1997. Infanticide in seasonally breeding multimale groups of Hanuman langurs (*Presbytis entellus*) in Ramnagar (South Nepal). *Behavioral Ecology and Sociobiology* 42: 139–150.

Borries, Carola, and A. Koenig. 2000. Infanticide in hanuman langurs: Social organization, male migration, and weaning age. In *Infanticide by Males and Its Implications*, edited by C. P. van Schaik and C. H. Janson, 99–122. Cambridge, UK: Cambridge University Press.

Borries, Carola, K. Launhardt, C. Epplen, J. T. Epplen, and P. Winkler. 1999. DNA analyses support the hypothesis that infanticide is adaptive in langur monkeys. *Proceedings of the Royal Society B* 266: 901-904.

Borries, Carola, T. Savini, and A. Koenig. 2010. Social monogamy and the threat of infanticide. *Behavioral Ecology and Sociobiology* 65(4): 685-693.

Bouchet, Hélène, A. Plat, F. Levréro, D. Reby, H. Patural, and N. Mathevon. 2020. Baby cry recognition is independent of motherhood but improved by experience and exposure. *Proceedings of the Royal Society B* 287: 20192499.

Boyd, Robert, H. Gintis, S. Bowles, and P. J. Richerson. 2003. The evolution of altruistic punishment. *PNAS* 100: 3531-3535.

Brainard, Jeffrey, ed. 2019. Masculinity guidelines draw fire. *Science* 363(6425): 325.

Brennan, Patricia L. R. 2012. Mixed paternity despite high male parental care in great tinamous and other Palaeognathes. *Animal Behaviour* 84(3): 693-699.

Bribiescas, Richard G. 2021. Evolutionary and life history insights into masculinity and warfare: Opportunities and limitations. *Current Anthropology* 62: S23, S38-S53. https://doi.org/10.1086/711688.

Bribiescas, Richard G., Peter T. Ellison, and Peter Gray. 2012. Male life history, reproductive effort, and the evolution of the genus Homo. *Current Anthropology* 53(S6): S424-S435. https://doi.org/10.1086/667538.

Brinda, Ethel, A. P. Rajkumar, and U. Enemark. 2015. Association between gender inequality index and child mortality rates: A cross-national study of 138 countries. *BMC Public Health* 15(1): 97. https://doi.org/10.1186/s12889-015-1449-3.

Brinkman, Sally, S. E. Johnson, J. P. Codde, M. B. Hart, J. A. Straton, M. N. Mittinty, and S. R. Silburn. 2016. Efficacy of infant simulator programmes to prevent teenage pregnancy: A school-based cluster randomised controlled trial in Western Australia. *The Lancet* 388: 2264-2271. https://doi.org/10.1016/S0140-6736(16)30384-1.

Bronner, Ethan, and Chen Shalita. 2022. Life after death: Parents of slain Israeli soldiers are pushing for the right to have their slain sons' sperm extracted, frozen and stored so they can be future grandparents. *Business Week*, July 25.

Brooks, Alison, J. E. Yellen, R. Potts, A. K. Behrensmeyer, A. L. Delno, D. E. Leslie ⋯ J. B. Clark. 2018. Long-distance stone transport and pigment use in the earliest Middle Stone Age. *Science* 360: 90-94.

Brooks, David. 2022. The crisis of men and boys. *New York Times*, September 30.

Brown, G. R., R. E. A. Almond, and Y. van Bergen. 2004. Begging, stealing and offering: Food transfer in non-human primates. *Advances in the Study of Behavior* 34: 265-295.

Bruce, Judith, C. B. Lloyd, and A. Leonard, with P. Engle and N. Duffy. 1995. *Families in Focus: New Perspectives on Mothers, Fathers, and Children*. New York: Population Council.

Brundage, James A. 1987. *Law, Sex and Christian Society in Medieval Europe*. Chicago: University of Chicago Press.

Buchan, Jason C., Susan C. Alberts, Joan B. Silk, and Jeanne Altmann. 2003. True paternal care in a multi-male primate society. *Nature* 425: 179–181.

Burkart, J. M. 2017. Evolution and consequences of sociality. In *APA Handbook of Comparative Psychology: Basic Concepts, Methods, Neural Substrate, and Behavior*, edited by J. Call, G. M. Burghardt, I. M. Pepperberg, C. T. Snowdon, and T. Zentall, 257–271. Washington, DC: American Psychological Association. https://doi.org/10.1037/0000011-013.

Burkart, Judith M., and C. Finkenwirth. 2015. Marmosets as model species in neuroscience and evolutionary anthropology. *Neuroscience Research* 93: 8–19. https://doi.org/10.1016/j.neures.2014.09.003.

Burkart, J. M., O. Allon, F. Amici, C. Fichtel, C. Finkenwirth, A. Heschl, ⋯ C. P. van Schaik. 2014. The evolutionary origin of human hyper-cooperation. *Nature Communications* 5: 4747.

Burkart, J. M., E. Fehr, C. Efferson, and C. P. van Schaik. 2007. Other-regarding preferences in a nonhuman primate: Common marmosets provision food altruistically. *PNAS* 104: 19762–19766.

Burkart, Judith M., S. B. Hrdy, and C. P. van Schaik. 2009. Cooperative breeding and human cognitive evolution. *Evolutionary Anthropology* 18: 175–186.

Burke, Erin E., and Richard G. Bribiescas. 2018. A comparison of testosterone and cortisol levels between gay fathers and non-fathers: A preliminary investigation. *Physiology and Behavior* 193: 69–81.

Burnham, Terry C., J. F. Chapman, P. B. Gray, M. H. McIntyre, S. F. Lipson, and P. T. Ellison. 2003. Men in committed, romantic relationships have lower testosterone. *Hormones and Behavior* 44: 119–122.

Burton, Frances. 1971. Sexual climax in female Macaca mulatta. *Proceedings of the Third International Congress of Primatology* 3: 180–191.

Buss, David M. 2005. *The Murderer Next Door: Why the Mind Is Designed to Kill*. New York: Penguin Press.

Buss, David M. 2021. *When Men Behave Badly: The Hidden Roots of Sexual Deception, Harassment, and Assault*. New York: Little, Brown.

Butchireddygari, Likhitha. 2019. Female college grads to reach milestone. *Wall Street Journal*, August 21. https://www.wsj.com/articles/historic-rise-of-college-educated-women-in-labor-force-changes-workplace-11566303223.

Cabrera, Natasha J., J. Shannon, S. Mitchell, and J. West. 2009. Mexican American mothers and fathers' prenatal attitudes and father prenatal involvement: Links to mother-infant interaction and father engagement. *Sex Roles* 60: 510–26.

Cambon, Sarah Chaney, and Lauren Weber. 2023. Women rejoin the workforce, adding strength to economy. *Wall Street Journal*, March 9.

Cameron, Sydney A. 1982. On dispelling the myth of the "lazy" drone: Incubation by male bumblebees (abstract). *The Biology of Social Insects: Proceedings of the Ninth Congress of the International Union for the Study of Social Insects*, edited by M. D. Breed, C. D. Michener, and H. E. Evans, 249. Boulder: Westview Press.

Campbell, Anne. 1999. Staying alive: Evolution, culture and intra-female aggression. *Brain*

Science and Behaviour 22: 203-252.

Campbell, Anne, and Paula Stockley (eds.). 2013. Theme Issue: Female competition and aggression. *Philosophical Transactions of the Royal Society B* 368 (1631).

Campbell, Christina J. 2004. Patterns of behavior across reproductive states of free-ranging female black-handed spider monkeys (*Ateles geoffroyi*). *American Journal of Physical Anthropology* 124: 166-176.

Campos, Fernando A., F. Villavicencio, E. A. Archie, F. Colchero, and S. C. Alberts. 2020. Social bonds, social status and survival in wild baboons: A tale of two sexes. *Philosophical Transactions of the Royal Society B* 375: 20190621.

Caprioli, Mary. 2003. Gender equality and state aggression: The impact of domestic gender equality on state first use of force. *International Interactions* 29: 195-214.

Cardenas, Sofia I., S. A. Stoycos, P. Scellery, N. Marshall, H. Khoddam, J. Kaplan, D. Goldenberg, and Darby E. Saxby. 2021. Theory of mind processing in expectant fathers: Associations with prenatal oxytocin and parental attunement. *Developmental Psychobiology* 63: 1549-1567. https://doi.org/10.1002/dev.22115.

Carey, Benedict. 2005. Experts dispute Bush on gay adoption issue. *New York Times*, January 29, A12. https://www.nytimes.com/2005/01/29/politics/experts-dispute-bush-on-gayadoption-issue.html.

Carmody, Rachel N., G. S. Weintraub, and R. W. Wrangham. 2011. Energetic consequences of thermal and non-thermal food-processing. *PNAS* 1081(48): 19199-19213.

Carneiro, Robert. n.d. The concept of multiple paternity among the Kuikuru. Manuscript.

Carter, C. Sue. 1992. Oxytocin and sexual behavior. *Neuroscience and Biobehavioral Reviews* 16: 131-144.

Carter, C. Sue. 1998. Neuroendocrine perspectives on social attachment and love. *Psychoneuroendocrinology* 23: 779-818.

Carter, C. Sue. 2017a. The oxytocin-vasopressin pathway in the context of love and fear. *Frontiers in Endocrinology* 8: 356. https://doi.org/10.3389/fendo.2017.00356.

Carter, C. Sue. 2017b. Oxytocin and human evolution. In *Behavioral Pharmacology of Neuropeptides: Oxytocin* (Current Topics in Behavioral Neurosciences, vol. 35), edited by R. Hurlemann and V. Grinevich, 291-319. https://doi.org/10.1007/7854_2017_18.

Carter, C. Sue, and L. L. Getz. 1993. Monogamy and the prairie vole. *Scientific American* 268: 100-106.

Carter, C. Sue, and Alison M. Perkeybile. 2018. The monogamy paradox: What do love and sex have to do with it? *Frontiers in Ecology and Evolution* 6: 202. https://doi.org/10.3389/fevo.2018.00202.

Carter, C. Sue, J. R. Williams, D. M. Witt, and T. R. Insel. 1992. Oxytocin and social bonding. *Annals of the New York Academy of Sciences* 652: 204-211.

Case, Anne, and Angus Deaton. 2022. The Great Divide: Education, despair, and death. *Annual Review of Economics* 14: 1-21.

Case, Anne, and Cristina H. Paxton. 2000. Mothers and others: Who invests in children's health? NBER Working Paper 7691. https://www.nber.org/papers/w7691.

Cashdan, Elizabeth, ed. 1990. *Risk and Uncertainty in Tribal and Peasant Economies*. Boulder: Westview.

Cassar, Alessandra, and Mary L. Rigdon. 2021a. Option to cooperate increases women's competitiveness and closes the gender gap. *Evolution and Human Behavior* 42(6): 556–572. https://doi.org/10.1016/j.evolhumbehav.2021.06.001.

Cassar, Alessandra, and Mary L. Rigdon. 2021b. Prosocial option increases women's entry into competition. *PNAS* 118(45): e2111943118. https://doi.org/10.1073/PNAS.2111943118.

Cassar, Alessandra, Alejandrina Cristia, Pauline A. Grosjean, and Sarah Walker. 2023. It makes a village: Allomaternal care and prosociality. UNSW Economics Working Paper 2022–06. http://dx.doi.org/10.2139/ssrn.4285074.

Cederstrom, Carl. 2019. Are we ready for the breastfeeding father? New York Times, October 20.

Cepelewicz, Jordana. 2019. These female insects have male-type sex organs: Evolution explains why. *Washington Post*, February 3. https://www.washingtonpost.com/national/health-science/these-female-insects-have-male-type-sex-organs-evolution-explains-why/2019/02/01/765049da-2587-11e9-81fd-b7b05d5bed90_story.html.

Cerrito, Paola, and Jeffrey K. Spear. 2022. A milk-sharing economy allows placental mammals to overcome their metabolic limits. *PNAS* 119(10): e2114674119. https://doi.org/10.1073/PNAS.2114674119.

Chakrabarti, Stotra and Yadvendradev V. Jhala. 2019. Battle of the sexes: A multi-male mating strategy that helps lionesses win the gender war of fitness. *Behavioral Ecology* 30: 1050–1061.

Chapais, Bernard. 2008. *Primeval Kinship: How Pair-Bonding Gave Rise to Human Society*. Cambridge, MA: Harvard University Press.

Chapman, Anne. 1982. *Drama and Power in a Hunting Society: The Selk'nam of Tierra del Fuego*. Cambridge, UK: Cambridge University Press.

Chapman, Emma, S. Baron-Cohen, B. Auyeung, R. Knickmeyer, K. Taylor, and G. Hackett. 2006. Fetal testosterone and empathy: Evidence from the Empathy Quotient (EQ) and the "Reading of the Eyes" Test. *Social Neuroscience* 1(2): 135–148.

Cheney, Dorothy, and Robert Seyfarth. 2007. *Baboon Metaphysics: The Evolution of a Social Mind*. Chicago: University of Chicago Press.

Cheng, Amy. 2021. Putin slams "cancel culture" and trans rights, calling teaching gender fluidity "crime against humanity." *Washington Post*, October 22.

Chersini, Nadine, N. J. Hall, and C. D. L. Wynne. 2018. Dog pups' attractiveness to humans peaks at weaning age. *Anthrozoös* 31: 309–331.

Chi, Kelly Rae. 2015. Men's makeover. *Nature* 526: S12–S13.

Chomsky, Noam. 2012. *The Science of Language: Interviews with James McGilvray*. Cambridge, UK: Cambridge University Press.

Christiansen, M. H., and S. Kirby. 2003. *Language Evolution*. Oxford: Oxford University Press.

Christov-Moore, Leonardo, E. A. Simpson, G. Coudé, K. Grigaityte, M. Iacoboni, and P. F. Ferrari. 2014. Empathy: Gender effects in brain and behavior. *Neuroscience and Biobehavioral Reviews* 46: 604–627.

Cibot, Marie, M. S. McCarthy, J. D. Lester, L. Vigilant, T. Sabiti, and M. R. McLennan. 2019. Infant carrying by a wild chimpanzee father at Bulindi, Uganda. *Primates* 60: 333–338.

Cockburn, Andrew 2006. Prevalence of different modes of parental care in birds. *Proceedings of the Royal Society B* 273: 1375–1383.

Cockburn, Andrew, and Andrew F. Russell. 2011. Cooperative breeding: A question of climate? *Current Biology* 21(5): R195–197.

Cohn, D'Vera, J. Horowitz, R. Minkin, R. Fry, and K. Hurst. 2022. Financial issues top the list of reasons U.S. adults live in multigenerational households: Nearly four-in-ten men ages 25 to 29 now live with older relatives. Pew Research Center. https://www.pewresearch.org/social-trends/2022/03/24/financial-issues-top-the-list-of-reasons-u-s-adults-live-in-multigenerational-homes/.

Collins, D. Anthony, C. D. Busse, and J. Goodall. 1984. Infanticide in two populations of savanna baboons. In *Infanticide: Comparative and Evolutionary Perspectives*, edited by G. Hausfater and S. B. Hrdy, 193–216. Hawthorne, NY: Aldine de Gruyter. (2008 paperback edition by Aldine Transaction.)

Conaboy, Chelsea. 2022. *Mother Brain: How Neuroscience Is Rewriting the Story of Parenthood*. New York: Henry Holt.

Cooke, Lucy. 2022. *Bitch: On the Female of the Species*. Hatchette/Basic Books.

Coontz, Stephanie. 1992. *The Way We Never Were: American Families and the Nostalgia Trap*. New York: Basic Books.

Coontz, Stephanie. 2005. *Marriage: A History*. New York: Viking.

Coxworth, James E., P. S. Kim, and J. S. McQueen. 2015. Grandmothering life histories and human pair bonding. *PNAS* 112(38): 11806–11811.

Crews, David. 2012. The (bi)sexual brain. Science and Society Series. *European Molecular Biology Organization* 13: 779–784. https://doi.org/10.1038/embor.2012.107.

Crittenden, Alyssa N. 2016. Children's foraging and play among the Hadza: The evolutionary significance of "work play." In *Childhood: Origins, Evolution, and Implications*, edited by C. L. Meehan and A. N. Crittenden, 155–195. Albuquerque: University of New Mexico Press.

Crocker, William H. 2002. Canela "other fathers": Partible paternity and its changing practices. In Beckerman and Valentine, *Cultures of Multiple Fathers*, 86–104.

Crocker, William H., and Jean Crocker. 1994. *The Canela: Bonding through Kinship, Ritual, and Sex*. Fort Worth: Harcourt Brace.

Dabbs, James M. 1993. Salivary testosterone measurements in behavioral studies. *Annals of the New York Academy of Sciences* 694: 177–183.

dallasnews Administrator. 2012. New Texas law allows men legally declared to be the father of a child to challenge paternity. *Dallas Morning News*, April 26.

Daly, Martin, and Margo Wilson. 1982. Whom are newborn babies said to resemble? *Ethology and Sociobiology* 3: 69–78.

Daly, Martin, and Margo Wilson. 1984. A sociobiological analysis of human infanticide. In *Infanticide: Comparative and Evolutionary Perspectives*, edited by G. Hausfater and S. Hrdy, 487–502. Hawthorne, NY: Aldine.

Daly, Martin, and Margo Wilson. 1988. Evolutionary social psychology and family homicide. *Science* 242: 519–524.

Danaher-Garcis, Nicole, Richard Connor, G. Fay, K. Melillo-Sweeting, and K. M. Dudzinski. 2022. The partial merger of two dolphin societies. *Royal Society Open Science* 9: 211963.

D'Antonio, Michael. 2019. Trump's influence is spreading like a virus. CNN, August 10. https://www.cnn.com/2019/08/10/opinions/trumps-influence-is-spreading-like-a-virus-dantonio.

Darwin, Charles. (1871) 1981. *The Descent of Man, and Selection in Relation to Sex*, 1st ed. With an introduction by John Tyler Bonner and Robert M. May. Princeton: Princeton University Press.

Darwin, Charles. (1874) 1974. *The Descent of Man, and Selection in Relation to Sex*, 2nd ed. Detroit: Gale Research Company, Book Tower.

Darwin, Charles. 1882. Letter to C. A. Kennard, January 9. Darwin Correspondence Project. https://www.darwinproject.ac.uk/letters/correspondence-women.

Darwin, Charles. 1897. Postscript to a January 10, 1860, letter to Charles Lyell. In *The Life and Letters of Charles Darwin*, edited by F. Darwin, vol. 2, 60. London: John Murray.

Darwin, Charles. (1858, 2nd ed. 1883) 1998. *The Variation in Animals and Plants under Domestication*, vol. 2. Baltimore: Johns Hopkins University Press.

Davies, Nicholas B., and A. Lundberg. 1984. Food distribution and a variable mating system in dunnocks, Prunella modularis. *Journal of Ecology* 53: 895–912.

Davison, Raziel, and Michael Gurven. 2022. The importance of elders: Extending Hamilton's force of selection to include intergenerational transfers. *PNAS* 119(28): e2200073119. https://doi.org/10.1073/PNAS.2200073119.

De Carlo, Angela Rocco. 2018. Looking for a few good men: A society that won't let boys be boys will pay a price in the end. *Wall Street Journal*, January 3. https://www.wsj.com/articles/looking-for-a-few-good-men-1514941459?mod=nwsrl_taste&cx_refModule=nwsrl.

De Dreu, C. K. W. 2012. Oxytocin modulates cooperation within and competition between groups: An integrative review and research agenda. *Hormones and Behavior* 61: 419–428.

De Dreu, C. K. W., L. L. Greer, M. J. J. Handgraaf, S. Shalvi, G. A. Van Kleef, M. Baas … S. W. W. Feith. 2010. The neuropeptide oxytocin regulates parochial altruism in intergroup conflict among humans. *Science* 328:1408–1411.

Denham, Woodrow. 2015. Alyawarra kinship, infant carrying and alloparenting. *Mathematical Anthropology and Cultural Theory* 8(1).

DeSilva, Jeremy. 2020. *First Steps: How Upright Walking Made Us Human*. New York: HarperCollins.

Destro-Bisol, G., F. Donati, V. Coia, I. Boschi, F. Verginelli, A. Caglia … C. Capelli. 2004.

Variation of female and male lineages in sub-Saharan populations: The importance of sociocultural factors. *Molecular Biology and Evolution* 21: 1673-1682.

De Tocqueville, Alexis. 1835-1840. *Democracy in America*. London: Saunders and Otley.

de Waal, Frans. 1989. *Peacemaking among Primates*. Cambridge, MA: Harvard University Press.

de Waal, Frans. 2019. *Mama's Last Hug: Animal Emotions and What They Tell Us about Ourselves*. New York: W. W. Norton.

de Waal, Frans. 2022. *Diferent: Gender through the Eyes of a Primatologist*. New York: W. W. Norton.

de Waal, Frans, and Frans Lanting. 1997. *Bonobo: The Forgotten Ape*. Berkeley: University of California Press.

Dickemann, Mildred. 1981. Paternal competition and dowry competition: A biocultural analysis of purdah. In *Natural Selection and Social Behavior*, edited by R. D. Alexander and D. Tinkle, 417-438. Concord, MA: Chiron Press.

DiMaggio, Erin N., C. J. Campisano, J. Rowan, G. Dupont-Nivet, A. L. Deino, F. Bibi ⋯ J. Ramón Arrowsmith. 2015. Late Pliocene fossiliferous sedimentary record and the environmental context of early Homo from Afar, Ethiopia. *Science* 347: 1355-1359.

Dixson, A. F. 2013. *Primate Sexuality: Comparative Studies of the Prosimians, Monkeys and Apes, and Human Beings*. New York: Oxford University Press.

Dixson, A. F., and L. George. 1982. Prolactin and parental behaviour in a male New World primate. *Nature* 299: 551-553.

Dolhinow, Phyllis. 1977. Normal monkeys? Letters to the Editors, *American Scientist* 65: 266-267.

Donahue, Chad J., M. F. Glasser, T. M. Preuss, J. K. Rilling, and D. C. van Essen. 2018. Quantitative assessment of prefrontal cortex in humans relative to nonhuman primates. *PNAS* 115(22): E5183-E5192. https://doi.org/10.1073/PNAS.1721653115.

Donaldson, Zoe R., and L. J. Young. 2008. Oxytocin, vasopressin and the neurogenetics of sociality. *Science* 322: 900-904.

Douadi, M. I., S. Gatti, F. Levrero, G. Duhamel, D. Vallet, N. Menard, and E. J. Petit. 2007. Sex-biased dispersal in western lowland gorillas (*Gorilla gorilla gorilla*). *Molecular Ecology* 16: 2247-2259.

Douglas, Mary. 1963. *The Lele of the Kasai*. Oxford: Oxford University Press.

Douglas, Pamela Heidi, G. Hohmann, R. Murtagh, R. Thiessen-Bock, and T. Deschner. 2016. Mixed messages: Wild female bonobos show high variability in the timing of ovulation in relation to sexual swelling patterns. *BMC Evolutionary Biology* 16: 140. https://doi.org/10.1186/s12862-016-0691-3.

Draper, Patricia, and Nancy Howell. 2005. The growth and kinship resources of Ju/'hoansi children. In Hewlett and Lamb, eds., *Hunter-Gatherer Childhoods*, 262-282.

Dreher, Jean-Claude, S. Dunne, A. Pazderska, T. Frodi, and J. J. Nolan. 2016. Testosterone causes both prosocial and antisocial status-enhancing behaviors in human males. *PNAS* 113: 11633-11638.

Dubas, Judith S., M. Heijkoop, and M. A. G. van Aken. 2009. A preliminary investigation of parent-progeny olfactory recognition and parental investment. *Human Nature* 20: 80–92.

Dulac, Catherine, Lauren A. O'Connell, and Zheng Wu. 2014. Neural control of maternal and paternal behaviors. *Science* 345: 765–770.

Du Mez, Kristin Kobes. 2020. *Jesus and John Wayne: How White Evangelicals Corrupted a Faith and Fractured a Nation*. Liveright.

Dunayer, Erica S., and Carol M. Berman. 2018. Infant handling among primates. *International Journal of Comparative Psychology* 31. https://escholarship.org/uc/item/45w0r631.

Dunbar, Robin. 1996. *Grooming, Gossip, and the Evolution of Language*. London: Faber and Faber.

Dunsworth, Holly. 2016. Do animals know where babies come from? *Scientific American* 314(1): 66–69.

Dunsworth, Holly. 2017. Sex makes babies: As far as we can tell, no other animal knows this. *Aeon*, August 9.

Duveau, Jérémy, G. Berillon, C. Verna, G. Laisné, and D. Cliquet. 2019. The composition of a Neanderthal social group revealed by the hominin footprints at Le Rozel. *PNAS* 116: 19409–19414.

Dyble, Mark, J. Thompson, D. Smith, G. D. Salali, N. Chaudhary, A. Page ⋯ A. B. Migliano. 2016. Networks of food sharing reveal the functional significance of multilevel sociality in two hunter-gatherer groups. *Current Biology* 26: 2017–2021.

Eagly, Alice H. 2022. Women take risks to help others to stay alive. *Behavioral and Brain Sciences* 45: E135. https://doi.org/10.1017/S0140525X22000437.

Ebensperger, Luis A. 1998. Strategies and counter strategies to infanticide in males. *Biological Reviews* 73: 321–346.

Edin, Kathryn, and T. Nelson. 2013. *Doing the Best I Can: Fatherhood in the Inner City*. Berkeley: University of California Press.

Edsall, Thomas. 2022. The gender gap is taking us to unexpected places. *New York Times*, January 12.

Egelko, Bob. 2010. Gays make fine parents, psychologist testifies. SFGate, *San Francisco Chronicle*, January 16.

Eibl-Eibesfeldt, Irenäus. 1989. *Human Ethology*. New York: Aldine de Gruyter.

Eliassen, Sigrunn, and Christian Jørgensen. 2014. Extra-pair mating and evolution of cooperative neighbourhoods. *PLOS ONE* 9: e99878.

Eliot, George. (1859) 1985. *Adam Bede*. London: Penguin Books.

Ellison, Peter T. 1993. Measurements of salivary progesterone. *Annals of the New York Academy of Sciences* 694: 161–176.

Ellowson, A. Margaret, C. T. Snowdon, and C. Lazaro-Perea. 1998. "Babbling" and social context in infant monkeys: Parallels to human infants. Trends in Cognitive *Science* 2: 31–37.

Ellsworth, Ryan, Drew H. Bailey, Kim Hill, A. Magdalena Hurtado, and Robert S. Walker. 2014. Relatedness, co-residence, and shared fatherhood among Ache foragers of Paraguay. *Current Anthropology* 55(1): 647–653.

Elwood, Robert W. 1977. Changes in the responses of male and female gerbils (Meriones unguiculatus) towards test pups during the pregnancy of the female. *Animal Behaviour* 25: 46–51.

Elwood, Robert. 1994. Temporal-based kinship recognition: A switch in time saves mine. *Behavioural Processes* 33: 15–24.

Elwood, Robert W., and Danielle S. Stolzenberg. 2020. Flipping the parental switch: from killing to caring in male mammals. *Animal Behaviour* 165: 133–142.

Ely, Robin, Pamela Stone, and Colleen Ammerman. 2014. Rethink what you think you "know" about high-achieving women. *Harvard Business Review*. https://hbr.org/2014/12/rethink-what-you-know-about-high-achieving-women.

Ember, Carol R. 1973. Feminine task assignment and the social behavior of boys. *Ethos* 1(4): 424–439.

Emlen, Stephen. 1982. The evolution of helping, I: The ecological constraints model. *The American Naturalist* 119: 29–39.

Emlen, Stephen. 1995. An evolutionary view of the family. *PNAS* 92: 8092–8099.

Endicott, Karen. 1992. Fathering in an egalitarian society. In *Father-Child Relations: Cultural and Biosocial Contexts*, edited by Barry S. Hewlett, 281–295. New York: Aldine de Gruyter.

Engelmann, J. M., E. Herrmann, and M. Tomasello. 2012. Five-year olds, but not chimpanzees, attempt to manage their reputations. *PLOS ONE* 7(10): e48433. https://doi.org/10.1371/journal.pone.0048433.

Engelmann, J. M., E. Herrmann, and M. Tomasello. 2018. Concern for group reputation increases prosociality in young children. Psychological Science 29(2): 181–190. https://doi.org/10.1177/0956797617733830.

Engels, Friedrich. (1884) 1942. The Origin of the Family, Private Property and the State. Translated from the German by Alick West. New York: International Publishers.

England, Paula, A. Levine, and E. Mishel. 2020. Progress toward gender equality in the United States has slowed or stalled. *PNAS* 117: 6990–6997.

Evans, Alice. 2022. The Middle East and North Africa's patrilineal trap. Brookings Institute, January 25. https://www.brookings.edu/blog/future-development/2022/01/25/the-middle-east-and-north-africas-patrilineal-trap/.

Evans, Samantha. 2017. *Darwin and Women: A Selection of Letters*. Cambridge, UK: Cambridge University Press.

Fardon, Richard. 1999. *Mary Douglas: An Intellectual Biography*. London: Routledge.

Farrar, Victoria. 2020. *From party to parent: The role of prolactin in reproduction in transitions during parental care. Lecture*, University of California, Davis, February 21.

Feldman, Jamie. 2020. This throuple made history with their first child. Here's what their lives are like. *Huffpost*, December 23. https://www.huffpost.com/entry/poly-relationship-adoption-embryo-surrogate_n_5fc92247c5b6d7412e5f4026.

Feldman, Ruth. 2014. Paternal instinct: Conversation with Kyle Pruitt sponsored by the Simms-Mann Educational Institute. Building the House Within Speaker Series at the

Hammer Museum, February 12. https://youtu.be/V2fkFYO4Yk4.

Feldman, Ruth, I. Gordon, I. Schneiderman, O. Weisman, and O. Zagoory-Sharon. 2010. Natural variations in maternal and paternal care are associated with systematic changes in oxytocin following parent-infant contact. *Psychoneuroendocrinology* 35: 1133-1141.

Feldman, Ruth, K. Braun, and F. A. Champagne. 2019. The neural mechanisms and consequences of paternal caregiving. *Nature Reviews Neuroscience* 20: 205-224.

Fellows Yates, James A., Irina M. Velsko, Franziska Aron, Cosimo Posth, Courtney A. Hofman, Rita M. Austin ⋯ Christina Warinner. 2021.The evolution and changing ecology of the African hominid oral microbiome. *PNAS* 118: e2021655118.

Fernandez-Duque, Eduardo. 2021. Fatherhood matters: Lessons on paternal care from evolutionary anthropology. Plenary address presented at the annual meeting of the American Association for the Advancement of Science, February 11, 2021.

Fernandez-Duque, Eduardo, and Benjamin Finkel. 2014-2015. Love in the time of monkeys. *Natural History* (December 2014/January 2015): 16-21.

Fernandez-Duque, Eduardo, and Maren Huck. 2013. Till death (or an intruder) do us part: Intrasexual competition in a monogamous primate. *PLOS ONE* 8: e53724.

Fernandez-Duque, Eduardo, Claudia R. Valeggia, and Sally Mendoza. 2009. The biology of paternal care in human and nonhuman primates. *Annual Review of Anthropology* 38: 115-130.

Fernandez-Duque, Eduardo, M. Huck, S. Van Belle, and A. di Fiore. 2020. The evolution of pair-living, sexual monogamy, and cooperative infant care: Insights from research on wild owl monkeys, titis, sakis and tamarins. *Yearbook of Physical Anthropology* 171(S70): 118-173.

Finkenwirth, Christa, E. Guerreiro Martins, E. M. Deschner, and J. M. Burkart. 2016. Oxytocin is associated with infant-care behavior and motivation in cooperatively breeding marmoset monkeys. *Hormones and Behavior* 80: 10-18.

Fischer, Eva K., A. B. Roland, N. A. Moskowitz, E. E. Tapia, K. Summers, L. A. Coloma, and L. A. O'Connell. 2019. The neural basis of tadpole transport in poison frogs. *Proceedings of the Royal Society B* 286: 20191084.

Fischer, Eva. 2022. Mechanisms of parental care in poison frogs. FINE Seminar in Frontiers of Social Evolution series, May 24. https://www.youtube.com/watch?v=0i8BixXx0f U.

Fisher, Helen E. 1983. *The Sex Contract: The Evolution of Human Behavior*. William Morrow.

Fisher, Maryanne L., J. R. Garcia, and R. Sokal Chang (eds.). 2013. *Evolution's Empress: Darwinian Perspectives on the Nature of Women*. Oxford: Oxford University Press.

Fleming, Alison S., C. Corter, J. Stallings, and M. Steiner. 2002. Testosterone and prolactin are associated with emotional responses to infant cries in new fathers. *Hormones and Behavior* 42: 399-413.

Fleming, Alison, J. S. Lonstein, and F. Lévy. 2016. Introduction to the special issue on parental behavior in honor of Jay S. Rosenblatt. *Hormones and Behavior* 77: 1-2.

Fothergill, Alastair, and Mark Linfield, directors. 2012. *Chimpanzee* (film), produced by Disneynature.

Fouts, Hillary, and R. A. Brookshire. 2009. Who feeds children? A child's-eye-view of caregiving feeding patterns among the Aka foragers in Congo. *Social Science and Medicine* 69: 285–292.

Francis, Charles M., Edythe L. P. Anthony, Jennifer A. Brunton, and Thomas H. Kunz. 1994. Lactation in male fruit bats. *Nature* 367: 691–69.

Franklin, Prarthana, and A. A. Volk. 2018. A review of infants' and children's facial cues' influence on adults' perception and behaviors. *Evolutionary Behavioral Science* 12(4): 296–321. https://doi.org/10.1037/ebs0000108.

Franklin, Ruth. 2017. Who's afraid of Claire Messud? *New York Times Magazine*, August 10.

French, Jeffrey. 2007. Parental care in marmosets: Stories of steroids and chronicles of chimerism. Animal Behavior Lecture Series, April 10, University of California, Davis.

Frodi, Ann, Michael E. Lamb, L. A. Leavitt, and W. L. Donovan. 1978. Fathers' and mothers' responses to infant cries and smiles. *Infant Behavior and Development* 1: 187–198.

Fruth, Barbara, and Gottfried Hohmann. 2016. Social grease for females? Same-sex genital contacts in wild bonobos. In *Homosexual Behavior in Animals: An Evolutionary Perspective*, edited by Volker Sommer and Paul Vasey, 294–315. Cambridge, UK: Cambridge University Press.

Fruth, Barbara, and Gottfried Hohmann. 2018. Food-sharing across borders: First observation of intercommunity meat sharing by bonobos of LuiKotale, DRC. *Human Nature* 29: 91–103.

Fry, Douglas P. 2013. War, peace, and human nature: The challenge of achieving scientific objectivity. In *War, Peace, and Human Nature: The Convergence of Evolutionary and Cultural Views*, edited by Douglas P. Fry, 1–21. Oxford: Oxford University Press.

Fry, Douglas P., and Patrik Soderberg 2013. Lethal aggression in mobile forager bands and implications for the origins of war. *Science* 341: 270–274.

Furuichi, Takeshi. 2011. Female contributions to the peaceful nature of bonobo society. *Evolutionary Anthropology* 20: 131–142.

Furuichi, Takeshi. 2017. Female contributions to the peaceful nature of bonobo society. In *Bonobos: Unique in Mind, Brain and Behavior*, edited by Brian Hare and Shinya Yamamoto, 17–34. Oxford: Oxford University Press.

Gamble, Eliza Burt. 1894. *The Evolution of Woman: An Inquiry into the Extent of Her Inferiority*. New York and London: G. P. Putnam.

Garber, Paul. 1997. One for all and breeding for one: Cooperation and competition as a tamarin reproductive strategy. *Evolutionary Anthropology* 5: 187–199.

Garner, Dwight. 2010. Book Review: *The Last Train from Hiroshima: The survivors look back* by Charles Pellegrino. New York Times, Jan. 19, 2010.

Gates, Gary J. 2015. Marriage and family: LGBT individuals and same-sex couples. *The Future of Children* 25(2): 67–87.

Gavrilets, Sergey, and P. J. Richerson. 2017. Collective action and the evolution of social norm internalization. *PNAS* 114: 6068–6073.

Gelstein, Shani, Y. Yeshurun, L. Rozenkrantz, S. Shushan, I. Frumin, Y. Roth, and N. Sobel. 2011. Human tears contain a chemosignal. *Science* 331: 226–230.

Gerson, Kathleen. 1993. *No Man's Land: Men's Changing Commitments to Family and Work*. New York:

Basic Books.

Gerson, Kathleen. 2010. *The Unfinished Revolution: Coming of Age in a New Era of Gender, Work, and Family*. Oxford: Oxford University Press.

Gettler, Lee T. 2016. Testosterone, fatherhood and social networks. In *Costly and Cute: Helpless Infants and Human Evolution*, edited by W. R. Trevathan and K. R. Rosenberg, 149-176. Albuquerque: SAR Press and University of New Mexico Press.

Gettler, Lee, T. W. McDade, A. B. Feranil, and C. W. Kuzawa. 2011. Longitudinal evidence that fatherhood decreases testosterone in human males. *PNAS* 108: 16194-16199.

Gettler, Lee, James J. McKenna, Thomas W. McDade, Sonny S. Augustin, and Christopher W. Kuzawa. 2012. Does cosleeping contribute to lower testosterone levels in fathers? Evidence from the Philippines. *PLOS ONE* 7(9): e41559.

Getz, Lowell L., C. S. Carter, and L. Gavish. 1981. The mating system of the prairie vole, *Microtus ochrogaster*: Field and laboratory evidence for pair bonding. *Behavioral Ecology and Sociobiology* 8: 189-194.

Gilby, Ian, Z. P. Machanda, D. E. Mungu, M. N. Muller, A. E. Pusey, and R. W. Wrangham. 2015. Inter-individual variation in communal hunting in three wild chimpanzee communities (abstract). *American Journal of Physical Anthropology*, supplement 60: 144.

Gilman, Charlotte Perkins. (1898) 1998. Women and Economics. Berkeley: University of California Press.

Glasper, E. R., W. R. Kenkel, J. Bick, and J. K. Rilling. 2019. More than just mothers: The neurobiological and neuroendocrine underpinnings of allomaternal caregiving. *Frontiers in Neuroendocrinology* 53: 100741. https://doi.org/10.1016/j.yfrne.2019.02.005.

Goldberg, Michelle. 2009. *The Means of Reproduction: Sex, Power, and the Future of the World*. New York: Penguin Press.

Goldberg, Steven. *The Inevitability of Patriarchy*. New York: William Morris.

Goldizen, Anne Wilson. 1987. Tamarins and marmosets: Communal care of offspring. In *Primate Societies*, edited by B. B. Smuts, D. Cheney, R. M. Seyfarth, R. W. Wrangham, and T. T. Strushaker, 34-43. Chicago: University of Chicago Press.

Golombok, Susan, R. Cook, A. Bish, and C. Murray. 1995. Families created by new reproductive technologies: Quality of parenting and social emotional development of the children. *Child Development* 66: 285-298.

Golombok, Susan, L. Mellish, F. Tasker, S. Jennings, P. Casey, and M. Lamb. 2013. Adoptive gay father families: Parent-child relationship and children's psychological adjustment. *Child Development* 85(2): 456-468.

Goodall, Jane. 1986. *The Chimpanzees of Gombe*. Cambridge, MA: Harvard University Press.

Gopnik, Alison. 2016. *The Gardener and the Carpenter: What the New Science of Child Development Tells Us about the Relationship between Parents and Children*. New York: Farrar, Straus, and Giroux.

Gopnik, Alison, W. E. Frankenhuis, and M. Tomasello. 2020. Introduction to special issue: Life history and learning: How childhood, caregiving and old age shape cognition and culture in humans and other animals. *Philosophical Transactions of the Royal Society B* 375:

20190489.

Gould, Stephen J. 1995. Male nipples and clitoral ripples. In *Adam's Navel and Other Essays*, 41–58. London: Penguin Books.

Gowaty, Patricia Adair, ed. 1997. *Feminism and Evolutionary Biology*. New York: Chapman Hall.

Gowaty, Patricia A., and Michael R. Lennartz. 1985. Sex ratios of nestling and fledgling redcockaded woodpeckers (*Picoides borealis*) favor males. *The American Naturalist* 126. https://doi.org/10.1086/284421.

Gray, Peter B., and Kermyt G. Anderson. 2010. *Fatherhood: Evolution and Human Paternal Behavior*. Cambridge, MA: Harvard University Press.

Gray, Peter B., and B. C. Campbell. 2009. Human male testosterone, pair-bonding, and fatherhood. In *Endocrinology of Social Relationships*, edited by Peter T. Ellison and Peter B. Gray, 270–293. Cambridge, MA: Harvard University Press.

Gray, Peter B., and Alyssa Crittenden. 2014. Father Darwin: Effects of children on men viewed from an evolutionary perspective. *Fathering* 12: 121–142.

Gray, Peter B., J.-A. Reese, C. Coore-Desai, T. Dinnall-Johnson, S. Pellington, A. Bateman, and M. Samms-Vaughan. 2018. Patterns and predictors of depressive symptoms among Jamaican fathers of newborns. *Social Psychiatry and Psychiatric Epidemiology* 53: 1063–1070.

Greenhouse, Linda. 2005. Courts let stand Florida ban on gay adoptions. *San Francisco Chronicle*, January 11.

Greven, Philip. 1970. *Four Generations: Population, Land, and Family in Colonial New England*. Ithaca: Cornell University Press.

Griffin, Ashleigh S., S. H. Alonzo, and C. K. Cornwallis. 2013. Why do cuckolded males provide paternal care? *PLOS Biology* 11(3): e1001520.

Griswold, Robert L. 1993. *Fatherhood in America: A History*. New York: Basic Books.

Gross, Rachel E. 2022. *Vagina Obscura: An Anatomical Voyage*. New York: W. W. Norton.

Gross, Mart R., and R. Craig Sargent. 1985. The evolution of male and female parental care in fishes. *American Zoologist* 25(3): 807–822.

Grossmann, Tobias. 2013. The role of medial prefrontal cortex in early social cognition. *Frontiers in Human Neuroscience* 7: 340. https://doi.org/10.3389/fnhum.2013.00340.

Grossmann, Tobias. 2020. Early social cognition: Exploring the role of the medial prefrontal cortex. In *The Social Brain: A Developmental Perspective*, edited by Jean Decety, 67–87. Cambridge, MA: MIT Press.

Gruber, Christian W. 2014. Physiology of invertebrate oxytocin and vasopressin neuropeptides. *Experimental Physiology* 99(1): 55–61.

Gubernick, D. J., and R. J. Nelson. 1989. Prolactin and paternal behavior in the biparental California mouse Peromyscus californicus. *Hormones and Behavior* 23: 203–210.

Gubernick, David J., J. T. Winslow, P. Jensen, L. Jeanotte, and J. Bowen. 1995. Oxytocin changes in males over the reproductive cycle in the monogamous, biparental California mouse, Peromyscus californicus. *Hormones and Behavior* 29: 59–73.

Gubernick, David J., Carol M. Worthman, and J. F. Stallings. n.d. Hormonal correlates of fathering in men. Unpublished manuscript.

Guédon, Marie-Francoise. 2020. Matriculturality and the Algonquian language family: An interim report, May 2020. Matrix: *A Journal for Matricultural Studies* 1(1): 89–117.

Guindre-Parker, Sarah, and Dustin R. Rubenstein. 2018. Multiple benefits of alloparental care in a fluctuating environment. *Royal Society Open Science* 5: 172406.

Gunz, Philipp, F. L. Bookstein, P. Mitteroecker, A. Stadlmayr, H. Seidler, and G. W. Weber. 2009. Early modern human diversity suggests subdivided population structure and complex out-of-Africa scenario. *PNAS* 106(15): 6094–6098.

Gunz, P., S. Neubauer, D. Falk, P. Tafforeau, A. Le Cabec, T. M. Smith, W. H. Kimbel, F. Spoor, and Z. Alemseged. 2020. Australopithecus afarensis endocasts suggest ape-like brain organization and prolonged brain growth. *Science Advances* 6(14): eaaz4729. https://doi.org/10.1126/sciadv.aaz4729.

Guo, Yongman, C. G. Grueter, and J. Lu. 2022. Letter to the Editor: Allomaternal care and "adoption" in an edge-of-range population of Taihangshan macaques in Northern China. *Current Zoology* 69(2): 215–218. https://doi.org/10.1093/cz/zoac027.

Gursky-Doyen, Sharon. 2011. Infanticide by a spectral tarsier (*Tarsius spectrum*). *Primates* 52: 385–389.

Gurven, Michael, and Christopher von Rueden. 2006. Hunting, social status and biological fitness. *Social Biology* 53(1–2): 81–99.

Gurven, Michael, W. Allen-Arave, K. Hill, and M. Hurtado. 2000. "It's a wonderful life": Signaling generosity among the Ache of Paraguay. *Evolution and Human Behavior* 21: 263–282.

Gusinde, Martin. 1931. *Die Feuerland-Indianer, vol. I. Die Selk'nam*. Modling bei Wien: Anthropos Verlag.

Gust, D. A. 1994. Alpha-male sooty mangabeys differentiate between females' fertile and their postconception maximal swellings. *International Journal of Primatology* 15: 289–301.

Gustafson, Erik, F. Levréo, D. Reby, and N. Mathevon. 2013. Fathers are just as good as mothers at recognizing the cries of their baby. *Nature Communications* 4: 1698. https://doi.org/10.1038/ncomms2713.

Guthrie, R. Dale. 2006. *The Nature of Paleolithic Art*. Chicago: University of Chicago Press.

Gutman, Herbert. 1976. *The Black Family in Slavery and Freedom, 1750–1925*. New York: Pantheon.

Gutmann, Matthew. (1996) 2007. *The Meanings of Macho: Being a Man in Mexico City. Tenth Anniversary Edition, with a new preface*. Berkeley: University of California Press.

Haas, Louis. 1998. *The Renaissance Man and His Children: Childbirth and Early Childhood in Florence 1300–1600*. New York: St. Martin's Press.

Hames, Raymond. 1988. The allocation of parental care among the Yekwana. In *Human Reproductive Behavior: A Darwinian Perspective*, edited by L. Betzig, M. Borgerhoff Mulder, and P. Turke, 237–251. Cambridge, UK: Cambridge University Press.

Hames, Raymond. 2015. Kin selection. In *Handbook of Evolutionary Psychology*, vol. 1, 2nd ed., edited by David M. Buss, 505–523. New York: John Wiley and Sons.

Hames, R., and P. Draper. 2004. Women's work, child care, and helpers-at-the-nest in a hunter-gatherer society. *Human Nature* 15: 319–341. https://doi.org/10.1007/s12110-004-1012-x.

Hamilton, William D. 1964. The genetical evolution of social behavior. *Journal of Theoretical Biology* 7: 1–52.

Hamlin, J. Kiley, and K. Wynn. 2011. Young infants prefer prosocial to antisocial others. *Cognitive Development* 26: 30–39.

Hamlin J. Kiley, K. Wynn, and P. Bloom. 2007. Social evaluation by preverbal infants. *Nature* 450(7169): 557–559.

Hamlin, J. Kiley, K. Wynn, and P. Bloom. 2010. Three-month-olds show a negativity bias in their social evaluations. *Developmental Sciencet* 13: 923–929.

Hamlin, Kimberly A. 2014. *From Eve to Evolution: Darwin, Science, and Women's Rights in Gilded Age America*. Chicago: University of Chicago Press.

Hand, Judith L. 2006. *A Future without War: The Strategy of a Warfare Transition*. San Diego: Questpath.

Hand, Judith. 2014. *Shift: The Beginning of War, the Ending of War*. San Diego: Questpath.

Harcourt, Alexander, and Kelly Stewart. 2007. *Gorilla Society: Conflict, Compromise, and Cooperation between the Sexes*. Chicago: University of Chicago Press.

Harcourt, Alexander, P. H. Harvey, S. G. Larson, and R. V. Short. 1981. Testis weight, body weight, and breeding systems in primates. *Nature* 293: 55–57.

Hardy, K., A. Radini, S. Buckley, R. Sarig, L. Copeland, A. Gopher, and R. Barkai. 2015. Dental calculus reveals potential respiratory irritants and ingestion of essential plant-based nutrients at Lower Palaeolithic Qesem Cave, Israel. *Quaternary International* 398: 129–135.

Hare, Brian, and Michael Tomasello. 2004. Chimpanzees are more skillful in competitive than in cooperative cognitive tasks. *Animal Behaviour* 68(3): 571–581.

Hare, Brian, and Vanessa Woods. 2020. *Survival of the Friendliest: Understanding Our Origins and Rediscovering Our Common Humanity*. Penguin/Random House.

Hare, Brian, A. P. Melis, V. Woods, S. Hastings, R. Wrangham. 2007. Tolerance allows bonobos to outperform chimpanzees on a cooperative task. *Current Biology* 17: 619–623.

Hauser, Marc, Noam Chomsky, and W. Tecumseh Fitch. 2004. The faculty of language: What is it? Who has it, and how did it evolve? *Science* 298: 1569–1579.

Hausfater, Glenn, and Sarah B. Hrdy, eds. 1984. *Infanticide: Comparative and Evolutionary Perspectives*. Hawthorne, NY: Aldine.

Hawkes, Kristen. 1991. Showing off: Tests of another hypothesis about men's foraging goals. *Ethology and Sociobiology* 11: 29–54.

Hawkes, Kristen. 2000. Hunting and the evolution of egalitarian societies: Lessons from the Hadza. In *Hierarchies in Action: Cui Bono?*, edited by Michael W. Diehl, 59–83. Center for Archaeological Investigations, Occasional Papers no. 27.

Hawkes, Kristen. 2001b. Foraging, life histories and paleoanthropology: The evolution of human families. Plenary address presented at the 13th annual conference of the Human

Behavior and Evolution Society, June 6-10, University College London.

Hawkes, Kristen. 2014a. Primate sociality to human cooperation: Why us and not them? *Human Nature* 25: 28-48.

Hawkes, Kristen. 2014b. Grandmothers and the extended family. Carta Symposium "From Birth to Grandmotherhood," February 21. https://www.youtube.com/watch?v=lIJ3xCR-PhU.

Hawkes, Kristen. 2021. Ancestral grandmothers and human evolution. Darwin Day Lecture presented at New York University, February 11. https://www.youtube.com/watch?v=eeQSJ8rGmKw.

Hawkes, Kristen, and Rebecca Bliege Bird. 2002. Showing off: Handicap signaling and the evolution of men's work. *Evolutionary Anthropology* 11: 58-67.

Hawkes, Kristen, J. O'Connell, and N. G. Blurton Jones. 1989. Hardworking Hadza grandmothers. In *Comparative Socioecology: The Behavioral Ecology of Humans and Other Mammals*, edited by V. Standen and R. A. Foley, 341-366. London: Basil Blackwell.

Hawkes, Kristen, J. O'Connell, and N. G. Blurton Jones. 1991. Hunting income patterns among the Hadza: Big game, common goods, foraging goals and the evolution of the human diet. *Philosophical Transactions of the Royal Society B* 334: 243-251.

Hawkes, Kristen, J. F. O'Connell, N. G. Blurton Jones, H. Alvarez, and E. L. Charnov. 1998. Grand-mothering, menopause, and the evolution of human life histories. *PNAS* 95: 1336-1339.

Hawkes, Kristen, J. F. O'Connell, and N. G. Blurton Jones. 2001. Hunting and nuclear families: Some lessons from the Hadza about men's work. *Current Anthropology* 42(5): 681-695.

Hawkes, Kristen, J. F. O'Connell, and N. G. Blurton Jones. 2014. More lessons from the Hadza about men's work. *Human Nature* 25: 596-619. https://doi.org/10.1007/s12110-014-9212-5.

Hawkes, Kristen, J. O'Connell, and N. Blurton Jones. 2018. Hunter-gatherer studies and human evolution: A very selective review. *American Journal of Physical Anthropology* 165: 777-800. https://doi.org/10.1002/ajpa.23403.

Hawks, John, K. Hunley, S.-H. Lee, and M. Wolpoff. 2000. Population bottlenecks and human evolution. *Molecular Biology and Evolution* 17(1): 2-22.

Hax, Carolyn. 2022. My dad says I'm not 'a real man' if I go to my son's baby shower. *Washington Post*, July 15. https://www.washingtonpost.com/advice/2022/07/15/live-chat-carolyn-hax/.

Heistermann, Michael, T. Ziegler, C. P. van Schaik, K. Launhardt, P. Winkler, and J. Keith Hodges. 2001. Loss of oestrus, concealed ovulation and paternity confusion in free-ranging Hanuman langurs. *Proceedings of the Royal Society B* 268: 2445-2451.

Heldstab, Sandra A., C. P. van Schaik, and K. Isler. 2016. The care buffer hypothesis: Reproductive females buffer seasonality through allomaternal care in a comparative study across 111 mammalian species. (Abstract 6880) International Primatological Society / American Society of Primatologists (IPS ASP) meeting, Chicago, August 25.

Heldstab, Sandra A., K. Isler, J. M. Burkart, and C. P. van Schaik. 2019. Allomaternal care, brains and fertility in mammals: Who cares matters. *Behavioral Ecology and Sociobiology* 73: 71. https://doi.org/10.1007/s00265-019-2684-x.

Helle-Valle, Jo. 1999. Sexual mores, promiscuity and "prostitution" in Botswana. *Ethnos* 64(3-4): 372–396. https://doi.org/10.1080/00141844.1999.9981609.

Henderson, Amy. 2021. *Tending: Parenthood and the Future of Work.* Los Angeles: Nation Builder Books.

Henn, Brenna M., Christopher R. Gignoux, Matthew Jobin, Julie M. Granka, J. M. Macpherson, J. M. Kidd ⋯ Marcus W. Feldman. 2011. Hunter-gatherer genomic diversity suggests a southern African origin for modern humans. *PNAS* 108(13): 5154–5162. https://doi.org/10.1073/PNAS.1017511108.

Henrich, Joseph. 2020. *The WEIRDest People in the World: How the West Became Psychologically Peculiar and Particularly Prosperous.* New York: Farrar, Straus and Giroux.

Henrich, Joseph, M. Bauer, A. Cassar, J. Chytilová, and B. G. Purzycki. 2019. War increases religiosity. *Nature Human Behaviour* 3(2): 129–135.

Henry, Jules. 1941. *Jungle People: A Kaingang Tribe of the Highlands of Brazil.* New York: J. J. Augustin.

Herdt, Gilbert. 1987. *The Sambia: Ritual and Gender in New Guinea.* New York: Holt, Rinehart and Winston.

Herrmann, Esther, M. Hernández-Lloreda, B. Hare, and M. Tomasello. 2007. Humans have evolved specialized skills of social cognition: The cultural intelligence hypothesis. *Science* 317: 1360–1366.

Hewlett, Barry S. 1991. Intimate fathers: Patterns of paternal holding among Aka pygmies. In *Father's Role in Cross-Cultural Perspective,* edited by M. E. Lamb, 295–330. New York: Erlbaum.

Hewlett, Barry S. 1992. *Intimate Fathers: The Nature and Context of Aka Pygmy Paternal Infant Care.* Ann Arbor: University of Michigan Press.

Hewlett, Barry S., and David Alster. n.d. Prolactin and infant holding among American fathers. Unpublished manuscript.

Hewlett, Barry S., and Michael E. Lamb, eds. 2005. *Hunter-Gatherer Childhoods: Evolutionary, Developmental and Cultural Perspectives.* New Brunswick, NJ: Aldine Transaction.

Hewlett, Barry S., and Steve Winn. 2014. Allomaternal nursing in humans. *Current Anthropology* 55(2): 200–215.

Hibbert, Christopher, ed. (1819) 1996. *A Soldier of the Seventy-First: The Journal of a Soldier in the Peninsular War.* Gloucestershire: The Windrush Press.

Hill, Kim. 2002. Altruistic cooperation during foraging by Ache, and the evolved predisposition to cooperate. *Human Nature* 13: 105–128.

Hill, Kim. 2009. Are characteristics of human "culture" that account for human uniqueness missing from animal social traditions? In *The Question of Animal Culture,* edited by K. N. Laland and B. G. Galef Jr., 279–287. Cambridge, UK: Cambridge University Press.

Hill, Kim, and A. Magdalena Hurtado. 1996. *Ache Life History: The Ecology and Demography of a Foraging People.* Hawthorne, NY: Aldine de Gruyter.

Hill, Kim, and A. Magdalena Hurtado. 2009. Cooperative breeding in South American hunter-gatherers. *Proceedings of the Royal Society B* 276(1674): 3863–3870.

Hill, Kim, R. S. Walker, M. Bozicevic, J. Elder, T. Headland, B. Hewlett ⋯ B. Wood. 2011. Co-residence patterns in hunter-gatherer societies show unique human social structure. *Science* 331: 1286–1289.

Hite, Shere. 1976. *The Hite Report on Female Sexuality*. New York: Macmillan.

Hobaiter, Catherine, A. M. Schel, K. Langergraber, and K. Zuberbühler. 2014. 'Adoption' by maternal siblings in wild chimpanzees. *PLOS ONE* 9: e103777.

Hobson, Peter. 2004. *The Cradle of Thought: Exploring the Origins of Thinking*. Oxford: Oxford University Press.

Hoffman, John. 2019. The ultimate rookie dad guide to newborns. From changing diapers, to bonding with baby and supporting your partner, here's how to get comfy with the new addition. *Today's Parent*, January 9. https://www.todaysparent.com/baby/newborn-care/a-rookie-dads-guide-to-newborns/.

Hoffman, Kurt A., S. P. Mendoza, M. B. Hennessy, and W. A. Mason. 1995. Responses of infant titi monkeys, *Callicebus moloch*, to removal of one or both parents: Evidence for paternal attachment. *Developmental Psychobiology* 28: 388–407.

Hohmann, Gottfried, and Barbara Fruth. 2011. Is blood thicker than water? In *Among African Apes: Stories and Photos from the Field*, edited by M. M. Robbins and C. Boesch, 61–76. Berkeley: University of California Press.

Hohmann, Gottfried, L. Vigilant, R. Mundry, and B. Behringer. 2018. Aggression by males against immature individuals does not fit with predictions of infanticide. *Aggressive Behavior* 45: 300–309.

Holden, Clare Janaki, and Ruth Mace. 2003. Spread of cattle led to the loss of matrilineal descent in Africa: A coevolutionary analysis. *Proceedings of the Royal Society B* 270: 2425–2433.

Hooven, Carole. 2021. *T: The Story of Testosterone, the Hormone That Dominates and Divides Us*. New York: Henry Holt.

Horrell, Nathan D., J. P. Perea-Rodriguez, and W. Saltzman. 2017. Effects of repeated pup exposure on behavioral, neural, and adrenocortical responses to pups in male California mice (*Peromyscus californicus*). *Hormones and Behavior* 90: 56–63.

Horn, Alexander J., and C. Sue Carter. 2021. Love and longevity: A social dependency hypothesis. *Comprehensive Psychoneuroendocrinology* 8: 100088. https://doi.org/10.1016/j.cpnec.2021.100088.

Hotz, Robert Lee. 2019. Scientists find the pitter patter of Neanderthal feet. *Wall Street Journal*, September 9. https://www.wsj.com/articles/scientists-find-the-pitter-patter-of-neanderthal-feet-11568055600.

Howell, Nancy. 2010. *Life Histories of the Dobe !Kung : Food, Fatness, and Well-Being over the Lifespan*. Berkeley: University of California Press.

Hrdy, Sarah Blaffer. 1974. Male-male competition and infanticide among the langurs (Presbytis entellus) of Abu, Rajasthan. *Folia Primatologica* 22: 19–58.

Hrdy, Sarah Blaffer. 1977a. Infanticide as a primate reproductive strategy. *American scientist* 65: 40–49.

Hrdy, Sarah Blaffer. 1977b. *The Langurs of Abu: Female and Male Strategies of Reproduction*. Cambridge, MA: Harvard University Press. (Reissued with new preface and updated bibliography, 1980)

Hrdy, Sarah Blaffer. 1979. Infanticide among animals: A review, classification and examination of the implications for the reproductive strategies of females. *Ethology and Sociobiology* 1: 13–40.

Hrdy, Sarah B. 1981. The Woman That Never Evolved. Cambridge, MA: Harvard University Press. (Reissued with new preface and updated bibliography in 1999)

Hrdy, Sarah B. 1997. Raising Darwin's consciousness: Female sexuality and the prehominid origins of patriarchy. *Human Nature* 8: 1–49.

Hrdy, Sarah B. 1999. *Mother Nature: A History of Mothers, Infants, and Natural Selection*. New York: Pantheon.

Hrdy, Sarah B. 2000. Past, present and future of the human family. *The Tanner Lectures on Human Values* 23, 57–110. Salt Lake City: University of Utah Press. https://tannerlectures.utah.edu/_resources/documents/a-to-z/h/Hrdy_02.pdf.

Hrdy, Sarah Blaffer. 2004. Sexual diversity and the gender agenda: Review of Joan Roughgarden's Evolution's Rainbow. *Nature* 429: 19–20.

Hrdy, Sarah B. 2005. Evolutionary context of human development: The cooperative breeding model. In *Attachment and Bonding: A New Synthesis*, edited by C. Sue Carter et al., 9–32. Cambridge, MA: MIT Press.

Hrdy, Sarah B. 2009. *Mothers and Others: The Evolutionary Origins of Mutual Understanding*. Cambridge, MA: The Belknap Press of Harvard University Press.

Hrdy, Sarah Blaffer. 2010. Myths, monkeys and motherhood: A compromising life. In *Leaders in Animal Behavior: The Second Generation*, edited by Lee Drickamer and Donald Dewsbury, 343–374. Cambridge, UK: Cambridge University Press.

Hrdy, Sarah Blaffer. 2013a. The "one animal in all creation about which man knows the least." Preface to a Theme Issue on Female Competition and Aggression, edited by Anne Campbell and Paula Stockley. *Philosophical Transactions of the Royal Society B* 368: 1–3.

Hrdy, Sarah Blaffer. 2013b. Why paternal commitment is so variable in the human species. W. T. Patten lecture, Indiana University, Bloomfield, April 4. https://patten.indiana.edu/lectures/2012-hrdy-lec2.html.

Hrdy, Sarah Blaffer. 2016a. Development plus social selection in the emergence of "emotionally modern" humans. In Meehan and Crittenden, eds., *Childhood: Origins, Evolution, and Implications*, 11–44.

Hrdy, Sarah B. 2016b. Variable postpartum responsiveness among humans and other primates with "cooperative breeding": A comparative and evolutionary perspective. *Hormones and Behavior* 77: 272–283. https://doi.org/10.1016/j.yhbeh.2015.10.016.

Hrdy, Sarah B. 2018. The transformative power of nurturing. In *Power and Care: Toward Balance for Our Common Future*, edited by Tania Singer and Matthieu Ricard, 15–27. Cambridge, MA: MIT Press.

Hrdy, Sarah Blaffer, and Judith M. Burkart. 2020. The emergence of emotionally modern humans: Implications for language and learning. *Philosophical Transactions of the Royal Society B* 375: 20190499. https://doi.org/10.1098/rstb.2019.0499.

Hrdy, Sarah B., and C. Sue Carter. 1995. Hormonal cocktails for two. *Natural History* 104: 34.

Hrdy, Sarah B., and Daniel B. Hrdy. 1976. Hierarchical relations among female Hanuman langurs (Primates, Colobinae, *Presbytis entellus*). *Science* 193: 913–915.

Hrdy, Sarah Blaffer, and Debra Judge. 1993. Darwin and the puzzle of primogeniture. *Human Nature* 4: 1–45.

Hrdy, Sarah B., and Patricia Whitten. 1987. The patterning of sexual activity among primates. In *Primate Societies*, edited by B. B. Smuts et al., 370–384. Chicago: University of Chicago Press.

Hrdy, S. B., D. B. Hrdy, and J. Bishop. 1977. Stolen copulations. 16 mm color film. Peabody Museum, Harvard University.

Hua, Cai. 2001. *A Society without Fathers or Husbands: The Na of China*. Translated by Asti Hustvedt. New York: Zone Books.

Huang, Junfeng, Z. Cheng, S. Zhang, L. Chang, X. Li, Z. Lian, and N. Gong. 2020. Having infants in the family group promotes altruistic behavior in marmosets. *Current Biology* 30: 4047–4055.e3.

Hublin, Jean-Jacques, S. Neubauer, and P. Gunz. 2015. Brain ontogeny and life history in Pleistocene hominins. *Philosophical Transactions of the Royal Society B* 370: 20140062.

Hublin, Jean-Jacques, A. Ben-Ncer, S. E. Bailey, S. E. Freidline, S. Neubauer, M. M. Skinner … P. Gunz. 2017. New fossils from Jebel Irhoud, Morocco, and the pan-African origin of Homo sapiens. *Nature* 546: 289–292.

Huck, U. W. 1984. Infanticide and the evolution of pregnancy block in rodents. In Hausfater and Hrdy, eds., *Infanticide*, 349–366.

Hudson, Valerie M., B. Ballif-Spanvill, M. Caprioli, and C. F. Emmett. 2012. *Sex and World Peace*. New York: Columbia University Press.

Hudson, Valerie, and Rebecca Nielsen. 2014–2018. Household formation systems and marriage markets. 2013 Awarded Project, Army Research Office. https://minerva.defense.gov/Research/Awarded-Projects/2013-Research-Awards/Article/2061191/household-formation-systems-and-marriage-markets/.

Hung, Lin W., S. Neuner, J. S. Polepalli, K. T. Beier, M. Wright, J. J. Walsh … R. C. Malenka. 2017. Gating of social reward by oxytocin in the ventral tegmental area. *Science* 357: 1406–1411.

Huston, Therese. 2017. Men can be so hormonal. *New York Times*, June 24. https://www.nytimes.com/2017/06/24/opinion/sunday/men-testosterone-hormones.html.

Inhorn, Marcia C., W. Chavkin, and J.-A. Navarro. 2016. Globalized fatherhood: Emergent forms and possibilities in the new millennium. In *Globalized Fatherhood*, edited by M. Inhorn,

W. Chavkin, and J.-A. Navarro, 1-28. New York: Berghahn.

Isaac, Glynn Ll. 1968. The Acheulian site complex at Olorgesailie, Kenya: A contribution to the interpretation of Middle Pleistocene culture in East Africa. PhD dissertation, University of Cambridge.

Isler, Karin, and Carel P. van Schaik. 2012. How our ancestors broke through the gray ceiling: Comparative evidence for cooperative breeding in early Homo. *Current Anthropology* 53: S453-S465.

Isogai, Yoh, Z. Wu, M. I. Love, M. Ho-Young Ahn, D. Bambah-Mukku, V. Hua, K. Farrell, and C. Dulac. 2018. Multisensory logic of infant-directed aggression by males. *Cell* 175: 1827-1841.

Ivey, Paula. 2000. Cooperative reproduction in Ituri Forest hunter-gatherers: Who cares for Efé infants? *Current Anthropology* 41: 856-866.

Jablonka, Eva, and Marion J. Lamb. 2005. *Evolution in Four Dimensions: Genetic, Epigenetic, Behavioral, and Symbolic Variation in the History of Life*. Cambridge: MIT Press.

Jablonka, Ivan. 2022. *A History of Masculinity: From Patriarchy to Gender Justice*. Translated from the French by Nathan Bracher. Penguin Random House. (*Des hommes juste: Du patriarcat aux nouvelle masculinités*, 2019.)

Jacobs, Melanie. 2004. When daddy doesn't want to be daddy anymore: An argument against paternity fraud claims. *Yale Journal of Law and Feminism* 16: 193-240.

Jaeggi, Adrian V., and Michael Gurven. 2013. Natural cooperators: Food sharing in humans and other primates. *Evolutionary Anthropology* 22: 186-195.

Jaeggi, Adrian V. and Carel van Schaik. 2011. The evolution of food-sharing in primates. *Behavioral Ecology and Sociobiology* 65: 2125-2140.

Jetz, W., and Dustin R. Rubenstein. 2011. Environmental uncertainty and the global biogeography of cooperative breeding in birds. *Current Biology* 21: 72-78.

Jobling, Mark A., and Chris Tyler-Smith. 2003. The human Y chromosome: An evolutionary marker comes of age. *Nature Reviews Genetics* 4: 598-612.

Johnson, Allen W., and Timothy Earle. 2000. *The Evolution of Human Societies: From Foraging Group to Agrarian State*. Stanford: Stanford University Press.

Johnson, Eric Michael. 2012a. Women and children first. *Times Higher Education*, March 15. https://www.timeshighereducation.com/features/women-and-children-first/419301.article?storycode=419301.

Johnson, Eric Michael. 2012b. Raising Darwin's consciousness: An interview with Sarah Blaffer Hrdy on Mother Nature. *Scientific American*, March 16. https://blogs.scientificamerican.com/primate-diaries/raising-darwins-consciousness-an-interview-with-sarah-blaffer-hrdy-on-mother-nature/.

Jones, Jennifer S., and K. E. Wynne-Edwards. 2000. Paternal hamsters mechanically assist the delivery, consume amniotic fluid and placenta, remove fetal membranes, and provide parental care during the birth process. *Hormones and Behavior* 37: 116-125.

Jones, Jennifer S., and K. E. Wynne-Edwards. 2001. Paternal behaviour in biparental hamsters, Phodopus campbelli, does not require contact with the pregnant female. *Animal Behaviour* 62: 453–464.

Jones, Jo, and William D. Mosher. 2013. Fathers' involvement with their children: United States 2006–2010. *National Health Statistics Reports* no. 72, December 20.

Jones, K. P., L. C. Walker, D. Anderson, A. Lacreuse, S. L. Robson, and K. Hawkes. 2007. Depletion of ovarian follicles with age in chimpanzees: Similarities to humans. *Biology of Reproduction* 27(2): 247–251.

Jordan, Fiona M., Russell D. Gray, Simon J. Greenhill, and Ruth Mace. 2009. Matrilocal residence is ancestral in Austronesian societies. *Proceedings of the Royal Society B* 276: 1957–64. https://doi.org/10.1098/rspb.2009.0088.

Jordan-Young, Rebecca M., and Katrina Karkazis. 2019. *Testosterone: An Unauthorized Biography*. Cambridge: Harvard University Press.

Joshi, Mohut. 2008. Neural basis for parental instinct identified. Top News. In News You Can Use, February 27. (Link to this report has since been removed.)

Joslin, Courtney G., and Douglas NeJaime. 2022. The next normal: States will recognize multi-parent families. *Washington Post*, January 28. https://www.washingtonpost.com/outlook/2022/01/28/next-normal-family-law/.

Julian, Kate. 2018. The sex recession. *The Atlantic*, December: 78–94.

Kaczynski, Andrew, and Megan Apper. 2016. Donald Trump thinks men who change diapers are acting "like the wife." *BuzzFeed*, August 24. https://www.buzzfeednews.com/article/andrewkaczynski/donald-trump-thinks-men-who-change-diapers-are-acting-like-t.

Kaminski, Julianne, B. M. Waller, R. Diogo, A. Hartstone-Rose, and A. M. Burrows. 2019. Evolution of facial muscle anatomy in dogs. *PNAS* 116:14677–14681.

Kano, Fumihiro, Takeshi Furuichi, Chie Hashimoto, Christopher Krupenye, Jesse G. Leinwand, Lydia M. Hopper ⋯ Tomoyuki Tajima. 2022. What is unique about the human eye? Comparative image analysis on the external eye morphology of human and nonhuman great apes. *Evolution and Human Behavior* 43(3): 169–180. https://doi.org/10.1016/j.evolhumbehav.2021.12.004.

Kaplan, Hillard. 1994. Evolutionary and wealth flows theories of fertility: Empirical tests and models. *Population and Development Review* 20: 753–791.

Kaplan, H., K. Hill, and A. M. Hurtado. 1990. Risk, foraging and food sharing among the Ache. In *Risk and Uncertainty in Tribal and Peasant Economies*, edited by E. Cashdan, 107–144. Boulder: Westview.

Kaplan, H., K. Hill, J. Lancaster, and A. M. Hurtado. 2000. A theory of human life history evolution: Diet, intelligence, and longevity. *Evolutionary Anthropology* 9: 156–185.

Kappeler, P. M., and C. P. van Schaik. 2006. *Cooperation in Primates and Humans: Mechanisms and Evolution*. Berlin: Springer.

Karbasi, Zahra, R. Safdari, and P. Eslami. 2022. The silent crisis of child abuse in the COVID-19 pandemic: A scoping review. *Health Science Reports* 5(5): e790.

Karoda, Kumi, and Michael Numan. 2014. The medial preoptic area and the regulation of parental behavior. *Neuroscience Bulletin* 30: 863-865.

Kass, Jon H. 2013. The evolution of brains from early mammals to humans. *Wiley Interdisciplinary Reviews: Cognitive Science* 4(1): 33-45. https://doi.org/10.1002/wcs.1206.

Katz, M. M., and M. J. Konner. 1981. The role of the father: An anthropological perspective. In *The Role of the Father in Child Development*, edited by M. E. Lamb, 155-185. New York: Wiley.

Kelly, Robert L. 1995. *The Foraging Spectrum: Diversity in Hunter-Gatherer Lifeways*. Washington, D.C.: Smithsonian Institution Press.

Kenkel, W. M., J. Paredes, J. R. Yee, H. Pournajafi-Nazarloo, K. L. Bales, and C. S. Carter. 2012. Neuroendocrine and behavioural responses to exposure to an infant in male prairie voles. *Journal of Neuroendocrinology* 24: 674-686.

Kenkel, William M., Allison M. Perkeybile, and C. Sue Carter. 2017. The neurobiological causes and effects of alloparenting. *Developmental Neurobiology* 77: 214-232.

Keverne, Eric B., Claire M. Nevison, and Frances L. Martel. 1997. Early learning and the social bond. In *The Integrative Neurobiology of Affiliation*, edited by C. Sue Carter, I. Izja Lederhendler, and Brian Kirkpatrick, 329-339. New York: New York Academy of Sciences.

Killgrove, Kristine. 2015. The real paleo diet included plants and not just meat. Forbes, June 17. Accessed 2021 (revised 2022). https://www.forbes.com/sites/kristinakillgrove/2015/06/17/the-real-paleo-diet-included-plants-and-not-just-meat/?sh=380781b3a5a1.

Kim, Pilyoung, P. Rigo, L. C. Mayes, R. Feldman, J. F. Leckman, and J. E. Swain. 2014. Neural plasticity in fathers of human infants. *Social Neurosciences* 9(5): 522-535.

Kimmel, Michael. 1996. *Manhood in America: A Cultural History*. New York: Free Press. (3d ed. published 2012).

Kinsey, Alfred C., Wardell E. Pomeroy, and Clyde Martin. 1948. *Sexual Behavior of the Human Male*. Philadelphia: W. B. Saunders.

Knight, Chris. 2016. *Decoding Chomsky: Science and Revolutionary Politics*. New Haven: Yale University Press.

Knott, Cheryl, A. M. Scott, C. A. O'Connell, K. S. Scott, T. G. Laman, R. and T. Wahyu Susanto. 2019. Possible male infanticide in wild orangutans and a re-evaluation of infanticide risk. *Scientific Reports* 9: 7806.

Kobayashi, H., and S. Kohshima. 2001. Unique morphology of the human eye and its adaptive meaning: Comparative studies on external morphology of the primate eye. *Journal of Human Evolution* 40(5): 419-435.

Koenig, Andreas. 1995. Group size, composition, and reproductive success in wild common marmosets (*Callithrix jacchus*). 35: 311-317.

Koenig, Andreas, and Carola Borries. 2012. Hominoid dispersal pattern and human evolution. *Evolutionary Anthropology* 21: 108-112.

Kolata, Gina. 2022. "Sobering" study shows struggles of egg-freezing. *New York Times*, September 25.

Konner, Melvin. 1972. Aspects of the developmental ecology of a foraging people. In

Ethological Studies of Child Behavior, edited by N. Blurton Jones, 285-304. Cambridge, UK: Cambridge University Press.

Konner, Melvin. 2005. Hunter-gatherer infancy and childhood: The !Kung and others. In Hewlett and Lamb, eds., *Hunter-Gatherer Childhoods*, 19-64.

Konner, Melvin. 2010. *The Evolution of Childhood: Relationships, Emotion, Mind*. Cambridge, MA: The Belknap Press of Harvard University Press.

Konner, Melvin. 2015. *Women After All: Sex, Evolution, and the End of Male Supremacy*. New York: Norton.

Konner, Melvin. 2016. Hunter-gatherer infancy and childhood in the context of human evolution. In Meehan and Crittenden, eds., *Childhood: Origins, Evolution, and Implications*, 123-155.

Konner, Melvin, and Carol Worthman. 1980. Nursing frequency, gonadal function, and birth spacing among !Kung hunter-gatherers. *Science* 207: 788-791.

Kosfeld, M., M. Heinrichs, P. J. Zak, U. Fischbacher, and E. Fehr. 2005. Oxytocin increases trust in humans. *Nature* 435: 673-676.

Kramer, Karen. 2005. *Maya Children: Helpers at the Farm*. Cambridge, MA: Harvard University Press.

Krams, Indrikis A., A. Mennerat, T. Krama, R. Krams, P. Jöers, D. Elferts, S. Luoto, M. J. Rantala, and S. Eliassen. 2022. Extra-pair paternity explains cooperation in bird species. *PNAS* 119(5): e2112004119. https://doi.org/10.1073/PNAS.2112004119.

Kringelbach, Morten, A. Lehtonen, S. Squire, A. G. Harvey, M. G. Craske, I. E . Holliday … A. Stein. 2008. A specific and rapid neural signature for parental instinct. *PLOS ONE* 3: e1664.

Krüger, T. H. C., P. Haake, D. Chereath, W. Knapp, O. E. Janssen, M. S. Exton, M. Schedlowski, and U. Hartmann. 2003. Specificity of neuroendocrine response to orgasm during sexual arousal in men. *Journal of Endocrinology* 177: 57-64.

Kuhle, Barry. Video interview of Bill Irons in conversation with Sarah Hrdy. https://www.dropbox.com/s/h8ahsyq7qwln99f/Sarah%20Hrdy%20with%20Bill%20Irons.mp4?dl=0.

Kuhle, B. X., and Salmon, C., eds. In press. *On the Origin of the Evolution Revolution: Conversations with the Pioneers of Evolutionary Biology, Anthropology, and Psychology*. Cambridge, UK: Cambridge University Press.

Kuhn, Steve L., and Mary C. Stiner. 2019. Hearth and home in the Middle Pleistocene. *Journal of Archaeological Research* 75: 305-327.

Kuroda, Kumi O., and Michael Numan. 2014. The medial preoptic area and the regulation of parental behavior. *Neuroscience Bulletin* 30: 863-865.

Kuzawa, Christopher, H. T. Chugani, L. I. Grossman, L. Lipovich, O. Muzik, P. R. Hof … N. Lange. 2014. Metabolic costs and evolutionary implications of human brain development. *PNAS* 111(36): 13010-13015.

Kuzawa, Christopher, L. T. Gettler, Y. Y. Huang, and T. W. McDade. 2015. Mothers have lower testosterone than non-mothers: Evidence from the Philippines. *Hormones and Behavior* 57: 441-447.

Lahert, Justin, and Lauren Silva Laughan. 2019. When women bring home a bigger slice of the bacon: The growing clout of women as drivers of the U.S. economy will radically alter the business and investing landscape for years to come. *Wall Street Journal*, August 10-11.

La Barre, Weston. (1954) 1967. *The Human Animal*. Chicago: University of Chicago Press.

Laland, Kevin N., and Gillian Brown. 2011. *Sense and Nonsense: Evolutionary Perspectives on Human Behaviour*. Oxford: Oxford University Press.

Lam, Theodora, and Brenda S. A. Yeoh. 2016. Long-distance fathers, left-behind fathers, and returnee fathers: Changing fathering practices in Indonesia and the Philippines. In *Globalized Fatherhood*, edited by M. C. Inhorn, W. Chavkin, and J-A. Navarro, 103-125. New York: Berghahn.

Lamb, Michael E. 1984. Observational studies of father-child relationships in humans. In *Primate Paternalism*, edited by David M. Taub, 407-430. New York: Van Nostrand Reinhold.

Lamb, Michael E., ed. 1987. *The Father's Role: Cross-Cultural Perspectives*. Hillsdale, NJ: Lawrence Erlbaum.

Lamb, Michael E., A. M. Frodi, M. Frodj, and C.-P. Hwang. 1982. Characteristics of maternal and paternal behavior in traditional and nontraditional Swedish families. *International Journal of Behavioral Development* 5: 131-141. https://doi.org/10.1177/016502548200500107.

Lamb, Michael E., Natasha J. Cabrera, Ross D. Parke, Philip Hwang, Philip A. Cowan and Carolyn Pape Cowan, Rob Palkovitz, and Duncan Fisher. 2019. Global fatherhood charter. https://childandfamilyblog.com/global-fatherhood-charter/.

Lancy, David. 2022. *The Anthropology of Childhood*. 3rd ed. Cambridge: Cambridge University Press.

Langergraber, Kevin E., David P. Watts, Linda Vigilant, and John C. Mitani. 2017. Group augmentation, collective action, and territorial boundary patrols by male chimpanzees. *PNAS* 114 (28): 7337-7342. https://doi.org/10.1073/PNAS.1701582114.

Lappan, Susan. 2009. The effects of lactation and infant care on adult energy budget in wild siamangs (*Symphalangus syndactylus*). *American Journal of Physical Anthropology* 140: 290-301.

Larmuseau, Maarten H. D., K. Matthjis, and T. Wenseleers. 2016. Cuckolded fathers rare in human populations. *Trends in Ecology & Evolution* 31(5): 327-329. https://doi.org/10.1016/j.tree.2016.03.004.

Leacock, Eleanor. 1980. Montagnais women and the program for Jesuit colonization. In *Women and Colonization: Anthropological Perspectives*, edited by Mona Etienne and Eleanor Leacock, 43-62. New York: Praeger.

Leakey, Maeve. 2020. *The Sediments of Time: My Lifelong Search for the Past*. Boston: Houghton Mifflin Harcourt.

Leavens, D. A., and W. D. Hopkins. 1998. Intentional communication by chimpanzees: A cross-sectional study of the use of referential gestures. *Developmental Psychology* 34: 813-822.

Lee, Minwoo, J. Lindo, and J. K. Rilling. 2022. Exploring gene-culture coevolution in humans by inferring neuroendophenotypes: A case study of the oxytocin receptor gene and cultural tightness. *Genes, Brain and Behavior* 21: e12783.

Lee, Richard B. 1968. What hunters do for a living, or, how to make out on scarce resources. In *Man the Hunter*, edited by Richard B. Lee and Irven DeVore, 30–48. New York: Aldine.

Lee, Richard B. 1979. *The !Kung San: Men, Women and Work in a Foraging Society*. Cambridge, UK: Cambridge University Press.

Lee, Richard B. 2018. Hunter-gatherers and human evolution: New light on old debates. *Annual Review of Anthropology* 47: 513–531.

Leimgruber, Kristin L., A. Shaw. L. R. Santos, and K. R. Olson. 2012. Young children are more generous when others are aware of their actions. *PLOS ONE* 7(10): e48292.

Lemoine, Sylvain R. T., L. Samuni, C. Crockford, and R. M. Wittig. 2022. Parochial cooperation in wild chimpanzees: A model to explain the evolution of parochial altruism. *Philosophical Transactions of the Royal Society B* 377: e20210149. http://doi.org/10.1098/rstb.2021.0149.

Leonetti, Donna, D. C. Nath, N. S. Heman, and D. B. Neill. 2005. Kinship organization and the impact of grandmothers on reproductive success among the matrilineal Khasi and the patrilineal Bengali in Northeast India. In Voland et al., eds., *Grandmotherhood*, 194–214.

Leonetti, Donna, D. C. Nath, and N. S. Heman. 2007. In-law conflict: Women's reproductive lives and the roles of their mothers and husbands among the matrilineal Khasi. *Current Anthropology* 45(6): 861–890.

Lévi-Strauss, Claude. 1949. *Les structures élémentaires de la parenté*. Paris: Presse Universitaire de France.

LeVine, R. A., N. H. Klein, and C. R. Owen. 1967. Father-child relationships and changing lifestyles in Ibadan, Nigeria. In *The City in Modern Africa*, edited by H. M. Miner, 215–255. New York: Praeger.

Lewis, Michael. 2002. Infanticide to infatuation: Why daddies don't kill their babies. *Slate*, May 20. https://slate.com/news-and-politics/2002/05/why-daddies-don-t-kill-their-babies.html.

Lewis, Michael. 2009. *Home Game: An Accidental Guide to Fatherhood*. W. W. Norton.

Li, Ting, C. Xu, J. Mascaro, E. Haroon, and J. K. Rilling. 2017. Intranasal oxytocin, but not vasopressin, augments neural responses to toddlers in human fathers. *Hormones and Behavior* 93: 193–202.

Ligon, David, and D. Brent Burt. 2004. Evolutionary origins. In *Ecology and Evolution of Cooperative Breeding*, edited by W. Koenig and J. Dickinson, 5–34. Cambridge: Cambridge University Press.

Linden, E. 2002. The wife beaters of Kibale. *Time* (August 19) 160(8): 56–57.

Lingle, Susan, and R. Riede. 2014. Deer mothers are sensitive to distress vocalizations of diverse mammalian species. *The American Naturalist* 184: 510–522.

Litwack, Georgia. 1979. Understanding sociobiology. *Boston Sunday Globe—New England Magazine*, April 8, 6ff.

Liu, Yue-Chen, R. Hunter-Anderson, O. Cheronet, J. Eskin, F. Camacho ⋯ David Reich. 2022. Ancient DNA reveals five streams of migration into Micronesia in early Pacific seafarers. *Science* 377: 72–79.

Livingston, Gretchen. 2014. Growing number of dads home with the kids. Pew Research Center Social & Demographic Trends. https://www.pewresearch.org/social-trends/2014/06/05/growing-number-of-dads-home-with-the-kids/.

Lodge, David. 1965. *The British Museum Is Falling Down*. London: Hart-Davis, MacGibbon.

Long, Heather. 2019. "A constant state of drowning": 40% of Americans say they struggle to pay bills. *Washington Post*, July 11.

Lonsdorf, Elizabeth V., S. R. Ross, and T. Matsuzawa, eds. 2010. *The Mind of the Chimpanzee*. Chicago: University of Chicago Press.

Lovejoy, C. Owen. 1981. Origin of man. *Science* 211: 341–350.

Lovejoy, C. Owen. 2009. Reexamining human origins in light of Ardipithecus ramidus. *Science* 326: 74e1–7438.

Low, Bobbi S. 2000. *Why Sex Matters: A Darwinian Look at Human Behavior*. Princeton, NJ: Princeton University Press.

Lu, Amy, J. A. Feder, N. Snyder-Mackler, T. J. Bergman, and J. Beehner. 2021. Male-mediated maturation in wild geladas. *Current Biology* 31: 214–219.e2.

Lukas, Dieter, and T. Clutton-Brock. 2013. The evolution of social monogamy in mammals. *Science* 341: 526–530.

Lukas, Dieter, and E. Huchard. 2014. Sexual conflict: The evolution of infanticide by males in mammalian societies. *Science* 346: 841–844.

Lundström, Johan N., A. Mathe, B. Schaal, J. Frasnelli, K. Nitzsche, J. Gerber, and T. Hummel. 2013. Maternal status regulates cortical responses to the body odor of newborns. *Frontiers in Psychology* 4: 597. https://doi.org/10.3389/fpsyg.2013.00597.

Lurie, Alison. 1974. *The War between the Tates*. New York: Random House.

Ma, Chang-Yong, W. Y. Brockelman, L. E. O. Light, T. Bartlett, and P.-F. Fan. 2019. Infant loss during and after male replacement in gibbons. *American Journal of Primatology* 2019: e23026.

Mace, Ruth, and Rebecca Sear. 2005. Are humans cooperative breeders? In Voland et al., eds., *Grandmotherhood*, 143–159.

MacLean, Evan L., S. R. Wilson, W. L. Martin, J. M. Davis, H. P. Nazarloo, and C. S. Carter. 2019. Challenges for measuring oxytocin: The blind man and the elephant? *Psychoneuroendocrinology* 107: 225–231.

Magill, Clayton R., G. M. Ashley, and K. Freeman. 2013. Ecosystem variability and early human habitats in eastern Africa. *PNAS* 110(4): 1167–1174.

Manguette, Marie L., T. Breuer, J. Robeyst, V. H. Kandza, and M. M. Robbins. 2020. Infant survival in western lowland gorillas after voluntary dispersal by pregnant females. *Primates* 61: 743–749. https://doi.org/10.1007/s10329-020-00844-z.

Mann, Janet. 1992. Nurturance or negligence: Maternal psychology and behavioral preference among preterm twins. In *The Adapted Mind*, edited by J. Barkow, L. Cosmides, and J. Tooby, 367–390. New York: Oxford University Press.

Manson, Joseph H., Susan Perry, and Amy Parish. 1997. Nonconceptive sexual behavior in bonobos and capuchins. *International Journal of Primatology* 18: 767–786.

Marks, Jonathan. 2015. *Tales of the Ex-Apes: How We Think about Human Evolution*. Berkeley: University of California Press.

Marlin, Bianca Jones, M. Mitre, J. A. D'amour, M. V. Chao, and R. C. Froemke. 2015. Oxytocin enables maternal behaviour by balancing cortical inhibition. *Nature* 520: 499–504. https://doi.org/10.1038/nature14402.

Marlowe, Frank. 2005. Who tends Hadza children? In Hewlett and Lamb, eds., *Hunter-Gatherer Childhoods*, 177–190.

Marlowe, Frank. 2010. *The Hadza Hunter-Gatherers of Tanzania*. Berkeley: University of California Press.

Marshall, Lorna. 1961. Sharing, talking, and giving: Relief of social tensions among !Kung Bushmen. *Africa* 31(3): 231–49.

Marshall, Lorna. (1961) 1976a. Sharing, talking and giving: Relief of social tensions among the !Kung. In *Kalahari Hunter-Gatherers: Studies of the !Kung San and Their Neighbors*, edited by R. B. Lee and I. B. DeVore, 349–372. Cambridge: Harvard University Press.

Marshall, Lorna. 1976b. *The !Kung of Nyae Nyae*. Cambridge: Harvard University Press.

Marth, Gabor, G. Schuler, R. Yeh, R. Agarwala, D. Church, S. Wheelan ⋯ H. C. Harpending. 2003. Sequence variations in the public human genome reflect a bottlenecked population history. *PNAS* 100(1): 376–381.

Martin, J. S., E. J. Ringen, P. Duda, and A. V. Jaeggi. 2020. Harsh environments promote alloparental care across human societies. *Proceedings of the Royal Society B* 287. https://doi.org/10.1098/rspb.2020.0758.

Martin, M. Kay. 2023. *The Wrong Ape for Early Human Origins: The Chimpanzee as a Skewed Ancestral Model*. Lanham, MD: Lexington Books / Rowman & Littlefield.

Martínez-García, Magdalena, M. Paternina-Die, S. I. Cardenas, O. Vilarroya, M. Desco, S. Carmona, and D. E. Saxbe. 2023. First-time fathers show longitudinal gray matter cortical volume reductions: Evidence from two international samples. *Cerebral Cortex* 33(7): 4156–4163. https://doi.org/10.1093/cercor/bhac333.

Martins, M.J.F., G. Hunt, C. M. Thompson, R. Lockwood, J. P. Swaddle, and T. M. Puckett. 2020. Shifts in sexual dimorphism across a mass extinction in ostracods: Implications for sexual selection as a factor in extinction risk. *Proceedings of the Royal Society, B: Biological Sciences*, 287(1933), 20200730.

Mascaro, Jennifer, P. D. Hackett, and J. K. Rilling. 2013. Testicular volume is inversely correlated with nurturing-related brain activity in human fathers. *PNAS* 110: 15746–15751.

Mascaro, Jennifer, P. D. Hackett, and J. K. Rilling. 2014. Differential neural responses to child and sexual stimuli in human fathers and non-fathers and their hormonal correlates. *Psychoneuroendocrinology* 46: 153–163.

Mason, Mary Ann. 1994. *From Father's Property to Children's Rights: A History of Child Custody in the United States*. Chapel Hill: University of North Carolina Press.

Mason, William. 1966. Social organization of the South American monkey, Callicebus moloch: A preliminary report. *Tulane Studies in Zoology* 13: 23–28.

Massen, Jorg J. M., S. M. Haley, and T. Bugnyar. 2020. Azure-winged magpies' decisions to share food are contingent on the presence or absence of food for the recipient. *Scientific Reports* 10: 16147.

Masters, William H., and Virginia E. Johnson. 1966. *Human Sexual Response*. Boston: Little, Brown.

Matsuzawa, Tetsuro. 2010. The chimpanzee mind: Bridging fieldwork and laboratory work. In Lonsdorf et al., eds., *The Mind of the Chimpanzee*, 1–19.

Mattison, Siobhán, M. K. Shenk, M. Emery Thomson, M. Borgerhoff Mulder, and Laura Fortunato. 2019. The evolution of female-biased kinship in humans and other mammals. *Philosophical Transactions of the Royal Society B* 374: 20190007. http://doi.org/10.1098/rstb.2019.0007.

Mazur, A., and A. Booth. 1998. Testosterone and dominance in men. *Behavioral and Brain Sciences* 21: 353–397.

McBrearty, Sally, and A. Brooks. 2000. The revolution that wasn't: A new interpretation of the origin of modern human behavior. *Journal of Human Evolution* 39: 453–563.

McConnachie, Anja L., N. Ayed, V. Jadva, M. Lamb, F. Tasker, and S. Golombok. 2020. Father-child attachment in adoptive gay father families. *Attachment and Human Development* 22(1): 110–123. https://doi.org/10.1080/14616734.2019.1589067.

McEwan, Colin, Luis A. Borrero, and Alfredo Prieto, eds. 1997. *Patagonia: Natural History, Prehistory, and Ethnography at the Uttermost End of the Earth*. London: British Museum Press.

McFarland, Larry Z. 1976. Comparative anatomy of the clitoris. In *The Clitoris*, edited by T. P. Lowry and T. S. Lowry, 22–34. St. Louis: W. H. Green.

McGrew, William. 1979. Evolutionary implications of sex differences in chimpanzee predation and tool use. In *The Great Apes*, edited by E. R. McCown and D. A. Hamburg, 440–463. Menlo Park: Benjamin Cummings.

McKenna, James. 2016. Forget ye not the mother-infant dyad: In a world of allomothers and maternal agency, do mothers still stand out? In *Costly and Cute: Helpless Infants and Human Evolution*, edited by Wenda Trevathen and Karen Rosenberg, 205–231. Albuquerque: SAR Press and University of New Mexico Press.

McKinsey & Company. 2021. A fresh look at paternity leave: Why the benefits extend beyond the personal. March 5. https://www.mckinsey.com/capabilities/people-and-organizational-performance/our-insights/a-fresh-look-at-paternity-leave-why-the-benefits-extend-beyond-the-personal.

McRill, Tamara. 2012. Do some dogs really prefer men or women? Posted November 21 on www.canidae.com. Accessed March 22, 2021, at http://dark-horse-adaptations.blogspot.com/2012/11/do-some-dogs-really-prefer-men-or-women.html.

Mead, Margaret. (1949) 1962. *Male and Female: A Study of the Sexes in a Changing World*. Penguin.

Mead, Margaret. 1966. A cultural anthropologist's approach to maternal deprivation. In

Deprivation of Maternal Care: A Reassessment of Its Effects, edited by Mary D. S. Ainsworth, 235–254. New York: Schocken Books.

Mead, Margaret. (1949) 1968. *Male and Female: A Study of the Sexes in a Changing World*, 2nd (Apollo) printing. New York: William Morrow.

Mearing, A. S., J. M. Burkart, J. Dunn, S. E. Street, and K. Koops. 2022. The evolutionary drivers of primate scleral coloration. *Scientific Reports* 12(1): 14119. https://doi.org/10.1038/s41598-022-18275-9.

Meehan, Courtney L. 2005. The effects of residential locality on parental and alloparental investment among the Aka foragers of the Central African Republic. *Human Nature* 16: 58–80.

Meehan, Courtney L., and Alyssa Crittenden, eds. 2016. *Childhood: Origins, Evolution and Implications*. Albuquerque: University of New Mexico Press.

Meehan, Courtney L., and Sean Hawks. 2013. Cooperative breeding and attachment among the Aka foragers. In *Attachment Reconsidered: Cultural Perspectives on a Western Theory*, edited by N. Quinn and J. M. Mageo, 85–113. Palgrave Macmillan, Springer/Nature.

Meehan, Courtney L., and Sean Hawks 2014. Maternal and allomaternal responsiveness: The significance of cooperative caregiving in attachment theory. In *Different Faces of Attachment: Cultural Variations in a Universal Human Need*, edited by Hiltrud Otto and Heidi Keller, 113–140. Cambridge, UK: Cambridge University Press.

Mehta, Prantal, and Jennifer Beer. 2010. Neural mechanisms of the testosterone–aggression relations: The role of the orbitofrontal cortex. *Journal of Cognitive Neuroscience* 22: 2357–68.

Meindl, Richard S., M. E. Chaney, and C. O. Lovejoy. 2018. Early hominids may have been weed species. *PNAS* 115(6): 1244–1249. https://www.PNAS.org/cgi/doi/10.1073/PNAS.1719669115.

Mendelson, Joseph R. III. 2016. A frog dies in Atlanta and a world vanishes with it. *New York Times*, October 10. https://www.nytimes.com/2016/10/10/opinion/a-frog-dies-in-atlanta-and-a-world-vanishes-with-it.html.

Mendoza, Sally, and William Mason. 1997. Attachment relationships in New World primates. *Annals of the New York Academy of Sciences* 87: 203–209.

Mesoudi, Alex, and Kevin N. Laland. 2007. Culturally transmitted beliefs and the evolution of human mating behavior. *Proceedings of the Royal Society B* 274: 1273–1278.

Miller, Claire Cain. 2018. The time is ripe for male nurses. *New York Times*, January 5.

Miller, Claire Cain. 2021. What women lost. *New York Times*, May 17. https://www.nytimes.com/interactive/2021/05/17/upshot/women-workforce-employment-covid.html.

Mishor, Eva, D. Amir, T. Weiss, D. Honigstein, A. Weissbrod, W. Livne ⋯ Noam Sobel. 2021. Sniffing the human body volatile hexadecanal blocks aggression in men but triggers aggression in women. *Science Advances* 7(47): eabg1530. https://www.science.org/doi/abs/10.1126/sciadv.abg1530.

Mitani, John. 2006. Reciprocal exchange in chimpanzees and other primates. In Kappeler and van Schaik, eds., *Cooperation in Primates and Humans*, 107–119.

Mitani, John. 2021. My Life among the Apes. Animal Behavior Graduate Group Seminar, January 15. University of California, Davis.

Miura, Ikuo. 2017. Sex determination and sex chromosomes in Amphibia. *Sexual Development* 11: 298-306.

Morino, Luca, and Carola Borries. 2016. Offspring loss after male change in wild siamangs: The importance of abrupt weaning and male care. *American Journal of Physical Anthropology* 162: 180-185.

Morrison, Robin E., W. Eckardt, F. Colchero, V. Vecellio, and T. S. Stoinski. 2021. Social groups buffered maternal loss in mountain gorillas. *eLife* 10: e62939.

Moscovice, L. R., M. Surbeck, B. Fruth, G. Hohmann, A. V. Jaeggi, and T. Deschner. 2019. The cooperative sex: Sexual interactions among female bonobos are linked to increases in oxytocin, proximity and coalitions. *Hormones and Behavior* 116: 104581. https://doi.org/10.1016/j.yhbeh.2019.104581.

Muller, M. N., F. W. Marlowe, R. Bugumba, and P. T. Ellison. 2009. Testosterone and paternal care in East African foragers and pastoralists. *Proceedings of the Royal Society B* 276: 347-354.

Murray, Carston M., M. A. Stanton, E. V. Lonsdorf, E. E. Wroblewski, and A. E. Pusey. 2016. Chimpanzee fathers bias their behaviour towards their offspring. *Royal Society Open Science* 3(11): 160441. https://doi.org/10.1098/rsos.160441.

Nava, Alessia, F. Lugli, M. Romandini, F. Badino, D. Evans, A. Helbling ⋯ Stefano Benazzi. 2020. Early life of Neanderthals. *PNAS* 117(46): 28719-28726. https://doi.org/10.1073/PNAS.2011765117.

Nesse, Randolph M. 2007. Runaway social selection for displays of partner value and altruism. *Biological Theory* 2: 143-155.

Nesse, Randolph M. 2009. Social selection and the origins of culture. In *Evolution, Culture, and the Human Mind*, edited by M. Schaller, S. J. Heine, A. Norenzayan, T. Yamaishi, and T. Kameda, 137-150. New York: Psychology Press.

Newton, Niles. 1973. Interrelationships between sexual responsiveness, birth, and breast feeding. In *Contemporary Sexual Behavior: Critical Issues in the 1970s*, edited by J. Zubin and J. Money, 77-98. Baltimore: Johns Hopkins University Press.

Nishida, Toshisada. 2012. *Chimpanzees of the Lakeshore: Natural History and Culture at Mahale*. Cambridge: Cambridge University Press.

Nishie, Hitonaru, and Michio Nakamura. 2018. A newborn infant chimpanzee snatched and cannibalized immediately after birth: Implications for "maternity leave" in wild chimpanzee. *American Journal of Biological Anthropology* 165: 194-199. https://doi.org/10.1002/ajpa.23327.

Numan, Michael. 2015. *Neurobiology of Social Behavior: Toward an Understanding of the Prosocial and Antisocial Brain*. Amsterdam: Elsevier/Academic Press.

Numan, Michael. 2017. Parental behavior. In *Encyclopedia of Behavioral Neuroscience*, 2nd ed., 459-473. Amsterdam: Elsevier. https://doi.org/10.1016/B978-0-12-809324-5.00400-4.

Numan, Michael. 2020. *The Parental Brain: Mechanisms, Development, and Evolution*. Oxford: Oxford

University Press.

Numan, Michael, and Thomas R. Insel. 2003. *The Neurobiology of Parental Behavior*. New York: Springer.

O'Connell, James F., K. Hawkes, and N. G. Blurton Jones. 1988. Hadza scavenging: Implications for Plio-Pleistocene subsistence. *Current Anthropology* 29: 356–363.

O'Connell, James F., K. Hawkes, K. D. Lupo, and N. G. Blurton Jones. 2002. Male strategies and Plio-Pleistocene archeology. *Journal of Human Evolution* 43: 831–872.

O'Connell, Lauren A. 2019. Evolution of neural mechanisms underlying parent-offspring interactions. Lecture presented at the University of California, Davis, May 7.

O'Connell, Lauren A., and Hans A. Hofmann. 2010. The vertebrate mesolimbic reward system and social behavior network: A comparative synthesis. *Journal of Comparative Neurology* 519: 3599–3639.

O'Connell, Lauren, B. J. Matthews, and H. A. Hofmann. 2012. Isotocin regulates paternal care in a monogamous fish. *Hormones and Behavior* 61: 725–733.

O'Donnell, Erin. 2015. The Mr. Mom switch. *Harvard Magazine* 117(5): 11–12.

Ohba, Shin-ya, N. Okudu, and S. Kudo. 2016. Sexual selection of male parental care in giant water bugs. *Royal Society Open Science* 3: 150720.

Oláh, Livia Sz., I. E. Kotowska, and R. Richter. 2018. The new roles of men and women and implications for families and societies. In *A Demographic Perspective on Gender, Family and Health in Europe*, edited by G. Doblhammer and J. Gumà, 41–63. https://doi.org/10.1007/978-3-319-72356-3_4.

Opundo, Charles, M. Redshaw, E. Savage-McGlynn, and M. A. Quigley. 2016. Father involvement in early childrearing and behavioural outcomes in their pre-adolescent children. *BMJ Open* 6(11): e012034. https://doi.org/10.1136/bmjopen-2016-012034.

Orchard, Edwina R., Phillip G. D. Ward, Francesco Sforazzini, Elsdon Storey, Gary F. Egan, and Sharna D. Jamadar. 2020. Relationship between parenthood and cortical thickness in late adulthood. *PLOS ONE* 15(7): e0236031.

Ostner, J., L. Vigilant, J. Bhagavatula, M. Franz, and O. Schülke. 2013. Stable heterosexual associations in a promiscuous primate. *Animal Behaviour* 86: 623–631.

Packer, Craig, and Anne E. Pusey. (1984) 2008. Infanticide in carnivores. In Hausfater and Hrdy, eds., *Infanticide*, 31–42.

Palkowitz, R. 1985. Fathers' attendance, early contact, and extended contact with their newborns: A critical review. *Child Development* 56: 392–406.

Palombit, Ryne A. 1992. Pair bonds and monogamy in wild siamang (*Hylobates syndactylus*) and white-handed gibbons (*Hylobates lar*) on northern Sumatra. PhD thesis, University of California, Davis.

Palombit, Ryne A. 2012. Infanticide: Male strategies and female counterstrategies. In *Evolution of Primate Societies*, edited by J. Mitani, J. Call, P. M. Kappeler, R. A. Palombit, and J. B. Silk, 432–468. Chicago: University of Chicago Press.

Palombit, Ryne A., R. M. Seyfarth, and D. L. Cheney. 1997. The adaptive value of "friendships" to female baboons: Experimental and observational evidence. *Animal Behaviour* 54: 599–614.

Parish, Amy. 1994. Sex and food control in the "uncommon chimpanzee": How bonobo females overcame a phylogenetic legacy of male dominance. *Ethology and Sociobiology* 15: 157–179.

Parish, Amy. 2006. The evolution of the bonobo clitoris through sexual selection. Presented in the Presidential Session on the Science and Culture of the Orgasm at the annual meeting of the American Anthropological Association, November 15–19, San Jose, CA.

Parish, Amy, and Frans de Waal. 2000. The other "closest living relative": How bonobos challenge traditional assumptions about females, dominance, inter- and intra-sexual interactions, and hominid evolution. *Annals of the New York Academy of Sciences* 907: 97–113.

Parker, Kim, and Wendy Wang. 2013. Modern Parenthood: Roles of moms and dads converge as they balance work and family. Pew Research Center, uploaded March 14. https://www.pewsocialtrends.org /wp -content /uploads /sites /3 /2013 /03 /FINAL _ modern_parenthood_03-2013.pdf.

Parmigiani, Stefano, and Frederick S. vom Saal, eds. 1994. *Infanticide and Parental Care*. Chur, Switzerland: Harwood Academic.

Parmigiani, Stefano, P. Palanza, D. Mainardi, and P. F. Brain. 1994. Infanticide and protection in young house mice (*Mus domesticus*): Female and male strategies. In Parmigiani and vom Saal, eds., *Infanticide and Parental Care*, 341–363.

Parreiras-e-Silva, Lucas T., P. Vargas-Pinilla, D. A. Duarte, D. Longo, G. V. E. Pardo, A. D. V. Finkler ⋯ Maria Cátira Bortolini. 2017. Functional New World monkey oxytocin forms elicit an altered signaling profile and promote parental care in rats. *PNAS* 114(34): 9044–9049.

Parsons, Christine E., K. S. Young, D. Parsons, A. Stein, and M. L. Kringelbach. 2011. Listening to infant distress vocalizations enhances effortful motor performance. *Acta Paediatrica* 101: e189–e191.

Patterson, I. A. P., R. J. Reid, B. Wilson, K. Grellier, H. M. Ross, and P. M. Thompson. 1998. Evidence for infanticide in bottlenose dolphins: An explanation for violent interactions with harbour porpoises? *Proceedings of the Royal Society B* 265: 1167–1170. http://doi.org/10.1098/rspb.1998.0414.

Pattison, Kermit. 2020. *Fossil Men: The Quest for the Oldest Skeleton and the Origins of Humankind*. HarperCollins.

Paul, Andreas, S. Preuschoft, and C. P. van Schaik. 2000. The other side of the coin: Infanticide and the evolution of affiliative male-infant interactions in Old World primates. In *Infanticide by Males and Its Implications*, edited by C. P. van Schaik and C. H. Janson, 269–292. Cambridge, UK: Cambridge University Press.

Pašukonis, Andrius, K. B. Beck, M.-T. Fischer, S. Weinlein, S. Stuckler, and E. Ringler. 2017. Induced parental care in a poison frog: A tadpole cross-fostering experiment. *Journal of Experimental Biology* 220: 3949–3954.

Pellegrino, Charles. 2010. *The Last Train from Hiroshima*. New York: Henry Holt and Co.

Pennisi, Elizabeth. 2018. Buying time: In a fast-changing environment, evolution can be too slow. "Plasticity" can give it a chance to catch up. *Science* 362: 988–991.

Perrigo, Glenn, and F. S. vom Saal. 1994. Behavioral cycles and the neural timing of infanticide and parental behavior in house mice. In Parmigiani and vom Saal, eds., *Infanticide and Parental Care*, 365–396.

Perry, Gretchen, Martin Daly, and Jennifer Kotler. 2012. Placement stability in kinship and non-kin foster care: A Canadian study. *Children and Youth Services Review* 34: 460–465.

Perry, Mark J. 2015. Women earned majority of doctoral degrees for 4th straight year, and outnumber men in grad school by 141 to 100. American Enterprise Institute Carpe Diem Blog, September 20. https://www.aei.org/publication/women-earned-majority-of-doctoral-degrees-in-2014-for-6th-straight-year-and-outnumber-men-in-grad-school-136-to-100/.

Pettay, Jenni Elina, M. Danielsbacka, S. Helle, G. Perry, M. Daly, and A. Tanskanen. 2023. Parental investment by birth fathers and stepfathers: Roles of mating effort and childhood co-residence duration. *Human Nature* 34: 276–294.

Pinker, Stephen. 1994. *The Language Instinct: How the Mind Creates Language*. New York: Harper Collins.

Pinker, Stephen. 1997. *How the Mind Works*. New York: W. W. Norton.

Pollock, Donald. 2002. Partible paternity and multiple maternity among the Kulina. In Becker-man and Valentine, eds., *Cultures of Multiple Fathers*, 42–61.

Ponce de León, M. S., T. Bienvenu, T. Akazawa, and C. P. E. Zollikofer. Brain development is similar in Neanderthals and modern humans. 2016. *Current Biology* 26(14): R665–666. https://doi.org/10.1016/j.cub.2016.06.022.

Pontzer, Herman, M. H. Brown, D. A. Raichlen, H. Dunsworth, B. Hare, K. Walker ⋯ S. R. Ross. 2016. Metabolic acceleration and the evolution of human brain size and life history. *Nature* 533: 390–392.

Porio, Emma E. 2007. Global householding, gender, and Filipino migration: A preliminary review. *Philippine Studies* 55(2): 211–242.

Potts, Rick. 1996. Evolution and climate variability. *Science* 273: 922–923.

Potts, Rick, and J. T. Faith. 2015. Alternating high and low climate variability: The context of natural selection and speciation in Plio-Pleistocene hominin evolution. *Journal of Human Evolution* 87: 5–20.

Potts, Rick, and Christopher Sloan. 2010. *What Does It Mean to Be Human?* Washington, D.C.: National Geographic.

Power, Camilla. 2017. Reconstructing a source cosmology for African hunter-gatherers. In Power et al., eds., *Human Origins*, 180–203.

Power, Camilla, M. Finnergan, and H. Callan. eds. 2017. *Human Origins: Contributions from Social Anthropology*. New York: Berghahn Books.

Power, Camilla, M. Finnergan, and H. Callan. eds. 2017. Introduction. In Power et al., eds., *Human Origins*, 1–34.

Prall, Sean P. 2022. Opportunities and obligations: The impact of reproductive decisions on health and well-being in Himba pastoralists. Presented at the Anthropology Colloquium, March 7, University of California, Davis.

Prall, Sean P., and Brooke A. Scelza. 2020. Why men invest in non-biological offspring: Paternal care and paternity confidence among Himba pastoralists. *Proceedings of the Royal Society B* 287: 20192890. https://doi.org/10.1098/rspb.2019.2890.

Price, Tom A., and D. J. Hosken. 2012. Evolution: Why good dads win. *Current Biology* 22(4): R135–R137.

Prickett, Kate C., A. Martin-Storey, and R. Crosnoe. 2015. A research note on time with children in different- and same-sex two-parent families. *Demography* 52(3): 905–18. https://doi.org/10.1007/s13524-015-0385-2.

Pridmore-Brown, Michelle. 2019. Sperm and sensibility: The modern world of designer children based on age-old preoccupations. *Times Literary Supplement*, April 5.

Pruetz, Jill. 2011. Targeted helping by a wild adolescent male chimpanzee (Pan troglodytes verus): Evidence for empathy? *Journal of Ethology* 29: 365–368. https://doi.org/10.1007/s10164-010-0244-y.

Pruetz, Jill. 2018. Hunting by savanna-living chimpanzees. CARTA Symposium on The Role of Hunting in Anthropogeny. University of California Television. https://www.youtube.com/watch?v=p6zSmuhFYTE.

Prüfer, Kay, K. Munch, I. Hellmann, K. Akagi, J. R. Miller, B. Walenz ⋯ Svante Pääbo. 2012. The bonobo genome compared with the chimpanzee and human genomes. *Nature* 486: 527–531.

Public Library of Science. 2008. Why do we love babies? Parental instinct region found in brain. *Science Daily*, February 27. https://www.sciencedaily.com/releases/2008/02/080226213448.htm#.

Pugh, G. E. 1977. *The Biological Origin of Human Values*. New York: Basic Books.

Pusey, A., C. Murray, W. Wallauer, M. Wilson, E. Wroblewski, and J. Goodall. 2008. Severe aggression among female Pan troglodytes schweinfurthii at Gombe National Park, Tanzania. *International Journal of Primatology* 29: 949–973.

Qi, Xiao-Guang, C. C. Grueter, G. Fang, P.-Zhen Huang, J. Zhang, Y-M. Duan, A-P. Huang, P. A. Garber, and B-G. Li. 2020. Multilevel societies facilitate infanticide avoidance through increased extrapair mating. *Animal Behaviour* 161: 127–137.

Quinn, Naomi, and Jeannette Marie Mageo, eds. 2013. *Attachment Reconsidered: Cultural Perspectives on a Western Theory*. New York: Palgrave Macmillan.

Radsken, Jill. 2020. Catherine Dulac wins Breakthrough Prize for Life Sciences: Rewarded for neural study of parenting behavior that reoriented field. *Harvard Gazette*, September 10.

Raghanti, Mary Ann, M. K. Edler, A. R. Stephenson, E. L. Munger, B. Jacobs, P. R. Hof ⋯ C. Owen Lovejoy. 2018. A neurochemical hypothesis for the origin of hominids. *PNAS* 115: E1108–E1116.

Rakotondrazandry, J. N., T. M. Sefczek, C. L. Frasier, V. L. Villanova, S. Rasoloharijaona, H.

Raveloson, and E. E. Louis Jr. 2021. Possible infanticidal event of an aye-aye (*Daubentonia madagascariensis*) in Torotorofotsy, Madagascar. *Folia Primatologica* (Basel) 92(3): 183-190. https://doi.org/10.1159/000518006.

Ramsay, M. S., B. Morrison, and S. M. Stead. 2020. Infanticide and partial cannibalism in free-ranging Coquerel's sifaka (*Propithecus coquereli*). *Primates* 61: 575-581.

Rapaport, Lisa G. 2006. Provisioning in wild golden lion tamarins (*Leontopithecus rosalia*): Benefits to omnivorous young. *Behavioral Ecology* 17: 212-221.

Rapaport, Lisa G. 2011. Progressive parenting behavior in wild golden lion tamarins. *Behavioral Ecology* 22: 745-754.

Rapaport, Lisa G., and Gillian Brown. 2008. Social influences on foraging behavior in young primates: Learning what, where, and how to eat. *Evolutionary Anthropology* 17: 189-201.

Raz, Gal, and Rebecca Saxe. 2020. Learning in infancy is active, endogenously motivated, and depends on the prefrontal cortex. *Annual Review of Developmental Psychology* 2: 247-268.

Reddy, Sumathi. 2020. New wisdom on how the female brain works. *Wall Street Journal*, March 10. https://www.wsj.com/articles/what-makes-the-female-brain-different-11583528929.

Reddy, V. 2003. On being the object of attention: Implications for self-other consciousness. *Trends in Cognitive Neurosciences* 7: 397-402.

Rees, Amanda. 2009. *The infanticide controversy*. Chicago: University of Chicago Press.

Reichert, Karin E., M. Heistermann, J. K. Hodges, C. Boesch, and G. Hohmann. 2002. What females tell males about their reproductive status: Are morphological and behavioural cues reliable signals of ovulation in chimps (*Pan paniscus*)? *Ethology* 108: 583-600.

Repacholi, Betty M., and A. Gopnik. 1997. Early reasoning about desires: Evidence from 14- and 18-month-olds. *Developmental Psychology* 33: 12-21.

Reyes-García, Victoria, I. Díaz-Reviriego, R. Duda, A. Fernandez-Llamazares, and S. Gallois. 2020. "Hunting otherwise": Women's hunting in two contemporary forager-horticulturalist societies. *Human Nature* 31: 203-221.

Richerson, Peter J., and Robert Boyd. 1998. The evolution of ultrasociality. In *Indoctrinability, Ideology, and Warfare*, edited by I. Eibl-Eibesfeldt and F. K. Salter, 71-96. New York: Berghahn Books.

Richerson, Peter J., and Robert Boyd. 2008. *Not by Genes Alone: How Culture Transformed Human Evolution*. Chicago: University of Chicago Press.

Richter, Dan. 2008. On playing the ape in "2001: A Space Odyssey." *Vulture* Chat Room, April 22. https://www.vulture.com/2008/04/dan_richter_on_playing_the_ape.html.

Riem, Madelon M.E., A. M. Lotz, L. I. Horstman, M. Cima, M.W.F.T. Verhees, K. Alyouseff-van Dijk, M. H. van IJzendoorn, and M. J. Bakermans-Kranenburg. 2021. A soft baby carrier intervention enhances amygdala responses to infant crying in fathers: A randomized controlled trial. *Psychoneuroendocrinology* 132: 105380.

Rilling, James K. 2017. Giving fathers an oxytocin nasal spray increases their brain responses to their toddlers. *Fatherhood Global*. Posted March 3, 2017. https://fatherhood.global/fathers-oxytocin-nasal-spray/.

Rilling, James K., A. Gonzalez, and M. Lee. 2021. The neural correlates of grandmaternal caregiving. *Proceedings of the Royal Society B* 288: 29211997. https://doi.org/10.1098/rspb.2021.1997.

Rincon, Alan V., L. Maréchal, S. Semple, B. Majolo, and A. MacLarnon. 2017. Correlates of androgens in wild male Barbary macaques: Testing the challenge hypothesis. *American Journal of Primatology* 79: e22689.

Ringler, E., A. Pašukonis, W. T. Fitch, L. Huber, W. Hödl, and M. Ringler. 2015. Flexible compensation of uniparental care: Female poison frogs take over when males disappear. *Behavioral Ecology* 26(4): 1219–1225. https://doi.org/10.1093/beheco/arv069.

Ringler, Eva, K. B. Beck, S. Weinlein, L. Huber, and M. Ringler. 2017. Adopt, ignore, or kill? Male poison frogs adjust parental decisions according to their territorial status. *Science Reports* 7: 43544.

Rival, Laura. 1997. Androgynous parents and guest children: The Huaorani couvade. *Journal of the Royal Anthropological Institute*, n.s., 4: 619–642.

Roberts, E., R. Lucille, A. K. Miller, S. E. Taymans, and C. Sue Carter. 1998. Role of social endocrine factors in alloparental behavior of prairie voles (*Microtus ochrogaster*). *Canadian Journal of Zoology* 76:1862–1868.

Roberts, E. K., A. Lu, T. J. Bergman, and J. C. Beehner. 2012. A Bruce effect in wild geladas. *Science* 335: 1222–1225.

Roberts, Miles. 1994. Growth, development, and parental care in the western tarsier (*Tarsius bancanus*) in captivity: Evidence for a "slow" life history and nonmonogamous mating system. *International Journal of Primatology* 15: 1–28.

Rochman, Bonnie. 2011. Why fathers have lower levels of testosterone. *Time*, September 13. https://healthland.time.com/2011/09/13/why-do-dads-have-lower-levels-of-testosterone/.

Rodseth, Lars. 2012. From bachelor threat to fraternal security: Male associations and modular organization in human societies. *International Journal of Primatology* 33: 1194–1214.

Rodseth, Lars, and Richard Wrangham. 2004. Human kinship: A continuation of politics by other means? In *Kinship and Behavior among Primates*, edited by B. Chapais and C. Berman, 389–419. Oxford: Oxford University Press.

Rogers, Forrest Dylan, and Karen L. Bales. 2019. Mothers, fathers, and others: Neural substrates of parental care. *Trends in Neuroscience* 42: 552–562.

Rogers, Forrest Dylan, and Karen L. Bales. 2020. Revisiting paternal absence: Female alloparental replacement of fathers recovers partner preference formation in female, but not male prairie voles (*Microtus ochrogaster*). *Developmental Psychobiology* 62(5): 573–590. https://doi: 10.1002/dev.21943.

Roland, Alexandre B., and Lauren A. O'Connell. 2015. Poison frogs as a model system for studying the neurobiology of parental care. *Current Opinion in Behavioral Sciences* 7: 76–81.

Roopnarine, J. L., ed. 2015. *Fathers across Cultures: The Importance, Roles, and Diverse Practices of Dads*. Santa Barbara, CA: ABC-CLIO/Praeger.

Rosenbaum, Stacy, and Joan Silk. 2022. Pathways to paternal care in primates. *Evolutionary Anthropology* 31: 245–262.

Rosenbaum, Stacy, Joan B. Silk, and T. S. Stoinski. 2011. Male-immature relationships in multi-male groups of mountain gorillas (*Gorilla beringei beringei*). *American Journal of Primatology* 73: 356–365.

Rosenbaum, Stacy, L. Vigilant, C. W. Kuzawa, and T. S. Stoinski. 2018. Caring for infants is associated with increased reproductive success for male mountain gorillas. *Scientific Reports* 8: 15223. https://doi.org/10.1038/s41598-018-33380-4.

Rosenblatt, J. S. 1967. Nonhormonal basis of maternal behavior in the rat. *Science* 156: 1512–1514.

Rosenthal, Max J. 2016. Why did Trump have his testosterone checked? *Mother Jones*, September 15. https://www.motherjones.com/politics/2016/09/donald-trump-testosterone-test-health/.

Ross, Cody T., P. L. Hooper, J. E. Smith, A. V. Jaeggi, E. A. Smith, S. Gavrilets … Monique Borgerhoff Mulder. 2023. Reproductive inequality in humans and other mammals. *PNAS* 120(22): e2220124120. https://doi.org/10.1073/PNAS.2220124120.

Ross, Corinna N., J. A. French, and G. Orti. 2007. Germ-line chimerism and paternal care in marmosets (*Callithrix kuhlii*). *PNAS* 104: 6278–82.

Rosser, L.S., T. Morisaka, Y. Mitani, and T. Igarashi. 2022. Calf-directed aggression as a possible infanticide attempt in Pacific white-sided dolphins (Lagenorhynchus obliquidens). *Aquatic Mammals* 48(3): 273–286.

Rotkirch, Anna. 2018. Evolutionary family sociology. In *Oxford Handbook of Evolution, Biology, and Society*, edited by Rosemary L. Hopcroft, 451–478. Oxford: Oxford University Press.

Roughgarden, Joan. 2004. *Evolution's Rainbow: Diversity, Gender and Sexuality in Nature and People*. Berkeley: University of California Press.

Royer, Clémence. 1870. *Origine de l'Homme et des Sociétiés*. Paris: Guillaumin/Victor Masson et Fils.

Rubenstein, Dustin. 2021. Causes and consequences of sociality: Spanning molecules to populations. Seminar on Frontiers in Social Evolution (FINE). https://www.youtube.com/watch?v=VH2u_uv78ks.

Rubenstein, Dustin R., and Irby J. Lovette. 2007. Temporal environmental variability drives the evolution of cooperative breeding in birds. *Current Biology* 17: 1414–1419. https://doi.org/10.1016/j.cub.2007.07.032.

Rudolph, Dana. 2017. A very brief history of LGBTQ parenting. *Family Equality*, October 20. https://www.familyequality.org/2017/10/20/a-very-brief-history-of-lgbtq-parenting/.

Saini, Angela. 2017. *Inferior: How Science Got Women Wrong and How New Research is Rewriting the Story*. Boston: Beacon Press.

St. Aubyn, Edward. 2021. *Double Blind*. Farrar, Straus and Giroux.

St. Julien, Jahdziah. 2021. A portrait of caring black men. *New America*. Updated February 4. https://www.newamerica.org/better-life-lab/reports/portrait-caring-black-men/.

Saito, A., and K. Nakamura. 2011. Oxytocin changes primate paternal tolerance to offspring in food transfer. *Journal of Comparative Physiology A: Neuroethology, Sensory, Neural, and Behavioral Physiology.* 197: 329–337.

Sakai, Tomoko, A. A. Mikami, M. Tomonaga, M. Matsui, J. Suzuki, Y. Hamada ··· Tetsuro Matsuzawa. 2011. Differential prefrontal white matter development in chimpanzees and humans. *Current Biology* 21(16): 1397–1402.

Samuni, Liran, A. Preis, R. Mundry, T. Deschner, C. Crockford, and R. M. Wittig. 2017. Oxytocin reactivity during intergroup conflict in wild chimpanzees. *PNAS* 114: 268–273.

Samuni, Liran, A. Preis, A. Mielke, T. Deschner, R. M. Wittig, and C. Crockford. 2018. Social bonds facilitate cooperative resource sharing in wild chimpanzees. *Proceedings of the Royal Society B* 285: 20181643.

Samuni, Liran, R. M. Wittig, and C. Crockford. 2019. Adoption in the Tai chimpanzee: Costs, benefits and strong social relationships. In *The Chimpanzees of the Tai Forest: 40 Years of Research*, edited by C. Boesch and R. Wittig, 141–158. Cambridge, UK: Cambridge University Press.

Samuni, Liran, K. E. Langergraber, and M. H. Surbeck. 2022. Characterization of Pan social systems reveals in-group/out-group distinction and out-group tolerance in bonobos. *PNAS* 119(26): e2201122119. https://doi.org/10.1073/PNAS.2201122119.

Sanchez, Roxanne, J. C. Parkin, J. Y. Chen, and P. B. Gray. 2009. Oxytocin, vasopressin and human social behavior. In *Endocrinology of Social Relationships*, edited by P. T. Ellison and P. B. Gray, 319–339. Cambridge, MA: Harvard University Press.

Sanday, Peggy Reeves. 2002. *Women at the Center: Life in a Modern Matriarchy*. Ithaca: Cornell University Press.

Santillo, Kristen. 2003. Disestablishment of paternity and the future of child support obligations. *Family Law Quarterly* 37(3): 503–514.

Sapolsky, Robert M. 2017. *Behave: The Biology of Humans at Our Best and Worst*. New York: Penguin Press.

Saturn, Sarina R. 2014. Flexibility of the father's brain. *PNAS* 111: 9671–9672.

Saxe, Rebecca. 2022. Human infants' brains are specialized for social functions. ESI Systems Neuroscience Conference: The ever changing brain: Through development and evolution. September 2022. https://youtu.be/ZrAXn_7zdsA.

Scelza, Brooke A., S. P. Prall, and K. Starkweather. 2020. Paternity confidence and social obligations explain men's allocations to romantic partners in an experimental giving game. *Evolution and Human Behavior* 41: 96–103.

Scelza, Brooke, S. Prall, N. Swinford, S. Gopalan, E. Atkinson, R. McElreath, J. Sheehama, and B. Henn. 2019. Husband, lover, pater, genitor: Concurrency and paternity in Himba pastoralists. Paper presented at 88th annual meeting of the American Association of Physical Anthropologists (AAPA), Cleveland.

Schacht, Ryan, and Karen L. Kramer. 2019. Are we monogamous? A review of the evolution of pair bonding in humans and its contemporary variation cross-culturally. *Frontiers in Ecology and Evolution* 7: 230.

Scheinfeldt, Laura B., S. Soi, C. Lambert, W.-Y. Ko, A. Coulibaly, A. Ranciaro ··· S. A.

Tishkoff. 2019. Genomic evidence for shared common ancestry of East African hunting-gathering populations and insights into local adaptation. *PNAS* 116(10): 4166-4175.

Schiebinger, Londa. 1994. Mammals, primatology and sexology. In *Sexual Knowledge, Sexual Science: The History of Attitudes to Sexuality*, edited by R. Porter and M. Teich, 184-209. Cambridge: Cambridge University Press.

Schmidt, Samantha. 2020. Women have been hit hardest by job losses in the pandemic. And it may only get worse. *Washington Post*, May 9. https://www.washingtonpost.com/dc-md-va/2020/05/09/women-unemployment-jobless-coronavirus/.

Schmidt, Wiebke Johanna, Heidi Keller, M. Rosabal-Coto, K. Fallas Gamboa, C. Solis Guillén, and E. Durán Delgado. 2023. Feeding, food, and attachment: An underestimated relationship? *Ethos* 51: 62-80.

Schneider, D. M., and K. Gough, eds. 1961. *Matrilineal Kinship*. Berkeley: University of California Press.

Schradin, Carsten, and G. Anzenberger. 1999. Prolactin, the hormone of paternity. *News in Physiological Science* 14: 223-231.

Schradin, Carsten, D. M. Reeder, S. P. Mendoza, and G. Anzenberger. 2003. Prolactin and paternal care: Comparison of three species of monogamous New World monkeys (*Callicebus cupreus, Callithrix jacchus, and Callimico goeldii*). *Journal of Comparative Psychology* 117(2): 166-175.

Schubert, Glendon. 1982. Infanticide by usurper Hanuman langur males: A sociobiological myth. *Social Science Information* 21: 199-244.

Seabright, Edmond, S. Alami, T. S. Kraft, H. Davis, A. E. Caldwell, P. Hooper ⋯ H. Kaplan. 2022. Repercussions of patrilocal residence on mothers' social support networks among Tsimane forager-farmers. *Philosophical Transactions of the Royal Society B* 378: 20210442.

Seabright, Paul. 2012. *War of the Sexes: How Conflict and Cooperation Have Shaped Men and Women from Prehistory to the Present*. Princeton, NJ: Princeton University Press.

Sear, Rebecca. 2015. Beyond the nuclear family: An evolutionary perspective on parenting. *Current Opinion in Psychology* 7: 98-103.

Sear, Rebecca. 2017. Family and fertility: Does kin help influence women's fertility, and how does this vary worldwide? *Population Horizons* 14(1): 18-34.

Sear, Rebecca. 2021. The male breadwinner nuclear family is not the 'traditional' human family, and promotion of this myth may have adverse health consequences. *Philosophical Transactions of the Royal Society B* 376: 20200020. https://doi.org/10.1098/rstb.2020.0020.

Sear, Rebecca, and D. A. Coall. 2011. How much does family matter? Cooperative breeding and the demographic transition. *Population and Development Review* 37(S1): 81-112.

Sear, Rebecca, and R. Mace. 2008. Who keeps children alive? A review of the effects of kin on child survival. *Evolution and Human Behavior* 29: 1-18.

Sellen, D. W. 2001. Comparison of infant feeding patterns reported for nonindustrial populations with current recommendations. *Journal of Nutrition* 131: 2707-2715.

Sen, Ruchira, and Raghavendra Gadagkar. 2006. Males of the social wasp Ropalidia marginata can feed larvae, given the opportunity. *Animal Behaviour* 71: 345–350.

Service, E. 1962. *Primitive Social Organization: An Evolutionary Perspective*. New York: Random House.

Shaw, Jonathan. 2022. Homo sapiens: The mixtape. David Reich decodes ancient DNA and rewrites human history. *Harvard Magazine* (July-August): 45ff.

Sheldon, Ben C., and Marc Mangel. 2014. Behavioural ecology: Love thy neighbour. *Nature* 512: 381–382.

Sherman, Gary D., J. Haidt, and J. A. Coan. 2009. Viewing cute images increases behavioral carefulness. *Emotion* 9: 282–286.

Shostak, Marjorie. (1981) 1990. *Nisa: The Life and Words of a !Kung Woman*. Harvard University Press.

Shubin, Neil. 2008. *Your Inner Fish: A Journey into the 3.5-Billion-Year History of the Human Body*. New York: Pantheon.

Shubin, Neil, C. Tabin, and S. Carroll. 2009. Deep homology and the origin of evolutionary novelty. *Nature* 457: 818–823.

Shulevitz, Judith. 2015a. Mom: The designated worrier. *New York Times*, May 10.

Shulevitz, Judith. 2015b. Stressed, tired, rushed: Portrait of the modern family. *New York Times*, November 5.

Shulevitz, Judith. 2021. Co-housing makes parents happier. *New York Times*, October 24.

Shur, Marc David. 2008. Hormones associated with friendship between adult male and lactating female olive baboons. PhD dissertation, Rutgers University.

Shwalb, David W., B. J. Shwalb, and M. E. Lamb, eds. 2013. *Fathers in Cultural Contexts*. New York: Routledge.

Siegel, Lee. 1996. One theory on why women choose jerks over nice guys. *The Salt Lake City Tribune*, October 7.

Silezar, Juan. 2021. Biological triggers for infant abuse. Harvard Gazette, September 27.

Silk, Joan B. 1978. Patterns of food sharing among mother and infant chimpanzees at Gombe National Park, Tanzania. *Folia Primatologica* 29: 129–141.

Silk, Joan B. 2007. The adaptive value of sociality in mammalian groups. *Philosophical Transactions of the Royal Society B* 362: 539–559. http://doi.org/10.1098/rstb.2006.1994.

Silk, Joan B., and Gillian R. Brown. 2008. Local resource competition and local resource enhancement shape primate sex ratios. *Proceedings of the Royal Society B* 275: 1761–1765.

Silk, Joan B., and Bailey R. House. 2016. The evolution of altruistic social preferences in human groups. *Philosophical Transactions of the Royal Society B* 371: 20150097. http://dx.doi.org/10.1098/rstb.2015.0097.

Skinner, Marilyn. 2013. *Sexuality in Greek and Roman Culture*, 2nd ed. Malden, MA: Wiley-Blackwell.

Smaers, Jeroen B., A. Gómez-Robles, A. N. Parka, and C. C. Sherwood. 2017. Exceptional evolutionary expansion of prefrontal cortex in great apes and humans. *Current Biology* 27: 714–720.

Small, Meredith. 1990. Promiscuity in Barbary macaques (*Macaca sylvana*). *American Journal of Primatology* 20: 267–282.

Smith, Kristopher M., and Coren L. Apicella. 2020. Partner choice in human evolution: The role of cooperation, foraging ability, and culture in Hadza campmate preferences. *Evolution and Human Behavior* 41: 354–366.

Smuts, Barbara B. 1992. Male aggression against women: An evolutionary perspective. *Human Nature* 3(1): 1–44.

Smuts, Barbara B., and D. J. Gubernick. 1992. Male-infant relationships in nonhuman primates: Paternal investment or mating effort? In *Father-Child Relations: Cultural and Biosocial Contexts*, edited by Barry S. Hewlett, 1–30. Hawthorne, NY: Aldine de Gruyter.

Snowdon, Charles T., and Toni E. Ziegler. 2007. Growing up cooperatively: Family processes and infant care in marmosets. *Journal of Developmental Processes* 2: 40–66.

Snowdon, Charles T., B. A. Pieper, C. Y. Boe, K. A. Cronin, A. V. Kurian, and T. E. Ziegler. 2010. Variation in oxytocin is related to variation in affiliative behavior in monogamous, pair-bonded tamarins. *Hormones and Behavior* 58: 614–618.

Solberg, Dustin. 2022. The mangrove mothers. *Nature Conservancy* Fall 2022: 40–45.

Soltis, J., R. Thomsen, K. Matsubayashi, and O. Takenaka. 2000. Infanticide by resident males and female counterstrategies in wild Japanese macaques, Macaca fuscata. *Behavioral Ecology and Sociobiology* 48: 195–202.

Southern, Lara M., T. Deschner, and S. Pika. 2021. Lethal coalitionary attacks of chimpanzees (Pan troglodytes troglodytes) on gorillas (*Gorilla gorilla gorilla*) in the wild. *Scientific Reports* 11: 14673.

Spock, Benjamin. 1964. *Baby and Child Care*. New York: Pocket Books. (Currently the 142nd edition.)

Sridhar, Hari. 2018. Reflections on papers past: Revisiting Hrdy 1974. *Rapid Ecology*, December 18. https://rapidecology.com/2018/12/17/reflections-on-papers-past-revisiting-hrdy-1974/.

Städele, Veronika, L. Vigilant, S. Strum, and J. Silk. 2021. Extended male-female bonds and potential for prolonged paternal investment in a polygynandrous primate (*Papio anubis*). *Animal Behaviour* 174: 31–40.

Stallings, J., A. S. Fleming, C. Corter, C. Worthman, and M. Steiner. 2001. The effects of infant cries and odors on sympathy, cortisol, and autonomic responses in new mothers and non-postpartum women. *Parenting: Science and Practice* 1: 71–100.

Starkweather, Katherine E., and Raymond Hames. 2012. A survey of nonclassical polyandry. *Human Nature* 23(2): 149–172.

Sterck, E. H. M. 1997. Determinants of female dispersal in Thomas langurs. *American Journal of Primatology* 42: 179–198.

Stewart, Kelly. 2001. Social relationships of immature gorillas and silverbacks. In *Mountain Gorillas: Three Decades of Research at Karisoke*, edited by M. M. Robbins, P. Sicotte, and K. J. Stewart, 183–213. Cambridge, UK: Cambridge University Press.

Stiner, Mary, Avi Gopher, and Ran Barkai. 2010. Hearth-side socioeconomics, hunting and paleoecology during the late Lower Paleolithic at Qesem Cave, Israel. *Journal of Human Evolution* 60: 213–233.

Stone, Lyman. 2019. A drop in numbers (review of Darrell Bricker and John Ibbitson's Empty Planet). *Wall Street Journal*, February 7.

Storey, Anne E., and D. T. Snow. 1990. Postimplantation pregnancy disruptions in meadow voles: Relationship to variation in male sexual and aggressive behavior. *Physiology and Behavior* 47: 19–25.

Storey, Anne E., C. Walsh, R. Quinlan, and K. E. Wynne-Edwards. 2000. Hormonal correlates of paternal responsiveness in new and expectant fathers. *Evolution and Human Behavior* 21: 79–95.

Strassmann, Beverly I. 1991. Menstrual hut visits by Dogon women: A hormonal test distinguishes deceit from honest signaling. *Behavioral Ecology* 7(3): 304–15.

Strathearn, Lane, Jian Li, Peter Fonagy, and P. Read Montague. 2008. What's in a smile? Maternal brain responses to infant facial cues. *Pediatrics* 122: 40–51.

Strazdiňa, Vita, A. Jemeļjanovs, and V. Šterna. 2013. Nutrition value of wild animal meat. *Proceedings of the Latvian Academy of Sciences B* 67(4/5): 373–377.

Strier, Karen. 2007. What does variation in primate behavior mean? *American Journal of Physical Anthropology* 162: 4–14.

Strier, Karen B. 2016. *Primate Behavioral Ecology*. London: Routledge.

Strindberg, August. (1887) 1955, repr. 2017. The Father: A Tragedy in Three Acts. In *Twelve Major Plays by A. Strindberg*, translated from the Swedish by Elizabeth Sprigge. New York: Transaction; Routledge.

Stumpf, R. M., and C. Boesch. 2005. Does promiscuous mating preclude female choice? Female sexual strategies in chimpanzees (*Pan troglodytes verus*) of the Taï National Park, Côte d'Ivoire. *Behavioral Ecology and Sociobiology* 57: 511–524.

Sullivan, Emily. 2022. Guns vs. butter: Gender differences on national budget. Running Numbers (blog), March 7. Chicago Council on Global Affairs. https://globalaffairs.org/commentary-and-analysis/blogs/guns-vs-butter-gender-differences-national-budget.

Surbeck, Martin, K. E. Langergraber, B. Fruth, L. Vigilant, and G. Hohmann. 2017. Male reproductive skew is higher in bonobos than chimpanzees. *Current Biology* 27: R640–R641.

Sussman, George D. 1982. *Selling Mothers' Milk: The Wet-Nursing Business in France, 1715–1914*. Urbana, Chicago, and London: University of Illinois Press.

Sussman, Robert W. 1996. Piltdown Man: The father of American field primatology. Paper prepared in advance for participants in Wenner-Gren Symposium no. 120, "Changing Images of Primate Societies: The Role of Theory, Method, and Gender," June 15–23, Hotel Rosa dos Ventos, Teresópolis, Brazil.

Sussman, Robert W., J. Cheverud, and T. Bartlett. 1995. Infant killing as an evolutionary strategy: Reality or myth? *Evolutionary Anthropology* 3: 149–151.

Suwa, Gen, T. Sasaki, S. Semaw, M. J. Rogers, S. W. Simpson, Y. Kunimatsu ⋯ T. D. White.

2021. Canine sexual dimorphism in Ardipithecus ramidus was nearly human-like. *PNAS* 118(49): e2116630118.

Swedell, Larissa, and Thomas Plummer. 2012. A papionin multilevel society as a model for hominin social evolution. *International Journal of Primatology* 33: 1165–1193.

Swindler, Daris R., and Charles D. Wood. 1973. *An Atlas of Primate Gross Anatomy*. Seattle: University of Washington Press.

Symons, Donald. 1979. *The Evolution of Human Sexuality*. Oxford: Oxford University Press.

Symons, Donald. 1982. Another woman that never existed [review of The Woman That Never Evolved, by S. B. Hrdy]. *The Quarterly Review of Biology* 57(3): 297–300. http://www.jstor.org/stable/2827466.

Számadó, Szabolcs, and Eörs Szathmáry. 2004. Language evolution. *PLOS Biology* 2(10): 1519–1520.

Sznycer,D.,D.Xyglatas, E. Agey, S. Alami, Z. An, K. I. Ananyeva ⋯ J. Tooby. 2018. Cross-cultural invariances in the architecture of shame. *PNAS* 115(39): 9702–9707.

Tabak, Benjamin A., Gareth Leng, Angela Szeto, Karen J. Parker, Joseph G. Verbalis, Toni E. Ziegler, Mary R. Lee, Inga D. Neumann, and Armando J. Mendez. 2023. Advances in human oxytocin measurement: challenges and proposed solutions. *Molecular Psychiatry* 28: 127–140. https://doi.org/10.1038/s41380-022-01719-z.

Tachikawa, Kashiko S., Y. Yoshihara, and K. O. Kuroda. 2013. Behavioral transition from attack to parenting in male mice: A crucial role of the vomeronasal system. Journal of Neuroscience 33: 5120–5126. *Erratum in Journal of Neuroscience* 33: 9563.

Tamir, D., and J. Mitchell. 2012. Disclosing information about the self is intrinsically rewarding. *PNAS* 109: 8083–8043.

Tamis-Lemonda, Catherine S. 2015. Foreword. In *Roopnarine*, ed., Fathers across Cultures, xi–xii. Santa Barbara: Praeger.

Tan, J., and B. Hare. 2013. Bonobos share with strangers. *PLOS ONE* 8: 29–38.

Tardif, Suzette, Corinna Ross, and Darlen Smucny. 2013. Building marmoset babies: Trade-offs and cutting bait. In *Building Babies: Primate Development in Proximate and Ultimate Perspective*, edited by K. B. H. Clancy, K. Hinde, and J. N. Rutherford, 169–183. New York: Springer.

Tardif, Suzette D., D. A. Smucny, D. H. Abbott, K. Mansfield, N. Schultz-Darken, and M. E. Yamamoto. 2003. Reproduction in captive common marmosets (*Callithrix jacchus*). *Comparative Medicine* 53(4): 364–368.

Taub, Amanda. 2022. The 17th-century judge at the heart of today's women's rights rulings. *New York Times*, May 1.

Tavernise, Sabrina, C. Cain Miller, Q. Bui, and R. Gebeloff. 2021. American women shuffle their priorities, delaying motherhood: Births fall as schooling and jobs come first. *New York Times*, June 18.

Tecot, Stacey, and A. L. Baden. 2018. Profiling caregivers: Hormonal variation underlying allomaternal care in wild red-bellied lemurs, Eulemur rubriventer. *Physiology and Behavior* 193 (part A): 135–148.

Teichroeb, Julie A., and Pascale Sicotte. 2008. Infanticide in ursine colobus monkeys (*Colobus vellerosus*) in Ghana: New cases and a test of the existing hypotheses. *Behaviour*, 145: 727–55. http://www.jstor.org/stable/40296068.

Terkel, J., and J. S. Rosenblatt. 1968. Maternal behavior induced by maternal blood plasma injected into virgin rats. *Journal of Comparative and Physiological Psychology* 80: 365–371.

Terrace, Herbert S. 2013. Becoming human: Why two minds are better than one. In *Agency and Joint Attention*, edited by Janet Metcalfe and Herbert Terrace, 11–48. Oxford: Oxford University Press.

Tew, Mary. 1951. A form of polyandry among the Lele of the Kasai. *Africa* XXI(1): 1–12.

Thomas, Ashley, B. Woo, D. Nettle, E. Spelke, and R. Saxe. 2022. Early concepts of intimacy: Young humans use saliva sharing to infer close relationships. *Science* 375: 311–315.

Thomas, Evan. 2011. *The War Lovers: Roosevelt, Lodge, Hearst, and the Rush to Empire, 1898*. New York: Back Bay Books / Little, Brown and Company.

Tokuyama, Nahoko, and Takeshi Furuichi. 2016. Do friends help each other? Patterns of female coalition formation in wild bonobos at Wamba. *Animal Behaviour* 119: 27–35.

Tokuyama, Nahoko, K. Toda, M.-L. Poiret, B. Iyokango, B. Bakaa, and S. Ishizuka. 2021. Two wild female bonobos adopted infants from a different social group at Wamba. *Scientific Reports* 11: 4967. https://doi.org/10.1038/s41598-021-83667-2.

Tomasello, Michael. 2009. *Why We Cooperate*. Cambridge, MA: MIT Press.

Tomasello, Michael. 2019. *Becoming Human: A Theory of Ontogeny*. Cambridge, MA: The Belknap Press of Harvard University Press.

Tomasello, Michael, and M. Carpenter. 2007. Shared intentionality. *Developmental Sciencet* 10(1): 121–125.

Tomasello, Michael, and I. Gonzalez-Cabrera. 2017. The role of ontogeny in the evolution of human cooperation. *Human Nature* 28: 27–88.

Tomasello, Michael, B. Hare, H. Lehmann, and J. Call. 2007. Reliance on head versus eyes in the gaze following of great apes and human infants: The cooperative eye hypothesis. *Journal of Human Evolution* 52: 314–320.

Tomasello, Michael, A. Melis, C. Tennie, E. Wyman, and E. Herrmann. 2012. Two key steps in the evolution of human cooperation: the mutualism hypothesis. *Current Anthropology* 53(6): 673–692.

Tomonaga, Masaki. 2006. Development of chimpanzee social cognition in the first 2 years of life. In *Cognitive Development in Chimpanzees*, edited by T. Matsuzawa, M. Tomonaga, and M. Tanaka, 182–197. Tokyo: Springer.

Tomonaga, Masaki, M. Tanaka, T. Matsuzawa, M. Myowa-Yamakoshi, D. Kosugi, Y. Mizuno, S. Okamoto, M. K. Yamaguchi, and K. A. Bard. 2004. Development of social cognition in infant chimpanzees (*Pan troglodytes*): Face recognition, smiling, and the lack of triadic interactions. *Japanese Psychological Research* 46: 227–235.

Torchinsky, Rina. 2022. Child-rearing expenses soar amid inflation. *Wall Street Journal*, August 20–21.

Tracy, Marc. 2013. Moms and dads both want more time with their kids. Why do moms spend more? *The New Republic*, October 11.

Trevarthen, Colwyn, and K. J. Aitken. 2001. Infant intersubjectivity: Research, theory and clinical applications. *Journal of Child Psychology and Psychiatry* 42: 3–48.

Trivers, Robert L. 1972. Parental investment and sexual selection. In *Sexual Selection and the Descent of Man*, edited by B. Campbell, 136–179. Chicago: Aldine.

Troisi, Alfonso, and Monica Carosi. 2017. Orgasm. In *The International Encyclopedia of Primatology*, edited by Augustin Fuentes. New York: John Wiley and Sons. https://doi.org/10.1002/9781119179313.wbprim0095.

Trumble, Benjamin C., A. V. Jaeggi, and M. Gurven. 2015. Evolving the neuroendocrine physiology of human and primate cooperation and collective action. *Philosophical Transactions of the Royal Society B* 370: 20150014.

Tucker, Abigail. 2014. What can rodents tell us about why humans love? *Smithsonian Magazine*, February. https://www.smithsonianmag.com/science-nature/what-can-rodents-tell-us-about-why-humans-love-180949441/.

Turchin, Peter. 2016. *Ultrasociety: How 10,000 Years of War Made Humans the Greatest Cooperators on Earth*. Chaplin, CT: Beresta Books.

Turnbull, Colin M. 1962. *The Forest People: A Study of the Pygmies of the Congo*. New York: Simon and Schuster.

Ulaby, Neda. 2022. "Mama's boy" is a flex, not an insult for a new generation of men. NPR *Weekend Edition*, May 7. https://www.npr.org/2022/05/08/1095039574/-mamas-boy-is-a-flex-not-an-insult-for-a-new-generation-of-men.

UN Women. 2022. The impact of militarization on gender inequality. Research Paper. Peace and Security Section, May. New York. https://www.unwomen.org/sites/default/files/2022-08/Impact-of-militarization-on-gender-inequality-en.pdf.

UNICEF. 2006. *The State of the World's Children 2007. Women and Children: The Double Dividend of Gender Equality*. New York: UNICEF. https://www.unicef.org/montenegro/media/8196/file/MNE-media-MNEpublication408.pdf.

Valentine, Paul. 2002. Fathers that never exist: Exclusion of the role of shared father among the Curripaco of the northwest Amazon. In Beckman and Valentine, eds., *Cultures of Multiple Fathers*, 178–191.

Van Anders, Sari M., R. M. Tolman, and B. L. Volling. 2012. Baby cries and nurturance affect testosterone in men. *Hormones and Behavior* 61: 31–36.

Van Anders, Sari M., J. Steiger, and K. L. Goldey. 2015. Effects of gendered behavior on testosterone in women and men. *PNAS* 112: 13805–13810.

Van IJzendoorn, Marinus, and M. J. Bakermans-Kranenburg. 2012. A sniff of trust: Meta-analysis of the effects of intranasal oxytocin administration on face recognition, trust to in-group, and trust to out-group. *Psychoneuroendocrinology* 136(3): 438–443.

van Noordwijk, M. A. 1985. Sexual behaviour of Sumatran long-tailed macaques (*Macaca fascicularis*). *Zeitschrift für Tierpsychologie* 70: 277–296. https://doi.org/10.1111/j.1439-0310.1985.

tb00519.x.

van Noordwijk, Maria, and C. P. van Schaik. 2000. Reproductive patterns in eutherian mammals: Adaptations against infanticide. In van Schaik and Janson, eds., *Infanticide by Males and Its Implications*, 322–360.

van Noordwijk, Maria A., Christopher W. Kuzawa, and Carel P. van Schaik. 2013. The evolution of the patterning of human lactation: A comparative perspective. *Evolutionary Anthropology* 22: 202–212.

van Noordwijk, Maria A., S. S. U. Atmoko, C. D. Knott, N. Kuze, H. C. Morrogh-Bernard, F. Oram ⋯ E. P. Willems. 2018. The slow ape: High infant survival and long interbirth intervals in wild orangutans. *Journal of Human Evolution* 125: 38–49.

van Schaik, Carel P. 2000a. Infanticide by male primates: The sexual selection hypothesis revisited. In van Schaik and Janson, eds., *Infanticide by Males and Its Implications*, 27–60.

van Schaik, Carel P. 2000b. Vulnerability to infanticide by males: Patterns among mammals. In van Schaik and Janson, eds., *Infanticide by Males and Its Implications*, 61–71.

van Schaik, Carel P. 2016. *The Primate Origins of Human Nature*. New York: Wiley Blackwell.

van Schaik, Carel P., and Robin I. M. Dunbar. 1990.The evolution of monogamy in large primates: A new hypothesis and some crucial tests. *Behaviour* 115: 30–62.

van Schaik, Carel P., and C. H. Janson, eds. 2000. *Infanticide by Males and Its Implications*. Cambridge, UK: Cambridge University Press.

van Schaik, Carel P., and Peter Kappeler. 1997. Infanticide risk and the evolution of malefemale association in primates. *Proceedings of the Royal Society B* 264: 1687–1694.

van Schaik, Carel, K. Hodges, and C. L. Nunn. 2000. Paternity confusion and the ovarian cycle of female primates. In van Schaik and Janson, eds., *Infanticide by Males and Its Implications*, 361–387.

Vansina, Jan. 1990. *Paths in the Rainforest: Toward a History of Political Tradition in Equatorial Africa*. Madison: University of Wisconsin Press.

Verspeek, Jonas, E. J. C. van Leeuwen, D. W. Laméris, N. Staes, and J. M. G. Stevens. 2022. Adult bonobos show no prosociality in both prosocial choice task and group service paradigm. *PeerJ* 10: e12849. https://doi.org/10.7717/peerj.12849.

Vincent, Amanda. 1990. A seahorse father often makes a good mother. *Natural History* 12: 34–43.

Vogel, Christian. 1979. Der Hanuman-Langur (*Presbytis entellus*), ein Parade-Exempel für die theoreticschen Konzepte der "Soziobiologie"? In *Verhandlungen der Deutschen Zoologischen Gesellschaft 1979 in Regensburg*, edited by W. Rathmayer, 73–89. Stuttgart: Gustav Fischer Verlag.

Vonasch, A. J., T. Reynolds, B. M. Winegard, and R. F. Baumeister. 2018. Death before dishonor: Incurring costs to protect moral reputation. *Social Psychological and Personality Science*, 9(5): 604–613. https://doi.org/10.1177/1948550617720271.

von Rueden, Christopher R., and A. V. Jaeggi. 2016. Men's status and reproductive success in 33 nonindustrial societies: Effects of subsistence, marriage system, and reproductive strategy. *PNAS* 113(39): 10824–29.

Walker, Kara, and Brian Hare. 2017. Bonobo baby dominance: Did female defense of offspring lead to reduced male aggression? In *Bonobos: Unique in Mind, Brain and Behavior*. Edited by Brian Hare and Shinya Yamamoto, 49–64. Oxford: Oxford University Press.

Walker, Kara, and Anne Pusey. 2020. Inbreeding risk and maternal support have opposite effects on female chimpanzee dispersal. *Current Biology* 30: R62–R63.

Walker, Robert S., Mark V. Flinn, and Kim R. Hill. 2010. Evolutionary history of partible paternity in lowland South America. *PNAS* 107(45): 19195–19200.

Walker, Robert S., K. R. Hill, M. V. Flinn, and R. M. Ellsworth. 2011. Evolutionary history of hunter-gatherer marriage practices. *PLOS ONE* 6(4): e19066.

Walker, Robert S., C. Yvinec, R. M. Ellsworth, and D. H. Bailey. 2015. Co-father relationships among the Surui (Paiter) of Brazil. *PeerJ* 3: e899. https://doi.org/10.7717/peerj.899.

Wang, Vivian. 2021. More children? No way, families in China say. *New York Times*, June 2.

Warneken, Felix, and Michael Tomasello. 2006. Altruistic helping in human infants and young chimpanzees. *Science* 311: 1301–1303.

Washburn, Sherwood, and Chet Lancaster. 1968. The evolution of hunting. In *Man the Hunter*, edited by R. B. Lee and I. DeVore, 293–203. Chicago: Aldine.

Watts, David, and John Mitani. 2000. Hunting behavior of chimpanzees at Ngogo, Kibale National Park. *International Journal of Primatology* 23 (1): 1–28.

Weber, Lauren. 2017. Women gain as skills shift for high-paying jobs. *Wall Street Journal*, March 22.

Wee, Sui-Lee, and Elsie Chen. 2021. China wants more babies: Some men choose vasectomies. *New York Times*, June 21.

Weiner, Annette B. 1988. *The Trobrianders of Papua New Guinea*. Orlando: Holt, Rinehart and Winston.

Wesolowski, Tomasz. 1994. On the origin of parental care and the early evolution of male and female parental roles in birds. *American Naturalist* 143: 39–58.

West-Eberhard, Mary Jane. 1969. The social biology of polistine wasps. *Miscellaneous Publications, Museum of Zoology, University of Michigan* 140:1–101.

West-Eberhard, Mary Jane. 1979. Sexual selection, social competition, and evolution. *Proceedings of the American Philosophical Society* 123: 222–234.

West-Eberhard, Mary Jane. 1983. Sexual selection, social competition, and speciation. *The Quarterly Review of Biology* 58: 155–183.

West-Eberhard, Mary Jane. 2003. *Developmental Plasticity and Evolution*. Oxford: Oxford University Press.

Westermarck, Edward Alexander. 1891. *The History of Human Marriage*. London: Macmillan and Company. (Unabridged facsimile published in 1903 with an introduction by Alfred Russel Wallace.)

Westermarck, Edward. 1906–1908. *The Origin and Development of the Moral Ideas*, vols. 1 and 2.

London: Macmillan.

White, Frances, and Kimberly D. Wood. 2007. Female feeding priority in bonobos, Pan paniscus, and the question of female dominance. *American Journal of Primatology* 69: 837–850.

White, Tim D., C. Owen Lovejoy, Berhane Asfaw, J. Carlson, and Gen Suwa. 2015. Neither chimpanzee nor human, Ardipithecus reveals the surprising ancestry of both. *PNAS* 112(16): 4877–84.

Whiting, John W. M., and Beatrice B. Whiting. 1975. Aloofness and intimacy of husbands and wives: A cross-cultural study. *Ethos* 3:183–208.

Wiesner, B. P., and Norah M. Sheard. 1933. *Maternal Behavior in the Rat*. Edinburgh: Oliver and Boyd.

Wiessner, Polly. 1977. *Hxaro: A Regional System of Reciprocity for Reducing Risk among the !Kung San*. Ann Arbor, MI: University Microfilms.

Wiessner, Polly. 1982. Risk, reciprocity and social influences on !Kung San economics. In *Politics and History in Band Societies*, edited by E. Leacock and R. Lee, 61–84. Cambridge: Cambridge University Press.

Wiessner, Polly. 1986. !Kung San networks in a generational perspective. In *The Past and Future of !Kung Ethnography: Critical Reflections and Symbolic Perspectives. Essays in Honour of Lorna Marshall*, edited by Megan Biesle with Robert Gordon and Richard Lee, 103–136. Hamburg: Helmut Buske Verlag.

Wiessner, Polly. 2002. Hunting, healing, and hxaro exchange: A long-term perspective on !Kung (Ju/'hoansi) large-game hunting. *Evolution and Human Behavior* 23: 407–436.

Wiessner, Polly. 2014. Embers of society: Firelight talk among the Ju/'hoansi Bushmen. *PNAS* 111(39): 14027–14035.

Wiessner, Polly. 2020. The role of third parties in norm enforcement in customary courts among the Enga of Papua New Guinea. *PNAS* 117(51): 32320–32328.

Wiessner, Polly, and Akii Tumu. 1998. *Historical Vines: Enga Networks of Exchange, Ritual, and Warfare in Papua New Guinea*. Washington, D.C.: Smithsonian Institution Press.

Wiessner, Polly, in collaboration with Akii Tumu and Nitze Pupu. 2016. *Enga Culture and Community: Wisdom from the Past*. The Enga Provincial Government and Tradition Fund, PNG.

Wilkins, Jayne, B. J. Schoville, R. Pickering, L. Gilganic, B. Collins, K. S. Brown … A. Hatton. 2021. Innovative *Homo sapiens* behaviours 105,000 years ago in a wetter Kalahari. *Nature* 592: 248–252.

Wilkins, Jon F., and Frank W. Marlowe. 2006. Sex-biased migration in humans: What should we expect from genetic data? *BioEssays* 28: 290–300.

Willführ, K. P., B. Eriksson, and M. Dribe. 2022. The impact of kin proximity on net marital fertility and maternal survival in Sweden 1900–1910—Evidence for cooperative breeding in a societal context of nuclear families, or just contextual correlations? *American Journal of Human Biology* 34(2): e23609. https://doi.org/10.1002/ajhb.23609.

Wilson, David Sloan, and Elliott Sober. 1994. Reintroducing group selection to the human behavioral sciences. *Behavioral and Brain Sciences* 17: 585–608.

Wilson, David S., and Edward O. Wilson. 2008. Evolution "for the good of the group." *American scientist* 96: 380–389.

Wilson, Edward O. 1975. *Sociobiology: The New Synthesis*. Cambridge: Harvard University Press.

Wilson, Margo, and Martin Daly. 1992. The man who mistook his wife for a chattel. In *The Adapted Mind*, edited by J. H. Barkow, L. Cosmides, and J. Tooby, 288–322. Oxford: Oxford University Press.

Wilson, Michael L., and R. W. Wrangham. 2003. Intergroup relations in chimpanzees. *Annual Review of Anthropology* 32: 363–392.

Wingfield, J. C., R. E. Hegner, A. M. Duffy Jr., and G. F. Ball. 1990. "The Challenge Hypothesis": Theoretical implications for patterns of testosterone secretion, mating systems, and breeding strategies. *American Naturalist* 136: 829–846.

Wittig, Roman M., C. Crockford, T. Deschner, K. E. Langergraber, T. E. Ziegler, and K. Zuberbühler. 2014. Food sharing is linked to urinary oxytocin levels and bonding in related and unrelated wild chimpanzees. *Proceedings of the Royal Society B* 281: 20133096.

Wolf, Lukas J., S. T. Thorne, M. Iosifyan, C. Foad, S. Taylor, V. Costin, J.C. Karemans, G. Haddock, and G. R. Maio. 2022. The salience of children increases adult prosocial values. *Social Psychological and Personality Science* 13(1): 160–169.

Wolfe, Tom. 2016. *The Kingdom of Speech*. Little Brown and Co.

Wolff, Jerry O., and D. W. Macdonald. 2004. Promiscuous females protect their offspring. *Trends in Ecology and Evolution* 19: 127–134.

Wolovich, C. K., J. P. Perea-Rodriguez, and E. Fernandez-Duque. 2008. Food transfers to young and mates in wild owl monkeys (*Aotus azarai*). *American Journal of Primatology* 70: 211–221. https://doi.org/10.1002/ajp.20477.

Wood, B. M., and F. Marlowe. 2013. Household and kin provisioning by Hadza men. *Human Nature* 24: 280–317.

Wood, Brian M., and Frank Marlowe. 2014. Toward a reality-based understanding of Hadza men's work: A response to Hawkes et al. (2014). *Human Nature* 25: 620–630.

Wood, James, and Kim Hill. 2000. A test of the "showing-off" hypothesis with Ache hunters. *Current Anthropology* 41: 124–125.

Wood, Wendy, and Alice H. Eagly. 2002. A cross-cultural analysis of the behavior of women and men: Implications for the origins of sex differences. *Psychological Bulletin* 128(5): 699–727.

Wrangham, Richard. 1993. The evolution of sexuality in chimpanzees and bonobos. *Human Nature* 4: 47–79.

Wrangham, Richard. 2009. *Catching Fire: How Cooking Made Us Human*. New York: Perseus.

Wrangham, Richard. 2019. *The Goodness Paradox: The Strange Relationship between Virtue and Violence in Human Evolution*. New York: Pantheon.

Wrangham, Richard. 2021. Self-domestication and the evolution of human groupishness. Keynote address at the 32nd annual conference of the Human Behavior and Evolution Society, July 2. https://www.hbes.com/hbes-2021-wrangham/.

Wrangham, Richard, and Dale Peterson. 1996. *Demonic Males: Apes and the Origins of Human*

Violence. Boston: Houghton Mifflin.

Wrangham, Richard, J. H. Jones, G. Laden, D. Pilbeam, and N. L. Conklin-Brittain. 1999. The raw and the stolen: Cooking and the ecology of human origins. *Current Anthropology* 40(5): 567–594.

Wright, Patricia. 1984. Biparental care in Aotus trivergatus and Callicebus moloch. In *Female Primates: Studies by Women Primatologists*, edited by M. Small, 59–75. New York: Alan Liss.

Wroblewski, Emily E. 2008. An unusual incident of adoption in a wild chimpanzee (*Pan troglodytes*) population at Gombe National Park. *American Journal of Primatology* 70: 995–998.

Wu, Tony. 2020. Male delivery. *Natural History* 128(1): 2–4.

Wu, Zheng, A. E. Autry, J. F. Bergan, M. Watabe-Uchida, and Catherine G. Dulac. 2014. Galanin neurons in the medial preoptic area govern parental behavior. *Nature* 509: 325–330.

Wynne-Edwards, Katherine. 1987. Evidence for obligate monogamy in the Djungerian hamster, *Phodopus campbelli*: Pup survival under different parenting conditions. *Behavioral Ecology and Sociobiology* 20: 427–437.

Wynne-Edwards, Katherine E., and Catherine J. Reburn. 2000. Behavioral endocrinology of mammalian fatherhood. *Trends in Ecology and Evolution* 15: 464–468. https://doi.org/10.1016/s0169-5347(00)01972-8.

Wynne-Edwards, V. C. 1962. *Animal Dispersion in Relation to Social Behavior*. Edinburgh: Oliver and Boyd.

Xiang, Zuofu, H. Sheng, and W. Xiao. 2010. Male allocare in Rhinopithecus bieti at Xiaochangdu, Tibet: Is it related to energetic stress? *Zoological Research* 31: 189–197.

Xiang, Zuofu, Yang Yu, Hui Yao, Qinglang Hu, and Ming Li. 2020. Versatile counterstrategies shift the balance of intersexual conflict from males to females. *Authorea*, August 4. https://doi.org/10.22541/au.159657675.51727990.

Yamamoto, Rinah, D. Ariely, W. Chi, D. D. Langleben, and I. Elman. 2009. Gender differences in the motivational processing of babies are determined by their facial attractiveness. *PLOS ONE* 4(6): e6042. http://doi.org/10.1371/journal.pone.0006042.

Yang, Claire Y., C. Boen, K. Gerken, T. Li, K. Schorpp, and K. M. Harris. 2016. Social relationships and physiological determinants of longevity across the human life span. *PNAS* 113(3): 578–583.

Yasir, Sameer. 2022. "Magic in her hands": The woman bringing India's forest back to life. *New York Times*, September 2. https://www.nytimes.com/2022/09/02/world/asia/deforestation-india-tulsi-gowda.html.

Ye, Yvaine. 2022. Embryos with DNA from three people develop normally in first safety study. *Nature* 609: 449–450.

Yeung, W. Jean, J. F. Sandberg, P. E. Davis-Kean, and S. L. Hofferth. 2001. Children's time with fathers in intact families. *Journal of Marriage and Family* 63: 136–164.

Yogman, Michael, and Craig F. Garfield. 2016. Fathers' role in the care and development of their children: The role of pediatricians. Pediatrics 138: e20161128.

Yoshizawa, Kazunori, R. L. Ferreira, I. Yao, C. Lienhard, and Y. Kamimura. 2018. Independent origins of female penis and its coevolution with male vagina in cave insects (*Psocodea: Prionoglarididae*). *Biology Letters* 14: 20180533.

Young, Katherine S., C. E. Parsons, E.-M. J. Emholdt, M. W. Woolrich, T. J. van Hartevelt, A. B. A. Stevner, A. Stein, and M. L. Kringelbach. 2016. Evidence for a caregiving instinct: Rapid differentiation of infant from adult vocalizations using magnetoencephalogy. *Cerebral Cortex* 26: 1309–1321.

Young, Larry, and Brian Alexander. 2012. *The Chemistry Between Us: Love, Sex, and the Science of Attraction*. New York: Current, Penguin Books.

Young, Larry J., and Z. Wang. 2004. The neurobiology of pair bonding. *Nature Neuroscience* 7: 1048–54. https://doi.org/10.1038/nn1327.

Ziegler, Toni E. 2016. Male interactive care provides for family stability in the common marmoset, *Callithrix jacchus*. Abstract no. 6490. Paper presented at the joint meeting of the International Primatological Society and the American Society of Primatologists (IPS/ASP), August 25, Chicago.

Ziegler, Toni E., S. L. Prudom, S. Refetoff Zahed, A. F. Parlow, and F. Wegner. 2009. Prolactin's mediative role in male parenting in parentally experienced marmosets (*Callithrix jacchus*). *Hormones and Behavior* 56: 436–443.

Ziegler, Toni E., M. E. Sosa, and R. J. Colman. 2017. Fathering style influences health outcomes in common marmoset (*Callithrix jacchus*) offspring. *PLOS ONE* 12(9): e0185695. https://doi.org/10.1371/journal.pone.0185695.

Ziegler, Toni E., K. F. Washabaugh, and C. T. Snowdon. 2004. Responsiveness of expectant male cotton-top tamarins, *Saguinus oedipus*, to mate's pregnancy. *Hormones and Behavior* 45: 84–92.

Ziegler, Toni E., F. H. Wegner, and C. T. Snowdon. 1996. Hormonal responses to parental and nonparental conditions in male cotton-top tamarins, *Saguinus oedipus*, a New World primate. *Hormones and Behavior* 30: 287–297.

Zimmer, Carl. 2007. In the marmoset family, things really do appear to be all relative. *New York Times*, March 27. https://www.nytimes.com/2007/03/27/science/27marm.html.

Zipple, Matthew N., Jackson H. Grady, Jacob B. Gordon, Lydia D. Chow, Elizabeth A. Archie, Jeanne Altmann, and Susan C. Alberts. 2017. Conditional fetal and infant killing by male baboons. *Proceedings of the Royal Society B* 284: 20162561.

Zoh, Yoonseo, S. W. C. Chang, and M. J. Crockett. 2022. The prefrontal cortex and (uniquely) human cooperation: A comparative perspective. *Neuropsychopharmacology* 47: 119–133. https://doi.org/10.1038/s41386-021-01092-5.

Zuberbühler, K. 2011. Cooperative breeding and the evolution of vocal flexibility. In *The Oxford Handbook of Language Evolution*, edited by M. Tallerman and K. Gibson, 71–81. Oxford: Oxford University Press.

Zuckoff, Eve. 2022. Beach grass could be key to protecting the Aquinnah Wampanoag homeland. *NPR News*, May 28.

찾아보기

가임기 181, 193, 331
가짜 음경(pseudopenis) 132
갈라닌(galanin) 406
감정적 연결 272
개코원숭이(baboon) 183, 190~193, 240
고정행동 패턴(fixed-action patterns) 137
고트프리트 호만(Gottfried Hohmann) 215
고환 96, 97, 107, 195, 207
공동 거주 349, 366, 368, 387
공동 육아 330
과시하기(showing off) 255
교차 성 정체성(cross-sex identity) 328
구내보육 47
구세계원숭이(old world monkey) 21, 145, 181, 233, 234, 391, 392
군사적 남성성 378
글렌 페리고(Glen Perrigo) 140, 410
글루코르티코이드(glucocorticoid) 156, 200
기독교적 가부장제(biblical patriarchy) 379
기만 발정 183, 184
김필영(Pilyoung Kim) 107
난혼 193
남성 중심적 사회 269, 270, 327, 330
남성성(masculinity) 35, 39, 40, 90, 96, 363~365, 369, 372, 377, 378, 384, 414
남성적 기독교(muscular Christianity) 379
낮은 반응 역치(Low threshold for responding) 21
내측 시삭전야(medial preoptic area) 154
넓적다리독개구리(*Allobates femoralis*) 135

네안데르탈인(*Homo neanderthalensis*) 259, 260
노엄 소벨(Noam Sobel) 172
노엄 촘스키(Noam Chomsky) 292
다약과일박쥐(*Dyacopterus spadiceus*) 123
다윈코개구리(*Rhinoderma darwinii*) 134
대뇌피질 107, 409
더 좋은 이웃(nicer neighborhoods) 211
데이비드 크루스(David Crews) 139
도나 레오네티(Donna Leonetti) 321, 322
독한 남성성(toxic masculinity) 377
동부들쥐(Microtus pennsylvanicus) 80, 81
동성 커플 103, 105, 164, 358
동성애자 354, 359, 387
두발걷기(이족보행) 87, 110, 220, 228, 392
들창코원숭이(*Rhinopithecus bieti*) 202
랑구르원숭이(*Semnopithecus*) 21, 22, 59~67, 72, 183~186, 192, 416
래리 영(Larry Young) 407
랜돌프 네스(Randolph Nesse) 75, 290
레레족(Lele) 313, 314, 338
로나 마셜(Lorna Marshall) 254, 260
로라 라이벌(Laura Rival) 297
로런 오코넬(Lauren O'Connell) 138, 405, 409, 411
로버트 그리스월드(Robert Griswold) 35
로버트 아드리(Robert Ardrey) 56
로버트 엘우드(Robert Elwood) 141
로버트 트리버스(Robert Trivers) 22, 25, 63
로웰 게츠(Lowell Getz) 152
루스 베이더 긴즈버그(Ruth Bader Ginsburg) 36
루스 펠드만(Ruth Feldman) 99~106, 110, 160, 256, 369, 401
리 게틀러(Lee Gettler) 34, 94
리란 새무니(Liran Samuni) 199
리사 라파포트(Lisa Rapaport) 206
리처드 랭엄(Richard Wrangham) 68, 246,

찾아보기 535

270, 271
리처드 리(Richard Lee) 268
마거릿 미드(Margaret Mead) 30, 31, 40, 326, 353, 354
마모셋원숭이(marmoset) 49~53, 86, 122, 146, 203~211, 233, 360
마음 이론(theory of mind) 265
마이클 누만(Michael Numan) 410, 411
마이클 램(Michael Lamb) 31, 32, 358, 362
마이클 루이스(Michael Lewis) 31
마이클 킴멜(Michael Kimmel) 364, 365, 379
마이클 토마셀로(Michael Tomasello) 264, 267
마틴 뮬러(Martin Muller) 92
매튜 헤일 경(Sir Matthew Hale) 380
멀린 아-킹(Malin Ah-King) 112, 125
메리 더글러스(Mary Douglas) 304, 312, 313
메리 제인 웨스트-에버하드(Mary Jane West-Eberhard) 74, 75, 125~130, 275
멜빈 코너(Melvin Konner) 32, 274, 417
명성 239, 248, 250, 253, 254, 256, 268, 288, 289, 305
명예 살인 320
모계사회 302, 313, 317, 323, 330, 344, 372, 417
모계 출계(matrilineal) 323
모르텐 크링엘바흐(Morten Kringelbach) 161
모성 공격성 160
모성애(maternal love) 9
모성적 감수성(maternal sensibility) 323, 417
모수오족(Mosuo) 305
미오세(Miocene) 222
민감화(sensitization) 81, 410
바버라 프루스(Barbara Fruth) 215, 218
바소토신(vasotocin) 403~405, 407
바소프레신(vasopressin) 84, 153, 154, 156, 169, 171, 403, 408, 409
발레리 허드슨(Valerie Hudson) 339

발정(estrus) 181~184, 193, 194, 204
배란 은폐 230
배란기 181, 183, 194
배리 휴렛(Barry Hewlett) 32, 33, 279
벤저민 스폭 25, 26
보노보(*Pan paniscus*) 69~71, 212~218, 229, 253, 311, 315, 394
보조 양육자(alloparent) 82, 105~110, 163, 165~167, 233, 246, 247, 250~253, 263, 277, 279, 288, 291, 298, 299, 320, 323, 326, 349, 353, 388, 396~398
부계 거주 300~302, 330, 331, 337, 339
부모 본능 161, 162
부성 공격성 160
부성 혼란 195, 196, 213, 338
부성 확실성(certainty of paternity) 74, 203, 213, 230, 231, 255, 318, 319, 338, 340, 341, 355, 357, 390, 391, 394
부성애 31, 74, 255
분할 부성 307, 308, 310, 311
브라이언 우드(Brian Wood) 249
브루스 효과(Bruce effect)
브룩 셸자(Brooke Scelza) 158, 315, 317
비어트리스 휘팅(Beatrice Whiting) 327
비트마모셋(*Callithrix kuhlii*) 208
사냥꾼 남성(Man the Hunter) 28, 34, 226, 228, 230, 231
사리 반 앤더스(Sari van Anders) 169
사티(Suttee) 320
사회적 사냥(social hunting) 229
사회적 선택(social selection) 74, 75, 210, 213, 216, 210, 222, 250, 272, 290, 291, 393, 395
사회적 인지 265, 395
사회적 인지 네트워크 110
사회적 처벌 267, 268, 270
산악고릴라 188~190
삼비아족(Sambia) 324~327, 330, 370

상호의존성 244, 245, 290
상호의존성(Interdependence) 가설 264
새로운 아버지들(New Fathers) 35
생물문화적 영장류(biocultural ex-ape) 299
생식 전략(reproductive strategy) 22, 64, 65, 72, 154, 194
생애사 조정(life history trade-offs) 129
선택적 변이 275
선택적 부성(facultatively paternal) 80
성 간 계약(the sex contract) 231
성 교차 전이 409
성 역할 반전 112, 118, 120, 123, 139, 140
성별 간 전이(cross-sexual transfer) 129
성별 유동성(sexual fluidity) 124
성선택(sexual selection) 55, 56, 63, 65~27, 71, 74, 115, 121, 193, 194, 210, 250~253, 341, 370, 373, 375, 393
성적 수용성 204, 211
성적 이형성(sexual dimorphism) 223, 426
셀크남족(Selknam) 302~304
션 프랄(Sean Prall) 317
션 호크스(Sean Hawks) 278
소문(gossip) 271
수 카터(Sue Carter) 44, 151~155
수유 공격성(lactational aggression) 150, 160
수유 촉진 44
수전 라판(Susan Lappan) 311
수전 링글(Susan Lingle) 157
수전 알론조(Suzanne Alonzo) 373
수전 앨버츠(Susan Alberts) 190, 191
수컷화(androgenization) 132
시그룬 엘리아센(Sigrunn Eliassen) 211
시르 아질(Shir Atzil) 102
시몬 드 보부아르(Simone de Beauvoir) 14, 371
시상하부 102, 106, 119, 402, 406
시아망(siamang) 52, 311

신경전달물질 12, 120, 140, 156
신체적 완충제(Physiological buffering) 257
아르디피테쿠스(Ardipithecus) 223, 230
아이아이(Daubentonia madagascariensis) 187
아카족(Aka) 32, 33, 239, 278, 279, 325
안경원숭이 187
안나 로트키르치(Anna Rotkirch) 367
안드로젠(Androgen) 202
안정애착 23
애착(attachment) 44, 98, 146, 176, 278, 351, 386, 408
애착 육아(Attachment Parenting) 386
애착 이론 22, 24
앤 스토리(Anne Storey) 77, 79, 82~86, 89
앨리스 이글리(Alice Eagly) 400
앨리슨 플레밍(Alison Fleming) 91, 157
야콥슨 기관(vomeronasal organ) 143
양가성(ambivalence) 9
양성성(bisexuality) 139
양심 270
양육을 위한 신경내분비 회로 70, 82
어빈 드보어(Irven DeVore) 27, 59
에두아르도 페르난데즈-두케(Eduardo Fernandez-Duque) 147
에드워드 O. 윌슨(Edward O. Wilson) 22
에드위나 오차드(Edwina Orchard) 108, 109
에밀리 보엠(Emily Boehm) 184
에바 링글러(Eva Ringler) 135, 138
에바 피셔(Eva Fischer) 138
에스트라디올(estradiol) 87, 98
에얄 에이브러햄(Eyal Abraham) 102, 103, 109, 110, 160, 256
에오세(Eocene Epoch) 12, 179, 187
에이드리언 예기(Adrian Jaeggi) 242, 244
에이미 패리시(Amy Parish) 213
여성 참정권 14, 348
여성 참정권 평화(Suffragist Peace) 417

찾아보기 **537**

여성의 정절 319
영아살해(infanticide) 11, 61~66, 79, 81, 142, 185~187, 194, 195, 213, 240, 367, 391
영유아 사망률 236, 247, 248, 285, 320, 333, 350
오스트랄로피테쿠스(Australopithecus) 223, 226~228, 262, 277
오언 러브조이(Owen Lovejoy) 226, 228, 229
옥시토신(oxytocin) 15, 44, 47, 84, 97~102, 144, 146, 147, 152~156, 166~168, 205, 211, 213, 216, 258, 259, 280, 326~328, 397, 407, 409
올빼미원숭이(owl monkeys) 52, 104, 145~148, 196, 233, 242, 243, 295, 298, 382
옹알이 281
와오라니족(Huaorani) 297, 298, 307, 309
왐파노아그족(Wampanoag) 344, 417
원원류(prosimians) 52, 65, 145, 391
웬디 우드(Wendy Wood) 400
위어드(WEIRD; Western, Educated, Industrialized, Rich, and Democratic) 331, 335, 347
윌리엄 제임스(William James) 71
윌리엄 해밀턴(William D. Hamilton) 126, 196
유모 양육 333, 335
유아 도식(Kindchenschema) 161
유아기 원칙(Tender Years Doctrine) 348
유전적 근연도(genetic relatedness) 126, 162, 164, 196, 218, 234, 342, 356
유전적 적응(genetic accommodation) 129
유전형(genotype) 119, 127, 128, 284
육아휴직 19, 30, 387, 411, 414
음식 공유 216, 218, 240~247, 257, 258, 260, 264
음식 제한(dietary restrictions) 309
이반 자블론카(Ivan Jablonka) 363, 365, 369
이분법적 성 역할 35, 58, 69, 129, 386

이소토신(isotocin) 47, 403, 405, 407, 408
이유(離乳) 52, 62, 205, 246, 278
이족보행(두발걷기 참조) 87, 220, 392
이타주의 126, 240
이형성(heteromorphic) 138
인구학적 딜레마 226, 230, 257
인지적 완충제(cognitive buffering) 257
일부일처제 52, 147, 149, 153, 180, 228, 231, 241~243, 311
일처다부제 207, 242, 311
임신 중단 79
자궁 371
자기가축화 271
자연선택(natural selection) 55, 74, 75, 124, 127, 163, 227, 240, 275, 284, 285, 288, 291, 299, 310, 337, 339, 405
자웅동체 121, 124, 129, 162, 402
장남상속제(primogeniture) 348
적자생존(survival of the fittest) 340
전두엽(frontal cortex) 10, 170, 262, 286, 378, 388, 396, 397
전측 대상피질(anterior cingulate cortex) 396
정신화(mentalizing) 106, 265, 291
젖니 280
제레미 데실바(Jeremy DeSilva) 259, 278
제이 로젠블랫(Jay Rosenblatt) 43
제임스 릴링(James Rilling) 96, 97, 167, 398
제프리 프렌치(Jeffrey French) 208
조너선 마크스(Jonathan Marks) 298
조지 에드워즈(George Edwards) 49
조지프 헨리히(Joseph Henrich) 332, 335
존 볼비(John Bowlby) 22
존 왓슨(John H. Watson) 23~25, 33
존 윙필드(John Wingfield) 93
존 휘팅(John Whiting) 327, 328, 339
주 양육자(primary caretaker) 8, 33, 39, 103, 104, 106~110, 150, 386, 387, 401, 402

주 양육자 가설(the primary caretaker hypothesis) 33
주호안시족(Ju/'hoansi) 32, 234, 235, 248, 250, 251, 268, 274, 298, 308, 325, 330
중가리아햄스터(Phodopus sungorus) 78, 82, 83
중내측 전전두엽(medial prefrontal cortex) 397
지그문트 프로이트(Sigmund Freud) 33
지노솜(gynosome) 131
지니 앨트먼(Jeanne Altmann) 190
지향점 공유(shared intentionality) 264, 267, 272
진화적 적응 환경(environment of evolutionary adaptedness, EEA) 24
질 프루츠(Jill Pruetz) 198
차크마개코원숭이(Papio ursinus) 192
찰스 다윈(Charles Darwin) 10~12, 15, 44, 45, 54~56, 291, 335~337, 381, 403, 405, 416
찰스 라이엘(Charles Lyell) 123, 403
챌린지 가설 93
체내 수정 139, 390
초정상자극(super-stimuli) 119
촛칠족(Tzotzil) 58
출산 후 발정 204, 211
출산 후 성관계 금기(postpartum sex taboos) 328
측좌핵(nucleus accumbens) 154
친밀 근접 시간(Time in Intimate Proximity, TIP) 164, 165
친부 확실성 355
친족 선택 126, 356
침팬지(Pan troglodytes) 12, 22, 57, 67, 69~71, 145, 180, 184, 185, 192~199, 212~217, 223, 226~229, 236, 265, 267, 269, 275, 337
카렐 반 샤이크(Carel van Schaik) 228, 244
카롤루스 린네우스(Carolus Linnaeus) 20, 333, 335

카린 아이슬러(Karin Isler) 227
카밀라 파워(Camilla Power) 235
캐럴 엠버(Carol Ember) 328, 329
캐럴라 보리스(Carola Borries) 62
캐럴라인 케너드(Caroline Kennard) 114, 115, 124
캐롤린 월시(Carolyn Walsh) 85
캐서린 뒤락(Catherine Dulac) 142, 143, 390, 401, 402, 411
캐서린 윈-에드워즈(Katherine Wynne-Edwards) 77, 78, 82, 83, 86, 87, 89, 110
캐슬린 거슨(Kathleen Gerson) 255, 369
커트니 미한(Courtney Meehan) 278
켄드릭 라마(Kendrick Lamar) 365
콘라트 로렌츠(Konrad Lorentz) 161, 432
쿠바드(couvade) 증후군 86, 372
크리스 나이트(Chris Knight) 272, 293
크리스 쿠자와(Chris Kuzawa) 94
크리스텐 호크스(Kristen Hawkes) 236, 238~240, 255
크리스토퍼 보엠(Christopher Boehm) 269~273
크리스티안 요르겐센(Christian Jørgensen) 211
클레어 메수드(Claire Messud) 372, 373
키메라(Chimeras) 208, 210, 211
킴 힐(Kim Hill) 249
타마린(tamarin) 51, 52, 54, 146, 203, 204, 209~211, 233, 242, 243
타인을 배려하는(other-regarding) 감각 261, 288, 299, 398
태반 47, 208, 211, 233, 297
테스토스테론(testosterone) 15, 40, 86, 87, 90~97, 111, 119, 166, 169, 170, 173, 191, 199
토비아스 그로스만(Tobias Grossmann) 286, 288
톰 맥데이드(Thom McDade) 94

찾아보기 **539**

투명대(zona pellucida) 195
툴시 고우다(Tulsi Gowda) 417
티나무(Tinamu) 373, 374
티티원숭이(titi monkeys) 52, 104, 145~148, 233, 279, 382
패트리샤 고와티(Patricia Gowaty) 112, 125
페로몬 80, 143, 172
편도체 102, 105, 106, 156, 165
평등의 남성성 363
평판 245, 251~253, 282, 288, 289, 290, 292, 293, 316, 324, 394, 398
포괄적합도 이론(inclusive fitness theory) 126
포유강(Mammalia) 20
폴 가버(Paul Garber) 209
폴리 위스너(Polly Wiessner) 250, 316, 325
표준 교차문화 샘플(Standard Cross-Cultural Sample) 19
표현형(phenotype) 119, 123~125, 127~129, 142, 162, 271, 284, 342
표현형 가소성(phenotypic flexibility) 119, 120, 125, 127, 128, 138, 284
프란스 드 발(Frans de Waal) 69
프랭크 말로(Frank Marlowe) 92
프레더릭 봄 살(Frederick vom Saal) 140, 410
프레리독(Cynomys) 78
프로락틴(prolactin) 15, 44, 82, 84~87, 91, 95, 100, 119, 280, 403, 406
프리드리히 엥겔스(Friedrich Engels) 318
플라이스토세 12, 73~76, 110, 173, 224, 226, 227, 229, 232, 234, 236, 247, 253, 256, 257, 263, 264, 270, 276~278, 281, 282, 285, 289, 291, 298, 300, 360, 392, 396~401
플라이오세(Pliocene) 222
플리오-플라이스토세(Plio-Pleistocene) 23
피질하 구조(subcortical structures) 102
피터 엘리슨(Peter Ellison) 91, 92
피터 홉슨(Peter Hobson) 272, 293

피토신(Pitocin) 98
피트 부티지지(Pete Buttigieg) 39, 387
하렘 180, 196, 371
한국해마(*Hippocampus haema*) 48
할머니 가설 240
해밀턴 법칙 126, 196, 356
허버트 스펜서(Herbert Spencer) 340
헥사데카날(혹은 HEX) 159, 160, 264
협력적 양육 167, 233, 235, 276, 291, 298, 393, 407
협비원류(catarrhine) 391
호모 에렉투스(*Homo erectus*) 224~227, 232, 234, 243, 256, 266
호홈베(hohombe) 313~315
화석 유전자(fossil gene) 124
황금사자타마린(*Leontopithecus rosalia*) 53, 205, 206
회색 천장(gray ceiling) 227, 231, 257, 397
회색질(grey matter) 107, 108, 227
후루이치 타케시(Furuichi Takeshi) 215
흐사로(hxaro) 250
흔들린 아이 증후군(shaken baby syndrome) 170
히칼(H'ikal) 58, 67
힐다 브루스(Hilda Bruce) 79
힘바족(Himba) 283, 315~317, 338

SRY 유전자(Sex-Determining Region Y) 111

아버지의 시간

2025년 4월 25일 1판 1쇄 발행

지은이	세라 블래퍼 허디
옮긴이	김민욱
감수자	박한선
펴낸곳	에이도스출판사
출판신고	제2023-000068호
주소	서울시 은평구 수색로 200
팩스	0303-3444-4479
이메일	eidospub.co@gmail.com
페이스북	facebook.com/eidospublishing
인스타그램	instagram.com/eidos_book
블로그	https://eidospub.blog.me/
표지 디자인	공중정원
본문 디자인	개밥바라기

ISBN 979-11-85415-78-9   93470

※ 잘못 만들어진 책은 구입하신 서점에서 바꾸어 드립니다.
※ 이 책 내용의 전부 또는 일부를 재사용하려면 반드시 지은이와 출판사의 동의를 얻어야 합니다.